放射光利用の手引き

—農水産・医療，エネルギー，環境，材料開発分野などへの応用—

東北放射光施設推進会議推進室 編集

JN196534

アグネ技術センター

まえがき

林 芳正文部科学大臣から2018年7月3日開催の記者会見において，『軟X線向け高輝度3 GeV級放射光源，いわゆる次世代放射光施設に関して，有識者会議で調査検討を進め，6月28日に報告を受けた．これを踏まえて文部科学省として官民地域パートナーシップによる次世代放射光施設の推進に関し，一般財団法人光科学イノベーションセンターを代表機関とする提案者（宮城県，仙台市，東北大学，東北経済連合会を含む）をパートナーとして選定すること，国の主体である量子科学技術研究開発機構（量研：QST）とパートナーとの間で，同施設の整備・運用に関する詳細を具体化するための検討・調整を開始すること，その検討・調整結果を踏まえ，文部科学省は，次世代放射光施設の整備に係る概算要求に向けた検討を進めること，これを本日決定した』との公表があった．さらに，8月31日公開の「2019年度科学技術関係の概算要求概要（文部科学省）」には，この先端施設の整備に着手する予算が含まれていた．これらの事実は，次世代放射光施設の整備が，地域パートナーが提案した東北大学青葉山新キャンパス（仙台市青葉区荒巻字青葉）で進む見通しとなったことを示唆している．

この次世代放射光施設は，2011年12月に東北地区の7国立大学の教員有志らによってなされた提案をきっかけに，全国の大学および研究機関の関係者，放射光施設の有効性・発展性を認知している企業研究者等との連携協力により練り上げられた『軟X線領域に特徴をもつ3 GeVクラスの高輝度放射光施設（Synchrotron Light in Tohoku, Japan：SLiT-J）』に該当する．SLiT-Jは，最先端分析・測定技術開発の利活用において，硬X線領域に特徴があり稼働中のSPring-8（兵庫県・播磨）との協奏効果・相乗効果を見込むことで，社会全体へのイノベーションの加速化を志向する施設でもある．もちろん，新たに整備される放射光施設の性能・運営等の詳細等は，今後，量子科学技術研究開発機構およびパートナーである光科学イノベーションセンターを代表機関とする提案者サイドから，順次公開されるはずである．

新たな『次世代型放射光施設』の最重要目標は，この最先端施設を可能な限り多くの方々に有効に利活用いただき，それぞれに成果をあげていただくことである．また，この施設の大きな特徴である低エミッタンス光源は，未踏のサイエンスケースを開拓し，分野融合を加速することが期待されており，その活用のコンセプトは，学術と産業が持続的発展を互いに推進できるような配慮がなされている．放射光施設利用者約50名を抱え，東北大学内はもちろん学外の関係者と密接に連携してSLiT-Jの企画・策定段階に関わってきた東北大学多元物質科学研究所は，2018年4月に「放射光産学連携準備室」を設置して，次世代放射光施設の利活用のための活動を開始している．

このような経緯を踏まえ，例えば，放射光利用については未経験あるいは限定的な企業の技術者や研究者向けに，『放射光を利用すると，こんなことがわかる，あんなことがわかる』と言う類の啓蒙活動が重要であることは間違いない．しかし，そのような目的に使える冊子情報等が不足しているのも現実である．このマイナス面を至急補うことを目指して，本書『放射光利用の手引き』が企画され，発行にこぎつけた．本書の内容を参考に，読者が，それぞれの関連分野への放射光利用に挑戦いただくことを期待する．

なお，放射光施設がカバーする領域は，非常に幅広く多岐にわたるため 1 冊で全てをカバーすることは極めて困難である．今回は，約 40 の課題について，それぞれの専門家に執筆協力いただいた内容とした．今後必要に応じて，放射光利用の手引き，第 2 弾，第 3 弾が企画・発行されることが望まれる．

本書『放射光利用の手引き』は，いずれも東北大学所属の稲葉謙次，杉山和正，鈴木茂，高桑雄二，高橋隆，早稲田嘉夫が共同で企画した．また，出版事務および総合調整を早稲田が担当し，放射光産学連携準備室員の支援を得つつ作業をすすめた．約 80 名にものぼる執筆者の皆さん方は，東北大学青葉山新キャンパスに整備される予定の高輝度 3 GeV 級放射光源（SLiT-J）の将来の利活用の手助けになればと，本務多忙中にもかかわらず短時間で原稿を準備して協力下さった．企画・編集者一同，深く感謝する．

東北大学多元物質科学研究所
早稲田嘉夫（編集者代表）
福山博之（放射光産学連携準備室長）
2018 年 7 月

参考補足：東北放射光施設（SLiT-J）提案の骨子

高エネルギー物理学研究機構のPhoton Factory：PFおよび理化学研究所のSPring-8は，我が国の物質科学，生命科学分野等を牽引するのみならず，世界の放射光科学をもリードしてきた．しかし，さらに複雑な対象物質・材料の理解を深め，新しい学術分野を切り開くためには，高輝度なナノビーム利用を前提とした新たな放射光施設が是非とも必要である．その理由は，例えばPFのエミッタンス性能では，高輝度軟X線の発生が困難であり，SPring-8では，軟X線の輝度が不足しているなど，我が国の軟X線領域（1～10 keV）での利用環境が世界の先進国に比べて，遅れを取っているからである．この軟X線領域でのナノアプリケーションは，例えば炭素や酸素等の軽元素に基づくイノベーション推進研究に不可欠である．

「リング型光源」は，多様な研究領域の基盤的な利用ニーズに一度に機会を供給し，研究開発のソリューションを与えることができる．この“利活用の多様性と同時性”が，今日の東北の課題解決をかかげつつも，明日の我が国の課題解決に繋がると確信させるゆえんである．科学技術的観点から，本構想の基本計画を概観すると，本構想は，SPring-8/SACLAで独自に開発した，真空封止アンジュレータ，Cバンド加速器等の最新技術を活用することにより，何年もかけて計画された海外の中型高輝度リング光源の性能に，約2年程度の短期間で追いつける点にも特徴があり，軟X線領域でSPring-8の輝度をも上回る光源を手にすることができる．したがって，硬X線領域に特徴を有するSPring-8との最先端の分析・測定技術の開発と利活用の協奏効果・相乗効果が見込めるので，イノベーションの加速化も十分期待できる．

また，本構想では，施設資産は公的機関の所属としても，これまでの放射光施設運営のノウハウを最大限に活用して，ユーザーフレンドリーで，より社会に対してアカウンタブルな特徴ある施設を目指す．すなわち，産業界が放射光と言う最先端の道具を，自らが抱える種々の課題解決に容易かつ積極的に活用できる仕組みづくりのために，例えば，まずは東北地区にある7つの国立大学，公設研究所・センター等の研究者が，放射光利用に関する自らの得意分野を登録・連携して支援する「放射光利用バンク（仮称）」の整備，ならびに放射光利用に関するナノアプリケーションのルーチン化等を建設当初から積極的に導入することによって，放射光という最先端施設の産業応用への展開を容易にすることを等を目指す．具体的イメージとしては，数本～10本程度のビームラインを，企業が産業応用に使う専用とし，かつこれらのビームラインの管理・運営は，民間で行う考え方を導入することである．この考え方は，本構想が，21世紀の我が国を支える産業技術の革新（イノベーション）につながる基盤インフラと位置付けるゆえんである．

一方，東北地方で展開されているものづくりを中心主題とする研究開発には，我が国の科学技術・産業の国際競争力を維持する上で極めて重要な役割を担う内容が多い．また，東北地区の大学・研究機関の研究者は，その研究分野における国際的リーダーとして数多く活躍しており，2011 年 3 月 11 日に発生した東日本大震災からの真の復興と産業イノベーションの両立性を維持する拠点構想として，軟 X 線領域をカバーする次世代型放射光施設の提案を試みた．また，東北 6 県の自治体における果実・米などの農業生産は，我が国の約 1/4 を占めている事情等から容易に理解できるように，全国有数の農林水産地域でもある東北は，工業製品としてのものづくり産業のみでなく，例えば，「微量元素を指標とする農作物・植物の病気診断法の確立」，「農産物・水産物の食感の定量化・高付加価値化」などの，科学の力で農林水産分野の革新を加速することが望まれ，その成果によって，例えば TPP 等に対応できる体質強化が不可欠である．これらの課題解決を迅速かつ効率的に行うためにも，幅広い研究領域について，多様な先端的分析手法でカバーできる「リング型放射光施設」を東北地方に建設し，地産地消で課題解決を図ることは，効果的な試みであることに間違いない．このことは，東西の適切なロケーションに，基幹となる研究基盤インフラを持つことによって，東日本大震災から学んだ，我が国の戦略的研究基盤に関する被災リスク分散を，実効的なものにすることにも繋がることは間違いない．

——東北放射光施設構想白書 II（2014 年 5 月 2 日）より抜粋——

http://www.slitj.tagen.tohoku.ac.jp/oldHP/assets/sj_whitepaper2014.pdf

目　　次

第 5 部　その他の分野への応用

執筆者一覧（五十音順）

安居院あかね　量子科学技術研究開発機構（第 4 部 30）
小豆畑　敬　弘前大学大学院理工学研究科（第 4 部 32）
阿部善也　東京理科大学理学部（第 3 部 17）
雨澤浩史　東北大学多元物質科学研究所（第 2 部 14）
荒井俊人　東京大学大学院工学系研究科（第 4 部 39）
有明　順　秋田県あきた未来戦略課（第 4 部 31）
伊藤孝寛　名古屋大学シンクロトロン光研究センター（第 4 部 27）
稲葉謙次　東北大学多元物質科学研究所（第 1 部 1, 2）
上田　潔　東北大学多元物質科学研究所（第 5 部 41）
小川修一　東北大学多元物質科学研究所（第 4 部 33）
奥村正樹　東北大学高等研究機構学際科学フロンティア研究所（第 1 部 2）
尾嶋正治　東京大学大学院工学系研究科（第 2 部 12）
小貫祐介　茨城大学フロンティア応用原子科学研究センター（第 3 部 22）
梶原堅太郎　高輝度光科学研究センター（第 3 部 20）
加藤悦子　農業・食品産業技術総合研究機構高度解析センター（第 1 部 8）
金山喜則　東北大学大学院農学研究科（第 1 部 6）
川又　透　東北大学金属材料研究所（第 4 部 36, 第 5 部 43）
菊池　護　岩手大学理工学系技術部（第 4 部 40）
木村真一　大阪大学大学院生命機能研究科・理学研究科（第 4 部 27）
組頭広志　東北大学多元物質科学研究所（第 4 部 26）
黒木喜美子　北海道大学大学院薬学研究院（第 1 部 9）
小嗣真人　東京理科大学基礎工学部（第 4 部 25）
駒井三千夫　東北大学大学院農学研究科（第 1 部 5）
近藤　威　新須磨病院脳神経外科ガンマナイフ治療センター（第 1 部 11）
近藤祐治　秋田県産業技術センター（第 4 部 31）
櫻井　浩　群馬大学大学院理工学府（第 4 部 30）
佐藤成男　茨城大学大学院理工学研究科（第 3 部 22）
佐藤宇史　東北大学大学院理学研究科（第 4 部 28）
篠田弘造　東北大学多元物質科学研究所（第 3 部 19）
菖蒲敬久　日本原子力研究開発機構（第 3 部 21, 22）
城　鮎美　量子科学技術研究開発機構（第 3 部 21, 22）
菅原克明　東北大学大学院理学研究科・材料科学高等研究所（第 4 部 23）
杉山和正　東北大学金属材料研究所（第 4 部 36, 第 5 部 43）
鈴木宏輔　群馬大学大学院理工学府（第 4 部 30）
鈴木　茂　東北大学多元物質科学研究所（第 3 部 19, 22）
鈴木基寛　高輝度光科学研究センター（第 4 部 31）
相馬清吾　東北大学スピントロニクス学術連携研究教育センター・材料科学高等研究所（第 4 部 29）
高桑雄二　東北大学多元物質科学研究所（第 4 部 33）
高橋　隆　東北大学大学院理学研究科・材料科学高等研究所（第 4 部 23）
田代　均　福島工業高等専門学校（元）（第 3 部 22）
田中裕久　関西学院大学理工学部（第 2 部 13）
田中雅彦　物質・材料研究機構（第 5 部 42）
千田俊哉　高エネルギー加速器研究機構物質構造科学研究所（第 1 部 10）
千田美紀　高エネルギー加速器研究機構物質構造科学研究所（第 1 部 10）
轟　秀和　日本冶金工業株式会社（第 3 部 22）
中井　泉　東京理科大学理学部（第 3 部 17）
長瀬里沙　高エネルギー加速器研究機構物質構造科学研究所（第 1 部 10）
中野俊樹　東北大学大学院農学研究科（第 1 部 7）
中村崇司　東北大学多元物質科学研究所（第 2 部 14）
中村智樹　東北大学大学院理学研究科（第 5 部 42）
永村直佳　物質・材料研究機構（第 2 部 12）
中山耕輔　東北大学大学院理学研究科（第 4 部 28）
七谷　圭　東北大学大学院農学研究科（第 1 部 4）
橋口隆生　九州大学大学院医学研究院（第 1 部 9）
長谷川達生　東京大学大学院工学系研究科（第 4 部 39）
畠山昌則　東京大学大学院医学系研究科（第 1 部 10）
林　好一　名古屋工業大学物理工学（第 4 部 35）
林　剛瑠　東京大学大学院医学系研究科（第 1 部 10）
原田昌彦　東北大学大学院農学研究科（第 1 部 3）
日高將文　東北大学大学院農学研究科（第 1 部 4）
福澤宏宣　東北大学多元物質科学研究所（第 5 部 41）
福原秀雄　北海道大学大学院薬学研究院（第 1 部 9）
福本　学　東京医科大学（第 1 部 11）
古川　敦　北海道大学大学院薬学研究院（第 1 部 9）
堀場弘司　高エネルギー加速器研究機構物質構造科学研究所（第 2 部 12）
前仲勝実　北海道大学大学院薬学研究院（第 1 部 9）
松葉　豪　山形大学大学院有機材料システム研究科（第 4 部 38）
松原英一郎　京都大学大学院工学研究科（第 2 部 16）
宮崎秀俊　名古屋工業大学大学院工学研究科（第 4 部 27）
宮澤知孝　東京工業大学物質理工学院（第 3 部 20）
宮永崇史　弘前大学大学院理工学研究科（第 4 部 32）
百生　敦　東北大学多元物質科学研究所（第 4 部 37）
横谷尚睦　岡山大学異分野基礎科学研究所（第 4 部 24）
横山利彦　自然科学研究機構分子科学研究所（第 2 部 15, 第 4 部 34）
吉越章隆　日本原子力研究開発機構物質科学研究センター（第 3 部 18）
吉本則之　岩手大学理工学部（第 4 部 40）
早稲田嘉夫　東北大学多元物質科学研究所（第 4 部 36）
渡部　聡　東北大学多元物質科学研究所（第 1 部 1）

第 1 部
農水産・製薬・生命・医療分野への応用

細胞のタンパク質の品質を監査する仕組み

渡部　聡，稲葉謙次

細胞内小器官の１つである小胞体では，分泌タンパク質の正しい立体構造形成を促進する仕組みと，不良品タンパク質を除去する仕組みが協同で働いており，細胞内でのタンパク質品質管理が行われている．本稿では，放射光を利用した構造解析によって明らかになったタンパク質品質管理システムの分子機構を紹介する．

1.　はじめに

食べ物を分解する消化酵素や，外敵から身を守るための抗体などの分泌タンパク質は，細胞内小器官の１つである小胞体において合成される．小胞体では，正しく折りたたまれたポリペプチド鎖のみが下流のゴルジ体へと運び出される仕組みが存在しており，折りたたみを補助する分子シャペロンやジスルフィド結合形成因子など，高次構造形成反応を促進するさまざまな因子が協同で働いている[1)]．一方，最終的に正しく折りたたまれず不良品となってしまったポリペプチド鎖は，蓄積すると細胞にとって毒となるために，速やかに分解･除去される仕組みも存在する．このように細胞では，タンパク質の正しい折りたたみを促進する仕組みと不良品タンパク質を除去する仕組みとが協同に機能することでタンパク質の品質が保たれている．本稿では，タンパク質の品質管理を担うタンパク質群のうち，不良品タンパク質の分解に関与するERdj5およびpH変化を利用してタンパク質の品質を監視するERp44について，放射光を利用した構造解析の結果を紹介する．

2.　不良品タンパク質の分解に関与するERdj5のダイナミックな構造変化

小胞体における新生タンパク質のジスルフィド結合の形成は，正しい高次構造を形成･安定化するために非常に重要と考えられている．一方で，ジスルフィド結合が誤ったシステイン間で形成されると，そのタンパク質の構造異常に繋がるため，ジスルフィド結合の修復システムも備えられている．それでもなお，一部のタンパク質は最終的に誤った構造をとり，修復不能な不良品となってしまう．不良品タンパク質の

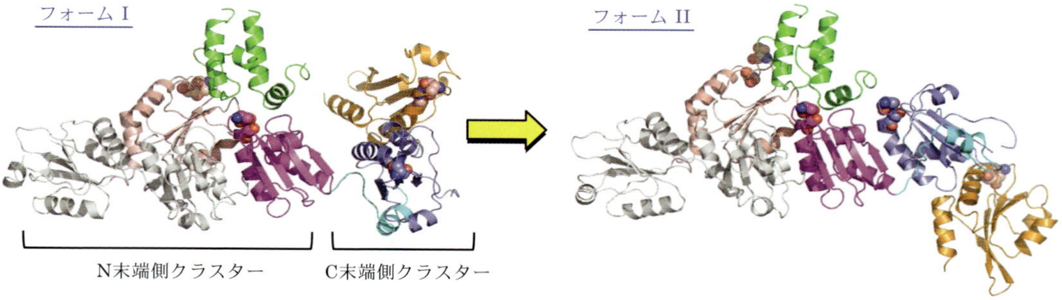

図 1　ERdj5 の結晶構造．2011 年に本研究グループが報告したオリジナル構造（フォーム I：左図）に比べ，新しい構造（フォーム II：右図）は C 末端側クラスターが約 110° 回転し，クラスターの配向が大きく異なる．

蓄積は細胞にとって毒性となるため，不良品タンパク質は小胞体関連分解という仕組みによって，サイトゾル中に送り返されプロテアソームによって分解される．この過程において，誤ったジスルフィド結合はタンパク質が分解されやすいように還元される．ジスルフィド結合開裂酵素 ERdj5 は，小胞体中で生じた不良品タンパク質のジスルフィド結合を切断することで構造を解きほぐし，サイトゾルへの逆輸送やプロテアソームによる分解を促進する重要な役割を果たしている[2]．

ERdj5 は，N 末の J ドメインおよび 6 つのチオレドキシン様ドメイン（Trx1, Trxb1, Trxb2, Trx2, Trx3, Trx4）から構成される．J ドメインは，分子シャペロン BiP と相互作用するドメインであり，チオレドキシン様ドメインは，ジスルフィド結合の酸化・還元に関わるドメインである．我々は ERdj5 の結晶化に世界で初めて成功し，放射光施設 SPring-8 および Photon factory を利用して回折データを収集し，X 線結晶構造解析によってその立体構造を解明した[3]．構造解析の結果，ERdj5 は，全体構造が N 末端側クラスターと C 末端側クラスターに分割されることが明らかになった（図 1 左）．また生化学および細胞生物学解析から，ジスルフィド結合開裂に関わる活性部位は ERdj5 の C 末端側クラスターに存在すること，小胞体に存在する BiP や構造異常な糖タンパク質を認識する EDEM1 と協同してタンパク質分解を促進することなどが明らかになった．

また，別の結晶系の結晶構造解析によって，ERdj5 が N 末端側クラスターと C 末端側クラスターの配向が大きく異なる，2 つのコンフォメーションをとることを明らかにした[4]（図 1 右）．さらに高速原子間力顕微鏡（高速 AFM）という分子の動きを 1 分子レベルで観察する技術を用いることよって，ERdj5 の C 末端側クラスターが N 末端側クラスターに対して高速に動いている様子が明らかになり，ERdj5 は非常にダイナミックな構造変化を取っていることがわかった（図 2）．このクラスターの動きを抑制した ERdj5 変異体を作製し，誤ったジスルフィド結合に対する還元活性と構造異常タンパク質に対する分解促進活性について，野生型 ERdj5 と比較したところ，変異体ではこれら 2 つの活性がいずれも低下していることがわかった．その結果，ERdj5 変異体を発現した細胞中では，野生型 ERdj5 を発現した細胞中と比べ，より多くの構造異常タンパク質が蓄積することが判明した．以上の結果から，ERdj5 の C 末端側クラスターの動きが，大きさやジスルフィド結合の数が異なるさまざまな不良品タンパク質のジスルフィド結合を効率的に還元し，下流の因子 BiP に受け渡すという一連のメカ

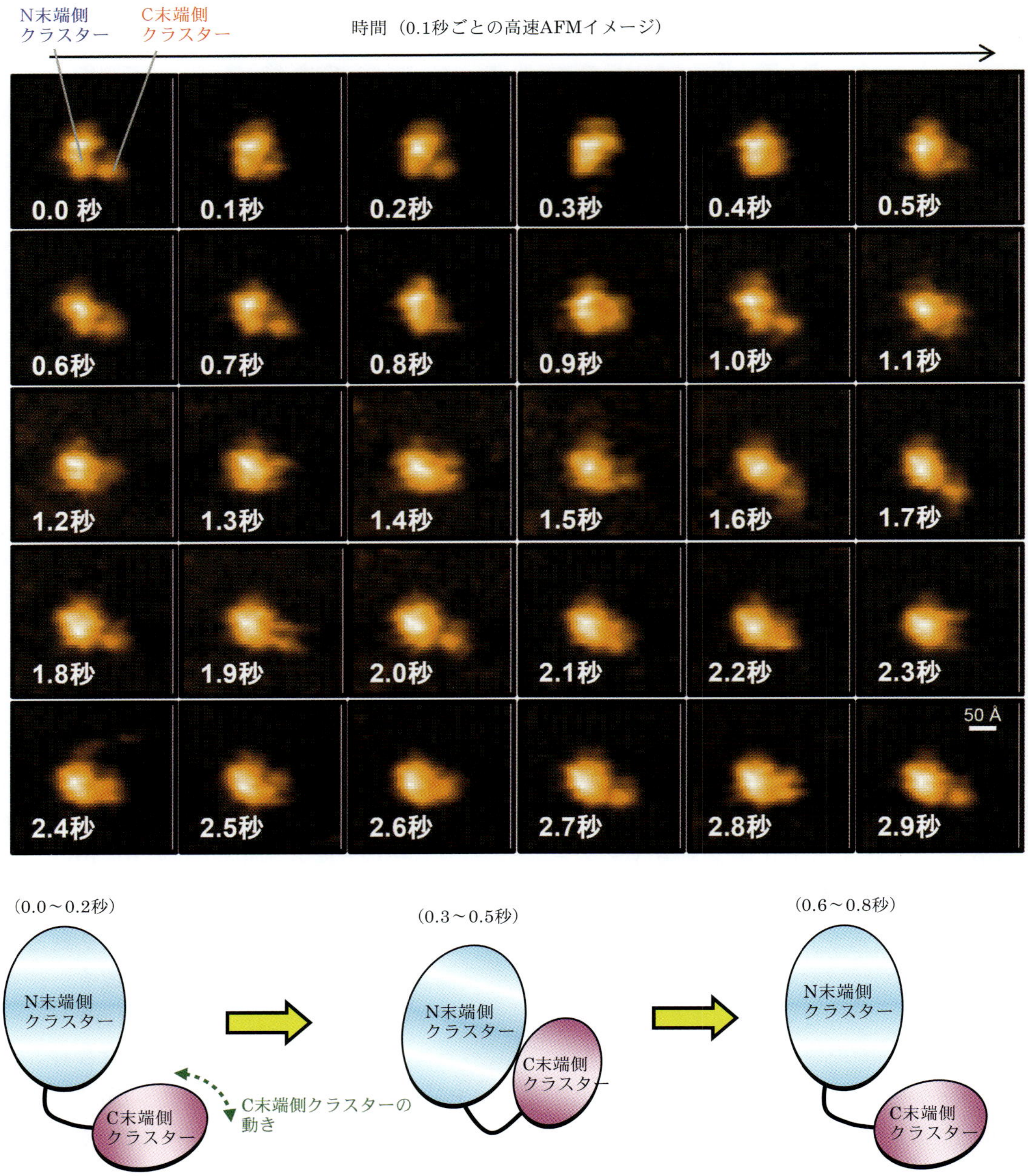

図 2　高速原子間力顕微鏡（高速 AFM）により観察した ERdj5 のクラスターの動き（上）とその経時変化の模式図（下）．C 末端クラスターが N 末端側クラスターに対し高速に動いている様子が観察される．0.1 ～ 0.2 秒のイメージでは C 末端クラスターが開き，0.3 ～ 0.5 秒のイメージでは C 末端クラスターが閉じ，0.6 ～ 0.8 秒のイメージでは C 末端クラスターがまた開く様子を表している．

ニズムで重要な役割をしていることが示された（図 3）．

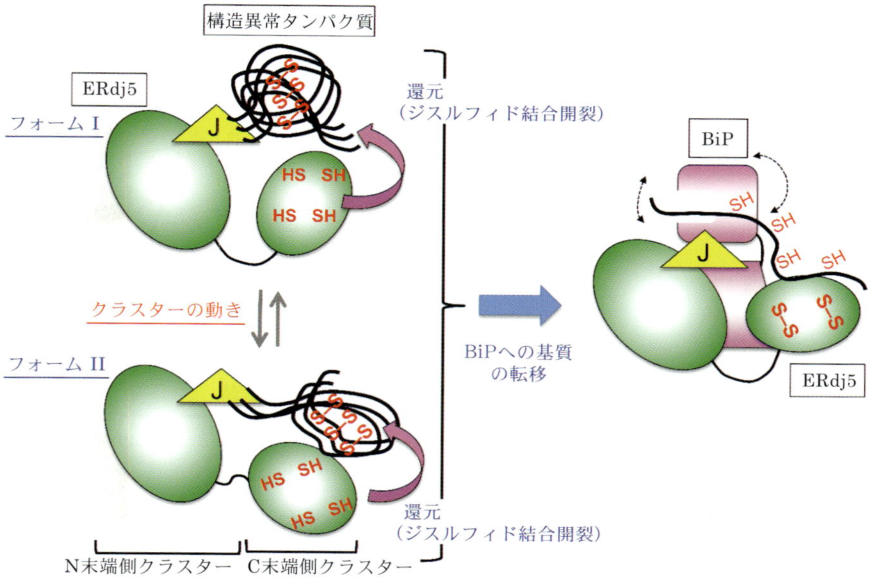

図3 ERdj5を介した構造異常タンパク質の効率的なジスルフィド結合の開裂機構．ERdj5が促進する小胞体関連分解の経路において，まずERdj5のC末端側クラスターに存在する活性部位によって誤ったジスルフィド結合が還元される．その結果構造が解きほぐされた分解基質は分子シャペロンBiPへ受け渡され，その後サイトゾルに輸送される．この過程において，クラスターの動きにより，サイズやジスルフィド結合の数が異なるさまざまな分解基質の誤ったジスルフィド結合が効率よく開裂され，速やかにBiPへ基質が受け渡されることが示された．

3. 細胞内pHを利用した品質管理監視機構の分子構造基盤

タンパク質の品質管理システムにおいて，ERp44は，不完全な分泌タンパク質をゴルジ体で捉え小胞体へと戻し，成熟化を促進させる役割を担っている．またERp44は，他の小胞体局在タンパク質をゴルジ体から小胞体へと戻す役割もあり，分泌経路下流におけるタンパク質品質管理の監視役として重要な役割を担っている（図4）．これまでの我々の研究によって，ERp44は小胞体とゴルジ体間のpH勾配を利用して，結合相手のタンパク質との相互作用を制御していることを明らかにした[5]．すなわち，弱酸性のゴルジ体において，ERp44は様々な構造未成熟のタンパク質と複合体を形成し，小胞体へと輸送される．中性である小胞体に戻されると，ERp44と構造未成熟なタンパク質は解離し，小胞体に存在する種々の因子の助けを借りて正しい立体構造に修復されることがわかった．

さらにERp44のpHセンシング機構を原子レベルで明らかにするため，中性および酸性条件におけるERp44の立体構造をX線結晶構造解析によって決定した[6]．ERp44は，PDIファミリータンパク質の1つであり，全体構造は3つのチオレドキシン様ドメイン（a, b, b′）とC末端テール領域で構成されている（図5）．今回の構造解析によって，以前報告された結晶構造では不明であった領域の大部分を構築することができ，特にC末端テール領域の根元に存在するヒスチジンというアミノ酸が集中する領域（Hisクラスター）の構造が明らかになった．弱酸性条件（ゴルジ体のpH）と中性条件（小胞体のpH）で決定したERp44の立体構造を比較した結果，弱酸性条件下では，ドメイン間の相互

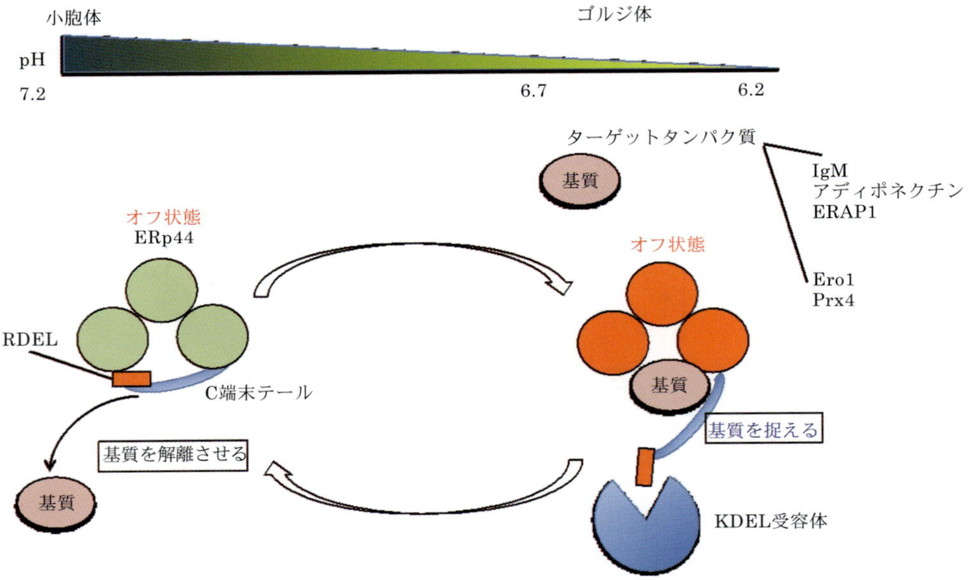

図 4　細胞内 pH 勾配を利用したタンパク質品質管理．ERp44 は，弱酸性のゴルジ体において，未成熟な IgM や，Ero1 などの小胞体局在タンパク質を捉え，KDEL 受容体を介して，それらを小胞体へと逆輸送する．

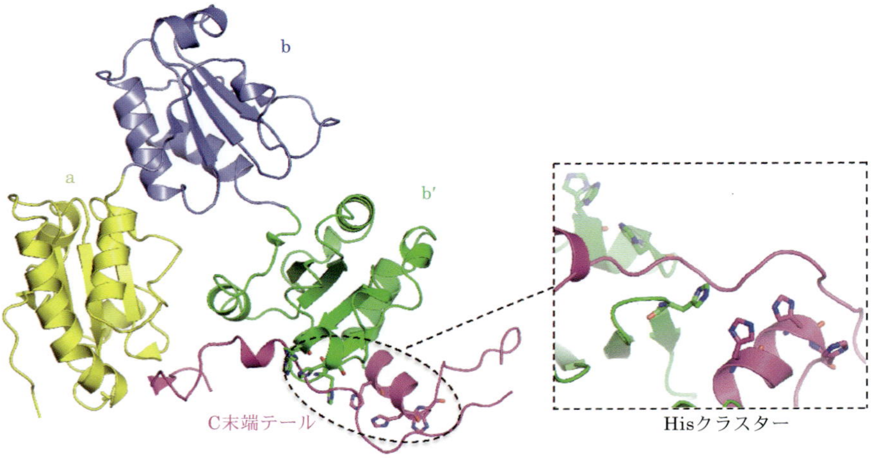

図 5　ERp44 の結晶構造．ERp44 は，3 つのチオレドキシン様ドメイン (a, b, b′) および C 末端テール領域で構成される．今回の構造解析によって，C 末端テール根元に存在するヒスチジン残基が集中した His クラスターの詳細な立体配置が明らかになった．

作用に関わるヒスチジン残基のプロトン化によって ERp44 の 3 つのチオレドキシン様ドメインの相対配置が変化し，基質との結合に関わるとされる正電荷を帯びた領域が大きく露出することが明らかになった (図 6)．また，His クラスターのプロトン化によって，一部の α ヘリックス構造が崩れ，基質結合部位を覆っている C 末端テールが ERp44 の本体の領域から離れやすくなることが示唆された．ERp44 の基質となるタンパク質の立体構造を調べた結果，

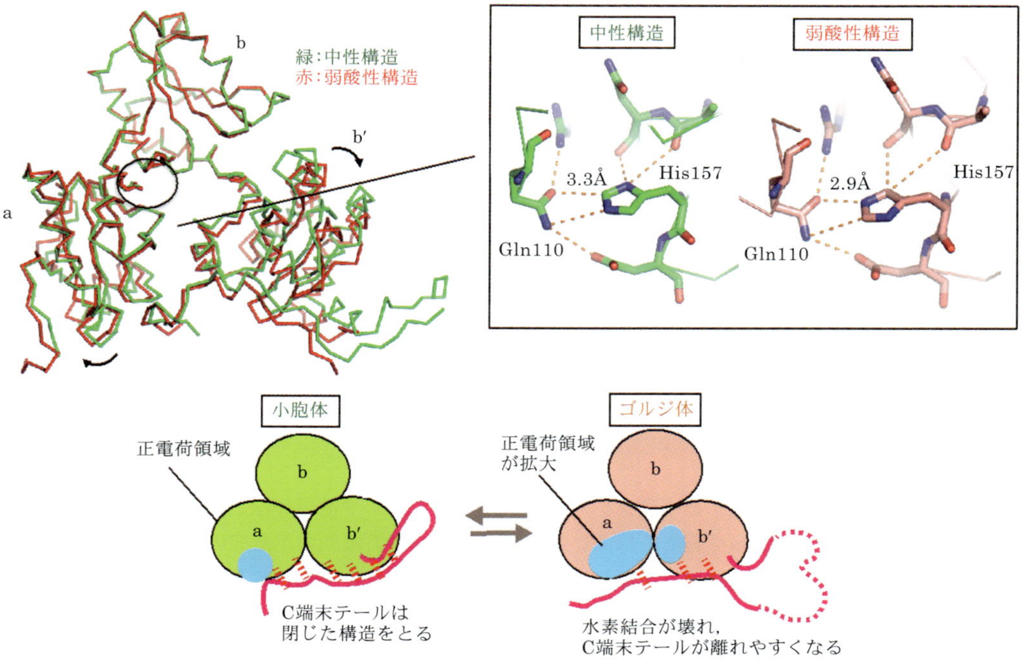

図 6　pH に依存した ERp44 の構造変化．構造比較の結果，弱酸性条件下では，ドメイン間の相互作用に関わるヒスチジン 157 のプロトン化によって，ERp44 の 3 つのチオレドキシン様ドメインの相対配置が変化することがわかった（上図）．その結果，基質との結合に関わるとされる正電荷を帯びた領域が大きく露出することが明らかになった（下図）．

ERp44 との結合に関わるとされるシステイン残基の周辺には，共通して負に帯電した領域が存在することが明らかになった．以上の結果から，pH に依存した構造変化を介して，正に帯電した ERp44 と負に帯電した種々の基質タンパク質との静電相互作用が促進されるというタンパク質間の新しい認識の仕組みが示された．以上の構造解析の結果から，小胞体とゴルジ体を舞台とした pH に依存した新たなタンパク質の監査機構が明らかとなった．

参考文献

1）M. Okumura, H. Kadokura and K. Inaba: Free radical biology & medicine, **83** (2015), 314-322.

2）R. Ushioda, J. Hoseki, K. Araki, G. Jansen, D. Y. Thomas and K. Nagata: Science, **321** (2008), 569-572.

3）M. Hagiwara, K. Maegawa, M. Suzuki, R. Ushioda, K. Araki, Y. Matsumoto, J. Hoseki, K. Nagata and K. Inaba: Mol Cell, **41** (2011), 432-444.

4）K. Maegawa, S. Watanabe, K. Noi, M. Okumura, Y. Amagai, M. Inoue, R. Ushioda, K. Nagata, T. Ogura and K. Inaba: Structure, **25** (2017), 846-857 e844.

5）S. Vavassori, M. Cortini, S. Masui, S. Sannino, T. Anelli, I. R. Caserta, C. Fagioli, M. F. Mossuto, A. Fornili, E. van Anken, M. Degano, K. Inaba and R. Sitia: Mol Cell, **50** (2013), 783-792.

6）S. Watanabe, M. Harayama, S. Kanemura, R. Sitia and K. Inaba: Proc Natl Acad Sci USA, **114** (2017), E3224-3232.

細胞のタンパク質の立体構造を頑強にする仕組み

奥村正樹，稲葉謙次

近年，細胞内外に蓄積する不良タンパク質が神経変性疾患や糖尿病など種々の重篤な病気を引き起こすことが数多く報告されている．哺乳動物細胞の細胞内小器官の１つである小胞体では，タンパク質の立体構造を頑強にするため，ジスルフィド結合の形成反応を触媒する仕組みが存在する．このシステムは，約 20 種類もの Protein Disulfide Isomerase (PDI) ファミリー酵素および数種類の PDI 酸化酵素によって構成される．本稿では，X 線結晶構造解析や X 線小角散乱（SAXS）などの放射光施設を利用した構造解析によって明らかとなった哺乳動物細胞のジスルフィド結合形成ネットワークの分子構造基盤を中心に紹介する．

1. はじめに

細胞内には，～300 mg/mL と高密度の環境のなかでも効率的なタンパク質の立体構造形成（以下，フォールディングと呼ぶ）を可能にするため一連の補助因子が存在し，それらが不良タンパク質の生成を防ぎ，正しいフォールディング反応を促す．特に全タンパク質の約 1/3 を占める分泌タンパク質や膜タンパク質は，小胞体内に挿入された後，ジスルフィド結合の形成や糖鎖修飾を伴う複雑なフォールディングを受けるため，多くの補助因子を必要とする．ジスルフィド結合とは，2 つのシステイン残基が 2 電子酸化を受けることで形成される硫黄原子間の共有結合のことである．ジスルフィド結合を有するタンパク質には，生物学的にも医学的にも重要な受容体や免疫グロブリンさらにはインスリン，ディフェンシンなどのペプチドホルモンが知られ，正しいジスルフィド結合の形成はこれらタンパク質やペプチドの生理活性の発現に不可欠である．複数のジスルフィド結合を含むタンパク質において迅速に天然型のジスルフィド結合を形成することは，不良タンパク質の蓄積や凝集体を抑制する上で極めて重要な意味をもつ[1]．そこで，細胞内で迅速なジスルフィド結合形成の触媒をひとえに担うのが Protein Disulfide Isomerase (PDI) ファミリーの酵素群である．現在では，哺乳動物細胞の小胞体には 20 種類以上もの PDI ファミリー酵素と数種類の PDI 酸化酵素が同定されており，それらが複雑なジスルフィド結合形成ネットワークを構成することが広く知られている (図 1)[2)3)]．

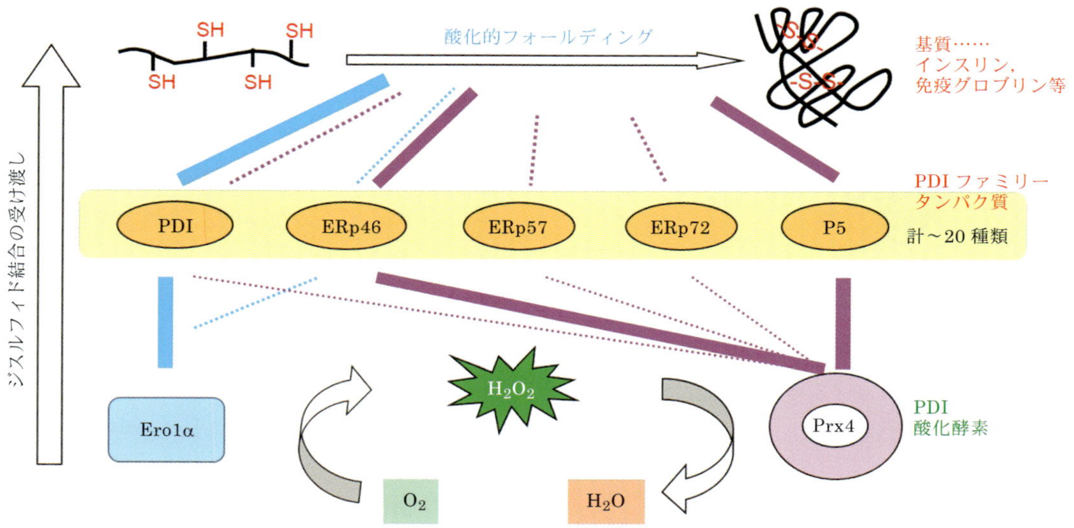

図 1　小胞体内におけるジスルフィド結合の触媒ネットワーク．小胞体には 20 種類以上もの PDI ファミリー酵素と数種類の PDI 酸化酵素が，複雑かつ精巧なジスルフィド結合形成ネットワークを構築している．

2.　小胞体における主たるジスルフィド結合形成経路 Ero1 / PDI の構造基盤

哺乳動物細胞の小胞体にはジスルフィド結合を効率よく導入するための酵素として PDI が存在し，その再酸化因子として flavin adenine dinucleotide（FAD）を補酵素としてもつ Ero1 が存在する．真核細胞の Ero1-PDI 酸化システムに関する研究は，酵母の系を中心に発展したが[4]，最近では哺乳動物細胞における同システムの研究が大きく進展しつつある．興味深いことに，Ero1 は PDI を再酸化する際，活性酸素種である過酸化水素を副産物として出すため，働き過ぎないように活性が厳密に制御されている．最近我々は，ヒト由来 Ero1 の結晶構造を解くことに成功した[5]．Ero1 は α ヘリックスに富んだ球状のタンパク質であり，PDI との電子の授受に関わるループ領域に活性制御に関わる 4 つのシステインを含む．これら 4 つのシステイン間のジスルフィド結合形成パターンの違いによりループ領域の柔軟さが変化し，その結果 Ero1 の PDI 酸化活性は大きく変化することが判明した．さらに，Ero1 と PDI の結晶構造を用いたドッキングシミュレーションの結果，Ero1 の突出した β ヘアピンループと PDI の b′ の疎水性ポケットが特異的に相互作用することが示された[6]．

Ero1 には，上述の活性制御に関わるシステインを含むループ領域（ループ I）に加え，機能未知の 2 つのシステインを含むループ領域（ループ II）が存在する．実際，ループ II 上のシステインをセリンに置換した変異体は野生型よりも高活性を示し，ループ II の酸化還元状態が活性制御に関わることを発見した[7]．次に，分子研の秋山修志教授の協力のもと，X 線小角散乱法と X 線結晶構造解析を組み合わせることにより，ループ I およびループ II の動的性質について解析した．その結果，溶液中で Ero1 の 2 つのループ領域は 1 つの決まった構造をとるのではなく，非常に高い柔軟性と多様性を有することが判明した（図 2）．このループ領域は PDI と結合するための足場としてはたらくと考えられる[8]．このように，結晶構造や溶液構造の知見を基に，Ero1 の新たな活性調節の

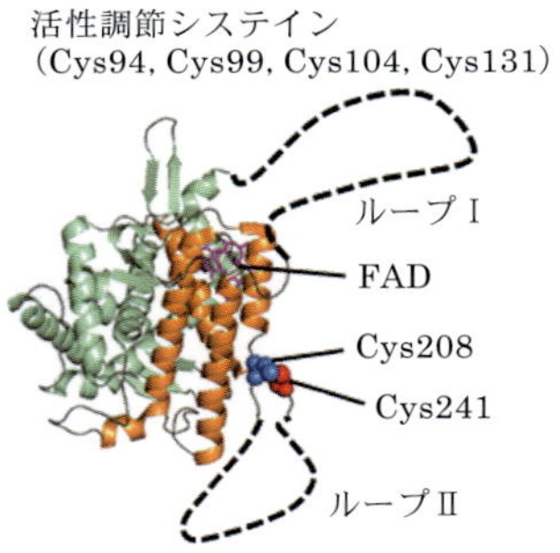

図2　ヒト由来Ero1の結晶構造．2本の点線は，結晶構造解析において電子密度を示さない柔軟性に富んだループ構造を表す．

分子機構を明らかにした．

3.　ジスルフィド結合導入酵素ERp46の構造基盤

PDIファミリータンパク質の1つERp46は，3つのチオレドキシン様ドメイン(Trx1, Trx2, Trx3)で構成されており，いずれのドメインもジスルフィド結合形成のための活性部位を有する．最近我々はERp46の各ドメインの構造をX線結晶構造解析により決定し，さらに各ドメインの空間的配置や分子全体の形状をX線小角散乱法により解析した．その結果，ERp46の全長構造モデルを構築するに至った．ERp46の各チオレドキシン様ドメインは互いに相互作用することなく20残基程度の長いループによって繋がっており，他のPDIファミリータンパク質にはみられない新規な「開いたV字構造」をとることが明らかとなった(図3)[9]．Bovine Pancreatic Trypsin Inhibitor (BPTI)をモデル基質として用い，そのジスルフィド結合の形成を伴うフォールディング(酸化的フォールディング)をHPLCにより解析した結果，ERp46は天然型のジスルフィド結

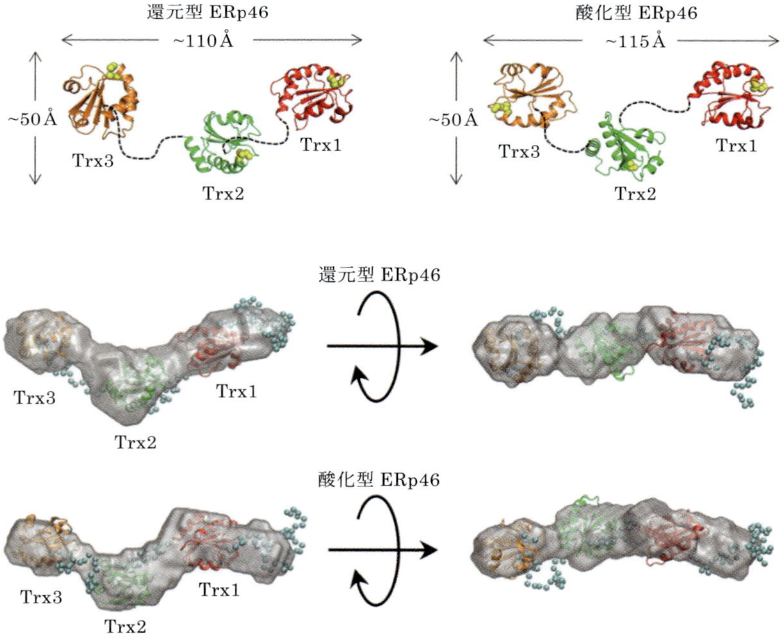

図3　全長の酸化型ERp46と還元型ERp46の溶液構造．上図の点線はチオレドキシン様ドメイン間をつなぐループ領域を示し，黄色の球からなる部分は酸化還元活性部位を示す．下図は，溶液散乱から得られた電子密度に合うように置かれた代表的なモデル構造を表す．各チオレドキシン様ドメイン(Trx1, Trx2, Trx3)はX線結晶構造解析により決定した．

合を選択的に架ける能力には欠けるものの，迅速にジスルフィド結合を導入することができることが判明した．これに対しPDIは，反応に時間はかかるものの，天然型のジスルフィド結合を選択的に架ける能力は高いことが明らかとなった．さらに興味深いことに，ERp46とPDIが協同的に働くことにより，天然型構造への酸化的フォールディング反応が相乗的に加速されることを発見した．以上のことから，哺乳動物細胞の小胞体内では，酵素間で機能分担することにより効率的な基質の酸化的フォールディングが促進されることが強く示唆された．

4. Prx4/P5 および Prx4/P5 経路による基質へのジスルフィド結合導入

興味深いことに，酵母においてEro1-PDI酸化経路は生存に必須であるのに対し，哺乳動物細胞ではEro1を欠損させても，免疫グロブリンなどの基質の酸化的フォールディングにほとんど影響せず，表現型は現れない[10]．このことは，哺乳動物細胞にはEro1-PDIと機能的に重複して相補的にはたらく他の酸化経路が存在することを強く示唆する．実際，Ero1以外のPDIファミリー酸化酵素として発見されたPeroxiredoxin 4 (Prx4) は，過酸化水素を酸化力の源として幅広くPDIファミリーを再酸化する能力を有し[11)12]，細胞内ではERp46およびP5と選択的に相互作用する[13]．X線結晶構造解析より，Prx4はリング状の十量体構造をとることが明らかとなった (図4)[13)14]．さらに興味深いことに，Prx4，Ero1の遺伝子を欠損させたとき，IgMの酸化的フォールディングは有意に遅れるものの，欠損マウスは正常に生存できることから，Ero1，Prx4に依存しない他の酸化的フォールディング経路も存在することが示唆された[12]．少なくとも試験管内においては，Prx4-P5およびPrx4-ERp46経路は基質のフォールディング初期に迅速にジスルフィド結合を導入するのに対し，Ero1-PDI経路は主として基質のフォールディング後期にジスルフィド結合の導入および組換えを行うことを我々は突き止めた (図5)[9)13]．細胞内におけるそれぞれのPDIファミリー酵素の基質特

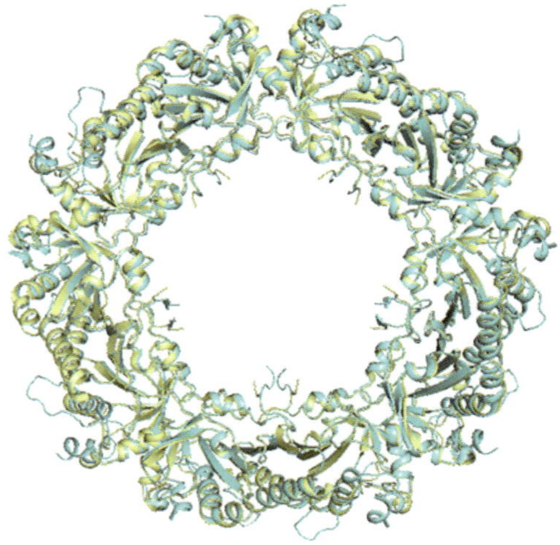

図4　全長のPrx4の結晶構造．Prx4はドーナッツ状の十量体構造をとる．

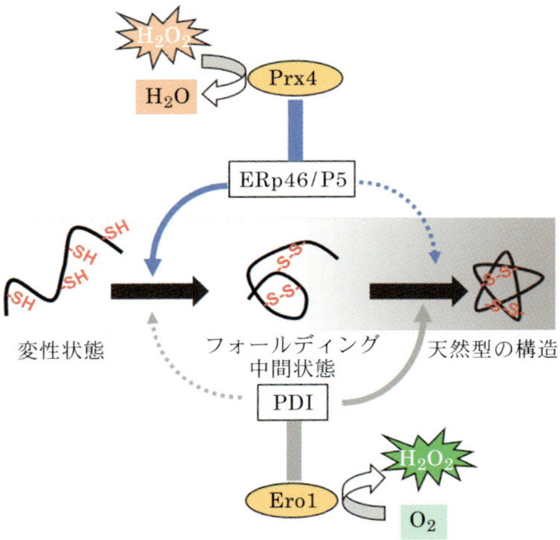

図5　Prx4/ERp46およびPrx4/P5経路とEro1/PDI経路の機能分担．Prx4/ERp46およびPrx4/P5経路は迅速であるが，ランダムなジスルフィド結合導入を行う．一方，Ero1/PDI経路は遅いが正確なジスルフィド結合導入を行う．

異性や酸化還元のパートナータンパク質の同定など，今後の更なる解明が待たれる．

参考文献

1） M. Okumura, S. Shimamoto and Y. Hidaka: The FEBS journal, **279** (2012), 2283-2295.
2） Y. Sato and K. Inaba: The FEBS journal, **279** (2012), 2262-2271.
3） M. Okumura, H. Kadokura and K. Inaba: Free radical biology & medicine, **83** (2015), 314-322.
4） E. Gross, D. B. Kastner, C. A. Kaiser and D. Fass: Cell, **117** (2004), 601-610.
5） K. Inaba, S. Masui, H. Iida, S. Vavassori, R. Sitia and M. Suzuki: The EMBO journal, **29** (2010), 3330-3343.
6） S. Masui, S. Vavassori, C. Fagioli, R. Sitia and K. Inaba: The Journal of biological chemistry, **286** (2011), 16261-16271.
7） T. Ramming, M. Okumura, S. Kanemura, S. Baday, J. Birk, S. Moes, M. Spiess, P. Jenö, S. Bernèche, K. Inaba and C. Appenzeller-Herzog: Free radical biology & medicine, **83** (2015), 361-372.
8） S. Kanemura, M. Okumura, K. Yutani, T. Ramming, T. Hikima, C. Appenzeller-Herzog, S. Akiyama and K. Inaba: The Journal of biological chemistry, **291** (2016), 23952-23964.
9） R. Kojima, M. Okumura, S. Masui, S. Kanemura, M. Inoue, M. Saiki, H. Yamaguchi, T. Hikima, M. Suzuki, S. Akiyama and K. Inaba: Structure, **22** (2014), 431-443.
10） E. Zito, K. T. Chin, J. Blais, H. P. Harding and D. Ron: The Journal of cell biology, **188** (2010), 821-832.
11） T. J. Tavender, J. J. Springate and N. J. Bulleid: The EMBO journal, **29** (2010), 4185-4197.
12） E. Zito, E. P. Melo, Y. Yang, A. Wahlander, T. A. Neubert and D. Ron: Mol Cell, **40** (2010), 787-797.
13） Y. Sato, R. Kojima, M. Okumura, M. Hagiwara, S. Masui, K. Maegawa, M. Saiki, T. Horibe, M. Suzuki and K. Inaba: Sci Rep, **3** (2013), 2456.
14） Z. Cao, S. Subramaniam and N. J. Bulleid: The Journal of biological chemistry, **289** (2014), 5490-5498.

遺伝子の機能解析における放射光利用
―クロマチン構造から農学への応用まで―

原田昌彦

生物の設計図であるDNA上には多くの遺伝子が存在し，それぞれの遺伝情報がRNAに転写され，さらにタンパク質に翻訳されて生物機能を制御している．DNAとヒストンが細胞核内で形成するクロマチン構造により，それぞれの遺伝子の転写が，様々な状況に応じて制御されている．近年，放射光がクロマチン構造研究に利用され，成果を挙げている．その成果のいくつかを紹介し，農学や医学分野における，放射光を利用したクロマチン研究の応用可能性について述べる．

1.　はじめに

農学研究の重要課題の1つとして「食」がある．食べる側（ヒト）と食べられる側（農畜水産物・食品）を深く知るとともに，その関係性を明らかにすることが食の研究には必要である．これらの関係性を支えるのは（食べる側も，食べられる側も）生物であることから，生物に普遍的な生存・活動原理を知ることは，農学研究においても不可欠である．遺伝子は普遍的な生物の「設計図」であり，すべての遺伝情報が刻まれたゲノムDNAの機能の研究に，放射光が広く活用できる．本稿では，細胞核内のヌクレオソーム・クロマチン構造の解析結果を用いて応用例を紹介する．

2.　DNA二重らせん構造

遺伝子の本体であるDNAの構造は，1953年にワトソンとクリックにより明らかにされた[1]．彼らはDNA結晶のX線回折像から，図1のようなDNAの二重らせん構造を提唱した．この構造により，DNAの情報がその複製後も正確に維持され，次世代に遺伝情報が伝えられる仕組みの基本が説明できるようになった．さらにこの構造に基づいてDNAの機能が研究され，DNAの遺伝情報（4種の塩基, A, T, G, Cの配列）がRNAポリメラーゼによる転写によって正確にメッセンジャーRNAに写しとられ，RNA上の情報がタンパク質のアミノ酸配列として翻訳されることで，生命の設計図としてDNAが機能する仕組みも明らかにされた．このDNA→RNA→タンパク質という遺伝情報の流れは，「セントラルドグマ」と呼ばれる．

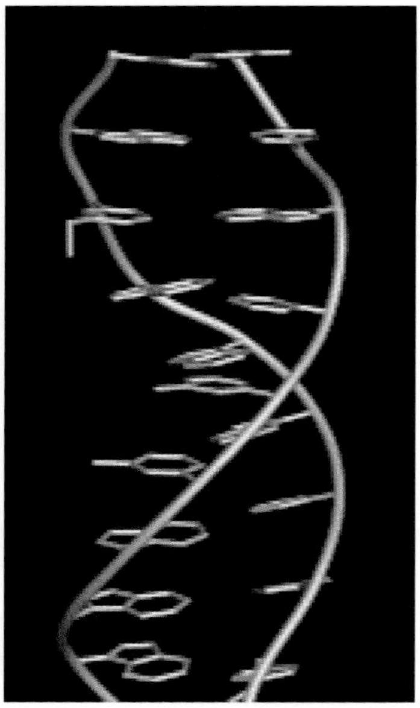

図1　DNAの二重らせん構造．PDBデータベースの情報[12]に基づく．

DNAの構造に基づくこのような研究により，異なったDNAを持つ細胞や生物が，異なった機能や形態を持つ仕組みの解明，すなわち「遺伝学（ジェネティクス）」が発展した．さらにこのような遺伝学研究は，ヒトをはじめとする様々なゲノムDNAの塩基配列を解読するゲノムプロジェクトとしても展開された．その結果，ヒトをはじめとした多くの生物のゲノム塩基配列が決定され，研究や応用に役立てられている．

このようにゲノムDNAの塩基配列情報の重要性は認識されてはいるが，ゲノムや遺伝子の機能には，まだまだ不明な点が多く残されている．その1つが，ヒトをはじめとするすべての多細胞生物の体を構成する多様な細胞の存在についてである．生物の体は，様々な性質・機能（表現型）をもつ細胞（たとえば，筋肉，神経，血液細胞など）で構成されている．しかし，1つの個体を形成する細胞に含まれるゲノムの塩基配列は，基本的にすべて同一である（これは，個体のすべての細胞は，元をたどればたった1つの受精卵に由来することに起因する）．この同一なゲノムから，異なった表現型をもつ細胞が出現（分化）することは，DNAが生物の設計図であることから考えると，一見矛盾している．この現象は，同じゲノムから異なった情報が取り出されていることによって説明される．すなわち，同じDNAを持ちながら異なった表現型を示す細胞では，遺伝子の情報がRNAに写しとられる反応のスイッチON/OFF（遺伝子発現制御）が異なるのである．このような同じゲノム（遺伝子）から異なった表現型が生じる現象，あるいはそのメカニズムは，「エピジェネティクス」と呼ばれる．エピジェネティクスが解明されれば，ヒトを初めとする生物が1つの受精卵から発生してくる機構や，時間経過に伴う加齢の機構，さらに遺伝子変異を伴わない疾病の機構なども解明されると期待される．

さらに，最近頻繁に話題に上がっている「万能細胞」や「iPS細胞」の理解と応用にもエピジェネティクスの理解と応用が必要不可欠である．すなわち，ゲノム情報を変化させることなく，ある体細胞から多様な細胞に分化可能な万能細胞やiPS細胞を作成するためには，遺伝子発現スイッチのON/OFF変換が必要である．また，万能細胞やiPS細胞を目的の細胞や組織に分化させる過程においても同様である．しかし，現時点では，遺伝学（ジェネティクス）のメカニズムに比べて，エピジェネティクスのメカニズムには不明な点が多く残されている．言い換えると，エピジェネティクスの解明は今後の研究に委ねられている．現在，エピジェネティクス研究に放射光が広く利用されている．

3. ヌクレオソームの構造と機能

ワトソンとクリックによって明らかにされたDNAの二重らせん構造により，遺伝子情報がDNA複製後も正確に維持される機構と，セントラルドグマの基本メカニズムを説明することができた．しかし，この二重らせん構造自体には遺伝子発現（DNAからRNAへの遺伝情報のコピー）を制御する仕組みは存在せず，エピジェネティック制御の機構を説明することはできなかった．生物は，どのようにエピジェネティック制御を行っているのだろうか？

真核生物は，膨大な遺伝情報を担うゲノムDNAを細胞核に収納している．たとえばヒトでは，直径が10 μm程度の1つの細胞核に，およそ2 mの長さのDNAが収納されている．このゲノムの収納機構の研究により，生物は，DNAを4種類のヒストンタンパク質（H2A, H2B, H3, H4）と結合させて「ヌクレオソーム構造」を形成し，ヌクレオソームを基本構造とするDNA-タンパク質の複合体「クロマチン」として細胞核内に収納していることが明らかになった．さらに，このクロマチンの構造が，エピジェネティック制御の基盤であることも示された．

ヌクレオソームの立体構造は，1997年にルーガー，リッチモンドらによるX線構造解析によって図2のように明らかにされた[2]．ルーガーらは，大腸菌で発現したヒトの4種のヒストンのそれぞれを精製し，試験管内でDNAと結合させることでヌクレオソームを再構成した．この再構成ヌクレオソームの結晶をX線構造解析に供することで，2.8 Åの解像度でヌクレオソームの構造を明らかにした．このヌク

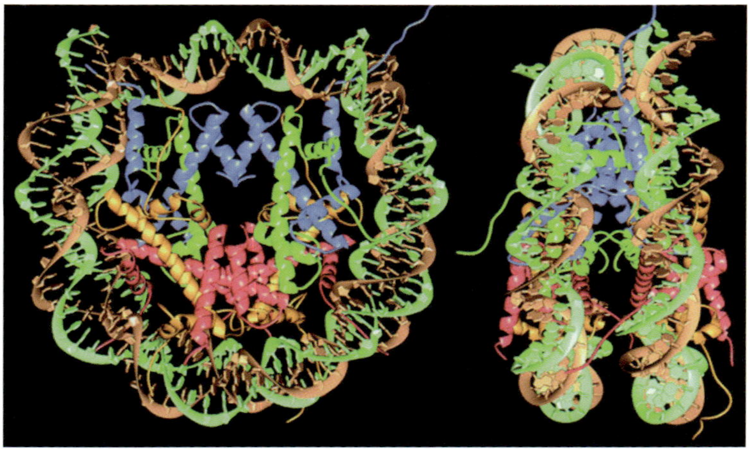

図2　ヌクレオソームの構造．文献2）より引用．

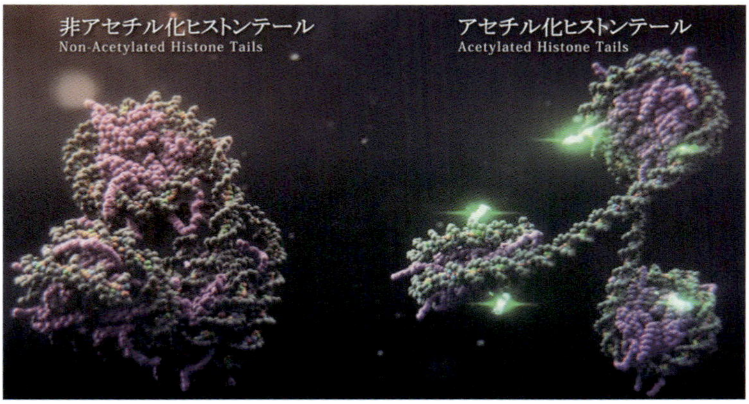

図3　アセチル化によるヌクレオソーム構造変化のコンピューターシミュレーション．ウエブサイト3）より引用．

レオソーム構造は，2分子ずつの4種ヒストン［(H2A, H2B, H3, H4)×2］が中心部の構造（ヌクレオソームコア）を形成し，そこに約200 bpの長さのDNAが約2回転巻き付くことによって形成されている．このようなDNAとヒストンタンパク質との密な結合は，DNAからRNAへの遺伝情報のコピー，すなわちRNAポリメラーゼによるDNAの転写を阻害する．したがって，ヌクレオソームを形成した遺伝子ではその転写が抑制される．一方，ヌクレオソーム構造が解消されるか緩むことで転写が活性化される．このようなヌクレオソームの構造変化を詳細に解析することにより，エピジェネティクスの分子機構の研究が進展している．

細胞核内には，ヌクレオソーム構造を緩めたり戻したりするメカニズムが存在し，それにより遺伝子発現がダイナミックに制御されている．様々なヌクレオソーム構造変換メカニズムの存在が知られているが，その1つがヒストンの化学修飾である．たとえば，ヒストンのアセチル化修飾はヌクレオソーム構造を緩め，遺伝子発現を活性化することが報告されている．ヒストンのアセチル化修飾がヌクレオソームの構造に影響を与えることは，コンピューターシミュレーション（図3）によっても示されている[3)]．このような化学修飾の導入や排除は細胞内の酵素によって行われるが，最近の研究から，食品中や，腸内細菌の代謝産物中にこれらの酵素活性に影響する多様な化合物が含まれることが明らかになっており，これらの成分の機能が注目されている[4)]．

4. ヒストンバリアントが形成する多様なヌクレオソーム構造とその機能

ヒストンの化学修飾だけでなく，アミノ酸の配列がわずかに異なるヒストン（ヒストンバリアント，あるいは異型ヒストン）がヌクレオソームに導入されることによっても，ヌクレオソームの構造が変化する．H4ヒストンを除く全てのヒストンにヒストンバリアントが存在しており，たとえばH2Aヒストンには，H2A.Z, H2AX，H2A.B，macroH2Aなどのヒストンバリアントが存在する．これらのH2Aバリアントは，H2Aと入れ替わることでヌクレオソームに導入される．H2Aヒストンのヒストンバリアントのうち，H2A.Zは出芽酵母からヒトまで存在する進化的に保存された分子であることから機能の重要性が示唆されており，その機能解明を目指した研究が進められている[5)]．

H2A.Zを含むヌクレオソームの構造は，2016年に胡桃坂，原田らによって決定された[6)]．その結果を図4に示す．H2A.Zを含むヌクレオソームは，安定なヌクレオソーム形成に関与するL1ループとよばれる部位で構造が異なっていた．したがって，H2A.Zの導入はヌクレオソーム構造の安定性に影響を及ぼすと考えられる．このようなヌクレオソーム構造の違いに加え，H2A.Zに特異的に結合するタンパク質も存在する[7)]．このようなH2A.Zの2つの特徴によって，H2A.Zのヌクレオソームへの導入がエピジェネティクス制御において多様な機能を果たしているのであろう．

興味深いことに，様々ながん細胞でH2A.Zが高発現しており，さらに高発現したH2A.Zを減少させることでがん細胞の性質を抑制できることも報告されている[8)]．このような観察結果から，H2A.Zは抗がん剤のターゲット候補の1つとされている．

さらに，H2A.Zの機能を，農業分野へ応用する可能性も期待されている．たとえば，植物は一定以上の気温で開花するが，H2A.Zは開花温度を決定している因子の1つである[9)]．H2A.Zに結合する化合物や，H2A.Z遺伝子の改変によって，植物の開花温度を人為的に制御

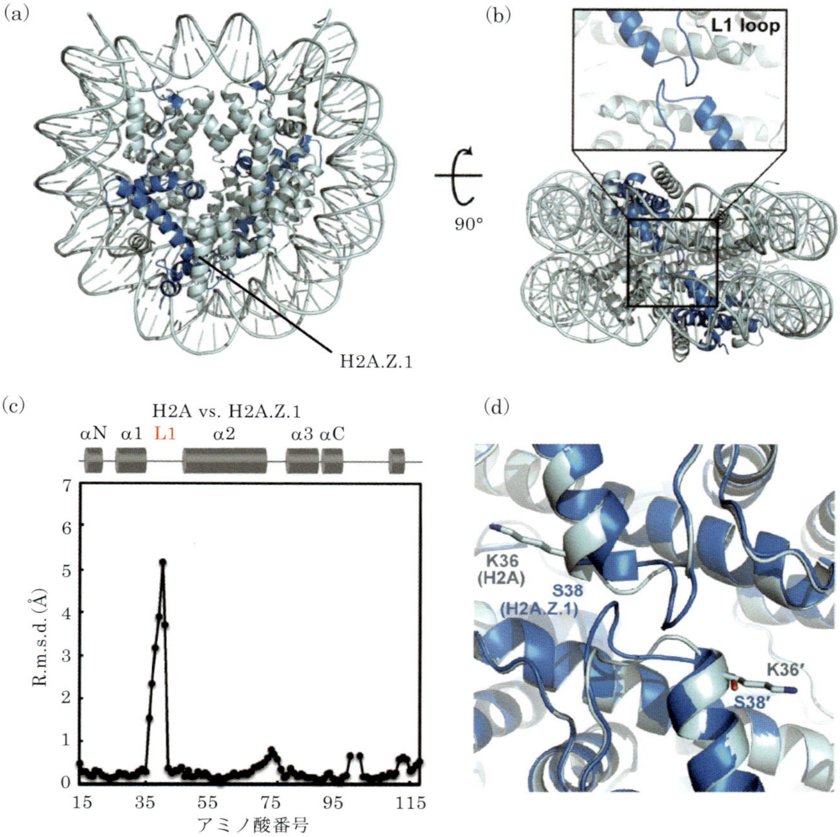

図4　ヒストンバリアント H2A.Z を含むヌクレオソームの構造．(a)，(b) 全体構造．(c) H2A を含むヌクレオソームの構造を比較した際の構造の差異示すグラフ．(d) H2A ヌクレオソームと H2A.Z ヌクレオソームの L1 ループの構造の比較．文献 6) の図を改変．

する技術が生まれれば，たとえば熱帯植物を東北地方で栽培できるようになるかもしれない．また，魚類のコイのヌクレオソーム中の H2A.Z の量が冬季と夏季で異なることも報告されていることから，脊椎動物の温度に対する適応性や行動変化にも H2A.Z が関与しているかもしれない[10)]．これらの知見は，農畜水産物の機能改変のターゲットとして，将来的に H2A.Z が利用できる可能性を示している．

5. ヌクレオソーム高次構造の解析

細胞核や染色体中で，DNA はヌクレオソームを基本単位とするクロマチン構造を形成している．クロマチン構造の基本は，11 nm ファイバーとよばれる構造（ヌクレオソームの直線的な連続）である（図 5）．従来は，11 nm ファイバーがらせん状に規則的に折りたたまれて 30 nm のファイバーを形成すると考えられていた．さらに，30 nm ファイバーが 100 nm 以上の構造を階層的に形成することで，細胞分裂期の染色体が形成されるモデルが提唱されていた．細胞核内のクロマチンを X 線小角散乱（SAXS）によって解析することで，このような 30 nm，あるいはそれよりも大きな階層的な構造が存在するかが検証された[11)]．その結

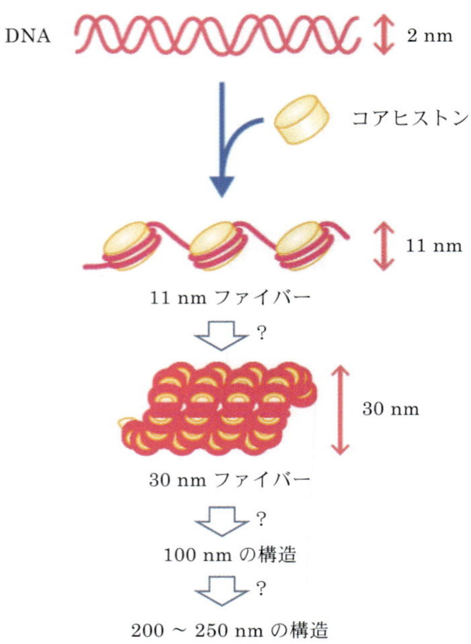

図 5　従来提唱されていた，11 nm クロマチンファイバーが形成する高次な階層構造のモデル図．ウエブサイトの論文 13) の図を改変．

果，ヌクレオソームに由来する 6 nm と 11 nm の構造は検出されたが，30 nm の構造は検出されなかった（図 6 (a)）．さらに，30 nm よりも高次の規則的な構造が存在する可能性が極小角散乱（USAXS）によって検証されたが，100 nm や 250 ~ 300 nm の構造は，染色体中に存在しないことが示された（図 6 (b)）．これら結果は，従来提唱されていたモデルとは異なり，11 nm ファイバーが不規則に細胞核・染色体に収納されていることを示している．最近の研究からは，このような不規則なヌクレオソームの収納によって，細胞核内でのヌクレオソームの動きや揺らぎが可能となり，それがゲノム上での遺伝情報の検索や読み出しを効率的に行うことに役立っているとされている[13]．

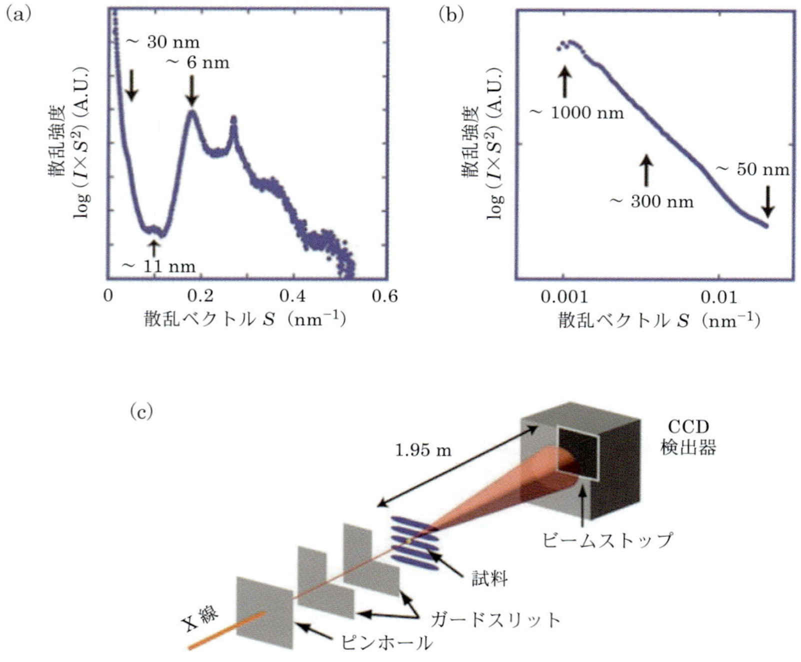

図 6　クロマチン高次構造の検出．(a) X 線小角散乱（SAXS）による解析．(b)，(c) 極小角散乱（USAXS）による解析結果と解析装置．文献 11) の図を改変．

6. おわりに

DNAやヌクレオソームの構造の決定から，細胞核内でゲノムが形成するクロマチン高次構造の観察まで，遺伝子機能の研究には放射光を用いた解析が大きく貢献している．しかし，遺伝子のエピジェネティック制御の構造基盤の解明は，まだ緒についたばかりである．今後，エピジェネティク制御機構を解明し，その成果を農学･医学分野に応用するために，この分野の研究に，これまで以上に放射光が利用されることが期待される．

参考文献

1） J. D. Watson and F. H. C. Crick: Nature, **171** (1953), 737-738.

2） K. Luger, A. W. Mäder, R. K. Richmond, D. F. Sargent and T. J. Richmond: Nature, **389** (1997), 251-260.

3） https://www.youtube.com/watch?v = v2s0vtvqmKc

4） B. Paul, S. Barnes, W. Demark-Wahnefried, C. Morrow, C. Salvado, C. Skibola and T. O. Tollefsbol: Clin Epigenetics, **7** (2015), 112.

5） M. Kusakabe, H. Oku, R. Matsuda, T. Hori, A. Muto, K. Igarashi, T. Fukagawa and M. Harata: Genes Cells, **21** (2016), 122-135.

6） N. Horikoshi, K. Sato, K. Shimada, Y. Arimura, A. Osakabe, H. Tachiwana, Y. Hayashi-Takanaka, W. Iwasaki, W. Kagawa, M. Harata H. Kimura and H. Kurumizaka: Acta Crystallogr D Biol Crystallogr., **69** (2013), 2431-2439.

7） S. Pünzeler, S. Link, G. Wagner, E. C. Keilhauer, N. Kronbeck, R. M. Spitzer, S. Leidescher, Y. Markaki, E. Mentele, C. Regnard, K. Schneider, D. Takahashi, M. Kusakabe, C. Vardabasso, L. M. Zink, T. Straub, E. Bernstein, M. Harata, H. Leonhardt, M. Mann, R. A. Rupp and S. B. Hake: EMBO J., **36** (2017), 2263-2279.

8） C. Vardabasso, A. Gaspar-Maia, D. Hasson, S. Pünzeler, D. Valle-Garcia, T. Straub, E. C. Keilhauer, T. Strub, J. Dong, T. Panda, C. Y. Chung, J. L. Yao, R. Singh, M. F. Segura B.Fontanals-Cirera, A. Verma, M. Mann, E. Hernando, S. B. Hake and E. Bernstein.: Mol Cell, **59** (2015), 75-88.

9） S. V. Kumar and P. A. Wigge: Cell, **140** (2010), 136-147.

10） N. G. Simonet M. Reyes, G. Nardocci, A. Molina and M. Alvarez: Epigenetics Chromatin, **6** (2013), 22.

11） Y. Nishino, M. Eltsov, Y.Joti, K. Ito, H. Takata, Y. Takahashi, S. Hihara, A. S. Frangakis, N. Imamoto, T. Ishikawa and K. Maeshima: EMBO J., **31** (2012), 1644-1653.

12） PDBj database: 5CJY

13） http://first.lifesciencedb.jp/archives/16866

工業用酵素・タンパク質の構造生物学

日高將文，七谷　圭

タンパク質のＸ線結晶構造解析は，積極的に放射光を利用している研究分野の１つである．その成果は生命現象の解明や新規薬品の開発など多岐にわたる．工業用酵素・タンパク質の開発でも，タンパク質機能改変のための構造デザイン，そして構造評価に放射光を利用することによって，新規活性の創出や機能向上などの恩恵がもたらされている．近年，挑戦的な応用研究の対象として微生物の代謝に関わる膜タンパク質も注目されており，放射光のさらなる利用が期待される．

1.　はじめに

「タンパク質・酵素」を研究する分野で，「放射光」や「X線」というキーワードから思い浮かぶのは「X線結晶構造解析」だろう．タンパク質・酵素の形を原子レベルで明らかにすることができるX線結晶構造解析によって，生物の中で働くタンパク質・酵素の機能メカニズムが原子レベルで明らかにされてきた．タンパク質・酵素を研究し，利用している方であれば，その立体構造に興味を持たれたり，構造解析の論文を目にされたりする機会も多いかと思われる．

X線結晶構造解析の成果として挙げられるのが，医薬・創薬分野における貢献である．医薬・創薬の分野では，目標のタンパク質の構造と機能の情報を手掛かりに，その機能を制御する薬剤や化合物を「デザイン」する．その結果として，抗インフルエンザ薬をはじめとする様々な薬が誕生した．

一方，X線結晶構造解析は工業用タンパク質・酵素の開発にも大きく貢献してきた．食品開発や工業利用の分野では，「デザイン」するものが医薬・創薬分野とは逆転する．食品素材や化合物は「目標物」であり，それらを安全性や経済性等の面からより効率よく製造できるようにタンパク質・酵素の方を「デザイン」することになる．

工業用酵素が最も利用されている分野の１つが食品の開発・製造である．私たちが普段飲んでいる清涼飲料水の多くには，内容物として「果糖ブドウ糖液糖」が含まれている．果糖ブドウ糖液糖は「異性化糖」とも呼ばれる．これは異性化糖が，デンプンを原料として加水分解酵素（α-アミラーゼ，グルコアミラーゼ）でブドウ糖（グルコース）まで分解し，そのブドウ糖を異性化酵素（グルコースイソメラーゼ）によって果糖（フルクトース）に異性化することで製造されているからである．このデンプンから果糖までの一連の酵素利用技術は，1960 年代後半から 70 年代に確立された．工業的に最も利用されている製法は，工業技術院（現：産総研）の高崎義幸博士らのグループにおいて開発されたものである[1]．このように，様々な反応を触媒する酵素の発見と効果的な組み合わせによって，付加価値の高い製品を作り出すことができるようになる．

2. 酵素開発における構造情報の利用法

2.1 構造情報を手掛かりに未知の酵素を探す

α- アミラーゼやグルコアミラーゼのように糖質を加水分解する酵素は数多く見出されている．その酵素を体系的に理解するために，酵素のアミノ酸配列に基づいてファミリーに分類したものが GH ファミリー（Glycoside Hydrolase ファミリー）である．同じファミリーに分類される酵素は基質特異性や反応メカニズム，そして立体構造がよく似ていると考えられている．

GH ファミリーには，オリゴ糖に作用し，糖 1 リン酸を遊離する加リン酸分解酵素（ホスホリラーゼ）も分類されている．この反応は可逆的なので，糖 1 リン酸をドナーとしたオリゴ糖合成に利用することも可能である．糖が付加されるアクセプター分子は，酵素によって厳密に決まっている（特異性が高い）ので，特定のオリゴ糖を効率よく合成することができる[2]．そのように便利な酵素があるのであれば，いろい

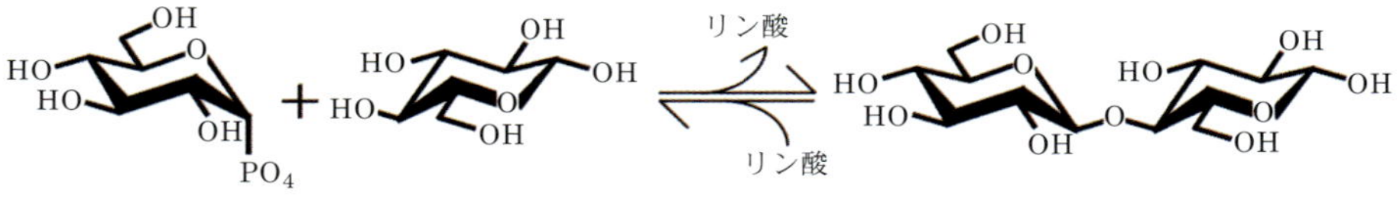

(a) セロビオースホスホリラーゼの反応機構

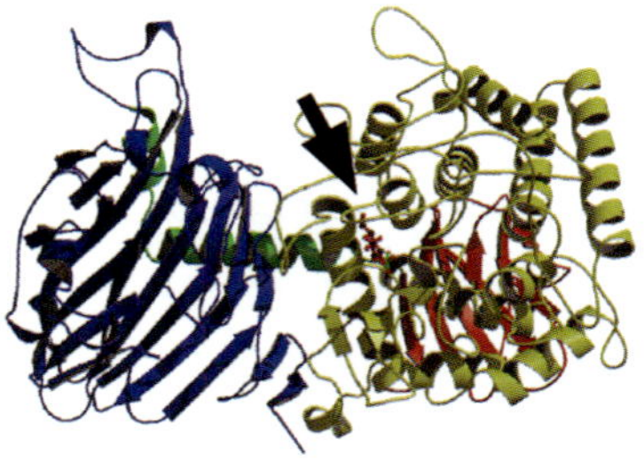

(b) セロビオースホスホリラーゼの立体構造

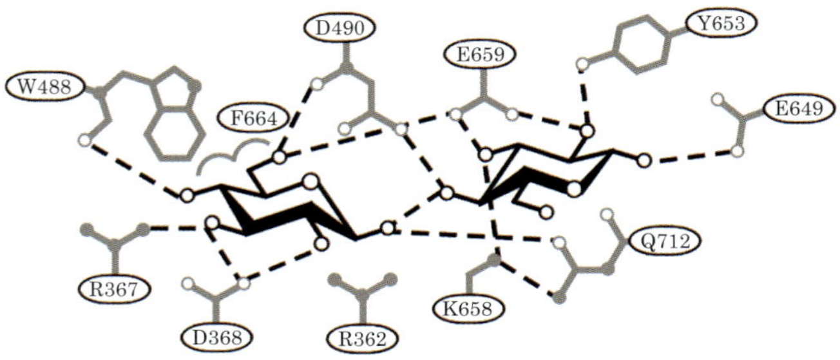

(c) セロビオースホスホリラーゼの基質結合部位の模式図

図 1 GH94･セロビオースホスホリラーゼ．(a) セロビオースホスホリラーゼの反応スキーム．グルコース 1 リン酸（ドナー）とグルコース（アクセプター）からセロビオースを合成することができる．(b) セロビオースホスホリラーゼの立体構造．矢印の部分に基質結合部位（活性中心部位）がある．(c) セロビオースホスホリラーゼの基質結合の模式図．基質（黒）および酵素のアミノ酸残基（グレー），酵素内の酸素原子を白丸で表した．点線は水素結合，円弧は疎水的な相互作用を示す．

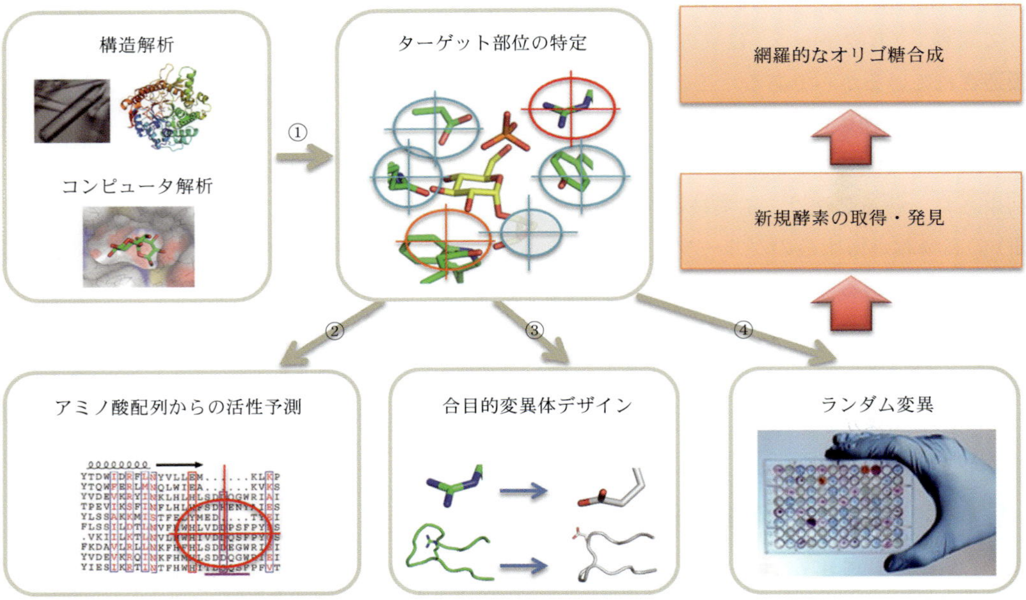

図 2 酵素の立体構造情報を利用した酵素機能開発スキーム．①立体構造やコンピューター解析から基質の認識機構を明らかにし，②アミノ酸配列のパターン比較，③合目的なアミノ酸配列置換体のデザイン，④ランダムなアミノ酸変異の導入，によって新規酵素の取得し，合成することができるオリゴ糖の種類を増やす．

ろな種類のオリゴ糖を合成できるのでは？ と考えられるかもしれない．しかし，GH に分類される加リン酸分解酵素の立体構造が明らかになった 2000 年ころは，既知の加リン酸分解酵素の種類が少なく，合成することができるオリゴ糖は数種類に限られていた．加リン酸分解酵素によるオリゴ糖合成を展開するためには，酵素の種類が増えることが不可欠であった．

GH94 に分類される加リン酸分解酵素の 1 つ，セロビオース (Glc-β1, 4-Glc) に作用するホスホリラーゼの立体構造と，酵素の基質認識を模式的に示す (図 1)[3]．構造を解析することによってアクセプターの特異性を決定しているアミノ酸残基を同定することができた．すると，GH94 の酵素の中に，これらのアミノ酸残基が保存されていないものがたくさん見つかってきた．これは，セロビオース以外の他のオリゴ糖を合成することができる未知の加リン酸分解酵素が，まだ機能が解析されてない酵素の中に眠っている可能性を示唆していた．新潟大学の中井博之准教授のグループは，潜在的な加リン酸分解酵素に注目し，新規酵素の探索に精力的に取り組んでいる (図 2)．その結果，現在では GH94 のみならず，GH65, GH130 といった他のファミリーからも多数の新規加リン酸分解酵素を発見・利用し，網羅的なオリゴ糖合成を可能にしている[4]．

2.2 変異体の構造を見て評価する

酵素の利用を高めるための開発項目として挙げられるものには，酵素の熱や pH に対する安定性の向上や反応生成物の特異性の変換・拡張・制御などがある．特に，反応速度が速くなり，微生物の繁殖を防ぐことができる高温に適応する酵素の耐熱化は，一般的に望ましいことであると考えられている．

タンパク質の熱に対する安定化には，様々な機構がある．その一例として，図 3 に GH112

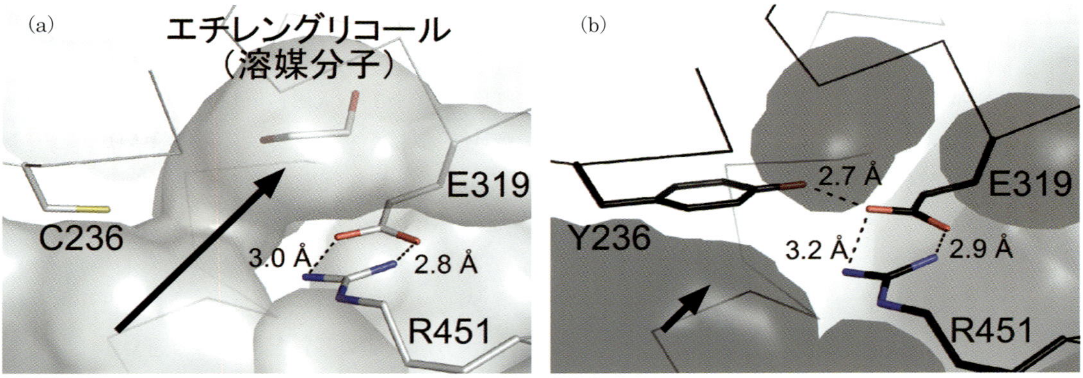

図 3　GH112・加リン酸分解酵素の (a) 野生型と (b) 耐熱化変異体 (C236Y) 変異体の構造．野生型では酵素内部に隙間があり，溶媒分子 (図中ではエチレングリコール) が酵素内部に入ることができる．C236Y 変異体では，隙間の入り口が塞がれており，溶媒は出入りできない．

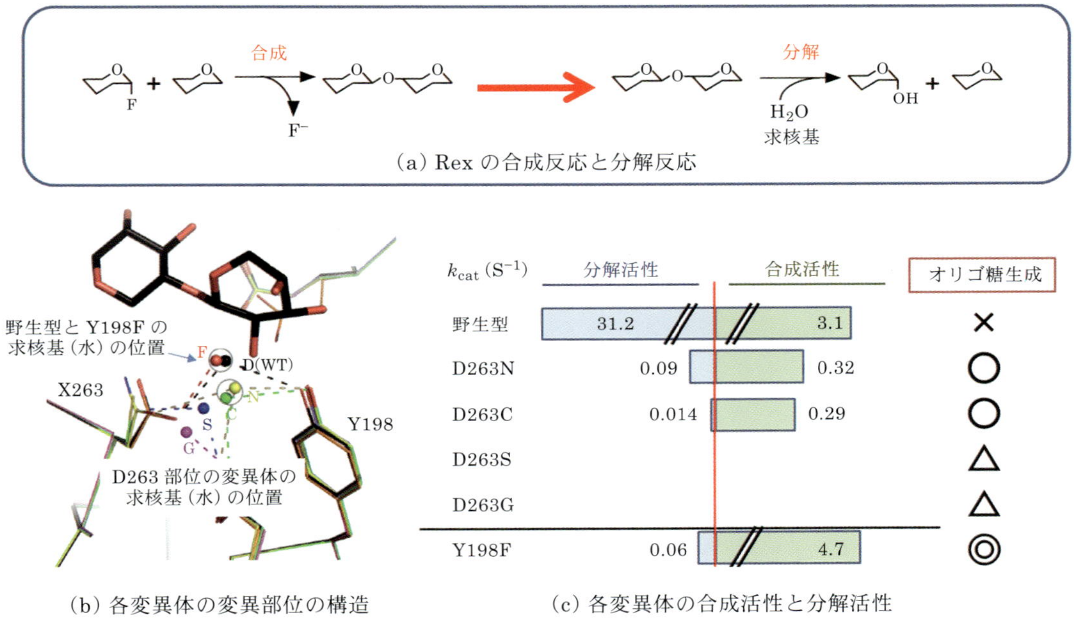

図 4　Rex の反応と変異体の解析．(a) Rex の反応．フッ化キシロース (ドナー) とアクセプター分子 (図中ではキシロース) を共存させると転移反応 (合成反応) が起こる．合成されたキシロオリゴ糖 (図中ではキシロビオース) は加水分解反応の基質となるので，合成されたキシロビオースは速やかに加水分解される．加水分解反応は水分子が求核基としてグリコシド結合を攻撃する．(b) Rex の各変異体の立体構造．野生型，触媒残基 D263 の変異体 (D263N, D263C, D263S, D263G) および Y198 の変異体 (Y198F) の構造の重ね合わせ．D263 の変異体は，加水分解反応において求核基として働く水分子の位置に明確な違いが見られる．Y198F の求核基は野生型と同じ位置．(c) Rex の野生型および各変異体の分解活性と合成活性．野生型は合成活性が高いものの分解活性が高いため，合成物が速やかに分解されるためオリゴ糖を合成することができない．D263 変異体は加水分解活性は消失しているものの合成活性も低下している．Y198F 変異体は分解活性のみ低下しており，合成反応によるオリゴ糖の蓄積が見られる．

に分類される加リン酸分解酵素の耐熱化機構を示す[5]．野生型酵素では，酵素内に大きな空洞があり，溶媒分子（図ではエチレングリコール）が通り抜けることができる状態である．酵素の耐熱性が15°C上昇した変異体C236Yでは，アミノ酸側鎖が大きくなり，さらにシステインから置き換わったチロシンの側鎖の水酸基と，319番目のグルタミン酸（E319）の側鎖が水素結合を形成して空洞を塞いでしまったことで，溶媒分子が入り込むことができなくなった．この空洞の充填によって，酵素は耐熱性を獲得したと考えられる．

このように，酵素の開発では分子内のアミノ酸残基を異なる種類のアミノ酸に置き換える．そのような変異体作製のアプローチでは，どのアミノ酸残基をどのアミノ酸に置き換えるのか，というデザインが開発の最初のステップになる．しかし，最初から当たりの設計を引き当てることは滅多にない．実は上述の耐熱化は，酵素の空洞を塞ぐ「デザイン」によって耐熱化変異体を獲得したわけではなく，ランダムな変異によって獲得した変異体の耐熱化が空洞を塞ぐという「メカニズム」に基づくものだった．「メカニズム」に基づく合目的な「デザイン」よりも，ランダムなデザインの方がよい改良になることは多い．しかし，後付けになるかもしれないが，変異体の構造を解析することでメカニズムを明らかにすることはとても重要なことである．

酵素の改良には試行錯誤が付き物であるが，そのような場合にこそ，構造の情報を取り入れてみると新しいことが見えてくる場合もある．次の例は少し特殊な酵素の機能改変である．

Rex（Reducing end xylose-releasing xylanase）という酵素がある[6]．この酵素はキシロースが重合したキシロオリゴ糖から還元末端のキシロースを遊離する加水分解酵素である．この酵素の特色は，フッ化キシロース（キシロースの1位の水酸基がフッ素に置換したもの）をドナーとすると，図4に示すようにキシロースの転移反応（合成反応）が起こり，キシロオリゴ糖を合成する反応を触媒することである（このような反応をグライコシンターゼ反応と呼ぶ）．この反応を利用すれば，キシロオリゴ糖を大量に合成できると考えられるだろう．しかし，合成されたキシロオリゴ糖は，Rexの加水分解反応の基質となるので速やかに分解されてしまう．結果として，ドナーのフッ化キシロースとアクセプター分子（図ではキシロース）を共存させると，合成反応と分解反応が連続的に起こるため，フッ化キシロースがフッ素とキシロースに加水分解する反応が起きているように見える．

食品総合研究所（現：農研機構）の北岡本光博士，本多裕司博士（現：石川県立大学）は，Rexの合成活性に注目し，合成活性を残しつつ分解活性を消失させることができれば実用的なキシロオリゴ糖合成酵素として利用できるのではないかと考えた．そこで最初の戦略として，加水分解反応の触媒残基である263番目のアスパラギン酸（D263）を他のアミノ酸に置換することで加水分解活性を除くことを試みた[7]．

目論見通り，D263変異体の分解活性は野生型の0.3％以下に低下した．一方，合成活性も野生型の約10％に低下してしまった．この合成活性の低下は予想外の結果であった．そこで，D263変異体の構造を明らかにすることで，合成活性が低下した原因を追究した[8]．

D263変異体は，置換したアミノ酸残基以外に，意図しない構造の変化が生じていた．加水分解反応時に求核基として働く水分子の結合位置が異なっており，その変化が大きいほど合成活性が低下していた．そのため，詳細な反応メカニズムは不明だが，Rexの転移活性と求核基（水）の位置は相関があると考えた．そこで次の戦略として，この部分の構造の変化が小さくなるような変異体デザインを考えた.

198番目のチロシン残基(Y198)は，D263とともに求核基の水分子を支えているアミノ酸残基である．このY198をフェニルアラニンに置換したY198F変異体の分解活性は野生型の0.2%に低下した．一方，合成活性は野生型とほぼ同程度のレベルを維持していた[9]．Y198Fの立体構造を解析すると，求核基の水の結合位置は野生型とほぼ同じだった．Y198Fのデザインでは，求核基(水)の位置に影響しない変異体という設計戦略通りの変異体が獲得できていたわけである．結果として，Y198Fという実用的な合成酵素の獲得に成功した.

Rexの合成酵素化の開発がうまくいった理由の1つは，変異体の構造情報を蓄積することで，タンパク質変異体設計の戦略について，その妥当性を評価することができたことである．さらに，変異体が意図したとおりの構造を形成しているのか確認することができたことがキーポイントであると考えられる．このように，酵素に変異を加えることでデザインする際には，変異体が意図した構造をとっているのか評価することが大切だと考えられる.

放射光を利用したことのない研究者にとって，タンパク質のX線結晶構造解析はハードルの高い手法に感じられるかもしれない．しかし，タンパク質のX線結晶構造解析は，放射光を利用する研究分野の中でも利用が進んでいる分野の1つで，技術的には成熟している分野と言える．SPring-8やPFのビームラインでは，結晶をセットすればほぼ全自動でデータを測定してくれるユーザーフレンドリーな環境が整えられている．放射光施設の積極的な利用ができれば，タンパク質・酵素開発法の新たな展開が期待される.

3. 膜タンパク質の構造情報利用

近年のX線結晶構造解析のチャレンジングな研究対象として膜タンパク質が挙げられる．精製・結晶化が困難な膜タンパク質も，結晶化技術や測定技術の進歩により徐々に構造が明らかになってきている．工業利用という点で見ても，膜タンパク質は注目すべき研究対象となっている.

膜タンパク質の中でも膜輸送体に分類されるタンパク質は，微生物を用いた化合物生産において生産効率を高める上で重要であることが，多く報告されている[10]．極性の強い化合物(有機酸など)はリン脂質膜を透過しないため，膜内外の輸送には輸送担体が必要である．微生物を用いてこのような化合物を生産する際に，宿主が適当な輸送担体(排出輸送体)を有していない場合は，目的化合物は細胞内に蓄積し，負のフィードバックにより生合成反応が阻害される．そもそも，宿主微生物が本来生産しない化合物を生産させる場合には，排出輸送体そのものが存在しない可能性が高いと考えられる．そこで，宿主に適切な輸送体を導入することができれば，細胞内での生合成反応を効率化し，従来の生合成酵素のパフォーマンス以上の能力を引き出すことにつながり，従来生産することが難しかった化合物を安定かつ大量に生産できる可能性が期待できる(図5).

実際に産業微生物において，化合物排出輸送体の発現により，物質生産の効率化を実現した例を紹介する．*Corynebacterium glutamicum* は，1950年代に菌体外にグルタミン酸を生産する菌種として発見され，現在ではアミノ酸をはじめとする様々な化合物の生産菌として実用化されている．この微生物に関しては50年以上にわたり，基礎，応用の両面から様々な研究が進められてきたのにも関わらず，グルタミン酸排出の分子メカニズムについては報告はな

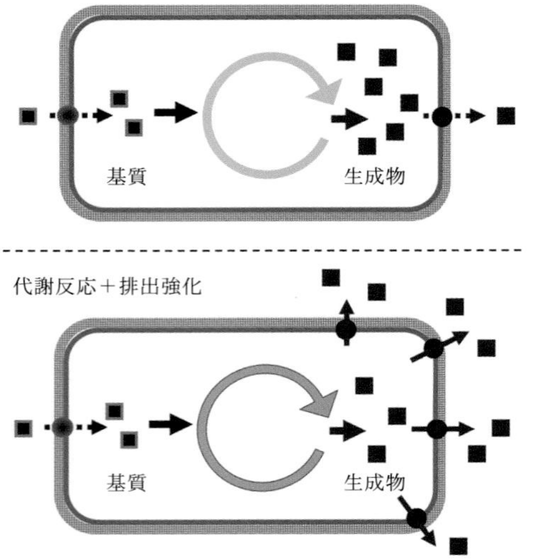

図 5 微生物を用いた物質生産における輸送機能強化による生産効率化の原理．菌体内の代謝反応を強化し目的化合物の排出輸送を強化していない株（上）は，菌体内に生産物が蓄積し，負のフィードバック反応により代謝反応が阻害される．代謝反応に加えて生産物の排出輸送を強化した株（下）は，菌体外への生産物の排出により生産物が菌体内に留まることなく，フィードバック反応が起きないことから効率的な標的化合物の生産が実現できる．

かった．2007 年に㈱味の素の中村らは，グルタミン酸の排出を担う分子が機械受容性チャネル（NCgl1221）であることを明らかにした[11]．さらに，NCgl1221 への変異導入によりグルタミン酸の生産量を上げることに成功した．この報告は，微生物を用いた物質生産においての排出輸送体の重要性を示す重要な報告となった．

この報告に前後して，化合物生産菌への輸送体導入による生産性の向上が，多数報告されている[11)~14)]（表 1）．今後，微生物の輸送体をターゲットとした構造解析，基質輸送メカニズムの解明が進められ，タンパク質工学的手法により，輸送体の高速化や基質改変などが実現できれば，効率的な物質生産を可能にし，微生物を用いた物質生産の国際的な競争力を高めることにつながると期待できる．

4. おわりに

本稿では，工業用酵素の構造生物学というテーマで，主にタンパク質・酵素の立体構造解析と構造情報利用法について述べてきた．日本は発酵や醸造を通して，酵母や酵素を使った食品産業が盛んであり，食品に関連する酵素の日本国内市場は約 180 億円の規模がある（2009 年日本酵素産業小史）．これは国内の酵素市場全体の約 4 割を占めている．一方，食品以外の利用法として多いものが洗剤である．衣類をはじめとし対象物に付着した不純物を効率的に除去するために，汚れの質，洗浄する環境（温度や pH など）に応じた洗剤用酵素が探索・開発されている．

工業利用において，放射光の利用が期待されるのは，素材として利用するタンパク質・酵素

表 1 微生物発酵における排出輸送体と化合物生産性の関連性

タンパク質名	生産性に関する影響	文献
C. glutamicum グルタミン酸排出輸送体（NCgl1221）	変異導入によりグルタミン酸の生産性が向上	11)
大腸菌アラニン排出輸送体（YgaW）	YgaW の高発現によりアラニン生産性が向上	12)
Aspergillus orzae（麹菌）コウジ酸排出輸送体（KojT）	KojT の高発現によりコウジ酸の生産性が向上	13)
C. glutamicum コハク酸排出輸送体（SucEI）	SucE1 欠損株は培地中のコハク酸蓄性が著しく低下	14)

に限られない．発酵や酵素によって生産される化合物の評価･開発にも利用されることが期待される．たとえば，放射光はワインの中に含まれるタンニンの分析を通して，ワインの持つ香りや味の評価に使うことができる．また，アイスクリームのミクロ構造も，最近の放射光を利用して研究できるようになったものの１つである．味や歯ごたえなど数値化することが難しい項目が，放射光を利用することで数値として見えるようになり，開発に役立てることができるようになることが期待される．

参考文献

1) 公告特許公報：特公昭 41-7431.
2) M. Kitaoka and K. Hayashi: Trends Glycosci. Glycotechnol., **14** (2002), 35-50.
3) M. Hidaka, M. Kitaoka, T. Wakagi, H. Shoun, and S. Fushinobu: Biochemical J., **398** (2006), 37-43.
4) H. Nakai, M. Kitaoka, B. Svensson, and K. Ohtsubo, Curr. Opin. Chem. Biol., **17** (2013), 301-309.
5) Y. Koyama, M. Hidaka, M. Nishimoto, and M. Kitaoka: Protein Eng. Des. Sel., **26** (2013), 755-761.
6) Y. Honda and M. Kitaoka: J. Biol. Chem., **279** (2004), 55097-55103.
7) Y. Honda and M. Kitaoka: J. Biol. Chem., **281** (2006), 1426-1431.
8) M. Hidaka, S. Fushinobu, Y. Honda, T. Wakagi, H. Shoun, and M. Kitaoka: J. Biochem., **237** (2009), 237-244.
9) Y. Honda, S. Fushinobu, M. Hidaka, T. Wakagi, H. Shoun, H. Taniguchi and M. Kitaoka: Glycobiology, **18** (2008), 325-330.
10) C. M. Jones, N. J. Hernández Lozada and B. F. Pfleger: Appl Microbiol Biotechnol., **99** (2015), 9381-9393.
11) J. Nakamura, S. Hirano, H. Ito and M. Wachi: Appl Environ Microbiol., **73** (2007), 4491-4498
12) H. Hori, T. Ando, E. Isogai, H. Yoneyama and R. Katsumata: FEMS Microbiol Lett., **316** (2011), 83-89.
13) S. Zhang, A. Ban, N. Ebara, O. Mizutani, M. Tanaka, T. Shintani and K. Gomi: J. Biosci. Bioeng., **123** (2017), 403-411.
14) K. Fukui, C. Koseki, Y. Yamamoto, J. Nakamura, A. Sasahara, R. Yuji, K. Hashiguchi, Y. Usuda, K. Matsui, H. Kojima and K. Abe: J. Biotechnol., **154** (2011), 25-34.

良質で安全な農産物の生産・供給をめざして
―食品中の微量元素の検出―

駒井三千夫

放射光を利用する蛍光 X 線分析の手法は，未処理の試料で，しかも精確な微量検出が可能であることから信頼性が高いことと，分析に要する時間も短い．本稿で紹介した食品中の微量元素類の測定は，①食品の安全性を検定・評価する観点，②食品の品質検査で国際標準の基準を検定できる観点，さらに③食品の非破壊検査により産地が判別可能であるという観点から，必須技術とも言える．衰退しつつある日本の農業・東北の農業を救う技術となり得る．

1. はじめに

シンクロトロン光（＝放射光，以下，本稿では放射光という）は，高輝度かつ幅広いスペクトルを持ち，測定法さえ確立できれば，対象物の元素等の成分を迅速かつ詳細に分析できる．短時間で結果が出るという特徴ゆえに，今後は農産物や食品の評価手法としての活用が大いに期待できる．従来の微量元素の検出に関しては，湿式灰化分析である ICP 分析法等を用いた食品中の無機元素の検出研究が行われてきたが，この方法では試料の前処理が必要なため，試薬を用いた操作や測定者の作業時間の面で負担が大きかった．しかし，放射光を利用する蛍光 X 線分析の手法であれば，未処理の試料で，しかも精確な微量検出が可能であることから信頼性が高いことと，分析に要する時間も短縮できる．この放射光を利用する蛍光 X 線分析法は，短時間に多くの試料を分析できるので，生鮮さが求められる食品試料の場合にとって好都合でもある．さらに国民の健康を維持していく上で良質な農産物の生産が重要であること（食の安全・安心），衰退しつつある日本の農業・東北の農業を救うには国際基準の農畜水産物を世界に向けて商品化していくことが不可欠である．このためにも，また農産物の品種改良の上でも，細胞レベルの物質分析が重要であることなどから，放射光による農産物や食品中に含まれる微量元素の精密・迅速分析は不可欠な手技となってきている．

本稿では，このような観点から行われた「放射光を利用する食品中の微量元素分析」の実例をいくつか紹介する．

2.　茶葉中に含まれる無機元素の非破壊計測（SAGA-SL, Japan）

茶葉中の無機元素の分析は，原産地判別および肥培管理技術の改善を行うために有効な手段である．しかし，現状で主に用いられている ICP 発光分光分析法（ICP-AES）は，試料調整に時間を要し，また強酸による分解を行うため，危険を伴う．この研究隘路を打破する目的で，農業・食品産業技術総合研究機構（以下，農研機構）の九州沖縄農業研究センターは，シンクロトロン放射光の高輝度かつ幅広いスペクトルを利用する蛍光 X 線分析法の検証・確立を試みた[1]．すなわち，茶葉試料に放射光を照射した際に発生する蛍光 X 線を測定し，得られた蛍光 X 線スペクトルに認められるピークのエネルギー値，およびピーク面積等の情報から，迅速に目的元素を定性・定量する非破壊分析法を開発した．使用した放射光施設は，佐賀県立九州シンクロトロン光研究センターのビームライン 11 番と 15 番であった．その成果の概要を以下に紹介する．

1）荒茶をサイクロンミルで粉砕後，200 mg を精秤し，錠剤成形（約 3 分）した後，シンクロトロン放射光を照射した．茶葉試料より発生した蛍光 X 線を測定し（約 5 分），得られたスペクトルを解析することによって無機元素類の情報を得た．

2）入射 X 線エネルギー 18 keV において，茶葉中に含まれる微量元素の K, Ca, Mn, Fe, Ni, Cu, Zn, Br, Rb および Sr の 10 元素を，同時測定できた．

3）茶葉中の無機元素分析において，シンクロトロン放射光を利用する蛍光 X 線計測値と ICP-AES 分析値との間には，図 1 に示すとお

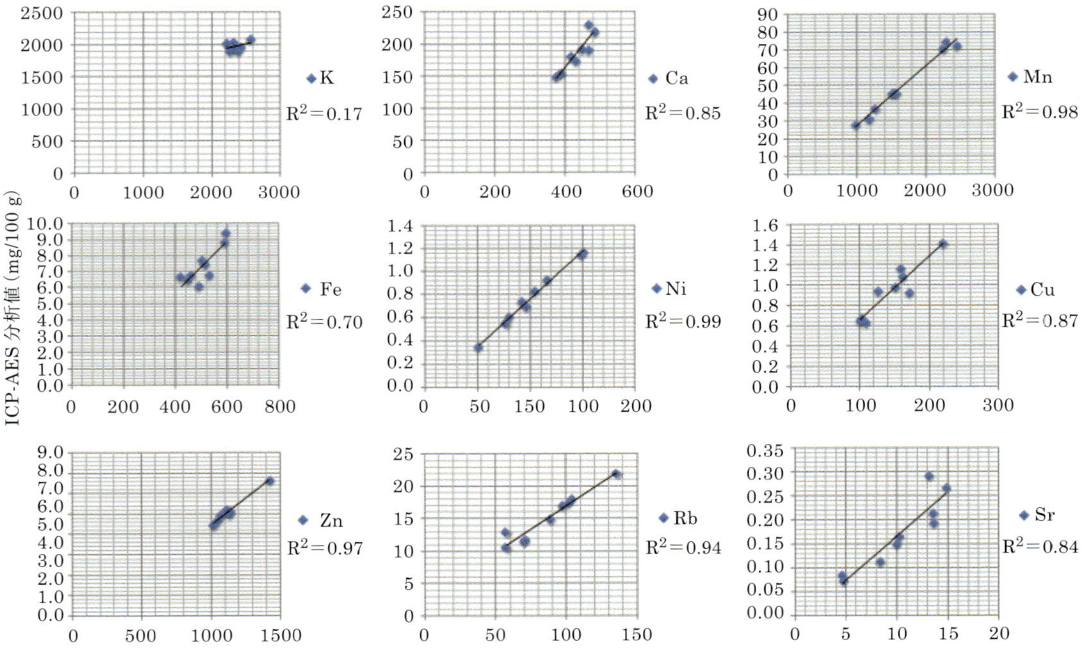

図 1　茶葉を用いた蛍光 X 線分析で得られた各ピークの面積値と ICP-AES 分析値の関係（n = 9），R^2 は，単回帰分析における寄与率を表す）[1]．

り高い相関性が認められた．
（詳細は，参考文献 [1] および農研機構・九州沖縄農業研究センター Website 公開成果情報を参照）

3. ワイン中の元素の定量（LNLS, Campinas, Brazil）

O. I. V. とは，The Office International de la Vigne et du Vin の略称で，ワインの生産と品質を規格化している国際ブドウ・ブドウ酒機構をいう．O. I. V. で定めた安全基準を満たさないと公認の「ワイン」として認定されないので，国際的な商品価値が保障されないというマイナス面を被ってしまう．ここでは，ワインの国際認定を得るために実際に放射光分析が行われた，ブラジルでの取り組みを紹介する [2]．

ブラジルは，50 万 ha の広大なブドウ園（vineyard）を有し，1995 年の 9 月に O.I.V. のメンバーに加入し，それ以後 良質のワインを生産するための取り組みがなされ，ワイン生産量も，その後の 10 年ほどで 2 倍程度増大した．そのような試みの 1 つとして，国際的な商品価値が保障された高品質ワインを産出するために，微量元素を多元素同時に検出する方法，すなわち蛍光 X 線分析法によってワインの微量元素を定量し，良質のワインを産出する指標として，積極的に用いられてきた．具体的には，27 種類のワインについて，放射光照射による全反射 XRF（X-ray fluorescence）法により，P, S, Cl, Ca, Ti, Cr, Mn, Fe, Ni, Cu, Zn, Rb, Sr の，13 元素の濃度測定を行った．ブラジル産のワインは 20 種類（赤ワイン 13 種，白ワイン 7 種），比較としてのポルトガル産のものは赤ワイン 5 種，チリ産のものは 2 種（白ワイン 1 種，赤ワイン 1 種）をそれぞれ用いて，測定した結果を表 1 に示す．これに利用された放射光施設は，ブラジル，カンピナスにある LNLS（Laboratório Nacional de Luz Síncrotron）である．

この蛍光 X 線分析法において，ヒ素（As）と鉛（Pb）は，測定したすべてのワイン試料から検出されなかったので，安全性が確認された．通常，ヨーロッパのグラスボトルワインには，わずかに鉛が検出されるが，0.10 mg/L 以下と微量であると報告されている [3]．LNLS

表 1　赤ワイン中の元素濃度の分析結果 [2]．

元　素	濃度範囲（mg/L）		
	ブラジル	ポルトガル	チリ
P	31.5 ～ 87.6	68.9 ～ 150.0	122.5
S	70.9 ～ 147.6	151.8 ～ 219.7	177.2
Cl	13.9 ～ 77.8	32.7 ～ 65.8	70.6
Ca	57.6 ～ 92.8	65.7 ～ 99.5	72.1
Ti	>DL ～ 0.18	0.07 ～ 0.10	>DL
Cr	>DL ～ 0.06	>DL ～ 0.07	0.1
Mn	0.8 ～ 2.5	0.5 ～ 2.6	0.8
Fe	1.7 ～ 5.2	3.3 ～ 804	2.4
Ni	0.02 － 0.3	0.04 ～ 0.08	0.02
Cu	>DL ～ 0.4	>DL ～ 0.2	0.1
Zn	0.2 ～ 1.3	0.4 ～ 1.1	0.8
Rb	1.8 ～ 4.6	0.8 ～ 4.0	2.5
Sr	0.4 ～ 1.0	0.7 ～ 1.5	0.8

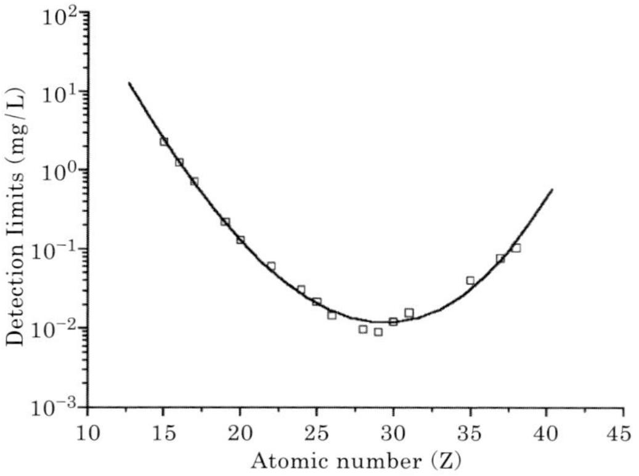

図 2　原子番号と検出限界カーブ[2]．

での放射光全反射 XRF 装置の鉛の検出限界は 0.3 mg/L であり，0.10 mg/L よりも高い値となっている．ただし，各元素の検出限界は図 2 のように，たとえば P の場合は 2.3 mg/L 程度，Cu の場合 0.01 mg/L 程度，Sr の場合 0.1 mg/L 程度となっており，元素の種類によって異なる．測定された全ての元素の値が，O. I. V. で定めている規制値よりも低い値であったため，この時のブラジル産ワインは飲用に適していると判断された．

4.　全反射 XRF 測定法による各種食品中の微量元素の検出（LNLS, Campinas, Brazil）

ブラジル LNLS における全反射 XRF 装置による取り組みでは，野菜類，葉物類，果物類，穀物・穀類中の金属元素や必須元素の測定も実施している[4]．サンプルは，ブラジルのサンパウロ州のある都市から調達したもので，(1) 野菜類は「ハヤトウリ」，(2) 葉物は「レタス」と「ルッコラ」，(3) 根菜類は「ジャガイモ」，(4) 果物類は「バナナ」と「オレンジ」，(5) 穀類は「コメ」，(6) 穀物は「豆」を対象としている．

具体的な測定は，以下の手順で行われた．前述の茶葉の場合と同じように，試料は粉砕して均一にしてから乾燥させ，粉体 0.50 g を酸消化分解（硝酸 / 過酸化水素）して 50 mL とした．1 試料につき 8 連で実験を行った．その消化物 1 mL を採取し，内部標準として Ga 溶液（102.5 mg/L）を加えて，このうち 5 μL を Perspex アクリル樹脂に入れて赤外線ランプで乾燥させて薄いフィルム状にして測定用試料とした．

K 殻 X 線用の標準溶液としては，Al, Si, K, Ca, Ti, Cr, Fe, Ni, Zn, Se, Sr, Mo を含む検量線溶液を，L 殻 X 線用としては Mo, Cd, Ba, Sb, Pt, Tl, Pb を含む検量線溶液を，それぞれ調製し，内部標準の Ga は全てに加えた．測定は，LNLS における多色光ビーム（4 ～ 22 keV），2 mm 幅，1 mm 高で，全反射様式で照射し，サンプルから発生する蛍光 X 線の検出はセミコンダクター Si(Li) 検出器（エネルギー分解能：5.9 keV で 165 eV）を用いた．

食品中に検出された元素類を表 2 に示す．得られた結果は，これまでの既報のデータ（表 3 参照）と比較すると，多くの元素で大きく異な

表 2　全反射 XRF 測定法による各種食品中の微量元素の検出．平均値「μg/g」で表示）[4]．

元素	コメ	豆	ジャガイモ	バナナ	ハヤトウリ	オレンジ	レタス	ルッコラ
P	1040	4150	690	260	300	390	420	520
K	9800	14640	4500	3960	1160	2000	2570	3690
Ca	280	1300	90	150	520	180	380	1600
Nm	10	10	—	6.7	—	—	6	—
Fe	40	70	10	10	4	2.6	10	10
Cu	5.8	5	5	2	—	7	9	—
Zn	5	0.8	2	2	—	—	5	—

表 3 各食品中の元素類の組成の比較．文献 4) の論文と他の論文との比較で表中の番号は文献 4) に記載．(単位は「μg/g」，平均値)

元素	K	Ca	Fe	Cu	Zn	Mn	Pb	Al
バナナ（本研究）	9917	116	27	95	12	11	—	—
HARDISSON et al.[6]	5090	188	3.1	1.3	1.7	0.7	—	—
レタス（本研究）	4678	1198	109	19.3	15.0	20.3	nd	nd
BAHEMUKA & MUBOFU[7]	—	—	—	6.8	35.4	—	4.9	—
ハヤトウリ（本研究）	1677	787	nd	nd	52.7	60.0	2.2	nd
SANCHEZ-CASTILLO et al.[8]	1220	150	2	0.2	0.7	2.6	—	—
ジャガイモ（本研究）	5653	127	nd	5.55	nd	nd	10.7	426
SCANCAR et al.[10]	—	—	—	—	—	—	—	51.8
DEMIROZU-ERDINC&SALDAMLI[9]	—	—	—	—	—	—	—	11.0
SANCHEZ-CASTILLO et al.[8]	4460	80	5	0.7	2	2.1	nd	—
オレンジ（本研究）	2500	213	86.8	nd	nd	nd	0.79	88
SANCHEZ-CASTILLO et al.[8]	1790	560	3	0.5	1.2	0.4	0.02	—

る計測値となっていることが判明した．また，鉛などの有害元素について，食品中の検出基準を超えている計測値もあるので，今後，さらに放射光を用いる精緻な定量が望まれる．

5. 主食穀類の中の元素分析（1）（ESRF, Grenoble, France）

フランス，グルノーブルの ESRF（European Synchrotron Radiation Facility）における主食穀類中の元素分析の取り組み事例[5]を紹介する．

コメやコムギなどの穀類は主食となっており，そのため食べる量が多い．このため，例えば日本の国民栄養調査では，じつは必須ミネラル類の摂取量はコメなどからが多くなっている．しかし，残念ながら穀類に含まれる必須ミネラル類，例えばマグネシウム・亜鉛・鉄は，フィチン酸塩と強固に結合しており，容易には小腸から吸収できない形態になっている．もう少し吸収・利用できるような形態にする方法としては，温度をかけて調理する，機械的に調理する方法，水に浸漬する方法，発酵させる方法，種を発芽させる方法，等々がいくつか提案されている．こうした食品加工は，とくにフィチン酸からの解離を可能にさせると言われている．

なかでも，鉄は吸収・利用能が悪く，野菜食中心の食生活者ではとくに問題となる．食品中の鉄の含量を知るだけでは十分ではなく，食品中での鉄の存在形態や結合の状態などについて知ることができれば，さらなる生体利用性について新たな視点での検討が可能になる．また，いくら食品中に鉄が多く含まれていても，その結合性が強過ぎれば消化されても吸収利用されにくい状態となるので，高含有だけでは意味がない．鉄は容易に還元されて加工品の味にも大きく影響するため，鉄の場合の補給強化は，経費もかかり効率的ではない．主食の穀類に含まれる鉄を利用しやすい形にするには，とくにグルテン不耐症の人々（ソバは食べられる人）では，工業的にも価値のあるものとなるであろう．そこで研究者たちは，鉄の形態の違いによる生体利用性について，加工していない食品と加工した食品とで比べる研究を行った．以下は，その取り組みの紹介である．

ダッタンソバは，グルテンが含まれていないので，コムギ代替物としてはかなり有効である．これには鉄が比較的多く含まれているが，主にフィチン酸と結合した形態になっている．フランスのESRF施設の研究チームは，ミネラル元素と鉄の濃度について，ひき割りエンバク（外皮を取り除いた水浸漬加熱粒）とスプラウト（発芽7日目）を材料に，ESRFのmicro-XRF装置のビームラインID 21を使用して測定した．なお，ダッタンソバとひき割りエンバク等の穀類は，スロベニア産のものを用いた．その結果，各種ミネラル元素の穀粒内分布と，穀類・ひき割りエンバク・スプラウト中の鉄の局在に関する情報を得た．また，発芽によってミネラル元素分布と鉄の局在が影響を受けることが示された．そして，鉄の生体利用率は，外皮を取ったひき割りのものよりも穀粒全体の方で4.5倍高かった．このことから，鉄は外皮の層でより多く存在しているので利用率も高くなる可能性が示唆された．ESRFにおける別な実験成果によっても，図3に示すとおり，鉄は穀類の外皮に多いことが示されている[6]．また，スプラウトの鉄の利用性は穀粒の場合よりも低いことが分かったので，発芽によって鉄の利用性は改善できないことも示唆された．

この研究は，穀粒の外皮の鉄が最も生体利用性が高いことを示している．したがって，ダッタンソバ粉からの加工品で鉄の利用性を上げるには，外皮の部分を原料として使った加工食品を食べることの必要性を示唆している．とくに，妊娠期・授乳期の女性・そして子供と高齢者で起きやすい鉄欠乏症を防ぐには，鉄を豊富に含んだ外皮を入れた加工食品の利用が強く推奨される．外皮は繊維成分が多いため，食べやすくするには，日本が得意の米糠発酵技術が適用できよう．

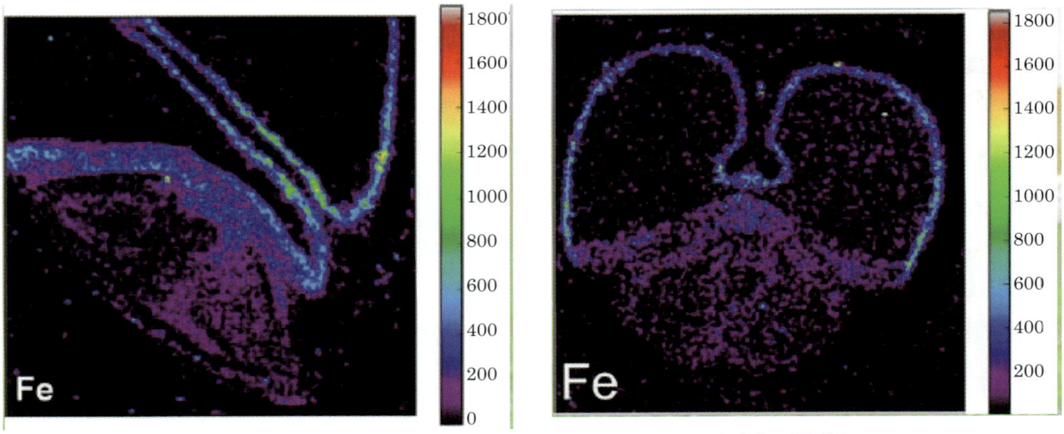

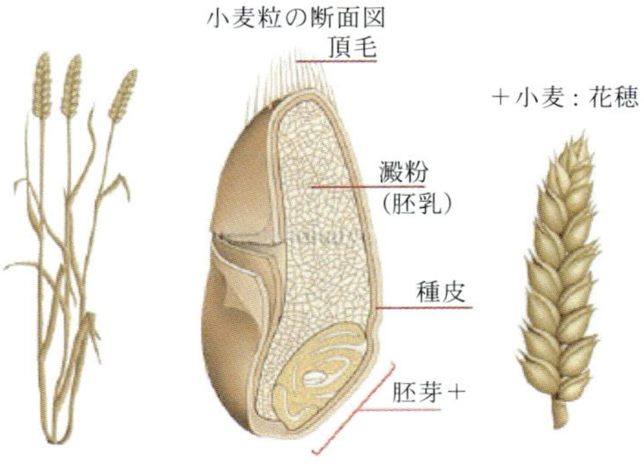

図3　ダッタンソバ等の穀類中の鉄は，主に外皮に分布している（右の図はコムギ）[6]．

6. 主食穀類中の元素分析 (2) (SPring-8, 兵庫県)

我が国の SPring-8 で行われた，米粒の中の元素分析について紹介する[7].

図 4 は，1 ppm の Cd を添加した条件で実験栽培したコメの「玄米」中の主要元素分布を示している．その結果，必須元素である亜鉛 (Zn) は胚芽に集中して存在しているが，有害元素のカドミウム (Cd) は白米として常食する胚乳全体に分布している．すなわち，通常の摂取の仕方である精米して白米として摂取した場合には，Cd は除外できないことを意味している．日本では，コメ中のヒ素 (As) や Cd などの有害残留元素が規制されているため，このような残留有害元素の検出には，この放射光蛍光 X 線分析法が不可欠といえる．

農産物・食品中の微量元素分析に関心を持っておられる読者の参考の一助として，以下に，我が国の SPring-8 を利用して得られた測定例について，測定項目と Website 情報等を列記しておく．

農作物の病気感染に伴う元素集積機構の分析

イモチ病に感染したイネの葉における金属元素の特徴的な集積現象を観測した例がある (兵庫県立農林水産技術センター，SPring-8 との共同研究[8])．

食品の産地判別技術としての非破壊検査

黒大豆表皮中ストロンチウムを対象とした XRF (X-ray fluorescence) 測定例がある (兵庫県立農林水産技術センター，SPring-8 との共同研究[8])．

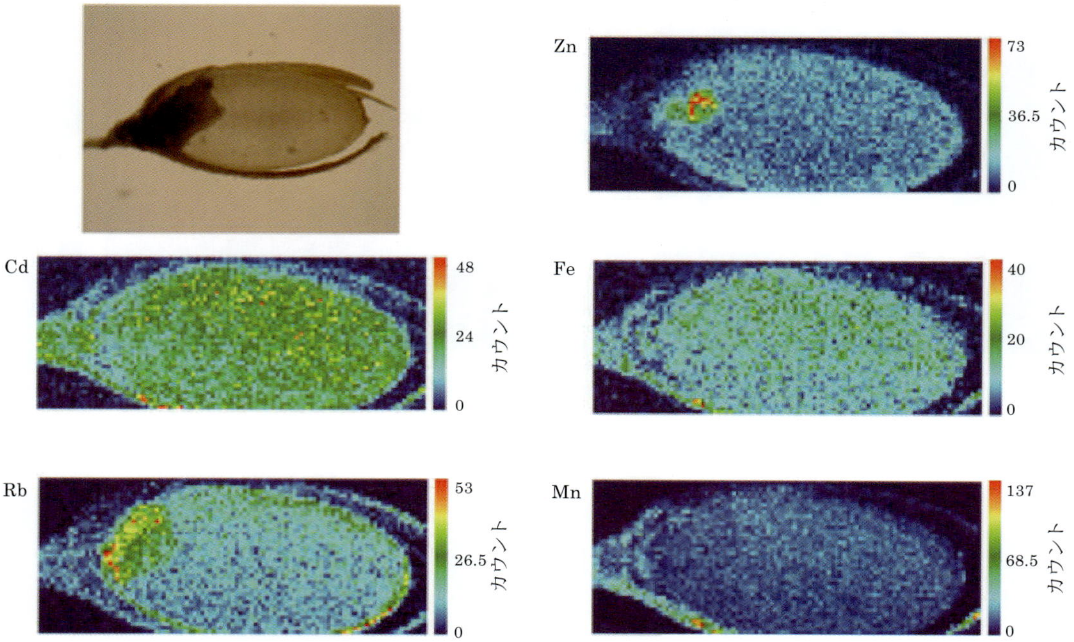

図 4 1 ppm の Cd を添加して栽培したコメの玄米中の主要元素分布．必須元素である Zn は胚芽に集中して存在しているが，有害元素の Cd は白米可食部である胚乳全体に分布している．SPring-8 での成果[7].

7. おわりに

本稿で紹介した食品中の微量元素類の測定は，①食品の安全性を検定・評価する観点，②食品の品質検査で国際標準の基準を検定する観点，さらに③食品を非破壊検査により産地が判別可能である観点から，①～③，それぞれにおいて必須技術となっている．このような測定が農業分野にも積極的に利活用されることは，日本の衰退しつつある農業を改善していけること，ならびに健全な食生活による国民の健康増進につなげられることからも，重要だと考えられる．したがって，農産物・食品中の微量元素を短時間に多元素同時に精緻に検出可能な「放射光蛍光X線分析法」の，さらなる応用展開が期待され，かつ切望される．

参考文献

1) 宮崎秀雄，明石真幸，石橋弘道：蛍光X線分析による茶葉中無機元素の測定，九州シンクロトロン光研究センター県有ビームライン利用報告書(課題番号：1112126L)，(2011 年)．
2) M. J. Anjos, R. T. Lopes, E. F. O. de Jesus, S. Moreira, R. C. Barroso and C. R. F.Castro: Spectrochimica Acta Part B, **58** (2003), 2227-2232.
3) M. L. Carvalho, M. A. Barreiros, M. M. Costa, M. T. Ramos and M. I. Marques: X-ray Spectrom., **25** (1996), 29-32.
4) A. E. Vives, S. Moreira, S. M. B. Brienza, O. L. A. Zucchi and V. F. Nascimento Filho: J. Radioanal. and Nuclear Chem., **270** (2006), 147-153.
5) ESRF 公開 website:「http://www.esrf.eu/home/Industry/applications-and-case-studies/agriculture-and- food.html」
6) K. Vogel-Mikus: Studies of metal accumulation and ligand environment in plants by synchrotron radiation techniques. (ESRF 公開 website：「http://indico.ictp.it/event/a13226/ session/4/contribution/21/material/slides/0.pdf# search=%27ESRF%2C+Studies+of+metal+accumulation+and+ligandenvironment+in+plants%27」)
7) JASRI(公益財団法人 高輝度光科学研究センター)の寺田靖子主幹研究員のグループの公開成果＝「http://www.spring8.or.jp/ja/news_publications/publications/scientific_results/environment_energy/topic27」
8) 篭島靖：特集 X線源の新潮流とX線画像技術解説「X線顕微鏡」，日本写真学会誌，**65** (7) (2002)，485-489.

植物・果実のイメージング

金山喜則

本項で主に取り上げる果実は，果樹および果菜類の収穫物であり，日本の農業生産の約2割を占める重要な農産物である．果実は国民の健康で豊かな生活に貢献するとともに，ビタミンやミネラルの不足に起因する隠れた飢餓の解決に資する作物である．果実の品質と成長に関わる物質の研究の多くは，果実の全体あるいは一部の組織から抽出された試料を分析したものが多いことから，今後，放射光を利用した可視化やイメージングへの期待は大きい．

1. はじめに

野菜や果物等の園芸作物やイネは，植物生産において大きな比重を占める．実際，園芸作物とイネの生産額をあわせると日本の農業生産額の半分以上となる．エネルギー源として重要なイネや，ビタミンおよびミネラルの供給によって生体機能を調節しつつ食生活を彩る野菜や果物の生産は，食料安全保障や国民の健康的な生活を担っており，経済的価値を超える意義を有する．また近年，食の多様化や安全志向，環境志向等の観点から，多様な業種が農業分野に参入しており，産業振興の面でも興味深い動きが多い．一方，日本の農業には，自給率の低さや農業生産者の高齢化等の長年にわたる問題があり，解決のための様々な取り組みがなされている．このような産業としての新しい発展の方向や従来の課題の解決のため，近年は，農業生産の法人化や，IT技術の取り込みをはじめとする技術の高度化が進められている．また世界的に見ると，農業生産が人口に対応する形で右肩上がりとなっている一方で，地球温暖化にともなう気象の極端化の問題があり，収量増と環境ストレス耐性のための技術革新が求められている[1]．

以上のような背景にもとづいて，ここでは植物生産に関連した放射光の利用について紹介したい．特にここで主に取り上げる果実は，果樹および果菜類の収穫物であり，日本の農業生産の約2割を占める重要な農産物である．食料や飢餓の問題においては炭水化物の供給に関わる穀物生産に焦点が当てられることが多いが，ビタミンやミネラルの不足に起因する隠れた飢餓の解決に資する果実類の重要性は，穀物のそれに劣らない．また，イネも穎果と呼ばれる果実から得られる種子を利用する作物である．したがってここでは，果実を利用する作物を中心に植物生産に関わる可視化やイメージングへの放射光の利用に焦点を当てている．植物に限らず非破壊で生命現象の解析が可能な可視化技術は魅力的であるため，X 線を用いた研究は古くから行われてきたが，特に近年では，シンクロトロンを用いた分解能の高い成果が発表されている．そこで本稿では，シンクロトロン放射光の利用例として植物の内部構造や元素の局在性に関するイメージングの研究を紹介するとともに，想定される利用法について概説する．

2. 利用例その 1 —内部構造—

果実は光合成産物をはじめとする代謝物やミネラルを吸収，蓄積して成長するため，果実成分の局在性や移動，蓄積，あるいは関連する遺伝子やタンパク質の解析が行われている．しかし，これまでの研究の多くは，果実の全体あるいは一部の組織から抽出された試料を分析したものである．一方，果実組織内の構造は一様ではなく，根から吸収された物質や葉からの転流物質の移動は維管束を通して行われる．葉脈や茎の維管束はよく知られているが，果実にも維管束は網の目のように走っており，物質の輸送と拡散は果実内維管束に沿って行われた後に周辺の細胞に拡散されると考えられている（図 1）．そのため，果実の品質と成長に関わる物質の輸送と蓄積，あるいは関連する障害のメカニズムの解明には維管束のイメージングが有効である．

ブドウにおいては，生産上の課題の解決のために，果柄の維管束のイメージングにシンクロトロン放射光が利用されている．ブドウ果実の成熟に伴う水分移動の低下現象の解明のため，果柄の維管束を，細胞内外の水相と気相のコントラストを利用して可視化することでイメージングに成功している[2]．これまで 2 次元的な解析によって判然としなかった現象を，3 次元的に理解することで維管束が切れていることが明らかとなり，水分移動の低下現象の解明につながる成果となっている．

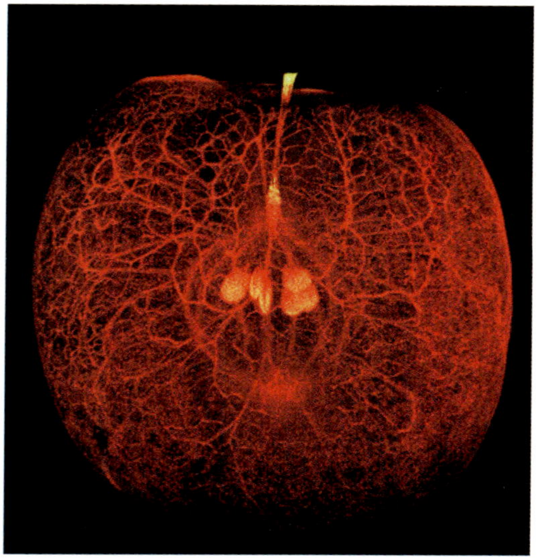
図 1 リンゴ果実の維管束のイメージ（Courtesy of Bart Nicolaï, KU Leuven, Belgium, www.mebios.be）

維管束のイメージングの利用例としてはさらに，ブドウにおける乾燥耐性機構の解明に関する研究がある[3]．乾燥等の環境ストレス耐性の向上は，気候変動に対応して安定的な生産を継続するために重要な課題であり，シンクロトロン放射光を利用した高分解能のコンピュータトモグラフィによる解析が行われている．この報告では，乾燥耐性の異なるブドウを比較することで，茎の維管束の閉塞が乾燥耐性機構に関わるという，全く新しい知見が得られている．

果実の内部構造としては，維管束以外に細胞壁や細胞間隙のイメージングが行われている[4]．果実はそのみずみずしさから水分で組織が満たされていると感じてしまうが，実際には細胞外すなわち細胞間隙では気相の割合も大きい．この報告では，細胞内の水相と細胞外の気相の位相コントラストによって果実内部の構造を3次元化し，細胞壁や空隙をイメージングしている．その結果，近縁の果樹であるリンゴとナシにおいて，前者の空隙は個々では大きいが独立しており，後者の空隙は個々では小さいがネットワークを形成していることが明らかとなっている．水分を含む「生きた」状態での3次元イメージングによって，他の方法では困難な果肉障害の発生機構や食味に関わるテクスチャー（硬さや歯ざわり等の物理性）の解析が可能となっている．

このほか，トマト葉の内部構造の3次元イメージングも利用例として上げることができる[5]．作物収量増のためには光合成速度の向上が望まれるが，そのためには光合成の基質となる二酸化炭素の供給や，葉内細胞の受光状況の改善が必要である．その際，気孔から取り込まれた二酸化炭素は葉内では細胞間の気相を移動すること，また葉内の細胞の配置が各細胞の受光効率に関わることから，内部構造の3次元イメージングによる解析が有効である．この研究ではシンクロトロン放射光によって，葉内の細胞の体積や密度，占有面積，受光効率等，光合成の制限要因に関わる各要素の数値化に成功している．

3. 利用例その2 ―元素の局在性―

カルシウム（Ca）は植物の必須元素の1つであり，その不足は成長に影響するとともに，様々な果実の生理障害（病害虫によらない障害）の原因となる．また，Caは現代の食生活において不足しがちな元素でもある．Caの植物における輸送と蓄積の機構解明のため，モデル実験植物シロイヌナズナのCa輸送体の変異体種子において，Caの局在性の解析がシンクロトロン蛍光X線分析により行われている[6]．その結果，種子の全体像とともに，高い解像度によってCaの細胞内局在までが明らかとなっている．このような成果は，組織全体から抽出して分析する手法では得られない知見であり，食品の栄養強化のためのCa含量の増加や生理障害の発生機構の解明と対策に応用可能である．

イネでも，食用となる種子において，元素の局在性が蛍光X線分析によって解析されている[7]．特にこの研究では種々の元素と結合してその貯蔵に寄与するフィチン酸と元素の分布を観察しており，開花後の種子の発育に伴う変化を可視化している．その結果リン（P），鉄（Fe），Ca，カリウム（K）はフィチン酸ととともに糊粉層においてフィチン酸と結合して蓄積していること，亜鉛（Zn），銅（Cu）は異なる蓄積機構を有すること等が明らかとなっている．

FeやCaは健康上有用な元素であることはよく知られているが，セレン（Se）やZnもそれらに含まれる．Seについては，栄養強化の観点から，メキシコ等で重要な食用サボテンにおける組織特異的な蓄積やその化学形態が蛍光X線分析で調べられており，濃度の高い組織やその化学形態が明らかにされている[8]．また，Znは味覚に関わる元素として近年注目されており，作物ではないが，シンクロトロン放射光を用いた蓄積機構の報告がみられる[9]．

4. 想定される利用法

ここまでに紹介してきたように，シンクロトロン放射光は果実の物質蓄積や品質に関わる内部構造のイメージング，有用元素の局在性の解析において有効である．果実に蓄積する代謝物として重要な糖については，光合成産物がショ糖として果実まで転流してきた後細胞間連絡を通って果実細胞に到達する経路と，いったん細胞外に出た後インベルターゼによって酵素的にブドウ糖と果糖に分解されて輸送体タンパク質によって果実細胞に取り込まれる経路があるとされている[10]．トマトでは，インベルターゼ

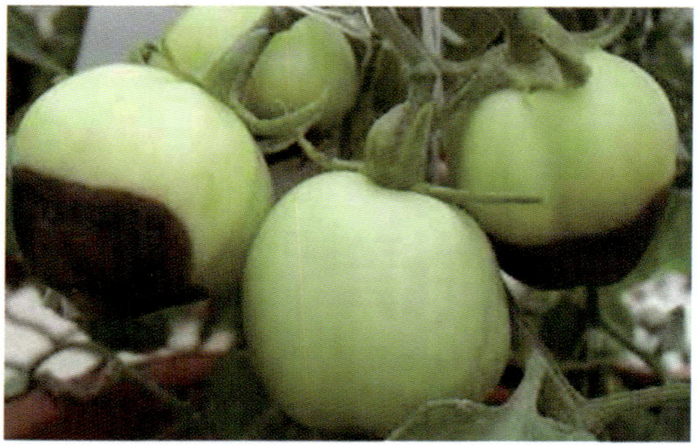

図 2　トマト果実の尻腐れ

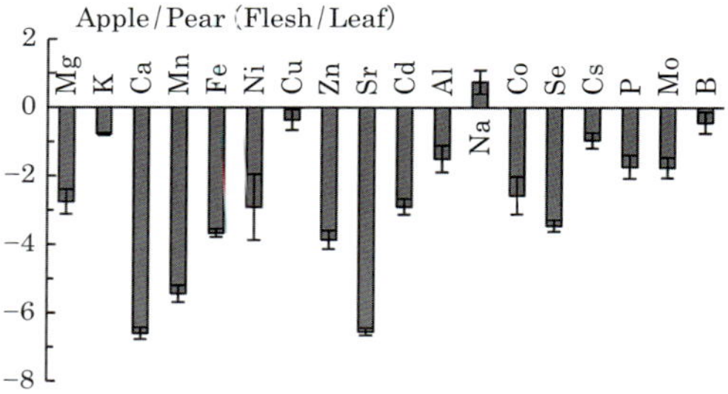

図 3　リンゴとニホンナシの果肉 (Flesh) の元素濃度の葉 (Leaf) に対する割合 ($\log_2$)[14].

とその阻害タンパク質が着果後に維管束部分に局在して糖の輸送と蓄積に寄与しているとの知見もある[11]．このような研究では，抽出するか，試料を固定してある程度の薄さに調製することで関与する成分や因子を解析しているが，シンクロトロン放射光の利用により生体に近い状態で解像度よく解析できると考えられ，これまで想定されてきたモデルを 3 次元的に明瞭に示せるのではと期待される．

果樹や果菜類の生理障害の多くは，何らかの必須元素の不足によって引き起こされている可能性が高いため，元素の局在性の解析への利用に対する期待も大きい．生産に深刻な影響を与える生理障害と関連が想定される元素の組み合わせの例としては，トマトやピーマンの尻腐れ果 (図 2) やメロンの発酵果，リンゴのビターピット (浅く窪んだ斑点) やニホンナシのみつ症と Ca，スイカの肉質不良とマグネシウム (Mg) があり，その他リンゴではホウ素 (B) 欠乏症やマンガン (Mn) 過剰症，ブドウでは Mg 欠乏症が知られている[12)13]．これらの障害はよく知られているが，発生機構の解明は不十分であり，また他にも原因不明であるが元素の不足が要因であると予想される障害も多い．障害発生メカニズムの解明が困難な理由としては，抽出と機器分析が主たる手法であり，組織の一部あるいは全部を対象としたデータと障害発生の有無との相関が不明瞭な場合が多いことが上げられる．したがって，局所的な欠乏や細胞レベルでの局在性異常が原因である場合には，分解能の高いイメージングが解決の糸口となる．

果実はビタミンとともにミネラルの供給源として重要であり，ミネラル不足は先進国，発展途上国問わず問題となっており，作物のミネラル濃度や利用効率の向上，すなわち biofortification (生物学的栄養強化) が求められている[14]．ミネラル不足の解決にはサプリメントの利用が考えられるが，他の栄養素であるビタミンや食物繊維とともに摂取することがより重要との報告もあるため，作物中の元素の解析が重要である．図 3 は果実と葉における元素濃度の比を示したものであり，比が 1 (図では $\log_2$ 値なので 0) に近いと移動性が高い元素となるが，小さいと移動性が低く果実に蓄積しにくい元素ということになる．濃度の高い元素の中では K はこの比が大きく移動しやすい元素であるのに対して，Ca は比が小さいことから移動性が低く果実における濃度が小さい．栄養上重要な Ca をはじめとする Zn, Fe, Se 等は移動性が小さく果実での濃度が低いため，改善のための研究が求められている．一方，食品において問題となる元素としては，セシウム (Cs) やストロンチウム (Sr) があり，いずれの放射性同位元素も核実験や原子力発電に由来するフォールアウトによって作物を汚染する．また，ヒ素 (As) やカドミウム (Cd) も毒性のある元素として，収穫物中の濃度を低く抑える必要がある．これら有用元素や有害元素の蓄積については，旧来の抽出による元素と関連遺伝子の解析に，近年は，イオノームやトランスクリプトームと呼ばれる網羅的解析手法が加わりデータ量が増大している．しかし，これらの増大するデータも，放射光を利用した局在性に関する精密なデータが加わることによって初めて有効な知見となる．

5. おわりに

文献データベース Scopus でシンクロトロンをキーワードとして検索すると約 90,000 報がヒットし，そのうち農学および生物学分野に絞ると約 1,000 報となった．また Web of Science で検索すると約 81,000 報がヒットし，そのうち植物科学分野に絞ると約 200 報となった．このように農学や植物学分野の研究は少なく，またこれらの分野での最近 5 年間の文献数も横ばい状態である．したがって，新しい放射光施設の開設とともに当該分野での利用を促進することによって，世界的な研究のイニシアティブを取ることが可能である．

これまで述べてきた課題の他に，比較的新しい課題としてナノマテリアルが上げられる．ナノマテリアルとは一般に粒径 100 nm 以下の合成素材を指し，従来にない性質を有するため広範に開発，使用が進んでいるが，経済産業省の報告書[15]にもあるように安全性と規制の問題があり，環境への流出と生態系への影響を考慮する必要がある．製品として積極的に利用して拡散する場合と意図せず拡散する場合があり，いずれの場合でも植物への毒性や，植物からヒトや家畜に摂取された場合の安全性の問題がある．広く使用されているナノマテリアルには金属酸化物があり，シンクロトロンはその動態を解析するのに有効である[16]．この分野についても，調査委託や調査のためのデバイス開発に産業的発展の可能性がある．

新しい放射光施設を利用すれば，強度と指向性の高い光源を利用した微量で分解能に優れた測定が可能であり，従来の光源では時間がかかって生体試料の質の低下が避けられなかったケースでも，短時間で十分なデータが得られると考えられる．将来的には，植物組織の有用成分や内部構造等種々の有用形質の解析のハイスループット化によるフェノタイピング（表現型によるスクリーニング）を期待したい．試料調製が簡単で，非破壊かつ短時間の測定で感度が良い理想的なスクリーニングが低コストで可能となれば，産業に大きく貢献する[17]．ゲノムサイエンスが発達し，オミクス解析のような網羅的解析手法が普及する現在，シンクロトロンが比較的容易に使用できるツールとなれば，機能性の高い農産物や加工品等の開発の加速化に大いに貢献することが考えられる．

参考文献

1) Y. Kanayama and A. V. Kochetov: Abiotic Stress Biology in Horticultural Plants, Springer, New York (2015).
2) T. Knipfer, J. Fei, G. A. Gambetta, A. J. McElrone, K. A. Shackel and M. A. Matthews: Plant Physiol., **168** (2015), 1590-1602.
3) G. Charrier, J. M. Torres-Ruiz, E. Badel, R. Burlett, B. Choat, H. Cochard, C. E. L. Delmas, J. C. Domec, S. Jansen, A. King, N. Lenoir, N. Martin-StPaul, G. A. Gambetta and S. Delzon: Plant Physiol., **172** (2016), 1657-1668.
4) P. Verboven, G. Kerckhofs, H. K. Mebatsion, Q. T. Ho, K. Temst, M. Wevers, P. Cloetens and B. M. Nicolai: Plant Physiol., **147** (2008), 518-527.
5) P. Verboven, E. Herremans, L. Helfen, Q. T. Ho, M. Abera, T. Baumbach, M. Wevers and B. M. Nicolai: Plant J., **81** (2015), 169-182.
6) T. Punshon, K. Hirschi, J. Yang, A. Lanzirotti, B. Lai and M. L. Guerinot: Plant Physiol., **158** (2012), 352-362.
7) T. Iwai, M. Takahashi, K. Oda, Y. Terada and K. T. Yoshida: Plant Physiol., **160** (2012), 2007-

2014.
8) G. S. Banuelos, S. C. Fakra, S. S. Walse, M. A. Marcus, S. I. Yang, I. J. Pickering, E. A. H. Pilon-Smits and J. L. Freeman: Plant Physiol., **155** (2011), 315-327.
9) G. Sarret, P. Saumitou-Laprade, V. Bert, O. Proux, J. L. Hazemann, A. Traverse, M. A. Marcus and A. Manceau: Plant Physiol., **130** (2002), 1815-1826.
10) Y. Kanayama: Hort J., **86** (2017), 417-425.
11) W. M.Palmer, L. Ru, Y. Jin, J. W. Patrick and Y. L. Ruan: Mol. Plant., **8** (2015), 315-328.
12) 金浜耕基編：野菜園芸学，文永堂，(2007).
13) 金浜耕基編：果樹園芸学，文永堂，(2015).
14) T. Shibuya, T. Watanabe, H.Ikeda and Y. Kanayama: Hort. J., **84** (2015), 305-313.
15) JFE テクノリサーチ㈱：平成 28 年度化学物質安全対策（ナノ材料等に関する国内外の安全情報及び規制動向に関する調査），平成 28 年度経済産業省委託調査報告書 (2017).
16) H. A. Castillo-Michel, C.Larue, A. E. Pradas del Real, M. Cotte and G. Sarret: Plant Physiol. Biochem., **110** (2017), 13-32.
17) P. Vijayan, I. R. Willick, R. Lahlali, C. Karunakaran and K. K. Tanino: Plant Cell Physiol., **56** (2015), 1252-1263.

水産分野における放射光利用の可能性と期待

中野俊樹

水産分野において放射光は，生態学や食品学の領域を中心に利用されつつある．魚類に特徴的な硬組織である耳石に含まれる微量元素のシンクロトロン蛍光X線分析では，個体の成長や棲息環境に関する履歴情報が得られる．同様に魚介類の微量元素を分析すれば産地の推定が可能となり，食の安全・安心に寄与できる．また冷凍水産物の内部構造をX線CTにより観察することで，冷凍や解凍に関わるプロセスの最適化が可能になると思われる．すなわち放射光は水産分野においても今後革新的な情報を提供すると考えられ，水産学の進歩と我々の生活の質の向上に対する貢献が期待される．

1. はじめに

国土を海に囲まれた海洋国家日本において海洋，すなわち水産物の有効かつ持続的な利用は重要である．世界の食料生産における水産物の割合は高く，さらに漁業生産量の約半分が養殖によっている．したがって十分量の水産物を確保するためには，資源保護と養殖およびポストハーベストに関する技術の向上が必要となる[1)2)]．天然資源は気候や海況など，そして養殖魚も飼育環境やストレスの影響を受けることから，対象種が漁獲に至るまでの履歴を把握することは生産性の向上や資源の保全および養殖魚の健全性の維持に役立つ[1),3)~5)]．さらに，水産物は漁獲後に冷蔵や凍結状態で流通するため，生化学的ならびに食品学的な検討も必要である．

水産分野の放射光利用に関する知見は限られており，むしろ少ない．しかし，水産分野における放射光利用は，生態学や食品学の研究領域を中心に革新的な情報をもたらすことが期待できる．本稿では，前述の水産分野における様々な課題の解決をサポートするための放射光利用の可能性について，散見される報告に基づき要点を紹介する．

2. 生態学的研究への応用と産地の推定

2.1 魚類の耳石

哺乳類と異なり魚類の耳には中耳と外耳がなく，内耳のみが形成される．硬骨魚の内耳には石灰化しゼラチン質膜に包まれた耳石（otolith：fish ear bone）と呼ばれる直径20 mm以下の小さな硬組織が左右一対あり，聴覚や平衡感覚維持に機能している．耳石は形状により礫石，扁平石および星状石の3種類に

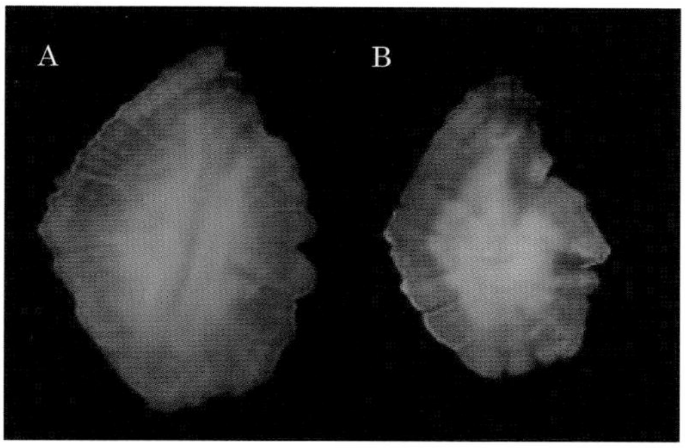

図1　ワカサギ *H. nipponensis* の耳石[10].
A. 霞ヶ浦産；B. 新疆ウイグル自治区産．年輪（透明帯と不透明帯）が観察される．

分けられるが，一般的に耳石といえば最もサイズが大きい扁平石を指す．耳石は胚発生の初期に核（耳石核）が現れ，その表面にカルシウム（Ca）を中心とした元素が供給されて同心円状に沈着，成長していく．形状は発育の初期段階では円盤状で，その後は耳石成長の速度と方向の違いにより魚種固有の主に扁平な形態に変わっていく[6)~9)]．光学顕微鏡下で耳石を観察すると，同心円状の樹木の年輪のような微細輪紋が認められる．図1に産地が異なるワカサギ *Hypomesus nipponensis* の耳石で例示する[10]．この輪紋は1日に1本形成されるので日周輪と呼ばれ，日齢や孵化日の推定に利用される．さらに耳石輪紋には幅が広い不透明帯と狭い透明帯がある．これら輪紋の不透明帯は夏季に，そして透明帯は冬季にそれぞれ形成され，すなわちこの1対が1年を示すので，これらを年輪として年齢を知ることができる[6)7)]．炭酸Ca（$CaCO_3$）の結晶にはアラゴナイト，カルサイトおよびバテライトがあるが，耳石成分の95％以上は$CaCO_3$でアラゴナイト結晶よりなる．成分としてはCa以外にナトリウム，カリウム，ストロンチウム（Sr），亜鉛，リン，マンガン（Mn），マグネシウム，ケイ素，鉄など30種以上の元素が100 ppm未満から数1000 ppmの極めて低濃度存在し，さらに数％の糖タンパク質などの有機物を含んでいる[6)~9)]．耳石は非細胞性の組織で，骨や鱗など他の硬組織に比べ代謝が遅いことが特徴で，一度沈着した元素は生涯変わらず安定である．したがって，耳石を調べればその個体に固有の情報が得られる．すなわち耳石とは，成長や棲息環境に関する個体履歴が記録された魚類のフライトレコーダーとみなせ，現在では生態学や資源学の研究のための重要な解析対象となっている．

微量元素の体内への取り込みと耳石への蓄積メカニズムについては不明な点も多いが，微量元素のうちSrはアルカリ土類金属で，Caと性質が似ていることから他の元素に比べ耳石に取り込まれやすく濃度が高い．さらに水域によりSr濃度は異なるため棲息水域のその濃度を反映することになる．耳石中のSr濃度は，環境水中のSr濃度，そして水温，塩分，ストレスなど環境に由来する要因，さらに成長などの生物学的な要因の影響を受けるので，Srを利用して魚類の棲息履歴を推定することができる．以下にその例を示す．

2.2　環境および成長履歴の解析[6)7)11)]

耳石のSr濃度を利用して生態学的解析を行う場合，Srの直接的な濃度比較ではなくCaを用いて標準化した相対値「Sr/Ca濃度比」により比較する．アラゴナイト結晶のSr/Ca比は結晶生成時の温度と逆相関することが知られている．この性質を耳石にも応用し，魚類が棲息した水温の推定が可能と思われる．しかしSr/Ca比はストレスなど飼育条件の影響を受けやすく，天然魚の水温履歴推定に常に適用できるとは限らない．

Sr濃度は海水で約8 ppm，一方，淡水（河川水）では海水の1/500 ～ 1/100程度と大きく異なっており，この濃度の違いは耳石のSr濃度にも反映される．すなわち，河川生活期の耳石のSr濃度は低く，海洋生活期のそれは高くなる．したがって日周輪とSrの分布を対応することで，生後に河川と海とを回遊する魚種の履歴を解析できる．さらに耳石の半径と体長の関係を調べておけば，回遊生態と体長とを関連付けて議論することも可能となる．

カレイ類の仔魚は春先に沿岸域に接岸し着底する．それらは砂浜と干潟で生育するが，稚魚にとってそのどちらの場が重要であるかについて，漁獲されたイシガレイ成魚の耳石のSr/Ca比により推定した例がある．耳石における着底期のSr/Ca比は干潟で着底した個体において高く，漁獲魚の耳石を調べた結果では全体の半数以上が着底期を干潟で過ごしていた．このことは干潟がカレイ類の育成の場として重要であることを物語っている．

以上の解析では，耳石を丸ごともしくは一部を精密ドリルで採取後に酸で溶解して試料を調製し，それを誘導結合プラズマ質量分析法（ICP-MS）や表面電離型質量分析法（TIMS）などにより微量元素の測定を行う．しかし，各個体の詳しい環境と成長に関する履歴，すなわち幅の小さい耳石輪紋に対応した元素に関する情報を得ることは困難である．その後，レーザー光を試料に照射・気化してICP-MSに直接導入するレーザーアブレーション（LA）ICP-MSが開発され，試料表面の任意の部位の元素分析が可能となった．しかしいずれの方法も試料の分解を伴う破壊分析法であること，耳石の一部分しか分析できないこと，さらに検出感度などの点で十分とは言えなかった．一方，放射光を利用したシンクロトロンマイクロビーム蛍光X線分析法（SR-XRF）は，大型シンクロトロンで発生させた放射光を数μmのビームに絞り試料に照射して発生する蛍光X線を検出する．本法は特別な前処理を必要とせず，非破壊的に耳石表面に存在する多元素を迅速に高感度一斉分析し，元素の化学状態や局所構造の解析が可能である[12]．この方法により耳石表面をピンポイントでスキャンすることでppb～ppmのレベルで元素マッピングを行い，またカルサイトからなるサンゴ骨格中の微量元素分布についても高感度分析ができた[13)14]．さらに耳石へのSrの取り込みと存在状態について，Srは耳石アラゴナイト結晶格子内のCaとランダムに置換され存在していることが同手法により明らかにされている[15]．今後はSR-XRF法では得られない^{87}Sr/^{86}Sr比に代表される安定同位体組成分析法などと組み合わせることで，耳石を利用した水産資源の保全と確保につながる生態学的研究のための極めてパワフルなツールになると期待される．

2.3 魚介類の産地の推定[16)～19]

食品について虚偽・不適切表示（偽装），不法販売，無許可添加物の使用，過剰残留農薬などの問題が絶えない中で食品の安全性の確保を目的として平成15年に食品安全基本法が制定された[20]．さらに，食品を摂取する際の安全性および消費者の自主的かつ合理的な食品選択の機会を担保するために消費生活に関係する3つの法律，すなわち農林物資の規格化等に関する法律（JAS）法，食品衛生法および健康増進法に含まれていた食品の表示基準に関する規定が整理・統合されて平成27年に「食品表示法」が施行，食品表示基準がまとめられた[21)22]．それによると生鮮水産物は食用に供する生，冷凍または解凍の魚介類および海藻類と定義され，名称，原産地，解凍および養殖の4項目を表示することが義務付けられた．特に「原産地」について国産物では採捕・生産された水域（または地域名）を，さらに輸入物では輸出国名を記すことになっている．食品が真正，すなわち本物であるかを判断するためには，①製造法を含め法律上の食品の定義に沿っていること，②原料と品種が正しいこと，③表示される組成が正確であること，④産地を偽装しないこと，⑤

組換えや放射線照射の有無，⑥安価な代替原料の混入や水増し（偽和という）が無いことなどについて見極める必要があり[19]，消費者保護の立場から正確な食品表示は重要である．しかし水産物に関して産地という場合，漁獲された水域以外にも養殖や蓄養の場所を指すこともあるため複雑で，結果的には偽装まがいの表示となり消費者に誤解を与える危険性がある．したがって，水産物のリスクコミュニケーションを促進し信頼性を高めるためには，科学的根拠に基づく客観的な産地推定法が必要とされる．

筆者らは国内と海外で漁獲されたワカサギを用い，地理的変異や生育履歴を理解するために有効なバイオマーカーの探索を行った[10]．供試魚として国産は網走湖，小川原湖，霞ヶ浦産など，そして中国産は新疆ウイグル自治区産などを用いた．それらについて地理的変異はミトコンドリアDNA分析によるクラスターおよび系統解析で，また棲息環境は耳石の形態と微量元素そして筋肉の生体成分（タンパク質と脂肪酸）でそれぞれ検討した．その結果，DNA分析により国産と中国産ともに個体レベルで漁獲地（原産地）の判別が可能であった．また，耳石の形態についてはサイズ（耳石幅 / 耳石長の比）と年輪の有無の組み合わせで，そして微量元素についてはSrやMnなどで産地の違いを判定できた．さらに生体成分でも，タウリンなど一部のアミノ酸と脂肪酸について産地間で違いが認められた．すなわち，生涯不変な遺伝学的情報と主に棲息環境により決定される耳石の形態や含有微量元素，そして生体成分などに関する複数の生態学的情報により自然分布域および人為分布域における漁獲地や輸入魚の由来や出荷時までの履歴をトレースできることが示された．さらに，魚類筋肉やマガキ軟体部についても含まれる微量元素による産地の判別が報告されている[13)～15]．したがって，放射光による微量元素の高感度分析と複数のバイオマーカーに関する情報とを組み合わせれば産地推定の精度を上げることが可能となり，食の安全と消費者の食に対する信頼性の確保に寄与すると考えられる．

3. 水産食品の製造および流通における利用[23)～26)]

3.1 冷凍食品の品質

水産物は漁獲地が比較的遠方，自然の影響を受け生産が不安定，旬の存在，鮮度低下が早いなどの特徴により，冷蔵および冷凍による保存が必須である．その保存法としては凍結温度以上10℃以下の未凍結温度帯によるチルド保存，凍結することなく0℃以下に保つスーパーチリング（氷温）保存，凍結温度近くの部分凍結温度帯におけるパーシャルフリージング保存および−18℃以下の凍結保存がある．水産物の流通のためには長期保存を可能とする冷凍によるコールドチェーンが必要で，水産業における水産物の冷凍・解凍技術が重要なことに疑いはない．一般的に食品を凍結する場合，−5 ～ −1℃の最大氷結晶生成帯を早く通過させる必要がある．冷凍すると水分がタンパク質より分離し，水分子が互いに結合して氷結晶となる．この氷結晶サイズが大きいと細胞や組織にダメージを与え解凍後の復元が悪くなる．また冷凍保存時の温度などの管理が悪いと組織内のタンパク質が変性し解凍時のタンパク質による水分吸収が不完全となり，やはり十分に復元しない．何れの理由でも結果的に品質は著しく低下することになり，すなわち冷凍食品の品質には氷結晶やタンパク質，脂質成分さらに化学反応など複数の因子が関わっているといえる．

一般的に70％以上もの水分を含む魚類筋肉では，氷結晶の生成サイズとタンパク質などの変性防止のため冷凍保存時の管理は解凍後の品質に大きく影響すると考えられる．そこで氷結晶形成を制御するためにその生成，成長，サイズ，細胞内における結晶形成位置および周辺組織への影響を観察し，客観的に評価する必要がある．組織の氷結晶の観察法としては凍結置換法，低温走査型電子顕微鏡，マイクロスライサー・イメージングシステムなどがある．さらに約1か月も要する凍結置換法の前処理時間を短縮した低温粘着フィルム法も提案されている[27]．しかしこれらの方法の多くは組織の固定や切片など標本の作製を必要とする破壊分析法であり，さらに局所的かつ2次元的な観察しかできない欠点があった．加工前の水産物の組織は脆弱であり凍結置換法などは難しく，他の食品に比べると水産物の組織内氷結晶の観察例は少ない[27)~30]．検診にも用いられるX線コンピュータ断層撮影（CT）法は，X線透過画像を再構成処理することで検体の内部構造を立体的かつ非破壊的に観察することができるが，冷凍食品の場合は氷結晶部分と未凍結部分の密度差が小さいためコントラストが弱く，そのままの状態では解像度が大変低い．しかし，高輝度X線光源である放射光によるX線CT法では，例えば冷凍マグロ筋肉の場合，氷結晶部分と未凍結部分の間のコントラストにより，組織内氷結晶の3次元イメージングに成功している[29)30]．一方で，同様の手法で分析した凍結野菜ではコントラストが弱く不鮮明で，氷結晶の判別が難しかった．この理由としては，筋肉ではそれに含まれる金属イオンなどが造影剤的な働きをして画像が鮮明化したためと考えられる[29]．

3.2　解凍工程の重要性

冷凍水産物の製造と利用を考える上で前処理・冷凍・冷却工程とともに解凍工程も品質保持には重要である．しかし，冷凍工学分野に比べ解凍工学分野に関する研究はあまり見当たらない．一般的な解凍方法としては冷蔵庫や室温に置く自然解凍や流水解凍といった外部加熱法，そして電子レンジ（マイクロ波）による内部加熱法が挙げられる．しかし自然解凍では大量のドリップ（組織溶出液）が発生し，一方，電子レンジでは外部と内部を同時に加熱するために解凍ムラや部分的な煮えによる変色が生じ，いずれの方法でも品質が低下してしまう．電子レンジが使用する周波数2.45 GHzとは異なる周波数帯，すなわち高周波領域の100 MHzにより冷凍したマグロやクジラの筋肉を解凍したところ変色やドリップの発生は認められず，品温を低温に保ったまま短時間で中心部まで均一に解凍できることが報告されている[31]（図2）．なお，この現象は個体を丸ごと凍結したサバやイクラなどでも同様であった．また，業務用電子レンジの出力と照射時間を調節することで，冷凍にぎり寿司を凍結前の状態に復元する方法も考案されている[32]．解凍過程の凍結品内部における現象のダイナミクスを可視化してリアルタイムで非破壊観察することは容易ではない．しかし，上述のような高品質解凍を実現する手法の解凍メカニズムを放射光X線CT法などにより解明することで，食品の冷凍から解凍に至るまでの一連のプロセスの最適化が期待される．

A　　　B

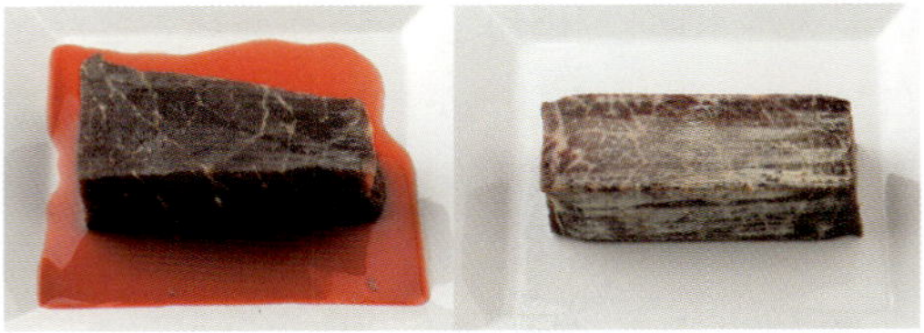

図2　電磁波による新規解凍法[31]
A. 冷蔵庫解凍；B. 電磁波解凍．ニタリクジラ *Balaenoptera brydei* 筋肉を解凍すると冷蔵庫では大量のドリップを生じるが，電磁波ではそれが認められない（写真は引用文献31）の図8·10を日本水産学会の許可を得て改変し掲載）．

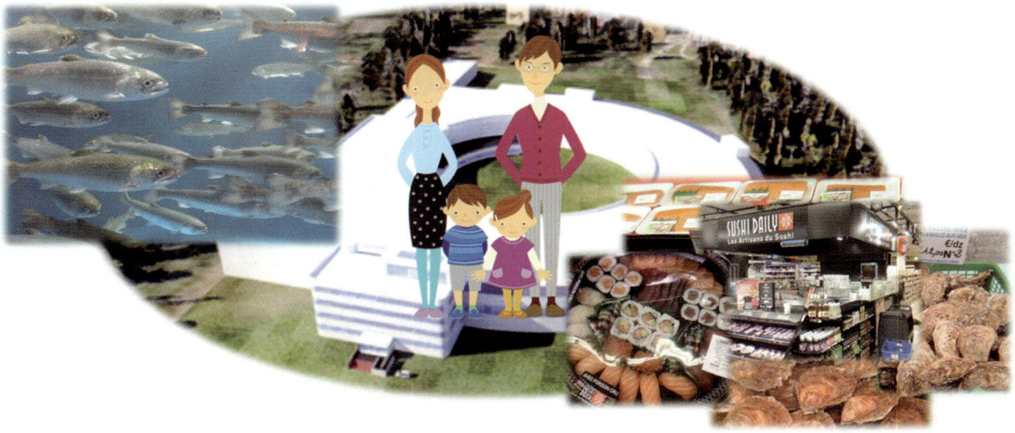

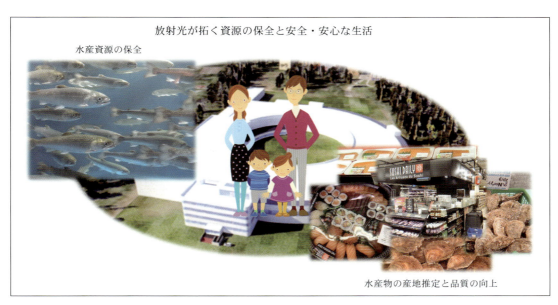

図 3　水産分野で貢献が期待される放射光

4.　おわりに

放射光は，通常の X 線発生装置に比べ極めて高輝度なため測定が短時間ですみ，タンパク質のようなソフトマテリアルに対して優しく，波長（エネルギー）が可変，レーザーのように指向性（直進性）が高い，50 ～ 100 ピコ秒というパルス時間幅によるナノ秒オーダーの測定ができることなどが特徴で，材料や構造生物学の分野を中心に利用されている[26)33)34)]．ところで，三陸沿岸で養殖されるギンザケ *Oncorhynchus kisutch* は，近年宮城県で農水省・地理的表示保護制度（GI）に登録された重要魚種であるが，輸入品も多く競合している．このような付加価値の高い養殖魚の履歴を正確に把握できれば水産物の安全・安心と消費拡大に繋がり，被災地復興にも貢献すると思われる[1)2)35)～38)]．水産分野においても放射光の利用は，生態学，資源学および食品学など様々な領域で画期的かつ科学的な情報を提供してくれることであろう（図 3）．

謝　辞

本稿を纏めるにあたり高輝度光科学研究センター・SPring-8 の為則雄祐博士，東京海洋大学海洋科学部の鈴木徹教授，日本大学生物資源科学部の小林りか博士および東北大学の佐藤實名誉教授には資料の提供と助言をいただいた．なお，紹介した研究成果の一部は，東北大学大学院農学研究科長研究奨励金，文部科学省・東北マリンサイエンス拠点形成事業「新たな産業の創成につながる技術開発」および日本学術振興会・研究拠点形成事業（A. 先端拠点形成型）「食の安全性の飛躍的向上を目指した農免疫国際研究拠点形成」の支援によった．記して謝意を表す．

参考文献

1)　T. Nakano: Dietary Supplements for the Health and Quality of Cultured Fish (D.M. Gatlin, M. Sato, H. Nakagawa (eds.)), CABI International, UK (2007), pp.86-108.
2)　T. Nakano: Encyclopedia of Marine Biotechnology (Se-K. Kim (ed.)), Wiley Publications, USA (in press).

3) T. Nakano, L. O. B. Afonso, B. R. Beckman, G. K. Iwama and R. H. Devlin: PLoS ONE, **8** (2013), e71421-1-e71421-7, doi:10.1371/journal.pone.0071421.
4) T. Nakano, M. Kameda, Y. Shoji, S. Hayashi, T. Yamaguchi and M. Sato: Redox Biol., **2** (2014), 772-776.
5) 中野俊樹：日水誌, **82** (2016), 278-281.
6) 大竹二雄：海のミネラル学（大越健嗣編），成山堂書店，東京，(2007)，pp.164-179.
7) 大竹二雄：魚類生態学の基礎（塚本勝巳編），恒星社厚生閣，東京，(2010)，pp.100-109.
8) S. E. Campana: Mar. Ecol. Prog. Ser., **188** (1999), 263-297.
9) S. E. Campana and S. R. Thorrold: Can. J. Fish. Aquat. Sci., **58** (2001), 30-38.
10) 池田実，片山知史，木村和彦，白川仁，中野俊樹：平成15年度東北大学大学院農学研究科長研究奨励金研究報告書，(2003)，1-10.
11) T. Arai and N. Chino: Sci. Rep., 8:5666 (2018), doi:10.1038/s41598-018-24011-z.
12) 佐野有司：Radioisotopes, **57** (2008), 579-591.
13) K. E. Limburg, R. Huang and D. H. Bilderback: X-Ray Spectrom., **36** (2007), 336-342.
14) 長谷川浩，岩崎望，鈴木淳，牧輝弥，早川慎二郎：分析化学, **59** (2010), 521-530.
15) Z. A. Doubleday, H. H. Harris, C. Izzo, B. M. Gillanders: Anal. Chem., **86** (2014), 865-869.
16) 大越健嗣：海のミネラル学（大越健嗣編），成山堂書店，東京，(2007)，pp. 150-163.
17) 山下由美子，山下倫明：水産物の原料・産地判別（福田裕，渡部終五，中村弘二編），恒星社厚生閣，東京，(2007)，pp.121-127.
18) 大越健嗣：水産物の原料・産地判別（福田裕，渡部終五，中村弘二編），恒星社厚生閣，東京 (2007)，pp.128-138.
19) 藤田哲：食品のうそと真正評価，NTS，東京 (2003)，pp.143-150 および pp.247-356.
20) 渡辺悦生，大熊廣一：リスクと共存する社会，養賢堂，東京，(2017)，pp.11-75.
21) 渡辺悦生，大熊廣一：リスクと共存する社会，養賢堂，東京，(2017)，pp.76-103.
22) 食品表示法等（法令及び一元化情報），消費者庁ホームページ，http://www.caa.go.jp/policies/policy/food_labeling/food_labeling_act/.
23) 岡崎恵美子，今野久仁彦，木村郁夫，福島英登，鈴木徹：水産物の先進的な冷凍流通技術と品質制御（岡崎惠美子，今野久仁彦，鈴木徹編），恒星社厚生閣，東京，(2017)，pp.3-5.
24) 鈴木徹：水産物の先進的な冷凍流通技術と品質制御（岡﨑惠美子，今野久仁彦，鈴木徹編），恒星社厚生閣，東京，(2017)，pp.22-35.
25) 中澤奈穂，岡﨑惠美子：水産物の先進的な冷凍流通技術と品質制御（岡﨑惠美子，今野久仁彦，鈴木徹編），恒星社厚生閣，東京，(2017)，pp.36-59.
26) 上野聡：化学と生物, **45** (2007), 550-556.
27) 河野晋治：水産物の先進的な冷凍流通技術と品質制御（岡﨑惠美子，今野久仁彦，鈴木徹編），恒星社厚生閣，東京，(2017)，pp.112-121.
28) 萩原知明，小林りか，君塚道史：水産物の先進的な冷凍流通技術と品質制御（岡﨑惠美子，今野久仁彦，鈴木徹編），恒星社厚生閣，東京，(2017)，pp.90-111.
29) 小林りか，佐藤眞直，鈴木徹：平成26年度SPring-8利用課題2014A1788実験実施報告書 (2014)，1-3.
30) M. Sato, K. Kajiwara and N. Sano: Jpn. J. Food Eng., **17** (2016), 83-88.
31) 佐藤實：新技術開発による東日本大震災からの復興・再生（竹内俊郎，佐藤實，渡部終五編），恒星社厚生閣，東京，(2017)，pp.109-124.
32) 鈴木徹：新技術開発による東日本大震災からの復興・再生（竹内俊郎，佐藤實，渡部終五編），恒星社厚生閣，東京，(2017)，pp.98-108.
33) 山本雅貴：放射光, **27** (2014), 282-289.
34) 足立伸一：放射光, **27** (2014), 307-314.
35) T. Nakano: Marine Productivity (H.-J. Ceccaldi, Y. Henocque, Y. Koike, T. Komatsu, G. Stora, M.-H. Tusseau-Vuillemin (eds.)), Springer Publishing AG, Switzerland (2015), pp.63-68.
36) 中野俊樹：食品図鑑（芦澤正和，梶浦一郎，平宏和，竹内昌昭，中井博康編），女子栄養大学出版部，東京，(1996)，pp.120-123.
37) 中野俊樹：21世紀の栄養・食糧科学を展望する（安本教傳，大類洋，大久保一良編：日本学術会議監），日本食品出版，東京，(1999)，pp.73-82.
38) 中野俊樹：養殖ビジネス, **55** (2018), 36-40.

ウイルス複製タンパク質と宿主抵抗性タンパク質の共進化機構を解明する

加藤悦子

プラス鎖 RNA ウイルスに属するトマトモザイクウイルスはゲノムサイズが著しく小さく古くからウイルスのモデルとして研究が進められてきた．このトマトモザイクウイルスを研究対象として，複製タンパク質の構造ドメインと複製を阻害する宿主因子 Tm-1 の構造を決定した．また，それらの構造情報と様々な相互作用実験からウイルスの複製タンパク質とウイルスの複製を阻害する宿主因子タンパク質の共進化機構を原子レベルで明らかにした．

1．はじめに

一般に真核生物を宿主とするプラス鎖 RNA ウイルスは，宿主細胞に進入し脱外被を経てゲノム RNA が翻訳され，複製を司る複製タンパク質が合成される．複製タンパク質は宿主因子とともに複製複合体を形成し，その中でプラス鎖 RNA を複製するが，その過程で，宿主生物はウイルス感染の脅威から逃れるため，独自の防御システムを発達させている．それに対抗し，ウイルスは非常に速く進化して防御システムによる認識を回避し，宿主生物に感染する．このようにウイルスと宿主は互いに共進化を続けていると考えられている．ウイルスは，一般に核酸およびタンパク質（一部のウイルスでは脂質も）のみから構成されるため，ウイルス−宿主相互作用は，核酸−タンパク質あるいはタンパク質−タンパク質相互作用で理解することができる．ウイルス−宿主間の共進化において，認識あるいは回避に直接関与するタンパク質が同定され，相互作用に重要なアミノ酸残基が特定されつつある．さらに研究を深化させるためには，アミノ酸残基の変化の情報をタンパク質の立体構造をとおして理解する必要がある[1]．近年の解析技術の発展等により，ウイルスのコードするタンパク質も立体構造が解明されつつある．しかし，ウイルスと宿主の共進化過程において，関連する双方のタンパク質がどのように変化を遂げているのかは，ほとんど解明されていなかった．

本稿では，トマトモザイクウイルスを例に，複製タンパク質の構造ドメインと複製を阻害する宿主因子 Tm-1 の構造解明と，それらの構造からウイルスとタンパク質の共進化機構を原子レベルで明らかにした研究結果を紹介する．

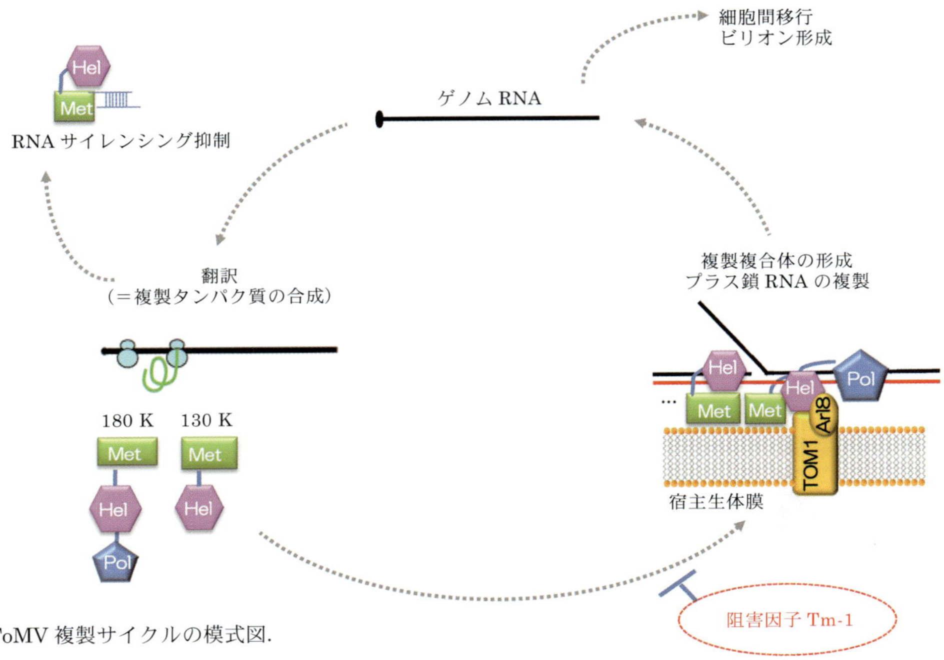

図 1　ToMV 複製サイクルの模式図.

2. トマトモザイクウイルス（ToMV）複製タンパク質のヘリカーゼドメインの構造決定

ToMV はプラス鎖 RNA ウイルスに属する植物ウイルスである．ゲノムサイズが著しく小さいことから，古くからタバコモザイクウイルスとともにウイルスのモデルの 1 つとして研究が進められてきた．ToMV は複製タンパク質として 130 K（ヘリカーゼ（Hel）とメチルトランスフェラーゼ（Met）ドメインを含む）とそれが翻訳の過程でリードスルーした 180 K（Hel，Met に加えポリメラーゼ（Pol）ドメインを含む）をコードしている．Hel，Met および Pol はプラス鎖 RNA ウイルスに共通するドメインであるが，我々が構造解析に成功するまでは，いずれのドメインに関しても構造は明らかになっていなかった．我々は，Hel ドメインに着目し（以後 ToMV-Hel），その安定ドメインの決定[2]と構造解析を行った[3]．ToMV-Hel は典型的な Rec-A 様 α/β ドメイン（ドメイン 1A および 2A からなる Hel コアドメイン（V802-Q1116）の他に，ToMV-Hel 特異的な N 末ドメイン（S666-V801）を持っていることが明らかになった（図 2（a））．

Hel ドメインは，その立体構造や特徴的なモチーフの存在からスーパーファミリー（SF）1 から 6 に分類される．得られた構造について，類似の立体構造を DALLI server を用いて検索した結果，SF1 に属するタンパク質と相同性があることが分かった．SF1 Hel は，アクセサリードメインと呼ばれる付加的なドメインを持つことを特徴として，UvrD/Rep，Pif1-like，Upf1-like の 3 種類のグループに分類されている．今回立体構造を決定した ToMV-Hel は，これら既知の SF1 Hel の構造とは異なり，Hel コアドメインの中にはアクセサリードメインをもたず，付加的な N 末ドメインを有していた．これらのことから，ToMV-Hel は Hel SF1 に属する新規なタンパク質ドメインを形成していることがわかった[3]．

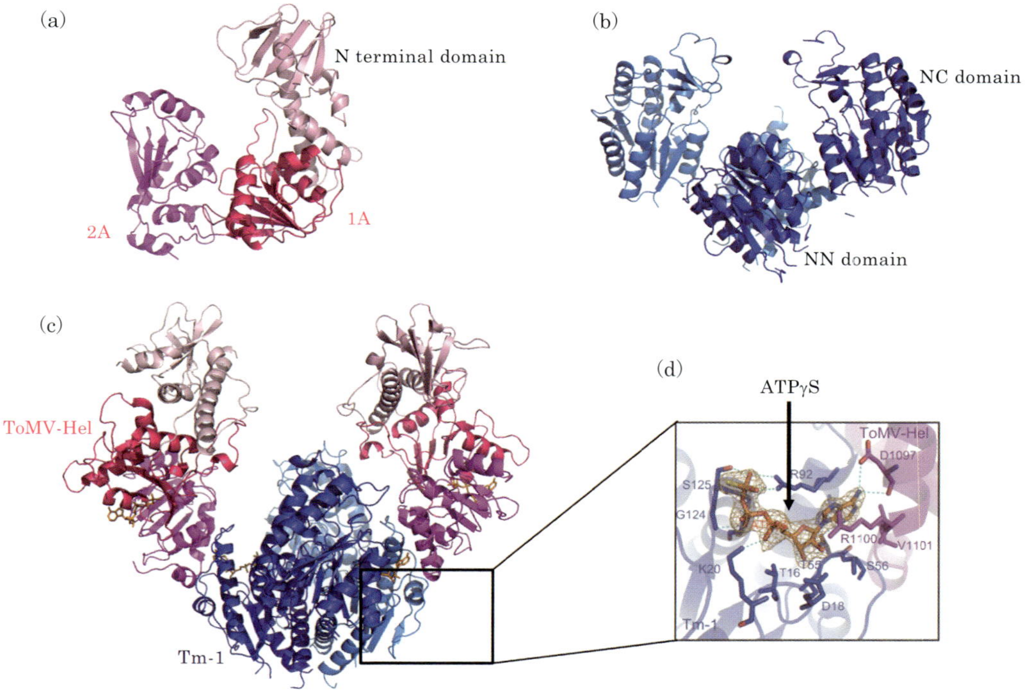

図 2　ToMV 複製関与するタンパク質の立体構造．(a) ToMV-Hel の立体構造．ヘリカーゼコアドメイン（1A, 2A）と N 末ドメインにより構成されている．(b) ToMV 複製阻害因子 Tm-1 の立体構造．NN- および NC-domain から形成されている．Tm-1 は二量体を形成している．(c) ToMV-Hel と Tm-1 の共結晶構造と (d) 相互作用界面の拡大図．それぞれの色は図 1 の A と B と同様である．相互作用界面には ATPγS（黄色で示した）が存在していた．

3.　ToMV 複製タンパク質と抵抗性遺伝子 *Tm-1*

ToMV 抵抗性遺伝子 *Tm-1* は，トマトの野生種より育種によって耕作種のトマトに導入された遺伝子であり，身近な例では桃太郎などの商用トマト品種において利用されている．この *Tm-1* 遺伝子がコードしている Tm-1 タンパク質は，754 アミノ酸残基で構成され [4]，ToMV の複製タンパク質に結合してウイルスの複製を阻害する [5)6]．一方，Tm-1 による複製阻害から逃れた ToMV 変異株 LT1 は，ToMV-Hel に 2 か所のアミノ酸置換をもつ（979 番目のグルタミン（Gln）がグルタミン酸（Glu）に，984 番目のヒスチジン（His）がチロシン（Tyr）に変化している）（図 3 参照）．前述のように ToMV-Hel の構造が決定され [3]，これらの残基はいずれも分子表面に存在していることがわかった．さらに近年，野生種トマトを用いた分子進化学的解析から，*Tm-1* 遺伝子の一部の領域（Thr79-Asp112）が正の選択（アミノ酸配列が変化することを好む自然選択）を受けていることが明らかとなった [7]．他の状況証拠と合わせると，この領域は ToMV 感染に対抗して進化したと考えられた．また，野生種トマトの中には LT1 の増殖も抑制する *Tm-1* 対立遺伝子をもつ個体があることも明らかになった．この Tm-1 変異体では 91 番目のイソロイシン（Ile）がトレオニン（Thr）に変化しており，当該アミノ酸置換をもつ Tm-1 タンパク質（Tm-1 (I91T)）は LT1 の複製タンパク質と結合した．さらに Tm-1 (I91T) からも逃れる ToMV 変異株が出現し，この変異株も複製タンパク質 Hel ドメインにアミノ酸置換を有していた [7]．このように，ToMV（＝ウイルス）とトマト（＝宿主）の間には，ToMV 複製タンパク質と Tm-1 タンパク質の相互変化による進化的軍拡競争が繰り広げられてきたと考えられる．その様子を，図3上段にまとめて示す．

4. ToMV-Hel と Tm-1 タンパク質の相互作用

Tm-1 による複製阻害から逃れた ToMV 変異株 LT1 が，ToMV-Hel 部位に変異を持つことから，Tm-1 タンパク質は ToMV-Hel を認識し，直接結合すると考えられた．Tm-1 タンパク質は，構造も機能も未知な N 末ドメインと，TIM バレル構造を持つ C 末ドメインからなると予想されていた[4]．我々は，Tm-1 タンパク質の N 末ドメイン（M1-K431；以後 Tm-1（431））が，ToMV の複製阻害に十分であることを明らかにした[4]．そこで，ToMV-Hel と Tm-1（431）の精製リコンビナントタンパク質を調製し，ゲル濾過分析および等温滴定型カロリメトリー（ITC）により両者の相互作用を解析した．

ゲル濾過実験の結果，Tm-1（431）と ToMV-Hel は，ほぼ同じ分子量であるにもかかわらず，Tm-1（431）は ToMV-Hel よりも早く溶出した．分子量既知のタンパク質との溶出時間の比較から，Tm-1（431）は二量体を形成していることが示唆された．また，Tm-1（431）は，ATP（アデノシン三リン酸）存在時にのみ ToMV-Hel と複合体を形成することが明らかとなった．ITC の結果，両者の結合比は 1：1 であることがわかった．これらの結果より，ToMV-Hel と Tm-1（431）は 2：2 で複合体を形成していると予想された[8]．

5. 阻害因子 Tm-1（431）の立体構造

我々は，まず Tm-1（431）の結晶構造を，図2（b）のとおり決定した．Tm-1（431）は2つの構造ドメインから形成されていた（NN ドメインおよび NC ドメイン）．また，ゲル濾過分析の結果が示唆していたように，Tm-1（431）は NN ドメインを介して二量体を形成していた．

Tm-1 の正の選択を受けた領域は，NN ドメインの電子密度が確認できない柔軟なループと α ヘリックスで構成され，二量体形成面とは反対側に位置した分子表面に露出していた．

6. ToMV-Hel と Tm-1 の複合体構造

次に，Tm-1（431）と ToMV-Hel との複合体の結晶構造を決定した[8]．なお，複合体の維持には ATP が必要である一方，ToMV-Hel は ATP 加水分解（ATPase）活性を有することから，結晶化の際には ATP のアナログである ATPγS を添加した．複合体は二量体を形成する Tm-1（431）分子が，それぞれ ToMV-Hel と結合した四量体を形成していた（図2（c））．両者の相互作用界面には，Tm-1 の正の選択を受けた領域内の柔軟性のあるループ（Thr79-Ala89）と，ToMV-Hel の抵抗性打破に重要なアミノ酸残基が存在していた．また，結晶化の際に用いた ATPγS は，複合体構造中の ToMV-Hel の ATPase 活性部位だけでなく，接着剤のように Tm-1（431）と ToMV-Hel の相互作用界面にも存在していた（図2（d））．複合体中の Tm-1 の構造は単体とほとんど変わらなかったが，ToMV-Hel は単体の構造とは大きく異なっていた．これらの結果から，複合体形成における ATP の役割には3つの可能性が考えられた．①Tm-1 は ATP と結合し構造変化した ToMV-Hel の ATP 結合型のみを認識する，②両者の相互作用界面に存在する ATP が必須である，③その両方，である．ToMV-Hel は GTP（グアノシン三リン酸）など他の NTP（ヌクレオシド三リン酸）も加水分解するにも関わらず，GTP

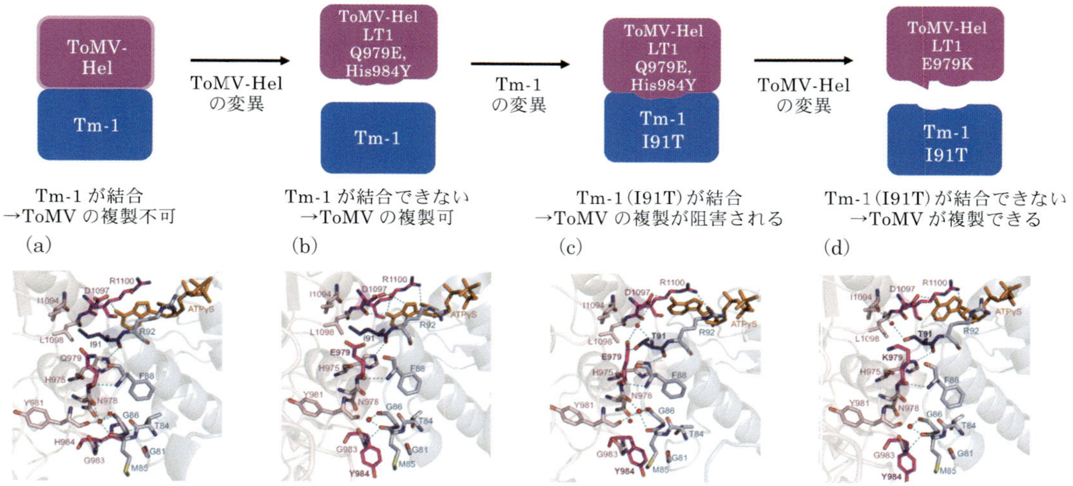

図 3 ToMV-Hel と Tm-1 の共進化機構．上段：共進化の過程をモデルで示した．下段：相互作用面の拡大図．(a) ToMV-Hel（マゼンタ）と Tm-1（青）複合体，(b) ToMV LT1 (Q979E, H98Y)（マゼンタ）と Tm-1（青）複合体，(c) ToMV LT1 (Q979E, H98Y)（マゼンタ）と Tm-1 (I91T)（青）複合体，(d) ToMV LT1 (Q979E, H98Y) E979K（マゼンタ）と Tm-1 (I91T)（青）複合体の複合体界面の拡大図を示した．相互作用に関与する残基についてはスティック表示で示した．(a) および (c) は結晶構造から，(b) および (d) は結晶構造を基盤とするモデル構造を示した．

存在下ではゲル濾過分析および ITC 実験いずれにおいても Tm-1 (431) と ToMV-Hel の結合は検出できなかった．このことから，複合体形成には活性部位ではなく，「②相互作用界面の ATP が必須」であることが示唆された．

7. ToMV-Hel と Tm-1 の共進化機構

Tm-1 (431) と ToMV-Hel との複合体構造において，Tm-1 の正の選択を受けた領域は ToMV-Hel と直接結合していた．したがって，Tm-1 は ToMV-Hel を認識する部位を変化させるよう進化してきたと考えられる．一方，ToMV 変異株 LT1 で置換されている 2 か所のアミノ酸残基 (Gln979 および His984) もまた Tm-1 との結合界面に存在していた（図 3 (a)）．このことは，ToMV が Tm-1 による被認識部位を変化させることにより結合を回避していることを示している．さらに，LT1 の増殖も抑制する Tm-1 (I91T) の変異残基である Ile91 も，ToMV-Hel との結合界面のほぼ中心に位置し，両者の疎水性相互作用に大きく寄与していることが分かった．筆者らは Tm-1 (431/I91T) と ToMV-Hel の複合体の構造も決定し，Tm-1 (431/I91T) の 91 番目の Thr が，水分子を介した水素結合ネットワークを形成して複合体をより安定化することにより，Tm-1 (431) よりも ToMV-Hel に強く結合することを明らかにした（図 3 (c)）．この結果は，Tm-1 (431/I91T) の方が Tm-1 (431) よりも，よりエンタルピー依存的に ToMV-Hel とより強く結合するという ITC の結果とよく一致していた．

抵抗性打破 ToMV 変異株がもつアミノ酸置換が，Tm-1 との結合にどのように影響するか調べるため，結晶構造を用いて分子動力学法 (MD) による計算を行った．ToMV-Hel と Tm-1 (431) では，Ile91 を介した疎水的相互作用と，ToMV-Hel の Gln979 と Tm-1 の Phe88 との間に水素結合が存在している（図 (b)）．ToMV 変異株 LT1 がもつアミノ酸の変化

(Q979E) は，Tm-1 の Phe88 との結合に必要な水素結合の形成を妨げるために両者の相互作用を弱めていた．LT1 における His984 の Tyr への変異もまた Tm-1 との相互作用を弱めていた．この結果，ToMV 変異株 LT1 は阻害因子である Tm-1 から逃れ，増殖することができる．次に，Tm-1 (I91T) では Thr91 が ToMV 変異株 LT1 の Glu979 と水を介した水素結合を形成して相互作用を安定化するため，LT1 の複製タンパク質と結合してウイルス複製を阻害する (図 3 (c))．Tm-1 (I91T) を打破するウイルス変異株の中には，Glu979 が Lys に変化したものがある．この変異には，Tm-1 (I91T) の Thr91 との間の水素結合が形成されなくなる効果があった (図 3 (d))．また他の Tm-1 (I91T) 打破変異株は，Asp1097 が Try に変化しているが，この変異も同様に Thr91 との間の水素結合を形成させなくするとともに，ToMV-Hel と Tm-1 の相互作用に必須な ATP との結合能も低下させた．このため両者の相互作用は弱まり，ウイルスの複製を許容することが明らかとなった．

6. おわりに

X 線結晶構造解析の専門家ではない筆者が ToMV-Hel，Tm-1 (431) および Tm-1 (431/I91T) と ToMV-Hel との複合体構造を決定できたのは，PF および SPring-8 の放射光ならびにスタッフのサポートのおかげである．これらの構造情報から，認識と回避からなる植物とウイルスの共進化の過程を原子レベルで理解することができた．この結果は，宿主とウイルスの共進化の原動力が，分子間の相互作用面の改変であることを明確に示している．一方，ToMV などウイルスの複製機構にはまだまだ不明な点が多い．今後は，ToMV をモデルとしてまだまだ不明な点が多いウイルスの複製機構について構造情報を基盤とした解明を目指して行きたい．本研究を進めるにはタンパク質の立体構造解析のための放射光ならびに専用ビームラインの果たす役割は大きいと感じている．

謝　辞

農業生物資源研究所の石川雅之博士・石橋和大博士，立命館大学の松村浩由博士，岩手医科大学の毛塚雄一郎博士をはじめとする共同研究者に深く感謝いたします. 本研究は生研センター「新技術・新聞や創出のための基礎研究推進事業」により行われました．最後に，本研究は PF および SPring-8 のスタッフの方々にサポートしていただきました．ここに記して感謝いたします．

参考文献

1) M. D. Daugherty and H. S. Malik: Annu. Rev. Genet., **46** (2012), 677-700. DOI:10.1146/annurev-genet-110711-155522.
2) H. Xiang, K. Ishibashi, M. Nishikiori, M. C. Jaudal, M. Ishikawa and E. Katoh: Acta Cryst., **F67** (2011), 1649-52.
3) M. Nishikiori, S. Sugiyama, H. Xiang, M. Niiyama, K. Ishibashi, T. Inoue, M. Ishikawa, H. Matsumura and E. Katoh: J. Virol., **86** (2012), 7565-76. DOI:10.1128/JVI.00118-12.
4) K. Ishibashi, K. Masuda, S. Naito, T. Meshi, and M.Ishikawa: Proc. Natl. Acad. Sci. U.S.A., **104** (2007), 13833-13838. DOI:0703203104/10.1073/pnas.0703203104.
5) M. Kato, K. Ishibashi, C. Kobayashi, M. Ishikawa and E. Katoh: Protein Expr. Purif., **89** (2013), 1-6. DOI:10.1016/j.pep.2013.02.001.
6) K. Ishibashi and M. Ishikawa: Current opinion in virology, **9** (2014), 8-13. DOI:10.1016/j.coviro.2014.08.005.
7) K. Ishibashi, N. Mawatari, S. Miyashita, H. Kishino, T. Meshi and M. Ishikawa: PLoS Pathog, **8** (2012), e1002975. DOI:10.1371/journal.ppat.1002975 PPATHOGENS-D-12-00990.
8) K. Ishibashi, Y. Kezuka, C. Kobayashi, M. Kato, T. Inoue, T. Nonaka, M. Ishikawa, H. Matsumura and E. Katoh: Proc. Natl. Acad. Sci. U.S.A., **111** (2014), E3486-3495, DOI:10.1073/pnas.1407888111.

ウイルスの細胞侵入を見る
―ワクチンや抗ウイルス剤の開発を目指して―

福原秀雄，古川　敦，橋口隆生，黒木喜美子，前仲勝実

ウイルスは宿主細胞へ侵入することによってはじめて感染を成立させ，増殖を開始する．我々は，このウイルス侵入過程に着目し，二次感染や宿主内でのウイルス増殖を抑えるアカデミア創薬を目指している．論理的に創薬を進めるため，放射光を利用した原子レベルでの分子構造は重要な基礎情報を与える．本稿では，X 線結晶構造解析によって我々が明らかにしたウイルスの侵入に関連するタンパク質構造と，創薬開発への応用を簡単に紹介する．

1. はじめに

ウイルスは，エンベロープと呼ばれる脂質二重膜の有無や，遺伝子が DNA であるか RNA であるかにかかわらず，単独で増殖することはできないため，宿主細胞へ侵入する必要がある．この侵入を防ぐため，高等動物は獲得免疫を備え，人類はさらにその免疫機能を利用してウイルス感染を防ぐワクチンを開発してきた．しかしながら，ウイルスがどのように宿主細胞を選択し，どのように細胞内へ侵入しているのか，またどのようなワクチンを使えば効率よく免疫を誘導することができるかについては，盛んに研究がなされているものの，未だ正確には解明されていない．このような宿主の免疫機構やウイルスの侵入メカニズムを明らかにすることは，より効率よく免疫を獲得でき，副作用の少ないワクチンや，感染後の治療に用いる抗ウイルス薬の設計･開発に不可欠であり，放射光を利用した X 線結晶構造解析はこれらの相互作用を原子レベルで明らかにするための非常に強力なツールとなる．

本稿では，我々がこれまでに報告してきた，麻疹ウイルス，ヘルペスウイルスおよびマールブルグ･エボラウイルスを中心，にウイルスの侵入に関わるタンパク質の構造解析について紹介する．

2. 麻疹（はしか）ウイルスの細胞侵入機構

麻疹の原因である麻疹ウイルスは，感染力が非常に強い呼吸器ウイルスである．感染すると発熱や発疹などの症状に加え，一時的に免疫機能を低下させるため，特に医療の発展していない地域では肺炎などの二次感染を引き起こし，

2016年のWHO推計でも世界中で約9万人が死亡している．国内ではワクチンの定期接種と医療の発達により，感染率・死亡率ともに減少したが，最近も海外からの渡航者から感染が拡がったように，ワクチン未接種や免疫の獲得が不十分なケースもあり，そのような人が感染してしまった際に効果的な治療法がない．注意すべきは麻疹ウイルスの感染後に数年の潜伏期間を経て数万人に1人の割合で亜急性硬化性全脳炎（subacute sclerosing panencephalitis；SSPE）を発症することで，予後が非常に悪いためこれに対する治療薬の開発が望まれている．

麻疹ウイルスは，脂質二重膜で覆われたエンベロープウイルスであるが，その表面に2種類の糖タンパク質，H（hemagglutinin）およびF（fusion）タンパク質を持ち，Hタンパク質が宿主細胞の受容体タンパク質を認識し，Fタンパク質がウイルスのエンベロープと宿主細胞の細胞膜を融合させることで細胞内へ侵入する．我々はこれまでに麻疹ウイルスのHタンパク質と受容体の1つであるCD150（signalling lymphocyte-activation molecule；SLAM）との複合体のほか，Fタンパク質と膜融合を阻害する化合物との複合体についても結晶構造を報告した[1)2)]．どちらのタンパク質もその表面が複数の*N*型糖鎖で修飾されているが，特にHタンパク質は，受容体と結合する領域以外の大部分を糖鎖に覆われていることが明らかとなった．麻疹ウイルスはインフルエンザウイルス等と比較して，ワクチンによる予防が非常に効果的であることが知られている．この理由として，Hタンパク質は受容体結合部位のみが露出しているため，この部分を標的とした抗体が効率よく産生され，仮にウイルスがHタンパク質のアミノ酸を変異させることで抗体から逃れようとしても，それは受容体への結合能すなわち細胞へ侵入する能力を失うことに繋がるために難しいことが，図1に示す結晶構造から説明できる．またHタンパク質とSLAMとの相互作用部位については，1990年代から多くの変異体実験によって推定されてきたが，Hタン

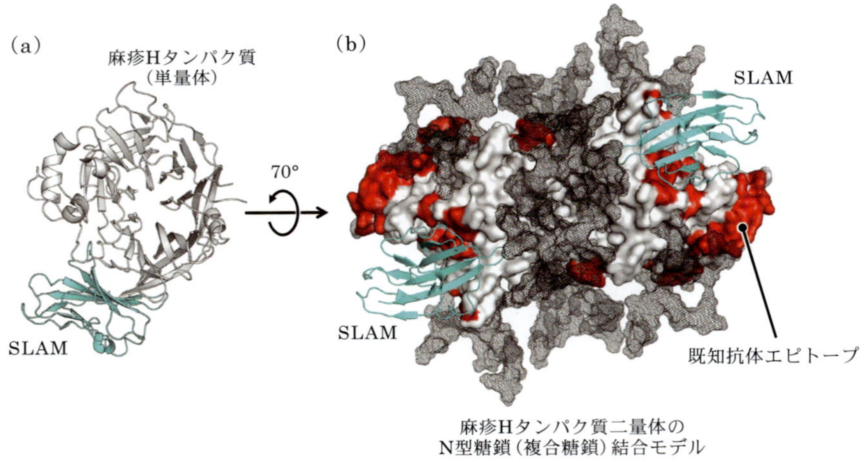

図1 (a) 麻疹ウイルスHタンパク質と免疫細胞受容体SLAMとの複合体構造（PDB ID；3alw）をリボンモデルで示す．(b) Hタンパク質二量体の*N*型糖鎖修飾モデルを上面（ウイルス外側）から見た．白色の充填モデルで示したHタンパク質が形成する二量体に，既知の抗体に認識されるエピトープを赤色で示した．Hタンパク質に結合した免疫受容体SLAMのVドメインはシアンのリボンモデルで表示している．メッシュで示した複合糖鎖のモデル構造をそれぞれHタンパク質の糖鎖修飾部位にマップした．

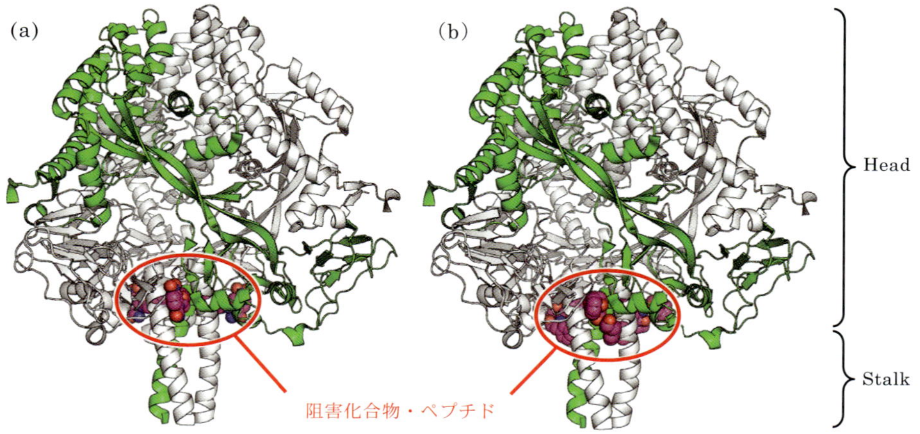

図 2　麻疹ウイルス F タンパク質と (a) 低分子化合物の阻害剤の複合体構造 (PDB ID；5yzc) および (b) ペプチド阻害剤との複合体構造 (PDB ID；5yzd). リボンモデルで示した F タンパク質三量体のうち, 1 つの単量体を緑色で示している. 球状モデルで示したいずれの阻害剤も F タンパク質の Head と Stalk の境界部分に結合している.

パク質と SLAM との間で β シートが形成されていることが結晶構造解析により初めて明らかとなった. このような主鎖間の相互作用を変異体実験から予測することは, 現在でも難しい. さらに H タンパク質と SLAM の複合体は複数の条件で結晶が得られ, これらのパッキングを比較することで, 受容体との結合が F タンパク質を活性化する機構を考察する新たな手がかりを与えた.

F タンパク質については, 2 種類の阻害剤との複合体構造を決定し, 膜融合を阻害する化合物がどのように F タンパク質のはたらきを抑えているかを明らかにした. 2 つの化合物は全く異なる構造を持つが, 図 2 に球状モデルで示したように, いずれも F タンパク質の Head と Stalk の境界部分に結合していることがわかる. H および F タンパク質のように, 特に創薬を想定したこれらの標的分子は, 可能な限り高分解能での構造決定が望まれ, それには微結晶から十分な反射が得られる放射光の高輝度 X 線ビームが必要不可欠である. こうして得られた構造情報は, より効果的に細胞侵入を阻害する化合物を設計するために重要な知見を与える.

3.　単純ヘルペスウイルスの細胞侵入機構

ヘルペスウイルスは多くの種類が分離・同定されているが, ヒトに感染するヒトヘルペスウイルスのうち, 単純ヘルペスウイルス I 型 (HSV-1) は脳, 皮膚, 性器, 目など幅広い臓器に感染し, 多様な病態を引き起こす. 特に脳への感染は重篤な病態を引き起こし, 現在利用されている代表的な抗ウイルス薬であるアシクロビルを投与しても, 致死的もしくは重度の後遺症が残ることが多い. HSV-1 感染の特徴として, 潜伏感染と再発が挙げられる. ヒトに感染した HSV-1 ウイルスは神経細胞内に潜伏し, 免疫低下やストレス等によって再活性化する. 最近では, アシクロビルに耐性をもつヘルペスウイルスの出現も報告されているため, 既存薬とは異なる作用機序を持ち, 活性化したウイルスの増殖を止めることができる新たな抗ウイル

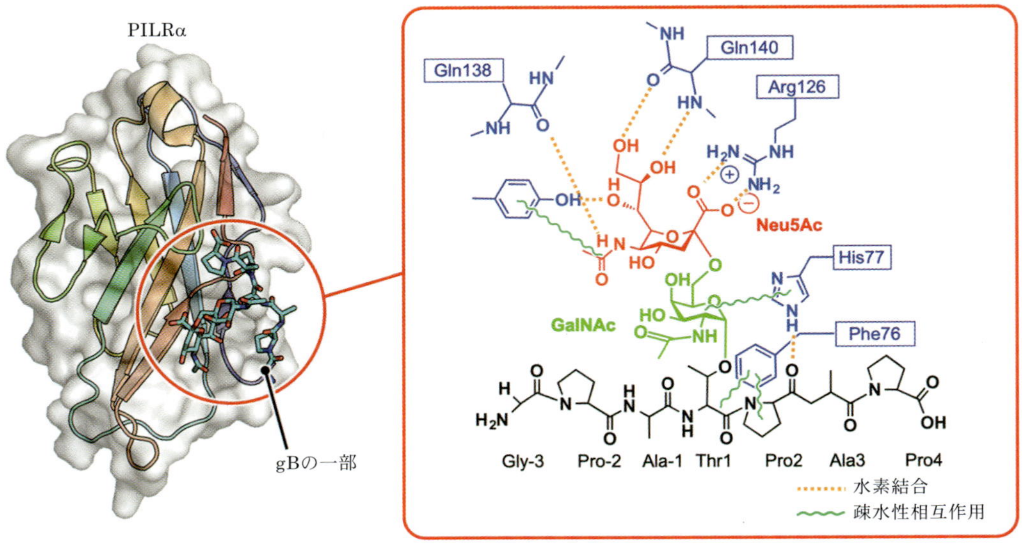

図 3 (左) PILRα と gB 由来糖ペプチドとの複合体構造 (PDB ID：3wv0)，(右) 相互作用の詳細の模式図．gB のアミノ酸残基 (黒) および *O* 型糖鎖 (赤および緑) との相互作用に関わる PILRα 残基を青色で示した．

ス薬の開発が望まれている．

HSV-1 の細胞侵入は麻疹ウイルスよりも複雑で，ウイルス表面に存在する 5 つのタンパク質が関与する．そのうち glycoprotein B (gB) は，ヒトの細胞表面にある PILRα (paired immunoglobulin-like type 2 receptor alpha) をはじめとする様々な分子と結合し，大きく構造を変化させることで宿主の細胞膜とウイルスのエンベロープ膜を融合させる役割を担う．我々は，gB がどのように PILRα を認識するのか，放射光を用いて X 線結晶構造解析を行った．その結果，gB の一部のアミノ質配列と翻訳後修飾のひとつである *O* 型糖鎖修飾が PILRα との結合に重要であることがわかった[3)]．得られた結晶構造と，その結果を踏まえた相互作用の模式図を図 3 に示す．*O* 型糖鎖はスレオニンというアミノ酸への糖鎖修飾であり，アスパラギンへの糖鎖修飾である *N* 型糖鎖に比べ構造的に複雑かつ不均一であるため，その詳細な機能を理解することが困難であった．しかし，X 線結晶構造解析により，PILRα は *O* 型糖鎖の中でもがん細胞によく見られるシアリル抗原と呼ばれる糖鎖修飾を認識していることがわかった．ウイルスの侵入機構に限らず，これまでに PILRα のヒト内在性リガンドが複数同定されてきたものの，PILRα がそれらをどのように認識しているかは不明であった．今回の X 線結晶構造解析は，それらの認識機構についても推定することを可能にした．糖鎖を認識するタンパク質と糖鎖の複合体について構造解析した例はすでに数多く報告されているが，本研究の PILRα のように糖鎖とアミノ酸配列を同時に認識している例はほとんどなく，新たな認識機構の発見であった．生化学的な研究から，この糖鎖修飾されたペプチドが HSV-1 の侵入を阻害することも明らかとなり，現在は上記の構造情報を基に，より強力にウイルス侵入を阻害できる薬の開発を進めている[4)5)]．このように構造情報を基に創薬研究を進める方法は SBDD (Structure Based Drug Design) と呼ばれ，現代の創薬研究には欠かせない手法の 1 つとなっている．

4. エボラ･マールブルグウイルスの細胞侵入機構

2013年末から2015年にかけて，西アフリカを中心にエボラウイルスが史上最大規模の流行を起こしたことは記憶に新しい（終息宣言が出された時点の感染者は28,646人，死者11,323人）．ほぼ同様の症状を呈するマールブルグウイルスは2004～2005年にアンゴラ共和国で感染者252人，致死率90％のアウトブレイクが報告された．現在，両ウイルスに対して特異的予防･治療法はなく，感染者に由来する血清も含めて，その取り扱いはBio Safety Level 4（BSL4）に限定される．

この致死的な症状を示すウイルスは，どのようなメカニズムで細胞内へと侵入し，また，ヒトの免疫系の1つである抗体により感染阻害（中和）されるのだろうか．その分子機構が放射光利用実験により解明されつつある．エボラおよびマールブルグウイルスは，いずれもエンベロープ上に唯一のウイルス糖蛋白質GPを持つ．GPはGP1およびGP2サブユニットで構成され，GP1が受容体結合能を，GP2が膜融合能を担う[6]．ウイルスは，このGPを介して細胞表面に吸着後，エンドサイトーシスによりエンドソーム・リソソームへと取り込まれる．その後，GPが小胞内のカテプシン等による蛋白質分解を受けることでCleaved型となり，エンドソーム･リソソームに局在するNiemann-Pick C1（NPC1）受容体に結合できるようになる．Cleaved型のGP1がNPC1受容体と結合すると，GP2が構造変化を起こすことでエンベロープと細胞膜が融合し，細胞侵入が起きる．

エボラ･マールブルグウイルスは同じ“フィロウイルス科”に分類され，前述のように非常によく似た病態を示すものの，抗体による中和機構は大きく異なることが近年明らかとなった[7]．両ウイルスのGP蛋白質はGP1とGP2のサブユニット間にムチン様ドメイン（Mucin-like domain；MLD）を含んでおり，我々はこのMLDの構造的配置の違いが両ウイルス間での抗体による中和機構の違いの原因となっていることをX線小角散乱解析とX線結晶構造解析により明らかにした．それにより，エボラでは膜融合を，マールブルグでは受容体結合をそれぞれ阻害する中和抗体が多く産生される理由を説明できるようになった．構造上，エボラウイルスのMLDは受容体結合部位の大部分を覆うかたちで配置されているため，受容体結合を阻害する抗体ができにくく，図4（a）のように膜融合を阻害する中和抗体が中心となっている．一方で，マールブルグウイルスのMLDは膜融合に関わるGP2サブユニット周辺を覆うかたちで配置されているため，膜融合を阻害する抗体ができにくく，図4（b）のように受容体結合を阻害する中和抗体が中心となっている．

我々は，2015年に世界で初めてマールブルグウイルスGP蛋白質の構造決定に成功したが，構造決定の際に用いた抗体MR78は，エボラ･マールブルグ両ウイルスに交差反応性を持つことも明らかにした[7]．MR78抗体はウイルスの受容体結合能を効果的に阻害したため，そのエピトープ領域がNPC1受容体結合部位であると推定されていたが，2016年にエボラウイルスGPとNPC1の複合体構造が解明されたことで，図5に示すように，GPのMR78抗体結合部位とNPC1受容体結合部位は一致することが示された[8]．これらの抗体と受容体は，ともに芳香族性のアミノ酸残基がGP1の疎水性ポケットと相互作用している．したがって，このエピトープ領域は，エボラ･マールブルグの両ウイルスを効果的に感染阻害するための，良い創薬標的部位になることが期待されている．

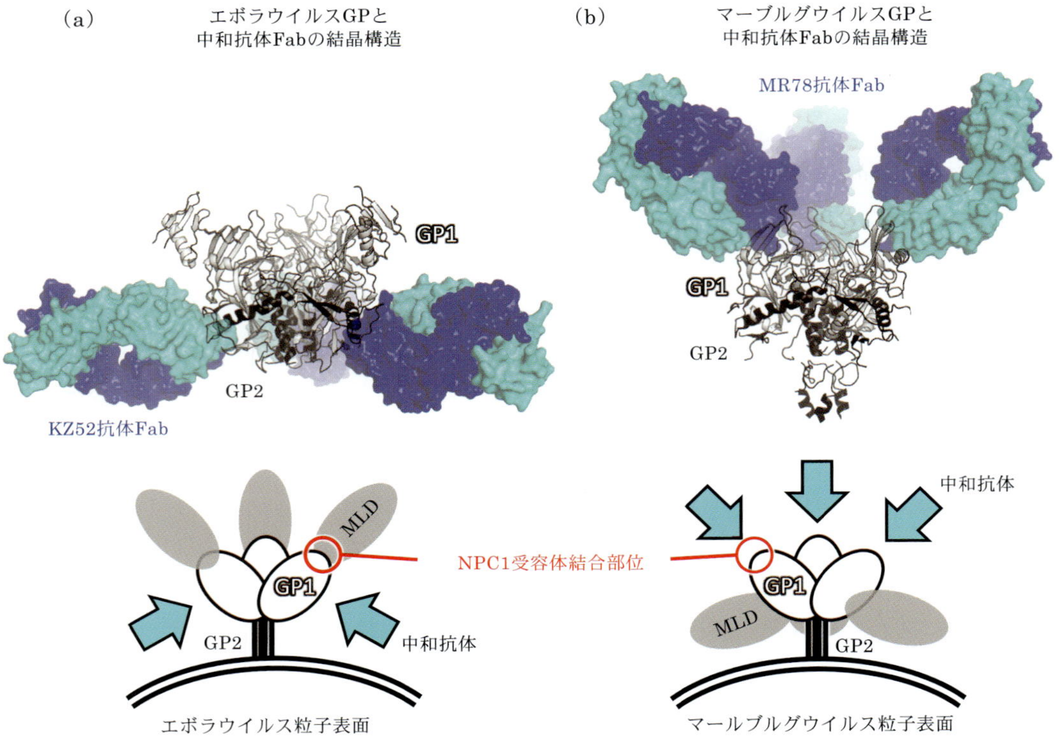

図 4　(a), (b) エボラ・マールブルグウイルス GP と中和抗体の複合体構造（上段；PDB ID；3csy および 5uqy）と模式図（下段）．ウイルスの GP 蛋白質はリボンモデルで（GP1 が淡灰色，GP2 が黒色），抗体（Fab 領域）は充填モデル（軽鎖がシアン，重鎖が青）で示している．

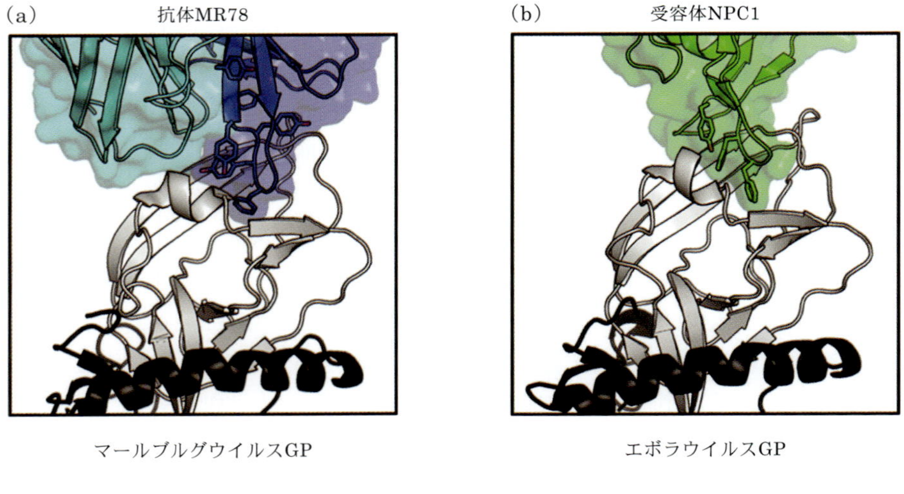

図 5　(a) マールブルグウイルス GP（白と黒のリボンモデル）と MR78 抗体（青およびシアンの充填モデル）の複合体構造（PDB ID，5uqy）．(b) エボラウイルス GP（白と黒のリボンモデル）と受容体 NPC1 のドメイン C 領域（緑の充填モデル）の複合体構造（PDB ID，5f1b）．抗体と受容体，ともに芳香族性のアミノ酸残基が GP1 の疎水性ポケットと相互作用している．

5. おわりに

本稿では，主に 4 種類のウイルスの侵入メカニズムを中心に，それらの薬剤やワクチンの開発を目指した結晶構造解析の現状を紹介した．ウイルスは，それぞれ特徴のある細胞侵入や増殖機構を有するため，基本的には各ウイルスに合わせた抗ウイルス薬やワクチンを開発する必要がある．その精密な設計には，創薬標的となるウイルスを構成するタンパク質や，宿主細胞において増殖に関わるタンパク質の立体構造情報を欠かすことができない．さらに，たとえ抗ウイルス薬やワクチンが開発できても，それらの効果を逃れるようにウイルスが新たな変異を獲得し，アウトブレイクを引き起こす恐れもある．現在も新たなウイルスは発見され続けており，また，これまでヒトに病原性をもたなかったウイルスがある日突然病態を引き起こすかもしれない．免疫逃避機構の解明や耐性の獲得が困難な薬剤の設計にも，放射光を利用した X 線構造解析の重要性は今後も益々増していくであろう．

参考文献

1） T. Hashiguchi, Y. Fukuda, R. Matsuoka, et al.: Proc Natl Acad Sci USA., **115** (No.10) (2018), 2496-2501.

2） T. Hashiguchi, T. Ose, M. Kubota, et al.: Nat Struct Mol Biol., **8** (No.2) (2011), 135-141.

3） K. Kuroki, J. Wang, T. Ose, et al.: Proc Natl Acad Sci U S A., **111** (No.24) (2014), 8877-8882.

4） A. Furukawa, K. Kakita, T. Yamada, et al.: J. Biol. Chem., **292** (2017), 21128-21136.

5） N. Maeda, A. Furukawa, K. Kakita, et al.: Biol Pharm Bull., **39** (No.11) (2016), 1897-1902.

6） H. Feldmann, A. Sanchez and T. W. Geisbert: Fields of Virol. Sixth Edition., **1** (2013), 923-956.

7） T. Hashiguchi, M. L. Fusco, Z. A. Bornholdt, et al.: Cell, **160** (No.5) (2015), 904-912.

8） H. Wang, Y. Shi, J. Song, et al.: Cell, **164** (No.1-2) (2016), 258-268.

東アジアにおける胃がん多発の分子構造基盤の放射光を用いた解明

長瀬里沙，千田美紀，林　剛瑠，畠山昌則，千田俊哉

ピロリ菌が産生するCagAタンパク質とその細胞内標的分子であるSHP2との複合体形成は胃がんの発症に重要な役割を果たす．放射光を利用して立体構造を解析した結果，発がん活性の強い東アジア型CagAと発がん活性の弱い欧米型CagAとの間で異なるたった1つのアミノ酸がSHP2との結合親和性を規定していることが明らかとなった．その1つのアミノ酸に由来する東アジア型CagAのSHP2結合能の高さが，東アジアにおける胃がん多発の原因である可能性が考えられる．

1. はじめに

胃がんは世界部位別がん死亡数の第3位であり，全世界で年間約72万人が胃がんにより命を落としている[1)]．日本を含む東アジア地域は胃がんの罹患数が著しく多いことが知られており，世界全体の胃がんの過半数が東アジア地域で発症している[1)]．胃がん死亡率も世界中で東アジア地域が最も高く，その原因解明は我が国にとって社会的関心の深い研究テーマと言える．ヘリコバクター・ピロリ（ピロリ菌）は世界人口の約半数に感染していると推定されるグラム陰性螺旋状桿菌で，1983年にMarshallとWarrenによって胃の中で生存できる細菌として報告された[2)]．ピロリ菌は萎縮性胃炎や消化性潰瘍など種々の胃粘膜病変を引き起こすことが知られている[3)~6)]．近年の大規模疫学調査ならびに動物モデルを用いた研究から，ピロリ菌の慢性感染が胃がんの発症に重要な役割を果たすことが明らかになってきた[7)~10)]．このことからWHOはピロリ菌を喫煙と同じ発がんリスクである「グループ1：発がん性あり」に分類している．ピロリ菌には病原因子であるCagAタンパク質をコードする*cagA*遺伝子陽性株と陰性株があり，*cagA*遺伝子陽性株への感染が胃がんの発症と強く相関することが示されている[11)12)]．CagAタンパク質は異なるピロリ菌株間において分子多型を示すことが明らかとなっており[13)]，東アジア諸国において単離されるピロリ菌が保有するCagA（東アジア型CagA）は東アジア地域を除く全世界で単離されるピロリ菌由来のCagA（欧米型CagA）と比較してCagAの標的分子である発がんタンパク質SHP2との結合能が高い[14)]．筆者らは放射光を利用したX線結晶構造解析およびX線小角散乱法（SAXS）により，東アジア型

CagA が欧米型 CagA と比較して SHP2 と強く結合する分子メカニズムを解析した[15]．その結果，東アジア型 CagA と欧米型 CagA の差を生んでいるのは，たった 1 つのアミノ酸残基であり，その違いが SHP2 との結合能に大きく影響することを明らかにした．東アジア型 CagA の持つその 1 つのアミノ酸残基に由来する SHP2 結合能の高さが東アジアにおける胃がん多発の原因となり得る．

本稿では，胃がん多発の原因となり得る因子について，放射光を利用することで得た研究成果を解説する．

2. CagA 分子多型と SHP2 結合能

ピロリ菌体内で産生された CagA はピロリ菌が持つ注射針様の装置である IV 型分泌機構を介して胃上皮細胞内に注入される．細胞内において，CagA の C 末側領域に複数存在するグルタミン酸−プロリン−イソロイシン−チロシン−アラニン (EPIYA) モチーフ内のチロシン残基は，Src ファミリーキナーゼや Abl キナーゼによりリン酸化される (図 1)[16,17]．チロシンリン酸化された CagA は，発がんタンパク質 SHP2 と特異的に結合するようになる[18]．SHP2 は体細胞に普遍的に発現する非受容体型チロシンホスファターゼで，細胞増殖および細胞運動に関与している[19,20]．SHP2 はその N 末端に存在する 2 つの SH2 ドメイン (N-SH2 および C-SH2) にリン酸化チロシンが結合することで活性化する[19,20]．このため，リン酸化 CagA が SHP2 の SH2 ドメインに結合する

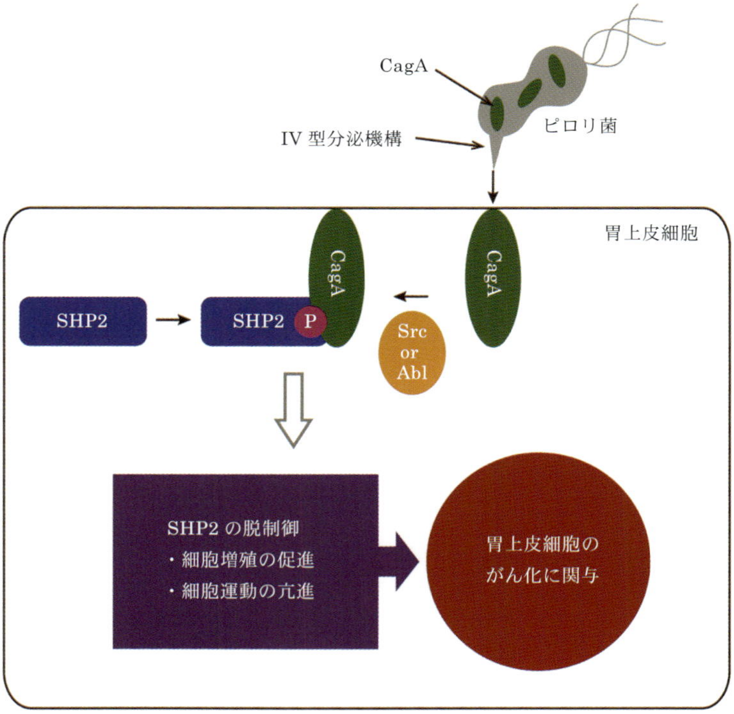

図 1 ピロリ菌の *cagA* 遺伝子産物である CagA タンパク質は注射針様装置である IV 型分泌機構を介して胃上皮細胞内に運ばれ，細胞膜内面に局在する．CagA はそこで Src ファミリーキナーゼまたは Abl キナーゼによりチロシンリン酸化される．CagA はチロシンリン酸化依存的にがんタンパク質 SHP2 チロシンホスファターゼと特異的に結合し，細胞増殖および細胞運動に関わる細胞内シグナルを脱制御する．

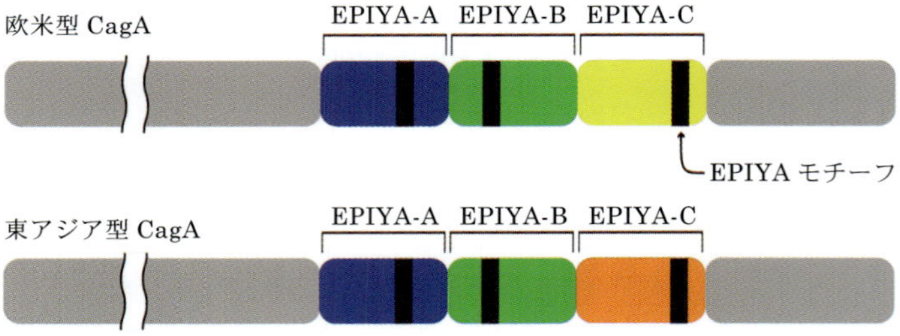

図 2　欧米型および東アジア型 CagA の典型的な構造の模式図を示す．CagA の C 末側は EPIYA モチーフ（黒）周辺のアミノ酸配列が異なる EPIYA-A（青），EPIYA-B（緑），EPIYA-C（黄），EPIYA-D（橙）が組み合わされて構成される．

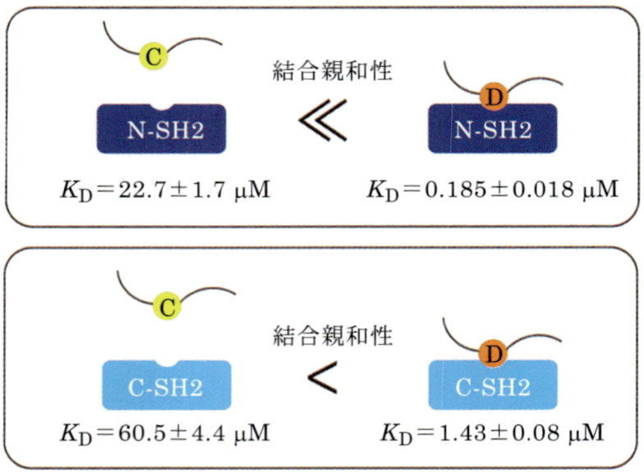

図 3　表面プラズモン共鳴法により定量化された欧米型 CagA および東アジア型 CagA の SHP2 結合能の差異を模式的に表した．EPIpYA-D ペプチド（橙）と N-SH2 ドメインとの結合は EPIpYA-C ペプチド（黄）と N-SH2 ドメインとの結合と比較して約 120 倍強い．EPIpYA-D ペプチド（橙）と C-SH2 ドメインとの結合は EPIpYA-C ペプチド（黄）と C-SH2 ドメインとの結合と比較して約 40 倍強い[15]．

と，図 1 のように SHP2 のホスファターゼ活性を異常に亢進させ，異常な細胞増殖や細胞運動の原因となる[14)18]．CagA の EPIYA 領域は周辺のアミノ酸配列の異なる EPIYA-A, -B, -C, -D の 4 つのセグメントが種々に組み合わされて構成される[13]．図 2 に示すように，欧米型 CagA は EPIYA-A, -B, -C セグメントからなり，東アジア型 CagA は EPIYA-A, -B, -D からなる．欧米型 CagA ではチロシンリン酸化された EPIYA-C セグメントが，東アジア型 CagA ではチロシンリン酸化された EPIYA-D セグメントがそれぞれ SHP2 との結合部位となる．興味深いことに EPIYA-C セグメントを持つ欧米型 CagA と比較して EPIYA-D セグメントを持つ東アジア型 CagA は SHP2 とより強く結合する[21]．この分子多型によってもたらされる CagA の SHP2 結合能の違いが，胃がんの地理的な発症頻度の違いを示す分子的要因ではないかと考えられる．

そこで筆者らは，表面プラズモン共鳴法（SPR）にて CagA の EPIYA-C セグメントまたは EPIYA-D セグメント由来のチロシンリン酸化ペプチド（EPIpYA-C ペプチドおよび EPIpYA-D ペプチド）と SHP2 の N-SH2 ドメインまたは C-SH2 ドメインとの結合能を測定した．その結果，EPIpYA-C ペプチドと比較して EPIpYA-D ペプチドは N-SH2 ドメインと 100 倍以上も強く結合し，C-SH2 ドメインとは約 40 倍強く結合することが明らかとなった（図 3）[15]．

3.　溶液構造に基づいた CagA による SHP2 活性化機構

SHP2 は N 末側の SH2 ドメインに続いて C 末側にホスファターゼ活性を担う PTP ドメインを持つ．SHP2 単独では，SH2 ドメインが PTP ドメインの触媒中心を覆い隠すことで不活性な構造をとっている．しかし，SH2 ドメインにチロシンリン酸化タンパク質が結合することにより PTP ドメインと SH2 ドメインの相互作用が弱まって触媒中心が露出するようになると，基質が触媒中心に結合できるようになり

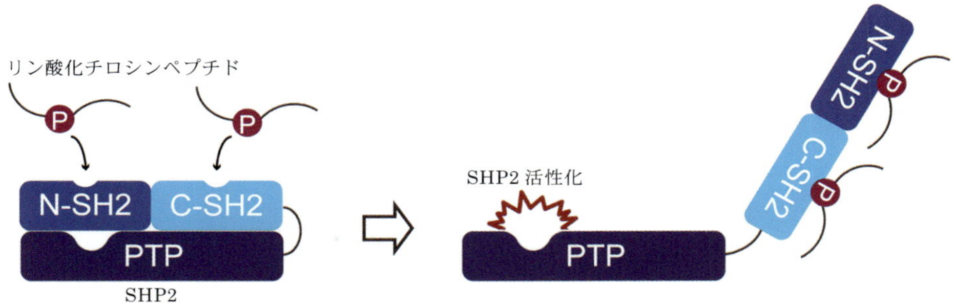

図 4　定常状態の SHP2 は PTP ドメインが SH2 ドメインに覆われている．SH2 ドメインにリン酸化チロシンが結合するとドメインの配置が大きく変化し，触媒中心が露出するために SHP2 は酵素活性を発揮できるようになる．

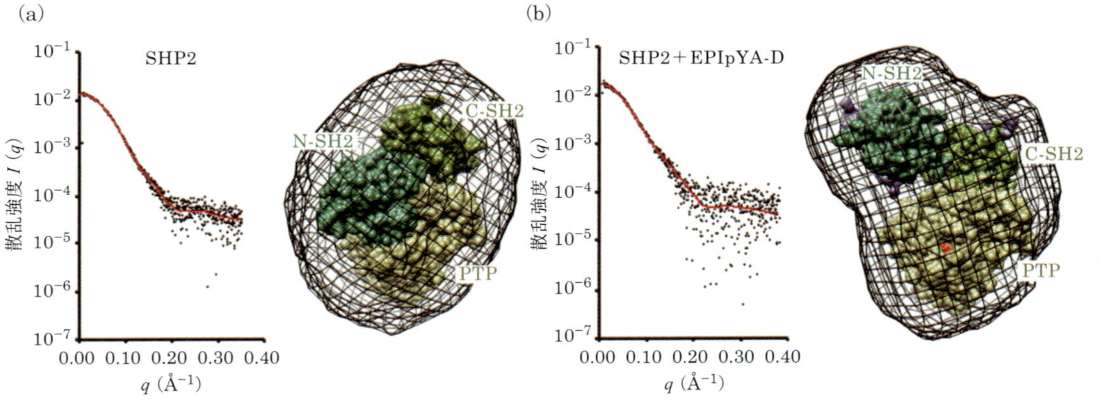

図 5　(a) SHP2 単独時の散乱プロファイルから計算された溶液構造モデル．N-SH2 ドメイン，C-SH2 ドメイン，および PTP ドメインは，それぞれ深緑，薄緑および淡黄で示されている．(b) EPIpYA-D ペプチド結合時の SHP2 の散乱プロファイルから計算された溶液構造モデル．PTP ドメインの触媒中心を赤で，EPIpYA-D ペプチドを紫で示した[15]．

SHP2 はホスファターゼ活性を発揮すると考えられている (図 4)[19)20)]．そこで，CagA による SHP2 活性の亢進メカニズムを解明するため，SAXS を用いて EPIpYA-D ペプチド結合時の SHP2 の溶液構造を解析した．SHP2 のように大きなコンフォメーション変化によって活性が制御されるタンパク質の解析には，SAXS が非常に有用である．本手法を用いれば，X 線結晶構造解析のように原子分解能の立体構造情報を得ることはできないが，溶液中の分子のおおよその外形や大きな構造変化を知ることが可能である．大型放射光施設 Photon Factory (PF，高エネ機構) の BL-10C における SAXS 実験で得られた散乱プロファイルからギニエプロット解析および $P(r)$ 関数を算出した結果，EPIpYA-D ペプチドを結合させた SHP2 はペプチド非存在下の SHP2 と比較して慣性半径および最大径が増大しており[15)]，これは EPIpYA-D ペプチドの結合により SH2 ドメインと PTP ドメイン間の相互作用が失われたために分子長が伸長したことを示唆している．さらに SAXS の散乱プロファイルと SHP2 の結晶構造 (PDB ID：2SHP) を比較することで溶液構造モデルを計算したところ，SHP2 単独で

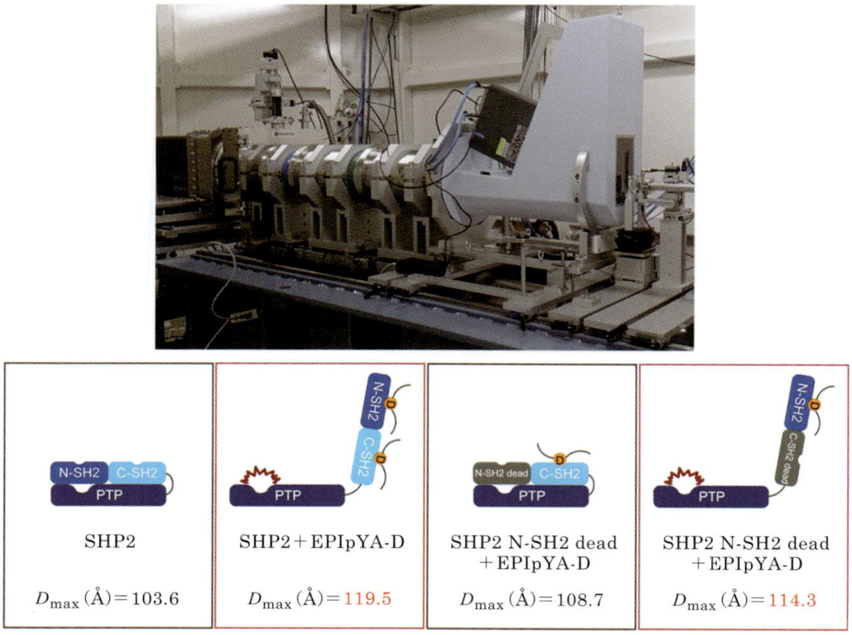

図 6　PF の X 線小角散乱ビームライン BL-15A2 (上)．SEC-SAXS 測定から算出された SHP2 または SHP2 の各 SH2 ドメイン変異体の EPIpYA-D ペプチドとの複合体の最大分子長 (D_{max}) の値とその構造模式図 (下)．

は N-SH2 ドメインが PTP ドメインの活性部位を覆うコンパクトな構造をとり，ペプチドと結合した SHP2 では活性部位を覆っていた N-SH2 ドメインが PTP ドメインから離れて活性部位が露出した，つまり分子が伸長した構造をとることが示された (図 5 (a)，(b)) [15]．

しかし，SHP2 の有する 2 つの SH2 ドメインのうち，どちらの SH2 ドメインへの EPIYA セグメントの結合が SHP2 の構造変化に寄与しているかは不明であった．そこで，N-SH2 ドメインまたは C-SH2 ドメインに，それぞれ点変異を導入して EPIYA セグメントとの結合能を欠失させた SHP2 変異体 (N-SH2 dead および C-SH2 dead 変異体) を用いて SAXS 解析を行った．これらの SH2 dead 変異体をサイズ排除クロマトグラフィー (SEC) で解析したところ，野生型 SHP2 と比較して非常に分解されやすいことが明らかとなった．SAXS 解析において夾雑物はデータに悪影響を及ぼすため，サンプルの純度と単分散性が極めて重要である．そこで，分解物などの夾雑物を含むサンプルの測定に適している SEC-SAXS 法で測定することとした．SEC-SAXS 法とは，SEC カラムから溶出したサンプル分画に対して SAXS 測定を行う手法である．図 6 に示す PF の BL-15A2 を利用した測定の結果，N-SH2 ドメインのみに EPIYA セグメントが結合できる変異体 (C-SH2 dead 変異体) は，ペプチドの結合により慣性半径，最大分子長が共に増大し，野生型 SHP2 と EPIYA ペプチドとの複合体に近い値を示した．しかし，C-SH2 ドメインのみに EPIYA セグメントが結合できる変異体 (N-SH2 dead 変異体) はペプチドの結合による分子の伸長が認められなかった．したがって，SH2 ドメインと PTP ドメインとの相互作用が失われて分子が伸長した状態になることによって起こる SHP2 の活性亢進には N-SH2 ドメインへの EPIYA セグメントの結合が必要であることが示唆された(図6).

以上のように，放射光を活用したSAXS解析により初めてEPIYAセグメントの結合によるSHP2活性化の構造学的な知見が得られた．すなわち，これまで生化学的な実験から予測されてきたチロシンリン酸化CagAの結合が，SHP2のドメイン配置を変化させるというSHP2の活性化機構を可視化することに成功した．

4. CagAのSHP2結合能の構造学的解析

東アジア型CagAのEPIYA-Dセグメントが欧米型CagAのEPIYA-Cセグメントと比較して100倍以上も強くSHP2のSH2ドメインと結合することがSPRにより明らかとなったので，その原因を立体構造情報に基づいて解明すべくEPIpYA-CまたはEPIpYA-Dペプチドと SHP2のSH2ドメインとの複合体のX線結晶構造解析を行った．まず，EPIpYA-Cペプチドおよび EPIpYA-Dペプチドと SHP2の2つのSH2ドメイン(タンデムSH2)との複合体の結晶化スクリーニングを試みた．初期スクリーニングにおいて，タンデムSH2は非常に酸化されやすく好気条件下では大量の酸化膜を生じるために結晶化が困難であることがわかった．そこで，筆者らが嫌気条件下で一連の結晶化実験を行えるように整備してきた嫌気チャンバーを用いて結晶化を行ったところ，EPIpYA-CペプチドあるいはEPIpYA-Dペプチドとタンデム SH2との複合体結晶を得ることに成功した．PFのBL-17AならびにBL-5AにおけるX線回折実験の結果，EPIpYA-Cペプチドとタンデム SH2との複合体結晶からは2.45Å分解能，EPIpYA-Dペプチドとタンデム SH2との

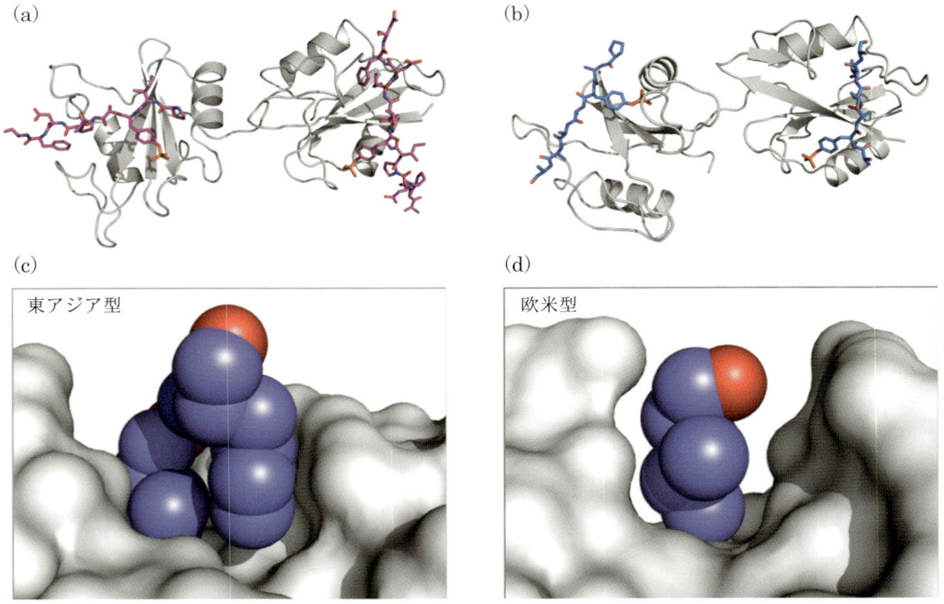

図7 (a) EPIpYA-Dペプチド(桃)とタンデムSH2(灰)の全体構造 (b) EPIpYA-Cペプチド(青)とタンデムSH2(灰)の全体構造 (c) EPIpYA-DペプチドとSH2ドメインとの結合部の拡大図．EPIpYA-DペプチドはSH2ドメインの結合面と相補的な形状でしっかりと結合していることが見て取れる．(d) EPIpYA-CペプチドとSH2ドメインとの結合部の拡大図．EPIpYA-CペプチドはSH2ドメインの結合面と相補性が低く，相互作用が弱いことがわかる．

複合体結晶からは2.60Å分解能のX線回折強度データが得られ，それぞれの結晶構造を決定した．結晶構造から，EPIpYA-Dペプチドとタンデム SH2 との複合体においては，リン酸化チロシンに加えリン酸化チロシンから5残基下流に位置するフェニルアラニンと3残基下流に位置するイソロイシンとがSH2ドメインの溝にぴったりとはまり込む形状で相互作用している様子が観察された(図7(a), (c))．一方で，EPIpYA-Cペプチドのリン酸化チロシンから5残基下流に位置するアスパラギン酸は，顕著な電子密度が見られなかったことからSH2ドメインの溝に対して外側に向いていることが予測され，SH2ドメインとの結合には関与しない可能性が高い(図7(b), (d))．したがって，EPIpYA-CペプチドとSH2ドメインとの結合は安定化されずに容易に解離すると考えられる．

以上の詳細な立体構造解析により，欧米型CagAと東アジア型CagAのSHP2結合能の違いは1つのアミノ酸の違いによりもたらされることが明らかとなった．このフェニルアラニン残基によりもたらされた東アジア型CagAの高いSHP2結合能が，東アジア地域における胃がん多発の一因となっていることが示唆される．

5. おわりに

ピロリ菌CagAタンパク質とその細胞内標的分子であるSHP2との間の相互作用は胃がんの発症に重要な役割を果たす．CagAを全身性に発現する遺伝子改変マウスは胃だけでなく小腸や血液の腫瘍を発症するが，EPIYAセグメントのチロシンをフェニルアラニンに置換してSHP2との結合能を欠失させたCagAを発現するマウスではいかなる腫瘍も発症しない[21]．このことから，CagA-SHP2複合体の形成が胃がんの発症に関与していると考えられる．本研究では，胃がん多発地域である東アジア諸国で単離された東アジア型CagAが欧米型CagAに比較し100倍以上の強いSHP2結合親和性を持っていることを示した．また，欧米型CagAの中には存在比率は少ないがEPIYA-Cセグメントを繰り返して持つ亜型が存在する．EPIYA-Cセグメントの繰り返し数の多いCagAを持つピロリ菌への感染と胃がんの発症とが相関していることが報告されているが，最近の筆者らの研究でEPIYA-Cセグメントを2個以上持つCagAのSHP2結合能が単一のEPIYA-Cセグメントを持つCagAと比較して100倍以上も強いことが明らかとなった[22]．これらの結果は，CagAの発がん活性がSHP2結合能の強弱で規定されることを強く示唆する．

筆者らはCagAのEPIYAセグメントとSHP2のSH2ドメインからなる複合体の結晶構造を決定し，発がん活性の強い東アジア型CagAと発がん活性の弱い欧米型CagAとの間ではSHP2との結合様式が異なることを原子レベルで明らかにした．ここから示唆されるのは，たった1つのアミノ酸の違いによるタンパク質分子間の結合親和性の飛躍的な上昇が臨床病態として胃がん発症に直結するという驚くべき可能性であった．筆者らはまた，CagAによるSHP2活性化メカニズムを明らかにするためSAXSを用いて溶液構造を解析した．その結果，EPIYAセグメントがSH2ドメインに結合するとSHP2のドメインの配置が大きく変化し，不活性化状態では隠れている活性部位が溶媒に露出することで基質が活性部位にアクセスしやすくなるという分子の動きを直接的に捉えることに成功した．

放射光を利用することで得られたこれらの結果から，CagAのSHP2結合強度ならびにSHP2脱制御に関わるタンパク質立体構造が明らかになった．本研究成果は，ピロリ菌感染に起因する胃がんの早期治療薬・予防薬開発の第一歩と言える．昨今の創薬研究において標的タンパク質と化合物との複合体の立体構造情報は非常に重要度が高く，X 線結晶構造解析および X 線小角散乱のために放射光が広く利用されている．今後着手されるであろう CagA-SHP2 複合体形成を標的とした分子標的阻害薬の開発においても，放射光の利用は必要不可欠である．ピロリ菌感染から発症する胃がん撲滅の扉が放射光により開かれることが期待される．

参考文献

1) J. Ferlay et al.: Int. J Cancer, **136** (2015), E359-E386.
2) B. J. Marshall and J. R. Warren: Lancet, **1** (1984), 311-315.
3) C. P. Dooley, H. Cohen, P. L. Fitzgibbons, M. Bauer, M. D. Appleman, G. I. Perez-Perez and M. J. Blaser: N. Engl. J. Med., **321** (1989), 1562-1566.
4) NIH Consensus Conference, J. Am. Med. Assoc., **272** (1994), 65-69.
5) J. Q. Huang, S. Sridhar, Y. Chen and R. H. Hunt: Gastroenterology, **114** (1998), 1169-1179.
6) J. Danesh: Aliment. Pharmacol. Ther., **13** (1999), 851-856.
7) S. Honda, T. Fujioka, M. Tokieda, R. Satoh, A. Nishizono and M. Nasu: Cancer Res., **58** (1998), 4255-4259
8) T. Watanabe, M. Tada, H. Nagai, S. Sasaki and M. Nakao: Gastroenterology, **115** (1998), 642-648.
9) F. Hirayama, S. Takagi, E. Iwao, Y. Yokoyama, K. Haga and S. Hanada: J. Gastroenterol., **34** (1999), 450-454.
10) N. Uemura, S. Okamoto, S. Yamamoto, N. Matsumura, S. Yamaguchi, M. Yamakido, K. Taniyama, N. Sasaki and R. J. Schlemper: N. Engl. J. Med., **345** (2001), 784-789
11) J. Parsonnet, G.D. Friedman, N. Orentreich and H. Vogelman: Gut, **40** (1997), 297-301.
12) M. Rugge, G. Busatto, M. Cassaro, Y. H. Shiao, V. Russo, G. Leandro, C. Avellini, A. Fabiano, A. Sidoni and A. Covacci: Cancer, **85** (1999), 2506-2511.
13) M. Hatakeyama: Nat. Rev. Cancer, **4** (2004), 688-694
14) H. Higashi, R. Tsutsumi, A. Fujita, S. Yamazaki, M. Asaka, T. Azuma and M. Hatakeyama: Proc. Natl. Acad. Sci. U.S.A., **4** (2002), 14428-33.
15) T. Hayashi, M. Senda, N. Suzuki, H. Nishikawa, C. Ben, C. Tang, L. Nagase, K. Inoue, T. Senda and M. Hatakeyama: Cell Reports, **20** (2017), 2876-2890.
16) M. Selbach, S. Moese, C. R. Hauck, T. F. Meyer and S. Backert: J. Biol. Chem., **277** (2002), 6775-6778.
17) M. Stein, F. Bagnoli, R. Halenbeck, R. Rappuoli, W.J. Fantl and A. Covacci: Mol. Microbiol., **43** (2002), 971-980.
18) H. Higashi, R. Tsutsumi, S. Muto, T. Sugiyama, T. Azuma, M. Asaka and M. Hatakeyama: Science, **295** (2002), 683-686.
19) H. Gu and B.G. Neel: Trends Cell Biol., **13** (2002), 122-130.
20) B. G. Neel, H. Gu and L. Pao: Trends Biochem Sci., **28** (2003), 284-293.
21) N. Ohnishi, H. Yuasa, S. Tanaka, H. Sawa, M. Miura, A. Matsui, H. Higashi, M. Musashi, K. Iwabuchi, M. Suzuki, G. Yamada, T. Azuma and M. Hatakeyama: Proc. Natl. Acad. Sci. U.S.A., **105** (2008), 1003-8.
22) L. Nagase, T. Hayashi, T. Senda, M. Hatakeyama: Sci. Rep, **5** (2015), 15749.

放射光を利用する新規放射線療法を探る

近藤　威，福本　学

放射光を医学に利用するにあたって，臨床応用に近い研究テーマは，高解像度のイメージングと微小平板ビーム放射線療法である．いずれも実験段階であり，従来の医学では不可能であった手法の有用性を示唆するデータが蓄積されている．実用性を満たすためには，放射光施設の実験でまず目的にかなった至適照射条件を確立し，続いて臨床的に普及しうる線源を開発することが必要である．放射線物理学と放射線生物学・医学の学際研究が望まれる分野である．

1. はじめに

医学研究の側から見た高輝度放射光施設利用の可能性については，分子・蛋白レベルの構造解析等の基礎医学的研究から生体・固体を対象とした研究まで幅広い．しかしながら，私たちが研究をさせていただいた兵庫県の SPring-8，また見学の機会に恵まれた欧州（グルノーブル）の ESRF，どちらの施設においても，研究対象の多くは物理・工学系の分野であり医学系研究は数か所のビームラインに限られている．SPring-8 の医学利用ビームラインには将来の臨床使用を目的とした患者更衣室が設置されているが，いまだヒトを対象とした臨床研究には

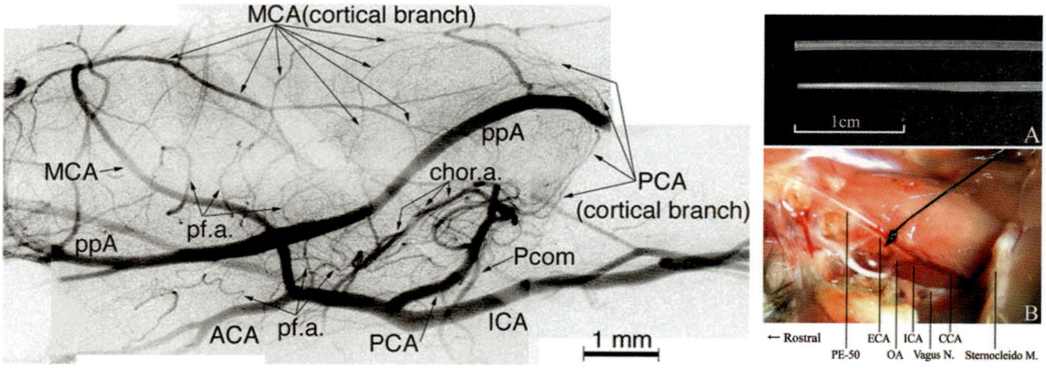

図１　ラット全脳の血管撮影像（左），血管撮影用カテーテル・挿入図（右）[1)2)]．

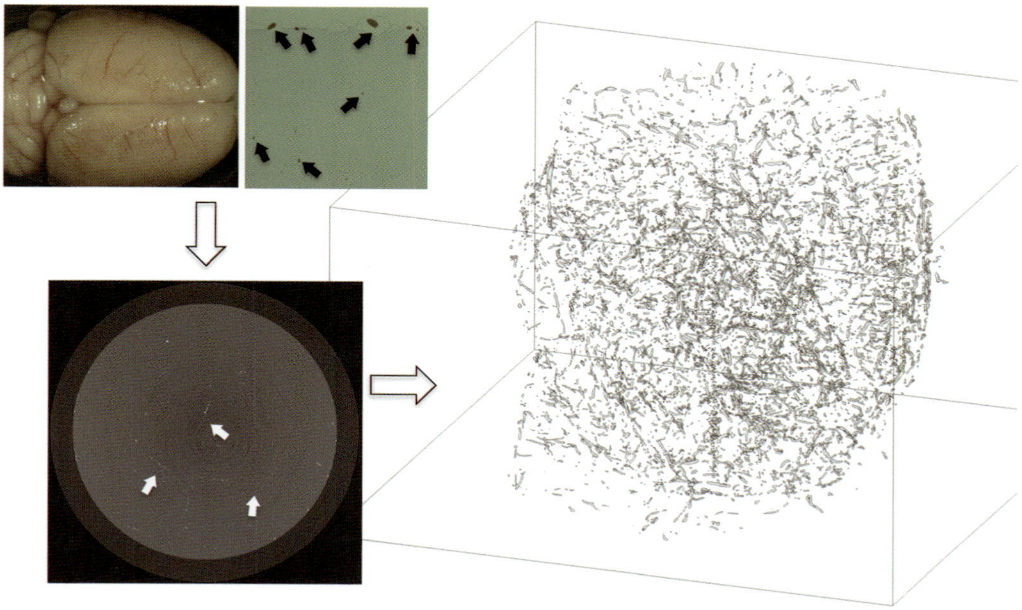

図 2　マウス脳のナノ分子磁石注入後の CT による 3 次元イメージング．マウス血管内に顕微鏡下でナノ磁性体が血管内にトラップされている（左上），単色 X 線 CT による 2 次元画像（左下），3 次元に再構築されたマウスの脳全体の血管イメージング．

至っていない．

臨床医学に近い研究分野としては，高解像度イメージングと新規放射線治療法の開発が行われている．高解像度イメージングについては，図 1 に示す高解像度造影撮像[1)2)]，図 2 に示す高分解能単色 X 線 CT，位相コントラスト画像[3)] などが SPring-8 で行われてきた．本稿では，新規放射線治療法の開発について SPring-8 におけるメディカルバイオ推進委員会（平成 18 年～平成 20 年）で取り組んだ「微小ビーム放射線治療の基礎研究」検討部会での成果を紹介したい．

2. 背　景

がんに対する放射線治療の目的は，正常組織の損傷を最小限にしてがん組織を破壊することにある．微小平板ビーム放射線療法（MRT：microplanar beam radiation therapy）は新しい放射線治療法として検討されているものの 1 つである．

本治療法の基礎は，微小粒子線ビームの生物作用に見られる特徴，すなわち 25 μm 幅の細いビームの場合には，4,000 Gy という高線量照射でも組織損傷がビーム内に限られ，その後回復するという知見に遡る．その後この特徴をがん治療に応用するという報告が Slatkin らによってなされ，正常組織の放射線耐性が高いことが確認されるとともに，腫瘍抑制作用についても担癌動物の延命効果などが確認された[4)]．

本法は放射光のような高い指向性を持つ X 線をビーム幅数十 μm，ビーム間隔数百 μm のすだれ状の細い平板ビームにして患部に照射するという方法で，ビーム内ピーク線量が 1 回線量で数百 Gy という高い照射線量にもかかわらず正常組織の損傷が回復し，担癌動物の延命効果が見られるという点に特徴があり，正常組織の放射線耐性が従来の方法に比べて格段に向

BL28B2 のコメリメータの構造・スペックなど

(1) スリット幅　　　25 μm（± 5 μm）

(2) スリット間隔　　200 μm（± 10 μm）

(3) スリット方式　　透過部分中間物質挟み込み方式

①遮蔽部材質　タングステン

②透過部材質　カーボン入りカプトンフィルム

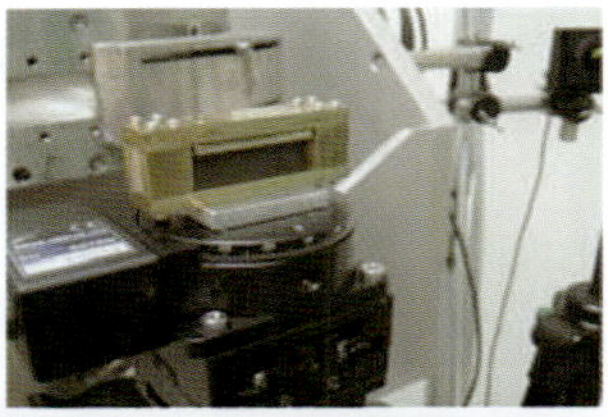

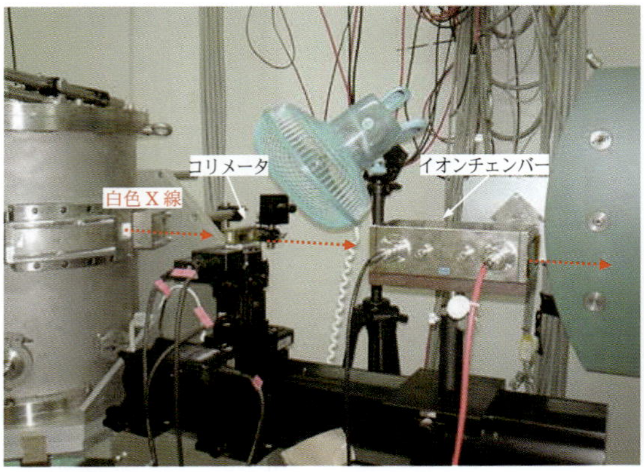

照射ビームの生成：

白色 X 線をコリメータを介してすだれ状平板ビームを生成し，線量計測のためのイオンチェンバーを浸透させてから照射する．

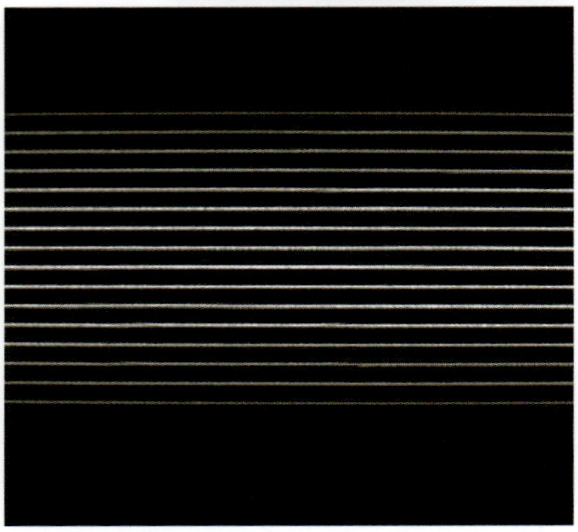

照射ビーム：

すだれ状平板ビームをビームモニタで観察した画像

図 3 照射システムの概要．コリメータ（右上），コリメータおよびイオンチャンバーの配置（左下），モニター上で確認される照射マイクロビーム（右下）[5]．

上している点が注目される．しかしながら，その機構はまだ明らかではなく，有効性も確立したものではない．

3.　実験概要と結果

3.1 照射システムの概要（図 3）

1) コリメータ及び調整機構：コリメータの X 線ビームに対する平行性を調整機構により維持する．

2) 照射ビームの生成：白色 X 線をコリメータですだれ状平板ビームを生成し，線量計測のためのイオンチェンバーを透過させてから照射する．

3) 照射ビーム：すだれ状平板ビームをビームモニタで画像として観察した．

3.2 線量測定実験

線量計は，ISP Technology 社の HD-810 を用いた．X 線を照射すると青く変色し，その吸光度から線量がわかる．非常に薄く，放射線感受層（6.5 μm 厚）の片面がほとんど露出に近い状態になっている．HD-810 はすでに 1 μm の分解能があることが知られており，本フィルムがマイクロビーム線量測定に適していると判断した．空気中で照射した結果を図 4 に示す．山線量は 110 Gy/sec, 谷線量は 0.7 Gy/sec, ピーク・谷線量比は 120 であった[5]．ピーク中に細かい複数ピークが観察された．谷線量は，実験日ごとに，すなわちコリメータをセットするごとに変化し，0.7, 0.9, 1.5 Gy/sec が今まで得られた値である．シングルスリットのピークはスムーズな分布が得られ，このことよりマルチスリットの方の細かい凹凸は，間にカプトンが入っていることによる影響と考えられる．

3.3 培養細胞への照射実験

放射線誘発バイスタンダー効果は，被ばく細胞が分泌する液性因子の作用により，周辺の非被ばく細胞でも障害がもたらされる現象である．放射線を照射したがん細胞集団でもバイスタンダー効果は観察されることから，放射線の線質や照射方法を工夫し，その効果の寄与を大きくすることで，放射線治療における殺腫瘍作用を増強させることができるかもしれない．本研究では，SPring-8 放射光をスリット状にが

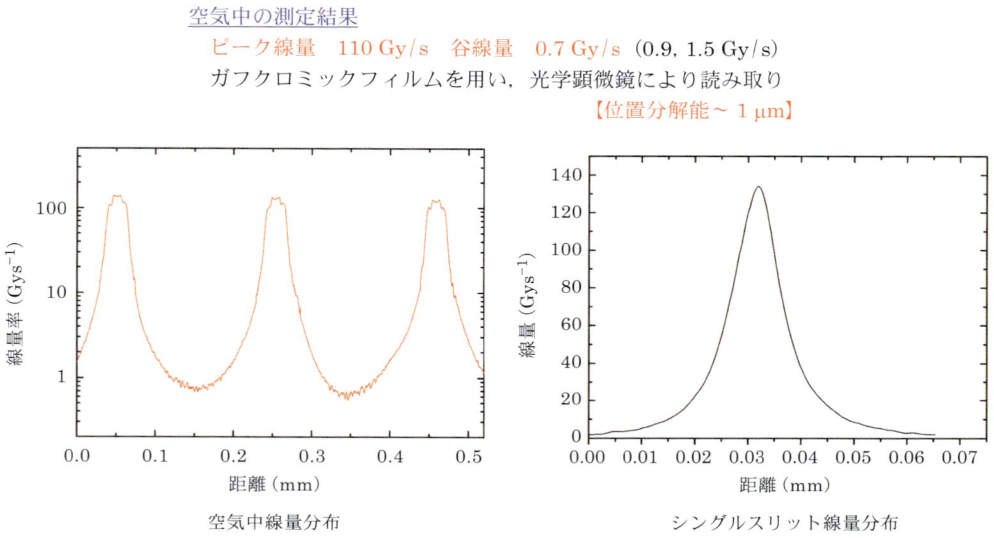

図 4　線量測定実験例．1 本のマイクロビームの線量分布（右）とマルチビーム（すだれ状：ピークとピークの間隔は 200 ミクロン）の線量分布（左）．

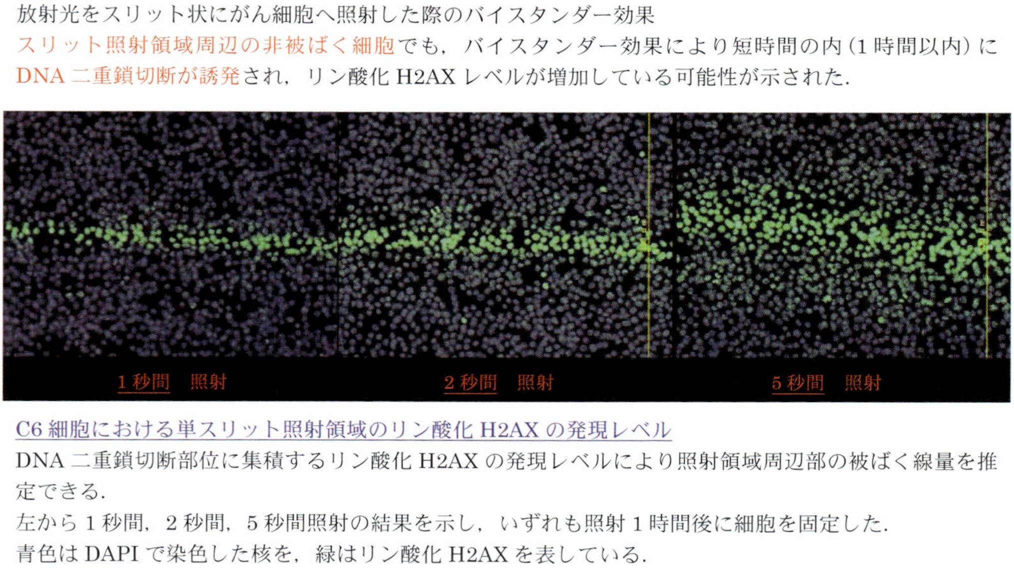

放射光をスリット状にがん細胞へ照射した際のバイスタンダー効果
スリット照射領域周辺の非被ばく細胞でも，バイスタンダー効果により短時間の内（1 時間以内）に DNA 二重鎖切断が誘発され，リン酸化 H2AX レベルが増加している可能性が示された．
1 秒間　照射
2 秒間　照射
5 秒間　照射
C6 細胞における単スリット照射領域のリン酸化 H2AX の発現レベル
DNA 二重鎖切断部位に集積するリン酸化 H2AX の発現レベルにより照射領域周辺部の被ばく線量を推定できる．
左から 1 秒間，2 秒間，5 秒間照射の結果を示し，いずれも照射 1 時間後に細胞を固定した．
青色は DAPI で染色した核を，緑はリン酸化 H2AX を表している．

図 5　培養細胞への照射実験例[6]．

ん細胞へ照射した際のバイスタンダー効果を調べた[6)]．その結果の一例を図5に示す．

まず，スリット照射領域周辺に存在する細胞のDNA二重鎖切断生成レベルをリン酸化H2AXの蛍光染色法により評価した．スリット照射にはシングルスリットを用い，縦幅5 μm，横幅20 mmの範囲で照射し，照射1時間後，リン酸化H2AXの蛍光強度を測定した．続いて，バイスタンダー効果による致死効果が引き起こされるのか否かを明確にするため，スリット照射した培養C6細胞の培養液中に分泌される因子が，DNA二重鎖切断を誘発するか否かについても調べた．10秒間スリット照射されたC6細胞から得た培養上清を処理した細胞では，核内における53BP1フォーカスの数が有意に多いことがわかった．このことは，スリット照射により培養上清に何らかの液性因子が分泌され，それが細胞に作用することにより，結果としてDNA二重鎖切断が誘発されている可能性を示唆している．

3.4 生体（ラット）へのマイクロビーム照射装置

7週齢オスのWistarラットを 図6のように麻酔下で固定し，右脳の縦12 mm横4 mmに，前後一方向にSPring-8の共用ビームラインBL28B2から取り出した放射光X線の照射を実施した．すだれ状照射（MRT）ではスリット幅25 μm，ピーク・ピーク間隔200 μmのコリメータを用いて，ピーク線量110 Gy/secのマイクロビームを創出し，10秒間の照射（ピーク線量1,100 Gy）を行った．通常照射は半球脳全体に150 Gy/secで2秒（300 Gy）の条件で行った．照射1日，1週間，1か月後にネンブタール麻酔にて安楽死させ，10% ホルマリンで潅流固定した後，組織切片を作製した．

3.5 正常脳への照射

MRT群ラットは，照射1か月後も生息していたのに対し，通常照射群は，照射2週間後にはすべて死亡した．開頭した肉眼所見では，

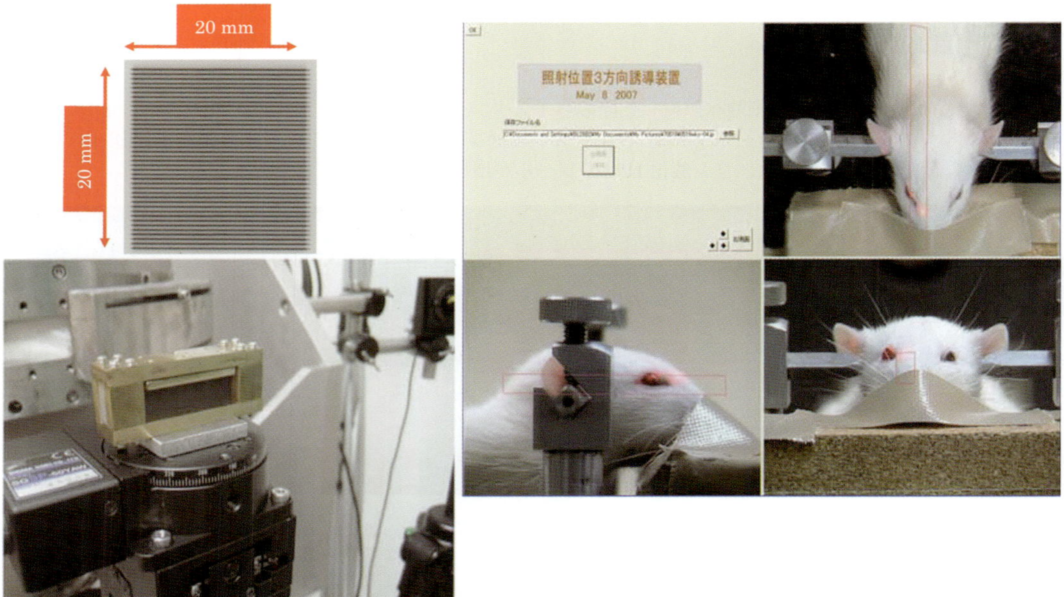

図6 ラットへのマイクロビーム照射装置および概要．ガフクロミックフィルムに記録されたすだれ状マイクロビーム（左上），コリメータ（左下），ラット頭部固定装置（右）．

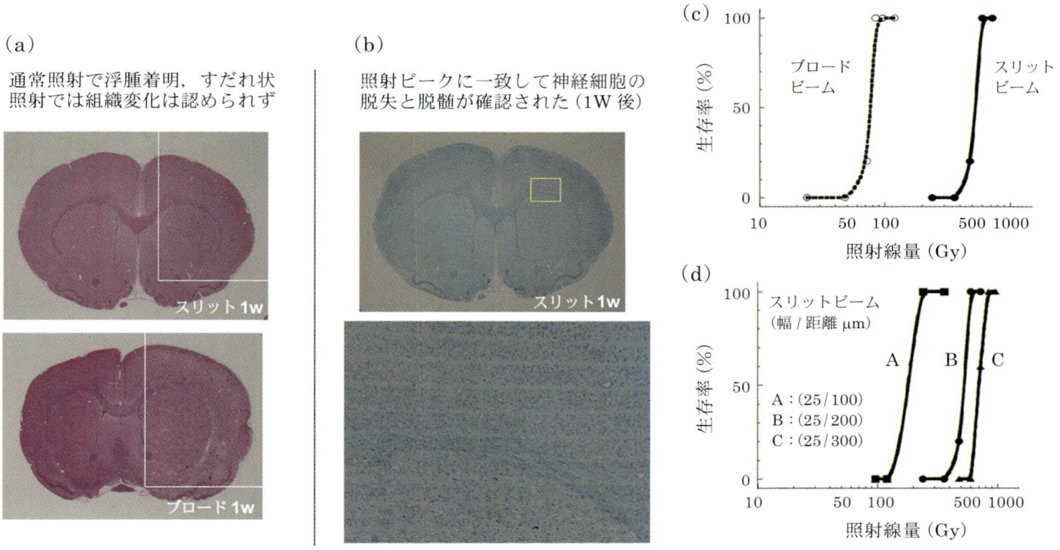

図 7 ラットの正常脳への照射結果[7]．(a) 脳照射部位の H.E. 染色，(b) 脳照射部位の K.B. 染色，(c) ピーク幅 25 μm，ピークとピーク間隔の 200 μm の条件での生存率．(d) ピークとピークの間隔 100 μm，200 μm，300 μm でのそれぞれの生存率．

通常照射では充血が明らかであったが MRT では明確ではなかった．脳組織を観察したところ，通常照射群では浮腫が著明であった．図 7 のとおり，MRT 群において，HE 染色では全体に，明確な組織変化を認めなかった．KB 染色では，1 日後には大きな変化はなかったが，照射 1 週間後では，照射ピークに一致して神経細胞の脱失と脱髄が確認された．さらに，MRT 照射についてピーク幅を 25 μm，ピークとピークの間隔を 200 μm としたところ，LD_{50} および LD_{100} はそれぞれ 600 Gy, 720 Gy であった．また，ピークとピークの間隔を 100 μm から 300 μm へ広げると 90 日生存率は伸びた[7]．

3.6 担腫瘍生体への照射

生後 7 週齢の雄 Wistar rat の右側線条体に定位的に C6 rat glioma 細胞株 5×10^5 個移植した．移植後 10 日目に SPring-8 の BL28B2 にて照射を行った．照射に用いたコリメータおよび照射野範囲は正常ラット脳への照射実験と同様の条件を用いた．照射線量としてピーク線量として 550 Gy（すだれ状あるいは格子状）と 1,100 Gy（すだれ状）の群を設定した．コントロールは非照射群である．結果は，すだれ状照射では，1,100 Gy（n = 13, 平均生存率 31.0 日），550 Gy（n = 13, 26.1 日）で非照射群（n = 21, 21.3 日）に比べて明らかに生存率が上昇した．すだれ状照射を水平方向 1 回に加えて垂直方向 1 回を行った格子状照射では，550 Gy 照射（n = 8, 51.4 日）で生存率は有意に上昇した（図 8）．病理組織では，腫瘍が存在した半球の大脳基底核部では大きな死腔となっており腫瘍塊は完全に消失しており，一方大脳皮質では正常脳への照射実験と同様の照射ピーク部位に一致して線状の神経細胞の脱失が認められた．この腫瘍の消失の経過について，格子状照射にて急性期の変化を検証したところ，図 9 に示すとおり，照射後 4 日後より腫瘍内に微少出血が出現し，腫瘍の内部にのみ出血性の壊死反応が進行していることがわかった．さらに，ヌー

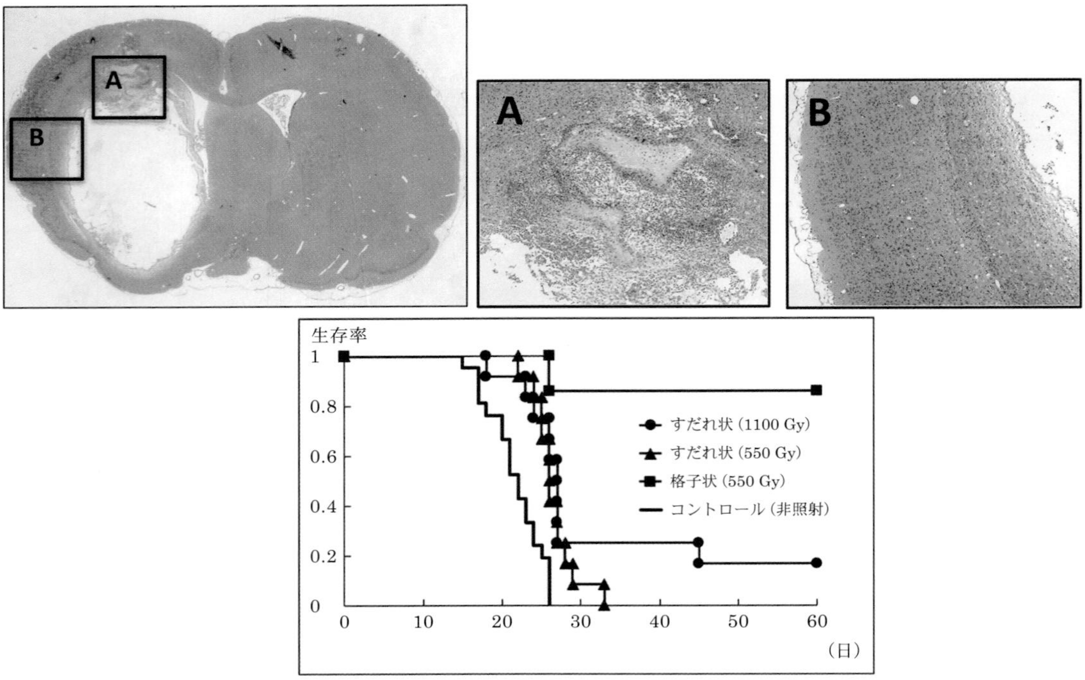

図 8　ラットの担脳腫瘍への照射結果．腫瘍の存在した部位は壊死腔 (A) となっているが，腫瘍周辺の正常脳の構築は保たれている (B)，担腫瘍ラットの生存率は 550 Gy ピーク線量の格子状照射群で最長であった (下図)．

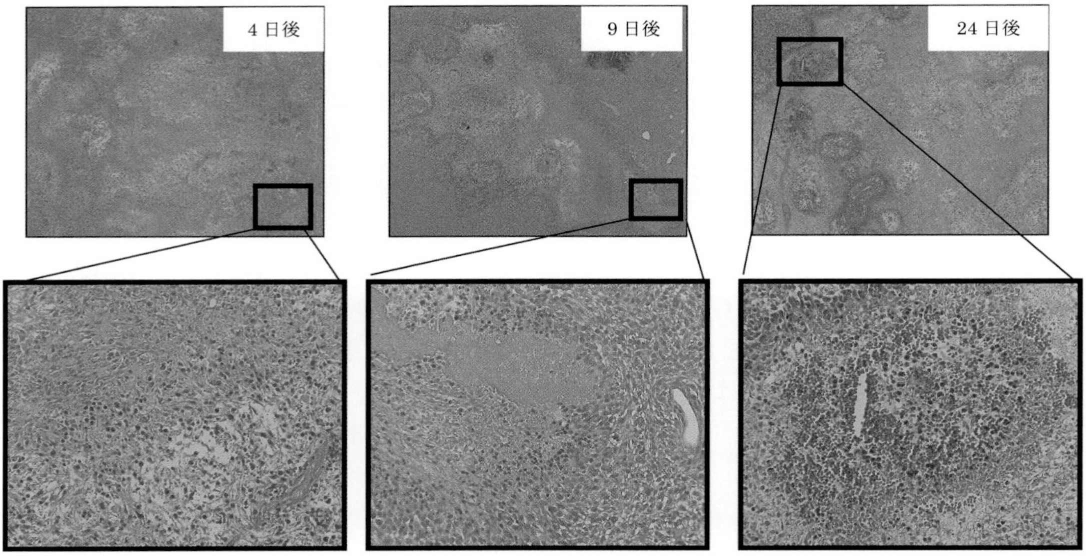

図 9　急性期の腫瘍内の変化．4 日目の早期から腫瘍内の血管の破綻と微少出血が進行性に拡大して認められた．

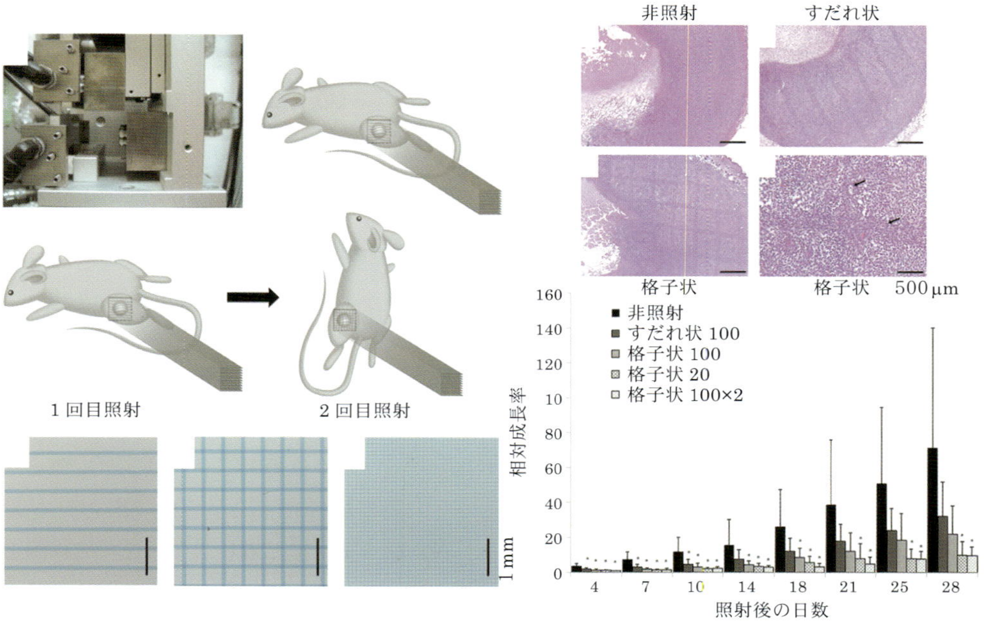

図 10　腫瘍成長抑制に関するマイクロビーム照射の効果[8]．

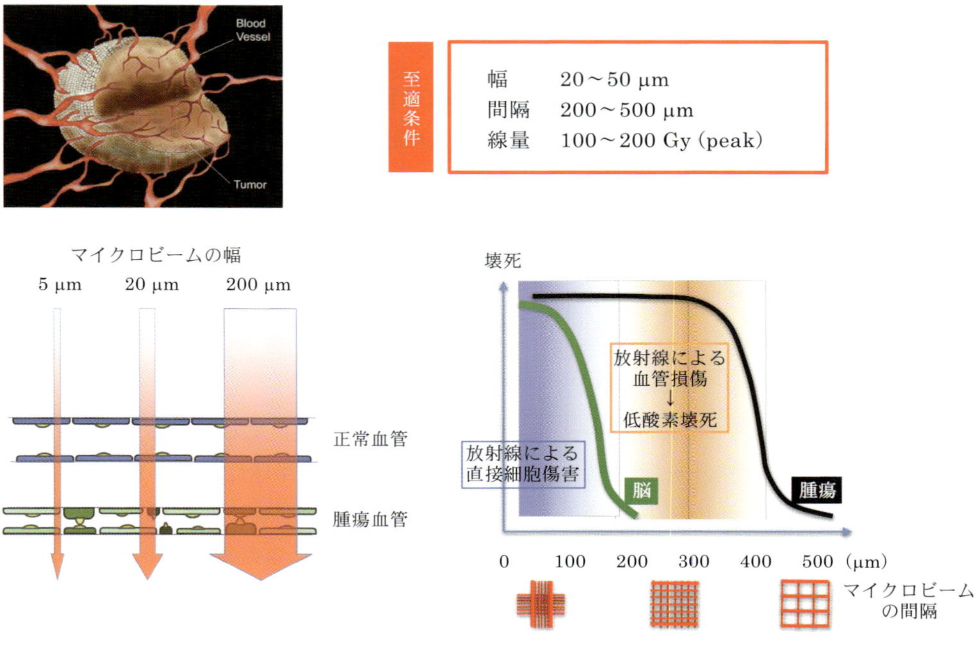

図 11　腫瘍新生血管を破壊する条件.

ドマウスへヒトグリオーマ細胞を皮下移植した個体に対して，マイクロビームのピーク幅とピーク間隔を様々に変えて，腫瘍制御効果を比較した[8]．その結果を図 10 に示す．現時点で，実験動物の大きさ 1 cm 程度の大きさの腫瘍では，すだれ状よりも格子状の方が効果が高く，至適条件はピーク線量 100 ~ 200 Gy，ピーク幅 20 ~ 50 μm，ピークとピークの間隔は 200 ~ 500 μm と考えられる(図 11).

4. 考　察

4.1 1回照射での治療可能比

従来の分割照射は低線量の「時間的な」分割である．これは，放射線照射後の DNA 損傷による細胞死が分裂能の盛んな腫瘍細胞で高く正常細胞で低く(＝増殖死)，したがって正常組織での回復力が大きいことを利用している．その概念は治療可能比で現すことができ，治療可能比＝正常組織耐容線量 / 腫瘍組織制御線量となる．正常組織に重篤な障害を起こさない線量の照射で，腫瘍組織の制御をおこなう，という考えである．

一方，1回照射で高線量(100 ~ 200 Gy)を照射すると腫瘍組織のみならず正常脳も壊死に陥る．ガンマナイフをもちいたパーキンソン病の治療では，大脳の正常な基底核へこの線量が照射され，脳組織が破壊される．

実験的に高線量(200 ~ 500 Gy)の X 線を幅数十ミクロン程度まで絞って(マイクロビーム)正常脳に照射すると，照射されたミクロン単位の狭い領域は早期に細胞死に陥る(＝間期死)が，隣接する非照射領域は照射の影響を受けずに細胞死に至らない．さらに，この X 線を 200 ミクロン間隔の平行な「すだれ状」にして大脳半球に照射してもラットの脳の構築は保たれた[1]．興味あることに，同じ条件のすだれ状の照射を腫瘍塊に行ってみたところ，腫瘍塊内では数日のうちに壊死が広がり，最終的には腫瘍塊全体が消失することが確認された[9]．重要なことは，この現象が1回照射で得られることである．従来の分割照射の治療可能比と同じような概念が，高線量の1回の空間的分割照射で成立し得るわけである．

4.2 拡散しないミクロン単位の線源

ミクロン単位の空間的分割照射を成功させるためには拡散しないマイクロビームが必要である．我々の実験では，タングステンのブロックを 25 μm の隙間を保ちながら積み重ねたコリメータを線源の上流に置くことにより，マイクロビームを得ている．問題となるのは，コリメータより下流での X 線の拡散である．従来の臨床で用いられているリニアックの線源では，放射線は距離に比例してどんどんと拡散するため，標的腫瘍に到達した時点では，想定したマイクロ単位のスリットは崩れている．

大規模放射光施設から作り出される X 線は限りなく平行で拡散しない．これを線源としてコリメータを介すると，下流でもミクロン単位の線量分布が維持される．この理由のため，現在の実験は，本邦の SPring-8 のような高輝度放射光施設でしか行うことができない．

4.3 担腫瘍動物には効果がある

動物を用いた実験では，ラットの一側大脳半球に対して吻側より縦横 12 mm の正方形の範囲を照射範囲として実験を行った．すだれ状照射群は，ピークの幅 25 μm，ピークとピークの間隔を 200 μm の水平のすだれ状の照射(マイクロビームとして 60 本)を1回行う．格子状照射では，ラットを体軸を回転軸として 90°回転させ垂直にして同じく吻側から同じ照射を行う．大脳半球には照射 10 日前に，C6 ラットグリオーマ細胞株(5×10^5)を定位的に移植した．得られた生存曲線は，図に示したように，すだれ状照射では線量依存性に有意に生存率は伸びたが，抗腫瘍効果は，格子状照射で著明であった．

4.4 培養腫瘍細胞には効果がない

実験を始めるに当たって我々が持った1つの仮説は，腫瘍細胞におけるバイスタンダー効果である．これを検証するために，SPring-8 の同じ照射装置を用いて，C6 ラットグリオーマ細胞株をディッシュ上で培養したものをスリット状に照射したところ，ピーク領域（照射領域）は数時間で DNA 二重鎖の切断が確認されるが，「谷」領域での細胞への影響はごくわずかで，いったん細胞が死滅したピーク領域もやがて腫瘍細胞で埋め尽くされて，生体で示された抗腫瘍効果は培養細胞系では再現できなかった．

4.5 組織学的変化

A）ピーク部分：増殖能に関係ない非特異的細胞死

これだけの高線量が当たるのであるから，ピーク幅（25 μm）にほぼ一致した線状の領域はすべて細胞死に陥る．これは正常組織でも，腫瘍組織でも差異はない．血管内皮細胞の壊死も生じるはずであるが，ピーク部分に一致した出血がもたらされるかというと，わずか 20 μm の幅の血管腔（毛細血管）の障害では，正常の血管の破綻までは生じない．また，細動脈レベルや頸動脈でも照射実験を行ったが，血管狭窄などの慢性期の形態学的な異常も生じない．

B）腫瘍組織の「谷」部分

一方，腫瘍組織では，「谷」部分を含めた全体に劇的な変化が生じる．一側大脳半球に腫瘍が存在したと思われるだけの腔を残して腫瘍細胞は全滅しているのがわかる．周辺の正常脳には「格子状」の照射跡が確認され，確かに半側脳全体にマイクロビームが照射されたことは確認できる．このような変化はいつ始まっているかを確かめるために，照射後急性期に脳を取り出して組織をみると，わずか数日で腫瘍内腔の壊死と出血性変化が認められた．この反応は，ピーク領域，「谷」領域の区別なく，腫瘍組織内全体に起きている．

C）正常組織の「谷」部分

それでは正常脳の「谷」部分の生物学的反応はどうであろうか？ 正常脳では，その構築は基本的には破壊されずに保たれている．脳組織では神経線維のネットワークが分断されて多少の神経細胞の退行変性が生じているかもしれない．マクロで見て若干の脳萎縮は生じている．照射後急性期には目立った変化はなく，1 週間程度経過すると，ピーク領域の細胞脱落がはっきりとしてきて，これは数か月後でも変化なく存在する．正常脳では反応性アストロサイトが「谷」部に広範囲に出現しており，「谷」部では損傷脳周囲の再生反応がミクロレベルで生じていることが予想される．

4.6 仮説「腫瘍組織は分断されることに脆弱である」

以上のことから，我々が現在考えている空間的分割照射の抗腫瘍効果の機序は，以下のようなものである．

1）腫瘍組織内の腫瘍新生血管がマイクロビーム X 線照射で分断されると微小出血や微小循環不全が生じる．
2）もともと低酸素状態で必要最低限の酸素供給しか受け取っていなかった腫瘍組織はわずかな代謝の低下で広範囲に壊死に陥る．
3）正常組織内の正常血管は，マイクロビームで分断されても血管内皮の傷害は最小限にとどまり周囲組織へ悪影響を及ぼさない．また，慢性期になっても反応性の血管内皮増殖は無視でき，閉塞性機転を示すこともない．

さらには，全脳照射の場合，正常脳の内在性幹細胞は放射線障害を受けやすいとされ，再生能の低下が危惧されるところであるが，すだれ状のマイクロビーム照射では，多くの内在性幹細胞は照射を免れる．むしろ，微少な損傷により再生能が活性化される可能性が考えられ，正常組織の回復に役立っていることも予想され

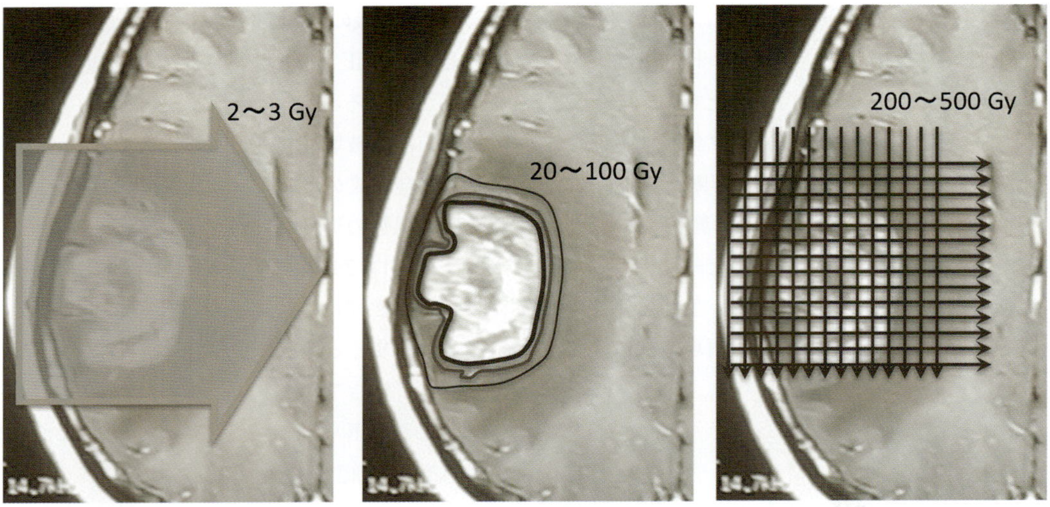

低線量時間的分割照射
複数回照射：治療可能比あり

高線量定位的放射線治療
1 回照射：非選択的壊死

高線量空間的分割照射
（格子状マイクロビーム）
1 回照射：治療可能比あり

図 12　既存の放射線照射とマイクロビーム照射の違い.

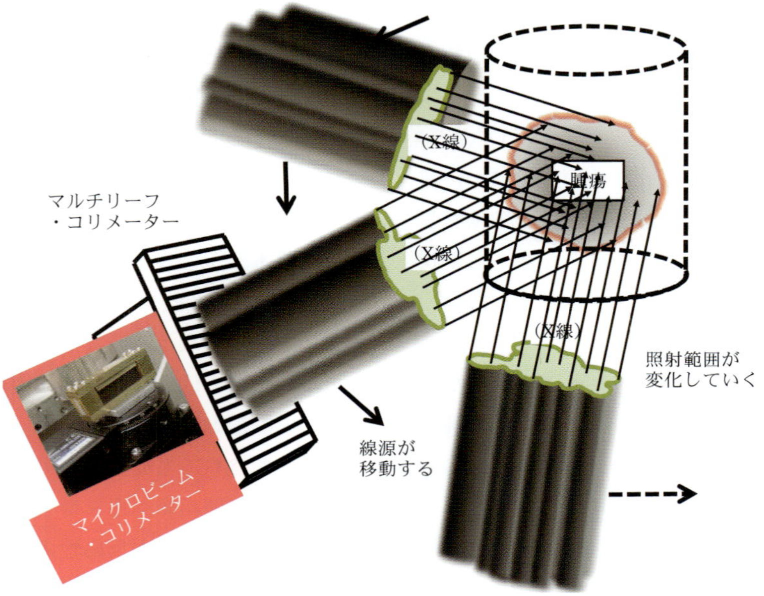

図 13　マイクロビーム照射の臨床応用実現化のコンセプト.

る．従来の放射線治療との違い，および MRT のコンセプトを図 12 および図 13 にまとめて示す.

5.　今後の研究

動物実験による抗腫瘍効果の機序の解明も大切ではあるが，我々のグループもヨーロッパおよび米国のグループも，この現象がヒトに適用

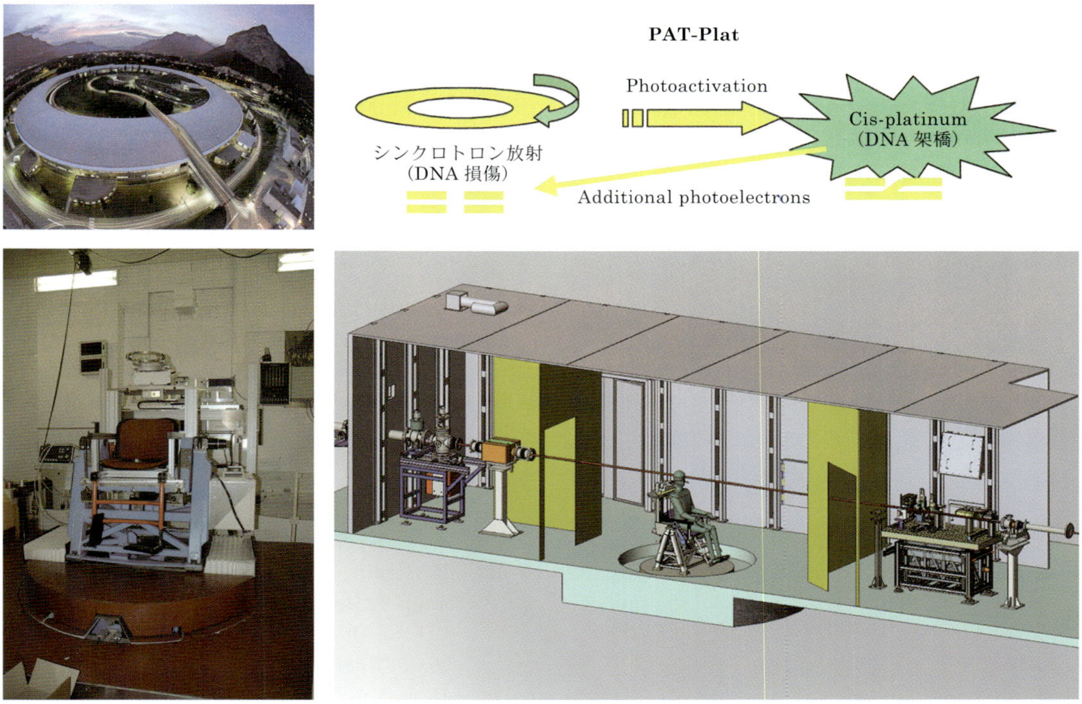

図 14　白金製剤投与下・X 線照射誘起による抗腫瘍効果を狙う応用実現化のコンセプト[13].

しうるものか，という点を求めて計画が作られている．具体的には，①線源を高エネルギー化して，ヒトの臓器でも十分な深部の照射線量がすだれ状に得られるか[10]，②ヒトでの体動によるマイクロビームの「ブレ」を考慮して，ピーク幅やピーク間隔を大きくして実用化しやすくできないか，③すだれ状マイクロビームを線源とした分割照射の検討や辺縁線量の至適化，などである[11)12]．また，SPring-8 のような大型施設ではなくて，一般病院の規模に設置しうるような線源で，同様な抗腫瘍効果をもたらすことを実証する必要がある．なお，先行した研究を行っている欧州の ESRF のグループでは，MRT 治療の開発と平行して，たとえば 図 14 に示すような，白金製剤投与下における単色 X 線照射が誘起する photoactivation による抗腫瘍効果を狙った治療の臨床化も提案されている[13].

6. おわりに

放射線治療は腫瘍の治療上欠かせない手段であるにもかかわらず，その生物学的な基礎実験は，分子標的治療や遺伝子治療の基礎実験に比べて極端に少ない．高線量を高精度に標的腫瘍に照射する，という従来のアプローチは固形癌には間違いのないアプローチであるが，び漫性浸潤性の悪性腫瘍に対しては限界があることも当然である．腫瘍内の微小環境における循環代謝の変化が鍵と考えられるマイクロビーム空間的分割照射の研究は，いまだ基礎的な観察に過ぎないが，腫瘍を制御するための手法を考える上で，多くのヒントを提示しているものと考えられる．

参考文献

1)　K. Kidoguchi, M.Tamaki, T.Mizobe, J.Koyama,

T. Kondoh, E. Kohmura, T.Sakurai, K. Yokono and K. Umetani: Stroke., **37** (2006), 1856-1861.

2) A. Morishita, T. Kondoh, T. Sakurai, M. Ikeda, A. K. Bhattacharjee, S.Nakajima, E. Kohmura, K.Yokono and K. Umetani: Neuroreport., **17** (2006), 1549-1553.

3) K.Umetani and T. Kondoh: Rev. Sci. Instrum., **85** (2014), 073704.

4) D. N. Slatkin, P.Spanne, F. A. Dilmanian, J. O. Gebbers and J. A. Laissue: Proc Natl. Acad. Sci., USA, **92** (1995), 8783-8787.

5) N. Nariyama, T. Ohigashi, K. Umetani, K.Shinohara, H.Tanaka, A. Maruhashi, G. Kashino, A. Kurihara, T. Kondoh, M. Fukumoto and K. Ono: Appl. Radiat. Isot., **67** (2009), 155-159.

6) G. Kashino, T. Kondoh, N. Nariyama, K. Umetani, T. Ohigashi, K. Shinohara, A. Kurihara, M. Fukumoto, H. Tanaka, A. Maruhashi, M. Suzuki, Y. Kinashi, Y. Liu, S. Masunaga, M. Watanabe and K. Ono: Int J. Radiat. Oncol. Biol. Phys., **74** (2009), 229-236.

7) N. Mukumoto, M. Nakayama, H. Akasaka, Y. Shimizu, S. Osuga, D. Miyawaki, K. Yoshida, Y. Ejima, Y. Miura, K. Umetani, T. Kondoh and R. Sasaki: J. Radiat. Res., **58** (201), 17-23.

8) A. Uyama, T. Kondoh, N. Nariyama, K. Umetani, M. Fukumoto, K. Shinohara and E. Kohmura: J. Synchrotron Radiat., Pt 4 (2011), 671-678.

9) J. A. Laissue, G. Geiser, P. O. Spanne, F. A. Dilmanian, J. O. Gebbers, M. Geiser, X. Y. Wu, M. S. Makar, P. L. Micca, M. M. Nawrocky, D. D. Joel and D. N. Slatkin: Int. J. Cancer., **78** (1998), 654-660.

10) K. Shinohara, T. Kondoh, N. Nariyama, H. Fujita, M. Washio and Y. Aoki: J. X-ray Sci. Technol., **22** (2014), 395-406.

11) F. A. Dilmanian, Z. Zhong, T. Bacarian, H. Benveniste, P. Romanelli, R. Wang, J. Welwart, T. Yuasa, E. M. Rosen and D. J. Anschel: Proc Natl. Acad. Sci., USA., **103** (2006), 9709-9714.

12) R. Serduc, E. Bräuer-Krisch, A Bouchet, L. Renaud, T. Brochard, A. Bravin, J. A. Laissue and G. Le-Duc: J. Synchrotron. Radiat., Pt 4 (2009), 587-590.

13) D. J. Anschel, A. Bravin and P. Romanelli: Neurosurg. Rev., **34** (2010), 133-142.

第 2 部

電池・触媒などのエネルギー分野への応用

電池・半導体デバイスにおける動作プロセスを 3 次元で探る

永村直佳，堀場弘司，尾嶋正治

従来の実験室 X 線光電子分光装置では，スポットサイズがサブミリ程度と大きめであるが，高輝度放射光 X 線と集光素子を組み合わせることでナノオーダーにまで絞ることができる．本稿では，この集光ビームを使った高空間分解能スペクトルイメージング装置を紹介し，その応用例として，トランジスタ微細構造の動作中ポテンシャル分布分析や二次電池正極材微細クラスターのリチウム分布分析などについて解説する．

1. はじめに

X 線光電子分光法（XPS）は，物質に X 線を照射した際に光電効果によって叩き出された電子の数と運動エネルギーを計測するものであり，化学結合状態を調べる汎用的な分析手法として広く利用されている．市販の光電子分光装置のスポットサイズはサブミリオーダーであり，対象となる試料はエピタキシャル薄膜やバルク単結晶など広範囲で均一な系か平均情報で構わない粉末であることが一般的である．

しかし，実際にデバイスや機能性材料として応用の土台に上がるものは微細化が進んでおり，表面・界面の影響，形状やサイズの効果といったミクロな性質がマクロな物性に与える影響は無視できない．上記に挙げた広範囲で均一な系はあくまでモデル系にすぎず，モデル系の分析結果から微細な実デバイスの機能予測を行うには限界がある．

そこで，実デバイス分析へのニーズに応える 1 つの解決策として，走査型光電子顕微分光法（SPEM）がある．入射 X 線をフレネルゾーンプレートという回折格子を通して集光し，スポットサイズがサブミクロン～ナノオーダーでのピンポイントの光電子分光分析ができ，さらに試料を走査させることによって光電子スペクトルイメージングが得られる，という手法である．

イメージングという観点では電子顕微鏡の方が一般的かもしれないが，XPS には凹凸だけでなく元素選択的な化学結合状態がわかるというメリットがある．さらに，光電子の脱出深さ程度ではあるが，埋もれた界面の非破壊分析も可能である．ただし，光電子スペクトルを解析に十分な S/N 比で取得しつつイメージングするとなると，データ量が膨大になり，現実的な所要時間で測定を行うには，輝度の高い放射光の利用が不可欠である．

本稿では，放射光軟X線を使ったSPEM装置の具体的なデバイス・材料分析への適用例をいくつか紹介し，実際に活用を考える際の一助としたい．

2.　光電子顕微分光のニーズ

XPSでは各元素の内殻スペクトルの形状から情報を得る．内殻スペクトルのピークシフト（参照試料と比較して）には，結合状態や価数の変化による化学シフトと，電荷移動からのバンドベンディングによる電位シフトがある．前者に注目してイメージングすると元素・価数マッピングが行えて，後者ではポテンシャルマッピングが可能である．

SPEM装置は世界各地の放射光施設に設置されているが，ここでは図1に示すSPring-8の軟X線偏光アンジュレータービームラインBL07LSU（東大ビームライン）[1]に常設されている3D nano-ESCA装置[2)3)]で得られた結果について紹介する．

一例として，2次電池正極材の微細クラスターにおける，リチウムイオン脱挿入の起こりやすさの，サイズ・形状依存性を観測した結果を示す[4)]．図2(a)はリチウムイオン電池正極活物質であるマンガンスピネル系$LiMn_2O_4$結晶のMn 3*p*内殻スペクトル強度マッピングである．光電子検出器に向いた面が形状効果で特に明るく見えている．XPSでは図2(b)のように，Li 1*s*のピーク強度からLiの含有量がわかる．したがってSPEMではLiの分布を観測することができ，Li脱挿入の起こりやすさのクラスターサイズ依存性といった情報が得られる（図2(c)）．

機能材料の微細クラスター化は，反応表面積が増えることから触媒にも有効である．SPEMでは，デバイス構造の機能部位だけを選択的に分析することができる特徴を有する．可視光水分解光触媒電極として期待されている酸硫化物半導体$La_2Ti_5CuS_5O_7$（LTC）と，$La_2Ti_5AgS_5O_7$（LTA）のクラスターを電極に接合したデバイス構造において，クラスター部位のみのピンポイントXPSを行った[5)]．Fermi端近傍のvalence bandの光電子スペクトルを観測し，LTCとLTAへのGaドープの影響を調べたところ，図3に示すようにLTCにおいてのみGaドープの有無で明確なシフトが見られ，キャリアドーピングによるバンド変調が可

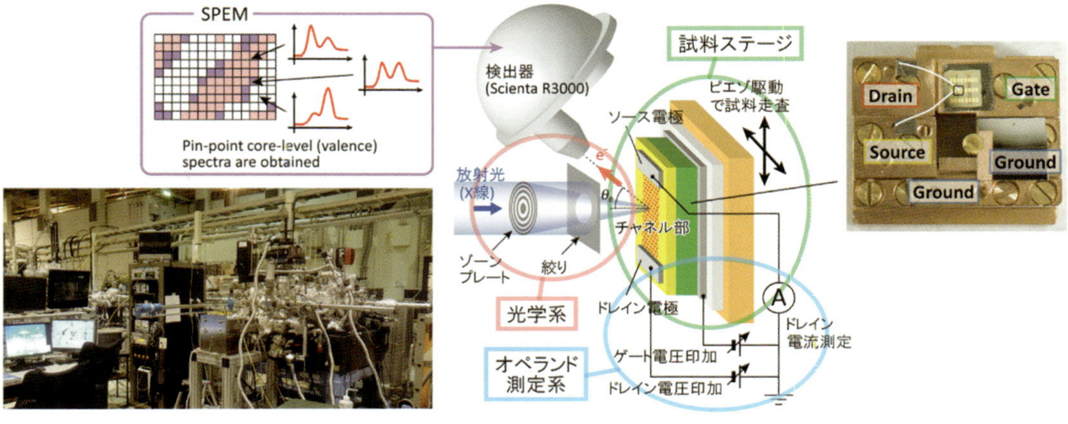

図1　3D nano-ESCA装置の概念図[3)]と写真（左は全体像，右は電圧印加試料ホルダー）．

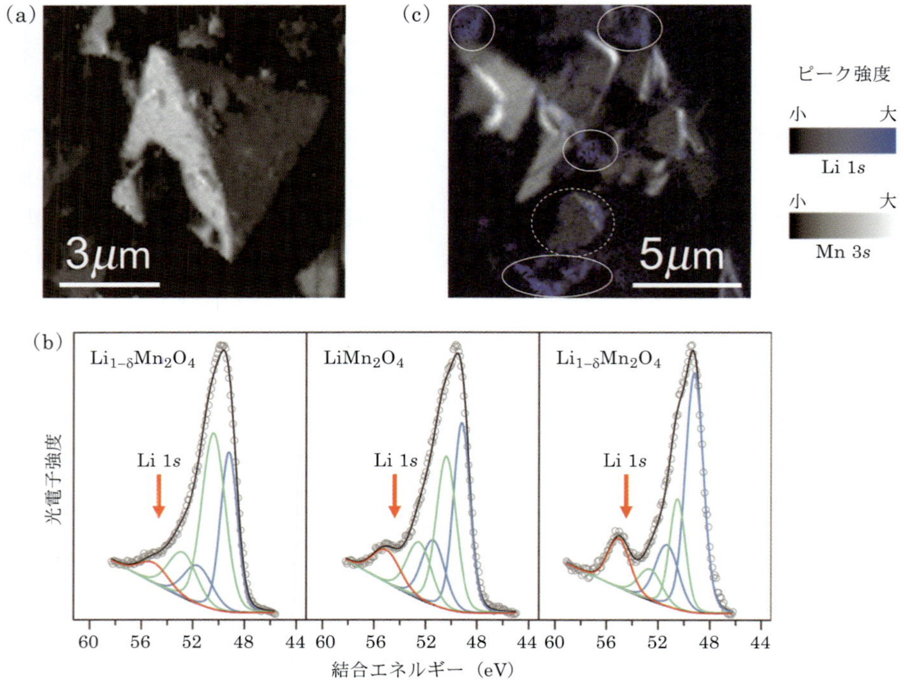

図 2　(a) $LiMn_2O_4$ クラスターの Mn 3p 光電子強度マッピング像，(b) 化学的に組成比を変えた $Li_xMn_2O_4$ の Mn 3p・Li 1s 内殻スペクトルの比較，(c) $LiMn_2O_4$ クラスターの Mn 3p と Li 1s 光電子強度マッピング像を重ねたもの．青が Li の多い部分を示し，サイズの小さいクラスターに Li が偏在していることが示唆される[4]．

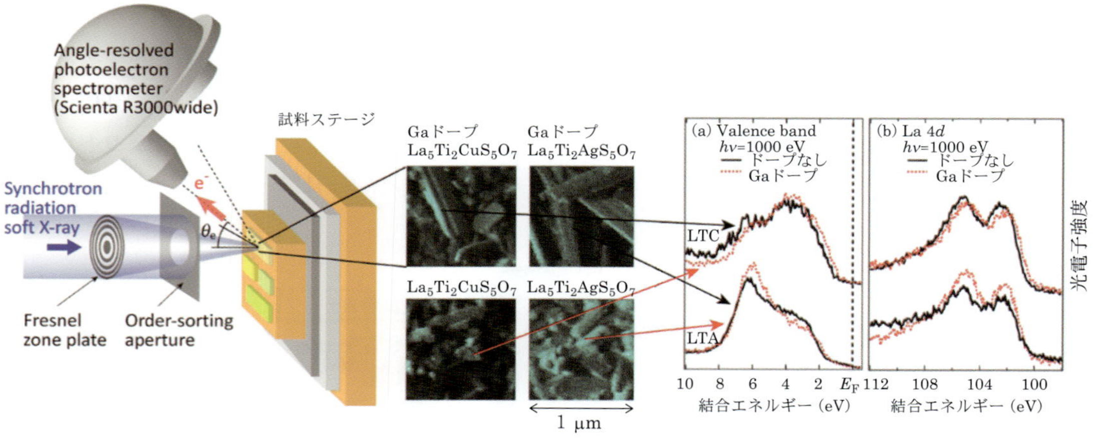

図 3　酸硫化物半導体 $La_2Ti_5CuS_5O_7$ (LTC) と $La_2Ti_5AgS_5O_7$ (LTA) とそれぞれに Ga ドープした化合物の valence band の比較．LTC と Ga ドープ LTC の間には明確なシフトが見られる[5]．

視化できた．

スペクトルシフトによる電荷移動の可視化は，半導体デバイスの界面や欠陥周りで起きる現象の解明に役立つ．図 4 (a) は膜厚が原子層オーダーで安定性に優れ，高移動度のグラフェンをチャネルに用いたグラフェン電界効果トランジスタ (FET) である．SPEM を用いて，グラフェンチャネルと金属電極の接合部近傍で，

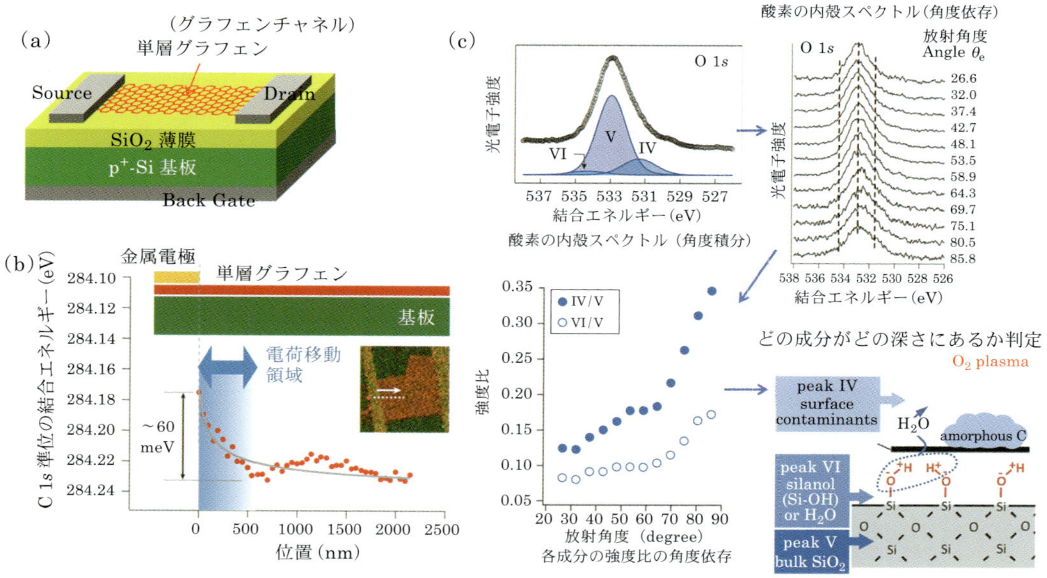

図 4　(a) グラフェン FET の構造，(b) グラフェンと金属基板の接合部近傍における電荷移動領域観測の概念図，(c) グラフェンチャネルでの深さ分解分析で埋もれた界面の状態を探る[6].

C 1*s* 内殻スペクトルにおける sp^2 結合成分ピーク位置の空間依存性を測定した．その結果，図 4 (b) に示すとおりグラフェンと金属の接合部で約 500 nm にわたってホールドープされた電荷移動領域が生じ，接触抵抗の原因となっていることを突き止めた[6]．さらに，図 4 (c) のようにグラフェンと SiO_2 基板の間の埋もれた界面の化学状態が計測できており，グラフェン / 基板界面の状態 (疎 / 親水性，レジスト残渣の影響など) によって上記の電荷移動領域が変調されることも判明した．深さ方向の定量的分析は他章に譲る (硬 X 線光電子分光による深さ方向分析の項を参照)．

このように，SPEM は電池，触媒，半導体デバイスと幅広い分野の実デバイス微細構造において機能に直接影響を与える電子状態の分析に活躍している．

3.　電圧印加光電子分光による *Operando* 計測

実デバイスを扱う先端分析技術という観点では，静的な状態の観測だけでは不十分であり，実際にデバイスを動作させながら過渡過程で起きている現象を観測できることが望ましい．これにより動作メカニズムや劣化過程などの原因解明に役立ち，観測結果をフィードバックして効果的な課題解決や材料・デバイス開発の提案につながると期待される．

そこで，3D nano-ESCA 装置では独立 5 端子で電圧印加する機構と測定系 (半導体パラメータアナライザー，ポテンシオスタット等) を備えており，トランジスタを動作させて輸送特性を確認したり，電池を充放電させたりしながら分光測定を行うことができる．

たとえば，有機半導体薄膜をチャネルに用いた有機電界効果トランジスタにおいて，ゲート電圧とドレイン電圧を印加しながらチャネル内

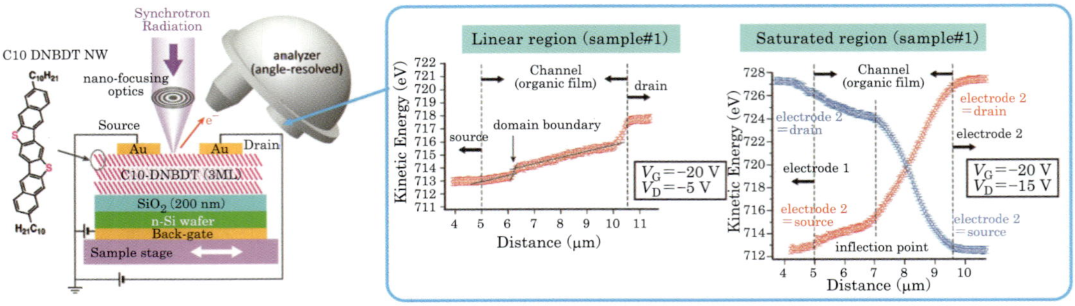

図 5 左が有機 FET のポテンシャルマッピングの概念図[7]．右は縦軸が C 1*s* 内殻スペクトルのピークエネルギー（運動エネルギー表記），横軸が位置座標のラインスキャン測定結果であり，ポテンシャル分布を表している．電極と有機薄膜の接合状態やドメインの存在によってポテンシャル分布の形状は大きく変化する．

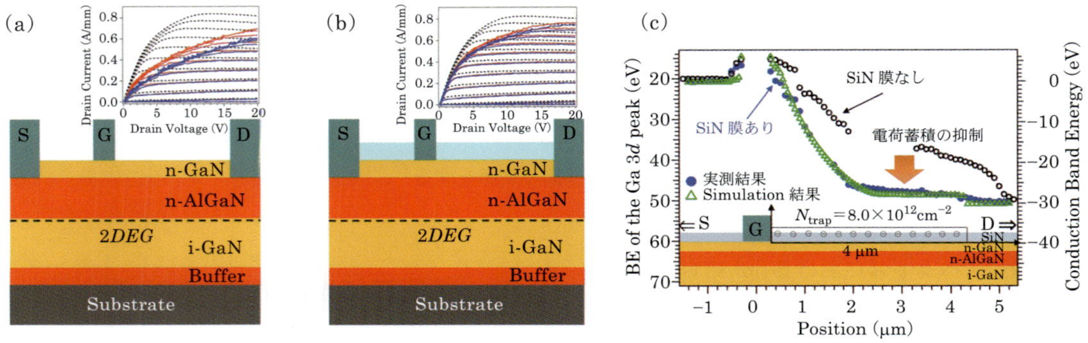

図 6 (a) GaN-HEMT の構造．右上はドレイン電流 - ドレイン電圧特性．本来ならば黒点線のような挙動になるはずだが，電流コラプス現象によって赤線や青線のようにドレイン電流が抑制されてしまう．(b) SiN 保護膜を導入した GaN-HEMT 構造．右上の輸送特性のように，(a) よりはコラプス現象の影響が少ない．(c) Ga 3*d* 内殻スペクトルのピーク位置の空間分布（ラインスキャン）．(a) と (b) の測定結果が明らかに異なる[8]．

で C 1*s* 内殻スペクトルのピーク位置の空間依存性を測定することで，トランジスタ動作中のポテンシャル分布を観測することができる[7]．この測定例を図 5 に示す．

半導体次世代パワーデバイスの特性改善にも SPEM は活用できる．AlGaN/GaN 界面の 2 次元電子層をチャネルとした大出力・高周波デバイスへの応用が期待される図 6 (a) に示すGaN-HEMT (High Electron Mobility Transistor) では，高電圧ストレス印加によりオン抵抗が増加する「電流コラプス現象」が課題となっている．こちらもゲート電圧とドレイン電圧を印加しながら，チャネル内で Ga 3*d* の内殻スペクトルのピーク位置の空間依存性測定を行い，電流コラプス現象を引き起こすと考えられている表面準位による電子捕獲過程の可視化を試みた[8]．その結果，図 6 (c) に示すように，図 6 (b) の SiN 保護膜による電子捕獲の抑制現象をポテンシャル分布の変化としてとらえ，定量的に評価することに成功した．

電池の充放電過程における電極活物質ナノ構造体の空間分布変化の観測にも取り組んでおり，電気化学測定に適した試料ホルダーを開発している．

4. おわりに

ここでは，*Operando* SPEM である 3D nano-ESCA 装置の具体的な活用事例の要素を紹介した．

集光素子を使って放射光 X 線を集光し，局所情報を得る取り組みは，昨今国内外の放射光施設で活発に行われており，ミラーを使って硬 X 線をスポットサイズ 7 nm にまで集光できるシステムや[9]，集光した軟 X 線～真空紫外光でバンド分散を測定する nano-ARPES システム[10)11)]などが実現している．XPS は基本的に超高真空中での測定が前提となっているが，実デバイス測定の潮流に伴ってガス雰囲気下 XPS や準大気圧アンビエント XPS（大気圧光電子分光の章を参照）の開発も進められている．

測定の多機能化・多パラメータ化を追求すると，その過程でデータ量は増える一方，個々のスペクトルデータでは信号強度が足りなくなってしまう．高輝度光源の実現は今後の実デバイス分析のカギを握っていると言えよう．

参考文献

1） Y. Senba, S. Yamamoto, H. Ohashi, I. Matsuda, M. Fujisawa, A. Harasawa, T. Okuda, S. Takahashi, N. Nariyama, T. Matsushita, T. Ohata, Y. Furukawa, T. Tanaka, K. Takeshita, S. Goto, H. Kitamura, A. Kakizaki and M. Oshima: Nucl. Instrum. Methods Phys. Res., A, **649** (2011), 58-60.

2） K. Horiba, Y. Nakamura, N. Nagamura, S. Toyoda, H. Kumigashira, M. Oshima, K. Amemiya, Y. Senba and H. Ohashi: Rev. Sci. Instrum., **82** (2011), 113701 (1-6).

3） 永村直佳，堀場弘治，尾嶋正治：表面科学，**37** (2016)，25-30.

4） N. Nagamura, S. Ito, K. Horiba, T. Shinohara, M. Oshima, S. Nishimura, A. Yamada and N. Mizuno: J. Phys.: Conf. Ser., **502** (1) (2014), 012013 (1-4).

5） E. Sakai, N. Nagamura, J. Liu, T. Hisatomi, T. Yamada, K. Domen and M. Oshima: Nanoscale, **8** (2016), 18893-18896.

6） N. Nagamura, K. Horiba, S. Toyoda, S. Kurosumi, T. Shinohara, M. Oshima, H. Fukidome, M. Suemitsu, K. Nagashio and A. Toriumi: Appl. Phys. Lett., **102** (2013), 241604 (1-5).

7） N. Nagamura, Y. Kitada, J. Tsurumi, H. Matsui, K. Horiba, I. Honma, J. Takeya and M. Oshima: Appl. Phys. Lett., **106** (2015), 251604 (1-4).

8） K. Omika, Y. Tateno, T. Kouchi, T. Komatani, S. Yaegashi, N. Nagamura, M. Kotsugi, K. Horiba, M. Oshima, M. Suemitsu and H. Fukidome: Scientific Report, **8** (2018), 13268 (1-9).

9） H. Mimura, S. Handa, T. Kimura, H. Yumoto, D. Yamakawa, H. Yokoyama, S. Matsuyama, K. Inagaki, K. Yamamura, Y. Sano, K. Tamasaku, Y. Nishino, M. Yabashi, T. Ishikawa and K. Yamauchi: Nature Physics, **6** (2009), 122-125.

10） J. Avila, I. R. Colambo, S. Lorcy, B. Lagarde, J.-L. Giorgetta, F. Polack and M. C. Asensio: J. Phys.: Conf. Ser., **425** (2009), 192023 (1-4).

11） M. Hoesch, T. K. Kim, P. Dudin, H. Wang, S. Scott, P. Harris, S. Patel, M. Matthews, D. Hawkins, S. G. Alcock, T. Richter, J. J. Mudd, M. Basham, L. Pratt, P. Leicester, E. C. Longhi, A. Tamai and F. Baumberger: Rev. Sci. Instrum., **88** (2017), 013106 (1-9).

自動車材料開発と放射光解析の出会い
—インテリジェント触媒・メタリック塗装その場観察—

田中裕久

自動車材料の開発現場で「放射光を使えば，見えないものも何でも見える」と信じ，20年間その期待を裏切られたことはない．自分の中では鮮明なイメージがあるが，ラボ解析の限りを尽くしても核心を捉えることができない．この材料技術者のルサンチマンを，ついに放射光により科学的に証明でき，胸のすく思いを味わう．まさしく画竜点睛こそが放射光解析といえよう．自動車の排ガス浄化触媒とメタリック塗装での応用事例を紹介する．

1. はじめに

ガンダーラで誕生した仏像は，アレクサンダー大王の東方遠征によって生まれた古代オリエントとギリシアの「化学反応による結晶」として知られている．日本の我々から見ると，ガンダーラ仏，特に西暦1世紀頃に作られた初期の作品は，その表情や髪型，衣服にギリシア的なものを強く感じる．しかしながら，それ以前からインドの地において仏教彫刻は，宗教的にも芸術的な視点においても高度に発達していたという背景があった．ただ1つ，釈迦を人間の姿で表現するという点においてタブーであったが，神像に慣れ親しむギリシア文化が，その精神的バリアを解き放つことにより，300年の時を経て図1のような仏像が誕生したと言えよう．ギリシアとインドの芸術や彫刻といった技術の融合である以上に，心理的な壁や限界を解凍したことにより，双方の伝統やテクノロジーが活用できる「新しい反応場」が誕生したことに注目したい．

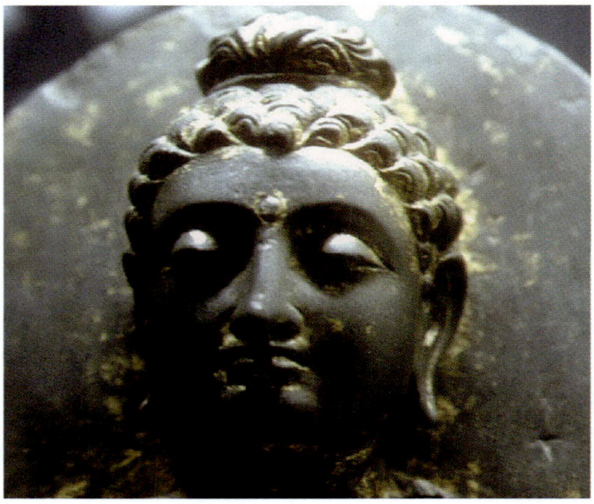

図1 ガンダーラの仏頭（シャーバーズガリ出土）
3世紀頃の作品と思われる．初期のものよりも表情や髪型に少し東洋的な柔らかさが感じられる．ラホール博物館にて1987年筆者撮影．

本書の企画は，放射光になじみの薄い企業技術者を読者と想定した「放射光を利用すると こんなこと・あんなことがわかる」と言った事例集と伺っている．こじつけて言うならば，インダストリーとアカデミアの融合を図るための，心理的バリアを取り除く案内書であり，「新しい反応場」が生まれることを狙うものと勝手に理解している．

筆者は自動車産業界に長らく籍を置いていた材料技術者であり，放射光に関しては全くの素人である．素人の強みで，「放射光を使えば，見えないものも何でも見える」と思い込んでいて，現在までほぼ20年間その期待を裏切られたことはない．いや，より正確に言うと，期待に沿わない結果であった場合は，その都度わがままを言い放ち，満足できるまでビームライン・サイエンティストの方々に対策してきていただいた．それは実験ハッチ内の検出器の増強やリアクターの改良，通信の加速，さらには，光路自体の変更のような大掛かりのものまであったように記憶しているが，その苦労や痛みを素人は全くわかっていないので，さらにわがままを重ねてきた．胸いっぱいの感謝が，3倍の大きさの要求へと形を変えて現れるのは，我ながら恐ろしい．懺悔の気持ちを込めて，筆者がダイハツ工業㈱勤務時代に体験した，放射光解析と出会った「新しい反応場」について紹介させていただきたいと思う．これら全ては，SPring-8の研究者諸氏とダイハツ工業㈱の技術者諸氏の化学反応による英知の結晶である．

2. インテリジェント自動車触媒

2.1 何が知りたかったか

日本の自動車排出ガス規制では，新車から8万km走行後まで常に基準値よりも綺麗な排ガスであることを義務付けている．従来の自動車触媒はこの長距離走行後の性能を担保するために貴金属を多量に使用しており，使用量を少しでも削減するため，劣化の傾きを緩やかにするアンチエイジング，延命技術の開発に鎬を削っていた．

我々は日本発信のコンセプトであるインテリジェント材料のアイデアを取り入れて，貴金属が老化しても自分で若返る「インテリジェント触媒」を開発していた[1)2)]．1989年から10年を超える研究により，Pd含有ペロブスカイト酸化物触媒が，耐久後も高活性を維持すること，Pdが微細な粒径であり分析直前の履歴により金属と酸化物の信号が入り混じることなどを検出し，Pdがペロブスカイト結晶に出入りするインテリジェント触媒のモデルを思い描いていた[3)]．しかしながらラボでの解析では傍証が得られるに過ぎず，機構解明の決定打を長年探し求めていた[4)5)]．共同開発者の㈱豊田中央研究所の木村希夫氏から同社の岡本篤彦博士を介して，2000年2月にSPring-8という「新しい反応場」にて（国研）日本原子力研究開発機構の水木純一郎博士，西畑保雄博士を紹介していただき，排ガスの酸化還元変動に応じて結晶構造を変えることによって貴金属粒子の粒成長が抑制されるインテリジェント機構の科学的証明に繋がった[6)]．水木，西畑，両氏との出会いが「インテリジェント触媒」の実用化に結びついた．

2.2 自動車排ガス浄化触媒とその社会的課題

ガソリン自動車排ガス中に含まれる有害成分はガソリンの不完全燃焼により生じる一酸化炭素（CO）と，未燃成分である炭化水素（HC），高温燃焼によって生成した窒素酸化物（NOx）である．自動車触媒はCOとHCを酸化して無害な二酸化炭素と水に変えると同時に，NOxを還元して無害な窒素と酸素に変える働きをすることから3元触媒（Three-way Catalyst）と

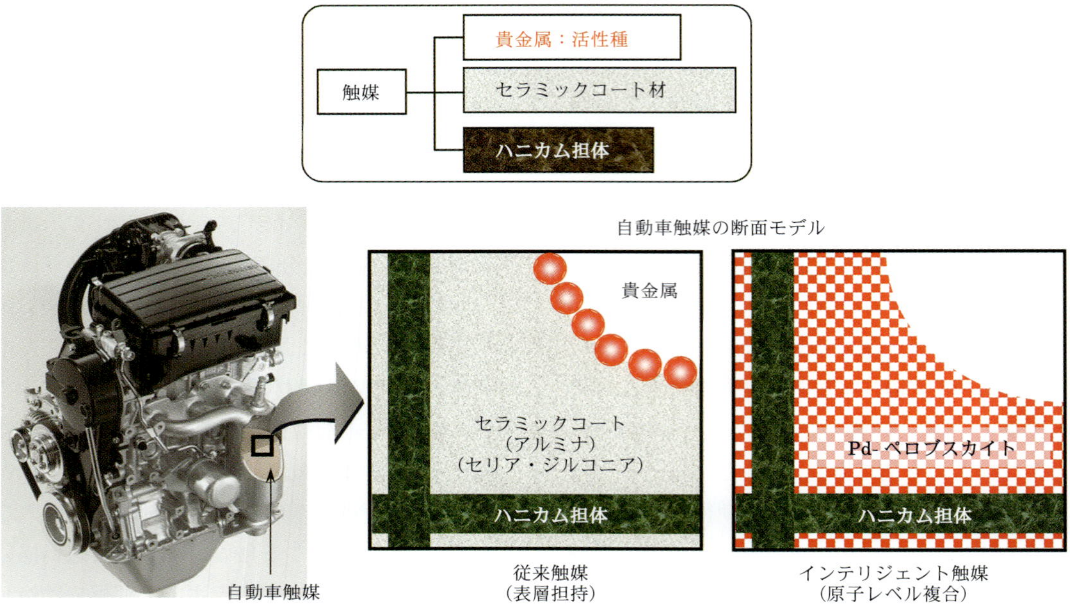

図 2　自動車触媒の構成.

も呼ばれる．自動車触媒は 1970 年代に実用化され改良が加えられながら広く用いられてきたが，1990 年代からは全世界的に自動車排ガス規制が強化され，特にエンジン始動直後からの排ガス浄化が強く求められるようになっていた．そのため従来は車体の床下に設置されていた触媒だが，エンジン直下に搭載できる耐熱性の高い触媒の開発が焦点となっていた．

これまでの自動車触媒は，図 2 に例示するようなアルミナやセリア・ジルコニア（複合酸化物）といった比表面積の高いセラミックス粒子の上に貴金属（白金，パラジウム，ロジウム）を分散させたものである．この自動車触媒の主な劣化の原因は，排ガスの高温環境下で貴金属が移動し粒成長が起きるため，触媒反応に必要な表面積が減少することによる．自動車の寿命に応じた触媒性能を確保するためには，粒成長による劣化分を補うために多量の貴金属を必要としていた．中でもパラジウムは低温からの HC 浄化に優れるため，全世界の自動車用需要は 90 年代に入ってから急激に増加し，化学，歯科用，電子，宝飾といった他の需要に対し大きな影響を与えており，自動車用途での使用量の大幅な削減が社会的な使命となっていた．

2.3 インテリジェント触媒

現在の自動車用ガソリンエンジンは酸素センサを用いて，空気と燃料の比率（空燃比 A/F）が化学的に等量点となるよう電子制御されているため，排ガス浄化触媒は常に 1 ～ 4 Hz といった周波数で酸化還元雰囲気の揺らぎにさらされている．インテリジェント触媒はペロブスカイト酸化物の結晶中に Pd をイオンとして原子レベルで配位することにより，特別なエンジン制御を加えることなくこの排ガスの自然な酸化還元のゆらぎに合わせて Pd がペロブスカイト結晶から出入り（固溶・析出）して高分散状態を保ち，自己再生機能を実現するという触媒設計を有する（図 2 参照）．

従来は貴金属を排ガスと接触しにくいコート層内部に分散するだけでも活性を損なうものと考えられていた．ましてや貴金属を複合酸化物

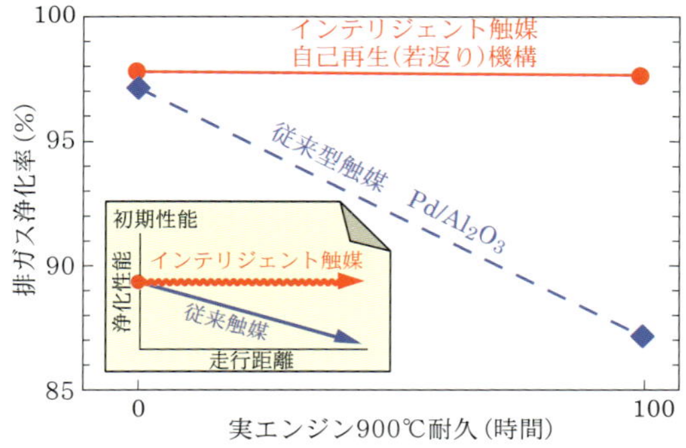

図 3 触媒性能の推移[6].

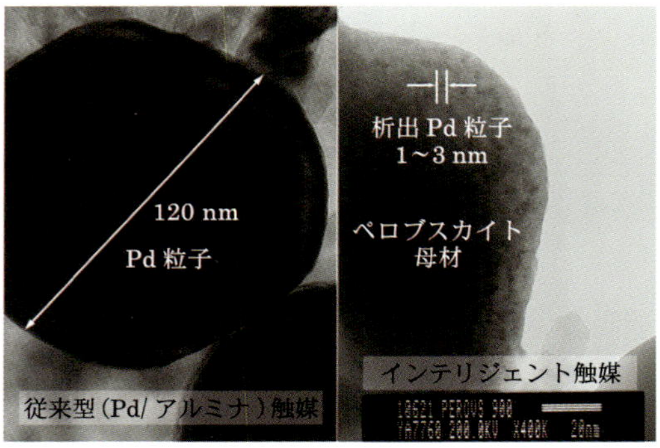

図 4 パラジウム粒径 TEM 観察[6].

として結晶格子中に固溶することは，活性を失い貴金属を無駄にすると思われていた．われわれはペロブスカイト酸化物自身の持つ触媒活性と耐熱性を貴金属と組み合わせることにより，高い活性を発揮しながら不老不死であり続ける触媒の実現を狙った．ここでペロブスカイト構造は，一般式 ABO_3 で示される天然鉱物である灰チタン石 ($CaTiO_3$) と同じ原子配列を持つ結晶であり，その名称はロシアの鉱物学者ペロブスキー伯爵にちなんで命名されたものである．ペロブスカイト酸化物のうち希土類元素と遷移金属で構成されたものは，優れた触媒活性を示すことが知られている[7)8)]．貴金属とこのセラミックス自身の持つ耐熱性･構造柔軟性を組み合わせることによって，これまでにない新しい機能の発現に繋がった．

Pd を含有する $LaFe_{0.57}Co_{0.38}Pd_{0.05}O_3$ ペロブスカイト酸化物 (Pd-ペロブスカイトと称す) をアルコキシド法により合成し，ハニカム (蜂の巣) 状のセラミックス担体にコートしてインテリジェント触媒を作製した[4)~6)]．Pd 担持量は触媒 1 リッター容積あたり 3.24 g とした．比較のため同量の Pd をアルミナ (比表面積＝102 $m^2 g^{-1}$) に担持した触媒を調製した．

このインテリジェント触媒を実エンジン排気管に装着し，900℃にて 100 時間加速耐久させたところ，図 3 のとおり触媒性能の低下は見られず高活性な状態を維持していることが確認できた．この図の縦軸は理論空燃比近傍での CO-NOx クロス点浄化率を示す．活性測定は 400℃，空間速度 35,000 h^{-1} にて実施した．一方，同量の Pd をアルミナに担持した従来触媒は 10％近い活性低下が観察された．

耐久試験後に燃料リッチ (還元) 雰囲気のまま冷却しエンジンを止めた後，インテリジェント触媒上の Pd 粒子を透過型電子顕微鏡により観察したところ 図 4 のとおり，1 ~ 3 nm という微細な状態で保たれ，従来型触媒の Pd 粒子が 120 nm まで肥大化したのと比べて顕著な差があることが判明した．市場での使用環境をさらに加速した耐久においても Pd 粒子がユニットセルの数倍という粒径を保っているのは極めて注目に値する．このメカニズムを材料解析により調査した[4)~6)]．

2.4 自己再生メカニズムの解明

(A) ラボ分析装置による解析

ペロブスカイト酸化物に Pd が固溶していることを調査するため，アルコキシド法により調製した $LaFe_{0.57}Co_{0.38}Pd_{0.05}O_3$ ペロブスカイト酸化物を，粉末 X 線回折 (XRD：X-ray Diffraction) を用いて格子定数を求め，擬立方晶単位胞体積の変化を調べ，図 5 の結果を得た[4)5)]．触媒調製時に Pd 量を増加させること

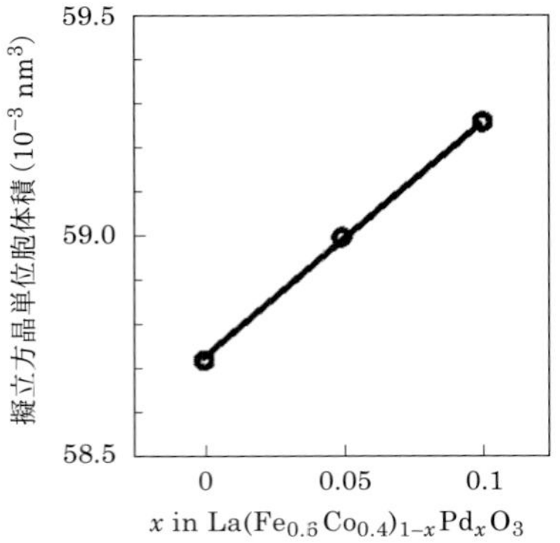

図 5　擬立方晶単位胞体積 [5].

により，擬立方晶の単位胞体積が膨張していることがわかる．これによりPdがペロブスカイト酸化物の結晶中に固溶している可能性が考えられるが，その膨張率はあまり大きくなく，0, +2, +4 といった安定原子価をとるPdが，どのサイトにどのような原子価で固溶するのか不明である．さらに格子定数が増加するのはPdの固溶以外にも酸素欠陥の導入など様々な要因が考えられる．

次にPdの化学状態をX線光電子分光分析 (XPS：X-ray Photoelectron Spectroscopy) にて調査し，図6の結果を得た．排ガスの酸化還元雰囲気変動をモデル化し，粉末触媒を酸化 (大気)，還元 (水素 10%)，再酸化 (大気) の順に各々800℃にて1時間熱処理した．この熱処理は実際の排ガスの雰囲気変動 (1 ~ 4 Hz) に比べて十分長い時間なので，酸化と還元に対応した極限の状態変化を観察することに相当する．アルミナ上のPdは酸化および再酸化処理後は+2価，還元処理後は0価の金属状態であり，標準物質のPdとPdOの結合エネルギーとよく一致している．一方，ペロブスカイト酸化物と複合したPdは還元処理後は0価の金属状態であったが，酸化および再酸化処理後は+2価と+4価の中間状態という異常な原子価をとっていると考えられる．しかしながら，

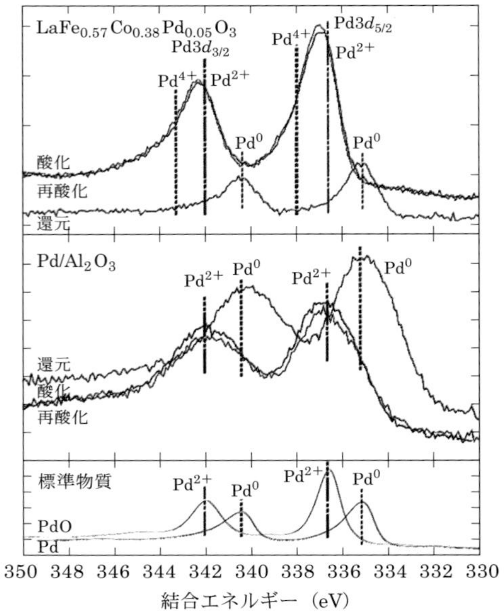

図 6　PdのX線光電子分光分析 [5].

XPSは試料最表面のPdの状態を反映するものであるので，固溶したPdの状態を反映しているとは言い切れない．より精度高く結晶格子内のPdの状態を解明する手法を求めていた．

(B) シンクロトロン放射光によるX線回折 (XRD) ならびにX線異常散乱分析 (AXS)

SPring-8 BL14B1にてシンクロトロン放射光を用いてPdのK吸収端エネルギー (24.35 keV) 近傍でのX線異常散乱 (AXS：Anomalous X-ray Scattering) を測定した [6)9)~13)]．3種類 (酸化，還元，再酸化) の熱処理された触媒に，窒化ホウ素 (BN) を混ぜてペレットに成形したのちX線回折測定し，図7 (a) の結果を得て触媒試料全体の結晶構造を確認した．ブラッグ反射のミラー指数は擬立方晶の単位胞に対して付記した．酸化処理試料ではペロブスカイト構造からの (100) および (110) 反射に加え，BNの反射が観察された．

還元処理試料では (100) と (110) 反射の位置が低角側にシフトしており，ペロブスカイト格

子から酸素が抜けて格子定数が伸びたと考えられる．La_2O_3 および $La(OH)_3$ の反射が新たに加わり，還元処理によりペロブスカイト構造が一部壊れていることがわかる．これらの新しい反射の強度には時間依存性があり，La_2O_3 は大気中の水分を吸収してやがて $La(OH)_3$ に変換されていく．ところが再酸化処理により La_2O_3 と $La(OH)_3$ の反射は完全に消滅し，ペロブスカイト構造の (100) と (110) 反射は高角側に戻ることから，ペロブスカイト結晶がほぼ完全に再生していることが分かる．このように酸化・還元・再酸化の雰囲気変動の周期において，還元雰囲気中でのみ一部が壊れるものの，全体としてペロブスカイト構造は柔軟かつ可逆的に維持されているのがわかる．

Pd の挙動に注目し酸化処理試料を用いてさらに詳細に検討した．X 線異常散乱とは，原子の吸収端エネルギー近傍で X 線散乱能が異常な変化を示すものである．一般に原子散乱因子は複素数であり，$f=f_0+\Delta f'+i\Delta f''$ のように書くことができる．ここで f_0 は散乱角に依存するがエネルギーには依存しない項である．$\Delta f'$ と $\Delta f''$ は異常散乱項であり，吸収端近傍で特徴的なエネルギー依存性を有している．

ペロブスカイト格子の A サイト (12 配位)，B サイト (6 配位) および酸素の原子散乱因子を，それぞれ f_A，f_B，f_O とすると，ペロブスカイト結晶の構造因子は $F(100)\propto|f_A-f_B-f_O|$ および $F(110)\propto|f_A-f_B-f_O|$ と表すことができる．ミラー指数によって各原子からの散乱波の位相が異なるため，反射強度のエネルギー依存性から Pd がどちらのサイトを占有しているかを決定することができる．(110) 反射強度のエネルギー依存性に注目すると Pd K 吸収端で減少しており，散乱が増加していることがわかる (図 7 (c) 参照)．上記の式から Pd はペロブスカイト結晶格子 (A もしくは B サイト) に存在していると考えられる．逆に (100) 反射強度は図 7 (b) のとおり増加しており，このカスプ状の反射強度の変化こそが，Pd が B サイト (酸

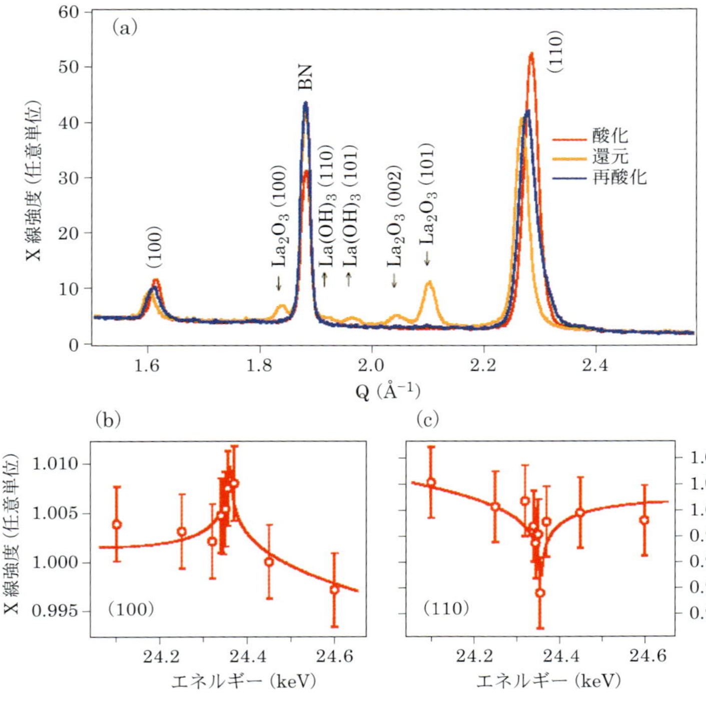

図 7　X 線回折と異常散乱測定[6]．Bragg 反射の構造因子 $F(100)\propto|f_A-f_B-f_O|$，$F(110)\propto|f_A+f_B-f_O|$．

素八面体の中心）を占有していることを明示している．一方，還元処理された試料からはこのようなエネルギー依存性は見られず，Pdがペロブスカイト結晶に固溶していないことを示唆している．

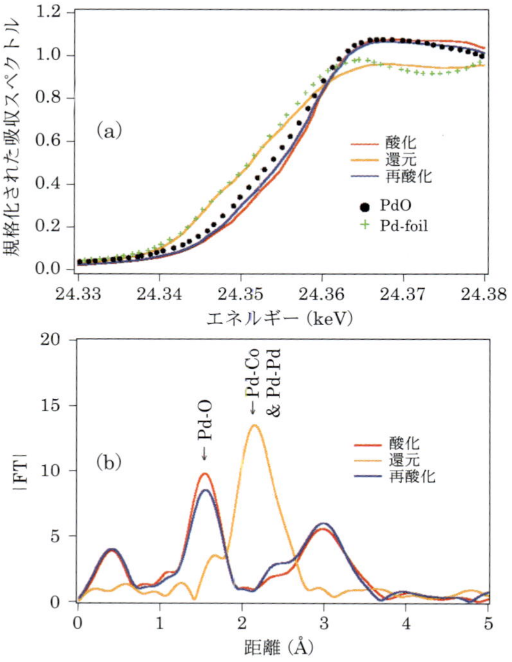

図8　X線微細構造解析[6]．

(C) シンクロトロン放射光によるX線吸収微細構造解析（XAFS）

続いてSPring-8のシンクロトロン放射光を利用したX線吸収微細構造（XAFS：X-ray Absorption Fine Structure）解析を実施した．PdのK吸収端近傍（XANES：X-ray Absorption Near Edge Structure）のスペクトルを図8(a)に示す．酸化処理された触媒試料の吸収端は標準物質PdOの吸収端より高エネルギー側へシフトしており，Pdの原子価が+2価より大きいことを示唆している．次に還元処理された触媒試料の吸収端はPd箔のものと良く一致しており，金属状態であることがわかる．再酸化により吸収端位置はほぼ酸化試料の位置に戻る．

さらに広帯域X線微細構造（EXAFS：Extended X-ray Absorption Fine Structure）信号をフーリエ変換することにより求めたPdの周りの動径構造関数を図8(b)に示す．酸化処理された最初の触媒試料では，Pdの周りの第1近接ピークは6個の酸素原子を表しておりペロブスカイト構造の酸素八面体の中心（Bサイト）をPdが占有していることを示している．還元処理された触媒試料では，第1近接のピークはPdとCoの合金（面心立方格子）として説明されることがわかった．このことは

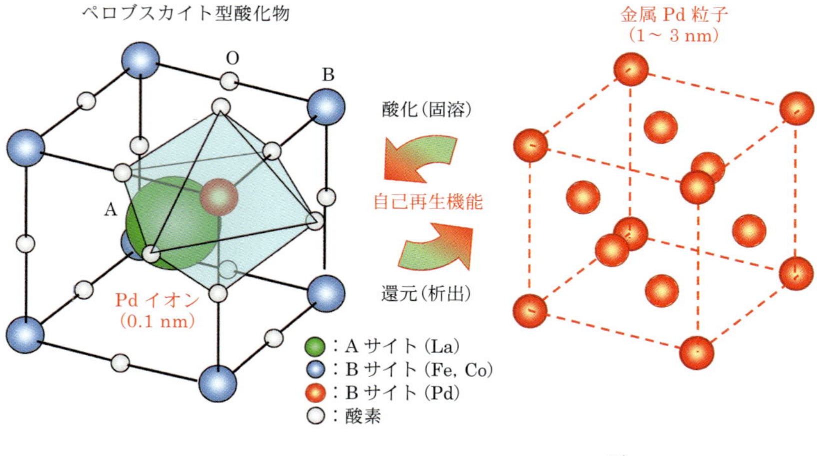

図9　インテリジェント触媒の自己再生機能[15]．

Pd がペロブスカイト構造より析出していることを意味する．再酸化処理により Pd の周りの局所構造はほぼ完全に復元しており，Pd はペロブスカイト構造の格子点に復元している．

酸化・還元・再酸化のサイクルにより，Pd の電子状態および局所構造が可逆的に変化していることがわかる．この可逆的結晶構造変化をモデル化して図 9 に示す．酸化雰囲気では Pd はペロブスカイト酸化物に固溶して B サイトを占め，還元状態では析出して金属粒子となり，排ガスの自然な酸化還元のゆらぎに合わせてこの構造変化を繰り返す．特にいったん 1 ～ 3 nm の金属粒子となったものが，酸化雰囲気でより小さなイオンサイズに戻ることは注目に値し，貴金属の自己再生と定義できる．

(D) インテリジェント機構の強化

インテリジェント触媒の実用化にあたり，Co を使わないペロブスカイト酸化物 ($LaFe_{0.95}Pd_{0.05}O_3$) を開発した．これはドイツの大気環境汚染防止技術指針 (TA-Luft) など，一部の国ではあるが Co の使用自粛が求められていることを受けて，環境に負荷を与えない組成とするためである．アルコキシド法により調製した新組成 $LaFe_{0.95}Pd_{0.05}O_3$ ペロブスカイト酸化物を，ハニカム (蜂の巣) 状のセラミックス担体にコートし，前記の手法と同様にインテリジェント触媒を作製した．Pd 担持量は触媒 1 リッター容積あたり 3.24 g とした．比較のため同量の Pd を用いた Co を含む $LaFe_{0.57}Co_{0.38}Pd_{0.05}O_3$ ペロブスカイト触媒ならびに Pd をアルミナに担持した Pd/アルミナ触媒も同時に調製した．

新組成のインテリジェント触媒を含む 3 種の触媒はそれぞれ実エンジン排気管に装着し，900℃にて 100 時間加速耐久した．耐久後，室温に保持した触媒に排ガス流路の切替えによりホットガスを急激に導入し，活性化するまでの時間を比較する切替ライトオフ試験を実施した．その結果，図 10 のとおり，新組成の $LaFe_{0.95}Pd_{0.05}O_3$ ペロブスカイト触媒は最も速く活性が立ち上がることが確認できた．これは Co を除去することにより，析出 Pd と Co の合金化による低融点化がなくなるとともに，還元雰囲気でのペロブスカイト結晶構造の安定性が向上し自己再生機能がさらに強化されたためと考えられる [14)15)]．

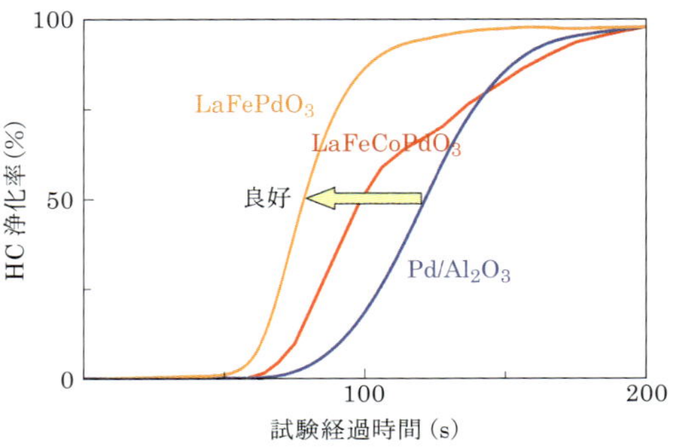

図 10 触媒活性立ち上がり時間の比較 [15)]．

(E) Rh, Pt- インテリジェント触媒への発展

Rh と Pt においてもインテリジェント機能を実現するため，新規ペロブスカイト酸化物の組成を設計した．自己再生機能はガソリンエンジン排ガスの酸化還元揺らぎを利用し，貴金属がペロブスカイト酸化物へ固溶析出することにより発現する．ここでペロブスカイト結晶格子中での貴金属の安定性が極めて重要であり，不安定度が析出を，安定度が固溶を促進する．酸化，還元処理した各粉末試料を放射光にて XAFS 測定し，貴金属と酸素の配位数変化から貴金属のペロブスカイト酸化物での固溶率を比較した [16)]．その結果を図 11 に示す．

3 価のカチオンで構成される $LaFeO_3$ 系ペロブスカイト酸化物中では，0，+3 の安定原子価をとる Rh は還元時も 60％以上が結晶中に残存している．これまで触媒として注目されてい

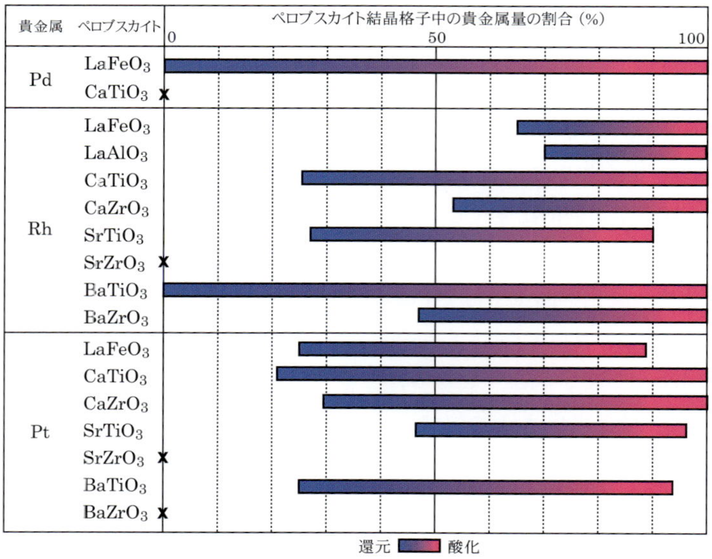

図 11　酸化還元による貴金属固溶率の比較 [16].

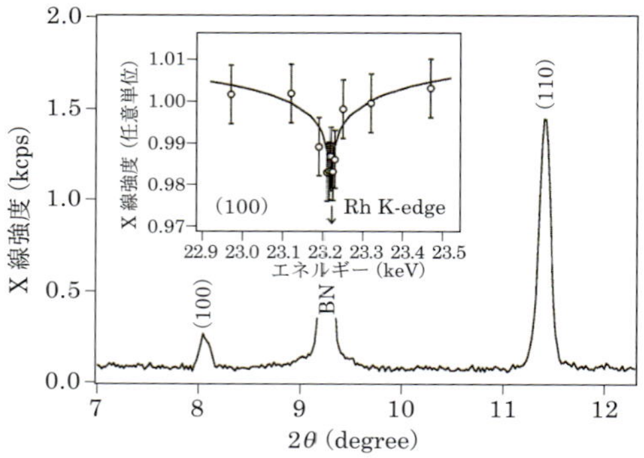

図 12　$CaTi_{0.95}Rh_{0.05}O_3$ 中の Rh の XAS 測定 [16].

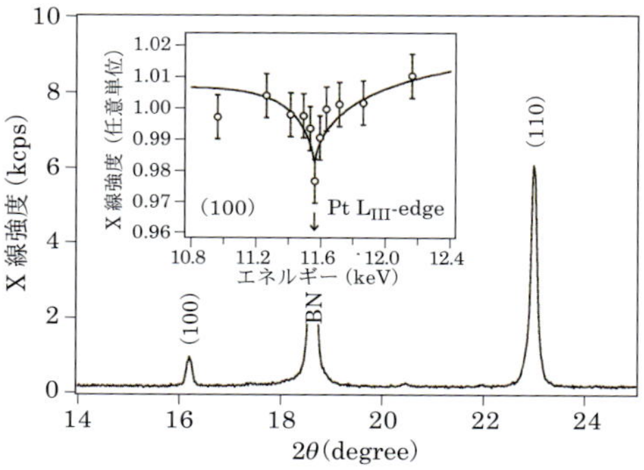

図 13　$CaTi_{0.95}Rh_{0.05}O_3$ 中の Pt の XAS 測定 [16].

なかった 2 価 4 価のカチオンの組み合わせからなる $CaTiO_3$ 系ペロブスカイト酸化物へ固溶した Rh は，XANES 測定の結果，酸化状態では 3 価よりもやや高原子価で存在し，還元時の析出量が大幅に増加した．一方，0，+2，+4 といった安定原子価を取る Pt は酸化雰囲気においても $LaFeO_3$ には全量固溶できないが，2 価 4 価の $CaTiO_3$ 系や $CaZrO_3$ 系ペロブスカイト酸化物では全量固溶し，良好なインテリジェント機能を示すことが明らかになった．Pd 系と同様に $CaTi_{0.95}Rh_{0.05}O_3$ と $CaTi_{0.95}Pt_{0.05}O_3$ においても X 線異常散乱測定を実施し，Rh，Pt ともペロブスカイト酸化物の B サイトに固溶していることを，図 12 および図 13 のとおり確認した．

このようにインテリジェント触媒機能は $LaFeCoPdO_3$ や $LaFePdO_3$ などの Pd 系特有のものではなく，Rh 系や Pt 系にも応用可能な普遍的技術であることが実証された．

(F) インテリジェント触媒の実用化

コーディエライト質のハニカム担体の下層に

Pd-ペロブスカイト酸化物，上層にはアルミナやセリア・ジルコニア系の酸素吸蔵材に Pt と Rh を担持した実用触媒をインテリジェント触媒と名付けた．さらに Rh-ペロブスカイト酸化物と Pt-ペロブスカイト酸化物も 2 層に塗り分けた実用触媒をスーパーインテリジェント触媒と呼ぶ．これらの触媒を同年式で同じ 4 ツ星（排出ガス基準 75％低減認定車）基準の他社ベンチマーク触媒と同時に，最高到達温度が 1050℃となる 30 秒サイクルのパターンを繰り返す加速耐久をした後に，触媒活性を比較した．図 14 および図 15 の結果のとおり，スーパーインテリジェント触媒とインテリジェント触媒は，それぞれベンチマーク触媒に比べて貴金属量を 80％，74％削減していても高い浄化活性を維持でき，より低温から活性が立ち上がることが

実用触媒設計

触媒	貴金属種	貴金属量比	体積（cm^3）	構成触媒材料	備考
Super Intelligent	Pt/Rh/Pd	1.0（−80％）	0.62	$CaTiRhO_3$, $CaZrPtO_3$, $LaFePdO_3$, $BaCePtO_3$, Al_2O_3, OSC materials	スーパーインテリジェント触媒　4 ツ星（SULEV）
Pd-Intelligent	Pt/Rh/Pd	1.3（−74％）	0.62	$LaFePdO_3$, Al_2O_3, OSC materials	インテリジェント触媒 4 ツ星（SULEV）
Benchmark	Pt/Rh	4.9	0.64	Al_2O_3, OSC materials	他社 4 ツ星触媒（SULEV）

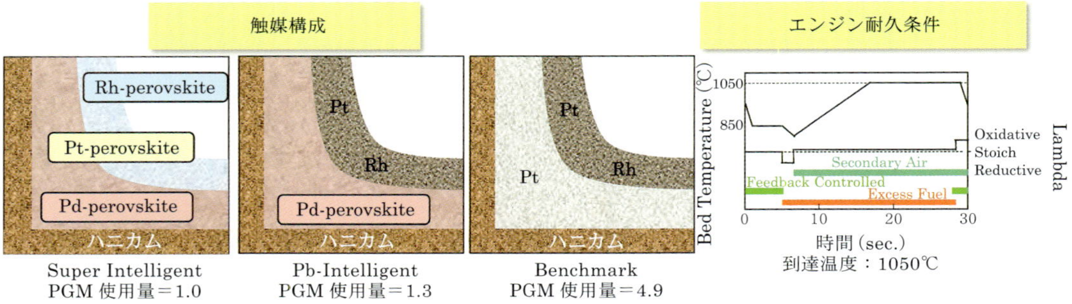

図 14　実用触媒設計．

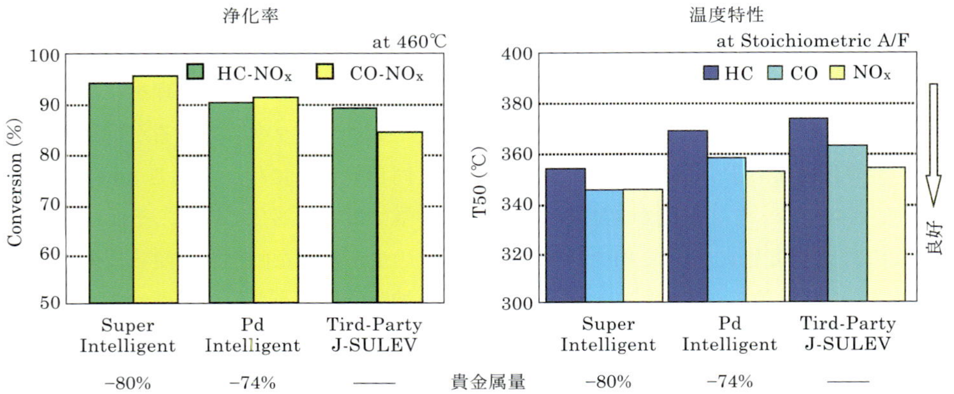

図 15　1050℃耐久触媒の活性比較．

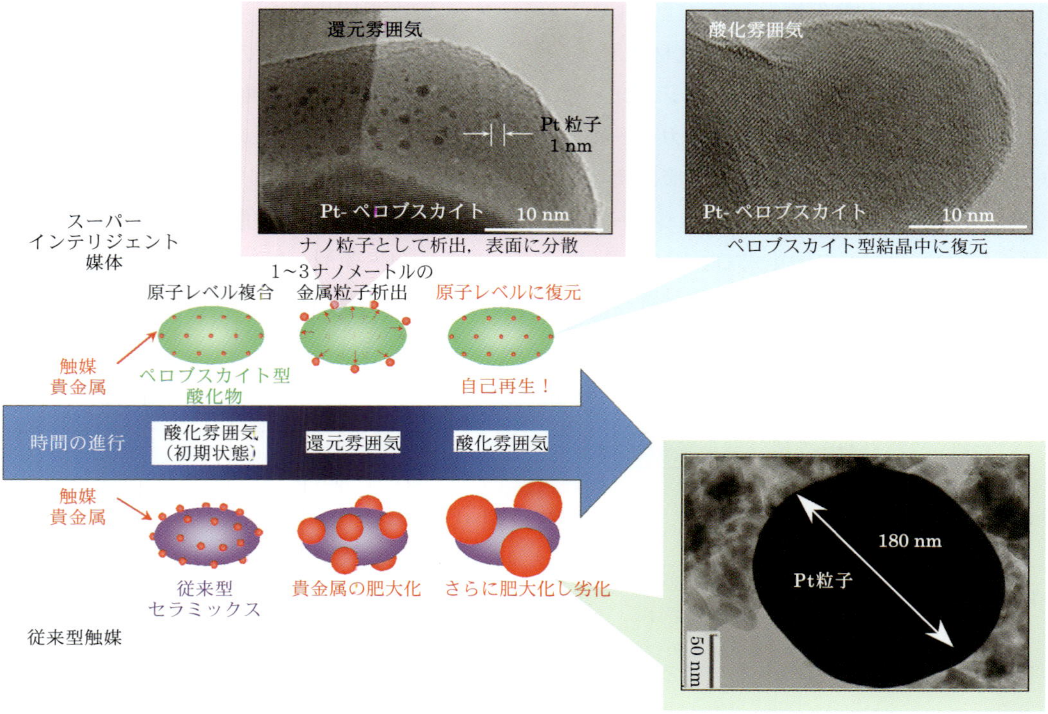

図 16　自動車触媒の生涯における貴金属の状態比較.

確認できた.

実際の排ガス浄化触媒として使用される時間の流れの中で，貴金属の粒成長が抑制される様子を従来型触媒と比較した．その結果は図 16 のとおり，従来型触媒の担持された貴金属は肥大化し続け活性は劣化することが明らかになった.

インテリジェント触媒において，酸化雰囲気では貴金属(この写真では Pt) はペロブスカイト酸化物に固溶しているが，還元雰囲気では金属として結晶外に析出し自らナノ粒子を形成する．そして再酸化により Pt は再びペロブスカイト結晶中に固溶する．この機構が実際のエンジン排ガスの雰囲気変動によって引き起こされ，貴金属の粒成長を著しく抑制しているものと考えられる．希少資源である貴金属の大幅低減が可能となり，同じ貴金属量でより多くの環境車が生産可能となる．これまでに 650 万台のクリーンカーに搭載された.

3. メタリック塗装技術

3.1 何が知りたかったか

自動車の塗装は，防錆はもちろんのこと，意匠性においても極めて重要である．特に高級感を醸し出し得る「メタリック塗装」は，自動車だけでなく家電製品などにも広く使われている．筆者も自分で車の修理をしたり日曜大工などでメタリック塗装をするが，部分塗装を本体と同じ見栄えに仕上げることはとても難しく，神業に近いと感じていた．そんなころにダイハツの生産技術企画部署で塗装技術を開発している神澤啓彰氏から相談を受けた．メタリック塗装のその場観察であった.

メタリック塗装にはアルミフレークが用いられ，その直径が 20 μm，厚みは 0.5 μm 程度で

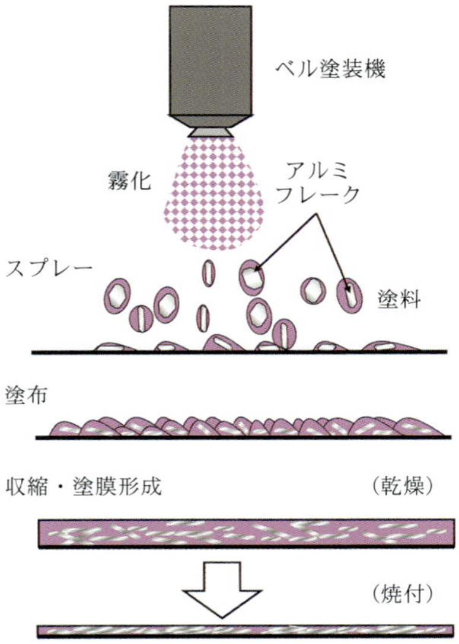

図 17　メタリック塗装（模式図）[17].

ある．摸式的に示す図 17 のとおり，仕上がり後にフレークの配向が綺麗に揃っていることが光沢度を決めることは想像に難くなかったが，塗装面に対して垂直に飛来するフレークが，いつ 90° 回転して水平に揃うのか，とても興味が沸いた．

3.2　外板樹脂化とメタリック塗装

地球温暖化の原因とされる二酸化炭素の約20％は運輸部門から排出されており，燃費の改善が続けられている．特に軽自動車への期待は大きく，ハイブリッドでないガソリンエンジン車において JC-08 モード燃費が 35 km/L を超える低燃費車も市販されている．さらなる効率改善のために車両の軽量化は重要で，樹脂外板部材の採用が増加しているが，ボディ鋼板とは異なり，樹脂バンパーやフェンダーなどは塗装されてから組み付けられるため，その色味を合わせることは商品力にとって重要である．生産技術者は図 18 のように，量産準備過程でこの色差をなくすため弛まぬ努力を重ねている．

3.3　メタリック塗膜の観察による輝度との相関付け

塗装技術の専門家であり生産企画部署の責任者である神澤啓彰氏は，中山泰氏らとともにメタリック塗装品質を科学的に解析する取り組みを推進する中で，塗膜形成メカニズムを解明するための手法について相談を受けた．SPring-8 のヘビーユーザーである触媒開発リーダーの谷口昌司氏とともに塗装技術の現場を訪れると，すでに彼らは成膜後の塗装品質の評価や解析について，ありとあらゆる手法を試していることを知った．色味の違いはアルミフレークの配向

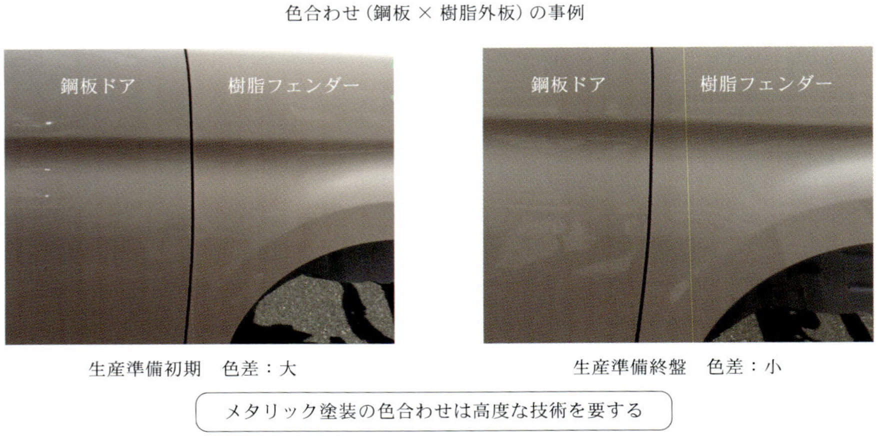

図 18　自動車開発段階における外板塗装色合わせ事例[17].

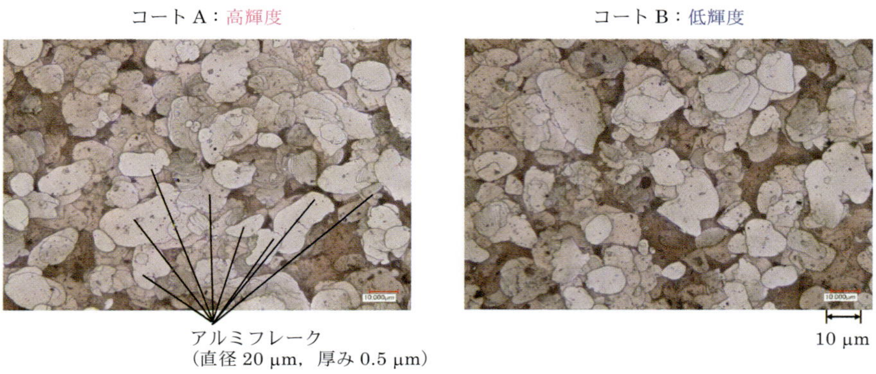

図 19　塗膜の観察 (1)：光学顕微鏡による表面観察 [17]．

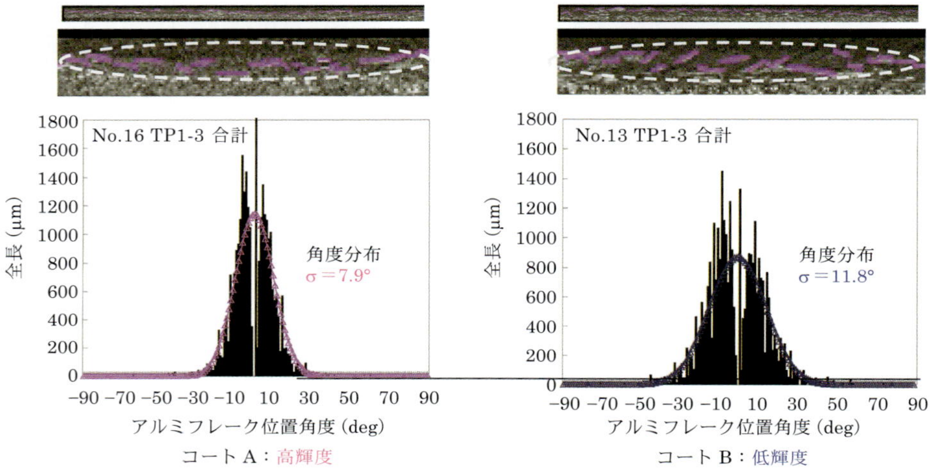

図 20　塗膜の観察 (2)：電子顕微鏡による断面観察 [17]．

度が支配していることは把握済みで，その数値化についても様々な解析をもとに実施されていた．たとえば肉眼ではかなり違った色味のサンプルを比較しても，光学顕微鏡やレーザー顕微鏡などによる表面観察では図 19 のとおり，アルミフレークの配向に大きな差異を検出しにくい．一方，切断して断面を走査型電子顕微鏡で観察をすれば，図 20 のように，配向度と輝度は統計的な関連付けが可能であった．最大の興味は，塗装面に対して垂直に飛来すると考えられるフレークが，どのタイミングで水平に配列するのか，またそれを支配する生産技術パラメータは何であるのかを把握することに集約された．JASRI 産業利用推進室の廣沢一郎室長に相談し，BL46XU にて梶原堅太郎博士の支援を受けて SPring-8 の高精度平行ビームを活用した高分解能 X 線イメージングに臨むこととなった．

3.4　メタリック塗膜形成のその場観察

工場のラインで使用するベル塗装機を小型スプレー機でシミュレートできるよう，あらかじめ塗布条件を検討しておき，図 21 のように BL46XU の第 1 ハッチ内に塗装機を持ち込んだ．塗料で装置を汚染することのないよう吸引装置を取り付け，養生した中で実際に試験片

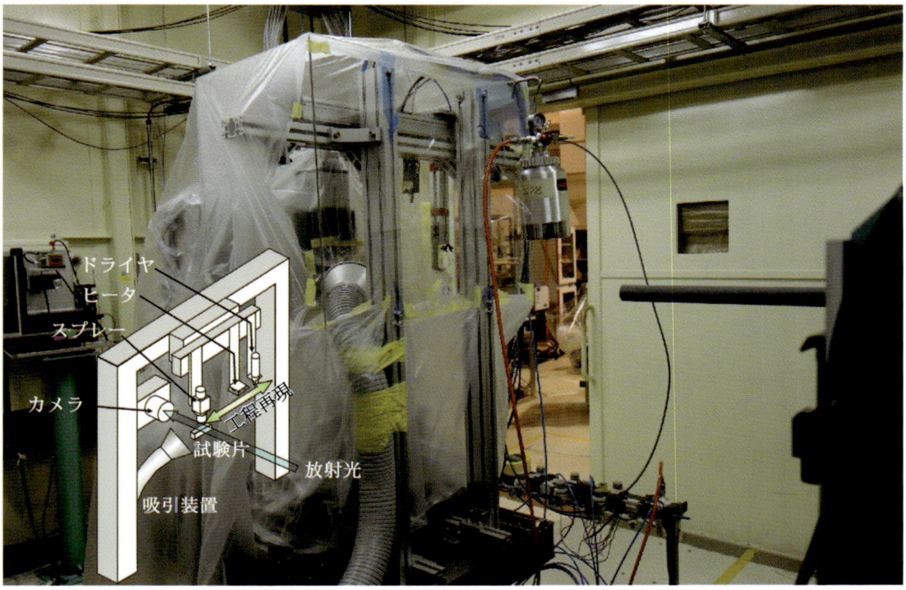

図 21　SPring-8 BL46XU ハッチ内での塗装工程その場観察[17].

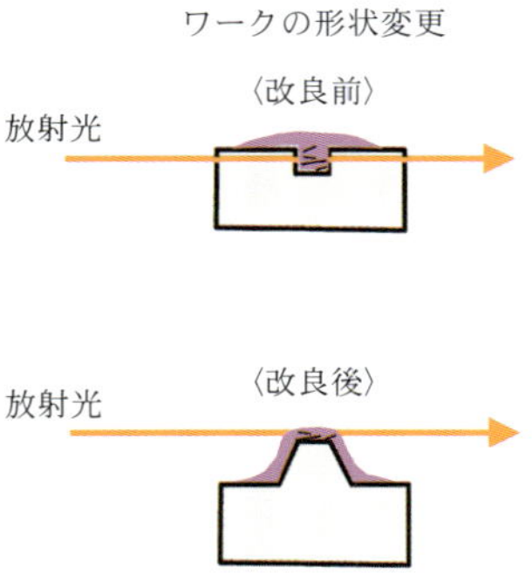

図 22　その場観察のための試料形状の改良[17].

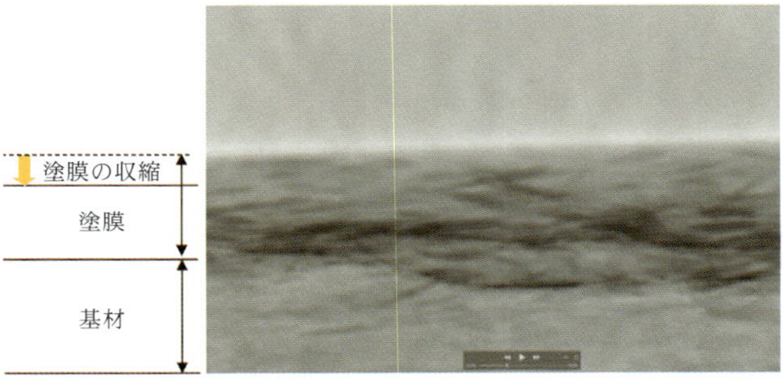

図 23　メタリック塗装における塗膜形成その場観察[17].

にメタリック塗装を施しながら，塗装条件を変えた時のアルミフレークの挙動をその場観察した．

図 22 に例示するような試料形状の改良やラボ塗装機の改造による工場工程の再現，光学系やデータ通信の強化など，研究者･技術者の情熱と英知が注ぎ込まれ，厚みわずか 0.5 μm というアルミフレークの挙動をかなり鮮明に捉え，動画記録することに成功した．一例を図 23 に示す．メタリック塗装の品質は塗布後 5 秒以内には決定しており 180 秒後との配向度の標準偏差は極めてわずかであった．溶剤の量を 20％増やすことにより 5 ～ 180 秒の間にフレークが少し移動可能となる．その場観察を傍観していた素人としての感想ではあるが，メタリック塗装品質は塗料自体とその塗布条件の調整が全てを決定しており，乾燥･焼付工程では改善できないと感じた．そして何より塗布 1 ～ 2 秒間のダイナミックなフレークの動きと，それを実際に可視化した塗装技術のプロ集団と

放射光研究者の情熱を目の当たりにして，胸にこみ上げるものを感じた．

4. おわりに

自動車の開発における放射光との出会いについて，2つの事例を記述させていただいた．触媒に関しても時間分割 DXAFS，特に原子力機構の松村大樹博士による反応中の触媒のその場観察など，大変興味深い研究結果が多くある．また我々が現在も取り組んでいる液体燃料を蓄電媒体とする貴金属フリー燃料電池の電極を，$BL_{14}B_2$ の本間徹生博士の手による世界でも類稀なるロボット化による自動 XAFS 測定や，発電中の挙動をその場観察するなど，ここでは紹介しきれなかった膨大な研究成果があり，それが実用材料の開発に多大なる貢献していることを，改めて感謝したい．

日本の放射光研究，特に SPring-8 での研究の特徴として，ビームタイムの約 20％という産業利用比率の高さが挙げられる．冒頭にも記したが筆者は「放射光を使えば，見えないものも何でも見える」と信じ，20 年間その期待を裏切られたことはない．しかし，全くイメージしていなかったものが SPring-8 に来て初めて見えたということもない．材料開発をしながらラボ解析の限りを尽くしても核心を捉えることができないが，自分の中では鮮明なイメージがあるといったものを，ついに放射光により科学的に証明でき胸のすく思いを味わう，まさしく画竜点睛こそが放射光解析であったというのが正直な体験である．これまでお世話になった放射光に関わる研究者の方々に心よりお礼を申し上げるとともに，新設される放射光施設が，科学技術のさらなる進歩に貢献されることをお祈りしたい．

参考文献

1） H. Tanaka, H. Fujikawa and I. Takahashi: SAE Special Publications, **968** (1993), 63-76, [SAE Paper, 930251 (1993)].

2） H. Tanaka, H. Fujikawa and I. Takahashi: SAE Paper, 950256 (1995), 1-13.

3） H. Tanaka, I. Takahashi, M. Kimura and H. Sobukawa: Science and Technology in Catalysis, **1994** (1995), 457-460.

4） H. Tanaka, I. Tan, M. Uenishi, M. Kimura and K. Dohmae: Topics in Catalysis, **16/17** (2001), 63-70.

5） H. Tanaka, M. Uenishi, I. Tan, M. Kimura, Y. Nishihata and J. Mizuki: SAE Special Publications, **1573** (2001), 1-8, [SAE Paper, 2001-1-1301 (2001)].

6） Y. Nishihata, J. Mizuki, T. Akao, H. Tanaka, M. Uenishi, M. Kimura, T. Okamoto and N. Hamada: Nature, **418** (2002), 164-167.

7） D. B. Meadowcroft: Nature, **226** (1970), 847-848.

8） W. F. Libby: Science, **171** (1971), 499-500.

9） 仁田勇：X 線結晶学　上，丸善，(1979)，28.

10） 宇田川康夫編：X 線吸収微細構造　XAFS の測定と解析，学会出版センター，(1993).

11） 石井忠男：EXAFS の基礎，裳華房，(1994).

12） 早稲田嘉夫，粛藤正敏：放射光，**10** (No.3) (1997)，299-314.

13） 西畑保雄，田中裕久：応用物理，**72** (No.5) (2003)，582.

14） H. Tanaka, N. Mizuno and M. Misono: Appl. Catal. A: General, **244** (2003), 371-382.

15） H. Tanaka, M. Taniguchi, N. Kajita, M. Uenishi, I. Tan, N. Sato, K. Narita and M. Kimura: Topics in Catalysis, **30/31** (2004), 389-396.

16） H. Tanaka, M. Taniguchi, M. Uenishi, N. Kajita, I. Tan, Y. Nishihata, J. Mizuki, K. Narita, M. Kimura and K. Kaneko: Angew. Chem. Int. Ed., **45** (2006), 5998-6002.

17） 中山泰，谷口昌司，田中裕久，神澤啓彰，大森宏，野村公佑，上田雅也，阪本雅宣，畑中孝文：自動車技術会　2016 年春季大会　学術講演会　講演予稿集 (2016)，1501-1505.

固体酸化物形燃料電池の反応を知る

中村崇司，雨澤浩史

本稿では，エネルギーデバイスのオペランド計測の例として，固体酸化物形燃料電池(SOFC)空気極の電気化学的活性領域の分布を計測した例を紹介する．筆者らはSOFC運転状態(高温，制御ガス雰囲気，電気化学バイアス下)でも計測可能なマイクロX線吸収分光法を開発し，これをSOFC空気極の分析に適用した．Co電子状態の分布を計測することで，電気化学的活性場が電極/電解質界面から数μmの領域にわたって分布することを明らかにした．

1. はじめに

高効率なエネルギー変換・貯蔵・輸送が可能になれば，我々が直面しているエネルギー・環境問題の解決が期待できる．近年，そのような社会的ニーズのもと，燃料電池や蓄電池といったエネルギー変換・貯蔵デバイスの研究開発が精力的に進められている．高性能・高効率かつ信頼性に優れたエネルギーデバイスを開発するためには，デバイスが動作しているときに，その内部でどのような現象が起こっているかを詳細に理解し，その知見をデバイス設計に反映することが望ましい．デバイス動作機構の解明に向けて，電気化学測定と観察の組み合わせは有力なアプローチである．直流分極測定や交流インピーダンス測定などの電気化学的解析手法は高いレベルで洗練された手法であり，様々な系に適用することができるというメリットがある一方，これらから得られる情報はあくまで電流–電圧応答であり，間接的な情報に留まるというデメリットがある．また運転後のデバイスを解体して各種分析を行うことで有益な情報が得られるが，こうした後観察で見えた状態がデバイス動作時にも維持されている保障はない．後観察で得られた結果を考察に結びつける際には十分な注意が必要である．電気化学測定や後観察に加えて，動作状態にあるデバイスを直接観察・分析することができれば，デバイス内部で起こる現象をより深く理解し，革新的なデバイス創製に繋がる基盤技術を確立することができる．筆者らは燃料電池や蓄電池などのエネルギーデバイスに適用可能な高度計測技術を開発し，デバイス内部で起こる諸現象を明らかにしてきた[1)~4)]．本稿ではその一例として，オペランドX線吸収分光測定による，固体酸化物形燃料電池(Solid Oxide Fuel Cell：SOFC)空気極の電気化学的活性領域の評価について紹介する[1].

2. 固体酸化物形燃料電池と空気極反応

燃料電池は化学エネルギーを電気エネルギーと熱エネルギーに変換するデバイスである．水素と酸素を利用した場合，その反応は水の電気分解の逆反応となる．様々なタイプの燃料電池が考案されているが，その中でも固体電解質を用いたSOFCは，高効率かつ燃料多様性に優れていることから，実用的な高効率エネルギー変換デバイスとして期待されている[5]．すでにSOFCは家庭用燃料電池システムとして市販も開始されているが，さらなる普及に向けて，より高性能かつ高信頼性なSOFCシステムを構築する必要がある．これに向け，分極抵抗の大きい空気極の低抵抗化は重要な開発課題である．酸化物イオン伝導体を電解質としたSOFCに水素燃料を使用する場合，各電極での反応は以下のようになる．

$$\text{空気極：} O_2(g) + 4e^- \rightarrow 2O^{2-} \qquad (1)$$

$$\text{燃料極：} 2O^{2-} + 2H_2 \rightarrow 2H_2O + 4e^- \qquad (2)$$

式(1)および(2)で示す反応は一見すると単純に見えるが，実際には複数の素過程を経て進行するものであり，また電極内部で反応場がどのように分布しているのかも良くわかっていない．燃料電池電極の“どこ”で“どのように”電極反応が進行するのかという知見は，電極設計指針として重要な知見であるにも関わらず，いまだ解明されていない．

SOFC空気極には高い酸化物イオン・電子混合伝導性，触媒活性，高温耐性を有したペロブスカイト型酸化物，$(La, Sr)CoO_3$や$(La, Sr)(Co, Fe)O_3$が選択され，気相との接触面積を確保するために多孔質電極として利用される．これらの材料はイオン・電子混合伝導性を有することから，式(1)で示した酸素還元反応が電極表面全体で起こり得る．しかし，実際には電極内部の拡散抵抗により，電気化学的活性領域は電極内部に不均一に分布することになる．このような電気化学的活性領域の分布について理論計算や電気化学測定による評価が進められているが，研究グループにより報告値のばらつきが大きく，現状，電圧印加による電気化学活性領域形成に関する理解は不十分である[6)~8)].

3. 放射光X線を用いたSOFC空気極のオペランド観察

SOFCは，数100℃の高温で動作し，燃料極には水素などの燃料ガスが，空気極には酸素を含んだガスまたは空気が導入される．つまりSOFCの電極反応を直接観察するには，温度-ガス雰囲気-分極状態を制御した条件下で電気化学セルを分析可能な技術が必要であるということである．こうした要件に対して，放射光X線を用いたオペランドX線吸収分光測定

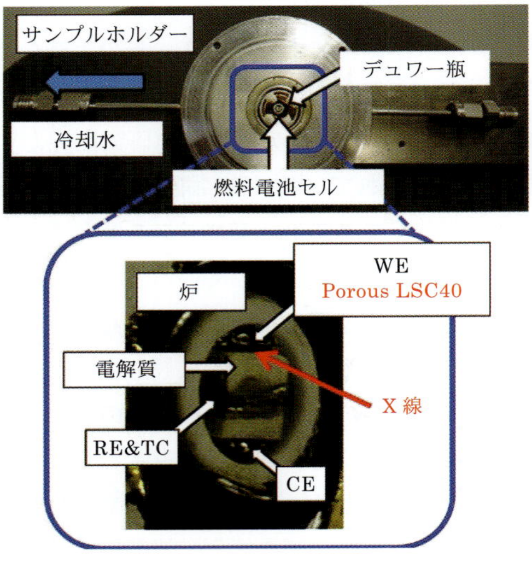

図1　オペランド観察に使用した燃料電池セルおよびサンプルホルダー[1].

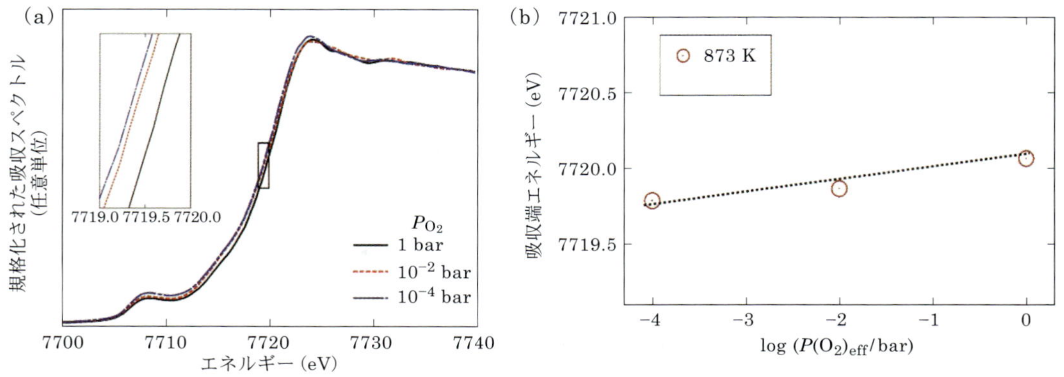

図 2　(a) 種々の酸素分圧 (P_{O_2}) 下における多孔電極 ($La_{0.6}Sr_{0.4}CoO_3$) の Co K 吸収端の X 線吸収スペクトル，(b) 吸収端エネルギーと logP_{O_2} との関係 [1]．

は強力なツールとなる．図 1 にオペランド観察に使用した燃料電池セルおよびサンプルホルダーの写真を示す．空気極の評価対象として $Ce_{0.9}Gd_{0.1}O_{1.95}$ 電解質上に $La_{0.6}Sr_{0.4}CoO_3$ (LSC40) 多孔電極を作製した．対極および参照極として多孔質 Pt 電極を設置し 3 端子セルとした [1]．燃料電池模擬セルを組み込んだサンプルホルダーをビームライン上に設置し，873 K，He-O_2 混合ガス雰囲気にて分極あり/なしの条件において，スポットサイズ約 1 μm に集光したマイクロ X 線により，高い空間分解能を有した X 線吸収分光測定を行った．

873 K にて He-O_2 混合ガスの比を変化させた際の LSC40 多孔電極の Co K 吸収端スペクトルと吸収端エネルギーを図 2 に示す．すべての実験条件で明瞭な Co K 吸収端を得ることができた．酸素分圧が低下すると Co が還元されて Co K 吸収端の位置が低エネルギー側にシフトすることが確認できた．これは既報の (La, Sr) CoO_3 の Co K 吸収端の変化とよく一致している [9]．この結果により，本手法によって高温，雰囲気制御下での X 線吸収分光測定が可能であることがわかった．また図 2 (b) に示す通り，Co K 吸収端エネルギー位置とサンプルの実効酸素分圧が 1 対 1 の関係にあるため，

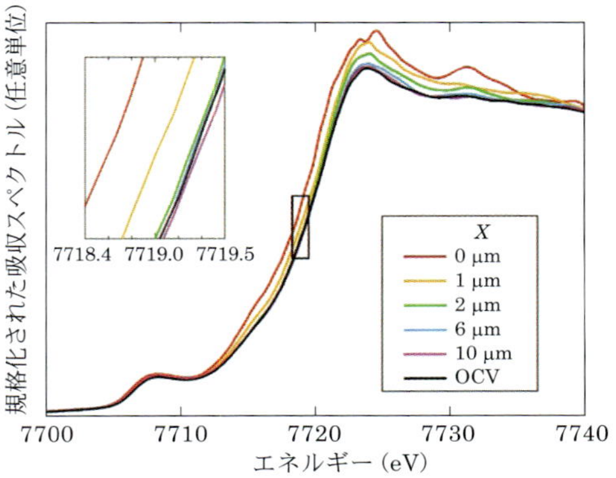

図 3　873 K，カソード分極 (−140 mV vs. 空気) 状態にある多孔電極 ($La_{0.6}Sr_{0.4}CoO_3$) の各位置における Co K 吸収端の X 線吸収スペクトル [1]．

電極内の任意の位置における実効酸素分圧（酸素ポテンシャル）を Co K 吸収端エネルギーから推算することができる．本手法をさらに高度化し，高温，制御雰囲気下，分極状態におけるマイクロ X 線吸収分光測定を実施した．カソード分極 (−140 mV vs. 空気) 状態における電極各位置での Co K 吸収端を図 3 に示す．電極/電解質界面に近い位置で得られたスペクトルは吸収端が低エネルギー側にシフトしていた．これは，電極/電解質界面に近い領域ほど，電気化学的効果により還元状態になっていることを示している．一方，電極/電解質界面から 4

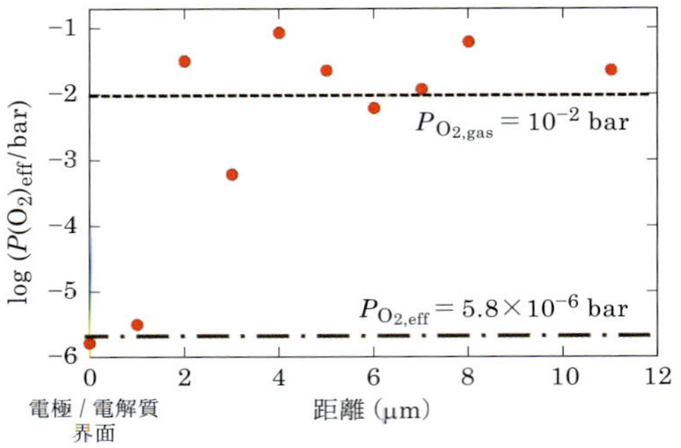

図 4　873 K，カソード分極（−140 mV vs. 空気）状態にある多孔質 $La_{0.6}Sr_{0.4}CoO_3$ 電極の実効酸素分圧（$P_{O_2,\ eff}$）を電極 / 電解質界面からの距離の関数としてまとめた分布[1]．

μm 以上離れた位置では，バイアス印加前と変わらないスペクトルが得られた．電極内の各位置で得られた Co K 吸収端から測定位置での実効酸素分圧を計算し，電極/電解質界面からの距離の関数としてまとめた結果を図 4 に示す．図に示す通り，電極/電解質界面近傍が最も還元雰囲気になっており，Co K 吸収端エネルギーから見積もった実効酸素分圧はネルンストの式から見積もった理論値とよく一致している（図中一点鎖線）．実効酸素分圧は電極 / 電解質界面から離れるほど気相のそれに近づき，4 μm 以上離れると，ほぼ気相の酸素分圧と一致するという結果になった．以上の結果より，多孔質 LSC40 電極では，印加電圧により電気化学的活性領域が電極 / 電解質界面から 4 μm 程度にわたって広がり，それ以上離れた領域では電圧を印加しても酸素ポテンシャルが変化していないことが明らかになった．一般的な SOFC 空気極が数 10 ～数 100 μm 程度の厚みで作製されることを考慮すると，多孔質電極で実際に酸素還元反応が起こる電気化学的活性領域は界面近傍数 μm の領域に留まっているということを示している．これはつまり電極上部は反応場として機能しておらず，集電体としてのみ機能しているということである．電極反応場は電極の微細構造にも強く依存することから，反応場分布を反映して電極を設計するには多孔度や屈曲度などの構造パラメーターも考慮する必要がある．

4.　まとめ

本稿では，マイクロ X 線吸収分光法による SOFC 空気極反応場の直接観察の検討について紹介した．これは放射光 X 線を活用して，燃料電池電極の“どこ”で反応が起こるのかを直接観察した例である．一方，筆者らは“どのように電極反応が進行するか？”という疑問に対しても解を与えるべく研究を進めている．たとえばモデルパターン電極を利用することで，3 相界面反応と 2 相界面反応の寄与を分離して評価し，反応経路を同定することを検討している[2]．また軟 X 線を使ったオペランド/in-situ 分析手法により，運転状態における電極材料の電子状態変化を評価することに成功している[3]．これらの研究を通して，燃料電池空気極における電極反応の反応機構・反応経路・反応場分布を明らかにし，高性能かつ高信頼性燃料電池の創製に貢献することを目指している．

以上のように，放射光 X 線を活用することで，デバイス動作状態に起こる現象を直接観察することが可能となる．エネルギーデバイスの発展・普及に向けて，オペランド/in-situ 計測技術のさらなる発展が期待される．

参考文献

1)　Y. Fujimaki, T. Nakamura, K. Nitta, Y. Terada, K. Yashiro, T. Kawada and K. Amezawa: submitted.
2)　K. Amezawa, Y. Fujimaki, K. Mizuno, Y. Kimura, T. Nakamura, K. Nitta, Y. Terada, F. Iguchi, K. Yashiro, H. Yugami and T. Kawada: ECS. Trans., **77** (2017), 41-47.
3)　T. Nakamura, R. Oike, Y. Kimura, Y. Tamenori, T. Kawada and K. Amezawa:

ChemSusChem, **10** (2017), 2008-2014.
4) T. Nakamura, T. Watanabe, Y. Kimura, K. Amezawa, K. Nitta, H. Tanida, K. Ohara, Y. Uchimoto and Z. Ogumi: J. Phys. Chem. C, **121** (2017), 2118-2124.
5) N. Q. Minh: J. Am. Ceram. Soc., **76** (1993), 563-588.
6) S. B. Adler, J. A. Lane and B. C. H. Steele: J. Electrochem. Soc., **143** (1996), 3554-3564.
7) T. Carraro, J. Joos, B. Rüger, A. Weber and E. Ivers-Tiffee: Electrochim. Acta, **77** (2012), 315-323.
8) K. Matsuzaki, N. Shikazono and N. Kasagi: J. Power Sources, **196** (2011), 3073-3082.
9) Y. Orikasa, T. Ina, T. Nakao, A. Mineshige, K. Amezawa, M. Oishi, H. Arai, Z. Ogumi, Y. Uchimoto: J. Phys. Chem. C, **115** (2011), 16433-16438.

燃料電池における反応を解明する

横山利彦

固体高分子形燃料電池は車載機として試験実用が始まっているが，Pt 量の抜本的軽減を目指した性能・寿命向上が必須の課題であり，劣化・被毒機構の詳細解明が急務である．特に，酸素還元を担うカソードは酸化による電極溶出など解決すべき点が多い．様々な物理化学的評価法が利用されているが，ここでは雰囲気制御硬 X 線光電子分光法による実動作下での固体高分子形燃料電池カソード電極を中心とした評価の現状を紹介する．

1. はじめに

トヨタから Mirai，ホンダから Clarity が発売され，新しい燃料源として水素を用いる水素社会の実現可能性が模索されている．水素の製造・運搬方法，水素ステーションの大規模構築，燃料電池電極触媒の Pt 使用量大幅軽減と性能・寿命向上など，燃料電池の大規模実用化に向けては克服すべき課題が多いが，東日本大震災のような自然災害からの教訓として多様なエネルギー源の必要性からも，燃料電池のさらなる開発は 21 世紀に人類が調和のとれた文化的生活を継続するうえで重要であろう．

燃料電池車では可動性が高くそれほど高温でなくとも動作する固体高分子形燃料電池（Polymer Electrolyte Fuel Cell, PEFC）が用いられる．電極はカソード・アノードとも主として Pt/C 触媒が使用され，電解質 / ionomer はスルホン基のプロトン移動を利用した Nafion が用いられる．いずれもさらなる開発が継続されており，カソード電極においては Pt/C 触媒の酸素存在下での酸化・溶出・電極からの剥離など，アノード電極においては Pt/C 触媒の水素雰囲気下での CO, S 被毒など，電解質 Nafion ではプロトン移動度・密度等の向上とさらなる安定化などが性能・寿命向上のための重要課題として挙げられる [1)2)]．

シンクロトロン放射光を用いた燃料電池動作下での先端解析は X 線吸収微細構造（X-ray absorption fine structure, XAFS）分光法を中心にして実施されており，ミリ秒時間分解計測による急激な電圧変化応答 [3)4)] や X 線トモグラフィーを用いた 3 次元顕微解析 [5)] は XAFS が極めて有力な手法であることを明示している．他の相補的な放射光先端解析として，雰囲気制御硬 X 線光電子分光法 [6)7)] がある．光電子分光法は，XAFSと比べて存在化学種が多数ある場合に有効であり，また，XAFSと比べて解析が容易であることも利用頻度が高い要因である．

本稿では，準大気圧硬X線光電子分光法を用いた固体高分子形燃料電池の動作下での解析[8)~12)]について紹介する．

2. 測　定

大気圧光電子分光測定については，p.257「大気圧環境下の試料を光電子分光法で評価する」を参照されたい．通常のX線光電子分光はシンクロトロン放射光を用いず実験室X線源を利用できるメリットがあるが，硬X線光電子分光，特に雰囲気下の光電子分光測定では高輝度でビームサイズの小さい放射光利用の方がはるかに優れているといえる．

燃料電池の光電子分光測定では電極と気体を測定槽に導入する必要があり，試料周りはやや複雑である．図1に概略図を示す．この図ではカソード電極が測定する極になっており，湿った酸素が測定槽に導入される．アノードには1

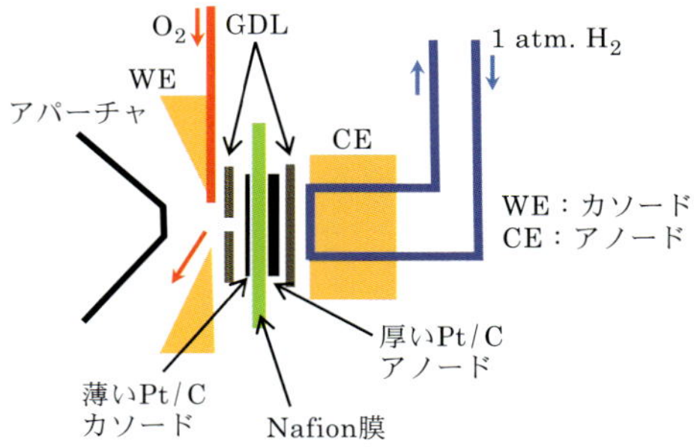

図1　雰囲気制御硬X線光電子分光測定専用固体高分子形燃料電池セルの概要図．

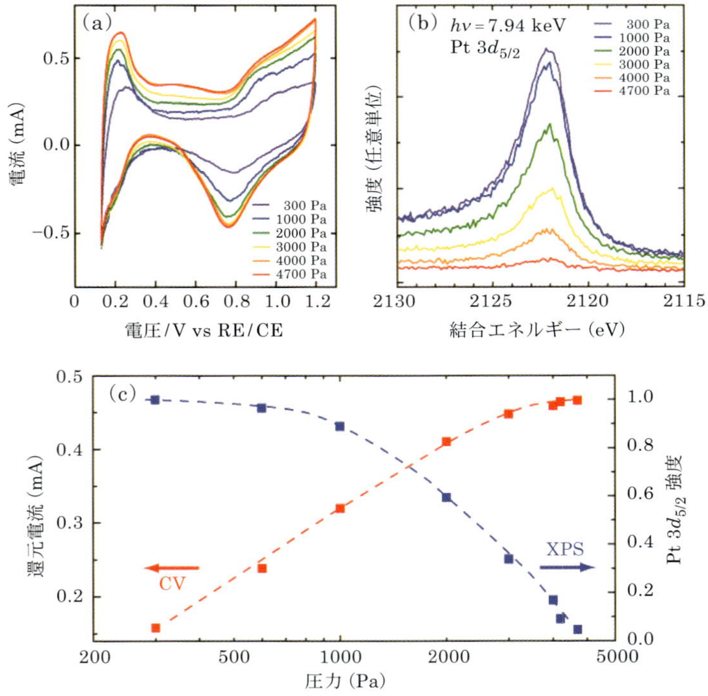

図2　(a) 雰囲気制御硬X線光電子分光測定専用固体高分子形燃料電池セルを用いて測定したCV曲線．カソードは水蒸気のみを導入し，水蒸気圧依存性を測定．アノードは1気圧の湿った水素を導入した．電圧はカソード－アノード間電圧．(b) (a)の各条件に対応するPt $3d_{5/2}$光電子スペクトル．(c) CV電流値（Pt還元）とのPt $3d_{5/2}$光電子強度の水蒸気圧依存性．文献9)より引用．

気圧の湿った水素が導入される．カソード・アノード間は電解質 Nafion 膜自体によって気体雰囲気が相互に効果的に遮断される構造となっている[8]．

図 2 (a) にこの専用セルを用いて測定した CV (cyclic voltammetry) 曲線を示す．ここでは，Pt 電極として田中貴金属製 TEC10E50E (平均粒径 2.6 nm) を用い，カソードには水蒸気のみを指定した圧力で導入し，アノードは 1 気圧の湿った水素を導入した．CV の水蒸気圧依存性を観測した．図 2 (b) はそれぞれの CV 曲線に対応するカソード Pt $3d_{5/2}$ 光電子スペクトルであり，図 2 (c) は CV 電流値 (Pt 還元ピーク) と光電子強度の水蒸気圧依存性をプロットしたものである．水蒸気圧が小さいと電解質が乾燥して燃料電池が正常に動作しにくいため CV 電流値が低くなっており，一方，光電子強度は水蒸気圧が高ければ非弾性散乱されやすくなり信号強度が弱められる．図 2 (c) から水蒸気圧 4000 Pa で詳細なスペクトル測定を行うのが適切であると結論でき，これに基づいて以下の測定を実施した．

3. カソード Pt 電極の電圧依存化学状態

図 3 にカソード Pt $3d_{5/2}$ 光電子スペクトルのカソード–アノード間電圧依存性を示す．上記と同様に，カソードには 4000 Pa の水蒸気のみを導入し，アノードは 1 気圧の湿った水素を導入した．Pt 電極も上記と同じものを用いた．電圧が高くなると高結合エネルギー側に酸化された Pt の寄与が現れ，電圧を下げると Pt はほぼ金属のみの状態に還元される．解析の結果，Pt は 3 種類存在していることがわかり，Pt1, Pt2, Pt3 は，それぞれ，金属，1 価

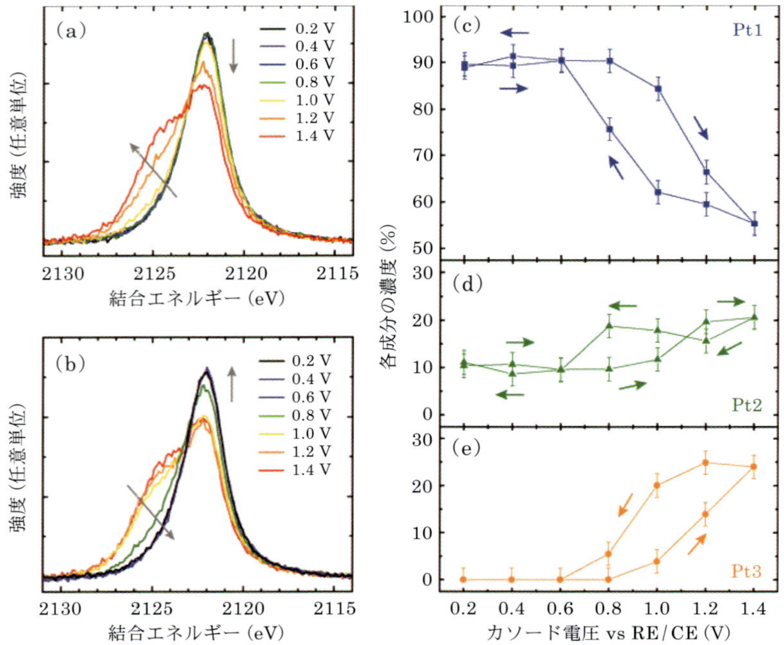

図 3 (a) Pt $3d_{5/2}$ 光電子スペクトル．カソードには 4000 Pa の水蒸気のみを導入し，アノードは 1 気圧の湿った水素を導入した．電圧を上昇させている．(b) (a) と同様の条件で電圧を降下させた状態．(c) ~ (e) 金属 Pt1，1 価程度の Pt2，2 価 Pt3 の存在比の電圧依存性．文献 9) より引用．

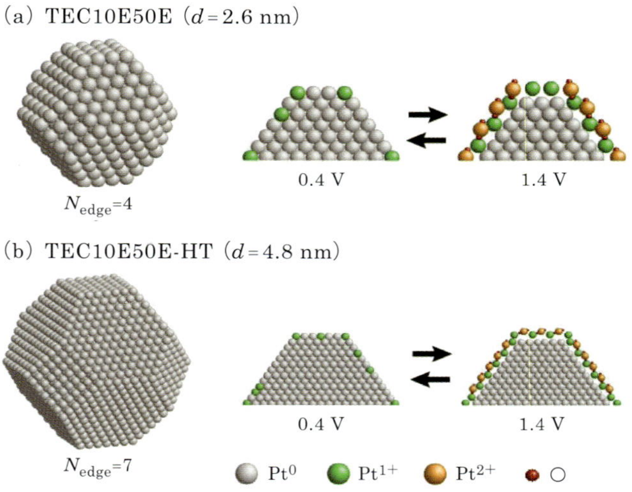

図 4 (a) TEC10E50E (平均粒径 2.6 nm) の Pt 微粒子を用いたときのカソード Pt 粒子の酸化状態の電圧依存モデル図．(b) TEC10E50E-HT (平均粒径 4.8 nm) の Pt 微粒子を用いたときのカソード Pt 粒子の酸化状態の電圧依存モデル図．文献 9) より引用．

程度の酸化された Pt，2 価 Pt の 3 種に帰属できる．4 価の Pt はほとんど観測されなかった．1 価程度の酸化された Pt は，-OH が吸着した Pt か表面で配位の異なる金属 Pt などが考えられる．金属や Pt (II) の強度の電圧依存性では，図 3 (c) (e) に示すように，明瞭なヒステリシスが観測され，このことが Pt 溶出などのカソード電極劣化の原因に対応すると考えられる[9]．

高電位側で酸化された Pt 量から，図 4 (a) のような構造モデルが示される．1.4 V では，表面の Pt はほぼ完全に 2 価に酸化され，subsurface にも酸素が入り込んだ構造であると推定できる．0.4 V でも一部の Pt が 1 価程度に酸化されたままの状態 (あるいは Pt 配位による相違) にある．同様の実験を Pt 粒径の大きい TEC10E50E-HT (平均粒径 4.8 nm) でも行い，全く同様の結果が得られた．すなわち，1.4 V では，表面の Pt はほぼ完全に 2 価に酸化された状態になることがわかった[9]．

4. 燃料電池各構成物質の電位測定 —電気二重層直接観測—

これまであまり注目されていなかった光電子分光法の特徴として，光電子分光ではプローブ電極を試料に直に挿入することなしに試料システムを構成する物質の電位を測定できることがある．光電子分光が高真空下での測定を余儀なくされていたことがあまり注目しにくかった原因であろうが，雰囲気下での測定が可能であれば，電池や電気化学セルなど電極固液界面などの構成物質の電位が比較的容易に計測でき，たとえば固液界面に形成される電気二重層などは直接的に観測できるようになる．固体高分子形燃料電池においても，カソード，アノード，電解質の各電位を直接知ることが可能である．

図 5 は，固体高分子形燃料電池カソード電極側の電極材料 Pt (Pt $3d_{5/2}$)，C (C 1*s*) と電解質 /ionomer Nafion (F 1*s*) ならびに水 (O 1*s*) の光電子スペクトルのカソード-アノード間電圧依存性である．図 6 はカソード・アノードの各

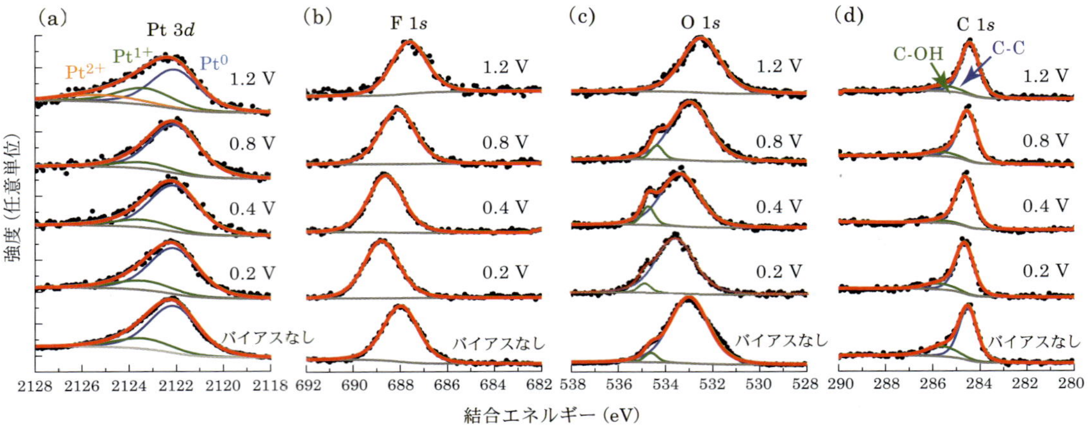

図 5　固体高分子形燃料電池カソード電極側 (a) Pt $3d_{5/2}$ (電極 Pt 触媒), (b) F 1s (Nafion), (c) O 1s (H_2O), (d) C 1s (電極 C) の光電子スペクトルのカソード-アノード間電圧依存性．カソードを常に接地した条件での測定．No bias は open circuit 状態．文献 12) より引用．

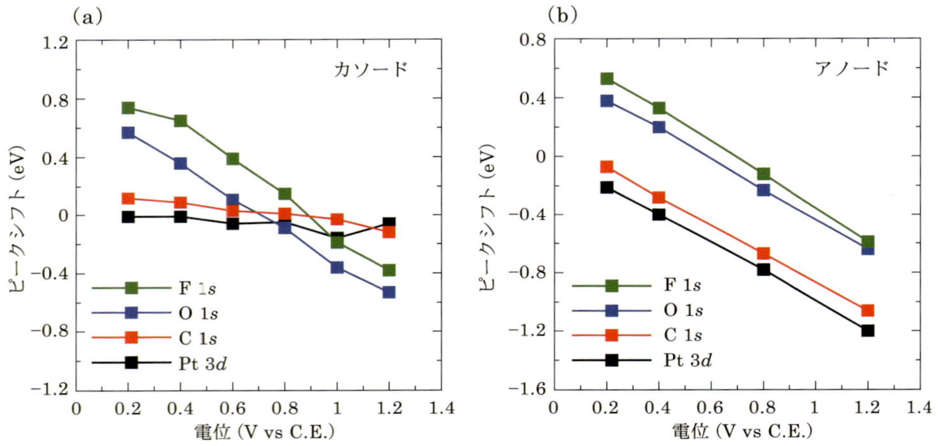

図 6　固体高分子形燃料電池 (a) カソード (b) アノード電極側の光電子スペクトルから得られた各構成元素の電位．Pt, C は電極，F は電解質 /ionomer Nafion，O は H_2O に由来する．文献 12) より引用．

種光電子スペクトルから得られたカソード・アノード構成元素の相対電位をプロットしたものである．この測定でもカソード側に酸素は導入していない．図 6 (a) では，カソード電極 Pt, C はほぼ一定電圧を示し，これはカソード電極を常に接地して測定しているため当然の結果である．また，図 6 (b) において，アノード電極 Pt, C は印加電圧分だけ低電位側にシフトしていき，これも当然の結果である．一方，電解質 Nafion，H_2O はカソード・アノードともに同様の傾向を示し，アノード電位に追随する様相を呈した[12)]．

図 7 に印加電圧 0.2, 1.2 V のときの各構成物質電位を模式的に示す．1.2 V 印加したとき，カソード近傍の電解質は 0.4 V 程度低電位，アノード近傍の電解質は 0.6 V 程度低電位となる．これにより，カソード・アノード両極に同じ向きの電気二重層が形成されていることがわ

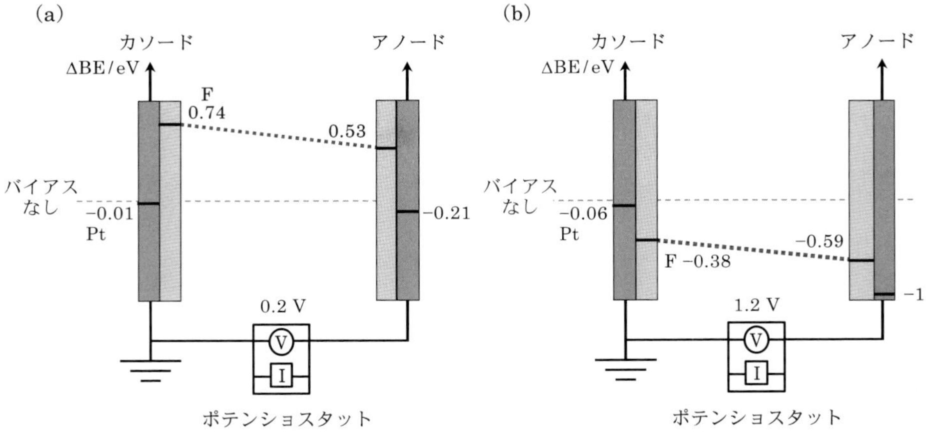

図 7　固体高分子形燃料電池カソード･電解質･アノードの電位．カソード−アノード間電圧が (a) 0.2 V，(b) 1.2 V の場合．いずれもカソードが接地されている．文献 12) より引用．

かる．電解質内は大きな電位変化はなく，印加電圧はほとんど両極の電気二重層の電位差になって表れているといえる．一方，0.2 V の低電圧を印加した場合，アノードの電気二重層は 1.2 V の場合と同じく 0.6 V 程度を示し，カソード側電解質はさらにやや高電位になる．その結果，カソード側の電気二重層は 1.2 V 印加のときと比べて向きが逆になっていることがわかる．燃料電池ではアノード側は標準水素電極であり，常に平衡状態を保ち電気二重層の大きさも印加電圧によらない特徴を呈している．一方，カソード側は印加電圧によって向きまで逆転するほど電気二重層が大きく変化することがわかった[12)]．電気二重層の電位を直接観測することは一般に困難であり，これまでも電気化学の教科書では概念的に示されることが多かったように思うが，雰囲気制御光電子分光法により直接観察できることが，この結果により示された．

5. 今後の展望

硬 X 線光電子分光は通常の軟 X 線を用いた X 線光電子分光に比べて感度が低い（X 線吸収が小さい）ため，1 スペクトルを測定するのに 15 分程度の時間を要し，XAFS のように単発のミリ秒計測などは困難である．急激な電圧変化などの刺激に対して繰り返し測定しても状況は同一であると仮定してポンプ-プローブ型積算を用いれば秒以下の時間分解計測が可能である．Pt の酸化還元や CO, S などの被毒過程の時分割計測により劣化機構の検討に応用できる．雰囲気制御時分割硬 X 線光電子分光法は，燃料電池に限らず，蓄電池固液界面等様々な系への適用も期待できる．

謝　辞

本研究は電気通信大（岩澤康裕教授，宇留賀朋哉教授ら），名大（唯美津木教授），分子研（高木康多助教（当時）ら）の共同研究であり，実施にあたっては JASRI / SPring-8 のスタッフの方々に多大な支援を受けた．予算としては，主に NEDO 燃料電池プログラムから，一部は科研費若手研究 (A) 15H05489 の支援を受けて実施されたものである．SPring-8 採択課題としては，2014A7810，2014A7811，2014B7810，2014B7811，2015A7810，2015B7810，2016A7810，2016A7811，2016B7810，

2016B7811，2017A7810 2017A7811 などが挙げられる．記して謝意を表する．

参考文献

1） R. Borup, J. Meyers, B. Pivovar, Y. S. Kim, R. Mukundan, N. Garland, D. Myers, M. Wilson, F. Garzon, D. Wood, P. Zelenay, K. More, K. Stroh, T. Zawodzinski, J. Boncella, J. E. McGrath, M. Inaba, K. Miyatake, M. Hori, K. Ota, Z. Ogumi, S. Miyata, A. Nishikata, Z. Siroma, Y. Uchimoto, K. Yasuda, K. Kimijima and N. Iwashita: Chem. Rev., **107** (2007), 3904-3951.

2） M. K. Debe: Nature, **486** (2012), 43-51.

3） M. Tada, S. Murata, T. Asakoka, K. Hiroshima, K. Okumura, H. Tanida, T. Uruga, H. Nakanishi, S. Matsumoto, Y. Inada, M. Nomura and Y. Iwasawa: Angew. Chem., Int. Ed., **46** (2007), 4310-4315.

4） H. Matsui, N. Ishiguro, T. Uruga, O. Sekizawa, K. Higashi, N. Maejima and M. Tada: Angew. Chem. Int. Ed., **56** (2017), 9371-9375.

5） N. Ishiguro, S. Kityakarn, O. Sekizawa, T. Uruga, H. Matsui, M. Taguchi, K. Nagasawa, T. Yokoyama and M. Tada: J. Phys. Chem., C, **120** (2016), 19642-19651.

6） S. Axnanda, E. J. Crumlin, B. Mao, S. Rani, R. Chang, P. G. Karlsson, M. O. M. Edwards, M. Lundqvist, R. Moberg, P. Ross, Z. Hussain and Z. Liu: Sci. Rep., **5** (2015), 9788.

7） D. E. Starr, Z. Liu, M. Hävecker, A. Knop-Gericke and H. Bluhm: Chem. Soc. Rev., **42** (2013), 5833-5857.

8） Y. Takagi, H. Wang, Y. Uemura, E. Ikenaga, O. Sekizawa, T. Uruga, H. Ohashi, Y. Senba, H. Yumoto, H. Yamazaki, S. Goto, M. Tada, Y. Iwasawa and T. Yokoyama: Appl. Phys. Lett., **105** (2014), 131602.

9） Y. Takagi, H. Wang, Y. Uemura, T. Nakamura, L. -W. Yu, O. Sekizawa, T. Uruga, M. Tada, G. Samjeské, Y. Iwasawa and T. Yokoyama: Phys. Chem. Chem. Phys., **19** (2017), 6013-6021.

10） Y. Takagi, T. Nakamura, L. Yu, S. Chaveanghong, O. Sekizawa, T. Sakata, T. Uruga, M. Tada, Y. Iwasawa and T. Yokoyama: Appl. Phys. Express, **10** (2017), 076603.

11） Y. Takagi, T. Uruga, M. Tada, Y. Iwasawa and T. Yokoyama: Acc. Chem. Res., **51** (2018), 719-727.

12） L. Yu, Y. Takagi, T. Nakamura, O. Sekizawa, T. Sakata, T. Uruga, M. Tada, Y. Iwasawa, G. Samjeské and T. Yokoyama: Phys. Chem. Chem. Phys., **19** (2017), 30798-30803.

放射光技術とリチウムイオン蓄電池

松原英一郎

我が国の CO_2 排出の 20％を占める運輸部門の CO_2 排出削減のために，電気自動車やプラグインハイブリッド自動車や燃料電池自動車などの次世代自動車の普及が推進されている．これら次世代自動車に共通する基盤技術が蓄電池である．この蓄電池開発を支える主要な解析技術として，最近，特に多くの研究者に注目され，利用されているのが放射光である．この放射光を用いた蓄電池の解析技術のうち，我々が開発した新しい方法について紹介する．

1. はじめに

地球温室効果ガスの主な原因である CO_2 ガスの排出削減は世界共通の課題である．その中で，我が国の運輸部門のエネルギー消費量は近年，急激に増加し，我が国の全 CO_2 排出量の 20％を占めている．さらに，エネルギー資源をほぼ 100％海外に依存する我が国の場合，エネルギー資源確保の観点からも，自動車の燃費向上とともに，ガソリン以外の電気や天然ガスや水素などで駆動する次世代自動車の大幅な普及が必要である．この次世代自動車に共通な技術的課題が車載用蓄電池技術である．

車載用蓄電池技術を産官学が連携し推進することを目的に，2009 年に「革新型蓄電池先端科学基礎研究事業（RISING）」が開始され，ガソリン自動車並みの航続距離の電気自動車を実現できる蓄電池の研究開発と，この蓄電池開発を進めるための高度解析技術開発が行われてきた．この事業の下で，SPring-8 に蓄電池研究開発専用の放射光ビームライン BL28-XU が設置された．このビームラインで実施された蓄電池研究のうち，すでに公表されている，波長分散型共焦点回折，X 線吸収分光（XAS）と X 線回折（XRD）との同時測定，回折 XAS（XDS）の 3 つの蓄電池解析技術について紹介する．

2. 波長分散型共焦点回折

リチウムイオン蓄電池（LIB）は空気中の酸素や水分を極端に嫌うため，金属（アルミニウム，ステンレスなど）製のセルの中に密閉されている．実用 LIB 中での反応を知るためには，蓄電池作動条件下で解体せずに蓄電池反応を観測できる技術の開発が必要であった．この目的を達成するために，高エネルギーで平行性に優

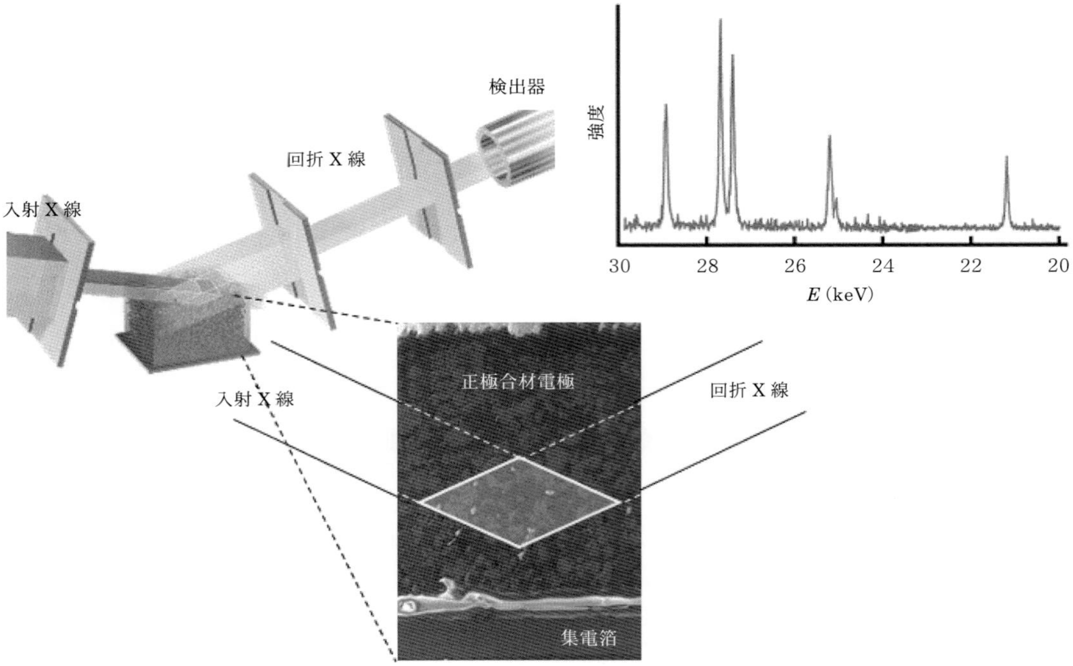

図 1　共焦点 X 線回折スペクトル測定法の原理図と Ni-Mn-Co 3 元系正極活物質中で形成される共焦点の概念図と測定例[1].

れた高輝度の放射光 X 線が適している．図 1 に示すように，試料に照射する X 線と試料から回折する X 線との大きさを，スリットなどを用いて小さくし，試料中の観察したい場所からの回折だけを取り出すことができる[1]．この方法は，一般的には共焦点X線回折法として古くから知られている手法である．試料を動かして観察する位置を変えながら，繰り返し測定を行うことで，電池内部での電池反応分布が明らかになり，それを電池の構造設計や合材電極の作製法に反映することで，より高速な充放電に対応する電池の設計や，より高容量な電池の設計などに活用することができると考えられる．

この方法を用いる場合，2 つの方法が考えられる．次の式は，よく知られているブラッグの回折条件である．

$$2d \sin\theta = \lambda \tag{1}$$

ここで，d は結晶の面間隔であり，θ はブラッグの回折角，λ は測定に用いる X 線の波長である．すなわち，この式から構造情報である d の値を得るためには，ある特定の波長 λ の X 線を用いて，散乱角 θ を変えて回折強度分布を測定する一般的な方法と，散乱角を固定して，波長を連続的に変化させることにより，構造情報を得る方法とがあることがわかる．前者を角度分散型測定と呼び，後者を波長分散あるいはエネルギー分散型測定と呼ぶ．結果的にはどちらの方法を用いても同じ構造情報を得ることができるが，後者の場合は試料を固定した状態で測定することができる．特に実用電池の場合には，充放電のための配線も含め，電池試料に様々な配線が付属しており，後者の方法が有利である．しかし，この波長分散型測定を簡便に行うためには，入射 X 線の波長を連続的に高速で走査できるシステムを放射光の光学系が備えている必要があり，放射光の光源系自体の工夫が必要になる．

3. XASとXRD同時計測

リチウムイオン蓄電池内部では，リチウムイオンが正極と負極の間を行き来することで蓄電池反応が進行する．この際，活物質へのリチウムイオンの挿入脱離とそれに伴う活物質の構造変化とは，必ずしも同時に進行するとは限らない．この両者のずれが，充放電が繰り返される蓄電池反応では電池特性に大きな影響を及ぼす．このようなずれは，主に活物質へのリチウムイオンの挿入脱離に伴う格子の体積変化によるひずみエネルギーの影響が原因であり，これらの現象を解明することが蓄電池特性を改善するための電池設計で重要になる．LIBの正極活物質における電極反応について考える．

正極活物質における蓄電池反応の場合，X線ではリチウムイオンを直接捉えることができない．そこで，正極活物質へのリチウムイオンの挿入脱離の解析には，リチウムイオンの挿入脱離に伴う電荷補償のために，活物質中の金属カチオンの価数が変化することを利用する．正極活物質中の金属カチオンの吸収端のエネルギーシフトを，XASを用いて精密に測定し，金属カチオンの価数変化を決定する．なお，正極活物質の構造変化はXRDを用いて直接決定する．通常，このような測定を行う場合には，XASとXRDとを，同じ電池反応条件下で別々に行い，両者の解析から得られる電池反応に伴うリチウムイオンの挿入脱離と活物質の構造変化とを比較し，正極活物質における電極反応を議論する．

我々は，このXASとXRD測定を同時に行うことが重要であると考えている．それは電池反応が，電極の場所によって微妙に異なるからである．特に，熱力学的あるいは速度論的な平衡からずれが大きくなる蓄電池の作動条件下では，電池内部での反応分布はより顕著になる．したがって，同じ反応時間における電池の同じ場所での活物質のリチウムイオンの挿入脱離と活物質の構造変化とをXASとXRD同時測定で捉えることにより，我々は活物質本来の性質を解析する．

LIBの正極活物質の1つである$LiFePO_4$の場合，充電過程（リチウムイオンの脱離過程）で鉄イオンの価数が2価から3価へ変化し，それに伴って活物質の構造が$LiFePO_4$(LFP)から$FePO_4$(FP)に相転移する．この系の特徴は，LFPからFPへの相転移によって，格子体積が8.6％という大きな変化を示すことである．この体積変化のために，相転移によってひずみエネルギーが発生し，それが系全体のエネルギーに大きな影響を与える[2)3)]．たとえば，急速な充電を行おうとすると，リチウムイオンの脱離によって鉄イオンの価数は2価から3価に変化するが，LFPからFPに構造が変化せずに電池反応が進行する．

鉄のK吸収端でのXANESスペクトルの変化から2価と3価の鉄イオンの割合を決定し，X線回折ピークの強度変化からLFPとFPの体積比を決定する．充電過程での2価の鉄イオンの体積分率を横軸に，LFPおよびFPの体積分率を示すと，図2のように，LFPとFPの体積分率の変化が4段階に分かれることが明らかになる[4)]．充電初期の第1段階ではFe^{2+}の減少に伴いLFPは直線的に減少するが，相転移に伴う体積変化が大きいためFPには相転移しない．第2段階では，LFPからFPへの相転移が始まりFPが成長し始めるが，FPの形成によるひずみエネルギーが系全体のエネルギーを増加させFPへの相転移は抑制された状態で充電が進行する．第3段階では，十分に反応が進行した結果，Fe^{2+}からFe^{3+}への変化量に見合うLFPの減少とFPの増加が起こる領域で，本来の電池反応を示す領域である．最後の第4段階では，第2段階とは逆に，LFPの体積分率がFPより少ないため，LFPからFPに相転移することによって系全体のエネルギー

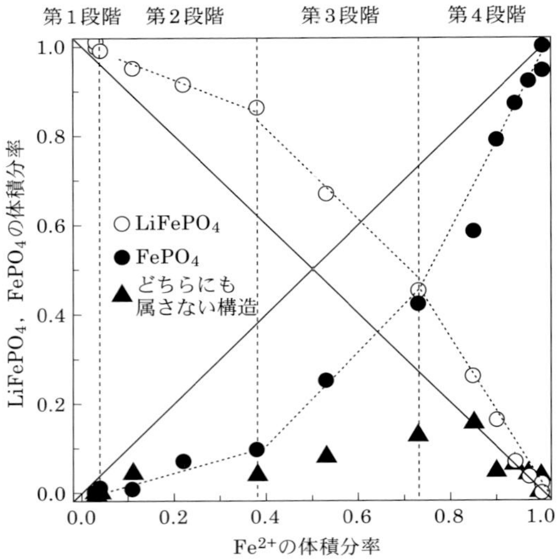

図 2 リチウムイオン蓄電池正極活物質 $LiFePO_4$ 中の充電過程における，X 線吸収分光の Fe K 吸収端のエネルギーシフトから見積もった Fe^{2+} の体積分率の変化に対する，X 線回折ピークの積分強度から見積もった $LiFePO_4$ (○：LFP) と $FePO_4$ (●：FP) の体積分率と，これら 2 相の体積分率の残部として見積もった，どちらの相にも該当しない領域 (Residual) の体積分率[4].

は減少することになり，結果的に LFP から FP への相転移が加速する．さらに，LFP，FP どちらの構造も示さない領域を見積もると，図 2 に示すように，第 3 段階から第 4 段階の半ば付近まで単調に増加し，その後急速に減少し解消されることがわかる．このような LFP，FP どちらにも属さない準安定構造を持った領域の存在が，図 2 に示す段階的な電池反応の原因と深く関わっており，大きな体積変化を示すにもかかわらず比較的高速な充放電を示す理由であると考えられる．

4. XDS (回折 XAS)

リチウムイオン蓄電池正極材料では，充放電に伴う遷移金属元素の価数変化挙動の解析が，電池反応を理解する上で重要であることは，先に述べたとおりである．高容量次世代正極材料として注目をされ，実用化に向けて多くの研究が行われているのが，固溶体系正極材料 ($LiMO_2$-Li_2MnO_3[M＝Co, Ni, Mn, etc]) である．遷移金属元素と Li 元素が完全な層状岩塩型構造を示さず，それぞれのサイトを確率的に占有しており，顕著な「カチオンミキシング」が起こっている．すなわち，遷移金属元素は，遷移金属が本来占有すべき遷移金属層と Li 層の両者を占有しており，これら異なるサイトにいる遷移金属の割合が電極性能に大きな影響を与える．したがって，遷移金属の充放電に伴う価数変化を，異なるサイトごとに明らかにすることは，電池性能を解明するためには不可欠である．しかしながら，XAS などの原子位置の選択性を持たない手法を用いても，異なるサイトごとの遷移金属の挙動を明らかにすることはできない．この問題を解決するために，我々は，原子位置の選択性を有する XRD を用いて XAS-like の分光プロファイルを測定し解析する XDS と呼ぶ方法を電池反応解析で実現するための研究を行ってきた．

XDS 法の起源となる方法は，約 20 年前に DAFS (Diffraction Anomalous Fine Structure) 法[5)~7)]と呼ばれた方法であり，測定時間がかかり過ぎることや，良好な結果が得られる測定対象が薄膜や単結晶に限られてきたことや，位相回復の方法が煩雑で仮定を多く含むことなどの理由により，一般的な手法としては普及してこなかった．我々は，これらの点を克服するために，粉末試料の採用や測定方法の開発，さらに，複素数の絶対値と偏角の間に成り立つ Kramers-Kronig の関係 (Logarithmic Dispersion Relation：LDR) が構造因子に対しても成り立つと仮定し，構造因子中の位相を復元する新たな解析手法などを開発し，DAFS 法に代わる XDS (回折 XAS) を確立した[8].

固溶体系活物質と同じ層状岩塩型構造を有する $Li_{1-x}Ni_{1+x}O_2$ は，カチオンミキシングを起

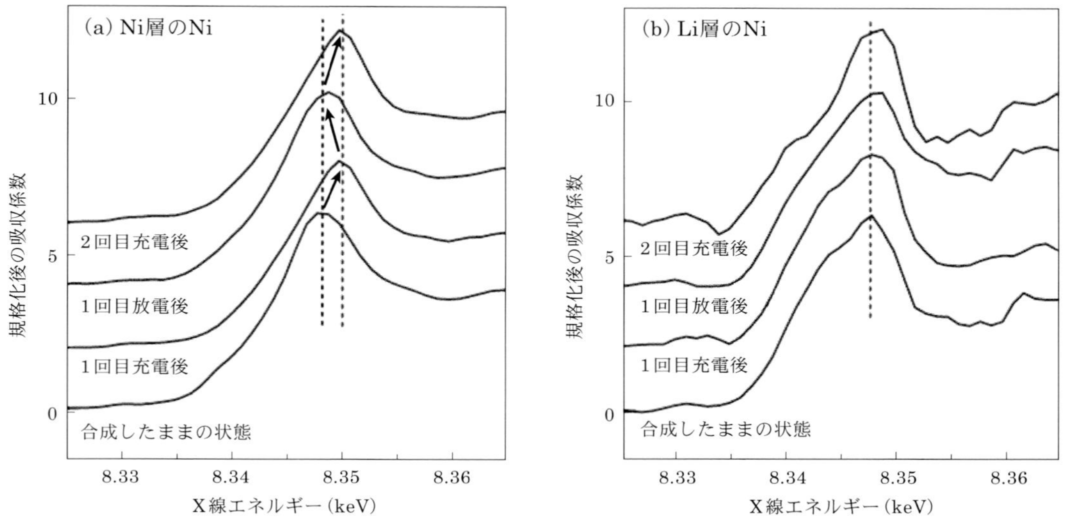

図 3　リチウムイオン蓄電池の正極活物質である $Li_{1-x}Ni_{1+x}O_2$ の初期状態，1 回目の充放電後，2 回目の充電後の (a) Ni 層および (b) Li 層の Ni の XDS の NiK 吸収端近傍のプロファイル [9].

こす代表的な系として知られている．この活物質の Li 層と Ni 層に存在する Ni イオンについて，XDS 法を用いて充放電に伴う価数変化とこれら Ni イオンの周りの局所構造解析を行った研究を紹介する．

XDS 法による測定には，Li 層を占有する Ni と Ni 層を占有する Ni からの寄与が異なる回折ピーク 003 と 104 を選び，Ni の K 吸収端を用いて回折強度のエネルギー依存性を精密に測定し，吸収補正などを行った後，XDS を得た [9]．図 3 に各層の Ni からの Ni K 吸収端近傍の回折吸収スペクトルを示す．これらスペクトルのピークトップから明らかなように，充放電に伴って Ni 層の Ni は可逆的な価数変化を示すが，それとは対照的に Li 層の Ni は単調な増加しか示さず不可逆的な変化であることがわかる．すなわち，Ni 層の Ni は Li の挿入脱離に伴う電荷補償の役割を果たすが，Li 層の Ni は電荷補償の役割を十分に果たしていないことが，XDS から明らかになる．このことは，この系において，カチオンミキシング量の増加とともに不可逆容量が増加することと対応して

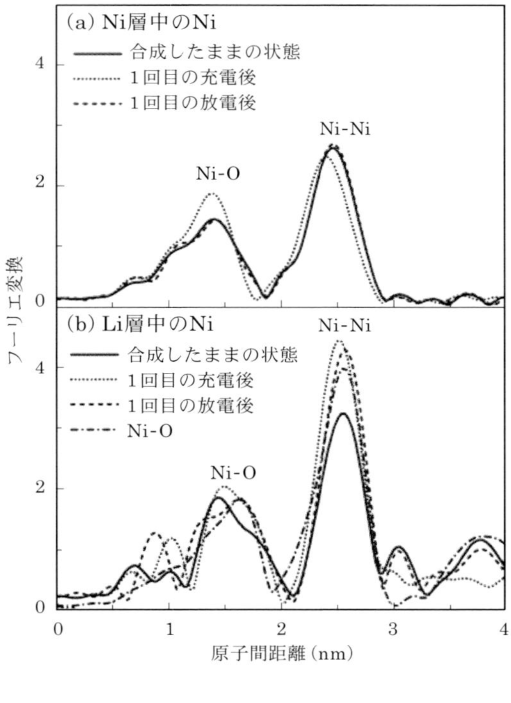

図 4　リチウムイオン蓄電池の正極活物質である $Li_{1-x}Ni_{1+x}O_2$ の初期状態 (黒実線) および 1 回目の充放電後 (赤実線，青破線) の (a) Ni 層および (b) Li 層の Ni 周りの XDS のフーリエ変換から見積もった原子分布．比較のため，ニッケル酸化物 NiO の XAS から見積もった原子分布 [9].

いる．

図 4 に XDS をフーリエ変換して見積もった Ni イオン周りの原子分布を示す[9]．この 2 つの分布で特に大きく異なるのは，第 2 近接付近の Ni-Ni の原子相関である．Ni 層の Ni イオンは，初期の状態と 1 回目の充放電を終えた状態で，原子分布が元に戻っているのが，Li 層の Ni イオンでは，Ni イオン周りの Ni イオンの配位数が増加したままで，充放電後も元に戻らないことがわかる．これは，図 3 で示した Li 層の Ni イオンが充放電のサイクルとは無関係な挙動を示しており，かつ一度目の充電によって，Li 層の Ni イオン周りでは Ni イオンが集まる傾向にあり，局所的に準安定な構造を形成していることがわかる．さらに，得られたスペクトルに XAS と同様の解析を適用することによって，この準安定なクラスター構造は，NiO 的な原子配列を持つ領域であることもわかる．カチオンミキシングによって Li 層中に存在する Ni イオンが，初期の充電過程でこのような準安定なクラスター構造を形成することで，不可逆容量が発生し，電池性能に大きく影響することがわかる．また，カチオンミキシングによる電池の劣化の機構についても示唆を与える結果である．

5. おわりに

本稿では，SPring-8 に建設された蓄電池研究開発専用の放射光ビームライン BL28-XU を用いて，ここ数年間で開発してきた波長分散型共焦点回折，X 線吸収分光（XAS）と X 線回折（XRD）との同時測定，回折 XAS（XDS）の 3 つの蓄電池解析技術について紹介した．どの技術も蓄電池内部で発生している電池反応について，これまでの XRD や XAS（XANES あるいは XAFS）などとは異なる新しい情報を提供する方法であり，今後さらに多くの電池研究に採用されると考えられる．特に，民生用電池に比べ，車載用電池はより過酷な条件での使用が不可欠であり，これらの状況で実際に電池内部で起こっている現象を正確に理解し，実際の電池設計に反映するためにも，その重要性はさらに増すものと考える．また，ここで開発した波長分散型共焦点回折，X 線吸収分光（XAS）と X 線回折（XRD）との同時測定，回折 XAS（XDS）の技術は，電池以外の，多くの物質研究に有効である．今後さらに，新たな分野に広がることを期待する．

参考文献

1) H. Murayama, K Kitada, K. Fukuda, A. Mitsui, K. Ohara, H. Arai, Y. Uchimoto, Z. Ogumi and E. Matsubara: J. Phys. Chem. C, **118** (2014), 20750-20755.

2) T. Ichitsubo, T. Doi, K. Tokuda, E. Matsubara, T. Kida, T. Kawaguchi, S. Yagi, S. Okada and J. Yamaki: J. Mater. Chem. A, **1** (2013), 14532-14537.

3) T. Ichitsubo, K. Tokuda, S. Yagi, M. Kawamori, T. Kawaguchi, T. Doi, M. Oishi and E. Matsubara: J. Mater. Chem. A, **1** (2013), 2567-2577.

4) K. Tokuda, T. Kawaguchi, K. Fukuda, T. Ichitsubo and E. Matsubara: APL Materials, **2** (2014), 070701.

5) H. Stragier, J. Cross, J. Rehr, L. Sorensen, C. E. Bouldin, and J. C. Woicik: Phys. Rev. Lett., **69** (1992), 3064 .

6) L. B. Sorensen, J. O. Cross, M. Newville, B. Ravel, J. J. Rehr, H. Stragier, C. E. Bouldin and J. C. Woicik: Resonant Anomalous X-ray Scattering, (1994), p.389.

7) I. J. Pickering, M. Sansone, J. Mars and G. N. George: J. Am. Chem. Soc., **115** (1993), 6302.

8) T. Kawaguchi, K. Fukuda, K. Tokuda, K. Shimada, T. Ichitsubo, M. Oishi, J. Mizuki and E. Matsubara: J. Synchrotron Radiat., **21** (2014), 1247-1251.

9) T. Kawaguchi, K. Fukuda, K. Tokuda, M. Sakaida, T. Ichitsubo, M. Oishi, J. Mizuki and E. Matsubara: Phys. Chem. Chem. Phys., **17** (2015), 14064-14070.

第 3 部
環境・安全分野への応用

福島第一原発事故由来の放射性粒子の性状解明：放射光マイクロビームX線分析の応用

阿部善也，中井　泉

福島第一原発事故により大気中に放出された「セシウムボール」と呼ばれる非水溶性の放射性粒子に対して，SPring-8の放射光マイクロビームをプローブとして用い，蛍光X線分析，X線吸収端近傍構造分析，X線回折分析という3種類のX線分析を非破壊的かつ複合的に適用した．その結果，セシウムボールの詳細な物理・化学的性状が明らかになっただけでなく，事故当時の炉内状況の解明につながる重要な知見が得られた．

1. はじめに

2011年3月の東日本大震災により発生した福島第一原子力発電所事故によって，膨大な量の放射性物質が環境中へと放出された．事故から7年以上が経過した今日においても，事故由来と考えられる放射性物質は依然として環境中から検出されている．福島第一原発事故により放出された放射性物質の一形態として，大気中に放出された非水溶性の強放射性粒子が注目を集めている．この粒子が最初に発見されたのは，福島第一原発から172 km離れた茨城県つくば市の気象研究所において，事故直後の3月14日夜から15日朝にかけて捕集された大気粉塵フィルターである[1]．イメージングプレート（IP）を用いたオートラジオグラフィにより，このフィルター上には粒子状の強放射性物質が100点以上存在していることが明らかとなった．水を用いた抽出試験の後もこれらの粒子はフィルター上に残留しており，非水溶性の物質であると推定された．この強放射性粒子の詳細な物理・化学的な性状を明らかにするためには，フィルターから1粒子を単離することが不可欠であった．そこで先行研究[1]において，このフィルターをIPに密着露光させて放射性粒子の大まかな位置を特定し，その範囲をナイフで切り取ってから複数の区画に切り分けて再び露光するという作業を繰り返し，最終的にはマイクロマニュピレータを用いた作業によって，直径わずか2 μmの球状粒子を単離することに成功した．Ge半導体検出器を用いて1粒子単位でガンマ線スペクトル測定を行った結果，1 Bqを上回る量の^{134}Csと^{137}Csが検出された．さらにエネルギー分散型X線分光検出器（EDS）を搭載した走査型電子顕微鏡（SEM）による分析から，この粒子はCsとともに主成分

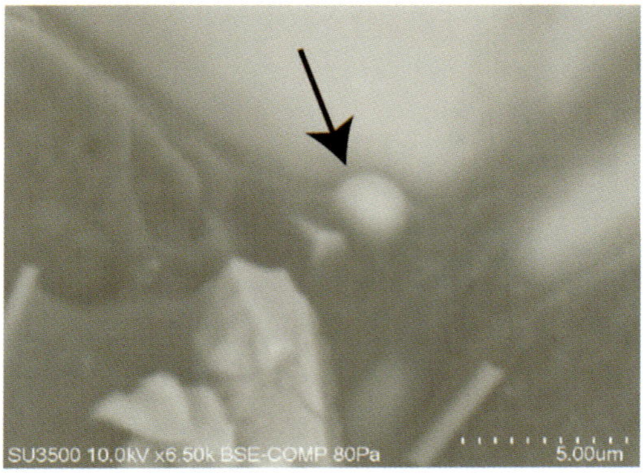

図 1　セシウムボールの走査型電子顕微鏡写真[1].

としてFeとZnを含有することが明らかとなった．粒子のSEM写真を図1に示す．高濃度の放射性Csを含み，特徴的な球形をしていたことから，一部では「セシウムボール」とも呼ばれている．この気象研究所で捕集された大気粉塵からの発見[1]を皮切りに，福島県内で採取された土壌[2)~4)]や河川堆積物[5]など，数多くの環境試料から同様の非水溶性の強放射性粒子が発見され，最初期の事故事象を読み解く重要な鍵として研究が進められている．

本稿では，大型放射光施設SPring-8にて行われた，「セシウムボール」の非破壊複合X線分析の研究[6]について紹介する．

2.　放射光マイクロビーム複合X線分析

「セシウムボール」の非破壊複合X線分析の研究は，気象研究所においてセシウムボールが発見された直後に，その詳細な物理･化学的性状を明らかにするために，筆者らによって実施されたものである．事故により原子炉から1次放出されたセシウムボールには，その生成から放出に至るまでの起源情報が内在しており，その物理･化学的性状を詳細に解明できれば，事故当時の炉内事象を推定することが可能となる．直径わずか2 μmのセシウムボール1粒子から様々な起源情報を引き出すため，筆者らはSPring-8 BL37XUにおける放射光マイクロビーム複合X線分析を導入した．このビームラインでは，アンジュレータからの高輝度な放射光X線を二結晶モノクロメータにより単色化した後，Kirkpatrick-Baez (K-B) ミラー型集光素子によって縦横約1 μmにまで集光することができる．この放射光マイクロビームX線をプローブとして，試料の同一点に対して蛍光X線分析法により試料の化学組成を，X線吸収端近傍構造 (XANES) 分析法により試料に含まれる元素の化学状態を，粉末X線回折法により試料の結晶構造を非破壊で分析することができる．BL37XUにおける光学系模式図を図2に示した．気象研究所で捕集された大気粉塵から分離されたセシウムボール3粒子 (粒子A, B, C) に対して，この複合分析を非破壊･非接触で適用した．ここではそのうちの1点(粒子A) の分析結果を例として，数μmオーダーの微小試料に対する放射光マイクロビーム複合X線分析の有用性を紹介する．詳細については元の文献[6]を参照されたい．

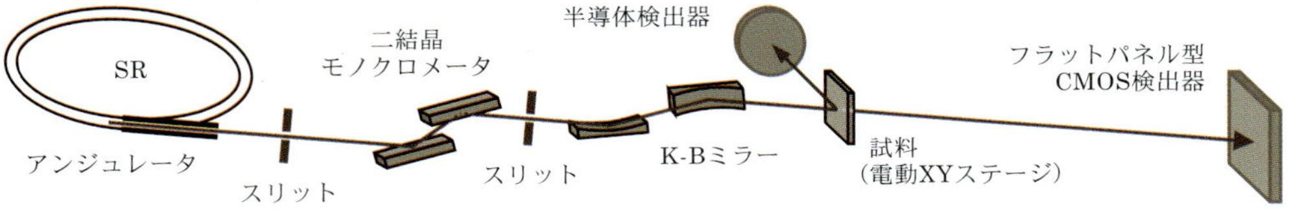

図 2　SPring-8 BL37XUで実施した放射光マイクロビーム複合X線分析の際の光学系模式図.

3. セシウムボールに含まれていた重元素

この研究で行われた蛍光X線分析では，37.5 keVという高エネルギーの単色X線を励起光として用いている．蛍光X線分析では，単色化されたX線を用いることでバックグラウンドを低く抑えることができ，より微量な元素の検出が可能となる．さらに37.5 keVであれば，Sn（K吸収端：29.2 keV）やCs（K吸収端：36.0 keV），Ba（K吸収端：37.4 keV）などの重元素をK線で分析することができる．実験室系の蛍光X線分析装置やSEM-EDSでは，これらの重元素は低エネルギー側のL線を用いて検出することが多いが，環境中に普遍的に存在するCaやTiのK線とオーバーラップしてしまう．高エネルギー放射光X線を用いて得られた粒子Aの蛍光X線スペクトルを図3に示す．先行研究[1)]で指摘されていたFe, ZnおよびCs以外に，様々な重元素を含有していることが明らかとなった．ここに示していない粒子B, Cも含めて，今回分析した3粒子から11種類の重元素（Fe, Zn, Rb, Zr, Mo, Sn, Sb, Te, Cs, Ba, Pb）が共通して検出された．さらに粒子AとBからはU L線と思われる複数のピークが検出されたので，U L_3吸収端についてXANES分析を行い，間違いなくUが含まれていることを確認した（図4参照）．なお後述するように，一般的にXANES分析は元素の化学状態を特定する目的で行われるが，今回のように1元素のみを選択的に検出できることを利用して，信頼性の高い元素同定にも利用できる．これらの元素の他に，蛍光X線分析によって一部の粒子からCrおよびMn（粒子A）とAg（粒子B）が検出された．

ここで，分析試料を電動XYステージ上に設置すれば，入射X線に対して試料を縦横に走査させながら蛍光X線強度を記録することで，

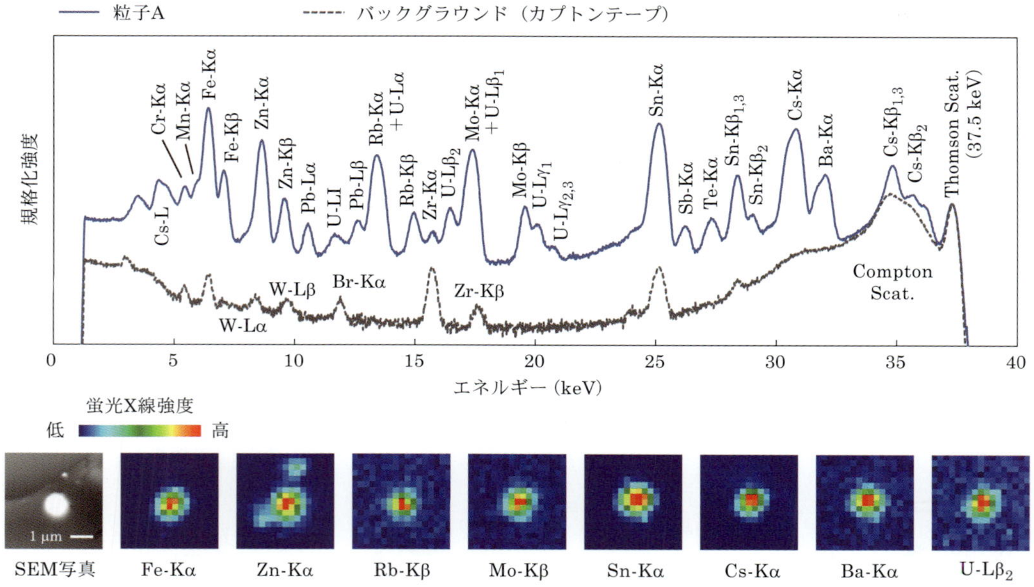

図3　37.5 keVの高エネルギー放射光X線を用いて行った粒子Aの蛍光X線分析の結果．上段のスペクトルにおいて，強度はトムソン散乱強度で規格化し，対数として表記．比較としてバックグラウンド（カプトンテープ）のスペクトルも表示．下段はステップ幅0.5 μmで行った蛍光X線イメージング分析の結果．

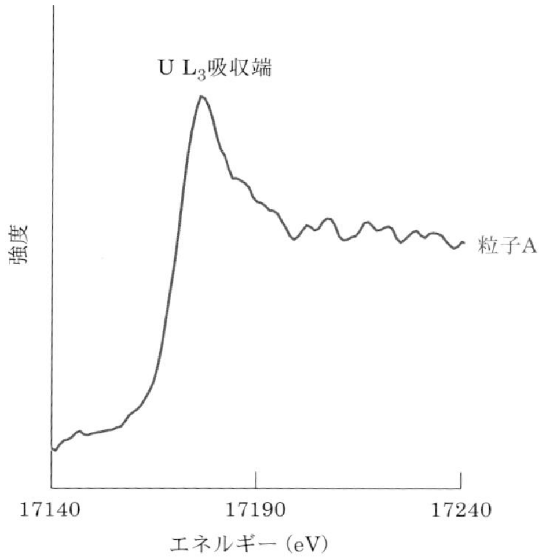

図 4　U L_3 吸収端 XANES スペクトルによる粒子 A 中の微量な U の検出.

試料内の元素の分布を可視化できる. これは蛍光 X 線イメージングと呼ばれる分析手法である. 粒子 A について, ステップ幅 0.5 μm で蛍光 X 線イメージングを行って得られた, 代表的な元素の蛍光 X 線強度分布を図 3 に示した. 得られた強度分布は, いずれの元素においても粒子の中央部分で最大となり, 顕著な不均一性は確認されなかった. 直径 2 μm の粒子に対して, 今回の 0.5 μm という分解能は微細構造を見るには不十分であるが, 集束イオンビーム装置などを用いて試料を薄片化し, 放射光 X 線をより細く集光させた「ナノビーム」を利用すれば, nm オーダーの空間分解能が実現されるだろう.

このように, 高エネルギー放射光 X 線を用いた蛍光 X 線分析であれば, 通常の実験室系装置では検出困難な微量元素であっても, 非破壊・非接触で検出することが可能となる. さらに, 集光素子と電動 XY ステージを組み合わせることで, 試料中の元素分布を μm オーダーで可視化することも可能である. しかしその一方で, 本法は Si などの軽元素に対する感度がきわめて低いため, 試料の化学組成を正しく理解するためには, SEM-EDS など軽元素の分析を得意とする手法と組み合わせて利用することが効果的である. 実際に, セシウムボールの主成分は Si と O であることが SEM-EDS による分析で示されている[3). また, 本研究では放射性核種を含む試料を分析しているが, 蛍光 X 線により分析できるのはあくまで元素の種類であり, 核種については同定できないことに注意が必要である. たとえば, 図 3 に示した蛍光 X 線スペクトルで明瞭な Cs の K 線が検出されているが, これが放射性 Cs であるか安定同位体の Cs であるかは, 別の分析法 (たとえば, ガンマ線スペクトル測定などによる放射線自体の検出) を併用しないと同定できない. 1 つの分析法に固着せず, その利点と欠点を理解したうえで, 複数の分析技術を相補的に活用することが重要である.

4. セシウムボールの化学状態

3 粒子から共通して検出された Fe, Zn, Mo, Sn の 4 元素に着目し, K 吸収端の XANES 分析によって, 化学状態の分析を行った. ここでは Mo-K 吸収端 (20.0 keV) について粒子 A と参照物質の XANES スペクトルを比較した例を図 5 に示す. 参照物質のスペクトルのうち 2 種類の酸化物 (MoO_2, MoO_3) を比較してみると, Mo が高酸化数の 6 価で存在する場合には, 吸収端の低エネルギー側にプリエッジピークが検出されていることがわかる. 粒子 A の XANES スペクトルにおいても同様のプリエッジピークが検出されており, 粒子中で Mo は高酸化数の 6 価の状態で存在していることが明らかとなった. さらに, 粒子 A のスペクトルの形状を参照物質と比較してみると, ガラス中に Mo^{6+} イオンが存在する場合ときわめてよく類似していた. ここに示していない 3 元素についても, XANES スペクトルの形状から, 高

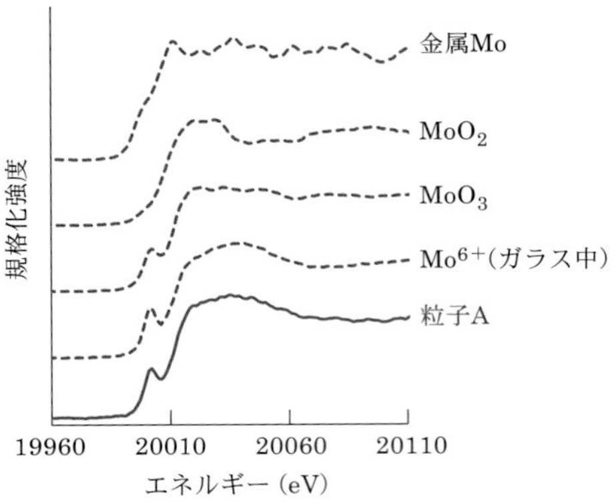

図 5　粒子 A および参照物質の Mo K 吸収端 XANES スペクトルの比較.

い酸化数のイオンの状態 (Fe^{3+}, Zn^{2+}, Sn^{4+}) でガラス相に存在しているものと同定された.

このように, 粒子に含まれる一部の金属元素についてはガラス相中にイオンとして存在することが示されたが, 粒子自体がガラスであるかを明らかにするために, X 線回折分析を実施した. 試料の後方 200 mm の位置にフラットパネル型 CMOS 検出器を設置し (図 2 参照), 透過型のデバイ・シェラー光学系で, 回折パターンを記録した. その結果, 結晶性物質に由来する回折ピークは検出されず, この粒子が非晶質であることがわかった. 以上の XANES 分析および X 線回折分析の結果から, この粒子の主成分はガラスであることが結論付けられた. この粒子を発見した先行研究[1] の段階で非水溶性であることは指摘されていたが, 本研究によってセシウムボールの具体的な化学状態が明らかとなった. 自然環境中でガラスは徐々に風化していくものの, その中に固定された放射性物質は, 水溶性の放射性物質よりも長く同じ場所に留まることになる. 言い換えれば, ガラスを母体とするセシウムボールは, 長期的な環境への影響力を持つと考えられる.

5. 事故初期段階に炉内で何が起きていたのか

ここで, 蛍光 X 線分析によってセシウムボールから検出された 15 元素について, その起源を考察してみよう. U は核燃料に由来すると考えられ, 9 種類の重元素 (Rb, Zr, Mo, Ag, Sn, Sb, Te, Cs, Ba) は核燃料の核分裂生成物に含まれる元素である. ただし Zr と Sn については, 燃料被覆管の Zr-Sn 合金に起因する可能性も考えられる. Pb は格納容器内側の Pb 板に由来すると考えられ, 金属 Pb は融点が 327.5℃ ときわめて低いため, 容易に溶融したと予想される. Cr, Mn, Fe, Zn は原子炉の構成材料に含まれる元素である. 特に Cr, Mn, Fe は一般的なステンレス鋼に含まれており, さらに Mo を含むものは耐腐食性に優れる. Zn は 1 次冷却水に添加されていた腐食防止剤か, 炉材に鍍金などの形で利用されていたものと考えられる. また先述のように, XANES 分析および X 線回折分析からこの粒子がガラスを母体とすることが推定され, その後に行われた研究[3]によって Si および O が主成分であることが確認されているが, この Si についても断熱材などに起源づけることができる. このように, セシウムボールに含まれる全ての元素について, 原子炉内に存在する物質に関連付けることが可能であった. 特に, 核燃料由来の重元素だけでなく炉の構成材料に起因する元素も含めて粒子中で均一に含有されていたこと, さらに Cs などの揮発性が高い元素だけでなく核燃料由来の U を始めとした様々な重元素を含んでいたことから, この粒子が生成された当時の炉内状況について, 下記のように考察することが可能である. 制御を失った原子炉内では, 核燃料周辺だけでなくその構成材料も含めて高温で溶融状態にあり, それが急冷されてガラス状粒子を形成した. さらにその粒子が直接的に大気中に放出されうる程度に，格納容器および原子炉建屋が損傷していたものと推定できる．

6. おわりに

本研究の最大の特長は，蛍光X線分析，XANES分析，X線回折分析という3種類のX線分析法を非破壊的かつ複合的に利用した点にある．さらに，光源として放射光マイクロビームを利用したことで，直径わずか2 μmのごく微小な粒子の同一点について，化学組成，化学状態，結晶構造という3つの物質情報を得ることができた．また分析化学的にも，放射性物質の分析において一般的に利用されている放射線計測ではなく，蛍光X線によって直接元素分析できることを実証したという大きな意義を持つ．一方で，そもそもこの分析が実現したのは，先行研究[1)]において無数の大気粉塵が捕集されたフィルター上から目的の粒子のみを単離する手法が確立されたためである．実験に適した試料調製を行うことも，良いデータを得るためには不可欠である．

ここで挙げた筆者らの研究[6)]は，セシウムボールに対して行われた研究としては2例目であり，近年では透過型電子顕微鏡や2次イオン質量分析法[4)]など，様々な手法を用いた多角的な研究が展開されている．しかしながら，本研究のように非破壊・非接触の手法のみで，ここまで詳細な知見を得た例は他にない．非破壊・非接触で行える放射光X線分析は，鑑識資料や文化財など「壊すことのできない」対象へと適用できるだけでなく，1回の分析により試料が損失されることがないため，本研究のように複数のX線分析手法を組み合わせた利用や，放射光X線分析の後に別の分析手法を適用するといった使い方もでき，研究の可能性を飛躍的に拡げることができる手法である．

参考文献

1) K. Adachi, M. Kajino, Y. Zaizen and Y. Igarashi: Sci. Rep., **3** (2013), 2554.
2) 小野貴大, 飯澤勇信, 阿部善也, 中井泉, 寺田靖子, 佐藤志彦，末木啓介，足立光司，五十嵐康人：分析化学, **14** (2016)，71-76.
3) Y. Satou, K. Sueki, K. Sasa, K. Adachi and Y. Igarashi: Anthropocene, **14** (2016), 71-76.
4) J. Imoto, A. Ochiai, G, Furuki, M. Suetake, R. Ikehara, K. Horie, M. Takehara, S. Yamasaki, K. Nanba, T. Ohnuki, G. T. W. Law, B. Grambow, R. C. Ewing and S. Utsunomiya: Sci. Rep., **7** (2017), 5409.
5) H. Miura, Y. Kurihara, A. Sakaguchi, K. Tanaka, N. Yamaguchi, S. Higaki, Y. Takahashi: Geochem. J., **52** (2018), 145-154.
6) Y. Abe, Y. Iizawa, Y. Terada, K. Adachi, Y. Igarashi and I. Nakai: Anal. Chem., **86** (2014), 8521-8525.

セシウムを含む粘土鉱物のナノスケール化学状態分析によりセシウム除去プロセスの開発を探る

—軟X線放射光 光電子顕微鏡の絶縁物観察への応用—

吉越章隆

光電子顕微鏡（PEEM）は，光電子を使って表面の拡大投影像をナノスケールで得る方法である．絶縁物微粒子のナノスケール分析の実例として，SPring-8の高輝度軟X線放射光を使ったPEEMによるセシウム含有粘土鉱物の分析結果を紹介する．原子力分野の課題解決ばかりでなく，ナノ電子デバイスや触媒など応用上重要な絶縁物材料の物性および機能の評価方法としてのSR-PEEMの将来像を記述する．

1. はじめに

光電子顕微鏡（PEEM）は，光電子を使って拡大投影して表面のナノスケールの顕微像を得る方法である．本稿では，SPring-8の軟X線放射光を使ったPEEM（SR-PEEM）によるセシウム含有粘土鉱物の分析結果について絶縁物微粒子を対象としたナノスケール分析の実例として紹介し，原子力の課題解決ばかりでなく電子デバイスや触媒などで重要な絶縁物材料の物性および機能評価への応用の将来像を記述する．

2011年3月11日に発生した東日本大震災は未曾有の被害をもたらすとともに，福島第一原子力発電所の事故で放射性物質が飛散し，深刻な環境汚染を広域に引き起こした[1)]．飛散した放射性元素の中でセシウム137（^{137}Cs）は，半減期が約30年と長期であることに加えて，土壌表層10 cm程度までの部分に強く吸着され留まることが知られている．したがって，セシウムを含む土壌物質の除染や除染土壌の減容化などが環境回復の重要な課題となっている．この国難に対して国内外の研究機関が，放射光や電子顕微鏡などの各種先端分析を駆使して土壌中のセシウムの吸着状態の分析や吸着挙動の解明に取り組んできた．しかしながら，天然由来の数μm以下の不規則な大きさ，組成，形態のものが混在するコンポジットな土壌試料中の極微量（数ppmともいわれている）のセシウムの分析は容易ではない．

セシウムは，土壌の一種であるアルミナシリケートを母材とする大きさ数ミクロン程度の層状粘土鉱物（図1参照[2)]）に非可逆的に取り込まれる．粘土鉱物は四面体構造のシリコン酸化物と八面体構造の酸化アルミニウムの各層からなり，それらの積層パターンおよび含有元素に

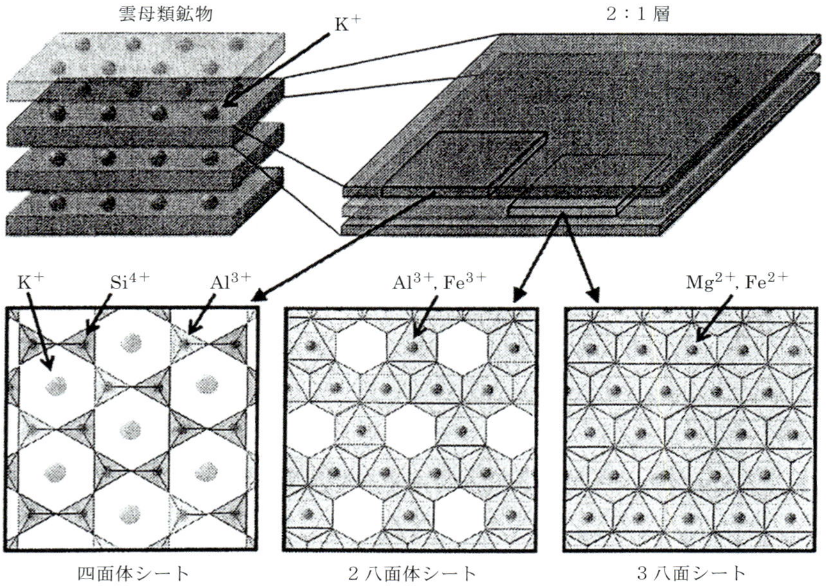

図 1　雲母類粘土鉱物の構造 [2].

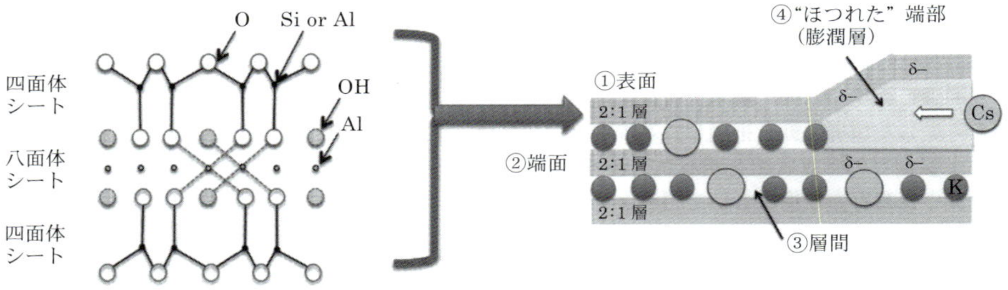

図 2　粘土鉱物のシート状構造 (左) と 4 つのセシウム吸着サイト [3].

よって異なる鉱物となる．粘土鉱物へのセシウム吸着サイトとしては，①表面，②端面，③層間および④層間距離が広がった"ほつれた"端部が考えられる (図 2) [3]．これまでの研究から，吸着サイトやその吸着特性が粘土鉱物の種類やセシウム濃度などに依存することがわかってきているが [4)~9)]，セシウムの吸着サイト (粘土鉱物の表面に局在するのか？) や化学結合状態に関する理解は十分とは言えない. その理由は，たとえば，X 線光電子分光 (XPS) は元素の同定や化学結合の有力な分析法であるが，通常の装置では，図 3 に示すように励起 X 線の照射

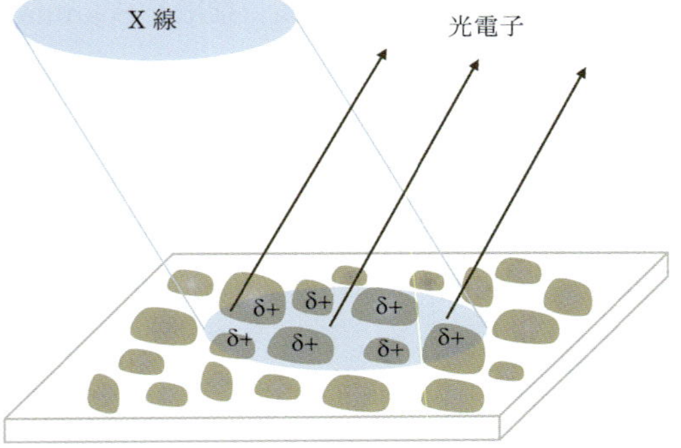

図 3　粘土鉱物への X 線照射と光電子の放出および試料の帯電.

領域から発生する複数粒子に由来する光電子の信号が重なった情報となってしまう．このように，粘土鉱物中のセシウムの吸着状態を明らかにするためには，粒子を識別すると同時に粒子内の位置ごとの元素分布や化学結合状態の情報（言い換えれば，粘土鉱物中に何が，何処にどのように存在（結合）するのか）を知ることができる顕微分光分析が必須となる．

本稿では，福島県の北東でよく見られる粘土鉱物である風化黒雲母に人工的にセシウムを含ませた試料のナノスケール化学分析の結果を紹介し[10]，SR-PEEMによって環境試料や産業応用上重要な絶縁物試料をどのように化学分析するかを述べたい．

2. 放射光光電子顕微鏡（SR-PEEM）の利点は？

数ミクロンサイズの粘土鉱物中のセシウムの化学分析に対する，SR-PEEMの利点を述べる．顕微分光分析としては，SEM（Scanning Electron Microscope）やTEM（Transmission Electron Microscope）などの電子顕微鏡にEDX/EDS（Energy dispersive X-ray spectrometry）やEELS（Electron Energy Loss Spectroscopy）などの組み合わせがよく知られている．一方，軟X線放射光を利用した顕微分光分析に関しては，STXM（Scanning Transmission X-ray Microscopy），SPEM（Scanning Photoelectron Microscopy），TXM（Transmission X-ray Microscopy），PEEM（Photoemission Electron Microscopy）などが元素マッピング，化学状態分析および局所物性測定などに利用されている[11)12)]．多くの顕微分光分析の中でSR-PEEMは，高いエネルギー分解能の分光測定を高い空間分解能で実空間ビデオ観察できることに加えて，いくつかの優位点をもつ：(i) 試料からの比較的短い光電子の脱出距離の特性を利用して試料表面部分のピンポイント化学分析が可能，(ii) 試料の薄膜化などの破壊的な処理が不要，(iii) 電子レンズを用いた結像型顕微鏡であることから観察倍率を任意に素早く変更可能である．特徴 (i) は，セシウムが粘土鉱物表面に存在するのか？ 粒子内部に存在するのか？ という部分を明らかにできる*．特徴 (ii) は，加工時の試料ダメージを避けることができる．(iii) の特徴は，水銀ランプなどとの併用によって分析対象をフォーカスできるとともに，観察領域内に存在する複数粒子の同時観察を容易にする．このようなSR-PEEMの特徴からさまざまな利用がされてきた[13)～16)]．一方，欠点として，電子を検出するため大気圧などの環境中での測定および粘土鉱物などの絶縁物においては試料帯電のため分析が困難となる．試料の帯電対策としてXPSなどでは電子銃などの荷電粒子を使うことが一般的であるが，天然由来であることから粒子ごとに状態が異なるので帯電の程度も複雑となり帯電補正は容易ではない．したがって，試料の帯電をいかに回避するかが，SR-PEEMを使った絶縁物（微粒子）分析のスタートとなる．次項以降，具体的な実験方法と観測事例を紹介する．

3. 粘土鉱物のSR-PEEMによる分析方法―絶縁物試料の帯電回避について―

実験は，SPring-8の理研軟X線ビームライン（BL17SU）の光電子顕微鏡装置（SPELEEM, LEEM III, Elimitec GmBH）を

＊ 実際の像の解釈では，SEMと同様に試料の形状や電子の放出強度に及ぼす試料表面の電子状態（仕事関数）を考慮する必要がある．

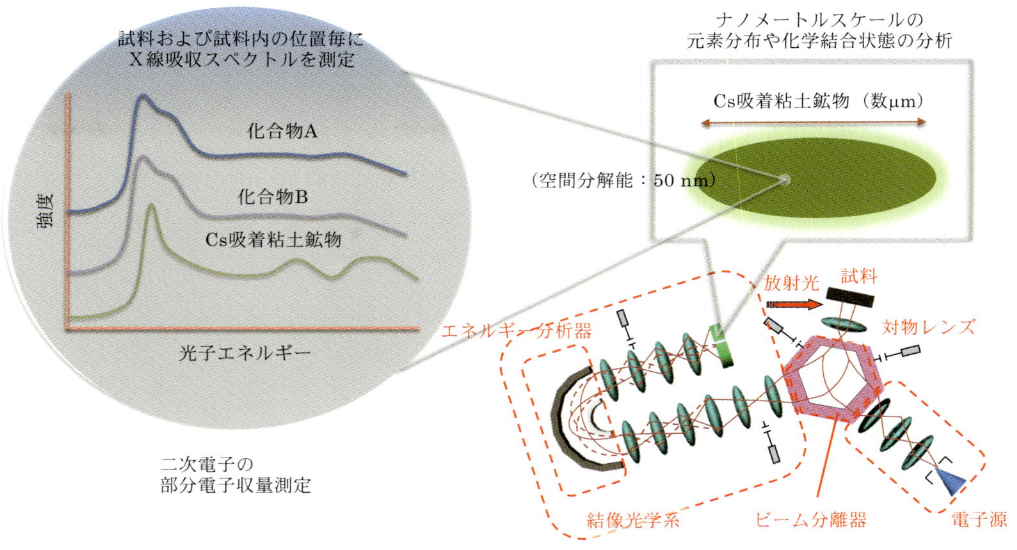

図4　SR-PEEMによるCs含有粘土鉱物のピンポイント分析の概念図.

用いて行った（図4参照）．本PEEM装置は，高輝度軟X線放射光を光源とすることで，元素ごとの化学結合状態の分析を非破壊に高感度かつ高空間分解能で実施できる高性能な装置の1つである．粘土鉱物にセシウムが吸着した模擬試料として，風化黒雲母（Fukushima Vermi. Co. Ltd）を塩化セシウム溶液に浸漬することで実現した．この人工的に非放射性セシウムを吸着（飽和吸着：2 wt.％＝20000 ppm）した試料（平均粒子サイズ：2 μm以下）を薬包紙内で粉砕し，粉砕微粒子を静電気でピックアップしたものを，Inビーズを押しつぶして作ったϕ10 mm程度のディスク上に圧着固定した．超高真空PEEM装置に導入後，軟X線放射光を使ったPEEMによる実空間観察（空間分解能：50 nm以上）を室温でおこなった．

SR-PEEMを使った粘土鉱物の分析では帯電を回避する必要がある．試料に放射光を30分ほど照射することで残留ガス由来の導電性極薄膜（炭素膜）が形成される（これは，放射光のミラー汚れなどとしてよく知られている）．これによって図5のように光電子放出にともなう

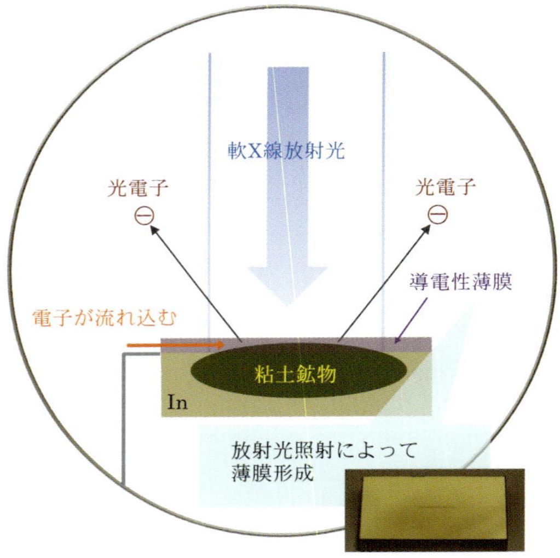

図5　薄膜形成による絶縁物の光電子放出にともなう帯電の回避方法の概念図（KEK HPより https://www.kek.jp/ja/NewsRoom/Highlights/20150706130000/）.

試料帯電が回避できる．薄膜形成後に主要構成元素（In, Si, Al, Cs, Mg, Fe）の内殻電子軌道に対するX線吸収スペクトル（XAS）を2次電子収量スペクトルの実空間像として測定することによってSR-PEEM像を得た．

4. 放射光軟 X 線光電子顕微鏡による セシウム含有粘土鉱物の観察の実例

図 6 は，人工的に 2 wt.％（20000 ppm）のセシウムが吸着した風化黒雲母微粒子の SR-PEEM の観察の結果である．図 6 の（a）および（b）はそれぞれ，XAS-PEEM によるセシウム（Cs）の実空間分布像（図の白い粒子部分）および図（a）の中の赤丸位置および硝酸セシウム（$CsNO_3$）に対する Cs M 端および Fe L 端付近の X 線吸収スペクトルである [10]．はじめの注目点として，極薄膜を表面に形成することで 1 μm サイズの粘土鉱物微粒子に対して極めて明瞭な SR-PEEM 像が得られることがわかる．そして，ランダムに粉砕処理した微粒子試料に対して，Cs が試料全面に観察されたことから，2 wt.％の条件では Cs が粒子表面だけでなく試料内部にまで浸透していることがわかる．

次に，図 6（a）の丸印の位置での XAS スペクトルを図 6（b）に示す．丸印付き実線のようにセシウム含有風化黒雲母に対して S/N 比の高い極めてエネルギー分解能の良いスペクトルが得られることがわかる．このような XAS スペクトルは，SR-PEEM 測定後の画像内の任意位置の解析から得ることができる．$CsNO_3$ の参照スペクトル（四角印付き実線）との比較から，粘土鉱物中の Cs の価数は，$CsNO_3$ と類似の 1 価（Cs^{1+}）であることがわかる．また，不純物を含む複数粒子からの信号を同時に検出するような空間平均的な観察（図 3 を参照）では曖昧であった粒子中の Fe の存在を本測定から明らかにすることができる．そして，ここでは示していないが，Cs 濃度が 0.2 wt.％（2000 ppm）の試料に対しても，同様の元素分布や XAS スペクトルの測定が可能であることも確認している．

図 7 [10] は，In, Si, Al, Cs, Mg および Fe の SR-PEEM による元素マッピング像である．In に関する像の暗い部分は，たとえば Si や Al の明るい部分に対応することから，粘土鉱物試料が存在する部分である．ここで，全ての元素の分布状態の傾向が必ずしも一致しない部分があるのは，ランダムに採取した試料であるため粘土鉱物の状態，種類あるいは不純物（たとえば Fe 酸化物などが単独に存在するなど）の違いを反映したものと推察している．コンプレックスな環境試料分析の難しさの一端を垣間みる部分ともいえるが，一方で SR-PEEM によって粒子を識別し個体差を議論できる優位性を示している．さて，粘土の主要構成元素である Si お

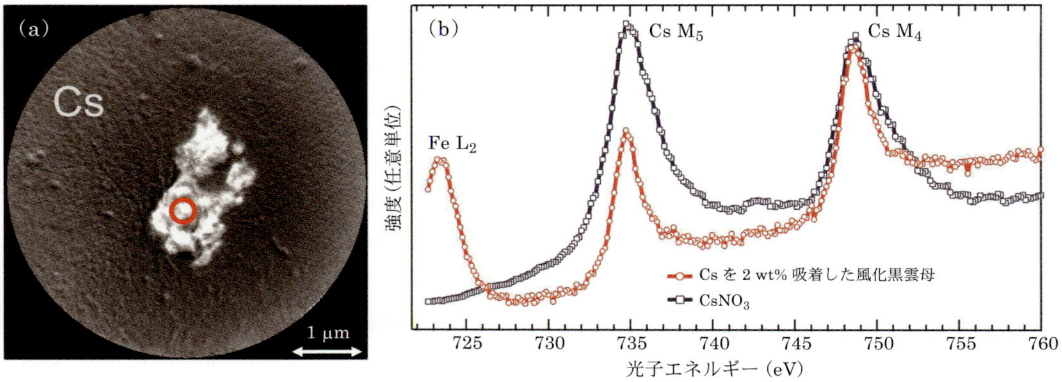

図 6　人工的に Cs を 2wt.％ 吸着した風化黒雲母微粒子の放射光光電子顕微鏡（SR-PEEM）による観察結果．（a）XAS-PEEM による Cs 分布像，（b）Cs 観測位置（図 6（a）中の丸印）での Cs M 端および Fe L 端付近の X 線吸収スペクトル（丸印付き実線）および $CsNO_3$ 粉末試料の参照スペクトル（四角印付き実線）[10]．

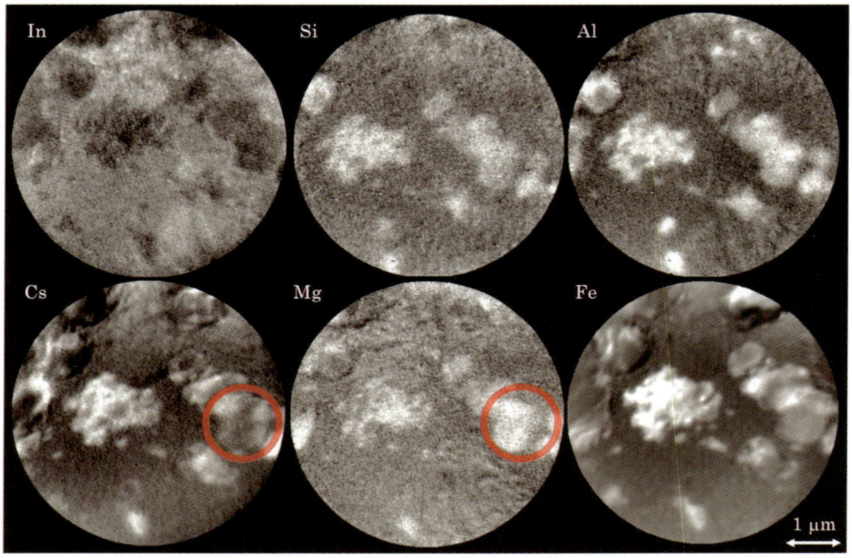

図 7　人工的に Cs を 2wt.% 吸着した風化黒雲母の SR-PEEM による元素マッピング像 [10].

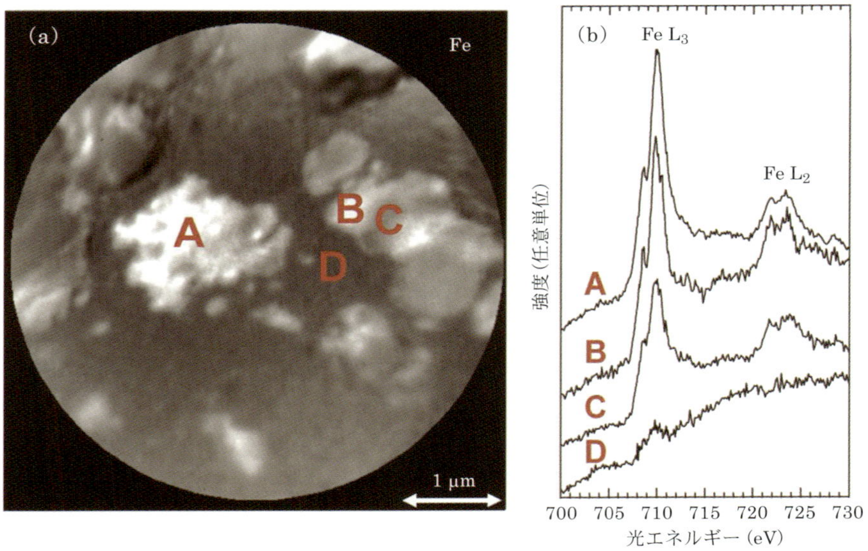

図 8　(a) 人工的に Cs を 2wt.% 吸着した風化黒雲母の SR-PEEM 像と (b) 図 (a) 中に A, B, C, D で示した位置の Fe L 端付近の X 線吸収スペクトル [10].

よび Al の分布に対応して Cs, Mg, Fe がおおむね一致するものに注目する．Cs および Mg 分布像中に丸印で示した部分に注目すると Cs と Mg の相反的存在形態が観察される．これは，Cs が，Mg に対してイオン交換的に吸着することを可視化したものである [17)18)]．一方，Fe の存在位置に関しては，Cs と比較的類似であることがわかる．そこで，Cs と Fe の存在および化学状態との関係を詳しく調べた．

図 8 の (a) および (b) は，人工的に Cs を 2wt.% 吸着した風化黒雲母の SR-PEEM 像と図 8 (a) 中に A, B, C, D で示した位置の Fe L

端付近のX線吸収スペクトルである[10)]．粘土鉱物の存在位置に対応するA, B, Cの各位置でスペクトルは観察され，そのスペクトル形状は，明らかにFe^{2+} (Fe_2SiO_4) よりもFe^{3+} (Fe_2O_3) のものに類似している[19)20)]．一般に，粘土鉱物中へのCsの吸着に関しては，不純物などにより発生した局所的な電荷不釣り合いを補うような場所にセシウムが取り込まれると考えられている．先のCsの価数情報とFe^{3+}が主要であることを考え合わせると，四面体を構成する酸化シリコンのシリコンサイトに3価の鉄 (Fe^{3+}) が置き換わった結果，不足した電荷を補うためにCs^{1+}が吸着したと考えられる ($Si^{4+} \Leftrightarrow Fe^{3+} + Cs^{1+}$)．これは，図7のCsとFeの存在位置の類似性とも一致している．セシウムがCs^{1+}の価数であることから，イオン結合に起因する吸着が支配的でそれが非常に強固であることを示唆している．このように粘土中に吸着したセシウムは，セシウムイオン (Cs^+) の非常に高い安定性 (結合力の強さ) に由来してその除去が困難となっていると推察される．本研究のナノレベルの化学状態分析の情報がセシウム吸着の起源や安定性などに関係する知見を与え，その情報を基にしたセシウムの経済的で環境負荷の低い安全な除染処理方法の開発に結び付くと期待されている．

5. 今後の展望と産業利用に向けて

SR-PEEMによって人工的にセシウムを吸着した風化黒雲母微粒子内の元素分布およびCsとFeの化学結合状態が明らかになり，それらの情報からセシウムの粘土鉱物中における吸着メカニズムの知見が得られることを述べた．粘土鉱物のような絶縁物試料のSR-PEEM観察における試料帯電の回避の方法として，放射光の照射によって形成される極薄 (炭素) 膜の有用性を中心に紹介した．電子顕微鏡の観察などでは，RuやOsなどの重金属が使われることが多い．本稿では述べなかったが，スパッターによって数nmのRu極薄膜を表面に形成した場合でも粘土鉱物に対して帯電が回避でき，元素分布やXASスペクトルが得られることを確認している[10)]．

元素マッピングに関してはSEMなどが広く使われ，試料形状像に関してはサブミクロンの空間分解能をFE-SEMなどで実現できるが，電子線照射によって発生するX線の領域はエネルギーにもよるが面内および深さ方向にミクロンレベルとなる (FE-EPMAでサブミクロンの元素分布の観察が可能な場合もある)．一方，走査型オージェ電子分光は数十nmの表面部分の情報を捉えることができるが，化学結合状態に関する情報を詳細に得ることは困難である．以上から，試料から発生する光電子を捉えるSR-PEEMは，表面敏感なナノスケールの形状および化学状態分析を同時にできる極めて有効な手段といえる．また，PEEMは，結晶成長や触媒動作中の原子や分子の移動現象 (動的過程) の観察に威力を発揮してきた．この応用として，セシウムを含む粘土鉱物を加熱した際の粒子内セシウム移動過程や局所化学状態のリアルタイム分析が考えられる．土壌の熱処理にともなうセシウムの動的挙動に関する熱力学データの情報となるであろう．

SR-PEEMの利用は，本稿で述べたような環境試料分析ばかりでなく，電子デバイスや触媒にみられるような酸化物絶縁性材料などのナノスケール機能解析に有用と期待される．そこで今後の応用への展開に対する課題 (＝開発目標) をいくつか述べたい．本稿では試料表面への極薄膜形成を利用した帯電回避法を述べた．帯電回避に有効ではあるが，光電子の減衰 (信号強度の損失) の原因にもなる．これは，実土壌中のセシウム濃度が数ppmといわれることを考えると問題となる．次世代放射光，光電子

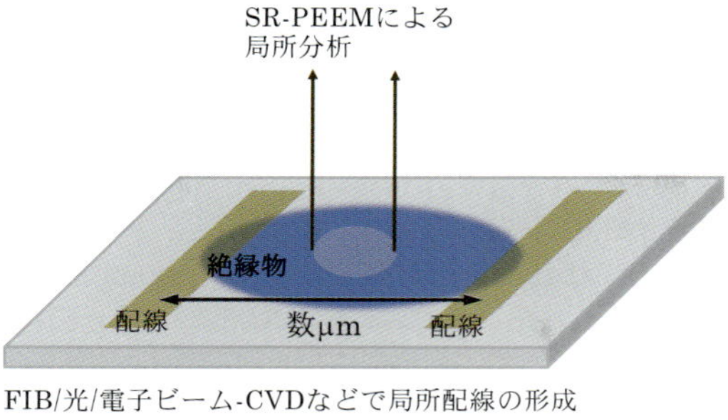

図 9　局所配線による絶縁性試料の帯電回避の概念図

の捕集効率や分析器の透過率および検出器の感度を空間分解能とともに向上させる技術開発が重要な課題である．また，表面に極薄膜を形成する場合，分析試料と極薄膜との間で反応などが起きてしまう場合には，本稿で紹介した方法は使えない．極薄膜による光電子の損失を回避する点からも，大河内の開発した局所電極による帯電回避法[21]は有力となる．そこで，図9のように数 μm の微粒子に対しては，収束イオンビーム(FIB)，電子ビームあるいは光などを用いた CVD によってサブミクロンの微細配線を形成すればこの方法が利用できる可能性がある．そして，電極以外の部分にフォーカスすることによって試料を“ありのまま”の状態で観察できるであろう．このようなナノテクノロジー技術との融合を放射光分析分野で進めれば，さまざまな絶縁物材料分析が容易になると期待できる．

ここまでの帯電の回避の方法では極薄膜や電極の形成が不可欠であった．一方，最近の大気圧環境下で動作可能な光電子分光技術（NAP-XPS：Near-ambient pressure-XPSとかAP-XPS：Ambient pressure-XPS などと呼ばれる）の発展は著しい[22)23)]．この方法は，触媒動作や材料プロセスの実環境下での光電子の分析が可能であるという特徴に加えて，ガスによる帯電中和を利用した絶縁物分析技術としても注目されている[24)25)]．2000 年以降に世界の放射光軟 X 線ビームラインでは雰囲気環境観察の XPS 装置が次々に導入され，すでに多くの成果が報告されている．そして，最近では，mbar 環境下で動作する PEEM 装置も市販化されているので[26)]，極薄膜形成などが不要な絶縁物材料分析が身近になる日も近いであろう．これにより光電子をベースとした分析の適用範囲が飛躍的に広がると期待できる．このような実環境観察は，環境 TEM/SEM などとして電子顕微鏡の分野でも発展している．日本の放射光施設で立ち遅れている実環境顕微光電子分析は，今後の放射光利用の技術開発の重点課題の一つといえる．以上のように SR-PEEM の絶縁物材料のナノスケール分析への期待は極めて大きい．

6.　おわりに

放射性物質の関わる材料分析では，取り扱いの点からも微量分析は重要である．微量分析は，“一滴の血液で病気を診断”することにたとえることができるだろう．今後，SR-PEEM が不溶性セシウム粒子[27)]や実土壌および廃炉材料分析など東北復興へ貢献することが期待されている．本稿が，SR-PEEM による絶縁物微粒子試料の利用者の参加を促す機会となることを願っている．異分野からのニーズは SR-PEEM 分析の技術開発のシーズとなり，軟 X 線放射光を利用した顕微分光分析のコミュニティーの発展に繋がると信じている．

謝　辞

本稿の内容に関しまして，JASRI 大河内拓雄博士に貴重なコメントをいただきました．粘土鉱物の SR-PEEM 実験（JASRI 課題番号 2015A1863）では理研，JASRI ならびに JAEA の皆様にご支援およびご協力をいただきました．ここに記して感謝申し上げます．

参考文献

1) http://radioactivity.nsr.go.jp/ja/list/362/list-1.html「原子力規制委員会　放射線モニタリング情報」
2) 奥村雅彦，中村博樹，町田昌彦：日本原子力学会誌，**56** (2014)，372-377.
3) 矢板毅，小林徹，池田隆司，松村大樹，町田昌彦，奥村雅彦，中村博樹他：放射光，**27** (2014)，315-322.
4) T. Tsuji, D. Matsumura, T. Kobayashi, S. Suzuki, K. Yoshii, Y. Nishihata and T. Yaita: Clay Sci., **18** (2014), 93-97.
5) D. Matsumura, T. Kobayashi, Y. Miyazaki, Y. Okajima, Y. Nishihayta and T. Yaita: Clay Sci., **18** (2014), 99-105.
6) M. Okumura, H. Nakamura and M. Machida: J. Phys. Soc. Jpn., **82** (2013), 033802-1-033802-5.
7) H. Mukai, A. Hirose, S. Motai, R. Kikuchi, K. Tanoi, T. M. Nakanishi, T. Yaita and T. Kogure: Sci. Rep., **6** (2016), 21543 (7pages).
8) Y. Abe, Y. Iizawa, Y. Terada, K. Adachi, Y. Igarashi and I. Nakai: Anal. Chem., **86** (2014), 8521-8525.
9) N. Yamaguchi, M. Mitome, A.-H. Kotone, M. Asano, K. Adachi and T.Kogure: Sci. Rep., **6** (2016), 20548 (6pages).
10) A. Yoshigoe, H. Shiwaku, T. Kobayashi, I. Shimoyama, D. Matsumura, T. Tsuji, Y. Nishihata, T. Kogure, T. Ohkochi, A. Yasui and T. Yaita: Appl. Phys. Lett., **112** (2018), 021603-1-0216035. および引用文献を参照.
11) A. P. Hitchcock: J. Electron Spectrosc. Relat. Phenom., **200** (2015), 49-63.
12) PEEMに関する解説や応用例は他の章および，たとえば，越川孝範：表面科学，**23** (2002)，262-270；顕微鏡，**41** (2006)，189-195. など多くの記事があるので参照されたい.
13) M. Kotsugi, C. Mitsumata, H. Maruyama, T. Wakita, T. Taniuchi, K. Ono, M. Suzuki, N. Kawamura, N. Ishimatsu, M. Oshima, Y. Watanabe and M. Taniguchi: Appl. Phys. Express, **3** (2010), 013001-1-013001-3.
14) R.Imbihl and G. Ertl: Chem. Rev., **95** (1995), 697-733.
15) H. Fukidome, M. Kotsugi, K. Nagashio, R. Sato, T. Ohkochi, T. Itoh, A. Toriumi, M. Suemitsu and T. Kinoshita: Sci. Rep., **4** (2015), 3713 (5pages).
16) T. Ohkochi, M. Kotsugi, K. Yamada, K. Kawano, K. Horiba, F. Kitajima, M. Oura, S. Shiraki, T. Hitosugi, M. Oshima, T. Ono, T. Kinoshita, T. Muro and Y. Watanabe: J. Synchrotron Rad., **20** (2013), 620-624.
17) K. Morimoto, T. Kogure, K. Tamura, S. Tomofuji, A. Yamagishi and H. Sato: Chem. Lett., **41** (2012), 1715-1717.
18) http://www.lab.toho-u.ac.jp/sci/chem/sakutai/research/copy_of_clay_yamagishi_4.html
19) F. M. F. de Groot, P. Glatzel, U. Bergmann, P. A. van Aken, R. A. Barrea, S. Klemme, M. H€avecker, A. Knop-Gericke, W. M. Heijboer and B. M. Weckhuysen: J. Phys. Chem. B**, 109** (2005), 20751-20762.
20) F. D. Groot and A. Kotani: Core Level Spectroscopy of Solids (CRC Press, Boca Raton, 2008).
21) 大河内拓雄：表面科学，**34** (2013)，586-591.
22) 町田雅武，野副尚一，Bjorn AHMAN，大岩烈：表面科学，**37** (2016)，173-177.
23) http://www.specs.de/cms/front_content.php?idcat=130
24) H. Bluhm: J. Electron Spectrosc. Relat. Phenom., **177** (2010), 71-84.
25) W. H. Doh, V. Papaefthimiou, T. Dintzer, V. Dupuis and S. Zafeiratos: J. Phys. Chem. C, **118** (2014), 26621-26628.
26) http://www.specs.de/cms/front_content.php?idcat=382
27) Y. Satou, K. Sueki, K. Sasa, H. Yoshikawa, S. Nakama, H. Minowa, Y. Abe, I. Nakai, T. Ono, K. Adachi and Y. Igarashi: Geochemical Journal, **52** (2018), 137-143.

放射光を利用した環境・リサイクル分野への学術的アプローチ

篠田弘造，鈴木　茂

近年，規制が厳しくなり，資源の有効利用が求められており，環境・リサイクル分野が注目されている．その中で，測定雰囲気を選ばず非破壊で元素選択的にその化学状態（酸化数）や局所構造の情報を得ることのできるX線吸収分光法は当該分野に欠かせない要素となりつつある．本手法の適用例を紹介する．

1. はじめに

原料として高品位鉱石の入手が難しい，あるいは鉱石の産出地域に偏りがあり供給不安定である金属は，製品の再利用に加え使用済み廃棄物や他の金属の製錬副産物からの分離回収も有用な製造手段である．金属回収法としては，利用する反応プロセスにより大きく乾式法と湿式法に分けられる．乾式法は，原料を加熱溶融して金属を分離する手法であり，直接分離回収のほか支持溶融塩中に溶解して電解析出させる場合（溶融塩電解）もある．一方湿式法では，原料中の目的金属を強酸などの浸出液に溶出させ，化学的な沈殿生成やイオン交換，電気化学的な電解析出などにより回収する．乾式，湿式いずれも，複数の化学種を含む複雑な組成を有し，反応条件により金属種の挙動も異なる．特に，原子レベルでの局所環境構造や金属元素の化学状態（酸化数）を把握することは，回収効率の点でも重要である．対象物質中の目的金属種に対しppmオーダーの希薄条件でも非破壊で局所環境構造，化学状態を知ることのできるX線吸収分光法（X-ray Absorption Spectroscopy, XAS）[1)2)]は，そのような目的には有用である．ここでは，アンチモンとタンタルという，通常分離回収困難なレアメタルへの適用例を紹介する．

2. 希薄水溶液および固体中アンチモンの化学状態分析

アンチモン（Sb）は，鉛（Pb）や錫（Sn）など低硬度金属と合金化して，被削性や耐摩耗性向上に利用される．また化合物としては，三酸化アンチモンのかたちで臭素系難燃剤と併用し，プラスチック，ゴム，繊維，塗料，接着剤などの難燃効果を高める助剤として用いられる．アンチモン鉱石生産の約70％強を中国が占め[3]，鉱石不足と需要増加により世界の需給バランスには余裕がない．国内のアンチモン鉱石採掘は1969年に終了し，鉱石からの地金生産に替わって輸入地金の精製による高純度地金および三酸化アンチモン製造が行われている[4]．リサイクルに関しては，蓄電池に使用される合金のリサイクルシステムは確立しているものの，難燃助剤として合成樹脂への微量添加というかたちで使用される三酸化アンチモンはリサイクル困難である．したがって，現状の手法に加え新しい製造プロセスが望まれるが，そのひとつとして非鉄製錬工程で生成するスラグからの浸出回収が有用と考えた．しかし，通常の塩酸を用いた酸浸出では回収困難である．それは，固体中から溶出したイオンが塩化物を形成し沈殿するためと考えられた．そこで，液中で安定に溶存させるための錯形成剤を探索し，酒石酸イオン（$C_6H_4O_4^{2-}$，以降 Tart と表記）との錯形成が有効と予測された．

銅（Cu）および銀（Ag）リサイクル工程で副産物として生じる Sb 含有スラグに対して，実際に 0.1 mol/L Tart 溶液（pH2.1）に NaOH を加えて pH 調整した浸出液を用いた浸出試験を

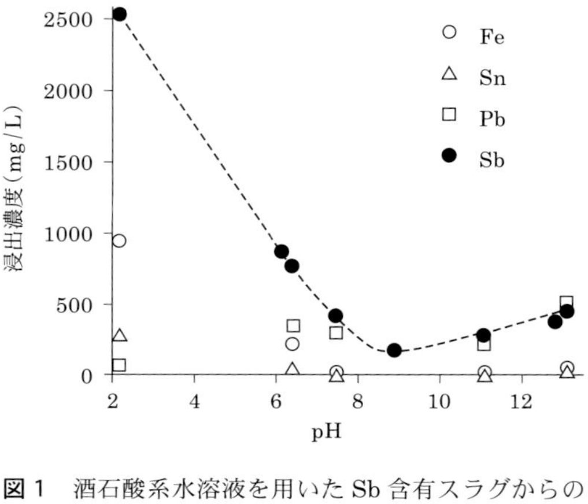

図1　酒石酸系水溶液を用いた Sb 含有スラグからの浸出量の pH 依存性．

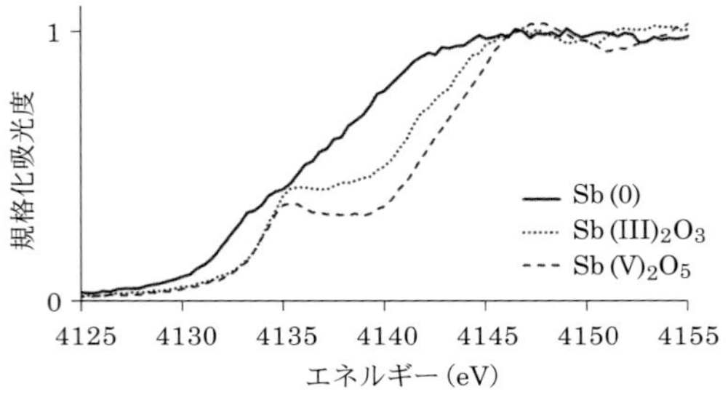

図2　酸化数の異なる Sb 関連標準物質の Sb L_3 吸収端における XANES スペクトル．

実施した．このスラグ中には，対象となる Sb のほかに Pb, Fe, Sn 等が含まれるが，図1に示すように中性から低 pH 領域において Sb のみが選択的に溶出することを確認した．この浸出機構を理解するために，3価および5価と酸化数の異なる Sb イオン（それぞれ Sb(Ⅲ)，Sb(Ⅴ)と表記）の，スラグ固体中や浸出液中における存在状態を知ることは有効である．そこで Sb の化学状態分析を目的として，Sb L_3 吸収端（4.132 keV）における X 線吸収分光測定を，九州シンクロトロン光研究センター（SAGA-LS）の X 線吸収分光専用ビームラインにおいて実施した．

Sb 酸化数の異なる参照試料，金属粉末（Sb(0)），酸化物粉末 Sb_2O_3(Sb(Ⅲ))，Sb_2O_5(Sb(Ⅴ)）の Sb L_3 吸収端における規格化 X 線吸光度スペクトルを図2に示す．吸収端近傍のエネルギー領域は特に，XANES（X-ray Absorption Near-Edge Structure）と呼び，対象元素の化学状態および原子レベルの局所環境構造を反映したスペクトル形状を示す．一般に，酸化数とともに吸収端の位置が高エネルギー側にシフトする．吸収原子（Sb）に配位する原子配列の違いは，スペクトル全体の形状に反映される．

1 mol/L 酒石酸溶液に酸化数の異なる Sb の酸化物粉末を溶解したときの，溶存 Sb イオン周囲の局所環境構造を反映する Sb L_3 吸収端

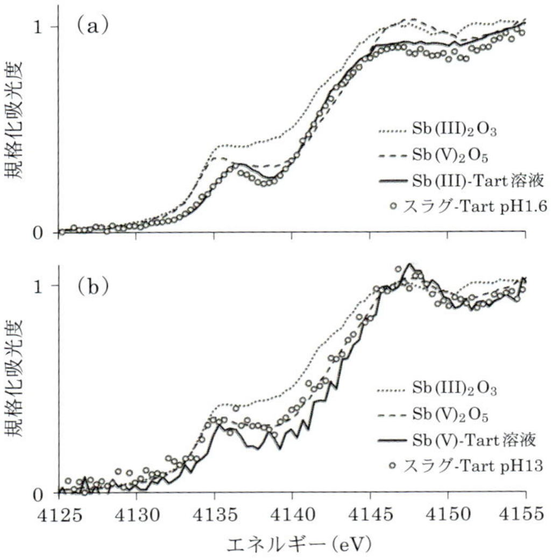

図 3 Sb 含有スラグの酒石酸系浸出液の Sb L_3 吸収端 XANES スペクトル.

XANES スペクトルは，図 3 に実線で示したように各酸化物固体粉末に対するスペクトルのいずれとも異なる形状を示している．これは，水溶液に溶解した酸化数の異なる Sb イオンがそれぞれ酒石酸イオンと錯体を形成していることを示すものである．これらに対して，Sb 含有スラグの浸出試験で得られた溶出液中では，Sb イオンの化学状態は pH 条件により異なっていることがわかる．1 mol/L 酒石酸溶液（pH1.6）を用いた場合には，Sb(Ⅲ)酸化物の酒石酸溶液中に形成した Sb(Ⅲ)-Tart 錯体と同様の構造をもつ錯イオンとして存在することが示される．一方，0.1 mol/L 酒石酸溶液を NaOH で pH13 に調整した浸出液を用いた場合は，SbO_6 八面体を基本構造単位とする Sb_2O_5 酸化物中の局所環境構造に類似しており，酒石酸イオンとの錯体形成というよりは Sb(Ⅴ) に対し水酸化物イオン 6 配位の $[Sb(OH)_6]^-$ イオンのかたちで存在しているようである．

次に，Sb 含有スラグの浸出試験残渣に対して Sb L_3 吸収端 X 線吸収分光測定を実施し，Sb 溶出前後におけるスラグ固体中に残留した

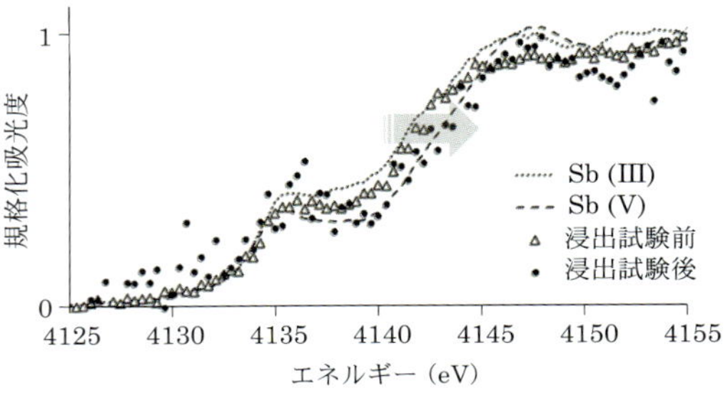

図 4 Sb 含有スラグ浸出残渣の Sb L_3 吸収端 XANES スペクトル.

Sb の化学状態を調べることにした．浸出試験実施前および実施後の Sb 含有スラグ固体試料の XANES スペクトルを，酸化物参照試料のデータとあわせて図 4 に示す．試験前においては，スラグ中では相対的に Sb(Ⅲ) の存在量が多いようである．これに対して浸出試験後においては，多量の Sb 溶出により残留量が少なく，規格化 XANES スペクトルは S/N が良好とはいえないが，明らかに吸収端が高エネルギー側にシフトしており，Sb(Ⅲ) が優先的に溶出して Sb(Ⅴ) は固体中に残留したと考えられる．浸出試験前および後のスラグ中における Sb(Ⅲ) と Sb(Ⅴ) の存在比が明確に分析できておらず定量的な議論はできないが，もともとスラグ中には Sb(Ⅲ) が多く含まれており，それが図 1 に示された，低 pH 領域での主に Sb(Ⅲ)-Tart 錯体としての高濃度溶出と，高 pH 領域での $[Sb(V)(OH)_6]^-$ イオンとしての低濃度溶出という結果に結びついたと考えることもできる．

非鉄製錬副生成物からの酸浸出によるアンチモン回収において，酒石酸の錯形成剤としての使用が特に浸出原料であるスラグ中の含有率が高い Sb(Ⅲ) 溶出に有効であることが，高回収率達成につながった．このような溶液化学プロセスの反応機構を理解するために，X 線吸収分光法を用いた浸出液および固体中の Sb 化学状態分析が強力なツールとなった好例といえる．

本実験では，対象元素の濃度が低い希薄溶液や浸出残渣固体を測定するために，試料の透過配置による原理に忠実なX線吸光度の直接測定（Transmission mode, T）ではなく，照射X線の吸収量に対応して放射される蛍光X線の強度を計測することにより間接的に吸光度スペクトルを求める，蛍光収量測定（Fluorescence Yield mode, FY）を採用した．

3. 高温溶融塩中タンタルの局所構造解析

世界のタンタル利用の約40％は，タンタルコンデンサ用の金属タンタル粉および線材の需要が占めている．それ以外では，金属としては耐熱・耐食材料，強度向上のための合金添加物，スパッタリングターゲットなどであり，化合物としては切削工具，光学レンズへの添加剤など，近年ではSAW（弾性表面波）フィルタの薄膜材料なども主要な用途となっている．国内需要も，やはり最大はタンタルコンデンサ向けであり，約40％を占めている[5]．一方タンタル鉱石の生産は政治的に不安定なアフリカ諸国に多く，紛争鉱物の対象となっていることもあり，大量に使用されるタンタルコンデンサの廃棄物からのタンタル回収が望まれる．しかしながら，高融点金属であるタンタルは通常の化学的プロセスでの回収は困難であり，溶融塩電解法の適用が有効と考えられる．そして使用する溶融塩には，低融点で低い動作温度を実現すること，低粘性であることが求められるが，それらに加え電解に適した局所構造，特に目的金属原子周囲の配位構造をもつことが重要となる．ここでは溶融塩として，LiF-NaF-KFフッ化物系（FLiNaK）を基本とし，その一部を塩化物に置き換えた組成のフッ化物−塩化物混合溶融塩を考える．FLiNaKは，LiF, NaFおよびKFの組成比がそれぞれ46.5, 11.5および42.0 mol％であり，その融点は454℃である．この溶融塩に適切な量の塩化物を加えて混合溶融塩とすることにより，さらなる低融点化が期待される．また，回収対象であるタンタルの投入形態によっては，フッ化物系，塩化物系などのハロゲン系では通常好まれない酸素の混入も考えられる．このような溶融塩物性等に影響を及ぼす種々の要因を，局所構造の観点から考察することは有用である．そこで，溶融状態にある試料に対しても非破壊で局所構造解析を行うことの可能な，X線を用いた手法の適用を考える．溶融塩試料中の構造は溶融状態においては非晶質であるので，通常のX線回折法を適用することは困難である．X線散乱強度の角度依存性を測定し，そこからフーリエ変換を利用して試料中に存在する原子ペアの相関を反映する二体分布関数（Pair Distribution Function, PDF）や，注目する原子周囲の配位原子配列を反映する動径分布関数（Radial Distribution Function, RDF）を用いた原子レベルでの構造解析も可能であるが，大量な溶融塩マトリックス中の希薄な溶存金属原子に関する構造情報のみを抽出することは困難である．そこで，蛍光収量モード（Fluorescence Yield mode, FY）によるX線吸収分光法が有効となる．

タンタルコンデンサスクラップからのタンタル回収を想定してTa濃度1 wt％となるようにK_2TaF_7試薬を溶解したFLiNaK溶融塩を試料とした．一度アルゴンガス雰囲気下約600℃で溶融後冷却・固化したFLiNaKを粉砕し，Ta源であるK_2TaF_7試薬粉末とともに内径3 mm, 外径5 mm, 外寸長さ30 mmの測定用グラファイト製試料セルに充填・密封する．ヒーターを巻き付けた金属ブロックに差し込み，真空炉中で加熱する．試料セルおよび加熱炉は図5に示すようなものである．TaL_3吸収端（9881 eV）におけるEXAFSスペクトルを蛍光収量モードでのX線吸収分光測定により得

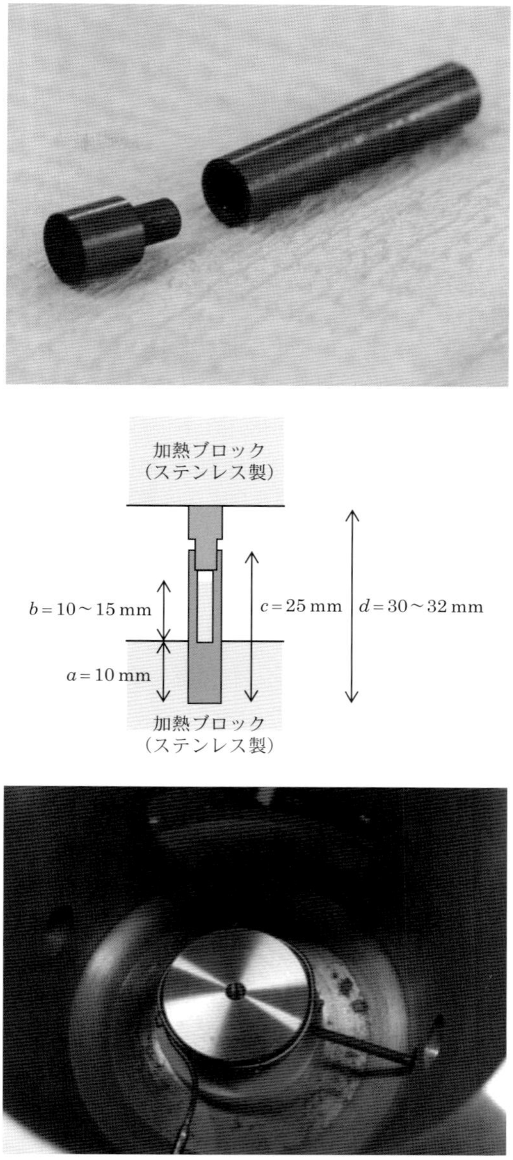

図 5　ハロゲン系フッ化物溶融塩試料封入セルと試料加熱炉.

る．グラファイト試料セルの側壁は厚さ 1 mm であり，入射 X 線と蛍光 X 線強度は全体でおよそ半減するため，測定には強力な白色 X 線源である放射光の利用が不可欠である．実験は SPring-8 の X 線吸収分光測定専用ステーション BL01B1 において，多素子半導体検出器を用いた蛍光収量法で実施した．測定された X

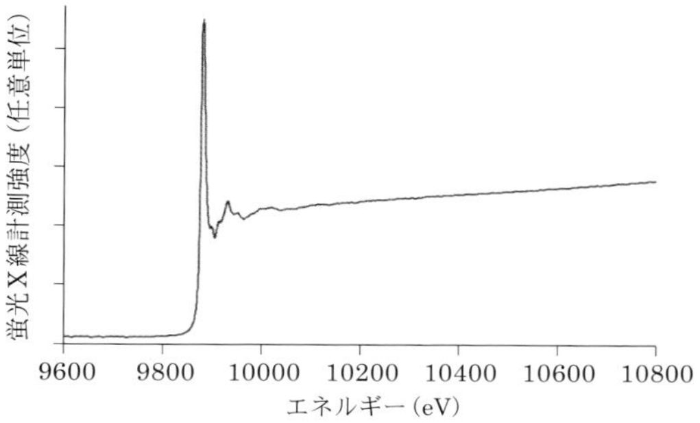

図 6　蛍光収量法による Ta L_3 吸収端 X 線吸収スペクトル.

線吸収スペクトルの一例を，図 6 に示す．試料によって吸収され減衰した透過 X 線の強度を計測するかわりに，照射した X 線により励起されて試料から放射される蛍光 X 線強度を計測するが，バックグラウンドとして散乱 X 線や目的元素より低エネルギーで励起される他元素の蛍光 X 線が含まれる．これは，Ta 蛍光 X 線が発生しない吸収端低エネルギー側で観測されるバックグラウンド強度を高エネルギー側へ外挿することにより除去される．吸収端の高エネルギー側数百 eV の領域に現れる振動は EXAFS（Extended X-ray Absorption Fine Structure）と呼ばれ，照射 X 線により励起され吸収原子外部に放射される光電子波が周囲の原子による散乱波と相互作用することにより生じるものである．吸収原子周囲に存在する原子分布を相関距離と配位数で動径的に考えたときの構造を反映し，距離は振動周期，配位数は振動振幅として現れる．この EXAFS を測定スペクトルから抽出し，吸収端エネルギー E_0 を基点とする観測エネルギー E との差から次式に従って求めた波数 k に対してプロットした，EXAFS スペクトルを得る．

$$k(\text{Å}^{-1}) = [0.2626(E(\text{eV}) - E_0(\text{eV}))]^{1/2}$$

EXAFS の振動振幅は k の値とともに急激に減衰するので，通常は k^n（n は 1 ～ 3 程度）の

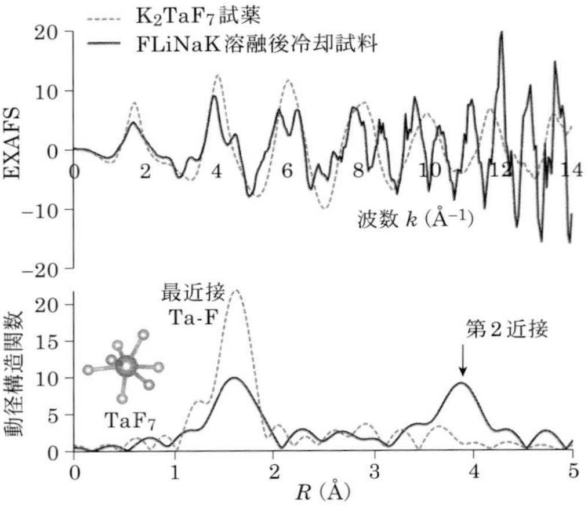

図 7　K_2TaF_7 試薬およびその FLiNaK へ溶解後冷却した試料の Ta L_3 吸収端 EXAFS スペクトルと動径構造関数.

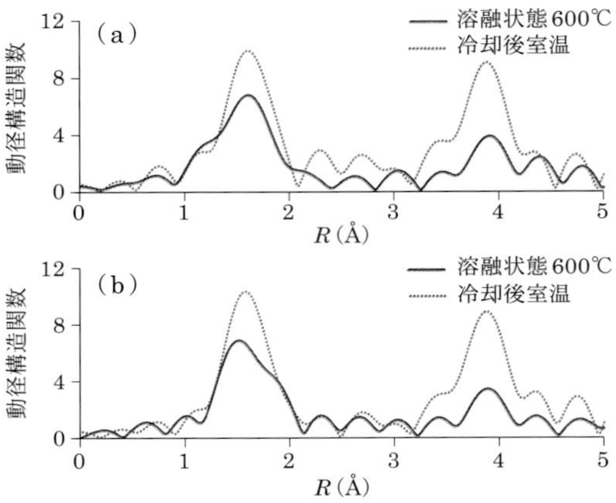

図 8　K_2TaF_7 を溶解した (a) FLiNaK 溶融塩，および (b) NaF を NaCl で置き換えた溶融塩における溶融状態と冷却固化状態試料中 Ta の局所構造を表す Ta L_3 動径構造関数.

重みをかける．図 7 上に示した EXAFS スペクトルでは，k^3 の重みがかけられている．この，Ta 原子周囲の動径構造を反映する EXAFS スペクトルをフーリエ変換することにより，Ta 原子からの距離 R と配位原子の存在確率を示す動径構造関数 (Radial Structure Function, RSF) が得られる．図 7 下に示すように，溶融塩に投入する Ta 源の K_2TaF_7 粉末試薬と，それを FLiNaK へ溶解し 600℃まで加熱，溶融した後冷却した試料の室温での測定結果から得られた RSF を比較すると，Ta 原子周囲の原子配列がまったく異なっていることがわかる．K_2TaF_7 結晶構造中の TaF_7 構造単位由来の，7 個の最近接配位 F 原子の相関ピークと比べ，溶融後冷却試料においては平均的な距離は同様だが相対的にブロードで面積の小さいピークとなっている．また，K_2TaF_7 では観測されない第 2 近接相関が強く表れている．これは，F を介した Ta-Ta 相関と考えられ，溶融塩中に 1 wt%しか含まれない Ta が大きなネットワーク構造を形成していることを示すものである．RSF に示される距離 R は，実際の原子間距離よりも近距離側にずれることに注意が必要である．それは，配位原子による光電子の散乱が非弾性であるためであり，したがって配位原子の種類（元素）により R のシフト量も異なる．

K_2TaF_7 を溶解し，600℃の溶融状態にある試料の Ta L_3 吸収端 EXAFS スペクトルから求めた RSF を，その冷却後室温で測定した結果とあわせて示した図 8 (a) をみると，Ta-Ta 第 2 近接相関はすでに高温の溶融状態下においても形成していることがわかる．しかし，最近接 Ta-F 相関ピークがブロードになっていることから，高温条件下での熱振動が妨げられない程度の緩やかなネットワークであること，そして冷却固化した後と比べて配位数は少なく，溶融状態でのネットワークはそれほど大きくないことが考えられる．さらに，FLiNaK 組成のうち NaF を NaCl で置き換えた，フッ化物塩化物混合溶融塩を用いた場合の結果を示す図 8 (b) も，FLiNaK の場合との局所構造の差異はみられない．これは，溶融塩の融点低下のために F を一部 Cl に置き換えてハロゲン複合組成とした場合でも，Ta 周囲の局所環境構造の観点からは大きな影響を受けないということを示している．この溶融状態における Ta 周囲の局所環境構造は，本実験のように一度十分高温で加熱溶融していれば，それより低温でも固化しない限り保持されることが確認されている．ただし別の実験で，溶融処理温度が500℃に達しない比較的低い条件であった場合には局所構造が異なり，冷却後明瞭な第2近接相関が現れないという結果が得られた．また，Ta源としてK_2TaF_7のかわりにTa_2O_5を用いた場合には，比較的低温での溶融であっても，高温溶融時と同様の局所構造を形成することも確認されており，溶融塩電解によるTa金属の良好な電析回収のためには，リサイクル工程の現状に即した原料と溶融温度条件を考慮した上で，溶融塩組成等の検討を行うべきであるということが示された．

4. おわりに

環境保全やリサイクルを考えるとき，その処理条件を探索，検討し最適化するには，各条件下における対象物質中の化学状態や局所構造を知ることは重要である．ただしその際には，できるだけその実施現場での環境条件，組成等を考慮し，その場観察に近い状況で分析，構造解析を実施することが重要となる．強力な白色X線源である放射光を利用したX線吸収分光法は，対象元素濃度が極めて希薄な固体あるいは溶液，そして高温環境下にある対象物にも，雰囲気や温度条件を自由に設定しつつ非破壊で直接，対象元素を選択してその化学状態や局所構造を知ることのできる非常に有用な手段である．これまで十分な反応機構や存在状態について把握しないまま過剰なエネルギーや添加剤等をつぎ込む，いわば“ちからわざ”的な処理がなされてきたこのような分野においても，今後ますます放射光を利用した分析手法を適用してプロセス条件を見直し，効率化が図られることを期待するものである．

参考文献

1) 宇田川康夫編：X線吸収微細構造　XAFSの測定と解析，学会出版センター，(1993)．
2) 太田俊明編：X線吸収分光法－XAFSとその応用－，アイピーシー，(2002)．
3) 石油天然ガス･金属鉱物資源機構：金属資源情報　鉱物資源マテリアルフロー 2017 アンチモン．
4) 石油天然ガス･金属鉱物資源機構：金属資源情報　鉱物資源マテリアルフロー 2010 アンチモン．
5) 石油天然ガス･金属鉱物資源機構：金属資源情報　鉱物資源マテリアルフロー 2015 タンタル．

冷間圧延した多結晶ステンレス鋼中のミクロな応力分布を評価する

宮澤知孝，梶原堅太郎

金属材料の微細組織は機械特性向上のため結晶粒の微細化や複相化により複雑になっている．この微細組織に対応したミクロな変形を解析する手法として開発を進めている放射光白色X線マイクロビームを用いたエネルギー分散型X線回折顕微法について説明する．また，同手法によって冷間圧延した多結晶ステンレス鋼中のミクロな応力分布を解析し，結晶粒ごとの応力の不均一分布や結晶粒界における応力集中を実測した結果を紹介する．

1. はじめに

近年金属材料の研究･開発において，機械特性の向上や強度と伸びのようなトレードオフとなる特性の両立のため，材料の変形機構をより詳細に理解することが求められている．その方策の１つとして局所変形の解明が進められている．構造材料として利用されている金属材料は複相化や結晶粒の微細化等，微細組織を階層的に作りこみ，機械特性の向上を図っているものが多い．この複雑な組織においてミクロな領域での局所変形がマクロな変形に大きな影響を及ぼしていることは容易に想像できるが，ミクロな変形を実測することは難しく，変形機構解明の課題となっていた．このような課題に対し，材料内の局所変形を格子マーカーやSEM-EBSP (Scanning electron microscope-electron backscattering diffraction pattern) によって解析する手法が開発されている[1)2)]．しかし，これらの手法では試験片表面からの情報に限られるため，バルクの状態の変形を評価できているとは言い切れない．そこで，材料内部の変形を評価する手法として着目されているのが，放射光を用いた局所変形解析手法である．たとえば，3DXRD法 (Three-dimensional X-ray diffraction microscopy)[3)] や DAXM 法 (Differential aperture X-ray microscopy)[4)]，結晶粒界追跡法 (Grain boundary tracking, GBT)[5)] 等の手法があり，いずれも高エネルギー放射光X線により材料内部からの回折X線や透過X線を取得し，材料内局所でのひずみや応力の分布評価を行っている．これらに対し筆者らの研究グループでは，放射光白色X線マイクロビームを用いたエネルギー分散型X線回折顕微法 (Energy dispersive X-ray diffraction microscopy, EXDM) の開発を進め，鉄鋼材料において材料内局所でのミクロな応力分布を評価している[6)~9)]．本手法は白色X線をマイクロビーム化し，照射領域のエネルギー分散型X線回折によって材料内局所での格子ひずみを計測し，材料中のミクロな応力分布を分析する手法である．

本稿では，EXDMを用いて冷間圧延した多結晶ステンレス鋼中の応力分布を測定し，結晶粒ごとの応力の不均一分布や結晶粒界における応力集中を実測した事例を紹介する．

2. エネルギー分散型X線回折顕微法について

エネルギー分散型X線回折顕微法は大型放射光施設SPring-8のBL28B2にて供与されている．EXDM法では，図1に示すような透過X線回折測定系を構築する．SPring-8の蓄積リングより放出される白色X線を四象限スリットによりマイクロサイズへと成形し，入射ビームとする．測定では主に10 μm × 10 μmから25 μm × 25 μmのサイズを使用している．白色X線を入射プローブとすると，様々なエネルギー（波長）のX線を試料に照射することとなり，照射領域よりブラックの回析条件を満たす複数の格子面からの回折X線が透過してくる．これら透過回折X線を2次元パターンとして取得すると透過ラウエパターンとなり，照射領域の結晶方位を解析できる．また，透過回折X線それぞれのエネルギーを測定すれば，複数の格子面の面間隔が算出できる．このように白色X線を用いると照射領域が単結晶であっても複数の透過回折X線から結晶方位や面間隔の情報を取得することができ，単色X線回析測定のように試料の回転走査も必要なくなる．これらは材料内の結晶粒や粒界を狙って回

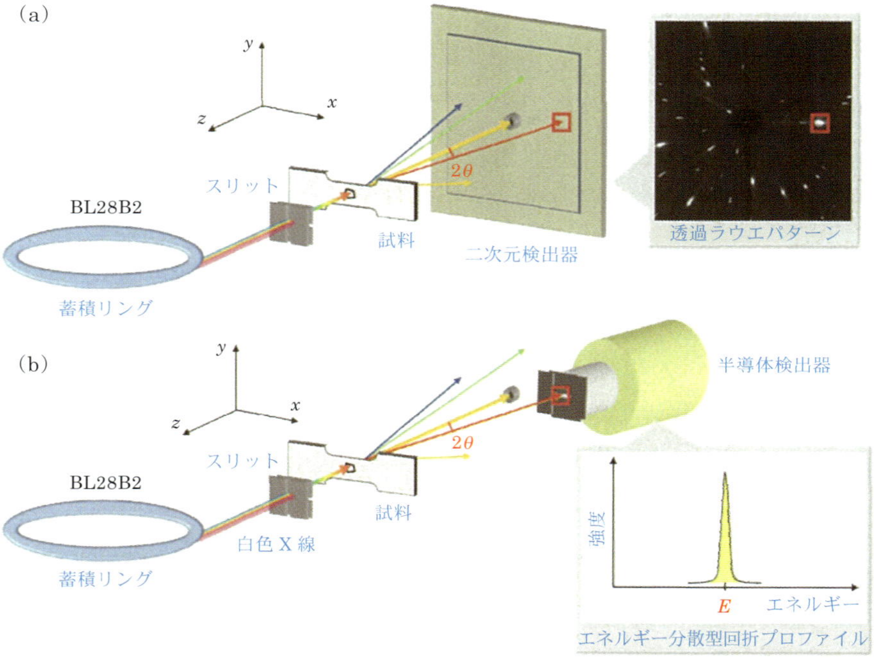

図1　SPring-8 BL28B2におけるEXDM法の装置レイアウトの模式図．(a) 透過ラウエパターン測定系と (b) エネルギー分散型X線回折プロファイル測定系．

折測定を行うときに，照射領域がどのような方位でも解析が可能という局所分析手法としてのアドバンテージとなる．試験片は専用の小型引張試験機に取り付け，引張試験機はビームライン備え付けの回折計に設置される．このとき，試験片は回折計各軸の交差中心に位置するように調整されている．検出器は2次元検出器（Flat panel sensor，FPS）と半導体検出器（Solid state detector，SSD）を用いる．回折計に2つの検出器を取り付け，それぞれを切り替えて回折測定を行う．FPSでは透過ラウエパターンを取得し（図1(a)），SSDではラウエパターン上の回折スポットの位置に合わせることで，回折X線のエネルギー分散型回折プロファイルを測定する（図1(b)）．

EXDM測定ではまず，マイクロビーム化した白色X線に対して試料を走査しながら透過ラウエパターンを取得し，結晶粒界イメージを作成する．結晶粒界イメージングは梶原らによって開発された透過ラウエパターンの変化から結晶粒界を識別し画像化する手法である[10]．白色X線をマイクロビームに絞り，試験片を白色X線マイクロビームに対し試験片板面に平行なX-Y面内で移動することで照射点を走査しながら透過ラウエパターンを連続的に取得する．取得したラウエパターンより各照射点と隣り合う照射点のラウエパターンの差分の絶対値を積分し，その数値を評価していく．数値が大きい点はラウエパターンの変化が大きく，結晶方位が変化している点である．すなわち結晶粒界である．各照射点の積分値の大きさに比例したグレースケールによる色づけを行い，画像化したものを結晶粒界イメージとする．EXDM測定においては，この結晶粒界イメージを材料内の結晶粒や粒界といった測定点選定のための結晶粒組織地図としている．

次に応力解析を行う測定点を結晶粒界イメージより選定し，各測定点の透過ラウエパターンを取得する．得られた透過ラウエパターンに現れる各ラウエスポットの方位角および仰俯角を見積もり，SSDによって各ラウエスポットを形成する回折X線のエネルギープロファイルを測定する．これら一連の測定を各測定点で行い，ラウエパターンと各ラウエスポットのエネルギープロファイルのデータ一式を揃える．さらに外部応力負荷下での応力分布も調査する場合には，小型引張試験機によって外部応力を負荷した状態で同じ測定点のラウエパターンおよびエネルギープロファイルの測定を行う．

得られたデータより各測定点の結晶方位と格子ひずみを算出し，応力解析を行う．ラウエパターンより各ラウエスポットの回折角2θを，エネルギープロファイルより回折X線のエネルギーEを見積もり，ブラッグの式

$$2d\sin\theta = \frac{hc}{E} \tag{1}$$

を用いて格子面間隔dを算出する．hはプランク定数，cは光速である．ラウエパターンと各ラウエスポットの回折面より測定点の結晶方位を決定し，格子面間隔から見積もられる格子ひずみと弾性定数[11]を用いて応力テンソルを算出する．解析においては，試験片ゲージ部の面積に対し厚さが十分に薄い場合，試験片厚さ方向の応力は解放していると仮定し，応力は垂直応力2成分とせん断応力1成分で構成される面内応力状態とした．これにより応力解析においては3つの回折スポットを抽出し，その結晶方位と対応する格子ひずみから各応力成分を算出した．解析によって得られる応力は座標変換によって主応力

$$\boldsymbol{\sigma}_p = \boldsymbol{Q}^{\mathrm{T}}\boldsymbol{\sigma}\boldsymbol{Q}$$
$$= \begin{pmatrix} q_{11} & q_{21} & 0 \\ q_{12} & q_{22} & 0 \\ 0 & 0 & 1 \end{pmatrix} \begin{pmatrix} \sigma_{11} & \sigma_{12} & 0 \\ \sigma_{12} & \sigma_{22} & 0 \\ 0 & 0 & 0 \end{pmatrix} \begin{pmatrix} q_{11} & q_{12} & 0 \\ q_{21} & q_{22} & 0 \\ 0 & 0 & 1 \end{pmatrix}$$

$$= \begin{pmatrix} \sigma_{p1} & 0 & 0 \\ 0 & \sigma_{p2} & 0 \\ 0 & 0 & 0 \end{pmatrix} \tag{2}$$

へと変換し，2 つのベクトルで応力の方向と大きさを表す．$\boldsymbol{Q}$ は座標変換行列である．また，各測定点での局所応力をスカラー量で比較する際には Von Mises の相当応力

$$\sigma_e = \sqrt{\frac{1}{2}\left\{\left(\sigma_{p1} - \sigma_{p2}\right)^2 + \sigma_{p1}^2 + \sigma_{p2}^2\right\}} \tag{3}$$

を算出した．Von Mises の相当応力は対象が多軸応力状態だった場合に，その応力を単軸応力に投影した値である．

3. 冷間圧延多結晶ステンレス鋼のミクロな応力分布

近年，複数の研究によって非鋭敏化ステンレス鋼 SUS316L において冷間加工が施された後，高圧力，高温水環境にさらされた場合の粒界型応力腐食割れにおいて，その亀裂進展速度が冷間加工度の増加に伴い増大することが報告されている[12)]．この非鋭敏化ステンレス鋼における粒界型応力腐食割れの亀裂進展速度の増加の原因の 1 つとして考えられるのが，冷間加工によって導入された粒界近傍での応力集中であり，冷間加工度が高くなるほど粒界での応力集中も増大し，亀裂進展速度に影響を与えているという仮説が提案されている．しかし，粒界近傍での局所応力分布を測定した実例はなく，冷間加工によって導入された粒界近傍での応力集中が応力腐食割れにおける亀裂進展速度上昇の原因であるという仮説を検証することはできていない．そこで，EXDM 法を用い，20％冷間圧延を施した SUS316 ステンレス鋼における外部応力負荷下での結晶粒単位の内部応力分布および粒界近傍での局所応力分布の実測に挑戦した．測定には市販の SUS316 を供試材として用意した．供試材に 1473 K，105 min. の溶体化処理を施し，室温水中に焼き入れ急冷した．その後，溶体化処理済みの供試材に室温にて圧下率 20％の圧延を行った．この圧延材の TD-ND 面より外部応力負荷方向が TD 方向と

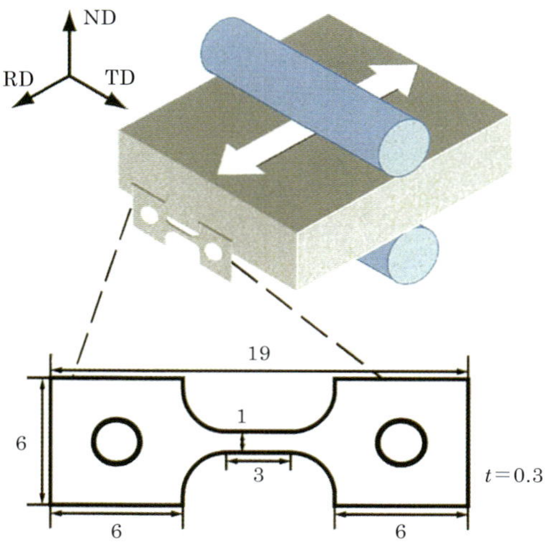

図 2　SUS316 冷間圧延材から TD-ND 面に平行に切り出した引張試験片の形状と各種寸法．寸法の単位は全てミリメートル[7)]．

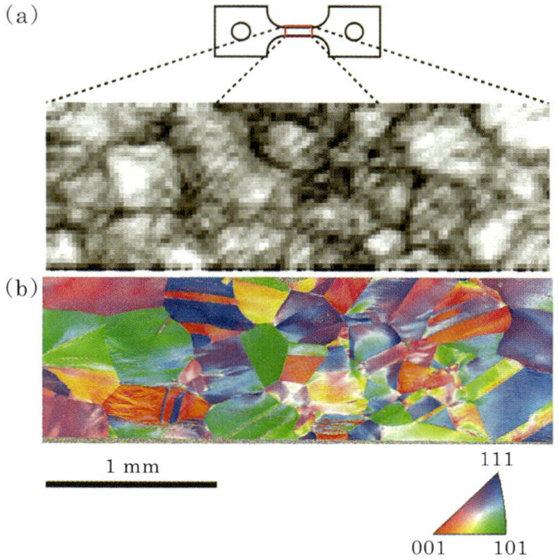

図 3　試験片ゲージ部の (a) 結晶粒界イメージと (b) SEM-EBSP によって得られた IPF カラーマップ[7)]．

平行になるように測定用試験片を切り出した．試験片の外形と寸法を図2に示す．試験片ゲージ部の結晶粒界イメージを図3(a)に示す．黒で描かれる領域が結晶粒界であり，白の領域が結晶粒である．図3(b)のSEM-EBSPによるIPFマップの結果と比較すると結晶粒の形はほぼ一致していることがわかる．また，方位カラーマップより試験片の結晶粒径は約300 μmとなり，これは試験片の厚さ300 μmと等しいことから試験片厚さ方向に結晶粒が1個しかないといえる．この結晶粒界イメージより内部応力分布として結晶粒ごとの応力と結晶粒界近傍での応力を調査した．

各結晶粒の中心をビーム径25 μm × 25 μmにて測定したラウエパターンおよびエネルギープロファイルより算出した主応力をベクトル表示した結晶粒界イメージを図4に示す．赤いベクトルは引張応力を，青いベクトルは圧縮応力を示す．図4(a)より無負荷の状態では多くの結晶粒で圧縮の応力を示している．これらの応力は20％冷間圧延によって導入された残留応力であるといえる．各点の残留応力は大きさとその方向にバラつきがあり，圧延によって導入された残留応力が結晶粒ごとに不均一に分布していることを示している．図4(b)に300 MPaの外部応力を負荷した場合の各結晶粒の内部応力分布を示す．多くの結晶粒で応力ベクトルは引張応力へと変化し，その方向も外部応力負荷方向に向く傾向が見られる．また，ゲージ部幅方向の主応力は圧縮応力であり，体積一定のまま変形している様子を示している．しかし，各結晶粒ごとの応力の大きさは残留応力のときと同様にバラつきがあり，応力負荷した場合の応力分布においても結晶粒ごとに不均一な応力の分配が起きているといえる．これらのバラつきは，各結晶粒の引張方向に対する結晶方位や隣

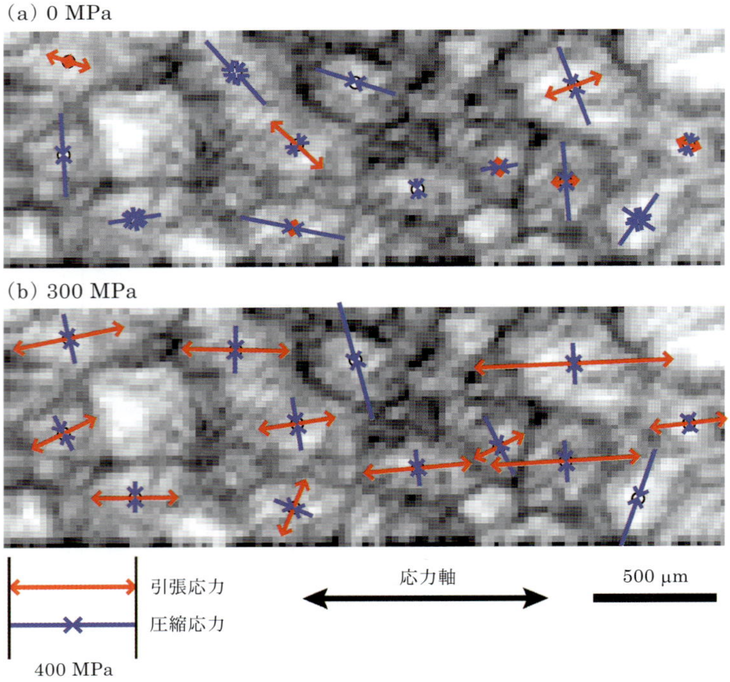

図4　結晶粒ごとの局所応力分布．各結晶粒の中心の主応力をベクトルで表示し，赤い矢印は引張応力を，青い矢印は圧縮応力を示す．外部負荷応力は水平方向であり，(a) 0 MPaおよび(b) 300 MPaとなる．

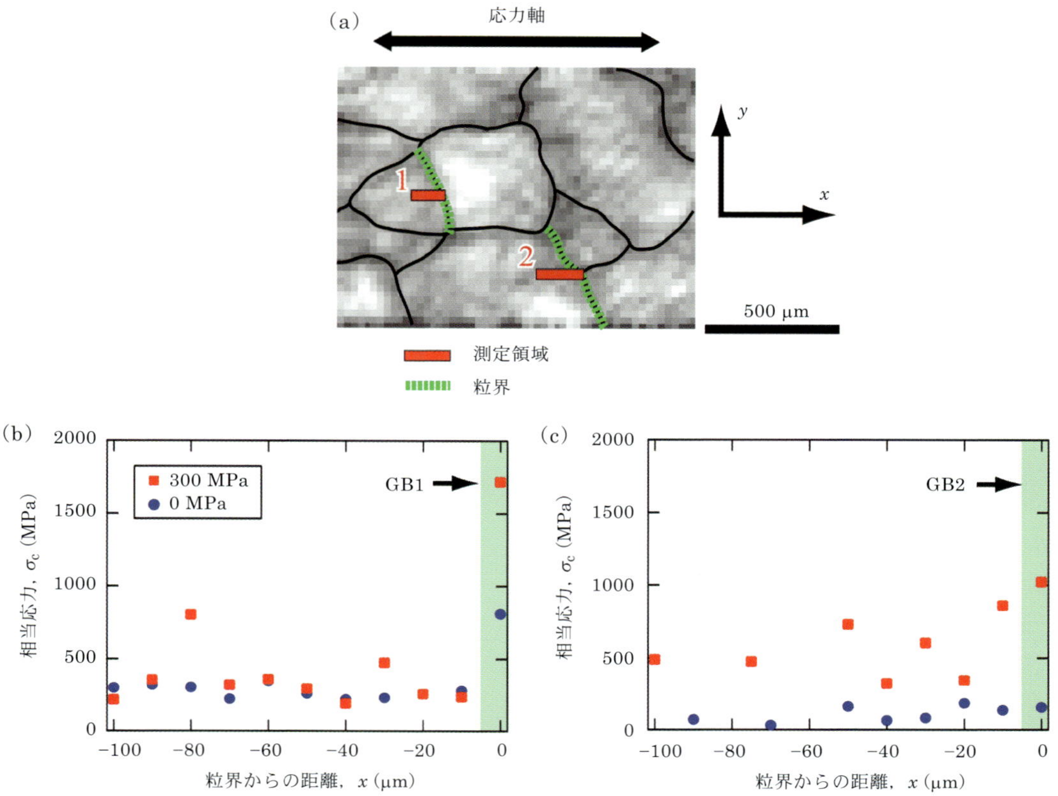

図 5　結晶粒界近傍での局所応力分布．(a) 応力分布測定を行った結晶粒界と測定領域を示す結晶粒界イメージ．(b) 結晶粒界 1 および (c) 結晶粒界 2 の相当応力分布 [7]．

り合う結晶粒との結晶方位関係が異なることが原因と考えられる．

次に粒界近傍での局所応力分布測定の結果を示す．図 5 (a) に応力分布を測定した 2 つの粒界を示す．粒界 1 では外部応力負荷方向に垂直な粒界，粒界 2 では粒界三重点を含む粒界を選定した，測定時にはビーム径を 10 μm × 10 μm に絞り，測定点間隔は 10 μm とした．粒界 1 および粒界 2 における粒界近傍の局所応力分布を，それぞれ図 5 の (b) および (c) に示す．横軸は結晶粒界からの距離とし，各測定点の相当応力をプロットしている．無負荷のとき，粒界 1 近傍では約 300 MPa 程度の残留応力が分布しており，さらに粒界 1 上の測定点での応力値は粒内の値よりも大きくなっている．これは 20％冷間圧延によって導入された残留応力が粒界で集中していることを示す．しかし，粒界 2 では全体的に残留応力の値は小さく，粒内と粒界の応力の値にほとんど差は見られなかった．これらに対し，300 MPa の外部応力を負荷した状態での応力分布では，粒界 1 と 2 のどちらにおいても粒界上の測定点で応力値の上昇が見られる．これは外部応力負荷に伴う粒界での応力集中であると考えられる．また，粒界 1 近傍では粒内の応力の上昇は小さく粒界上の測定点だけが大きく上昇している．これに対し粒界 2 近傍では結晶粒内の測定点も応力が上昇しており，粒内から粒界にかけて次第に上昇していくことがわかる．これらの測定結果は結晶粒や粒界ごとに応力集中の度合いや応力の分布の仕方が異なることを示している.

4. おわりに

本稿では,筆者らのグループがSPring-8 BL28B2にて開発を進めているEXDM法について説明するとともに,SUS316冷間圧延材における局所応力分析の結果を紹介した.本手法は,今まで困難とされていた材料内局所での応力分布の分析が可能であり,金属材料の変形機構解明に資する技術であるといえる.本技術にはSPring-8のような高輝度かつ広いエネルギーバンドの放射光白色X線が必要不可欠であり,放射光が金属材料分析において有用であることを示す好事例である.

本手法はまだ発展途上であり,基礎と応用いずれにおいても開発を進めている.たとえば,基礎の面ではFCC構造のモデル材料として純Cuの多結晶材料や双結晶材料の粒界での応力分布解析を行い,応力集中の機構解明に取り組んでいる[13].また応用面ではステンレス鋳鋼のような実用材料の応力分布解析も進めている[14].金属材料研究においては,電子顕微鏡などに比べ放射光実験はまだマイナーな手法であるが,先端分析法として非常に有用であり,今後の発展も期待される.本稿をご覧になった方がEXDM法をはじめ放射光実験に興味を持っていただければ幸甚である.

参考文献

1) 南秀和,池田博司,森川龍哉,東田賢二,眞山剛,田路勇樹,長谷川浩平:鉄と鋼,**98**(2012),303-310.

2) A. J. Wilkinson, G. Meaden and D. J. Dingley: Ultramicroscopy, **106** (2006), 307-313.

3) L. Margulies, G. Winther and H. F. Poulsen: Science, **291** (2001), 2392-2394.

4) B. C. Larson, W. Yang, G. E. Ice, J. D. Budai and J. Z. Tischler: Nature, **415** (2002) 887-890.

5) H. Toda, I. Sinclair, J.-Y. Buffière, E. Maire, T. Connolley, M. Joyce, K. H. Khor and P. Greson: Phil. Mag. A, **83** (2003), 2429-2448.

6) K. Kajiwara, M. Sato, T. Hashimoto, T, Yamada, T. Terachi, T. Fukumura and K. Arioka: ISIJ International, **53** (2013), 165-169.

7) T. Miyazawa, K. Kajiwara, M. Sato, T. Hashimoto, T. Yamada, T. Terauchi, T. Fukumura and K. Arioka: Proceedings of The 8th Pacific Rim International Congress on Advanced Materials and Processing., (2013), pp.3467-3473.

8) M. Chen, A. Matsumoto, A. Shibata, Tomotaka Miyazawa, D. Terada, M. Sato, H. Adachi, N. Tsuji: Materials Today: Proceedongs, **S2** (2015), S937-S940.

9) A. Matsumoto, M. Chen, A. Shibata, Tomotaka Miyazawa, M. Sato and N. Tsuji: Materials Today: Proceedongs, **S2** (2015), S945-S948.

10) K. Kajiwara, M. Sato, T. Hashimoto, I. Hirosawa, T, Yamada, T. Terachi, T. Fukumura and K. Arioka: Phis. Stat. Sol. a, **206** (2009), 1838-1841.

11) H. M. Ledbetter: British J. NDT, **23** (1981), 286-287.

12) K. Arioka, T. Yamada, T. Terachi and G. Chiba: Corrosion, **62** (2006), 568-575.

13) 宮澤知孝,梶原堅太郎,佐藤眞直:平成26年度 SPring-8産業新分野支援課題・一般課題(産業分野)実施報告書(2014A),2014A1580.

14) 山田卓陽,青木政徳,福村卓也,有岡孝司,宮澤知孝,梶原堅太郎,佐藤眞直,橋本保:平成26年度 SPring-8産業新分野支援課題・一般課題(産業分野)実施報告書(2014B),2014B1857.

構造物の健全性，予寿命評価を探る
―放射光を利用する材料の表面内部応力･ひずみ･変形評価―

菖蒲敬久，城　鮎美

X 線回折による応力評価はすでに実用材料に対して多く適用され，企業においては健全性や余寿命評価に活用している．放射光 X 線を利用することで，これまで計測が困難であった，内部，微少部，負荷中，使用環境中，時分割などの様々な条件での応力のみならず，ひずみ･変形･集合組織･析出物などが計測できる．本稿ではこれらの測定原理，測定事例を紹介し，放射光応力測定の有効性･有利性，他の測定技術との棲み分け，相補利用の理解を図りたい．

1.　はじめに

一般に，構造物は材料をそのまま使うことはなく，曲げたり，伸ばしたり，ねじで止めたり，溶接したりなど様々な“加工”が施されている．この加工により材料内部には残留応力が発生する．構造材は様々な環境にさらされるが，この残留応力が疲労，そして破壊の起点となることが多い．そのため，構造物の健全性，予寿命評価を明らかにするためにはこの“残留応力”や“ひずみ”，“変形”などを明らかにし，“材料強度”を評価することが非常に重要とされている．

材料強度評価のための測定手法には様々な方法が存在するが，“回折法”は近年特に注目された測定方法である．その理由は，構造物の多くが金属やセラミックスなど結晶構造を有しているものが多く，構造材を非破壊，非接触で遠隔に計測できるためである．なお，最近はコンクリートなどの非結晶材料に対しても評価が可能であるが，ここでは割愛する．図 1 は，回折法が得意とする実験室系 X 線，中性子，および放射光における，測定可能な照射領域と深さとの関係を表したものである [1)]．放射光は非常に広い範囲を網羅することが可能であること，加えて高輝度であることから時分割測定などこれまで測定が困難とされてきた評価に期待され，SPring-8 の誕生以降，多くの研究が実施され，成果を得ている．

本稿では，これらの結果を踏まえて，X 線回折法に含まれる材料強度評価に役立つ情報，実験室系 X 線で一般的に利用されている応力測定，放射光 X 線を利用する応力･ひずみ測定，X 線を利用する転位密度測定，および 2 次元検出器を利用する応力･ひずみ測定の 5 項目について，実例とともに紹介する．

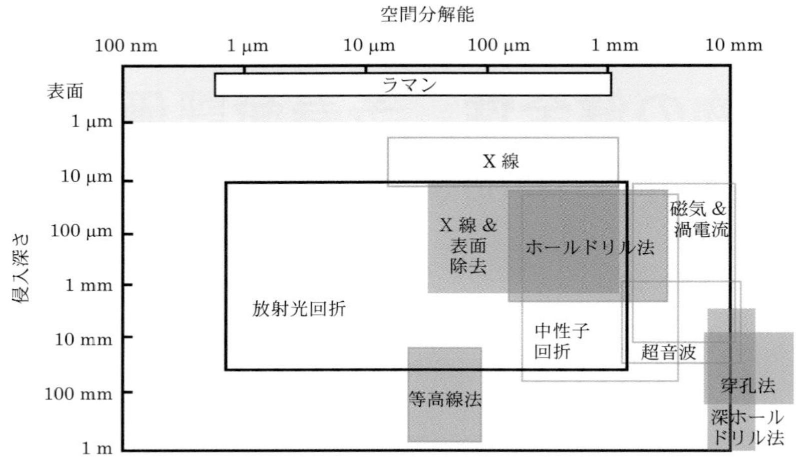

図 1　応力･ひずみ評価が可能な量子ビームの観察可能な照射領域と深さの関係 [1].

2.　X 線回折法に含まれる材料強度評価に役立つ情報

結晶構造を有する材料に単色 X 線を照射するとブラッグに式に従い，図 2 に例示するように，ある決まった角度に回折プロファイルが観察される．材料中に応力が発生している場合は，図 2 (a) の上下に示す模式図のとおり結晶が伸縮する，つまり格子面間隔が伸縮するため回折プロファイルが図 2 (a) のようにシフトする．具体的な相互関係は，以下のとおり記述できる．

格子面間隔 d (nm) と回折角 2θ の関係は，X 線の波長 λ (nm) とするとブラッグの条件から式 (1) となる．

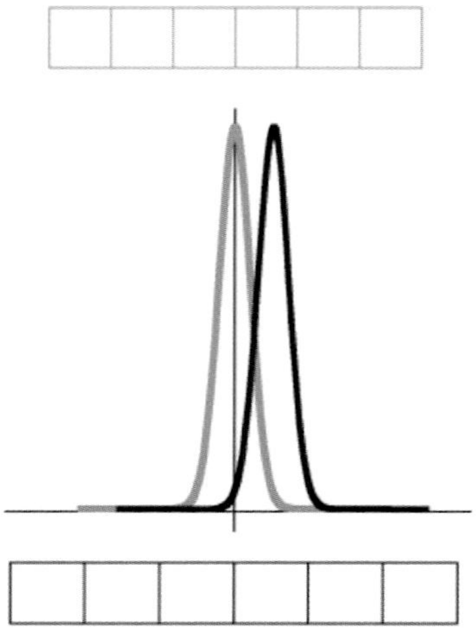

(a) 無ひずみ (上模式図，灰色プロファイル) と弾性変形 (下模式図，黒色プロファイル)

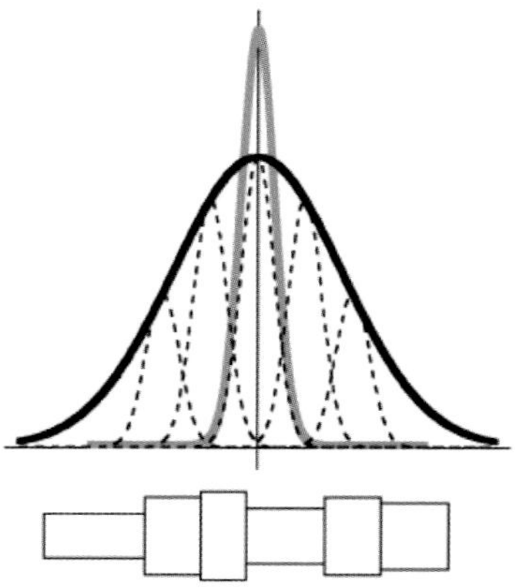

(b) 塑性変形

図 2　回折プロファイルと結晶構造の変化 [13].

$$d = \frac{\lambda}{2\sin\theta} \tag{1}$$

X 線の波長 λ とエネルギー E (keV) の関係は式 (2) で与えられる.

$$\lambda = \frac{1.2398}{E} \tag{2}$$

式 (2) を式 (1) に代入すると式 (3) となる.

$$d = \frac{1.2398}{2E\sin\theta} = \frac{0.6199}{\sin\theta}\cdot\frac{1}{E} \tag{3}$$

式 (3) を全微分し整理すると式 (4) が得られる.

$$\frac{\Delta d}{d} = -\left\{\frac{\Delta E}{E} + \cot\theta\cdot\Delta\theta\right\} \tag{4}$$

式 (4) で得られるのが格子ひずみであり, 材料強度学的には弾性ひずみと呼ばれるものに相当する.

回折プロファイルに注目すると, ①回折角度がシフトする, ②形状は変化しないという特徴がある. なお, 単色 X 線においては式 (4) の後者, 白色 X 線においては前者が変化し, 格子ひずみが求められる. 応力は, この格子ひずみの相対変化から, 材料表面の面内方向の応力を求める $2\theta-\sin^2\psi$ 法 [2], またはフックの法則を利用して主方向の応力を求める方法 [3] があり, それぞれ 3 節および 4 節で簡単に紹介する.

一方, 同一材料において回折プロファイルの幅が図 2 (b) のように広がる場合がある. これは, ①結晶ごとに格子ひずみの大きさが違う, ②結晶子サイズが小さくなる, ③転位などの欠陥が増加したためであり, 材料強度学的には塑性変形が発生したことを意味している. この回折プロファイルの形状から近年転位密度を求める方法が提案されており, 5 節で紹介する.

3. 実験室系 X 線で一般的に利用されている応力測定

図 3 に, X 線応力測定の原理を示す. 実験室系 X 線の侵入深さは浅く, 表面下 10 μm の情報しか得られないため, 平面応力状態が仮定できる場合が多い. そこで, 格子面法線と試料表面法線のなす角 ψ と回折角 θ の相関を用いて, 応力 σ_x は式 (5) で求められる.

$$\sigma_x = -\frac{E_{hkl}}{2(1+\nu_{hkl})}\frac{\pi}{180}\cot\theta_0\frac{\partial(2\theta)}{\partial(\sin^2\theta)} \tag{5}$$

ここで, θ_0 は無ひずみ状態での回折角であり, E_{hkl} および ν_{hkl} は, それぞれ所定の hkl 回折における X 線縦弾性係数とポアソン比である. つまり, 図 3 (c) の $2\theta-\sin^2\psi$ 法の光学系模式図が示すように, 異なる ψ に対応する 2θ を測定すれば, $2\theta-\sin^2\psi$ 線図の傾きから応力 σ_x が求められる. ここで, ψ の傾ける方向には 2

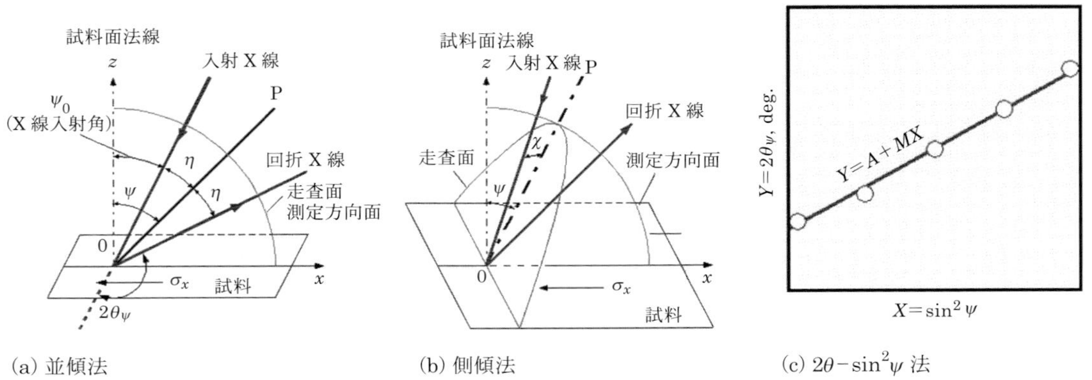

(a) 並傾法　(b) 側傾法　(c) $2\theta-\sin^2\psi$ 法

図 3　X 線応力測定の原理 [2].

種類あり，試験片を回折角方向に回すのを並傾法，回折角と垂直方向に回すのを側傾法と呼び，計測器や試料の制約条件により使い分けている．この原理に基づく応力測定システムは，すでに多くの市販品があり，産学官様々なところで使用されている．

4. 放射光X線を利用する応力・ひずみ測定

放射光X線の特徴の1つとして高輝度であることがあげられる．この特徴より，非常に狭い領域の計測ができることから局所領域の計測が可能となり，2次元分布も可能となる．さらに高エネルギーX線は材料に対する透過力が高いことから，材料内部の計測ができる．表1に，透過してきた量子ビームの強度が37％に減衰する厚さ（侵入深さ）を示す[4)5)]．X線の透過力（率）は，式(6)で表すことができる．

$$I = I_0 \exp\left(-\left(\frac{\mu}{\rho}\right)\rho L\right) \tag{6}$$

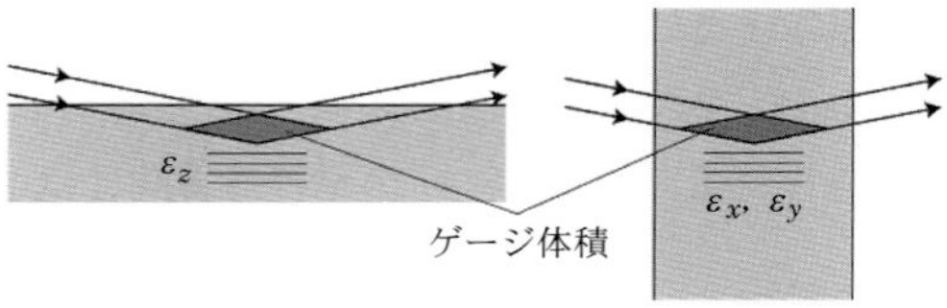

(a) 反射法　　(b) 透過法

図4　ひずみスキャンニング法[3)]．

Iは材料透過後の強度，I_0は透過前の強度，ρは材料密度，Lは材料通過距離（侵入深さ）である．μ/ρは質量吸収係数と呼ばれる物質固有の値であり，X線のエネルギーが高くなるとその値は小さくなる．この透過力を生かした測定方法として，ひずみスキャンニング法がある．

図4に，2種類のひずみスキャンニング法を示す．ひずみスキャンニング法は，入射側と受光側のスリットにて制限された領域（これをゲージ体積と呼ぶ）からの平均的な回折角を，試料の位置を3次元的に走査して回折角の変化を連続的に測定する方法である．(a)は同じ面から放射光を入出射することから反射法，(b)は一方の面から放射光を入射し反対の面より出射させることから透過法とそれぞれ呼んでおり，(a)では厚さ方向のひずみが，(b)では厚さ方向と垂直な方向（面内方向）のひずみがそれぞれ求められる．ここで，図ではゲージ体積を平たく記述している．これは高エネルギー放射光を利用することで材料に対する透過力を挙げているが，回折角度が非常に低角になるためである．そのために反射法では深さ方向の分解能は数十μmまで小さくできるが，透過法でのそれは数百μmまでしか小さくできない．ただし，測定できる深さに関して鉄を例にすると，反射法では0.5 mmまでだが透過法では10 mmまで可能である．

図5は，透過型ひずみスキャンニング法による測定結果から算出した，重ね合わせ溶接試

表1　量子ビームの侵入深さ[4)5)]

	対象材料中への減衰距離（mm）				
光源（keV）	Al	Ti	Fe	Ni	Cu
放射光（150）	27	13	6	5	5
放射光（70）	15.4	3.8	1.4	1.3	1.0
放射光（40）	6.5	1.0	0.35	0.24	0.23
Cu-Kα（8）	0.074	0.011	0.004	0.023	0.022
熱中性子	1230	50	85	40	53

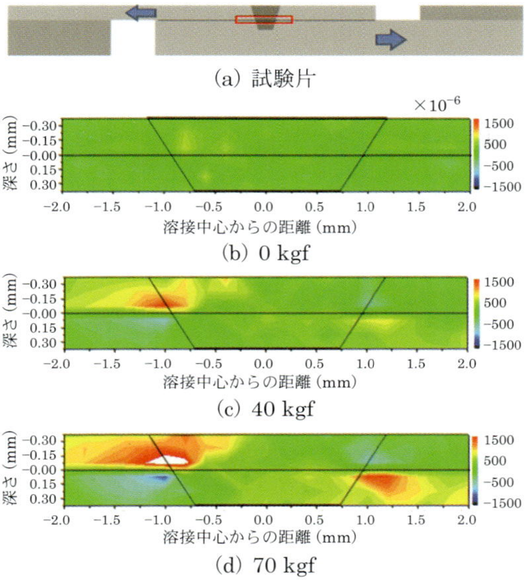

図 5 高温引張負荷中の PNC-FMS 鋼内部のひずみ分布[6].

験片内部のひずみ分布である[6]．材料はフェライト-マルテンサイト鋼である PNC-FMS 鋼を使用した．試験片の厚さは上部が 2 mm，下部が 5 mm, 幅 6 mm である．試験片上部よりレーザーによるスポット溶接を施し接合している．用いた X 線のエネルギーは 70 keV であり，試験片に対して幅 6 mm を透過し，溶接部周辺を試験片に 530℃，図 5 (a) の矢印の方向に負荷を加えながら，赤枠の中のひずみ分布を計測した．図 5 (b) ～5 (d) に関して，赤が引張，青が圧縮ひずみをそれぞれ示し，黄緑は無ひずみを表している．(b) ではほぼ一様に無ひずみであることから試験片内部はほぼ欠陥が発生していないと思われる．これに対して，(c) および (d) では境界部に引張と圧縮ひずみが上下，左右対称的に観測され，その絶対値は荷重に対して増加している．引張荷重を加えた左上と右下に局所引張ひずみが出現している点は，感覚的にも理解できる．また，そのバランスとして上下に圧縮ひずみが出現するとも解釈でき，高エネルギー放射光を利用することによって，実環境その場測定ができていることが，本測定で十分確認できている．さらに有限要素によるシミュレーション結果とも，良い一致が確認できた．

5. X 線を利用した転位密度測定

結晶子サイズ，転位密度等の変化に伴い，回折プロファイルの形状，具体的には幅や，すその広がり等が変化する．T. Unger らは，従来提案されていた Williamson-Hall 法に弾性異方性を考慮することにより正確な不均一ひずみを求めることが可能な Modified Williamson-Hall 法[7] と Modified Warren-Aberbach 法を組み合わせることで転位密度や結晶子サイズを導出することを可能にした．

Modified Williamson-Hall 法の式は，次式となる．

$$\Delta K \cong \frac{0.9}{D} + \sqrt{\frac{\pi M b^2}{2}}\,\rho^{1/2}\left(KC^{1/2}\right) + O\left(K^2C\right) \tag{7}$$

ここで，ΔK はラインプロファイルの半価幅，D は結晶子サイズ，M は係数，b はバーガースベクトルで fcc の場合は a（格子定数：0.36 nm）$\times 2^{-1/2} = 2.546 \times 10^{-10}$ (m)，ρ は転位密度，$K (= 2\sin\theta/\lambda)$ は散乱ベクトル，$O(K^2C)$ は K^2C の高次項, そして C はコントラストファクター平均値であり，次式で表される．

$$C = C_{h00}\left(1 - qH^2\right) \tag{8}$$

H は方位関数であり，ミラー指数 hkl により次式で表される．

$$H^2 = \frac{h^2k^2 + k^2l^2 + l^2h^2}{\left(h^2 + k^2 + l^2\right)^2} \tag{9}$$

本研究では，らせん転位と刃状転位におけるそれぞれの C_{h00} および q は A. Borbely らにより開発された計算コード ANIZC[8] を用い，すべり系が⟨111⟩，{110}，弾性スティフネス C_{11},

C_{12}, C_{44} がそれぞれ 206.0, 133.0, 119.0 GPa より $C_{h00}=0.3225$ して求めた．実際の C_{h00} および q はらせん転位成分と刃状転位の構成比によって決まるため，式 (8) および式 (9) より得られる次式の関係を利用する．

$$\frac{\left(\Delta K^2-\alpha^2\right)}{K^2}=\beta C_{h00}\left(1-qH^2\right) \quad (10)$$

すなわち，式 (10) の関係から，H^2（横軸）に対する左辺の値（縦軸）を直線回帰することで，C_{h00}, q の値を決定した．ただし，α, β は係数である．

また，コンストラクトファクター C を用いると，転位と不均一ひずみの間に次式の関係が成り立つ．

$$\left\langle \varepsilon(L)^2 \right\rangle \cong \left(\frac{\rho C b^2}{4\pi}\right)\ln\left(\frac{R_e}{L}\right) \quad (11)$$

ここで，R_e は転位の有効半径である．この式 (11) の関係と Warren-Aberbach の式から，次式のように表すことができる．

$$\ln A(L) = \ln A^S(L) - \left(\frac{\pi L^2 \rho b^2}{2}\right)\ln\left(\frac{R_e}{L}\right)\left(K^2C\right) + O\left(K^2C\right)^2 \quad (12)$$

式 (12) は，Modified Warren-Aberbach 法として，転位密度および結晶子サイズを求めることに使われる．ここで，$A(L)$ はフーリエ級数，$A^S(L)$ は結晶子サイズに関するフーリエ級数，L はフーリエ長さである．

具体的には，K^2C に対する $\ln A(L)$ のグラフをプロットすれば各 L における K^2C に対する $\ln A(L)$ の関係式における 1 次の傾きより，次式の関係を得る．

$$\frac{X(L)}{L^2} = \left(\frac{\pi b^2}{2}\right)\rho\ln\left(R_e\right) - \left(\frac{\pi b^2}{2}\right)\rho\ln\left(L\right) \quad (13)$$

したがって，このときの $\ln(L)$ に対する傾き $(\pi b^2/2)\rho$ より転位密度 ρ が求められる．また，結晶子サイズは，式 (6) の切片 $\ln A^S(L)$ から，次式の関係を用いて求めることができる．

$$A^S(L) = 1 - \frac{L}{D} \quad (14)$$

図 6 は，オーステナイト系ステンレス鋼の 1 つである SUS316L 試験片の回折プロファイルと，固有ひずみに対する転位密度である [9]．固有ひずみ 0% と 50% の回折プロファイルを比較すると，明らかに 50% の回折プロファイル

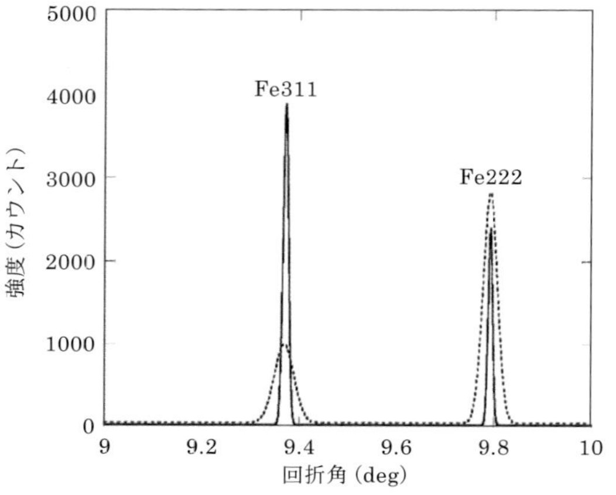

(a) 回折プロファイル

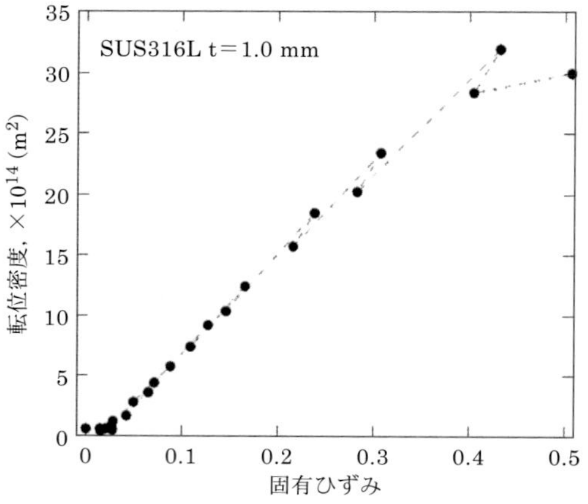

(b) 固有ひずみに対する転位密度

図 6　回折プロファイル (a) と転位密度 (b) [9]．

は幅が広い．上述の計算により求められた転位密度は，塑性変形が発生している数%以上から増加している．走査型電子顕微鏡（TEM）により転位密度を計測した結果と比較してもファクタ2内で一致していることから，本解析方法で非破壊で転位密度が求められることを確認している．

近年はアルミニウムの転位密度変化を1秒以下で求める研究[10]もあり，今後ますます用いられる手法といえる．

6. 2次元検出器を利用した応力・ひずみ測定

研究の効率化，新たな測定手法の開発には検出器の開発は必要不可欠である．1990年代にイメージングプレート（IP）はその代表ともいえる．2000年代になるとフラットパネルセンサーやPilatusなど，非常に短い時間で回折強度を保存することが可能な2次元検出器が開発，放射光でも利用されるようになった．材料強度評価においても取り扱う対象が多結晶体であることからこの2次元検出器を利用した測定が主流になりつつある．ここでは，時分割測定に関して紹介する．

TIG（Tungsten Inert Gas）溶接は構造物全般の接合技術として広く使われているが，この溶接部周りに出現する残留応力がどのような時間，温度から構築されるのかを明らかにするための実験のセッティングを図7に示す[11]．30 keVの放射光X線を構造用炭素鋼S50C表面のある場所に高さ50 μm，幅300 μmに照射し，そこからの回折リングを3つのPilatus 2次元検出器で0.1 secの時間分解能で連続測定を行なった．3つのPilatusのうち1つ（Detector3）は試験片に近づけ，構造の変化や析出部の観察に使用した．一方，残り2つ（Detector1, 2）は試料から1 m程度離れたところに設置し，αFe211と高温領域で出現するγFe311の回折リングの一部の観察に使用した．応力算出は$2\theta-\sin^2\psi$法により実施した．

TIG溶接中の場所ごとの組織変化（a）と溶融と熱影響部（heat affect zone：HAZ）の応力時間変化（b）を図8に示す．図8（a）は，溶融部からの距離に対する構造の時間変化を表したものである．測定をスタートさせ40 secでTIG溶接が測定場所を通過する．溶融部である0 mm付近は構造がα相からγ相，そして液体に変化し，その後凝固過程でγ相，α相へ変化する様子が観察された．一方溶融部から離れ

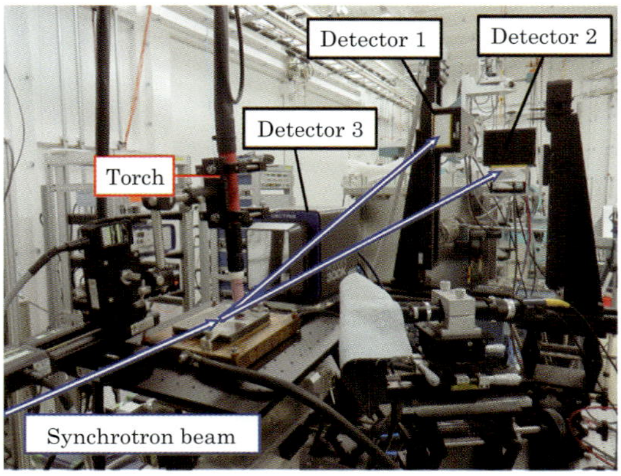

（a）写真

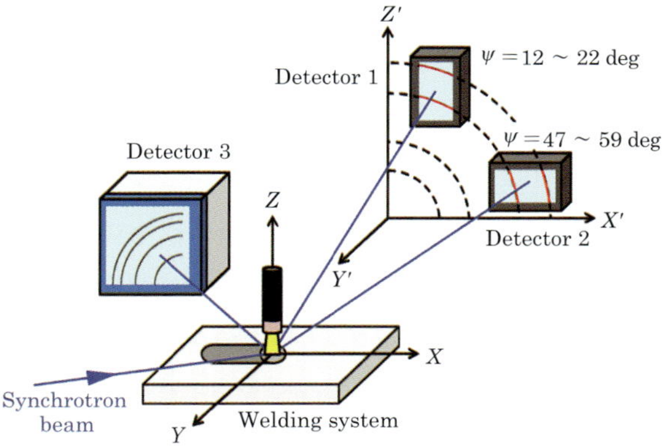

（b）概略図

図7　TIG溶接その場測定[11]．

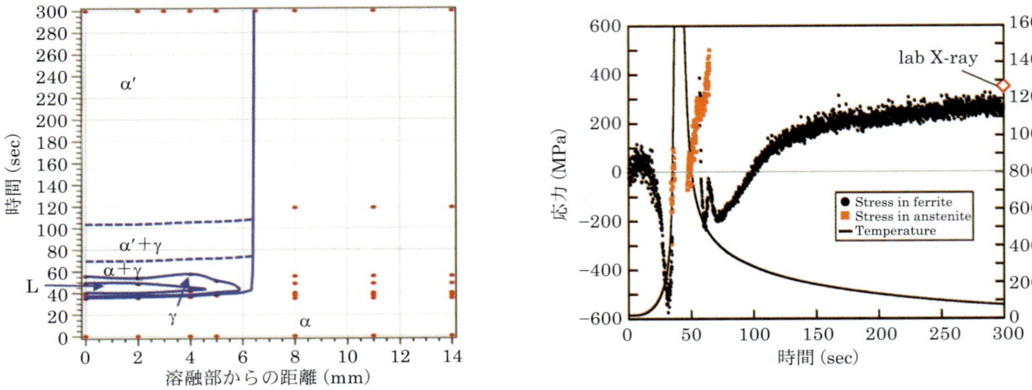

(a) 組織変化　　(b) 応力時間変化

図 8　TIG 溶接中の場所ごとの組織変化 (a) と溶融と HAZ の応力時間変化 (b)[11].

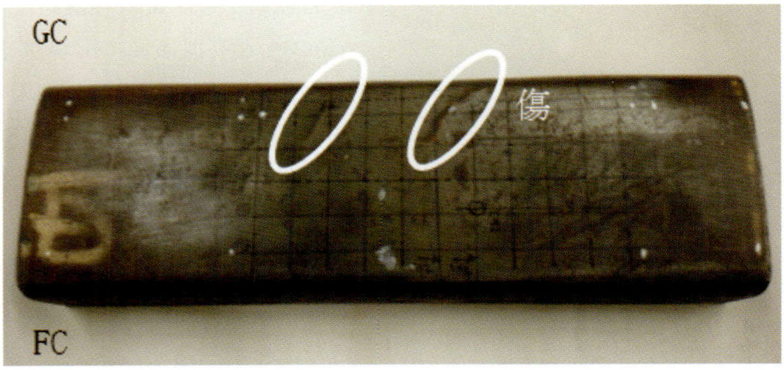

(a) レール表面

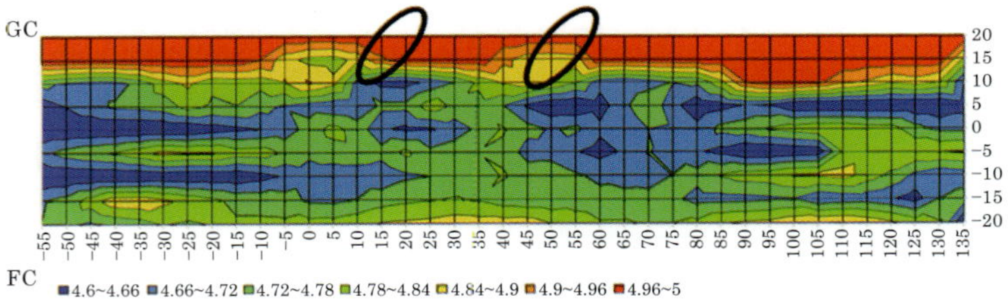

(b) 回折プロファイルの幅分布

図 9　レール表面の回折プロファイルの幅の分布[12].

たところは α 相のままであり，本手法で構造変化がしっかり測定できていることが確認された．図 8 (b) は応力の時間変化である．溶融部は凝固過程 300 度付近から圧縮から引張応力に変化していること，溶融部のすぐそばの母材である HAZ はそれとバランスするように圧縮応力が生成されていることがわかった．

さらに高速，簡便な測定法が開発されつつある．元来は実験室系 X 線と 2 次元検出器を組み合わせた cosα 法という回折リングの相対変化より応力や弾塑性変形状態を算出する方法であるが，測定時間がわずか数秒ということで，近年様々な応用が行われている．

図 9 は実験室系 X 線測定した際に得られた

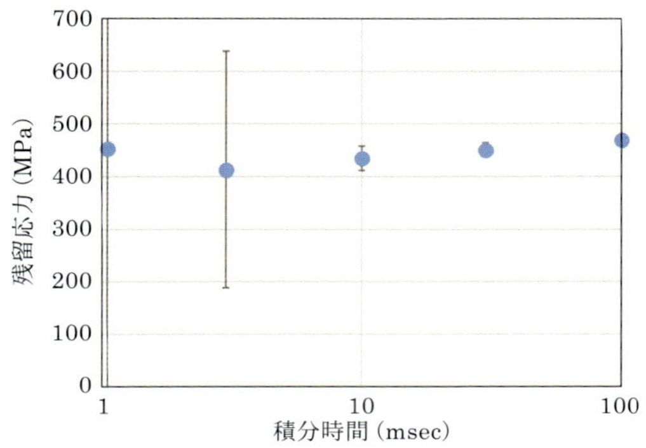

図 10 放射光を利用した曲げ応力の測定時間変化[14].

鉄道レールの αFe211 回折プロファイルの幅の分布である[12]. X 線管球は 30 kV × 10 mA, 測定時間は 1 点当たり約 2.5 sec である. 上部 (GC) 側の回折プロファイルの幅の広い領域の中に一部狭い範囲が存在しているが, この部分だけ回折プロファイルの幅が若干異なっていることから, 本手法を利用することでレールの欠陥の発見ができる可能性を見いだした.

放射光を利用する実験では, この検出器でどこまで早い時間で計測できるかを評価した. 材料は構造用炭素鋼 S45C であり, 曲げ応力を加えた状態で本検出器をセットし測定した. 使用した X 線のエネルギーは実験室系 X 線として応力評価にて用いられている Cr Kα 線のエネルギーに近い 5.4 keV である. X 線のサイズを 0.3 × 0.3 mm^2 とし, 試料の表面からの回折リングを試験片より 20 mm 程度の距離で観測した. 図 10 に測定時間に対する応力値の変化を示す. 曲げ応力 470 MPa に対して, 放射光で求めた応力は 1 msec でも十分測定できていることがわかる. ただし, 誤差が 10 msec より短くなると一気に大きくなっているが, これは X 線の強度が不足していることに依存していると考えている. つまり, より高輝度な X 線さえ利用できれば, さらに短い時間による応力評価ができることになり, 今まで明らかにならなかった現象解明につながることが期待できる.

7. まとめ

イノベーションを支える評価法として, 放射光 X 線を利用した応力･ひずみ･変形評価は産学官を通じてますます必要とされている. その測定方法も年々進化し, 効率化, 高速化が進んでいる. とくに 2 次元検出器を利用する評価法の開発が引き続き進み, 今まで明らかにすることができなかった現象解明が可能となると期待している. そしてこの放射光応力測定法技術が実験室系 X 線の技術へフィードバックする, 中性子との相補利用による材料強度評価の加速など, 構造物の健全性, 予寿命評価といった応力評価の原点に貢献することを期待している.

参考文献

1) P. J. Withers, M. Turski and L. Edwards: International Journal of Pressure Vessels and Piping, **85** (2008),118-127.
2) K. Tanaka, K. Suzuki and Y. Akiniwa: "Evaluation of residual stresses by X-ray diffractions-Fundamentals and applications", Yokendo Ltd., Tokyo (2006), p.25-42.
3) K. Tanaka, K. Suzuki, Y. Akiniwa and T. Shobu: "Evaluation of stress and strain using synchrotron radiation", Yokendo Ltd., Tokyo (2009), p.150-158.
4) K. Tanaka and Y. Akiniwa: JSMS, Japan, **52**(12) (2003), 1435-1440.
5) K. Tanaka and Y. Akiniwa: JSME, Inter. J., Ser. A, **47** (2004), 252-258.
6) 菖蒲敬久, 城鮎美, 村松壽晴, 山田知典, 永沼正行, 小澤隆之：第 49 回 X 線材料強度に関するシンポジウム (2015).
7) T. Unger and A. Borbely: Appl. Phys. Lett., **69** (1996), 3173-3175.
8) A. Borbely, J. D. Cernatescu, G. Ribarik and T. Unger: Journal of Appl. Crystallography, **36** (2003),160-162.
9) 菖蒲敬久, 城鮎美, 吉田裕, 徳田奨, 柴野純一, 熊谷正芳：第 51 回 X 線材料強度に関するシンポジウム (2017).

10） H. Adachi, Y. Miyajima, M. Sato and N. Tsuji: Journal of the Japan Institute of Light Metals, **64** (10) (2014), 463-469.
11） A. Tsuji, S. Zhang, T. Hashimoto, S. Okano, T. Shobu and M. Mochizuki: J. Society of Materials Science, Japan, **65** (9) (2016), 665-671.
12） 三井真吾，佐々木敏彦：第 49 回 X 線材料強度に関するシンポジウム（2015）.
13） 菖蒲敬久，桐山幸治：金属，**80**（2010），996-1002.
14） 三井真吾，佐々木敏彦，菖蒲敬久：私信.

量子ビーム回折法を用いた鉄鋼組織解析

佐藤成男，小貫祐介，菖蒲敬久，城　鮎美，
田代　均，轟　秀和，鈴木　茂

鉄鋼材料に代表される金属のミクロ組織に対し，放射光，中性子線の量子ビームを用いた新たなアプローチが可能になる．放射光の高輝度特性を活かしたマイクロ領域測定や高温その場測定により，構造材内部の転位の分布，転位の回復現象の追跡が可能となる．また，中性子線はバルク平均情報の特徴を活かすことで，複相鋼の強化機構メカニズムが詳細に考察できる．これら解析事例を原理とともに紹介する．

1.　はじめに

鉄鋼材料は，合金元素や熱･冷間プロセスを制御することで多様な組織を形成し，強度，延性などに優れた特性を示す．特に，複相からなる鉄鋼材料の強度特性は優れており，自動車を始め多くの構造材に利用されている．複相鉄鋼材料の組織･特性の制御には，各相の相分率，転位，さらに結晶方位などを考える必要がある．これらのミクロ組織情報の解析には電子顕微鏡が用いられることが多い．ただし，局所的な観察となるため，定量的な情報として把握することは容易ではない．

一方，X 線や中性子線に代表される量子線はその回折現象利用し，様々な材料解析に活用することができる．たとえば，回折ピークのラインプロファイル解析より転位密度･転位組織の解析が可能となった．また，集合組織や相分率などのベーシックな組織要素においても測定･解析法の高度化が進んでいる．これらの測定･解析を進める上で，ミクロ･マクロ 2 つの視点がある．たとえば，圧延や伸線加工などでは内部から表面の塑性ひずみ量の分布が生じることで，組織形成に勾配が生じる．その勾配を理解するには微小領域での解析が必要となる．一方，材料のマクロ特性はバルク全体の平均情報として組織情報を得る必要がある．ミクロの視点には SPring-8 のような高輝度放射光源が有効であり，マクロの視点には金属材料に対する高い透過性を持つ中性子線が有利である．

本稿では，高輝度放射光および大強度パルス中性子線を用い，主に回折ピークのラインプロファイル解析から鉄鋼のミクロ組織解析の研究例を紹介する．放射光による解析例として伸線加工パーライト鋼内部の転位キャラクター分布を解析した結果を紹介する．また，中性子線に

よる解析例として2相ステンレス鋼の圧延によるヘテロ強化機構について，リートベルト解析とラインプロファイル解析の相補利用から導かれる考察を紹介する．

2. ラインプロファイル解析

結晶に転位が導入されると，転位周囲には圧縮と引張の応力・ひずみが発生する．その結果，面間隔に分布が生じ，回折ピークに拡がりが生じる．また，転位配列やセル組織発達により結晶子(サイズ：D)が微細化し，サイズ効果による拡がりも生じる．格子ひずみ(ε)に対し，散乱ベクトルの大きさk(＝$2\sin\theta/\lambda$，λ：波長)に対する回折ピークの拡がり(Δk)は，Williamson-Hall (W-H) の式[1]で表せる．

$$\Delta k \cong 0.9/D + \varepsilon \cdot k \qquad (1)$$

式(1)は同一結晶面からの回折に対して有効であるが，複数の結晶面からの回折では，必ずしも成立しない．たとえば，冷間圧延(圧下率：38%)を施した純鉄のX線回折パターンに対し，その回折ピークの拡がりを式(1)でプロットすると図1(a)のようになる．kに対しジグザグな変化を示す．これは転位による格子ひずみが結晶面に対し非等方的となるためである．

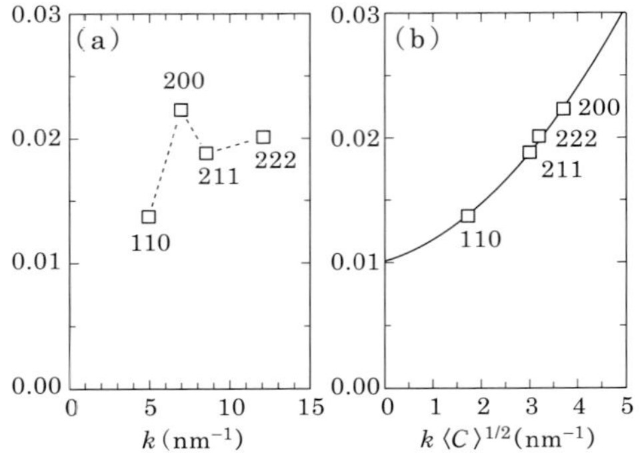

図1 冷間圧延(圧下率：38%)を施した純鉄のX線回折パターンに対する(a) W-H プロット，(b) modified W-H プロット．

回折面に対する非等方的な回折拡がりを転位に対するコントラストとして式(1)を補正したのが modified Williamson-Hall (modified W-H) 法[2)～4)]である．

$$\Delta k \cong \frac{0.9}{D} + \left(\frac{\pi B^2 b^2}{2}\right)\sqrt{\rho}\cdot k\sqrt{\bar{C}} + O\left(k^2\bar{C}\right) \qquad (2)$$

ここで，b, ρはそれぞれバーガースベクトルの大きさ，転位密度を表す．また，Bは転位のひずみ場の大きさに対する変数である．また，$\bar{C}$は平均コントラストファクターであり，バーガースベクトル，転位線ベクトル，散乱ベクトルの方位関係と弾性定数から定まる．$\bar{C}$の立方晶に対するhkl回折に対する変化は次式で表される．

$$\bar{C}_{hkl} = \bar{C}_{h00}\left(1 - q\frac{h^2k^2 + k^2l^2 + l^2h^2}{\left(h^2 + k^2 + l^2\right)^2}\right) \qquad (3)$$

qはらせん転位と刃状転位の割合により定まり[3)]，式(2)を変形した次式の最適値から求められる．

$$\left\{\Delta k^2 - \left(\frac{0.9}{D}\right)^2\right\}/k^2 \cong \beta\bar{C}_{h00}\left(1 - q\frac{h^2k^2 + k^2l^2 + l^2h^2}{\left(h^2 + k^2 + l^2\right)^2}\right) \qquad (4)$$

式(2)，(3)を用い，図1(a)の結果を補正すると図1(b)のように放物線上に各回折の拡がりがプロットされる．図1(b)の勾配の大きさは転位による格子ひずみの大きさに依存しているため，格子ひずみ量を試料間で比較する場合に有効である．

回折ピークをフーリエ変換すると，そのフーリエ係数の実部($A_L(k)$，L：実空間の長さ)が回折にコヒーレントな領域のプロファイルとなる．$A_L(k)$から結晶子サイズや格子ひずみを求めるのが Warren-Averbach 法[5)]である．

$$A(L) \cong A^s(L)\exp\left\{-2\pi^2 L^2 k^2 \left\langle \varepsilon_L^2 \right\rangle\right\} \quad (5)$$

さらに式(3)の平均コントラストファクターを導入したのがmodified Warren-Averbach (modified W-A)法[2)～4)]である.

$$A(L) \cong \ln A^s(L) - \left(\frac{\pi b^2}{2}\right)\rho L^2 \ln\left(\frac{R_e}{L}\right)\left(k^2\bar{C}\right) + O\left(k^2\bar{C}\right)^2 \quad (6)$$

A^s, R_eはそれぞれ結晶子サイズのフーリエ係数，転位のひずみ場の大きさを表す．また，R_eを転位密度で無次元化したパラメーター$M\left(=R_e\sqrt{\rho}\right)$から転位の配列状態を推定することができる．$M$値が1より小さいとき，転位がダイポールやアレイ構造を持つことでひずみ場が打ち消し合っている状態を表し，1より大きいと転位がランダムに分布していることを示唆する．

Modified Warren-Averbach法はラインプロファイルにおける結晶子サイズと転位による格子ひずみ成分を分離する方法（式(5)の右向きの計算）だが，結晶子サイズ，転位による格子ひずみそれぞれによるラインプロファイル(I_{size}, $I_{dislocation}$)を導き，コンボリューションする（式(5)の左向きの計算）方法がCMWP (convolutional multiple whole profile)法[6)]である．結晶子サイズによるプロファイル関数は対数正規分布のサイズ分布を考えた場合，次のように表せる．

$$I_{size}(k) = \int_0^\infty \mu \frac{\sin^2(\mu\pi k)}{(\pi k)^2} \mathrm{erfc}\left\{\frac{\log(\mu/m)}{\sqrt{2}\sigma}\right\} d\mu \quad (7)$$

また，転位による格子ひずみによるプロファイル関数は次式となる．

$$I_{dislocation}(k) = \int_0^\infty \exp\left\{-2\pi^2 L^2 k^2 \left\langle \varepsilon_{k,L}^2 \right\rangle\right\} \exp(2\pi i L k)\, dL \quad (8)$$

ここで，

$$\left\langle \varepsilon_{k,L}^2 \right\rangle = \left(\frac{b}{2\pi}\right)^2 \pi\rho\bar{C} f(\eta) \quad (9)$$

であり，$f(\eta)$はWilkensのひずみ関数[7)]である．実際には式(7), (8)に加え，装置由来のラインプロファイルをコンボリューションし，実験から求められた回折プロファイルにフィッティングすることで，結晶子サイズ，転位密度などが求められる．

3. 放射光の実例：パーライト鋼[8)]

パーライト鋼は引き抜き加工の繰り返しによる大きな加工ひずみにより4 GPaに達する引張強度を示す．その強化機構はフェライト(α-Fe)–セメンタイト(Fe_3C)ラメラ間隔の幅が狭くなること，および，α-Fe相に高密度の転位が導入されることによる．伸線加工パーライト鋼ワイヤに対し，実験室X線回折装置を用いたラインプロファイル解析を行った研究では，パーライト鋼内の炭素濃度による転位密度への影響や伸線加工に伴う引張強度の増加を転位密度と関連付けて説明できることを示された[9)]．一方，実験室X線回折ではワイヤ断面を測定面とし，その平均情報として解析するため，ダイスと接する表面から線材内部の転位キャラクター分布を解析できない．その分布の特徴を捉えるには放射光の高輝度X線によるマイクロビームX線回折ラインプロファイル解析が有効である．また，実験室X線の測定には数時間を要するため，昇温による転位の回復現象を捉えることはできないが，放射光の高輝度X線を用いれば短時間測定から，その様子を観察することができる．これらの特徴を活かした放射光ラインプロファイル解析を紹介する．

3.1 ワイヤ材内部の転位キャラクター分布

試料には東京製綱 / 研究所より提供された Fe-0.73C-0.47Mn-0.20Si (mass %) 鋼を用いた．半径 2.75 mm のパテンティング材を伸線加工により半径 1.37 mm まで減面し，真ひずみ 1.39 が加えられている．

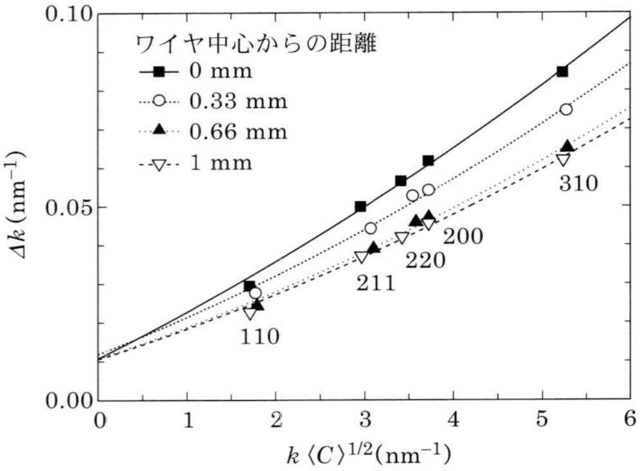

図 2　伸線加工パーライト鋼のワイヤ中心からの各距離で測定された X 線回折パターンに対する modified W-H プロット[8]．

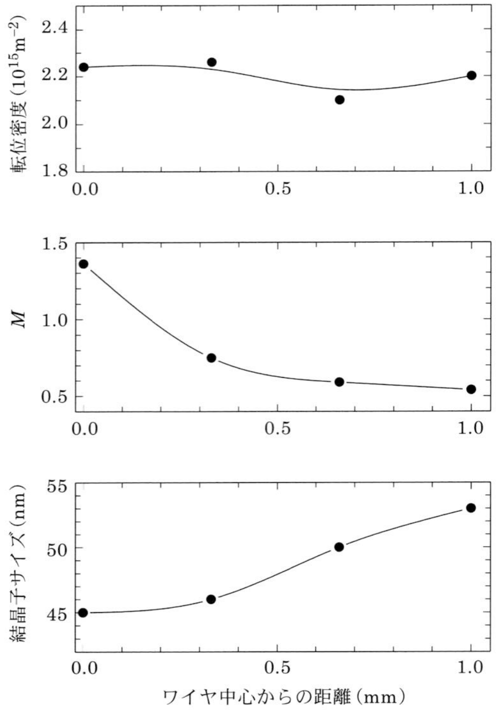

図 3　伸線加工パーライト鋼のワイヤ中心からの距離に対する転位密度，M 値，結晶子サイズの変化[8]．

X 線回折測定は高輝度マイクロビームが得られる SPring-8 の BL22XU にて実施した．30.036 keV の X 線を 200 × 200 μm^2 にコリメートし，ワイヤ材を 1 mm 厚の板状に成形した試料に入射した．回折 X 線は 2 次元検出器 (PILATUS 100K, Dectris) により検出した．検出面は試料から 858 mm に位置させ，検出器の 1 ピクセル (172 μm) あたりの角度分解能を約 0.011° とした．試料を移動することで，ワイヤ中心から表面にかけて X 線回折パターンを測定した．

α-Fe の回折に対し modified W-H 解析を行った結果を図 2 に示す．プロット勾配の大きさは転位による格子ひずみの大きさに対応するが，ワイヤ材中心より表面の格子ひずみが小さい．塑性ひずみはワイヤ材中心より表面で大きいことを踏まえると，転位による格子ひずみが大きくなると予想されたが，逆の傾向を示した．

Modified W-A 解析より，中心から表面への転位密度，転位配列，結晶子サイズの変化を求めた結果を図 3 に示す．塑性ひずみ量の違いにもかかわらず，転位密度はほぼ一定となることが明らかになった．一方，転位配列を示す M 値は中心部で大きく，表面側で小さくなる傾向が示された．つまり，中心部の転位はランダムに分布し，表面に近づくにつれダイポール形成などの転位再配列が進むことがわかる．表面側で塑性ひずみ量は大きいが，その塑性ひずみは転位増殖に寄与せず，転位再配列を促すことが明らかになった．この転位再配列により格子ひずみが緩和されたため，図 2 において表面に近いほど格子ひずみが小さい結果となったことがわかる．なお，結晶子は表面側で大きいこともまた，転位再配列によりもたらされた現象と考えられる．

3.2 高温X線回折による転位再配列観察

前述の実験装置に赤外線加熱炉を設置し，伸線加工パーライト鋼の高温X線回折実験を行った．X線回折は473 Kから633 Kの間を20 Kステップで実施し，目的温度に到達した600 s後に回折イメージ取得した．また，温度上昇とともに温度因子に起因する回折プロファイルの変化が生じる．その影響はあらかじめ773 Kで1時間熱処理したパーライト鋼試料を標準試料として用い，昇温に伴うプロファイル変化から，温度因子によるプロファイル変化を定義した．

図4はmodified W-H/W-A法より解析した転位パラメーターの温度変化である．転位密度は温度とともに低下するが，573 Kで急激に低下する．*M*値は温度とともに増加するが，これは*M*値の小さい転位ダイポールの消滅を示

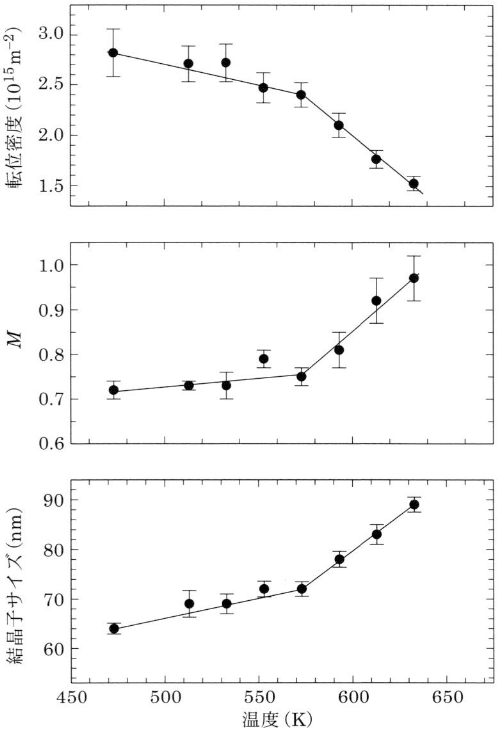

図4 伸線加工パーライト鋼の転位密度，*M*値，結晶子サイズの温度変化[8]．

唆しており，転位ダイポール密度の高いcell wallの転位が優先的に消滅していると考えられる．*M*値の変化率もまた573 Kで大きくなることから，573 K以上で生じる転位密度減少もまたcell wall中の転位消滅が優先的に生じていることを示唆している．結晶子サイズは温度とともに大きくなるが，573 K以上で顕著となる．cell wallの消滅により，cell interiorのサイズが大きくなり，結晶サイズの増大につながったと推定できる．

4. 中性子回折の実例：2相ステンレス鋼のヘテロ強化機構

フェライトとオーステナイトからなる2相ステンレス鋼は優れた耐食性に加え，高強度特性を持つ．この合金の塑性変形に伴う強度変化を理解するには，2相それぞれの転位増殖による加工硬化とその相分率を明らかにする必要がある．また，圧延板材のように表面から中心にかけて塑性変形量に勾配がある場合，材料全体の平均情報として求めることが望ましい．中性子線は金属材料に対する高い透過性があり，ビームサイズも数mm以上あるため，材料全体の情報を平均化して捉えることが容易である．そこで，2相ステンレス鋼の圧延に伴う加工硬化を中性子回折法から考察した結果を示す．

試料にはNAS64 (SUS329J4L相当) を用い，20%の冷間圧延を施した板材を測定に供した．測定はJ-PARC/MLFのBL20 (iMATERIA) ビームラインにて実施した．ビームライン概観図を図5 (a) に示す．試料を囲むように検出器バンクがレイアウトされ，背面回折となるBSバンク，入射ビームに対し直角方向のSEバンク，低角回折に対するLAバンクが配置している．図5 (b) のように圧延板材を積層し，TD (transverse direction) 軸にて回転することで集合組織の影響を弱めた．高分解能の回折ヒ

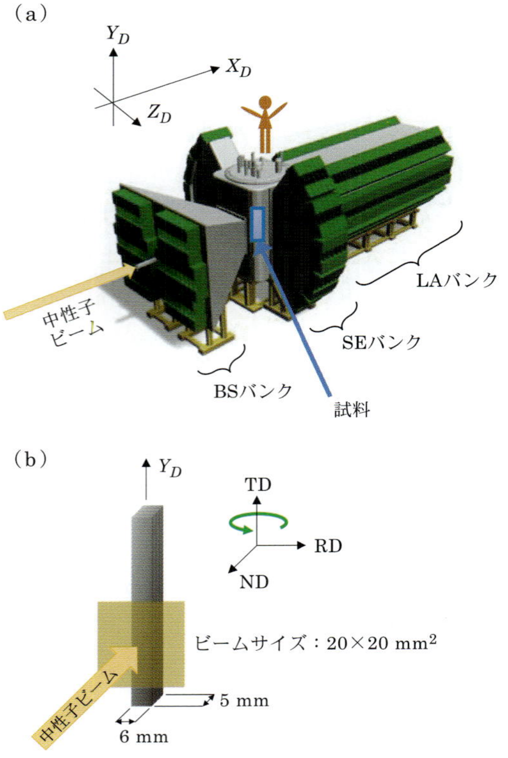

図 5　(a) iMATERIA ビームラインの概観図と (b) 試料模式図．

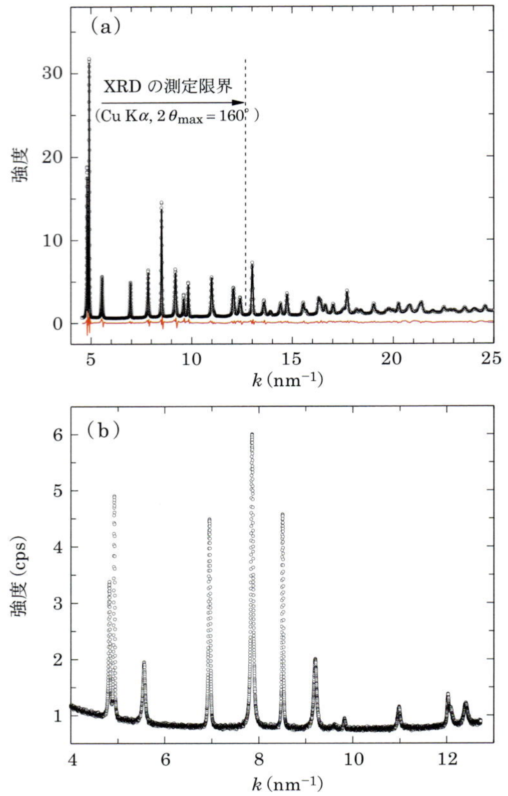

図 6　2 相ステンレス鋼（冷間圧延：20％）の (a) 中性子回折パターンに対するリートベルト解析結果と，(b) Cu Kα 線で測定された X 線回折パターン ($2\theta_{max}$ = 160°)．

ストグラムが得られる BS バンクでラインプロファイルによる転位キャラクター解析を行い，SE バンクの回折ヒストグラムを用いリートベルト解析による相分率解析を実施した．なお，BS, SE, LA バンクの全ての回折ヒストグラムを用いることで集合組織も同時に解析できる[10)]．なお，以下に示す結果は J-PARC/MLF のビームパワー 500 kW のビームタイムでの測定で，回折ヒストグラムの積算時間は約 2 分とした．

SE バンクの回折ヒストグラムを図 6 (a) に示す．また，中性子回折と X 線回折の比較のため，ND (normal direction) 面にて Cu Kα 線で測定された X 線回折パターンを図 6 (b) に示す．中性子回折，X 線回折における観測体積はビームサイズ，試料サイズ，侵入深さから，それぞれ 600，0.3 mm^3 となる．つまり，中性子回折は X 線回折に対し 2000 倍の領域を観察しており，より統計精度の高いデータと言える．X 線回折では k が大きくなるにつれ原子散乱因子が低下するため，高次の回折は微弱になり，特に 9.5 ~ 12.5 nm^{-1} の回折ピークは微弱となる．一方，中性子回折では k に対する回折強度の減衰がないため，X 線回折で微弱となったピークも明瞭に観測され，さらに X 線回折の 2 倍の k 領域が十分な強度で観測された．リートベルト解析により高次の回折まで強度評価することで，精度の高い相分率解析が可能となる．図 6 (a) の回折ヒストグラムについてリートベルト解析を行った結果，フェライト相とオース

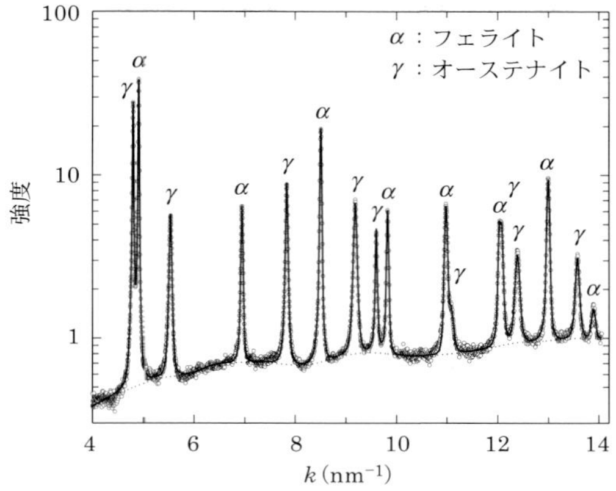

図 7　2 相ステンレス鋼（冷間圧延：20%）の中性子回折パターンに対する CMWP 解析結果．

表 1　2 相ステンレス鋼（冷間圧延：20%）の中性子回折から求めた転位密度，*M* 値，結晶子サイズ．

	転位密度 ($10^{15}m^{-2}$)	*M*	結晶子サイズ (nm)
フェライト	1.1	1.95	103
オーステナイト	4.5	0.57	51

テナイト相の体積比は 57：43 と求められた．

図 7 に BS バンクで得られた回折ヒストグラムについて，CMWP 解析を行った結果を示す．理論曲線で測定プロファイルがほぼ完全に再現され，表 1 に示す転位パラメーターが求められた．フェライト相の転位密度はオーステナイト相の転位密度の約 1/4 倍と小さく，転位増殖が進まないことがわかる．なお，フェライト相の結晶子サイズがオーステナイト相のそれに比べ大きいのは，転位密度の大小にある程度依存したためと推定される．転位配列を表す *M* 値はオーステナイト相で 1 より小さく，フェライト相では逆に大きい．フェライト相の転位はオーステナイト相の転位に比べランダムに分布し，転位間の相互作用が小さいことが示唆された．

転位密度による強化量 (σ) は Bailey-Hirsh の式で表すことができる．

$$\sigma = \sigma_0 + M\alpha Gb\sqrt{\rho} \tag{10}$$

ここで，M, α, G はそれぞれテイラー因子，定数，剛性率である．体積率と変形前後の転位密度からフェライト相，オーステナイト相の加工硬化量の大きさを比較すると，オーステナイト相の相分率が低いにもかかわらず，全体の強化量の 2/3 以上を担うことが明らかになった．

5.　おわりに

放射光 X 線と中性子線を用いた金属組織解析は今後広まりが期待されるが，その際の使い分けについて言及したい．本稿に示したように観察目的（ミクロ，マクロ）による使い分けもあるが，他にも試料条件や測定環境による使い分けが必要になる．

Al 基や Ti 基合金は中性子に対する散乱長が小さいため散乱強度が弱く，中性子回折実験では強度の点で不利になることがある．対照的に，Al と Ti に対する X 線吸収は小さく，放射光回折実験には容易な材料である．また，粒径が大きい材料では，放射光の高い平行性により Bragg 条件を満たす結晶粒の数が極端に少なくなるため回折実験が困難となる．その場合，ビームサイズが大きい中性子線が有利であり，数 100 μm の結晶粒でも十分に回折を観測できる．

また，高強度中性子源を用いたとしても，中性子線の散乱能は X 線より低いため，短時間測定については放射光 X 線が有利と言える．一方，高温荷重試験機での測定環境の構築のしやすさは，金属試料への透過性が高い中性子線が有利である．

一方で，量子ビームによる金属ミクロ組織解析のさらなる進展を目指すには，マクロ現象をミクロ領域の現象と関連づけることが必要となる．したがって，放射光の高輝度化が進むことで，微小領域（サブマイクロ分解能）での観察法を構築するとともにそれを中性子回折実験と関連づけるスキームを確立することが不可欠と思われる．

謝　辞

本稿で紹介した実験結果はJASRI-JAEAの一般課題（2013A3785_2013AE18）と J-PARC 茨城県プロジェクト課題（2015PM0007）により実施したものである．また，パーライト鋼は東京製綱/研究所から，2相ステンレス鋼は日本冶金工業の齋藤洋一氏からご提供いただきました．この場を借りて御礼申し上げます．

参考文献

1）　G. K. Williamson and W. H. Hall: Acta Metal., **1** (1953), 22.

2）　T. Ungár and A. Borbély: Appl. Phys. Lett., **69** (1996), 3173.

3）　T. Ungár, I. Dragomir, Á Révész and A. Borbély: J. Appl. Cryst., **32** (1999), 992.

4）　T. Ungár and G. Tichy: Phys. Stat. Sol. (a), **171** (1999), 425.

5）　B. E. Warren and B. L. Averbach: J. Appl. Phys., **21** (1950), 595.

6）　G. Ribárik, J. Gubicza and T. Ungár: Mater. Sci. Eng. A, 387-389 (2004), 343.

7）　M. Wilkens: Fundamental Aspects of Dislocation Theory, Vol.II, Nat. Bur. Stand. Spec. Publ., USA, (1970).

8）　S. Sato, T. Shobu, K. Satoh, H. Ogawa, K. Wagatsuma, M. Kumagai, M. Imafuku, H. Tashiro and S. Suzuki: ISIJ Int., **55** (2015), 1432.

9）　S. Sato, K. Wagatsuma, M. Ishikuro, E. P. Kwon, H. Tashiro and S. Suzuki: ISIJ Int., **53** (2013), 673.

10）　小貫 祐介：まてりあ，**55**（2016），104.

第 4 部

未来材料の開発・物質の新機能開拓への応用

超高速電子デバイスを目指すナノ炭素物質（グラフェン）の開拓

菅原克明，高橋　隆

原子1個程度の厚さしか持たない2次元ナノ炭素物質グラフェンの発見によって，これまで世界各地で爆発的にグラフェンに関する研究が行われてきた．そこで本節では，ナノ炭素物質グラフェンに関する研究の現状と3 GeV東北放射光によって実現すると期待される新たな研究展望および産業応用について解説する．

1. はじめに

鉛筆の芯として我々の日常生活で利用されている層状炭素物質（グラファイト）を，粘着テープで何回も剥離して得られた単層グラファイト（グラフェン）が，他の先端物質をはるかに凌駕する非常に優れた機械的・物理的・化学的特性を発揮することが，2004年，マンチェスター大学のノボセロフとガイムによって報告された[1)]．この予想もしなかった発見を契機に，グラフェンを含めたナノ炭素物質の研究・開発が世界各地で爆発的に進められることとなった．グラフェンの物理（電気）的性質を決定している電子（ディラック電子と呼ばれる）は，グラフェン中を秒速200 km（時速720000 km！）以上のスピードで散乱されずに進む（バリスティック伝導という）ため，その電子を利用した超高速応答のナノデバイスの開発が進められている．また，グラフェンは，鋼を超える強靭な機械的強度を持つ一方で，光を透過して，かつ高い電気伝導性を有するため，フレキシブル電子ペーパーへの応用も精力的に進められている（すでに，スマートフォンのディスプレイに応用されている）．また，その高い機械的性質を利用して，グラフェンをゴルフボールに活用するなど，我々の日常生活への応用も積極的に進められている．このような，グラフェンの持つ“飛び抜けて優れた性能”を活用して，我々の“安全・安心・豊かな”生活を実現しようという多くの国家的規模の研究開発プロジェクトが，世界各地で立ち上がっている．たとえば，ヨーロッパ（EU）では“Graphene Flagship”，韓国では“Graphene Mat. And Comp”などが，多くの研究者を擁して精力的に研究開発を展開している．日本においても，文部科学省新学術領域“原子層科学”[2)]や，科学技術振興機構

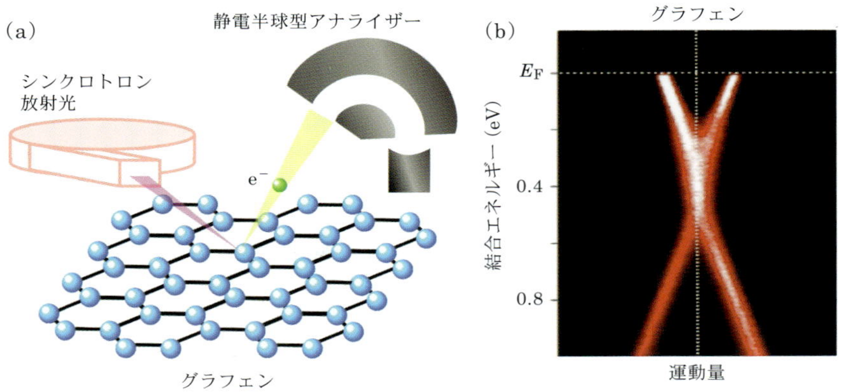

図 1　(a) 角度分解光電子分光 (ARPES) の模式図．放射光を試料表面に照射すると，試料表面より電子が放出される．この光電子のエネルギーと放出角度を測定することで，試料 (グラフェン) の電子状態を決定できる．(b) ARPES から決定した SiC 上に作製した単層グラフェンの電子状態 (電子のエネルギーと運動量の関係)．運動量 (横軸) とエネルギー (縦軸) が直線的な関係にある (ディラック電子状態) ことから，電子の質量は "ゼロ" であり，グラフェン中を超高速で移動していることがわかる．

CREST などの研究プロジェクトが立ち上がった．このように，グラフェンの研究開発は，国家的規模で進めるに値するほど，世界の人々の生活や産業の将来に大きな豊かさをもたらすものと期待されている．

現在，建設計画が進められている "3 GeV 東北放射光施設" の実現は，このグラフェンを含めた様々な新機能性材料の開発に大きな貢献をすることが期待されている．グラフェンなどの新機能物質中の電子の性質とその動きを直接観測する方法が，放射光を用いた角度分解光電子分光 (ARPES) である (図 1)[3]．東北放射光で実現されるナノメートル (nm，1 m の 10^9 分の 1) サイズの光スポットを用いて ARPES 実験を行うことで，グラフェンの持つディラック電子がナノスケールのデバイスの実空間内でどのような状態でいて，さらにどのように運動しているのかを直接観測できる. その研究結果は，グラフェンを用いた新機能ナノデバイス開発に大きく貢献する．

本稿では，ナノメートルサイズの放射光源を用いた光電子分光実験によって実現されるグラフェンナノ炭素材料の研究の現状と今後の展望，さらにそれらを踏まえた産業応用について解説する．

2.　グラフェンナノリボンの開発

シート状 (2 次元) のグラフェンをカーボンナノチューブのような 1 次元構造になるよう，その幅をナノメールサイズまで細くしたものをグラフェンナノリボンと呼ぶ (図 2)．グラフェンナノリボンは 2 種類の異なる端構造 (アームチェア端およびジグザグ端) を有し，それぞれ異なる電子特性を持つことが理論的に予測されている (図 2)．アームチェア端を持つグラフェンナノリボンでは，リボン幅に依存して，ディラック電子状態または半導体的電子状態が実現される (図 2 (a))[4]．一方, ジグザグ端構造では, そのリボン端に, 金属的局在電子状態 (図 2 (b)) および局在磁性が発現する[5]．このように，多くの魅力的な電気特性が予測されているものの，グラフェンから機械的に切り出すなどの方法では，グラフェンナノリボンを作製することは非常に難しいため，これまで，その実現は不可能と考えられてきた．しかし最近，金などの

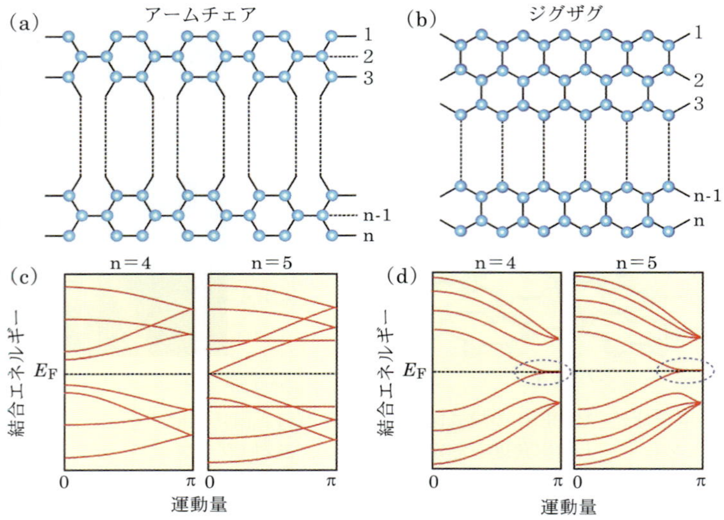

図 2　(a)，(b) アームチェア型 (a) およびジグザグ型 (b) グラフェンナノリボンの模式図．n はリボン幅に対応．(c)，(d) アームチェア型 (c) およびジグザグ型 (d) グラフェンナノリボンの電子状態の理論計算 [4]．アームチェア型で n に依存して半導体的またはディラック電子的電子状態を，ジグザグ型では n によらずエッジ局在状態（青点線）がフェルミ準位近傍に形成される．

単結晶基板に有機分子を蒸着・加熱し，基板との触媒反応を利用することで，グラフェンナノリボンを作製（合成）する方法や [6]，Ni 薄膜をリソグラフィ法でパターニングした後，架橋グラフェンナノリボンを化学気相成長法で合成する方法が提案され，グラフェンナノリボンが現実のものとなっている [7]．しかしながら，理論的に予測されているグラフェンナノリボンの幅および端構造に依存した電気的特性（電子状態）は，実験的にはまだ未解明のままである．この優れた特性を持つと考えられるグラフェンナノリボンの先端電子デバイスへの応用には，その電子状態を明らかにする必要がある．東北放射光で実現される“極微小スポット”の光をこのナノスケールの幅を持つグラフェンナノリボンに適用することで，純粋にナノリボンからのシグナルを観測することが可能となり，幅や端構造に依存したグラフェンナノリボンの電子的特性を明らかにすることができる．また，ジグザグ端で予言されている局在磁性は，電界効果によるスピン流制御（スピンフィルター効果）が可能となるため [8]，新たなスピントロニクス材料として期待されている．ナノメートルサイズの放射光を用いたスピン分解 ARPES によってスピンにまで分解した材料の電子状態を明らかにすることは，基礎特性の理解に留まらず，そのスピントロニクスデバイスへの応用には非常に重要である．

3.　電界効果 2 層グラフェンの開拓

ディラック電子を持つグラフェン 2 枚を積層した 2 層グラフェン（図 3 (a)）は，層間相互作用によって，電子が有効質量を持つ一般的な金属的電子状態を発現する．しかしながら，2 層グラフェンの特徴的な点は，原子層面に対して垂直電場を印加することによってバンドギャップが誘起され，さらに，その電場の大きさを変化させることで，ギャップの大きさを制御できることである [9]（図 3 (b)）．この現象を

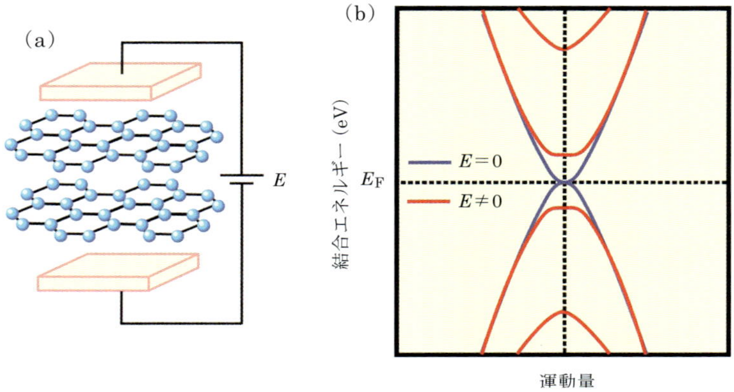

図 3　(a) 電場印加 2 層グラフェンデバイスの模式図．(b) 2 層グラフェンにおける電場印加前（青線）と後（赤線）のフェルミ準位近傍の電子状態．

利用して，2 層グラフェンの電場制御によるスウィッチング半導体デバイスへの応用が進められている．電気伝導実験[10]や光電子分光実験[11)12]によってバンドギャップ値の変化が観測されている一方，その実験結果から見積もられるギャップ値が理論予測に比べかなり小さいことが報告されている．その原因として，ギャップ中に形成された不純物準位を介したホッピング伝導が考えられる[13]．しかし，ホッピング伝導に注目した光電子分光実験は試みられておらず，小さなギャップ値の起源の解明には至っていない．材料のバンドギャップの値は，デバイス構築の際の基本的パラメータであり，真のギャップの値，さらに電気伝導から得られた小さなギャップ値の起源は何なのかを明らかにする必要がある．今後，輝度の高い放射光を用いた光電子分光実験を行うことで，電場印加 2 層グラフェンにおけるホッピング伝導の起源となる不純物準位を直接観測し，その起源の解明と制御を行うことが必要である．その研究結果に基づいて，室温でも高効率で動作する超高速スウィッチングデバイスや光検出デバイス実現への道を拓くことが期待される．

4.　面内回転 2 層グラフェンの特性開拓

上記の 2 層グラフェンは，AB 積層と呼ばれる最安定構造をとっているが，高配向性熱分解グラファイト（HOPG と呼ばれる）のようにグラフェンがお互いに回転し積層した面内回転 2 層グラフェン（図 4）は，面間相互作用が抑制されるため，AB 積層 2 層グラフェンでは消失しているディラック電子が再び出現する．さらに，面内回転による新たな対称性の出現または破れによって電子状態の大きな変調が誘起され，これまでグラフェンが持ち得なかった特異な物性が現れる．たとえば，回転角 1.05° で積層した 2 層グラフェンでは，フェルミ準位近傍に大きな状態密度が形成されて強いクーロン相互作用が働き，その結果，2 層グラフェンはモット絶縁体化し，わずかなキャリアドーピングによって超伝導が発現することが報告された[14)15]．この回転角 1.05° で積層した 2 層グラフェンは，銅酸化物高温超伝導体と類似した強相関電子物質ではないかと現在大きな注目を集めている．また，30° 回転した 2 層グラフェンは並進対称性が失われた正 12 角形で表現される準結晶となるため（図 4 (b)），多重ウムクラップ散乱によって新たな多重ディラック電子系が実現する

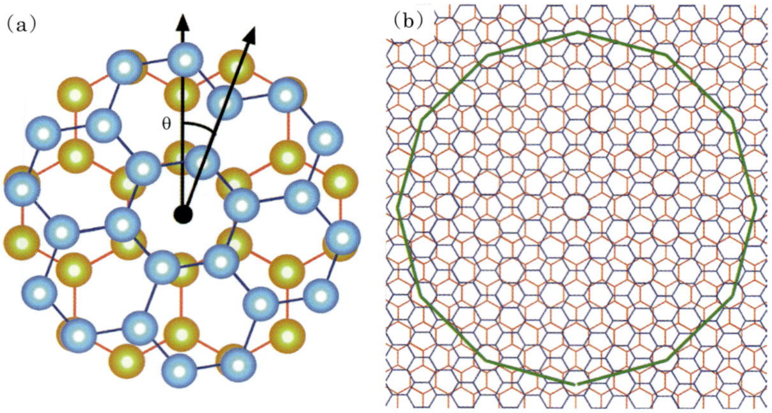

図 4 (a) 面内回転 2 層グラフェンの模式図．(b) 回転角度 30° に設定した面内回転 2 層グラフェン．並進対称性が失われた正 12 角形の準結晶構造を形成している[16]．

と期待されている[16]．しかしながら，1.05° 回転 2 層グラフェンのように，面内回転精度を 0.01° まで精密制御し積み重ねた 2 層グラフェン試料は，剥離法で得られたグラフェンを用いて作製されており，そのサイズは数 μm 程度である．ナノメートルサイズの放射光源を用いた光電子分光により，この非常に微小な面内回転 2 層グラフェンの電子特性を明らかにすることが期待されている．

5. グラフェンヘテロ構造の物性開拓

グラフェンおよびグラフェン以外の原子層材料（たとえば，遷移金属ダイカルコゲナイドや *h*-BN）を接合（ヘテロ構造化）することで，グラフェンのみでは持ち得ない新規物性を誘起する試みが進められている[17]．たとえば，MoS_2 上にトポロジカル絶縁体を接合したヘテロ構造を作製し，その発光強度を変化させるデバイス開発が報告されている[18]．また，グラフェンと他の物質とのヘテロ接合の試みも多く行われているが，ヘテロ構造化によってグラフェン自体の物性がどのように変化するかは未解明な点が多い．たとえば，①グラフェンと超伝導体を接合したヘテロ構造の場合，超伝導体中の超伝導電子（クーパー対）がグラフェンのディラック電子にどのような変調を与えるのか，②半導体遷移金属ダイカルコゲナイド MoS_2 にグラフェンを接合した際，その電子状態にどのような変化が誘起されるのかなど，まだ未解明である．これらの試料は，いずれも数 μm 以下の非常に小さなサイズしかなく，これまでその電子特性が未解明であったが，今後，ナノメートルサイズの放射光源を用いた光電子分光実験により，これらの特異な電子物性が明らかとなり，そのデバイス応用への道が大きく開くことが期待される．

6. おわりに

本稿では，ナノメートルサイズの放射光源スポットが実現することで期待されるグラフェンナノ炭素材料の基礎電子特性の解明とそのデバイス応用について解説した．一方，現在，グラフェンを超える新たな原子層物質（ポストグラフェン，たとえば遷移金属ダイカルコゲナイドなど）の研究も急速に進展している[19)～23]．今後，東北放射光の実現とともに，微小スポット光電子分光実験により，これらの新規物質の特異な電子特性とその起源が明らかとなり，新たな電子デバイスへの応用が進展することを期待する．

参考文献

1) K. S. Novoselov, A. K. Geim, S. V. Morozov, D. Jiang, Y. Zhang, S. V. Dubonos, I. V. Grigorieva and A. A. Firsov: Science, **306** (2004), 666-669.

2) 齋藤理一郎：新学術領域研究「原子層科学」最終報告書，http://flex.phys.tohoku.ac.jp/gensisou/archives/x01/gensisou17.pdf，(2018)．

3) 高橋隆，佐藤宇史：ARPESで探る固体の電子構造—高温超伝導体からトポロジカル絶縁体—，共立出版，(2017)．

4) K. Nakada, M. Fujita, G. Dresselhaus and M. S. Dresselhaus: Phys. Rev. B, **54** (1996), 17954-17961.

5) M. Fujita, K. Wakabayashi, K. Nakada and K. Kusakabe: J. Phys. Soc. Jpn., **65** (1996), 1920-1923.

6) J. Cai, P. Ruffieux, R. Jaafar, M. Bieri, T. Braun, S. Blankenburg, M. Muoth, A. P. Seitsonen, M. Saleh, X. Feng, K. Mullen and R. Fasel: Nature, **466** (2010), 470-473.

7) T. Kato and R. Hatakeyama: Nat. Nanotech., **7** (2012), 651-656.

8) Y. -W. Son, M. L. Cohen and S. G. Louie: Nature, **444** (2006), 347-349.

9) E. McCann: Phys. Rev. B, **74** (2006), 161403 (R).

10) J. B. Oostinga, H. B. Heersche, X. Liu, A. F. Morpurgo and L. M. K. Vandersypen: Nat. Mater., **7** (2008), 151-157.

11) T. Ohta, A. Bostwick, T. Seyller, K. Horn and E. Rotenberg: Science, **313** (2006), 951-954.

12) K. Sugawara, T. Sato, K. Kanetani and T. Takahashi: J. Phys. Soc. Jpn., **80** (2011), 024705.

13) H. Miyazaki, K. Tsukagoshi, A. Kanada, M. Otani and S. Okada: Nano Lett., **10** (2010), 3888-3892.

14) Y. Cao, V. Fatemi, S. Fang, K. Watanabe, T. Taniguchi, E. Kaxiras and P. Jarillo-Herrero: Nature, **556** (2018), 43-50.

15) Y. Cao V. Fatemi, A. Demir, S. Fang, S. L. Tomarken, J. Y. Luo, J. D. Sanchez-Yamagishi, K. Watanabe, T. Taniguchi, E. Kaxiras, R. C. Ashoori and P. Jarillo-Herrero: Nature, **556** (2018), 80-84.

16) S. J. Ahn, P. Moon, T.-H. Kim, H.-W. Kim, H.-C. Shin, E. H. Kim, H. W. Cha, S.-J. Kahng, P. Kim, M. Koshino, Y.-W. Son, C.-W. Yang and J. R. Ahn: arXiv, 1804.04261 (2018).

17) A. K. Geim and I. V. Grigorieva: Nature, **499** (2013), 419-425.

18) A. Vargas, F. Liu, C. Lane, D. Rubin, I. Bilgin, Z. Hennighausen, M. DeCapua, A. Bansil and S. Kar: Science Advances, **3** (2017), e1601741.

19) K. Sugawara, T. Sato, Y. Tanaka, S. Souma and T. Takahashi: Appl. Phys. Lett., **107** (2015), 071601.

20) K. Sugawara, Y. Nakata, R. Shimizu, P. Han, T. Hitosugi, T. Sato and T. Takahashi : ACS Nano, **10** (2016), 1341-1345.

21) Y. Nakata, K. Sugawara, R. Shimizu, Y. Okada, P. Han, T. Hitosugi, K. Ueno, T. Sato and T. Takahashi: NPG Asia Materials, **8** (2016), e321-1-5.

22) Y. Nakata, T. Yoshizawa, K. Sugawara, Y. Umemoto, T. Takahashi and T. Sato : ACS Applied Nano Materials, **1** (2018), 1456-1460.

23) Y. Nakata, K. Sugawara, S. Ichinokura, Y. Okada, T. Hitosugi, T. Koretsune, K. Ueno, S. Hasegawa, T. Takahashi and T. Sato: npj 2D Materials and Applications, **2** (2018), 12-1-6.

超伝導臨界温度（T_c）の向上を探る
―放射光軟 X 線光電子分光によるダイヤモンド超伝導体の微量不純物の化学状態およびバンド構造―

横谷尚睦

第 3 世代放射光を用いた軟 X 線光電子分光は測定試料の化学状態および電子状態を高精度で決定できる実験手法である．SLIT-J で得られる軟 X 線を利用することによりその精度は格段に高まると期待される．本稿では，ホウ素ドープダイヤモンド超伝導体を例として，軟 X 線光電子分光研究によりドーパント化学状態およびバンド構造がどのように観測されるのか，得られたデータが機能性向上のためどのように利用できるのかについて説明する．

1. はじめに

放射光は夢の光源であると言われても何が素晴らしいかピンとこない人は多いと思う．実際使ってみないとその凄さは実感できない．本稿では，近年新物質の電子状態および化学状態を調べるための強力かつ一般的ツールとして用いられている放射光軟 X 線光電子分光手法からどのような情報が得られるのかについて，高濃度ホウ素ドープダイヤモンドの軟 X 線光電子分光研究[1)~3)]を紹介することを通して解説する．

ここで扱うダイヤモンドは，不純物としてホウ素を数％ドープしたダイヤモンドであり，超伝導体である．超伝導とは物質が低温で示す性質で電気抵抗ゼロで，電気を流す性質である．この性質を示し始める温度は超伝導臨界温度（T_c）と呼ばれるが，通常の超伝導体では −260℃程度である．ダイヤモンドは，炭素という比較的軽い元素からできており，個々の原子が共有結合で強力に結合している．これらの性質は高い T_c を発現するための条件と考えられているため，ダイヤモンドは高い T_c を持つ超伝導体候補物質として期待されている．しかし，そもそもダイヤモンドは電気を流さない．広いバンドギャップを持つため電気的には絶縁体であり，ホウ素またはリンをドープすることにより p 型または n 型半導体になる．超伝導を示すダイヤモンドは半導体を超えて金属化していることになる．どのようなメカニズムで金属化しているのだろうか？ さらには T_c を向上させるにはどのようにしたら良いのだろうか？ このような疑問に答えることのできる実験手法が放射光軟 X 線を活用した光電子分光である．

2. 軟X線光電子分光の特徴

光電子分光測定では，測定試料に電磁波を照射し，光電効果によって試料外部に飛び出してくる光電子の運動エネルギーを測定することにより，価電子帯形状や内殻準位の結合エネルギーを求めることができる[4)5)]．単結晶試料の劈開面に対して測定を行い，光電子の放出方向を測定することで，バンド構造も得ることができる．軟X線を利用した光電子分光は，真空紫外線を利用した光電子分光より，エネルギー分解能は劣る．しかし，平均自由行程の運動エネルギー依存性により[6)]，よりバルクの状態を反映したデータを得ることができる．バルクと表面で化学状態や電子状態が大きく異なる試料や，まだ電子状態自体がよくわかっていない新しい試料の電子状態の大枠を高い信頼性で研究するのに適している．第三世代放射光を用いた光電子分光の特色は光強度・高分解能にある．高濃度とはいえ数％またはそれ以下の不純物の同定やその化学状態を調べることができるので，ドープ半導体などドープにより物性が大きく変化する物質の開発を行う上で大きな助けとなるはずである．

3. 測定試料および光電子分光実験条件

試料についての情報を，表1にまとめて示す[1)〜3)]．本稿で説明する光電子分光実験に用いた試料は，マイクロ波化学気相成長法(MPCVD)で作製したホウ素ドープ濃度の異なる(111)配向ホモエピタキシャルダイヤモンド膜である(S1-S3)．S4はS3と同程度のホウ素濃度でありながらT_cの異なる試料である．試料の大きさは図1左挿入図のとおり，2×2 mm^{2}程度である．

軟X線光電子分光実験は，SPring-8のBL25SUに設置されたARPES装置を用いて行った[7)]．内殻光電子分光実験のエネルギー分解能は0.2〜0.3 eVに設定している．ARPES測定のエネルギー分解能および角度分解能は825 eVの光エネルギーに対して0.25 eVと±0.1°に設定した．清浄試料表面は超高真空下において400℃以上に試料を加熱することで得た．

4. 微量不純物の化学状態解析：金属性/超伝導性を担う化学サイトの同定

4.1 広域光電子スペクトル

図1(左)に，広いエネルギー領域で測定した高濃度ホウ素ドープダイヤモンド膜の軟X線内殻光電子分光スペクトルを示す[8)]．結合エネルギー280 eV付近に現れるピークは炭素1sの内殻準位である(結合エネルギー320 eVの構造はプラズモンサテライト)．その他の構造は，この強度スケールではほとんど見ることが

表1 軟X線光電子分光研究に用いたMPCVDホウ素ドープダイヤモンド膜試料の情報.

試料番号	測定	$n_{B\,SIMS}$ (cm^{-3})	$T_{c,抵抗}$または$T_{c,磁化}$ (K)	n_{ARPES} (cm^{-3})
S1	内殻，ARPES	2.9×10^{20}	2 Kまで超伝導示さず	
S2	内殻，ARPES	1.2×10^{21}	~1.1 ($T_{c,抵抗}$)	6.6×10^{20}
S3	内殻，ARPES	8.4×10^{21}	7.0 ($T_{c,磁化}$)	1.9×10^{21}
S4	内殻	8.7×10^{21}	2.6 ($T_{c,磁化}$)	

$n_{B\,SIMS}$, $T_{c,抵抗}$, $T_{c,磁化}$およびn_{ARPES}は，それぞれ2次イオン質量分析(Secondary Ion Mass Spectrometry：SIMS)から求めたホウ素濃度，抵抗測定から求めたT_c，磁化測定から求めたT_cおよびARPESから求めたキャリア濃度n_{ARPES}[1)3)]．

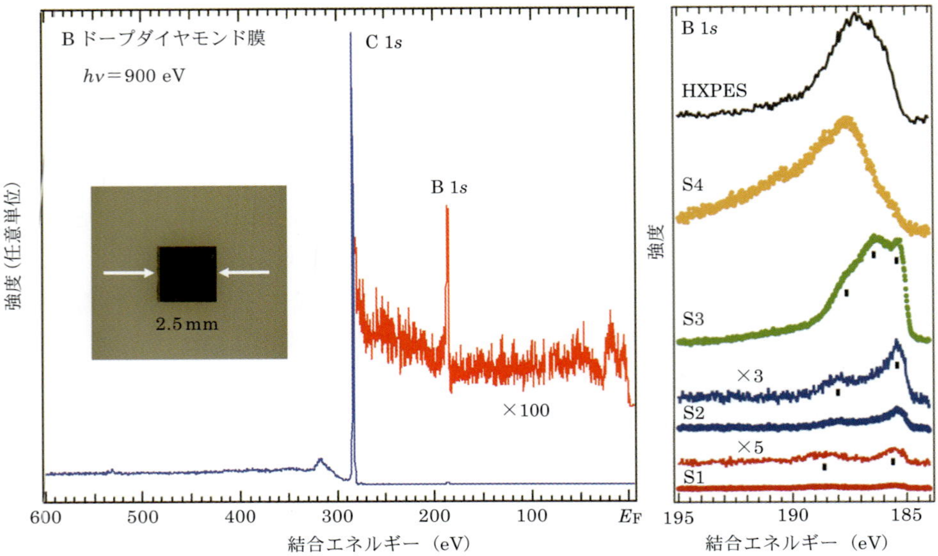

図 1 広いエネルギースケールで測定したホウ素ドープダイヤモンド膜の光電子スペクトル（左）[8] とホウ素 1*s* 内殻光電子スペクトルのホウ素ドープ量依存性（右）[1]．左図の挿入図は測定試料の写真.

できない．280 eV より低結合エネルギー側の強度を 100 倍に拡大すると，いくつかの構造が見えるようになる．フェルミ準位近傍（E_F）の構造は価電子帯であり，180 eV 付近のピーク構造がホウ素 1*s* 内殻準位である．実験室系 X 線管を用いた光電子分光では，その存在自体はかろうじて観測できるかもしれないが，強度が弱いため化学状態まで研究することは現実的には難しいと思われる．第 3 世代放射光の光強度・高分解能軟 X 線を用いることにより試料中に含まれる微量元素の同定はおろかその化学状態解析も行うことができる.

4.2 ホウ素 1*s* 内殻準位 [1]

図 1（右）に，ホウ素濃度の異なる複数のホウ素ドープダイヤモンド膜について測定した，ホウ素 1*s* 内殻光電子スペクトルを示す．当然のことながら，ドープ量の増加に従いスペクトル強度は増加する．どのスペクトルにも複数のピークまたは構造が観測されている．ダイヤモンドに導入された，ホウ素原子が複数の化学環境下に導入されることがわかる．ドープシリコンの場合と同様に，ダイヤモンドにおいても，ダイヤモンド構造を形成する炭素原子と置き換わって導入されたホウ素原子がキャリア生成にかかわると考えられている．キャリア導入を担う化学状態を同定することは，キャリア制御にとって重要である.

図 2（左）は，化学状態を分離するために行ったピークフィッティング解析の結果を示す．ここでは，4 つの試料（S1 ～ S4）のスペクトル全てを再現するのに必要な最小数のコンポーネント（化学状態）での解析を行った．また，化学状態の由来（表面 / バルク）を調べるために，光エネルギー依存性測定も行っている（図 2（右））．放出される光電子の脱出深さは運動エネルギーに依存するため，光エネルギーを変化させて同じ内殻準位のスペクトルを測定することにより，バルク成分と表面成分を同定することができる（化学状態の由来を調べるためには，表面垂直方向からの角度を変えて内殻準位を測定する方法もある）．光エネルギー依存性測定

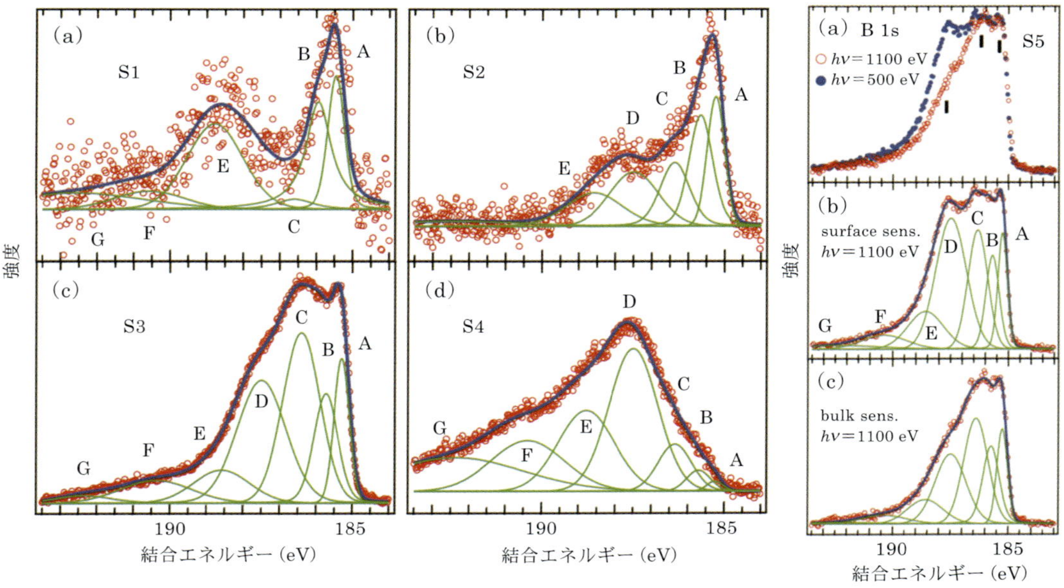

図 2　ホウ素 1s 内殻光電子スペクトルの試料依存性 (左) と光エネルギー依存性 (右). ○印が測定データ, 青太線がフィッティング解析の結果, 緑細線はフィッティングに用いたコンポーネント[1].

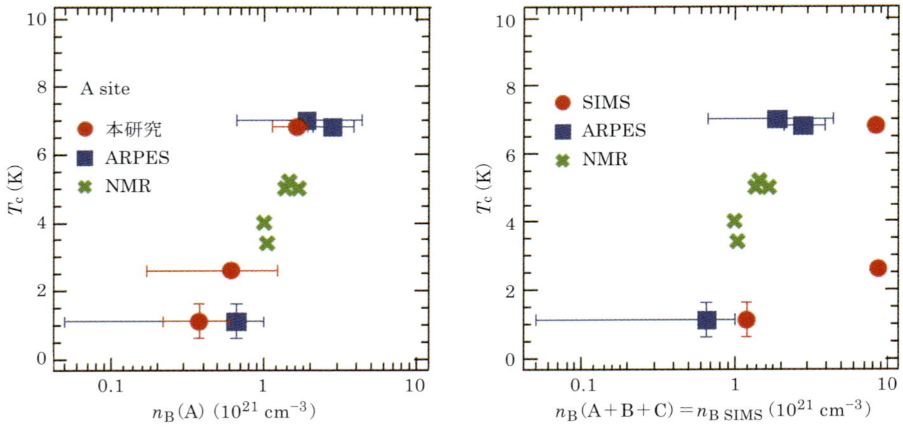

図 3　ホウ素 1s 内殻光電子スペクトルの解析から見積もった, コンポーネント A のホウ素濃度と T_c の関係 (左) およびコンポーネント A + B + C のホウ素濃度と T_c の関係 (右).

から, エネルギーの高い光で測定したときに相対強度の増加するコンポーネント A, B, C をバルク成分と同定した.

伝導性 / 超伝導性を担う化学状態を同定するために, それぞれの化学状態に寄与するホウ素原子数をスペクトルの強度比に試料のホウ素濃度をかけることで算出し, T_c との相関を調べた (図 3). その結果, コンポーネント A が T_c と最も良い相関を示すことがわかった. コンポーネント A の量を増加させることが T_c の向上に不可欠であることを示す. 現状では, 理論的に得たホウ素 1s の結合エネルギー位置と実験値を対比させて，これらの化学状態の正体を推測することしかできない．理論計算との比較から，もっとも小さな運動エネルギーを持つ化学状態は置換位置に導入されたホウ素原子からのシグナルであると推測されている．実験結果は，置換位置に導入されたホウ素原子がキャリアを生成するという考え方と一致している．B，C については，ホウ素原子が格子間位置に入る可能性や，置換位置に入ったホウ素に水素が結合しキャリアを補償する可能性などが議論されているが，まだよくわかっていない．最近では，原子周辺の局所構造を調べることのできる光電子ホログラフィーの解析技術が進展したことにより，化学状態ごとにドーパント周辺の局所構造を観測できるようになってきており[9]，近い将来それぞれの化学状態の正体が明らかになると考えている．

5. バンド構造解析：金属性 / 超伝導性の起源，キャリア濃度[2)3)]

5.1 バンド分散のホウ素濃度依存性

ARPES 測定をすることによりバンド構造を直接観測することができる．バンド構造を知ることは，キャリア濃度などの基本的な物理量や金属性の起源を明らかにすることにつながる．図 4 に試料 S1 と S2 の価電子帯全体にわたる ARPES 光電子強度分布を示した．図中の高強度（濃い色）を結んだ曲線がバンドに対応する．図 4（左）において，ブリルアンゾーン（BZ）の ΓL 方向では，結合エネルギー 17～23 eV に Γ 点に底を持つと考えられるバンドが観測される．結合エネルギー E_F～15 eV では，Γ 点に頂点を持つ上凸の 3 本のバンドが見える．このうち，E_F に近いバンドは 2 本のバンドからなる．ゾーン境界（L 点近傍）の結合エネルギー 16 eV 付近にはバンドギャップが開いて

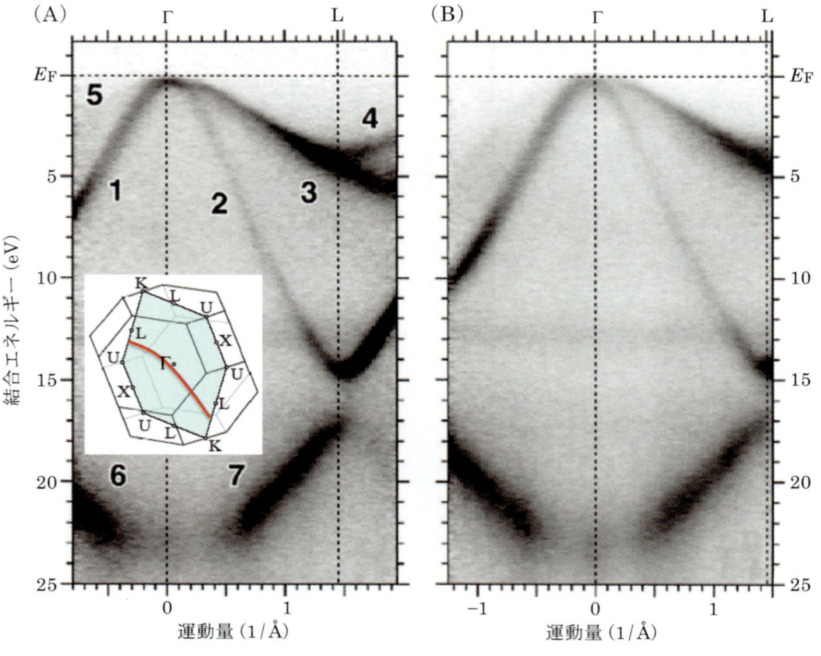

図 4　軟 X 線 ARPES により観測した高濃度ホウ素ドープダイヤモンド膜の価電子帯バンド分散（右図の測定試料は S1，左図の測定試料は S2）[3]．挿入図はブリルアンゾーンと測定位置（曲線）．

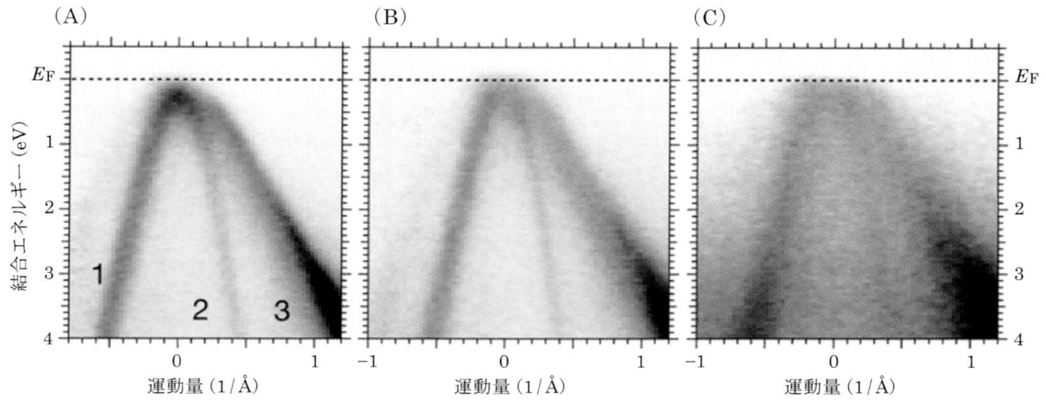

図 5　軟 X 線 ARPES により観測した高濃度ホウ素ドープダイヤモンド膜のフェルミ準位近傍のバンド分散（測定試料は左から S1, S2, S3）[3].

いる．観測されたバンド構造は，純粋なダイヤモンドに対するバンド計算の結果とよく一致している．E_F 近傍の 3 本のバンドは炭素 $2p$ 軌道，高結合エネルギー側の 1 本のバンドは炭素 $2s$ 軌道を主成分とするバンドである．2 試料のバンド分散はよく似ており，ドープによりバンド構造がほとんど変化しないことがわかる．

次に，伝導性と密接に関連する E_F 近傍のバンド分散の結果について述べる．図 5（左）のとおり，双曲線的な分散を示すバンドは Γ 点で丸みを帯びた頂点を示す．ホウ素濃度が増えると，双曲線的なバンドの頂点の強度が減少するとともに先端が削られる．図 5（右）では，先端が平らになっていることがわかる．このことは，ホウ素濃度の増加によりバンドの頂点にホールが導入されていることを示す．これらの結果は，高濃度ホウ素ドープダイヤモンドでは，価電子帯頂上に導入されたホールが金属的伝導に重要な役割を担うことを示す．これが高濃度ホウ素ドープダイヤモンドの金属性の起源であり，このホールが低温でクーパー対を形成する．

5.2 キャリア濃度の見積もり

電子構造の直接観測はキャリア濃度の見積もりにも利用できる．BZ の体積と電子数には対応があるので[10]，実験的に得たフェルミ面の波数空間での体積と第一 BZ の体積との比をとることによりキャリア濃度を見積もることができる．バンド計算との一致が良い場合には，BZ の一方向について測定したバンド分散と計算結果と対応させることによりキャリア濃度を見積もることもできる．後者の解析を行った結果，S3 および S2 のキャリア濃度 $n_{\mathrm{ARPES}} = 1.9 \times 10^{21}\ \mathrm{cm}^{-3}$ および $6.6 \times 10^{20}\ \mathrm{cm}^{-3}$ となった．ARPES の結果から見積もったキャリア濃度はホウ素濃度よりも少ない．この結果は，複数観測されたバルク化学状態の中に，キャリアを補償する化学状態があることを示唆する．ドープ効率を高めるためには，この化学状態の生成を抑制することが重要であることがわかる．

6. おわりに

ホウ素ドープダイヤモンド超伝導体の研究例を紹介し，軟 X 線光電子分光からどのようなデータ得られるのか，そのデータからどのような情報が引き出せるのかについて解説した．第三世代放射光施設における軟 X 線光電子分光が，微量ドーパントの化学状態や新規物質の電子状態を理解する上で有用な情報を与えることを理解してもらえたら幸いである.

本稿で紹介した高濃度ホウ素ドープダイヤモンド膜の軟X線光電子分光実験は10年以上前に行われた. この間, 放射光を利用した計測技術の発展は著しい. SLIT-Jで得られるより輝度の高い軟X線を用いた場合には, ここで紹介したような測定がより短時間で行えるだろう. SPring-8でも難しかったより低い濃度の不純物についてもその化学状態が研究できるようになると期待される. また, サブマイクロオーダーに絞られた軟X線を使えば微細な半導体デバイスについて, ここで紹介したような研究ができるようになる. さらには, ユーザーインターフェースもより初心者フレンドリーなものが整備され, これまで放射光を使ったことのなかった研究者が使う機会が増えると思われる. 本稿がものづくりをしている企業研究者の方の参考になれば幸いである.

参考文献

1) H. Okazaki, R. Yoshida, T. Muro, T. Wakita, M. Hirai, Y. Muraoka, Y. Takano, S. Iruyama, H. Kawarada, T. Oguchi and T. Yokoya: J. Phys. Soc. Jpn., **78** (2009), 034703.

2) T. Yokoya, T. Nakamura, T. Matsushita, T. Muro, Y. Takano, M. Nagao, T. Takenouchi, Y. Kawarada and T. Oguchi: Nature, **438** (2005), 647-650.

3) T. Yokoya, T. Nakamura, T. Matsushita, T. Muro, E. Ikenaga, M. Kobata, K. Kobayashi, Y. Takano, M. Nagao, T. Takenouchi, Y. Kawarada and T. Oguchi: New Diamond and Frontier Carbon Technology, **17** (2007), 11-19.

4) S. Hufner: Photoelectron Spectroscopy: principle and applications, 3rd ed., Springer-Verlag Berlin Heidelberg, New York (2003).

5) 高橋隆：光電子固体物性, 朝倉書店, (2011).

6) M. P. Seah and W.A. Dench: Surface. Interface. Anal., **1** (1979), 2-11.

7) http://www.spring8.or.jp/wkg/BL25SU/instrument/lang/INS-0000000489/instrument_summary_view

8) T. Wakita, K. Terashima and T. Yokoya: Physics of heavily-doped diamond: electronic states and superconductivity, in Physics and Chemistry of Carbon-Based Materials, submitted.

9) 大門寛, 佐々木裕次監修：機能構造科学入門 3D活性サイトと物質デザイン, 丸善, (2016).

10) 宇野良清, 森田章, 津屋昇, 山下次郎訳：キッテル固体物理学入門　第6版, 丸善, (1988).

磁性材料のドメイン構造やナノデバイス材料等の微細構造を探る
—光電子顕微鏡（PEEM）の基本原理と幅広い応用展開—

小嗣真人

本稿は放射光を用いた光電子顕微鏡の基本的な原理とその応用研究の事例を紹介するものである．光電子顕微鏡は数十 nm の高い空間分解能で，物質表面の化学結合状態や磁区構造を直接可視化することができるため，基礎科学から産業応用また惑星科学まで幅広く利用されている．本稿は光電子顕微鏡の初学者に向けて解説する．

1. はじめに

高輝度放射光を用いた物質材料の機能解析は基礎科学から応用デバイスまで，実に幅広い分野で活用されており先端材料の研究開発において今日では必須のツールとなっている．それは放射光がもつ，高輝度・元素選択性・偏光特性・パルス性など，実験室光源にはないユニークな特徴を有することが主な理由である．その中でも顕微と分光は放射光解析の中でも中心的な解析手法となっている．これは放射光を活かした顕微分光解析技術が，材料研究において普遍的に有効であることを如実に物語っている．放射光を励起源とする顕微分光技術は多岐にわたるが，ここでは，特に光電子顕微鏡（Photoemission Electron Microscope：以下 PEEM と略称）[1)~6)] の基本原理・特徴とともに，磁気円二色性あるいはX線吸収測定と組み合わせた研究展開の具体例について述べる．

2. 放射光による顕微分光技術の概要と PEEM の特徴

放射光を用いる顕微分光技術は様々である．代表的なものは本稿で主題とする PEEM があるが，他にも図 1 に示すような Fresnel Zone Plate（FZP）や Kirkpatrick-Baez（KB）ミラーによるナノ集光などが知られている．FZP は放射光ナノビームを整形する上で有用な技術のひとつであり，X 線に対して不透明 / 透明な同心円状の帯状パターンを用いることで，放射光を集光することができる．FZP の空間分解能は最外リングの幅で決定されることから，FZP の加工精度が事実上の分解能を決めている．KB ミラーも代表的な放射光集光素子のひとつである（図 1（b）参照）．楕円筒面などの湾曲ミ

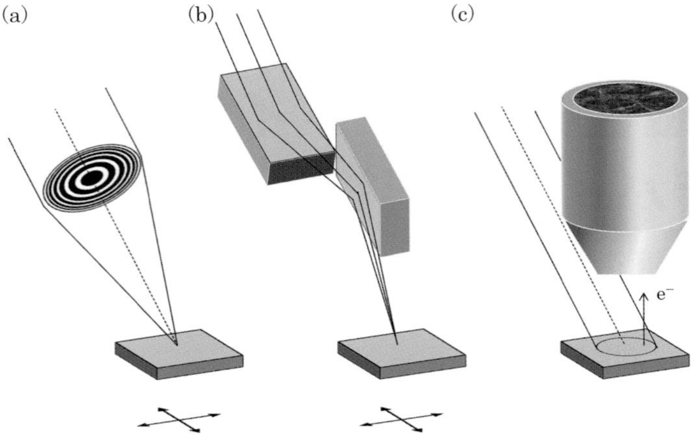

図 1　放射光による顕微分光解析手法．(a) Fressnel zone plate，(b) Kirkpatrick-Baez mirror，(c) PEEM

ラーを 2 枚用いて，上下および水平の集光を行う．KB ミラーでは全反射を用いて X 線を集光することから，色収差がないことが大きな特徴である．これらの手法は試料位置をラスタスキャンすることで顕微画像を取得している．

これに対して PEEM は，上記の FZP あるいは KB ミラーによる顕微分光技術とは異なり，電子レンズを用いて光電子の空間分布を拡大投影するものである (図 1 (c) 参照)．光電子の拡大投影は，基本的には電子顕微鏡の電子レンズ技術を基盤にしていることから，X 線集光と言うよりは電子顕微鏡に近い解析技術と言える．PEEM では光電子の空間情報が一度でスクリーンに投影されることから，試料のラスタスキャンを必要としない．また空間分解能は電子レンズ系の色収差と球面収差で決定付けられ，典型的には 100 nm 以下の空間分解能で実験が可能である．PEEM で検出される光電子の運動エネルギーは，主として数 eV であることから，表面敏感な解析技術である．このような理由により，PEEM は試料表面の静的な空間情報のみならず，時間分解測定や，オペランド解析 (デバイス動作中の挙動解析) に有用な技術として活用されてきた．これまでは，表面界面の構造，電子状態，磁区構造に関する研究が活発に行われてきた．そして，最近では，放射光パルスと諸励起のタイミングを同期させることにより，時間分解ダイナミクスへの展開も進んでいる．

PEEM は，図 2 の概念図が示すとおり，試料表面から放出される光電子の空間情報を，数十 nm の空間分解能で直接可視化できる電子顕微鏡の一種である．試料表面の形状のみならず，組成，化学状態，磁気情報を一度に可視化できるため，現在はナノ磁性材料やグラフェンを中心に，スピントロニクスや惑星科学まで幅広い利用が展開されており，現代放射光科学における代表的な顕微分光装置の 1 つとなっている．

試料に励起光が入射されると光電効果により光電子放出が起こる．光エネルギーが仕事関数を超えると真空中に光電子が放出される．放出された光電子は，10 ～ 20 kV 程度に印加された引き出し電極によっていったん加速され，後段の投影レンズによって位置情報を拡大された後，最終的にスクリーンに投影される．各レンズ両端の電極には，同一のコラム電圧が印加されている．この均一な電場によって，アナライザ通過時の大半において光電子は等速直線運動をとる．そしてレンズ近傍においては，コラム電圧とレンズ電圧の電位差により光電子は減速

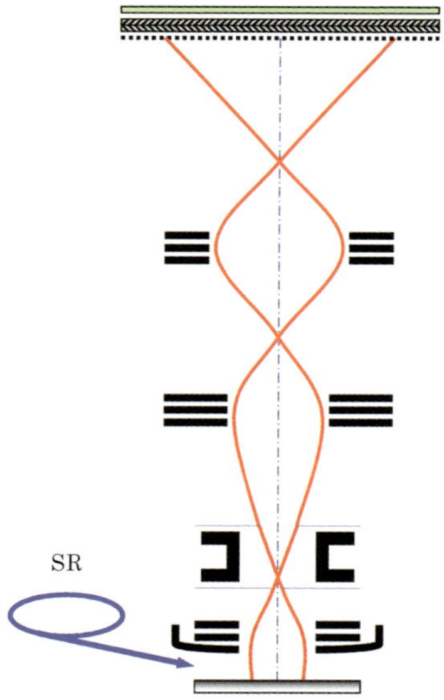

図 2　PEEM の原理．放射光で励起された光電子は対物レンズと投影レンズで拡大され，スクリーンに投影される．典型的な空間分解能は数十 nm である．

と再加速され，レンズ効果が生まれる．この過程の繰り返しによって，最終的にスクリーン上に光電子の空間分布情報が拡大投影される．一般に PEEM のレンズには電場レンズタイプと磁場レンズタイプがあり，磁場レンズタイプの方がエネルギー収差を抑えることができるため高い位置分解能を実現することができる．

励起光に放射光を用いる際，結像系には Fermi 準位から 2 次電子領域まで全ての光電子が取り込まれる．非弾性散乱を起こした 2 次電子が大半を占めるため，得られる情報は光電子収量に相当し，いわゆる X 線吸収量と比例関係を持つ．ゆえに X 線吸収測定 (X-ray Absorption Spectroscopy：以下 XAS と略称) の空間情報が得られる．放射光は光のエネルギーを自在に選択できることから，元素選択励起が可能である．これにより化学マッピングや多層膜の層分解測定が可能となる．また光エネルギーを連続的に掃引することによって XAS スペクトルをピクセル単位で分解して解析することが可能である．これにより，単純な化学マッピングだけでなく，結合状態のマッピングが可能である．また光電子のエネルギーフィルターを装備した PEEM では，光電子分光を空間分解しながら画像化することが可能であり，電子状態のマッピングができる．

円偏光や直線偏光放射光を用いた磁性多層膜の磁区構造測定は，いまや世界的に最もポピュラーな PEEM の利用法の 1 つである．放射光を磁性体に照射した際，磁化と円偏光の放射光のなす角度によって，X 線吸収強度に差異が生じる．これを磁気円二色性 (Magnetic Circular Dichroism：以下 MCD と略称) と呼び，MCD 強度をマッピングすることで，磁気モーメントの空間分布，すなわち磁区構造を取得することができる．MCD 強度は，磁化ベクトルと光軸方向の内積に比例することが知られている．このことから試料の角度 (磁化方向) を回転させながら解析を行うことで，試料の磁化方向を同定することができる．たとえば試料を面内回転させた場合，MCD 強度が角度依存しなければ，光軸と磁気モーメントのなす角は一定であることを意味するため，観測ドメインは面直磁化となる．また一方，MCD 強度が角度依存性を持つ際は三角関数として振る舞い，その振幅と位相から面内磁化の強度と方向を決定することができる．

さらに，光エネルギーを連続的にスキャンしながら，MCD のスペクトルを取得すれば，磁気総和則と呼ばれる解析処理を施すことで，磁性体のスピン軌道相互作用を解析的に導き出すことが可能である．この処理は画素ごとに実施できるので，局所スピン状態を詳細に解析することが可能となる[3)~5)]．また励起光の光エネルギーを選択することで，元素ごとの磁気モーメントの情報を得ることができる．

また空間分解能は PEEM 解析を行う上で，極めて重要な要素である．空間分解能の向上には色収差および球面収差の補正が最も重要であり，収差補正技術の開発は世界的に盛んに進められている[7)8)]．東大物性研の谷内らは，収差補正型 PEEM/LEEM と CW レーザーの組み合わせにより，光電子の色収差とレンズ系の球面収差を同時に抑制し，2.6 nm の空間分解能を実現した[9)10)]．またスタンフォード大の石綿らは，試料表面にダイヤモンドイドを蒸着し，光電子の色収差を抑制することで，空間分解能を 10 nm 程度まで向上させることに成功している[11)]．空間分解能はイメージング技術を語る上で欠かせない重要な要素であることから，今後も注目が必要である．

3. PEEM による利用研究の実例

3.1 表面界面磁性

PEEM は表面敏感な解析手法であり，元素選択的に磁区構造の可視化が可能であることから，磁性多層膜の磁性研究を行う上で，強力なツールである．ここでは最近研究が進展している，レアメタルフリー磁性材料 $L1_0$-FeNi について紹介する．

昨今の希少資源枯渇の問題を背景に，レアメタルフリーで高機能な磁性材料の実現が社会的に望まれている．$L1_0$ 型 FeNi 規則合金は通常の FeNi 相と比較して極めて高い一軸磁気異方性を示すことが特徴の 1 つである．$L1_0$-FeNi は隕石に由来する希少磁性体として知られていたが[12)]，構成元素である Fe と Ni は資源が潤沢で安価であることから，レアメタルフリーの磁性材料として注目が集まっており，最近では分子線エピタキシーを用いた Fe と Ni の単原子層交互蒸着により人工創成が試みられている[13)~16)]．磁化容易軸を膜面垂直方向に配向させれば，垂直磁化膜となることが期待され，磁気メモリ等スピントロニクス分野への応用が期待されている．小嗣らは，$L1_0$-FeNi における磁化挙動の詳細を明らかにするため，PEEM を用いて微視的な磁区構造を解析した[14)]．

PEEM 測定で得られた磁区コントラストの放射光入射角度依存性を定量解析し，3 軸の磁化成分を分離したものを図 3 の下部に示す．中央の磁区構造 (A) では，周囲のドメインと比較して，面内成分が明らかに減少しており，その一方で，面直成分が増加していることが確認された．中央部の磁区構造 (A) における磁気モーメントの仰角は約 40 度であった．また形成された磁壁はブロッホ磁壁であり，$L1_0$-FeNi の高い磁気異方性を反映してブロッホ磁壁が形成されたことが示唆された．また，本試料の磁気異方性の起源を明らかにするため，MCD 解析を行ったところ，Fe の $3d$ 軌道磁気モーメントが起源であることが示唆された[9)]．

工業的な観点から，バルクでの $L1_0$ 相の作製技術の確立も望まれている．巨大歪み (High pressure torsion：HPT) 加工法は，バルクの FeNi 合金に巨大な回転歪みを印加し，アニール処理をすることで，形状不変のまま大量の格子欠陥を導入し，原子拡散を促進させることが可能であることから，$L1_0$-FeNi 相をバルクとして生成することが期待されている．このような視点から，我々は HPT 法で作製された FeNi 合金のディスク状試料の金属組織，組成分布，磁区構造を PEEM で観察し，$L1_0$-FeNi 相の探索を行った[17)]．得られた PEEM 像を図 4 に示す．MCD-PEEM 測定により，$L1_0$ 相と考えられる磁区構造が観測され，本構造は，図 4 (a) および図 4 (b) のとおり，回転歪みの方向に沿って帯状に形成されていた．この帯状磁区は，HPT 処理時の試料ディスク回転中心からの距離が近づくほど狭くなり，HPT 処理で導入される歪み量と正の相関があることが示唆された．また組成分布像や LEEM 画像との比較により，これらの磁区は組成の不均一性や表面形状と無関係であることも確認している．この

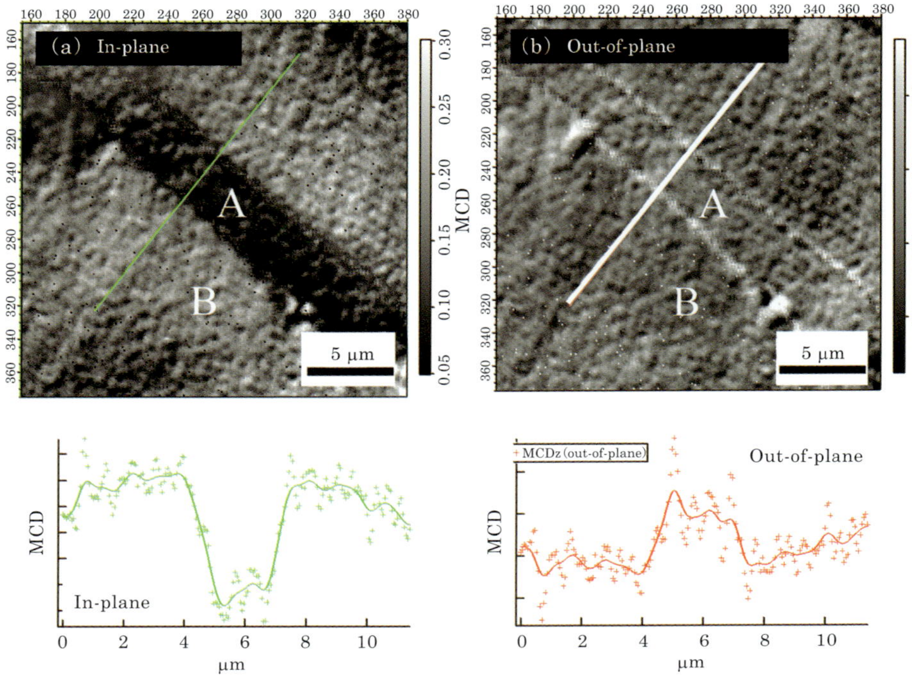

図 3　$L1_0$-FeNi の磁区構造解析[14]．(a) 面内磁化成分，(b) 面直磁化成分．

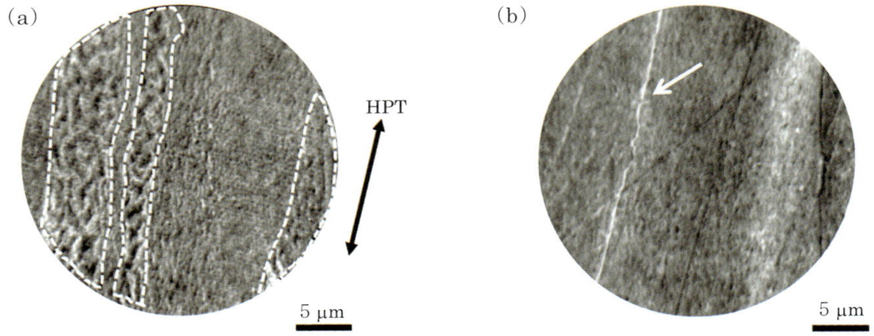

図 4　HPT-FeNi における磁区構造[16]．(a) HPT 処理の回転中心より離れた領域では幅の広い磁区構造が形成された．(b) 回転中心に近い領域では幅の狭い磁区構造が形成された．

ことから，HPT 処理は $L1_0$-FeNi 相を形成する上で有効な手段と考えられる．

3.2 グラフェン

次世代電子デバイスとして期待されている，グラフェンの電子状態について紹介する[17)～19)]．グラフェンは炭素原子が六角形に平面配列したナノシートであり，高い移動度と光特性を示すことが大きな特徴である．応用面では，超高速電子デバイス，光デバイスへの応用が期待されており，表面界面の電子状態がこれらの機能に直結することから，PEEM を用いた機能解析が世界的に活発に行われている．

グラフェンの特徴的な電子状態は，電子が相論対的量子効果に従うことが主な起源として知られている．このことから直線的なバンド分散

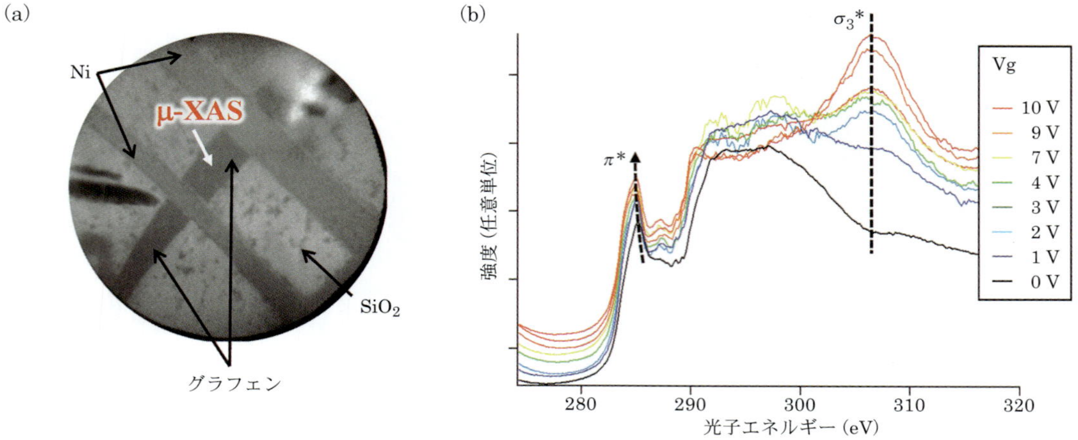

図 5　Ni/グラフェンデバイスのオペランド PEEM 測定[17)18)]．(a) Ni/グラフェンデバイス構造の PEEM 像．(b) グラフェン素子の中央領域における C K 端の XAS スペクトル．Ni 電極のバイアス．電圧に依存して XAS スペクトルの形状が連続的に変化した．

を示し，高い移動度にも繋がっている．このような相対論的量子効果の元では，電子ホール相互作用が顕著に効くことから，これを制御できれば，電気伝導特性の制御に繋がってくる．

このようなグラフェンの電子状態の詳細を調査するため，吹留らは PEEM を用いて，グラフェントランジスタのオペランド解析を行った．試料はグラフェンと Ni 薄膜電極からなるトランジスタ型素子を作成し (図 5 (a) 参照)，電子状態は SPring-8 BL17SU に設置された PEEM を用いて行った．本実験では，グラフェン /Ni 界面近傍のオペランド計測を行うため，PEEM 電源内部とサンプルホルダーに改造を施し，ゲートバイアス電圧を印加可能なようにした．また，C の K 吸収端におけるオペランド PEEM 解析の結果を，図 5 (b) に示す．電圧は 0 から 10 V まで種々の電圧を印加した．その結果，印加電圧に依存して，スペクトル形状が大きく変化することがわかり，π^*軌道は電圧印加によって低エネルギー側にシフトする挙動が観測され，一方σ^*は電圧印加には依存せず，強度が増加することが確認された．

電気伝導を担う Fermi 面近傍の電子はπ^*軌道で構成されており，π^*のピーク位置がシフトしていることから，Fermi 面が電圧印加によって変化していることが示唆される．このことから，電気伝導に直接関わるπ^*軌道は，多体効果の影響を受けやすく，その一方でσ^*軌道は多体効果の影響を受けにくいことが明らかとなった．このようなπ^*軌道の変調はアンダーソン直交性崩壊と呼ばれ，電圧印加によって Fermi 面が大きく変化し多体効果が変調していることを示唆している．さらに詳細な空間分解解析により，グラフェンの Ni 電極界面では，グラフェンと Ni 電極間で生じる電荷移動によって，多体効果の強度がナノスケールで変化していることも確認している．

このことから，電圧印加によって，多体効果が変調することをオペランド PEEM 解析で捉えることができた．応用面では，グラフェンデバイスの高性能化および基本設計の指針として，役立つものと期待される．

3.3　地球惑星科学，環境科学への展開

近年では上述のナノ材料に加えて，放射光の地球惑星科学や環境科学への応用展開が活発化している．小嗣らは，鉄隕石のユニークな金属組織と磁気特性に着目し，PEEM を用いて鉄

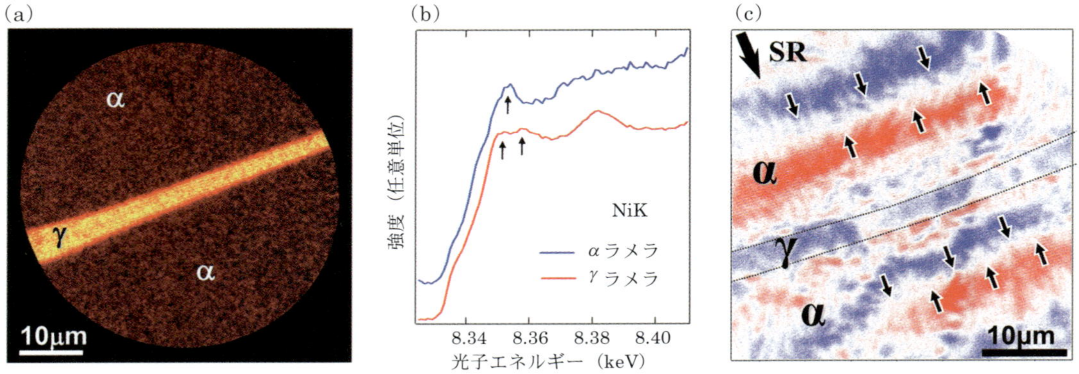

図 6 XAS-PEEM および MCD-PEEM の実例[12]．(a) 鉄隕石の金属組織における Ni の組成分布．(b) 各領域から抽出された XAS スペクトル．(c) 円偏光放射光で取得した磁区構造．

隕石の顕微分光解析を行った[12]．特に，鉄隕石のウィドマンステッテン構造と呼ばれる界面構造に注目し，この界面構造が磁性多層膜の一種として標準化できることを見いだした．

PEEM による鉄隕石の組織構造を解析したところ γ ラメラ中には高濃度の Ni が析出している様子を確認することができ (図 6 (a))，構造が fcc であることが明らかとなった (図 6 (b))．そして磁区構造解析の結果，図 6 (c) に示すような，界面で正対するユニークな磁区構造を確認することができた．本構造は静磁エネルギーの損失が大きく，通常の FeNi では実現しない奇妙な磁区構造であった．マイクロマグネティックスシミュレーションを行った結果，この磁区構造の起源は鉄隕石に含まれる特異な磁性材材料 $L1_0$ 型 FeNi 規則合金が起源であることが示唆された．$L1_0$-FeNi はレアメタルフリーの高機能磁性材料であることから，現在は人工創成まで研究が進展している．

また，地球惑星科学分野 (古地磁気科学分野) への展開として，東北大学の中村らは，天然の永久磁石「Vredefort 花崗岩」の磁気履歴の復元に取り組んだ．放射光 PEEM の特徴である元素選択性，磁気イメージング技術を応用し，花崗岩に含まれるマグネタイトの残留磁化状態を評価した[20]．Vredefort 花崗岩中のマグネタイトは，強くて安定的な残留磁化を持つことが知られており，一般的には，強い衝撃かあるいは強い雷撃を受けて誘起されるものと考えられていたが，その起源は明らかでなかった．これらの視点を踏まえ，PEEM を用いて Vredefort 花崗岩と Loadstone 永久磁石における化学組成と磁区構造の解析を行われた．Loadstone は天然の落雷によって着磁されたものであり，両者の磁区構造の比較を通じて，磁場履歴の復元を試みた．PEEM 解析を行った結果，Vredefort 花崗岩では，ヘマタイト (α-Fe_2O_3) の層状結晶が，部分的に酸化されたマグネタイト (Fe_3O_4) 中に偏析して存在することが確認され (図 7 の (a) および (b) を参照)，ヘマタイトでは大量のストライプ状の磁区構造を示すことが確認された．一方，雷撃によって生成された Loadstone では，マグヘマイト (γ-Fe_2O_3) の存在を確認することはできたが，磁区構造は見られなかった．一般的には，このようなヘマタイトの核生成は，酸化に起因していることを考慮すると，Vredefort 花崗岩は，衝撃後の熱水処理によって，強い磁化と残留磁化の生成に至ったものと示唆された．

また最近では，福島原発事故による放射化土壌の除染処理法を探索するため，Cs 吸着粘土鉱物の PEEM 解析が実施されている[21]．Cs

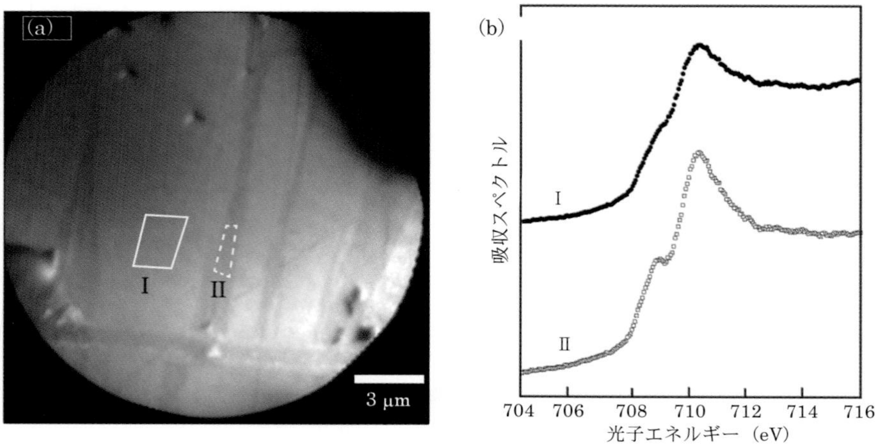

図 7 Vredefort 花崗岩の XAS-PEEM 解析[20]．(a) 帯状の析出物を PEEM 像で確認することができた．(b) 各領域における Fe-L 端の XAS スペクトル．

は粘土鉱物中の黒雲母はに吸着されることはこれまで知られていたが，その吸着状態については未解明であった．また粘土鉱物は天然由来の数 μm 程度の微粒子であり，異なる組成の形態の鉱物が混在するため，各粒子の識別をしながら化学結合状態を識別することが重要となる．このような系に対し，PEEM による顕微分光解析手法は有効と考えられ，人工的に Cs を吸着した風化黒雲母の PEEM 測定が実施されている．鉱物や岩石などこれまで PEEM では扱われていなかった系が研究対象となりつつあり，新しい利用研究の一分野として今後の発展が期待される．

3.4 絶縁体試料の解析

JASRI の大河内ら[22)23)]は，Au パターン蒸着法を用いることで，これまで測定が困難であった絶縁体試料の PEEM 解析に成功している．PEEM が抱えていた問題の 1 つとして，放出光電子を計測する手法であることから，導電性の低い試料では表面で帯電が起こり，PEEM 像を適切に結像できない問題点があった．この問題を解決することを目的に Au パターン蒸着法の開発が行われている．本技術では観測領域を除いた試料全域に，十分な厚みを有する導電性薄膜（ここでは Au）をあらかじめ蒸着することで，帯電効果を低減させることを狙いとしている．まず観測領域をマスキングするため，観測領域の露出幅に合わせた径のタングステン細線を試料直上に設置し Au を 100 nm 以上蒸着する．タングステン細線を取り除いた後に PEEM チャンバーに導入する．蒸着装置は極めて簡便であり，真空引き，蒸着，大気開放まで 1 時間程度で実施できる．測定直前に放射光を観測領域に数十分間照射することで導電性の超薄膜を形成し，帯電の抑制を図っている．

本技術を用いて NiZn フェライト焼結体の PEEM 解析が行われており以下に結果を紹介する．フェライトは一般に電気抵抗が 1 kΩ・cm オーダーの導電性の低い磁性セラミックとして知られる．図 8 に幅 30 μm の細線でマスキングし，観測領域以外を約 100 nm の Au 薄膜で覆った NiZn フェライトの PEEM 像を示す．放射光のエネルギーは Ni-L 吸収端に合わせてあり，左右円偏光についてそれぞれ PEEM 像を取得している．2 枚の画像を足し合わせることで XAS-PEEM 像を得ることがで

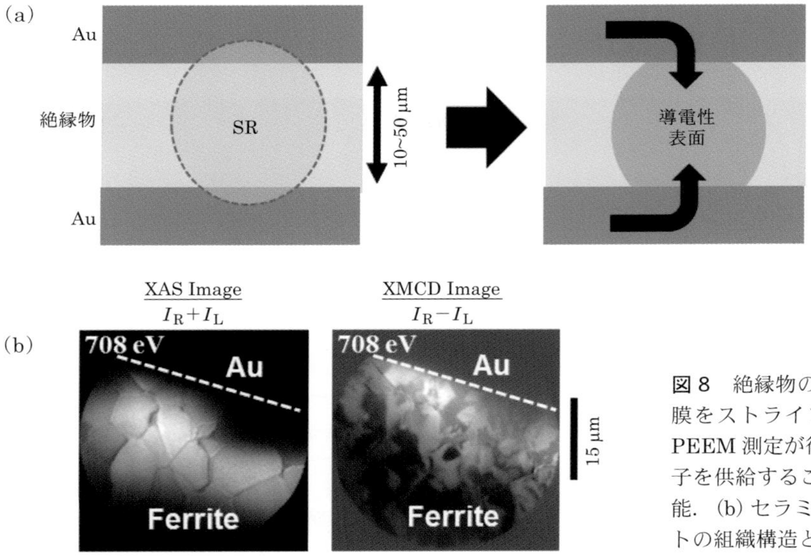

図 8　絶縁物の PEEM 測定[22]．(a) Au 薄膜をストライプ蒸着することで絶縁物の PEEM 測定が行え，かつ周囲の Au から電子を供給することで帯電を抑制すること可能．(b) セラミック磁性体であるフェライトの組織構造と磁区構造．

き，Ni の組成分布や金属組織構造を観測できる．その結果，5 ～ 10 μm の結晶粒と結晶粒界が帯電の影響なく明確に観測することができている．また 2 枚の画像の差分を取ることで MCD-PEEM 像（磁区構造）を取得でき，さらに細かいサイズの多磁区を確認することができる．これも帯電の影響がなく明瞭な磁区が得られている．磁壁が結晶粒界と無関係に走っている様子も明瞭に可視化できている．従来の Kerr 顕微鏡では結晶粒と磁区構造の分離が困難であったが，本技術では化学組成マップ，金属組織，磁区構造を個別に得ることができるのが大きな特徴である．

帯電解消のメカニズムは，高輝度の光照射により真空槽内の単離した C および O などの残留気体原子が表面に沈着し，原子層レベルの伝導性超薄膜が形成され，局所的な導電性が得られたものと考えられている．

現在は本技術を活用して，フェライト磁性材料のみならず，アルミナ等のガラス材料，2 次電池の正極材料，岩石鉱物など様々な物質材料への展開が行われており，今後の期待がもたれる．

3.5　時間分解計測

最近では放射光のパルス性を利用した時間分解 PEEM 解析が精力的に進められている．いわゆるポンプ & プローブ技術を活用し，放射光パルスがプローブ光となり，励起とのタイミング（遅延時間）を固定することで，特定の時間に「時を止めて」画像を積算することができる．利用されるポンピングの励起源はパルス磁場・パルス電流・フェムト秒レーザー・高周波など多種多様である．遅延時間を掃引しながら画像を取得していくことで，現象の時間発展を追跡することができる．時間分解能は主に放射光のパルス幅や同期システムのジッターによって決まり，SPring-8 での測定においてはおよそ 50 ～ 100 ps である．

実際の研究例の 1 つとして，垂直磁化フェリ磁性 GdFeCo 薄膜のフェムト秒レーザーによる高速磁化反転のダイナミクス解析が挙げられる[22)23)]．この研究分野では，フェリ磁性体のもつ角運動量補償温度と，その温度における特異的な歳差運動のダンピング特性を利用して，これまでの磁化制御方式（磁場，電流パルスなど）の限界を超えた高速磁化反転が模

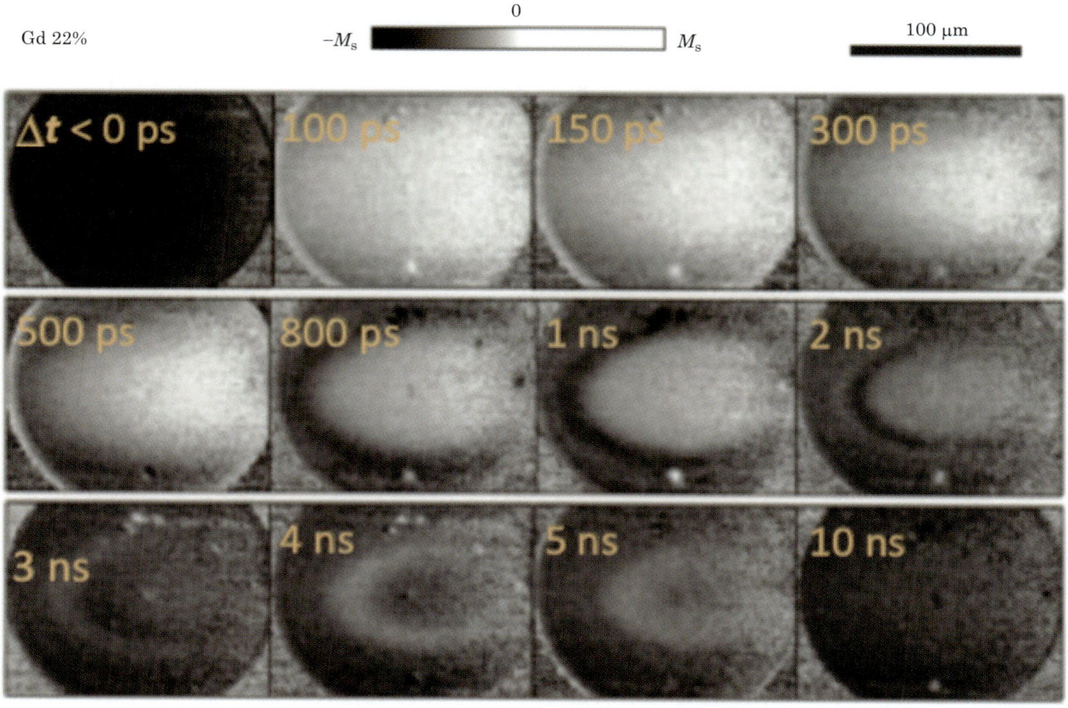

図 9　GdFeCo における時間分解光電子顕微鏡解析の例[23]．円偏光レーザーをポンプ光として磁性薄膜に照射し，放射光のプローブ光と同期させることで，超高速磁気ダイナミクスを計測している．

索されている[23]．また，レーザーの円偏光電場による磁気光学効果を利用した非熱的・偏光選択的な磁化反転も大きな注目を集めている．GdFeCo 薄膜にフェムト秒レーザーのパルス光を照射した際に，巨大なマグノンが生成されることを発見し，それが従来の 10 倍のスケールの振幅で空間中を伝搬することを見いだしている（図 9）．他にも，MHz 高周波の励起による $Ni_{81}Fe_{19}$ マイクロ磁気ドットの磁気コアの共振旋回運動の実空間ダイナミクス測定にも成功しており[24]，現在では GHz マイクロ波領域での，強磁性共鳴をはじめとした磁化運動の実時間・実空間・実位相，そして元素選択的な解析を目指した装置開発も進められている．これらの計測技術は磁性材料のみならず，電界効果を示すエレクトロニクス材料など様々な応用材料に適用できるため，今後も目を離すことのできない分野である．

4.　おわりに

このように PEEM と高輝度放射光の組み合わせは非常に有用であり，磁性材料やグラフェンを中心とするナノデバイス材料を中心に，隕石や岩石などの環境科学まで非常に幅広い利用研究が行われている．それに加えて分解能向上のための技術開発や，絶縁体計測，時間分解測定の開発も活発に行われており，将来さらなる発展が期待される．

本研究は高輝度光科学研究センターの大河内拓雄（以下，敬称略），大槻匠（現：東大物性研），渡辺義夫，東北大学金属材料研究所の高梨弘毅，水口将輝，小嶋隆幸，田代敬之，東北大学電気通信研究所の吹留博一，東北大学理学

部の中村教博，理化学研究所の大浦正樹らの多大なる協力のもとで実施された．この場を借りて感謝申し上げる．また本研究の成果の一部は，JST 産学共創基礎基盤研究プログラム，JSPS 科学研究費助成事業（若手研究 A，基盤研究 B）の支援を受けて実施された．記して謝意を表す．

参考文献

1） E. Bauer: J. of Elec. Spec. and Rel. Phenom., **114** (2001), 975.
2） A. Locatelli1 and E. Bauer: J. Phys., Condens. Matter, **20** (2008), 093002.
3） W. Kuch, J. Gilles, S. S. Kang, S. Imada, S. Suga and J. Kirschner: Phys. Rev. B, **62** (2000), 3824.
4） F. U. Hillebrecht, H. Ohldag, N. B. Weber, C. Bethke, U. Mick, M. Weiss and J. Bahrdt: Phys. Rev. Lett., **86** (2001), 3419.
5） H. Ohldag, T. J. Regan, J. Stöhr, A. Scholl, F. Nolting, J. Lüning, C. Stamm, S. Anders and R. L. White: Phys. Rev. Lett., **87** (2001), 247201.
6） H. Hibino, H. Kageshima, M. Kotsugi, F. Maeda, F.-Z. Guo and Y. Watanabe: Phys. Rev. B, **79** (2009), 125437.
7） H. Spiecker, O. Schmidt, Ch. Ziethen, D. Menke, U. Kleineberg, R. C. Ahuja, M. Merkel, U. Heinzmann and G. Schönhense: Nucl. Instrum. Meth. Phys. Res., A **406** (1998), 499.
8） Th. Schmidt, H. Marchetto, P. L. Lévesque, U. Groh, F. Maier, D. Preikszas, P. Hartel, R. Spehr, G. Lilienkamp, W. Engel, R. Fink, E. Bauer, H. Rose, E. Umbach, H.-J. Freund: Ultramicroscopy, **110** (2010), 1358.
9） T. Taniuchi, Y. Kotani and S. Shin: Rev. Sci. Instrum., **86** (2015), 023701.
10） T. Taniuchi, Y. Motoyui, K. Morozumi, T. C. Rödel, F. Fortuna, A. F. Santander-Syro and S. Shin: Nature Communications, **7** (2016), 11781.
11） H. Ishiwata, Y. Acremann, A. Scholl, E. Rotenberg, O. Hellwig, E. Dobisz, A. Doran, B. A. Tkachenko, A. A. Fokin, P. R. Schreiner, J. E. P. Dahl, R.t M. K. Carlson, N. Melosh, Z. X. Shen and H. Ohldag: Appl. Phys. Lett., **101** (2012), 163101.
12） M. Kotsugi, C. Mitsumata, H. Maruyama, T. Wakita, T. Taniuchi, K. Ono, M. Suzuki, N. Kawamura, N. Ishimatsu and M. Oshima: Appl. Phys. Express, **3** (2010), 013001.
13） T. Kojima, M. Mizuguchi, T. Koganezawa, K. Osaka, M. Kotsugi and K. Takanashi: J. Jpn. Appl. Phys. Rapid. Commun., **51** (2012), 010204.
14） M. Kotsugi, M. Mizuguchi, S. Sekiya, T. Ohkouchi, T. Kojima, K. Takanashi and Y. Watanabe: J. Phys., Conf. Ser. **266** (2011), 012095.
15） M. Kotsugi, M. Mizuguchi, S. Sekiya, M. Mizumaki, T. Kojima, T. Nakamura, H. Osawa, K. Kodama, T. Ohtsuki, T. Ohkochi, K. Takanashi and Y. Watanabe: J. Magn. Magn. Mater., **326** (2013), 235.
16） T. Ohtsuki, M. Kotsugi, T. Ohkochi, S. Lee, Z. Horita, and K. Takanashi: J. Appl. Phys., **114** (2013), 143905.
17） H. Fukidome, M. Kotsugi, K. Nagashio, R. Sato, T. Ohkochi, T. Itoh, A. Toriumi, M. Suemitsu and T. Kinoshita: Sci. Rep., **4** (2014), 3713.
18） M. Hasegawa, K. Tashima, M. Kotsugi, T. Ohkochi, M. Suemitsu and H. Fukidome: Appl. Phys. Lett., **109** (2016), 111604.
19） H. Fukidome, T. Ide, Y. Kawai, T. Shinohara, N. Nagamura, K. Horiba, M. Kotsugi, T. Ohkochi, T. Kinoshita, H. Kumigashira, M. Oshima and M. Suemitsu: Sci. Rep., **4**, (2014), 5173.
20） H. Kubo, N. Nakamura, M. Kotsugi, T. Ohkochi, K. Terada and K. Fukuda: Front. Earth Sci., **3** (2015), 31. doi: 10.3389/feart.2015.00031.
21） A. Yoshigoe, H. Shiwaku, T. Kobayashi, I. Shimoyama, D. Matsumura, T. Tsuji, Y. Nishihata, T. Kogure, T. Ohkochi, A. Yasui and T. Yaita: Appl. Phys. Lett., **112** (2018), 021603.
22） T. Ohkochi, M. Kotsugi, K. Yamada, K. Kawano, K. Horiba, F. Kitajima, M. Oura, S. Shiraki, T. Hitosugi, M. Oshima, T. Ono, T. Kinoshita, T. Muro and Y. Watanabe: J. Synchrotron Rad., **20** (2013), 620.
23） T. Ohkochi, H. Fujiwara, M. Kotsugi, H. Takahashi, R. Adam, A. Sekiyama, T. Nakamura, A. Tsukamoto, C. M. Schneider and H. Kuroda: Appl. Phys. Express, **10** (2017), 103002.
24） A. Yamaguchi, H. Hata, M. Goto, M. Kodama, Y. Kasatani, K. Sekiguchi, Y. Nozaki, T. Ohkochi, M. Kotsugi and T. Kinoshita: J. J. Appl. Phys., **55** (2015), 023002.

酸化物ナノ構造の界面を見て その新奇物性を開拓する

組頭広志

放射光を用いた光電子分光法は，酸化物表面・界面の研究においても威力を発揮する．とくに，放射光のもつ優れた特性を利用することで，酸化物ナノ構造における機能に直結する表面・界面の電子・スピン・軌道状態を元素選択的に特定することができる．本稿では，放射光計測を多角的に組み合わせることで可能となる界面状態の可視化と，その知見に基づいた酸化物ナノ構造設計について紹介する．

1. はじめに

遷移金属酸化物は，銅酸化物における高温超伝導，Mn 酸化物における超巨大磁気抵抗効果・金属絶縁体転移，Ti 酸化物における光触媒作用に代表される機能の宝庫である[1)2)]．この類い希な機能を利用する「酸化物エレクトロニクス」が，従来の半導体デバイスに取って代わる次世代基幹エレクトロニクスとして注目を集めている[3)~5)]．これらの機能は，お互いに強く相互作用し合う「強相関電子」にその起源をもつことが知られている．そのため，酸化物エレクトロニクスの実現に向けて，機能性酸化物薄膜の電子状態，特に表面・界面の電子状態を正しく知る必要があり，そこには光電子分光が威力を発揮する．さらに，遷移金属酸化物においては，（強相関）電子のもつ電荷の自由度に加えてスピンや軌道の自由度が重要になる[1)]ため，それらの情報も必要になる．そのため，X 線光電子分光（XPS）による内殻（化学結合状態・価数）[6)]や角度分解光電子分光（ARPES）によるバンド構造[7)]といった電荷に関する測定に加えて，スピン分解光電子分光や偏光を用いた磁気円二色性（XMCD）によるスピン状態の測定，および線二色性（LD）による軌道状態の測定なども複合的に行う必要がある[7)~9)]．また，放射光を用いた共鳴光電子分光による遷移金属 d 電子の部分状態密度の特定[9)]や内殻 X 線吸収分光（XAS）による元素選択的な電子・磁気状態の測定なども有用である[10)]．この測定手法の多様性が酸化物薄膜評価の醍醐味でもある．

本稿では，酸化物の光電子分光評価における特有な課題とそれを解決するための実験装置，ならびに放射光光電子分光評価とその知見に基づく酸化物ナノ構造設計例として，酸化物ヘテロ構造の界面構造および酸化物量子井戸構造を用いた強相関電子の2次元閉じこめ，について紹介する．

2. 酸化物ナノ構造材料への応用における課題と課題解決のための実験装置

放射光測定により明らかにすることのできる遷移金属酸化物の電子・化学状態の概念図を図1に示す．光電子分光による酸化物薄膜評価の基本は，その他の材料の評価技術と同じである．しかし，酸化物の評価においては，以下に示す特有の問題がある．

1) 機能性酸化物薄膜・多層膜は，一般的に構成元素の多い複合酸化物であるため，測定対象となる元素（内殻）が多い．
2) 自然環境下に存在している物質はほぼ酸素を含む物質（分子）であるため，測定対象である酸化物自体の酸化物イオンと区別がつきにくい．そのため試料表面の汚染に特に注意する必要がある．加えて，測定対象試料の表面における酸化・還元にも注意を要する．
3) 一般的な試料の清浄化である，①イオンスパッタリング法，②熱処理法，③化学エッチング法，等の処理[6]により容易に試料表面の酸素欠損や組成ずれ等が引き起こされ，本質的ではない情報を得ることが多々ある．特に，遷移金属酸化物は，わずかな組成の変化やひずみ等によって「遷移」の名が示すように容易に特性が変化するため，清浄試料表面を得るのが非常に困難な物質群である[11]．

特に，高分解能化された光電子分光測定[7]においては，本質的ではない情報も明瞭に観測されてしまう．そこで，機能性酸化物薄膜の光電子分光評価においては，分子線エピタキシー（MBE）法やスパッタ法等により作製した試料

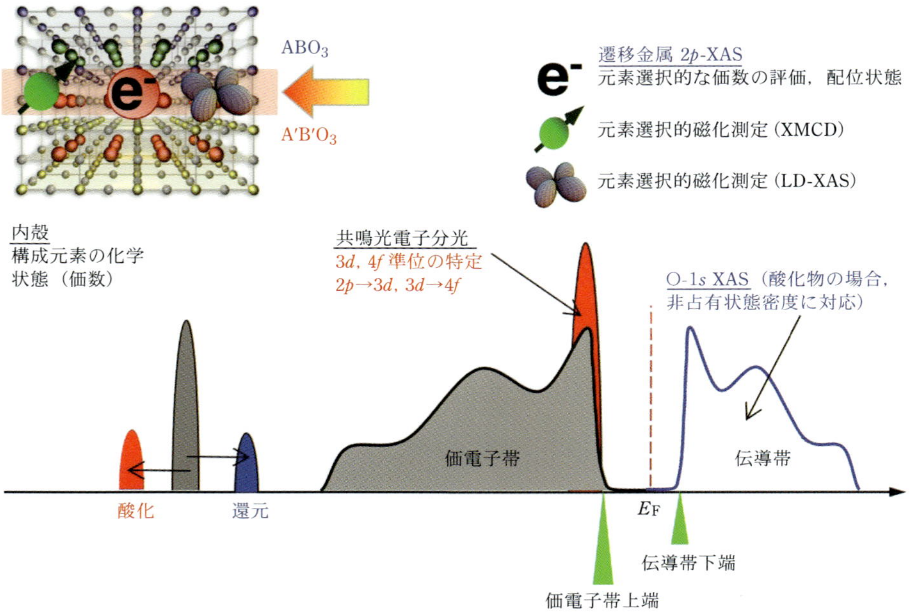

図1 放射光を用いた光電子分光・内殻吸収分光測定で解析できる酸化物の電子・化学状態．光電子分光法の表面・界面敏感性と内殻励起分光法の元素選択性とを組み合わせることにより，界面における構成元素毎の電子・スピン・軌道の状態を得ることができる．さらに，ARPES測定により波数分解した情報を得ることで，バンド構造・フェルミ面の決定も可能になる．

を，超高真空を破ることなく光電子分光装置に搬送してその場（*in situ*）測定を行うことが重要となる．さらにこの清浄試料表面に上記の様々な光電子分光法を多角的に応用し，酸化物薄膜における電子・スピン・軌道状態を正しく理解することで，物性・機能の発現機構が明らかになる．

これらを可能とするために建設・改良を行った「*in situ* 光電子分光＋酸化物分子線エピタキシー（MBE）複合装置」の概略図を図 2 に示す[11)12)]．本装置では酸化物 MBE としてレーザー MBE を採用している．本装置は，「酸化物 MBE 槽」，「試料評価槽」，「光電子測定槽」の主に 3 つの部分からなっており，互いに超高真空下で連結されている．これにより，レーザー MBE 装置で酸化物薄膜やヘテロ構造などを作製し，それを超高真空下でクリーンな状態のまま光電子分光装置まで搬送し，*in situ* で電子状態を観測することができる．本装置は，現在，高エネルギー加速器研究機構の放射光施設 Photon Factory（KEK-PF）のビームラインに接続されており，真空紫外光（30 ～ 300 eV：垂直・水平・右円・左円偏光切り替え可能）を用いた ARPES による価電子帯バンド構造の決定と，軟 X 線（250 ～ 2000 eV）を用いた内殻準位の測定とを，同一試料表面上で行うことが可能となっている．そのため，レーザー MBE で作製した酸化物薄膜・多層膜における表面の化学状態や界面のバンドダイアグラムなどを軟 X 線を用いた XPS や XAS で調べ，よい表面・界面が得られていることを確認してから，物性・機能に関わるフェルミ準位（E_F）近傍の微細なバンド構造を真空紫外光を用いた ARPES により詳細に調べるといった多元的な実験が一度に可能となっている[13)14)]．

以下に，本装置を用いた放射光光電子分光評価とその知見に基づくナノ物質設計の具体例として，酸化物ヘテロ構造の界面構造評価と機能

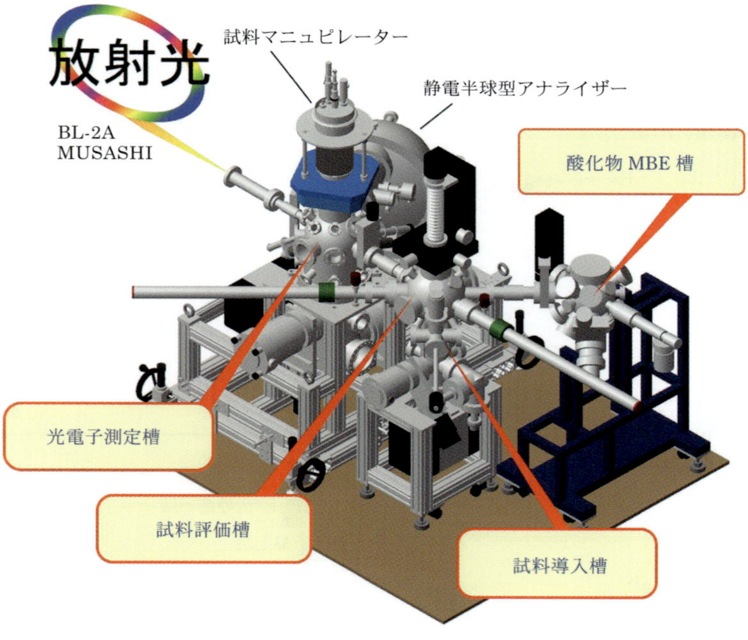

図 2　*in situ* 光電子分光＋酸化物 MBE 複合装置の概略図．KEK-PF のビームライン BL-2A MUSASHI にエンドステーションとして設置されている．

設計[15)~20)]，および酸化物量子井戸構造を用いた強相関電子の2次元閉じこめ[21)~24)]の結果を紹介する．

3. 酸化物ヘテロ構造の機能設計

「界面を制すものは機能を制す」—異種物質のヘテロ接合を利用した機能とは，突き詰めると界面を通してのエネルギーのやりとりである．そのため，異種物質間の接合界面における状態（結晶構造，電子状態，化学結合状態）を正しく理解することが機能を制御するための条件となる．異種物質ヘテロ接合を用いて新たな機能を設計するということは，つまるところ，ヘテロ界面において機能を保つように界面構造を設計することにかかっている．中でも遷移金属酸化物は，わずかな組成の変化やひずみ等によって「遷移」の名が示すように容易に特性が変化するため[1)]，界面で発現する電子・スピン・軌道の状態を正確に可視化することが機能制御の鍵となる．

この「埋もれた界面」の電子状態測定のために，元素選択的な放射光分光が有用である．例として，遷移金属イオンの $3d$ 部分状態密度を選択的に取り出すことが可能な共鳴光電子分光法を用いた研究例を説明する．ここではまず，共鳴光電子分光法の簡単な原理について説明する．放射光を用いて励起光を対象とする原子の内殻準位から価電子帯への吸収エネルギーに一致させると共鳴光電子放出が起きる[9)]．図3にその原理を示す．ここで，遷移金属の $2p$ 内殻準位と $3d$ 準位差に相当するエネルギーを持つ励起光（Mnの場合，約642.5 eV）を用いると，通常の光電子放出過程，

$$2p^6 3d^N + h\nu \rightarrow 2p^6 3d^{N-1} + e^- \qquad (1)$$

に加え，$2p$ 内殻から $3d$ 準位に励起された電子が $2p$ 内殻正孔と再結合する中間状態を経て，そのエネルギーをもらってもう1個の $3d$ 準位電子が放出される過程（オージェ過程の1種であるSuper-Coster-Kroning過程），

$$2p^6 3d^N + h\nu \rightarrow 2p^5 3d^{N+1} \rightarrow 2p^6 3d^{N-1} + e^- \qquad (2)$$

が起きる[9)]．式(1)と(2)の過程は，同じ始状態から同じ終状態への遷移であるため，両者は量子力学的に干渉し，$3d$ 電子に対する光励起断面積の顕著な増大を引き起こす．実例として，

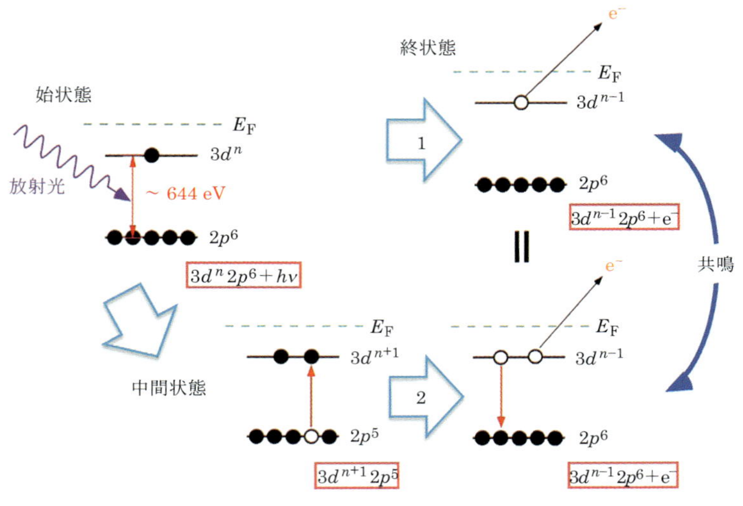

図3 共鳴光電子分光の原理．例として，$3d$ 遷移金属の $2p$-$3d$ 共鳴のケースを示す．

Mn 酸化物 $La_{0.6}Sr_{0.4}MnO_3$ (LSMO) に対する共鳴光電子スペクトルを Mn 2*p* XAS スペクトルとともに図 4 に示す．Mn 2*p*-3*d* 吸収端のエネルギーが約 642.5 eV であるため，この吸収端から Mn 3*d* 部分状態密度の共鳴増大が起こっている様子が見て取れる．ここで，共鳴増大したスペクトルを共鳴スペクトル (642.5 eV)，共鳴が始まる直前のスペクトルを非共鳴スペクトル (636 eV) と呼ぶ．この共鳴スペクトルと非共鳴スペクトルの差が Mn 3*d* 部分状態密度に対応する．共鳴スペクトルにおける各ピーク強度は光エネルギーに依存する (図 4 参照) ため，目的に応じて共鳴エネルギーを設定することが多い．本研究では，結合エネルギー約 0.8 eV に存在する Mn 3*d* e_g ピーク強度を界面電子状態の評価関数として用いるため，その相対強度が最も高くなる 644 eV で測定したスペクトルを共鳴スペクトルとして用いている．

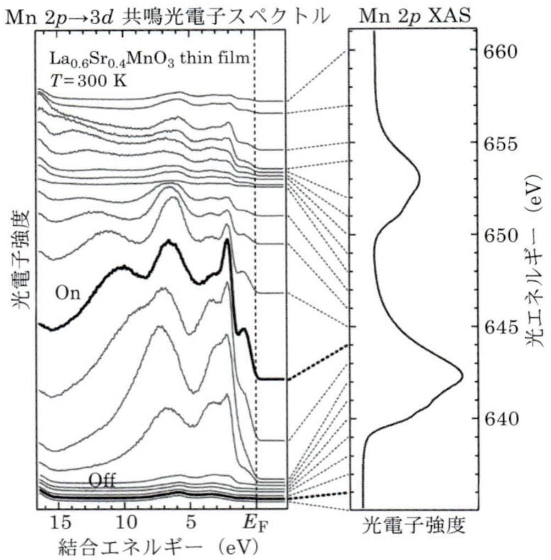

図 4　LSMO 薄膜の (a) 共鳴光電子分光，および (b) Mn 2*p* XAS スペクトル．

この共鳴光電子分光法は，特定の遷移金属元素の部分状態密度を元素選択的に取り出せるという特徴がある．この手法を用いると，図 5 に示すようなヘテロ界面における「埋もれた界面」の電子状態の直接観測が可能となる．ここで，①上部層の影響は差分スペクトルを取ることにより除去できる，つまり，共鳴吸収端近傍の励起光を用いると上部層は「透明」と見なせる，②この元素選択性を用いることで，「異種界面」が「表面」として再定義される，つまり，界面からの深さ (1 ～ 2 nm) 情報を得ることが

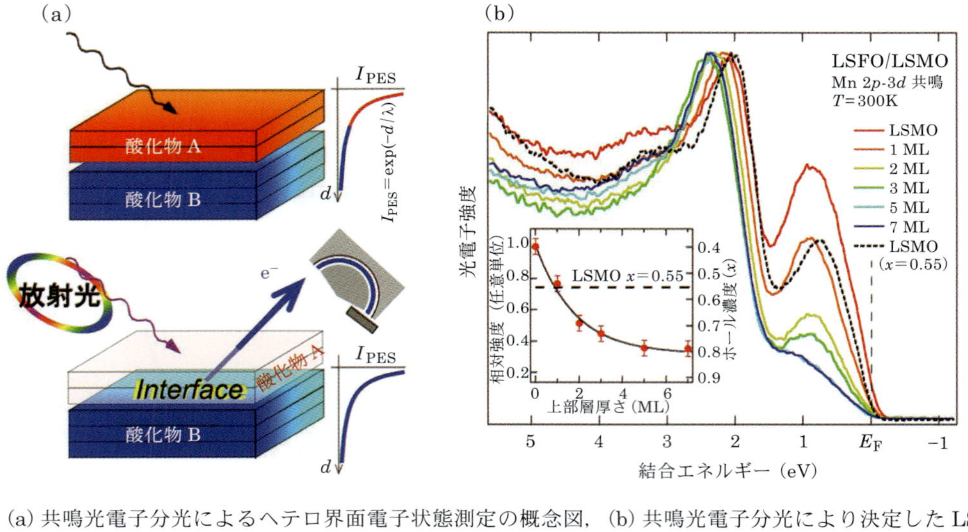

図 5　(a) 共鳴光電子分光によるヘテロ界面電子状態測定の概念図，(b) 共鳴光電子分光により決定した LSFO/LSMO ヘテロ界面における Mn 3*d* 部分状態密度．

できる，ことがポイントである．加えて，放射光の高分解能を生かして，ヘテロ接合の機能を支配しているフェルミ準位（E_F）近傍の部分状態密度が観測できる．さらに，XPS や XAS による「元素選択的な」化学結合状態分析と併せることにより，総合的に機能性界面の電子・化学状態を決定することが可能となる．

この共鳴光電子分光法を用いた機能性界面の解析例として，次世代トンネル磁気抵抗素子材料として期待されている LSMO と絶縁バリアー層とのスピントンネル接合界面における評価について紹介したい．図 2 (b) に Mn $2p$-$3d$ 共鳴光電子分光を用いたペロブスカイト酸化物 LSMO と $La_{0.6}Sr_{0.4}FeO_3$ (LSFO) のヘテロ界面の測定例を示す [15)16)]．また，比較のため測定した Sr 濃度（ホール濃度，x）の異なる $La_{1-x}Sr_xMnO_3$ 薄膜（$x = 0.4$ および 0.55）の共鳴光電子スペクトル [25)] も示してある．LSMO $x = 0.4$ はハーフメタルであり，界面でもその電子状態を保っていれば，スピントンネル接合材料として有望である [26)]．つまり，これらの LSMO 薄膜のスペクトルが，「界面でどの様に変化するか」を調べることで界面において発現している現象が特定できれば，デバイス構造設計に有益な情報をもたらすと考えられる．すでに述べたように Mn $2p$-$3d$ 共鳴吸収収端における差分スペクトルは主に LSFO/LSMO 界面（もしくは LSMO 薄膜表面）の Mn $3d$ 部分状態密度を反映している．まず，LSMO（$x = 0.4$）薄膜の結果に注目すると，Mn $3d$ スペクトルには，結合エネルギー約 2.1 eV と約 0.8 eV にピークが存在していることがわかる．これらは，MnO_6 正八面体に対するクラスターモデル計算との比較により，それぞれ Mn $3d$ t_{2g} 状態と e_g 状態であると特定できる [25)]．

次に，LSMO 薄膜 $x = 0.55$ と $x = 0.4$ との結果とを比較すると，La の Sr 置換量の増大に伴って Mn e_g 状態が減少していることが見て取れる．これは，Sr 濃度の減少に伴った e_g 準位へのホール濃度の増加と理解できる．ここで，LSMO（$x = 0.4$）薄膜上に LSFO 層を積層していくと，同様に e_g 状態密度が劇的に減少していく様子が明確に観測されている．また，この強度変化は LSFO 膜厚が約 5 ～ 7 分子層（ML）で飽和することが見て取れる．一方で，t_{2g} 状態にはほとんど強度変化が見られない．これらの結果は，LSMO/LSFO 界面で LSMO から LSFO へ $3d$ e_g 準位間での電荷移動が起こっていることを示していると考えられる [15)16)20)]．ここで，これまでの Sr 置換による LSMO 薄膜の測定から，この Mn e_g 準位の強度が LSMO のホール濃度を表していることがわかっているので [25)]，2 ML 以上において e_g 準位強度が LSMO（$x = 0.55$）薄膜より弱いことは，LSMO/LSFO ヘテロ界面における LSMO 層はもはや強磁性状態を保っていないことを示している．このことは，遷移金属イオン間の電荷移動を抑制するヘテロ界面を設計することで，スピントンネル接合の性能が向上することを示している [17)～19)26)]．

4. 酸化物量子井戸構造の機能設計

一般に，半導体（絶縁体）上に極薄膜の金属を成長させると表面と界面のポテンシャル障壁内に電子が閉じ込められ，金属の電子状態が表面垂直方向に量子化される．この金属量子井戸現象については，これまで Ag/Si などの自由電子系において ARPES により詳しく調べられてきた [27)28)]．原理的には，伝導性酸化物においても，同様の手法で強相関電子の 2 次元閉じ込めが可能である．しかしながら，これまで $SrTiO_3$ [29)] や ZnO [30)] 等の酸化物半導体における量子化状態の報告はあるものの，銅酸化物高温超伝導体のような層状伝導性酸化物により近いと考えられる金属状態の量子閉じ込めに関する報告はなかった．その理由としては，主にヘテロ界面を通したカチオンの拡散による界面の乱れや遷移金属イオン間の界面電荷移動が原因であると考えられている[3)20)]．そのため，界面の化学状態をX線光電子分光や内殻X線吸収分光で観測しながら，最適な酸化物候補をスクリーニングしていった[22)]．その結果，ペロブスカイト酸化物 $SrVO_3$（伝導性酸化物）と Nb をドープした Nb：$SrTiO_3$（n 型半導体）とのヘテロ構造が量子井戸構造として最適であることを見いだした．実際，$SrVO_3$/Nb: $SrTiO_3$ (001) 量子井戸構造の成長条件を最適化することによって，$SrVO_3$/Nb：$SrTiO_3$ では，原子レベルで平坦な表面と化学的に急峻な界面が得られている[21)～24)]．この $SrVO_3$/Nb：$SrTiO_3$ 量子井戸構造のバンドダイアグラムを決定した結果を示す．まずは，図 6 に示す価電子帯スペクトルにおける $SrVO_3$ 伝導層の膜厚依存（量子井戸幅依存性）[22)] から，① $SrVO_3$ が単純な $3d^1$ 電子配列をもつ典型的な伝導性酸化物であり，V 3*d* 状態が O 2*p* バンドとよく分離してフェルミ準位近傍に存在する，②量子化が期待される極薄膜領域（4 ～ 10 分子層（ML））でもその金属的な振る舞いを保つ，ことがわかる．さらに，図 7 (a) に示す Ti 2*p* 内殻準位測定から，③ $SrVO_3$/Nb：$SrTiO_3$ 界面の Ti の価数は $SrTiO_3$ と同じ 4+ であり，界面電荷移動（もしくは薄膜作製中における還元反応）は生じていないこと，④伝導性酸化物 $SrVO_3$ と n 型半導体である Nb：$SrTiO_3$ との間にショットキー接合を形成している[21)]，ことがわかる．得られた結果から実際にバンドダイアグラムを決定したところ，$SrVO_3$/Nb：$SrTiO_3$ 界面では図 7 (b) のような障壁高さ 0.9 eV をもつショット

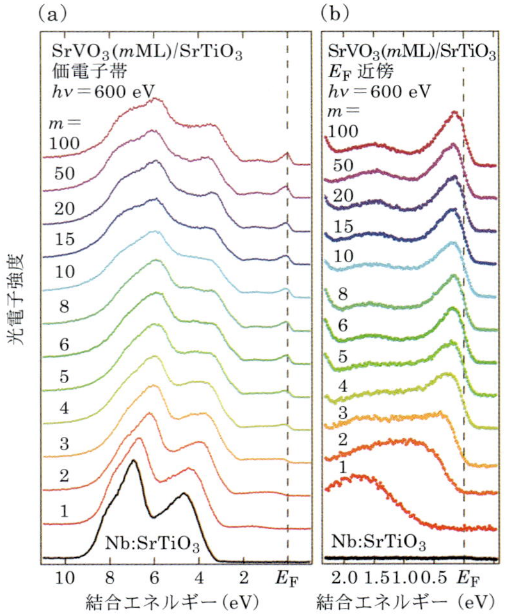

図 6　Nb：$SrTiO_3$ (001) 基板上に成長させた $SrVO_3$ 超薄膜の (a) 価電子帯および (b) フェルミ準位近傍スペクトルの膜厚依存性．

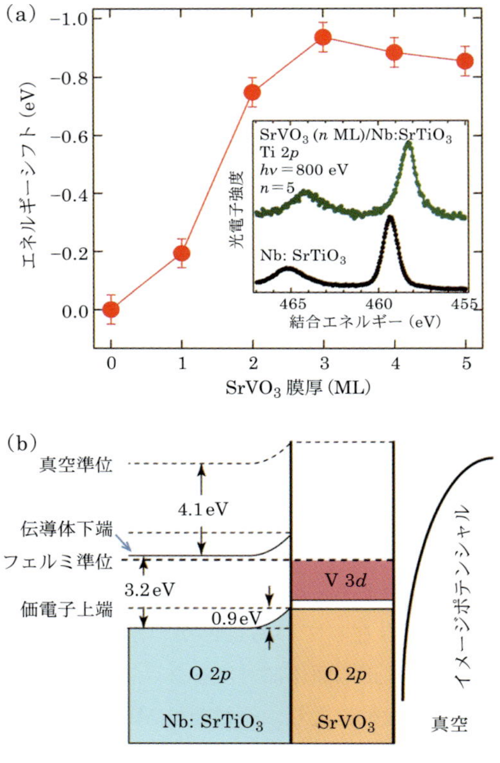

図 7　(a) $SrVO_3$/Nb：$SrTiO_3$ (001) 接合界面における Ti 2*p* 内殻準位の $SrVO_3$ 膜厚依存性．(b) *In situ* 光電子分光で決定した $SrVO_3$/Nb：$SrTiO_3$ 接合界面のバンドダイアグラム．

キー接合が形成され，$SrVO_3$ の金属的な V 3d 状態が $SrTiO_3$ のバンドギャップ (Eg[$SrTiO_3$] = 3.2 eV) 中に位置していることが確かめられた[21]．

これらの光電子分光の結果から，E_F 近傍の V 3d 状態の量子化が期待される．そこで，次に ARPES により V 3d 電子（強相関電子）の振る舞いについて調べた結果を図 8 を示す[21]．まず，図 8 (a) に $SrVO_3$/Nb：$SrTiO_3$ 量子井戸構造の Normal Emission 配置 ($k_{//}$ = 0) で測定した *in-situ* ARPES スペクトルを示す．$SrVO_3$ 膜厚の増加に伴い，①ピーク構造が高結合側にシフトする，②新たなピーク構造が E_F 近傍に出現する，③ピーク位置がバルクの V 3d バンドの底である約 500 meV に収束する，といった量子化状態に特徴的な変化が観測されていることがわかる．そこで，このピーク位置（量子化準位）の膜厚（量子井戸幅）依存性を定量的に評価するために，位相シフト量子化則[27][28]による解析を行った結果が図 8 (c) である．理論計算結果は，観測されたピーク位置の膜厚依存性 (Structure plot と呼ぶ) を非常によく再現している．このことは，図 7 (b) のバンドダイアグラムから期待されたとおり V 3d 電子が $SrVO_3$ 極薄膜内に閉じ込められていること，つまり，酸化物量子井戸構造での強相関電子の 2 次元閉じ込めが実現していることを示している．

図 8 に示した結果は，酸化物量子井戸においても量子化準位の基本的な振る舞いは，従来の

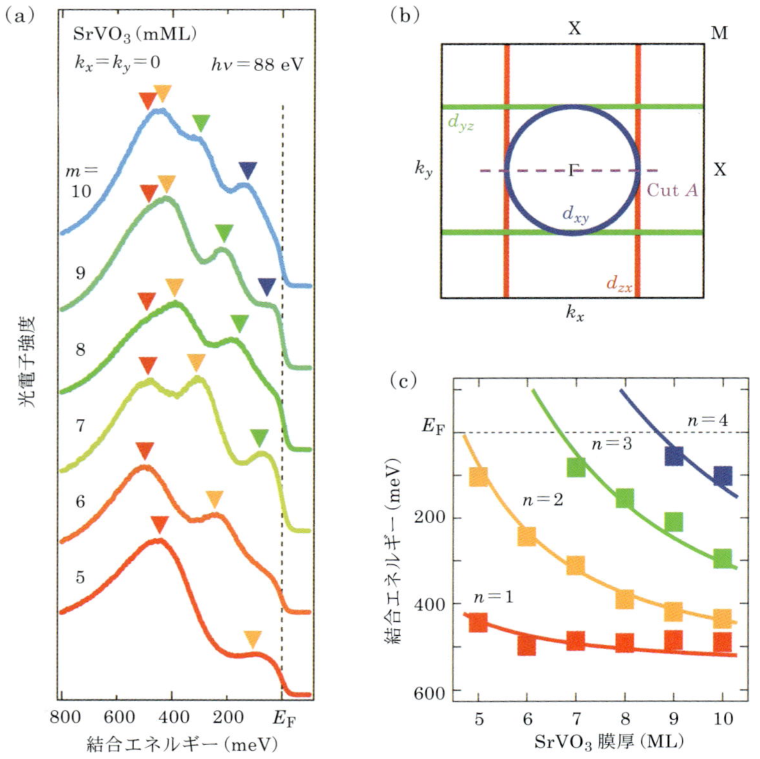

図 8　(a) $SrVO_3$/Nb:$SrTiO_3$(001) 量子井戸構造における Γ 点の ARPES スペクトル．(b) ブリルアンゾーンとフェルミ面．(c) 量子化準位の $SrVO_3$ 膜厚依存性．四角が実験値，実線が位相シフト量子化則による理論計算の結果を示す．

金属量子井戸の概念で理解できることを示している．一方で，面内分散（サブバンド分散）から，この強相関量子化状態が，①異方的な 3d 軌道を反映した「軌道選択的量子化」，②量子井戸における複雑な相互作用を反映した「サブバンドに依存した有効質量増大」といった従来の金属量子井戸[27)28)]では見られない特徴を持つことが明らかになった[21)23)]．例として，図 9 に *in-situ* ARPES により得られた $SrVO_3$ 8 ML のサブバンド構造を示す．図 9 (a) に示す Γ-X 方向（Cut A）のサブバンドの分散では，d_{yz} 軌道由来の重いサブバンドと d_{zx} 軌道由来の軽いサブバンドの 2 種類が観測されている．一方で，d_{xy} 軌道由来のバンドは極薄膜においてもバルクと同じ構造を保持しており，量子化していない．このことは，異方的な 3d t_{2g} 軌道の形状を反映して，量子化方向（面直方向）に対して量子化する・しないが決まっていることを示している（図 9 (b)）．観測された複雑なサブバンド構造はこのように理解できる．この異方的な軌道形状を反映した量子化現象を，「軌道選択的量子化」と呼んでいる[21)]．

これらの軌道選択的量子化を，より詳しく見るために放射光の偏光依存性を利用して「軌道選択的量子化を軌道選択的」に測定した結果を図 10 に示す．励起光の偏光を変えると，測定面に対する各 3d t_{2g} 軌道の対称性によって，ARPES スペクトル強度に偏光依存性が現れる[8)9)]．そのため，本実験における測定配置と 3d t_{2g} 軌道の幾何学的対称性を考慮すると，水平偏光の場合には d_{zx} 軌道由来のバンドが，垂直偏向の場合 d_{xy} と d_{yz} 軌道由来のバンドが強くなる．この偏光依存性を利用すると，d_{yz} 軌道と d_{zx} 軌道が量子化し d_{xy} バンドは量子化し

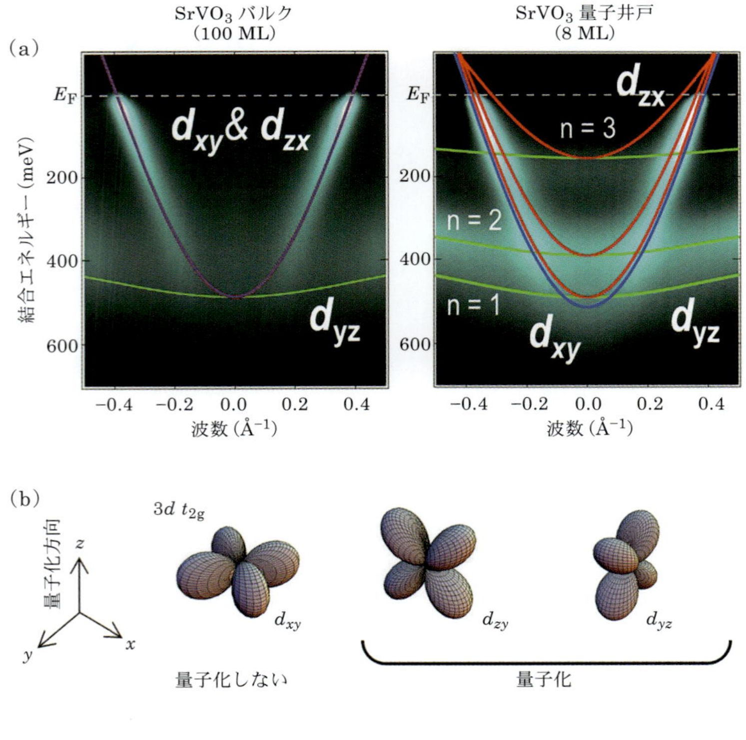

図 9　(a) $SrVO_3$ のバルク（100 ML）と量子井戸構造（8 ML）の Γ-X 方向（図 8 (b) の cut A 参照）におけるバンド構造．(b) $SrVO_3$/Nb：$SrTiO_3$ (001) 量子井戸構造における軌道選択的量子化の説明図．

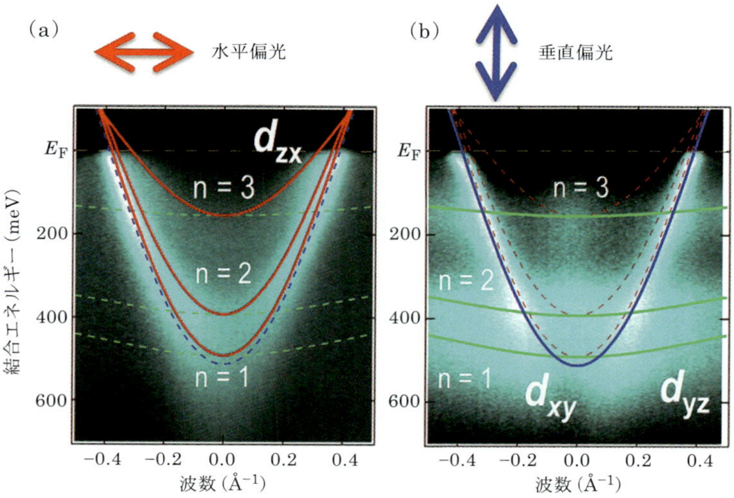

図 10 偏光依存 ARPES により決定した $SrVO_3$/Nb：$SrTiO_3$ (001) 量子井戸構造 (8 ML) のバンド構造．放射光の偏光性を用いることで，軌道選択的量子化が軌道選択的に観測されている．

ていない「軌道選択的量子化」(図 9 (b) 参照) が起こっていることが明瞭に見て取れる．

5. おわりに

本稿に例示したとおり，光電子分光法は酸化物薄膜の評価においても有用である．さらに，優れた光源である放射光と組み合わせることで，酸化物の示す多彩な機能に直結する電子・スピン・軌道状態などの情報を一つ一つ明らかにし，その知見に基づいた物質開発・物質設計が推進できる．今後の発展を期待したい．

参考文献

1) M. Imada, A. Fujimori and Y. Tokura: Rev. Mod. Phys., **70** (1998), 1039.
2) A. Fujishima and K. Honda: Nature, **238** (1972), 37.
3) 鯉沼秀臣編著：酸化物エレクトロニクス，培風館，(2001).
4) H. Y. Hwang, Y. Iwasa, M. Kawasaki, B. Keimer, N. Nagaosa and Y. Tokura, Nat. Mater., **11** (2012), 103.
5) J. Mannhart and D. G. Schlom: Science, **327** (2010), 1607.
6) 日本表面科学会編：X 線光電子分光，丸善，(1998).
7) 高橋隆：光電子固体物性，朝倉書店，(2011).
8) A. Damascelli, Z. Hussain and Z.-X. Shen: Rev. Mod. Phys., **75** (2003), 473 .
9) S. Hüfner: Photoelectron Spectroscopy, 3rd ed., Springer-Verlag, Berlin, (2003).
10) 太田俊明：X 線吸収分光法—XAFS とその応用，アイピーシー，(2002).
11) 組頭広志：表面科学，**25** (2004)，684.
12) K. Horiba, H. Ohguchi, H. Kumigashira, M. Oshima, K. Ono, N. Nakagawa, M. Lippmaa, M. Kawasaki and H. Koinuma: Rev. Sci. Instrum., **74** (2003), 3406.
13) 堀場弘司，組頭広志：表面科学，**38** (2017)，553.
14) 組頭広志：表面科学，**38** (2017)，596.
15) H. Kumigashira, D. Kobayashi, R. Hashimoto, A. Chikamatsu, M. Oshima, N. Nakagawa, T. Ohnishi, M. Lippmaa, H. Wadati, A. Fujimori, K. Ono, M. Kawasaki and H. Koinum: Appl. Phys. Lett., **84** (2004), 5353.
16) H. Kumigashira, A. Chikamatsu, R. Hashimoto, M. Oshima, T. Ohnishi, M. Lippmaa, H. Wadati, A. Fujimori, K. Ono, M. Kawasaki and H. Koinuma: Appl. Phys. Lett., **88** (2006), 192504.
17) M. Minohara, Y. Furukawa, R. Yasuhara, H. Kumigashira and M. Oshima: Appl. Phys. Lett.,

94 (2009), 242106.

18) M. Minohara, R. Yasuhara, H. Kumigashira and M. Oshima: Phys. Rev., B **81** (2010), 235322.

19) M. Minohara, K. Horiba, H. Kumigashira, E. Ikenaga and M. Oshima: Phys. Rev. B **85** (2012), 165108[1-6].

20) M. Kitamura, K. Horiba, M. Kobayashi, E. Sakai, M. Minohara, T. Mitsuhashi, A. Fujimori, H. Fujioka, and H. Kumigashira: Appl. Phys. Lett., **108** (2016), 111603.

21) K. Yoshimatsu, K. Horiba, H. Kumigashira, T. Yoshida, A. Fujimori and M. Oshima: Science, **333** (2011), 319.

22) K. Yoshimatsu, T. Okabe, H. Kumigashira, S. Okamato, S. Aizaki, A. Fujimori and M. Oshima: Phys. Rev. Lett., **104** (2010), 147601.

23) M. Kobayashi, K. Yoshimatsu, E. Sakai, M. Kitamura, K. Horiba, A. Fujimori and H. Kumigashira: Phys. Rev. Lett., **115** (2015), 076801.

24) M. Kobayashi, K. Yoshimatsu, T. Mitsuhashi, M. Kitamura, E. Sakai, R. Yukawa, M. Minohara, A. Fujimori, K. Horiba and H. Kumigashira: Sci. Rep., **7** (2017), 16621.

25) K. Horiba, A. Chikamatsu, H. Kumigashira, M. Oshima, N. Nakagawa, M. Lippmaa, K. Ono, M. Kawasaki and H. Koinuma: Phys. Rev., B, **71** (2005), 155420.

26) H. Yamada, Y. Ogawa, Y. Ishii, H. Sato, M. Kawasaki, H. Akoh and Y. Tokura: Science, **305** (2004), 646 .

27) T.-C. Chiang: Sur. Sci. Rep., **39** (2000), 181 .

28) M. Milun, P. Pervan and D. P. Woodruff: Rep. Prog. Phys., **65** (2002), 99.

29) Y. Kozuka, M. Kim, C. Bell, B. G. Kim, Y. Hikita and H. Y. Hwang: Nature, **462**, (2009), 487.

30) A. Tsukazaki, A. Ohtomo, T. Kita, Y. Ohno, H. Ohno and M. Kawasaki: Science, **315** (2007), 1388.

物質の電子構造を観測して強い磁石を作る

伊藤孝寛，宮崎秀俊，木村真一

次世代スピントロニクスデバイス材料の候補である希土類半導体 EuO において強磁性が発現するメカニズムを知るために，放射光を利用した3次元角度分解光電子分光法を用いた，磁気相転移前後の電子バンド構造変化のピンポイント解析を行った．その結果，EuO における磁石の性質は，Eu 4f スピンがそろうための2種類の効果（超交換相互作用と間接交換相互作用）が競合的にはたらくことにより担われていることが明らかになった．

1．はじめに

我々の身近な生活の中で電気と並んで欠かせない存在となっているのは，磁石である．地球の地磁気から授業で資料を留めるのに使われる強力マグネット（永久磁石），小型モーターやスピーカーに利用される電磁コイルから，リニアモーターカーにおける駆動力となる超伝導電磁石まで，思いつく例は枚挙の暇がない．さらには，ナノテクノロジーの基盤となるシリコンに代表される半導体デバイスに代わる，省エネ，小型化，多機能化などを担う新たなデバイスとして，スピントロニクスデバイスが現在盛んに開発・実用応用がすすめられている．スピントロニクスデバイスは，電子における電荷の自由度のみならずスピンの自由度も制御することに，その特徴がある．なかでも，遷移金属を含む GaMnAs などに代表される希薄強磁性半導体は磁気的な性質を担う遷移金属元素と電気的な性質を担う伝導キャリアが共存する系として，室温以上で動作する高密度記録デバイスに既に応用・製品化されている．しかし，さらに要望される記憶容量の高密度化に対しては，情報記憶を司る磁性元素 Mn の密度が希薄なため，劇的な向上は難しいと考えられている．また，現時点においても，磁性元素が関与する希薄強磁性半導体の性能向上のメカニズムにはいまだ不明な点が多く残されており，次世代磁性デバイス材料の学理の構築，設計指針の確立も済んでいない．

2．希土類強磁性半導体 EuO

このような背景のなかで，希土類半導体として知られる酸化ユーロピウム EuO は，強磁性相転移温度（キュリー温度）こそ $T_C = 70$ K と比較的低いものの，①希土類元素の磁気モーメントが遷移金属元素に比べて大きいことによる単位体積当たりの磁気モーメントの大きさ，②電子ドープ（Eu^{3+} 過剰，La^{3+}，Gd^{3+} ドープなど）による巨大磁気抵抗効果を伴う急激な強磁性相転移温度の向上[1)2)]（我々の研究グループの最高向上値は La ドープ系で $T_C \sim 200$ K[3)]）などの特色から，次世代のスピントロニクスデバイス材料の候補として期待されている（図 1[1)2)4)]）．さらにこの系は，応用的な見地からの重要性もさることながら，基礎物性の見地からも重要な系として知られている．一般に空間的に局在したスピンによる磁性の起源は，ハイゼンベルグ模型で取り扱われる電子スピン間の

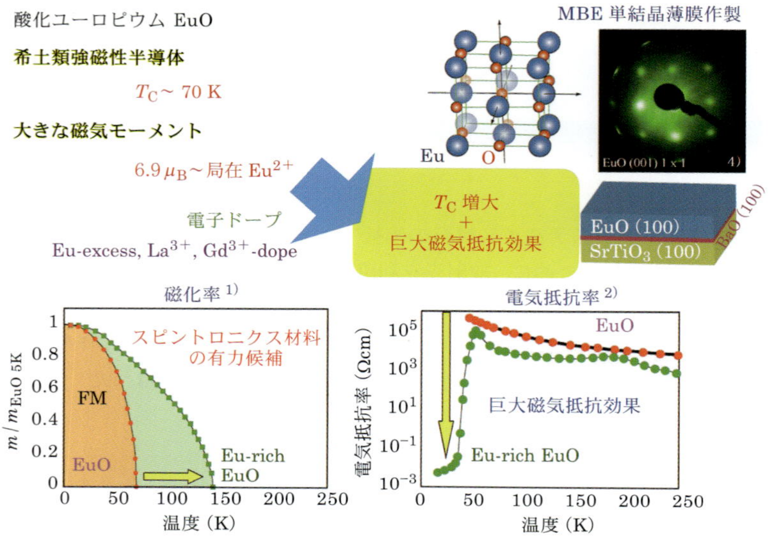

図 1　EuO の物性とその電子ドープ依存性[1)2)]．MBE 成長した EuO (001) 単結晶薄膜における LEED パターン[4)]を結晶構造とともに示してある．

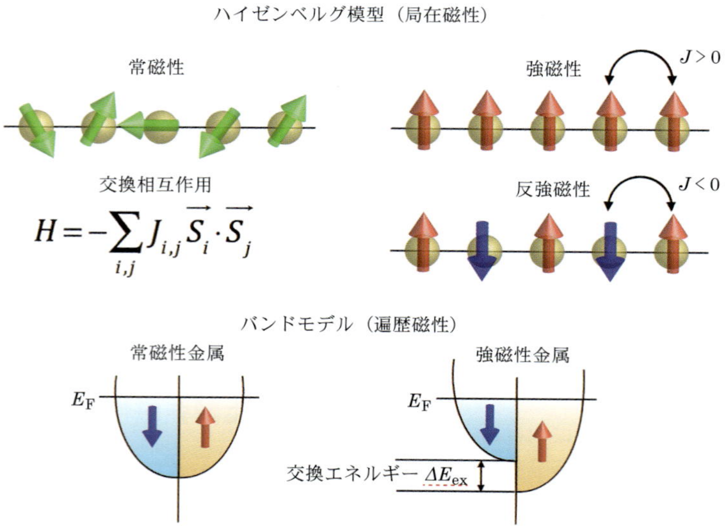

図 2　局在ハイゼンベルグ模型と遍歴バンドモデルにおける強磁性安定化と交換相互作用の関係．

直接交換相互作用 (J) によるものと理解される (図 2 上). それに対して, 遍歴バンドモデルにおける強磁性相転移は, 空間的に広がった遍歴的な電子軌道に由来するアップスピンバンドとダウンスピンバンド間の交換エネルギー分裂 (ΔE_{ex}) により特徴づけられる (図 2 下). ここで, 重い電子系と呼ばれる希土類金属化合物においては希土類 4f 電子が空間的に広がった価電子や伝導電子と混成することにより近藤格子模型で理解されるような重い準粒子バンドを形成することが報告されている[5]. そのため, EuO における強磁性発現のメカニズムを理解する上で, Eu 4f 電子が局在しているか, 遍歴しているか, という点が根本的な問題となる.

3. 放射光を利用した 3 次元角度分解光電子分光

角度分解光電子分光法 (ARPES) は, 固体中の電子状態 (バンド構造, 金属フェルミ面など) を直接観測する強力な手法として知られている (原理図 : 図 3). この手法は, 光を試料表面に照射した際に光電効果により放出される光電子の運動エネルギーを, 放出角度や「光励起エネルギー」の関数として検出することで, 固体中の電子のエネルギーを運動量に対する分散関係として得る手法である. そのため, Eu 4f 電子がエネルギー的な分散を示さない局在状態か, 周期性を有する遍歴状態か, を決定づけることが可能となる. ここで, 放射光を利用した ARPES の, 最も重要な利点をあげる. それは, 結晶表面垂直方向の周期性をもつ 3 次元的な結晶において「3 次元的なブリルアンゾーン中の任意の点をピンポイントで解析することが可能である」という点である. 実際に EuO の強磁性発現メカニズムの解明には, Γ 点と X 点におけるバンド構造を分離して観測することが決め手となっている.

4. 磁気相転移前後の電子バンド構造変化のピンポイント解析

図 4[6] に MBE 成長した単結晶 EuO 薄膜における強磁性相転移温度 (T_C ~ 70 K) 前後の

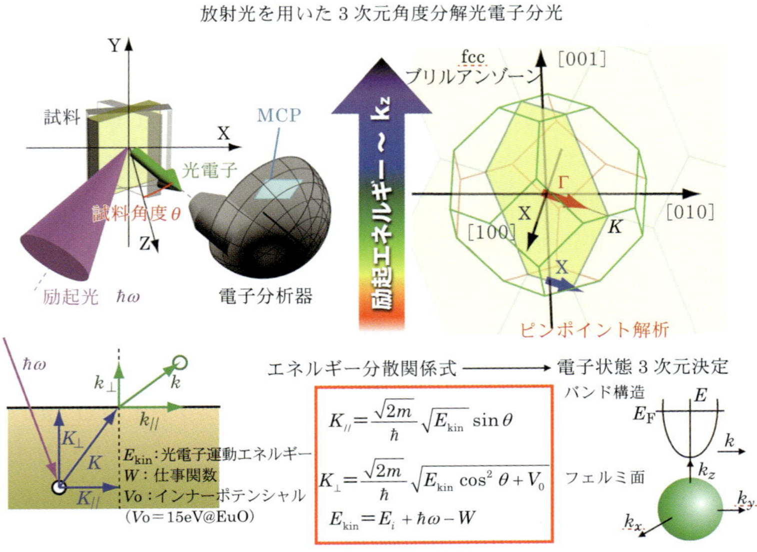

図 3　角度分解光電子分光の実験配置とエネルギー分散関係式. 放射光による励起エネルギーの走査は垂直方向の波数走査に対応する.

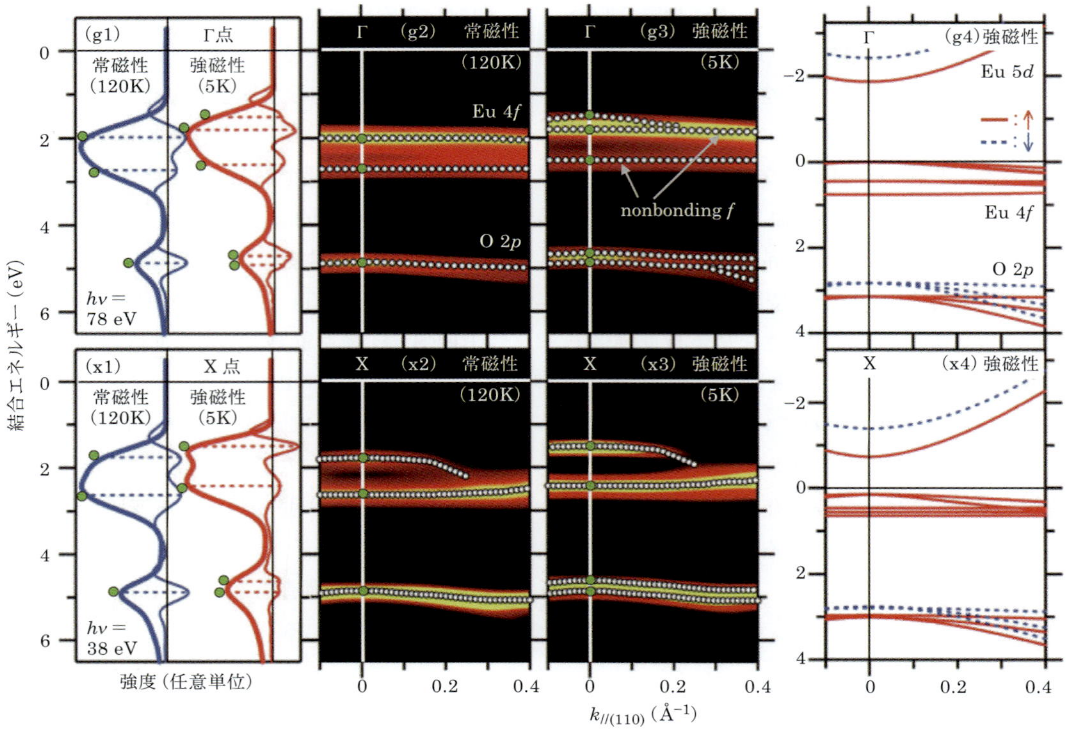

図 4 放射光 ARPES により決定された EuO の磁気相転移に伴うバンド構造の変化とバンド計算の比較 (Γ 点 (g1 ～ g4), X 点 (x1 ～ x4))[6].

ARPES 測定により得られた，Γ 点および X 点近傍のバンド構造を強磁性相におけるバンド計算の結果と比較して示す．5 eV 近傍の O 2*p* バンドと 1.5 ～ 3 eV の Eu^{2+} 4*f* 状態のエネルギー差はバンド計算と良い一致を示していることがわかる．さらに，強磁性相転移に伴い，Eu 4*f* および O 2*p* 状態は Γ 点，X 点近傍ともに低結合エネルギー側にシフトし，強磁性相の Γ 点近傍においては 1.5 eV 近傍で明確なエネルギー分散を示す Eu 4*f* 状態が観測されていることがわかる．この結果は，EuO における Eu 4*f* 状態が周期性を伴う遍歴的な状態を形成していることを示している．さらに，Γ 点および X 点近傍におけるバンドのエネルギー変化の様子を詳しく調べるために，高結合エネルギー側の Eu 4*f* 状態 (nonbonding *f*) のエネルギーを基準として遍歴的な成分のみを抜き出した Eu 4*f* および O 2*p* バンドのエネルギー位置の温度依存性を図 5[6] に示す．

図 5[6] から，常磁性相ではエネルギーシフトが観測されないのに対して，強磁性相転移温度以下においては Eu 4*f* (↑) 状態と O 2*p* (↑) 状態がそれぞれ逆方向にエネルギーシフトすることが明らかになった．この結果は，強磁性相における Eu 4*f* - O 2*p* 混成強度の増大に起因する結合状態と反結合状態のエネルギーシフトとして理解される．さらに，ピンポイント解析の結果を比較すると，Γ 点近傍においては観測される Eu 4*f* のシフト量が O 2*p* のものと同程度であるのに対して，X 点近傍においては O 2*p* のシフト量に対して Eu 4*f* のものが大幅に減少していることがわかる. X 点近傍においては，フェルミ準位直上に間接ギャップを形成する Eu 5*d* バンドが存在することが計算から予測されてい

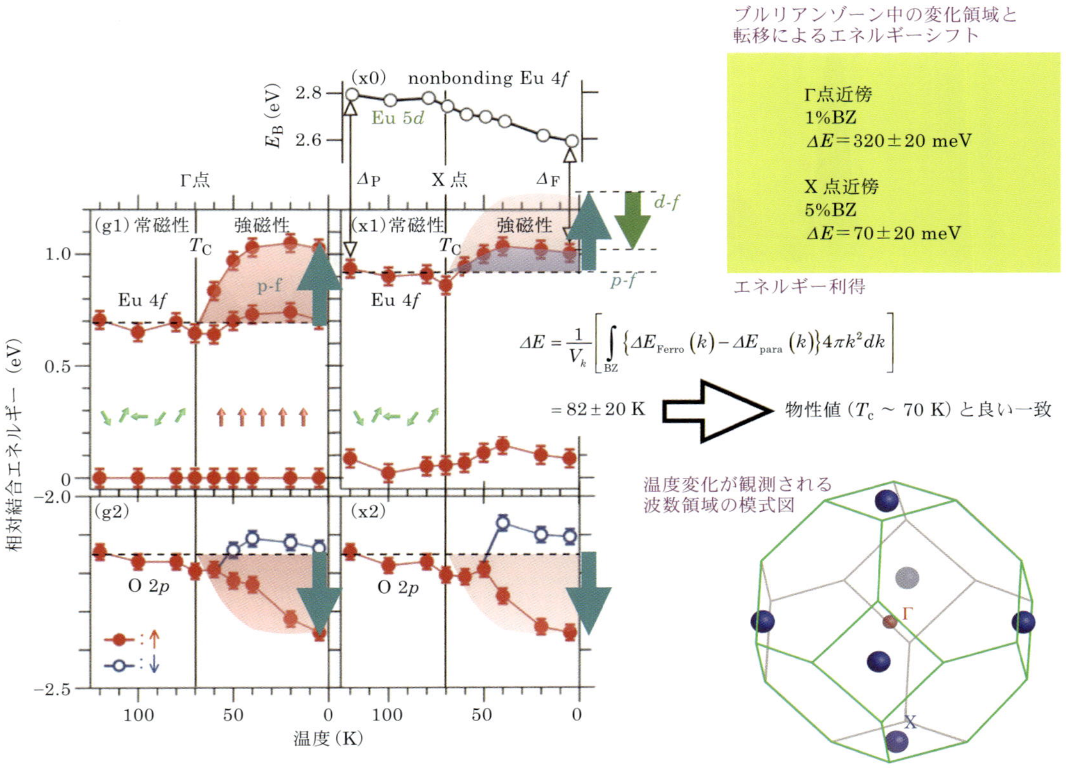

図 5　放射光 ARPES から見積もられる磁気相転移に伴う Eu 4*f* および O 2*p* 状態のエネルギー利得[6)]．球状フェルミ面を仮定したエネルギー利得の換算の結果は物性値と良い一致を示している．

る．そのため，観測された Eu 4*f* シフト量の減少は，X 点近傍における Eu 4*f* - 5*d* 混成強度の増大に由来する結合状態の高結合エネルギーシフトの影響であると考えられる．さらに，観測されたエネルギーシフト量と強磁性相転移に伴うエネルギー利得の関係を調べるために，Γ 点および X 点近傍において観測される Eu 4*f* のエネルギーシフト量をシフトが観測されるブリルアンゾーン中の変化領域に対して積分し，第 1 ブリルアンゾーン体積で規格化することによりエネルギー利得を見積もった所，ΔE ～ 82 ± 20 K となり，強磁性転移温度 T_C ～ 70 K と良い相関を示すことが明らかになった (図 5 右参照)．

5.　磁性発現メカニズムの理解のポイント：2 つの交換相互作用の競合

以上の結果は，EuO における Eu 4*f* スピンの情報が，空間的に周期性をもって広がった O 2*p* や Eu 5*d* 軌道を仲立ちとしてやり取りされていることを明確に示している．すなわち，EuO における磁性を決定づける要因を理解するためには，ハイゼンベルク模型的な直接交換相互作用ではなく，わずかに遍歴的な性質をもつ 4*f* 電子としての取り扱いが必要となることが明らかになった．このような系の交換相互作用は，図 6 に摸式的に示すように，O 2*p* 軌道を媒介とした Eu 4*f* スピンの超交換相互作用と Eu 5*d* バンドに対する 4*f* スピンの疑似励起による間接交換相互作用の存在により理解されると考えられる[1)7)8)]．具体的には，

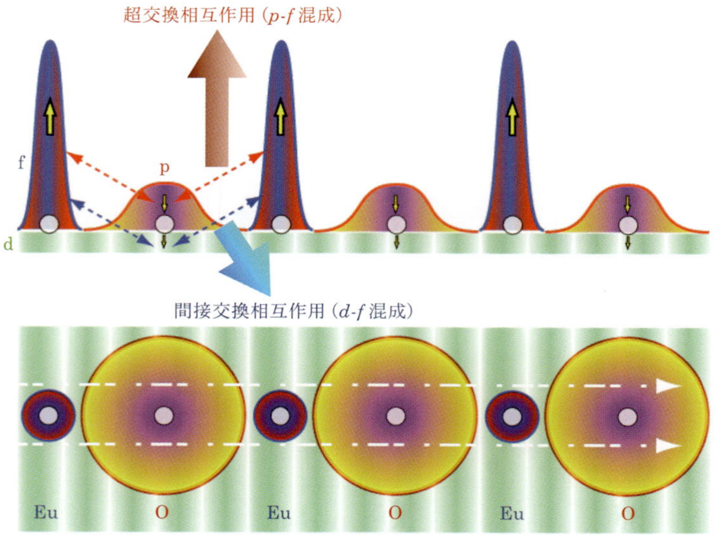

図 6 遍歴的な Eu 4f 状態と O 2p および Eu 5d 軌道の混成状態と超交換相互作用および間接交換相互作用の関係の模式図.

Γ点近傍においては Eu 4f - O 2p 混成による超交換相互作用のみがはたらくのに対して，X 点近傍においては Eu 4f - 5d 混成による間接交換相互作用が競合的にはたらくことが，EuO における磁性を安定化させる役割を担っていることが，放射光 ARPES によるピンポイント解析の結果から明らかになった.

6. おわりに

本稿では，放射光 ARPES の励起エネルギー連続性を利用した 3 次元ブリルアンゾーン中のピンポイント解析の例を示すにとどめた．しかしながら，近年の放射光 ARPES の技術はさらに発展を遂げており，放射光の偏光性能（縦横直線 / 左右円偏光）を利用した軌道対称性分離測定から，高輝度を利用したスピン分解測定，パルス性を利用したダイナミクス測定まで広範に渡る利用がすすめられている．そのため，次世代のスピントロニクスデバイスの創出・実用を目指す上で，最先端放射光 ARPES による多様な情報を活用することで実現が期待される機能性向上メカニズムの理解に根ざした短期・低予算での材料開発の重要性が今後さらにましていくことを確信している.

参考文献

1) A. Mauger and C. Godart: Phys. Rep., **141** (1986), 51-176.
2) M. R. Oliver, J. O. Demmock, A. L. McWhorter and T. B. Reed: Phys. Rev. B, **5** (1972), 1078-1098.
3) H. Miyazaki, H. J. Im, AK. Terashima, S. Yagi, M. Kato, K. Soda, T. Ito and S. Kimura: App. Phys. Lett., **96** (2010), 222503 (1-3).
4) H. Miyazaki, T. Ito, S. Kimura, H. Mitani, T. Hajiri, M. Matsunami, T. Ito and S. Kimura: J. Electron Spectrosc. Relat. Phenom., **191** (2013), 7-10.
5) H. J. Im, T. Ito, H.-D. Kim, S. Kimura, K. E. Lee, J. B. Hong, Y. S. Kwon, A. Yasui and H. Yamagami: Phys. Rev. Lett., **100** (2008), 176402 (1-4).
6) H. Miyazaki, T. Ito, H. J. Im, S. Yagi, M. Kato, K. Soda and S. Kimura: Phys. Rev. Lett., **102** (2009), 227203 (1-4).
7) T. Kasuya: IBM J. Res. Dev., **14** (1970), 214-223.
8) A. Mauger, C. Godart, M. Escorne, J. C. Achard and J. P. Desfours: J. Phys. (Paris), **39** (1978), 1125-1133.

室温超伝導を目指した新規高温超伝導物質の開拓

中山耕輔，佐藤宇史

超伝導とは，ある物質を冷却していったときに，電気抵抗が突然ゼロになる現象である．もし，高い温度で超伝導現象を示す物質が見つかれば，エネルギー問題をはじめとする諸問題の解決に大きな前進が期待される．本稿では，高い輝度や指向性，エネルギー可変性といった，放射光の特徴を利用した高温超伝導物質探索の研究例について紹介する．

1. はじめに

超伝導物質は医療用 MRI や SQUID などで実用化されており，近い将来，超高速リニアモーターカーや送電ロスの極めて少ない電力ネットワークへの応用も期待されている．ほとんどの超伝導物質では超伝導状態になる臨界温度 (T_c) が絶対零度 (−273℃) に近い極低温であるが，もし，高い T_c を持つ超伝導物質を発見することができれば，冷却コストの削減や装置の微小化が可能となり，超伝導応用の幅が劇的に広がると期待される．しかし，高温超伝導の物理は非常に複雑であるため，高い T_c を持つ物質の設計指針を確立することは非常に難しい課題である．

本稿では，最近発見された FeSe/$SrTiO_3$ ヘテロ構造における高温超伝導の研究を例に，高温超伝導物質の特徴をどのように明らかにし，また，その知見を新物質の探索にどのように生かすことができるかについて紹介する．

2. FeSe/$SrTiO_3$ ヘテロ構造における高温超伝導

FeSe は，図 1 (a) に示すように，Se-Fe-Se からなる 2 次元面が積層した構造を持つ層状物質である．一方，$SrTiO_3$ は，ペロブスカイト構造 (図 1 (b)) を持つ代表的な物質である．常圧下での最高 T_c は，FeSe が約 8 K[1)]，$SrTiO_3$ が 1 K 以下[2)] と，両者とも比較的低いことが知られている．しかし最近になって，FeSe の単層膜 (厚さ約 0.5 nm) と $SrTiO_3$ のヘテロ構造 [FeSe/$SrTiO_3$；図 1 (c)] において，超伝導応用に向けた目安となる液体窒素温度 (77 K) に迫る T_c = 65 K の高温超伝導が発見され，大きな注目を集めている[3)〜5)]．FeSe/$SrTiO_3$

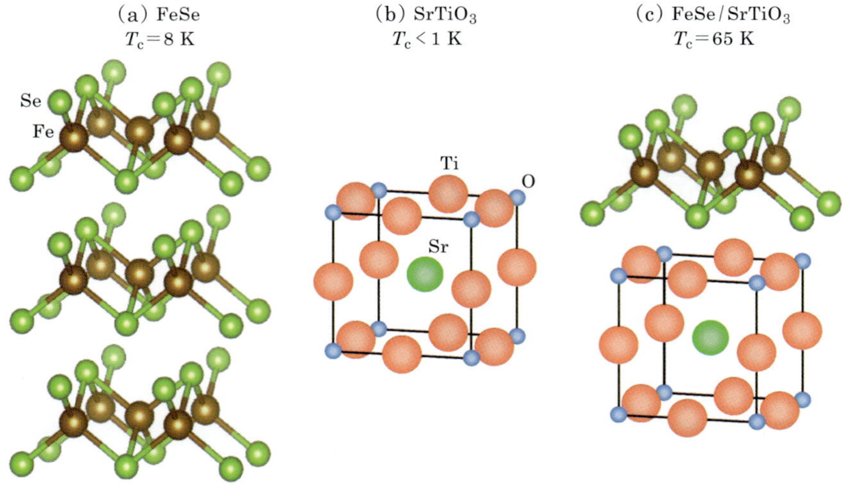

図 1　(a) FeSe，(b) $SrTiO_3$，(c) $SrTiO_3$ 上の FeSe 単層膜の結晶構造の模式図．

における高温超伝導の起源を明らかにすることができれば，高温超伝導物質を開拓する新たな指針が得られると期待される．

3.　T_c が高い理由を調べる手法

FeSe/$SrTiO_3$ における高温超伝導の起源を理解する上で最も重要な問題の 1 つは，「ヘテロ構造のどの空間領域で高温超伝導が起きているか？」である．考えられる可能性として，① FeSe，②$SrTiO_3$，③FeSe と $SrTiO_3$ の界面，④ヘテロ構造全体，の少なくとも 4 つが存在する．超伝導の発現を調べるための代表的な実験手法には，電気抵抗率測定や磁化率測定があるが，これらの手法では極めて薄い FeSe 単層膜や界面の電気抵抗率・磁化率を検出することは難しい．代わりに威力を発揮した手法が角度分解光電子分光 (Angle-Resolved PhotoEmission Spectroscopy：ARPES) 法である．ARPES は，結晶の表面に高輝度光を照射し，外部光電効果によって結晶外に放出される電子 (以後，光電子と呼ぶ) のエネルギーと運動量を同時に測定する実験手法であり，結晶中の電子状態を決定することができる[6)7)]．また，図 2 (a) に示すように，光電子の平均自由行程は運動エネルギーに依存して 0.5 nm 以下から 10 nm 以上まで系統的に変化するため[8)]，入射光のエネルギーを変化させて光電子の運動エネルギー (≈ 平均自由行程) を調整することで，結晶の表面から内部 (バルク) まで任意の空間に敏感な測定が可能となる[6)7)]．たとえば，数 10 eV の入射光を用いた表面敏感な測定では，FeSe 単層膜の電子状態を選択的に観測できる．一方，数 eV (または数 keV) の入射光を用いたバルク敏感な測定では，FeSe よりも深くに位置する $SrTiO_3$ の電子状態を観測できる (図 2 (b))．これにより，ヘテロ構造のどの領域に伝導電子が存在するか，すなわち，どこに電流が流れるかを明らかにすることができる．また，ARPES では，電子状態の温度依存性を高分解能で測定し，超伝導の証拠となる超伝導ギャップの有無を調べることで，観測した電子が超伝導に関与するかも検証可能である．実際に入射光のエネルギーを変化させて FeSe/$SrTiO_3$ の ARPES 測定を行った結果，伝導電子は FeSe 単層膜にのみ存在しており[9)]，さら

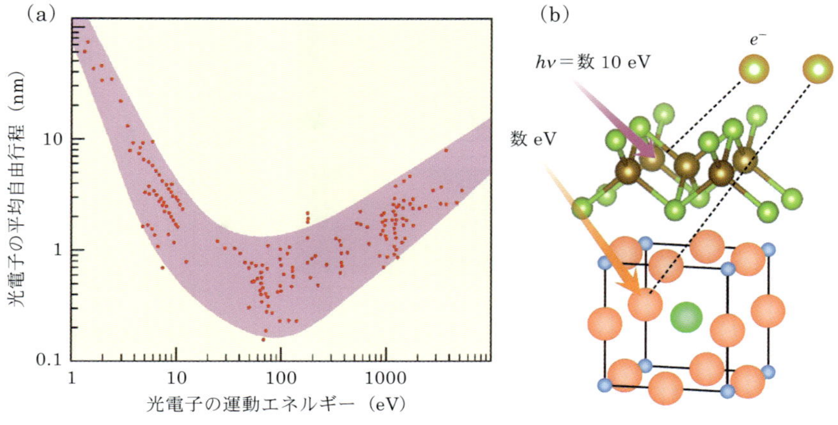

図 2　(a) 光電子の平均自由行程の運動エネルギー依存性[8]．(b) FeSe/$SrTiO_3$ からの光電子放出の概念図.

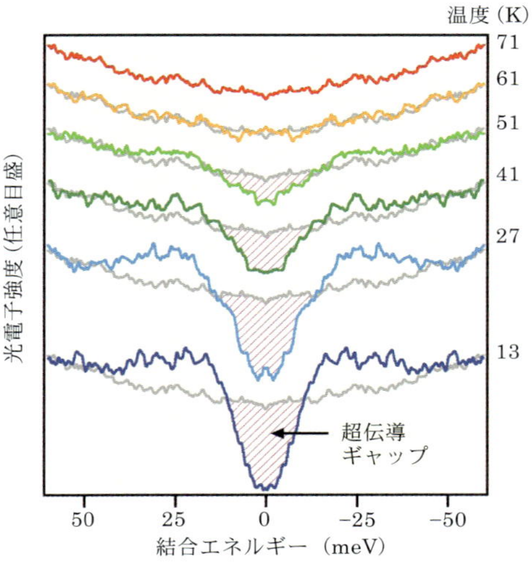

図 3　FeSe 単層膜の電子状態の温度依存性[10]．比較のため，71 K で測定したスペクトルを灰色にして各温度のスペクトルと重ねてある.

に，T_c 以下で超伝導ギャップが観測されることから (図 3)[4)9)10)]，FeSe で高温超伝導が起きていることが確定的になった.

FeSe 層が超伝導の舞台であると明らかになったことで自然に浮かぶ疑問は，「FeSe の T_c は元々 8 K であるのに，なぜ $SrTiO_3$ 上の単層膜では 65 K まで劇的に上昇するのか？」である．これは複数の要因が絡み合う難しい問題であるが，少なくとも電子状態の立場から見ると，伝導電子の数 (キャリア量) が深く関係していることが明らかになってきた[4)9)]．ここでは，物理的な側面には立ち入らず，どうやって実験的にキャリア量を調べるかについて述べる．薄膜のキャリア量を測定する場合，一般的に用いられるホール効果測定では，少なからず基板のキャリアが観測にかかってしまう．とりわけ，わずか 0.5 nm の厚さの FeSe 単層膜のキャリア量を正確に決定するのは困難である．そこで活躍するのが ARPES 測定である．ARPES では，電子状態を全ブリルアンゾーン中にわたってマッピングすることで，キャリア量とその種類 (電子的かホール的か) も決定することができる[6)7)]．さらに，上述の表面敏感性を利用することで，表面から 0.5 nm 程度の範囲 (すなわち FeSe 単層膜中) に存在するキャリアのみを議論することができる．図 4 (a) は，$SrTiO_3$ 上の FeSe 単層膜 (T_c = 65 K) と FeSe バルク結晶 (T_c = 8 K) のキャリア量を比較した結果である[10)11)]．図中の緑の丸印の大きさが電子キャリア量に対応しており，青い丸印の大きさはホールキャリア量に対応している．これらを比較すると，バルク結晶では電子キャリアとホールキャリアが少量ずつ存在して

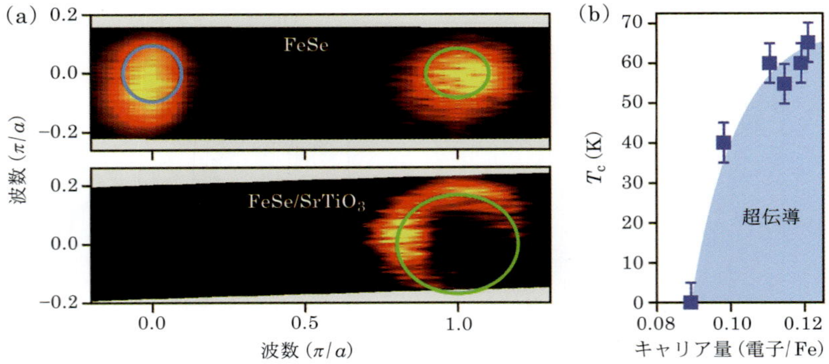

図 4　(a) FeSe バルク結晶（上段）と $SrTiO_3$ 上の FeSe 単層膜（下段）において測定したフェルミ準位上の ARPES 強度プロット[10)11)]．青と緑の丸印の囲む面積がホールキャリア量と電子キャリア量にそれぞれ対応する．(b) $SrTiO_3$ 上の FeSe 単層膜における T_c のキャリア濃度依存性[12)]．

いるのに対して，単層膜では多量の電子キャリアのみが存在していることがわかる．この結果は，バルク結晶に比べて $SrTiO_3$ 上の単層膜では電子キャリアが大幅に増加していることを示している．さらに，FeSe 単層膜の電子キャリア量を系統的に変化させた際の T_c を調べることで，電子キャリア量の増加が高温超伝導を引き起こしていることが立証されている（図 4 (b)）[12)]．なお，バルク敏感な ARPES 測定によって $SrTiO_3$ 層のキャリア量を調べた結果，FeSe 層の電子キャリア量の増大は $SrTiO_3$ 表面からの電荷移動によって引き起こされていることも明らかになった[9)]．

4.　ARPES 測定で得た結果を物質設計にフィードバック

以上のように，FeSe/$SrTiO_3$ の表面・バルク敏感 ARPES 測定を行うことで，①高温超伝導が FeSe で起きていること，② FeSe の電子キャリア量の増加が高温超伝導発現の引き金になっていることが明らかにされた．これらの知見から，「十分な電子キャリアを FeSe に供給することができれば，単層膜以外でも高温超伝導が起きるのではないか？」という期待が生じる．これを検証するため，高温超伝導を示さない FeSe の多層膜に電子キャリアの注入を試みた結果[10)]について紹介する．電子キャリア量は超高真空中で FeSe 表面にカリウム原子を吸着して調整している（図 5 (a)）．一方，図 5 (b) に示すように，カリウム原子吸着前はバルク FeSe と同様に少量のホールと電子キャリアが共存しているのに対し，カリウム原子吸着後は，狙い通り吸着量の増加とともに電子キャリア量が増加していることがわかる．さらに，十分なキャリアを供給した試料において電子状態の温度依存性を測定した結果，約 50 K 付近で高温超伝導が発現し，それに伴って超伝導ギャップが開く振る舞いが観測された（図 5 (c)）．また，FeSe と類似の構造を持つ $BaFe_2As_2$ という物質においても，表面にアルカリ金属を吸着させて電子キャリア量を調整することで，高温超伝導を実現することに成功している[13)]．これらの結果は，新しい超伝導物質の電子状態解析を通して超伝導メカニズムを解明し，それを応用することでさらに新しい超伝導物質の開拓に成功した好例と言える．

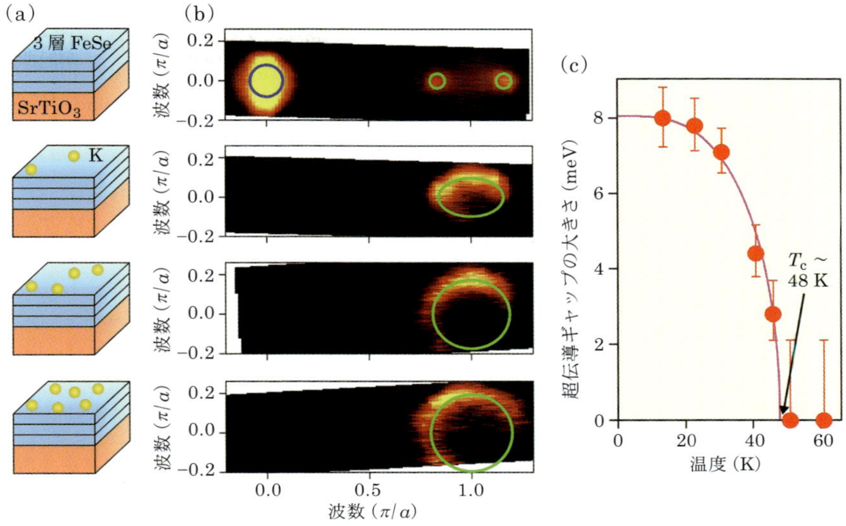

図 5　(a) $SrTiO_3$ 上の 3 層 FeSe 膜表面へのカリウム原子吸着の模式図．(b) 3 層 FeSe 膜のキャリア濃度のカリウム吸着量依存性 [10]．上段がカリウム吸着する前で，2 段目から下にいくほどカリウム吸着量が増加．(c) カリウム吸着した 3 層 FeSe 膜における超伝導ギャップの温度依存性 [10]．

5.　おわりに

本稿では，ARPES を用いた高温超伝導物質の電子状態の評価方法について，$FeSe/SrTiO_3$ ヘテロ構造の研究を例に紹介した．この例で重要な点は，ヘテロ構造を構成する物質の電子状態を個別に評価できる点にある．それにより，高温超伝導の実現に必要な条件を絞りこむところまで到達し，さらにその知見から物質設計の指針を得ることが可能となった．このような研究には，入射光のエネルギーを変化させることが不可欠であるため，エネルギー可変性の高い放射光の利用は大きなメリットと言える．

放射光を利用するメリットは他にも存在する．たとえば，放射光の高い指向性を生かし，微小スポットの入射光で試料表面を走査することで，試料表面と水平な方向に対しても電子状態の空間変化を調べることが可能となる．最先端の放射光施設では数 nm から数 10 nm 程度の空間分解能が実現されており，これと深さ依存性の測定を組み合わせれば，電子状態を 3 次元的に可視化することも可能であるため，空間的な不均一性を有する多様な超伝導物質へ適用できる可能性を秘めている．また，微小スポットを利用すれば，大型結晶の合成が難しい試料の電子状態も決定することも可能である．このようなメリットを活用して，研究が始まったばかりの分野でも重要な成果をあげている例が数多く存在する．

このような放射光を利用した電子状態の ARPES 研究が進展することで，高温超伝導のみならず，様々な物性の発現機構が解明され，それに基づいてさらに革新的な機能が創出されることを期待したい．

参考文献

1)　F.-C. Hsu, J.-Y. Luo, K.-W. Yeh, T.-K. Chen, T.-W. Huang, P. M. Wu, Y.-C. Lee, Y.-L. Huang, Y.-Y. Chu, D.-C. Yan and M.-K. Wu: Proc. Natl. Acad. Sci., U.S.A., **15** (2008), 14262.
2)　J. F. Schooley, W. R. Hosier, E. Ambler, J. H. Becker, M. L. Cohen and C. S. Koonce: Phys. Rev. Lett., **14** (1965), 305.

3) Q.-Y. Wang, Z. Li, W.-H. Zhang, Z.-C. Zhang, J.-S. Zhang, W. Li, H. Ding, Y.-B. Ou, P. Deng, K. Chang, J. Wen, C.-L. Song, K. He, J.-F. Jia, S.-H. Ji, Y.-Y. Wang, L.-L. Wang, X. Chen, X.-C. Ma and Q.-K. Xue: Chin. Phys. Lett., **29** (2012), 037402.

4) S. He, J. He, W. Zhang, L. Zhao, D. Liu, X. Liu, D. Mou, Y.-B. Ou, Q.-Y. Wang, Z. Li, L. Wang, Y. Peng, Y. Liu, C. Chen, L. Yu, G. Liu, X. Dong, J. Zhang, C. Chen, Z. Xu, X. Chen, X. Ma, Q. Xue and X. J. Zhou: Nature Mater., **12** (2013), 605-610.

5) 中山耕輔：固体物理, **51** (2016), 751-761.

6) 高橋隆：光電子固体物性, 朝倉書店, (2011).

7) 高橋隆, 佐藤宇史：ARPES で探る固体の電子構造—高温超伝導体からトポロジカル絶縁体—, 共立出版, (2017).

8) M. P. Seah and W. A. Dench: Surf. Interface Anal., **1** (1979), 2.

9) S. Tan, Y. Zhang, M. Xia, Z. Ye, F. Chen, X. Xie, R. Peng, D. Xu, Q. Fan, H. Xu, J. Jiang, T. Zhang, X. Lai, T. Xiang, J. Hu, B. Xie and D. Feng: Nature Mater., **12** (2013), 634-640.

10) Y. Miyata, K. Nakayama, K. Sugawara, T. Sato and T. Takahashi: Nature Mater., **14** (2015), 775-779.

11) K. Nakayama, Y. Miyata, G. N. Phan, T. Sato, Y. Tanabe, T. Urata, K. Tanigaki and T. Takahashi: Phys. Rev. Lett., **113** (2014), 237001.

12) J. He, X. Liu, W. Zhang, L. Zhao, D. Liu, S. He, D. Mou, F. Li, C. Tang, Z. Li, L. Wang, Y. Peng, Y. Liu, C. Chen, L. Yu, G. Liu, X. Dong, J. Zhang, C. Chen, Z. Xu, X. Chen, X. Ma, Q. Xue and X. J. Zhou: Proc. Natl. Acad. Sci., U.S.A., **111** (2014), 18501.

13) J. J. Seo, B. Y. Kim, B. S. Kim, J. K. Jeong, J. M. Ok, J. S. Kim, J. D. Denlinger, S.-K. Mo, C. Kim and Y. K. Kim: Nature Commun., **7** (2015), 11116.

電子のスピンを直接観測して スピントロニクス材料を開発する

相馬清吾

スピン分解 ARPES は物質中の電子がもつ全自由度「エネルギー」「運動量」「スピン」を一挙に決定する強力な実験手法である．現代の高度化したスピン分解 ARPES 装置を用いた高精度な電子状態測定により，様々なスピントロニクス物質において新奇スピン物性の解明が進んでいる．次世代高輝度光源の利用により，本質的にナノスケール領域の現象であるスピントロニクスの学術研究と応用開発が強力に展開することが期待される．

1．はじめに

磁石を細分化していくと，最終的には電子自体がもつ角運動量「スピン」に行きつく．スピンは量子化した物理量で $\pm\hbar/2$（$\hbar$ はプランク定数）の値をとり，正負の符号に従って上向きか下向きの磁気モーメント μ_B（μ_B はボーア磁子）を示す．電子スピンは μ_B の磁化をもつ最小の磁石であり，これが物質中で揃った状態が強磁性体である．性能の良い磁石を作るには，電子のスピンの性質を理解し制御する必要がある．このような分野は磁気工学（マグネティクス）として発展し，交通，電力，通信，IT，医療など実に多くの産業で利用されてきた．この一方で，電子がもつ電荷の自由度の制御を研究する電子工学（エレクトロニクス）は，トランジスタに代表される半導体素子と集積回路の発展をもたらし，家電製品や情報機器など日常生活に不可欠なものとなっている．この電子のもつ 2 つの性質，電荷とスピンは，長い間それぞれ別個に利用されてきたが，集積回路を作る微細加工技術，いわゆるナノテクノロジーの発展により，1 nm（10^{-9} m）のスケールでの物性が明らかになってくると，電荷とスピンが結びついた新たな物理現象が次々と見つかるようになり，「スピントロニクス」という研究分野が生み出された．

スピントロニクスの発端となったのは，1987 年の巨大磁気抵抗（GMR）効果の発見である [1)2)]．GMR 効果は数 nm の薄膜を重ねた磁性多層膜で見いだされ，まもなく磁気センサーや HDD の磁気ヘッドとして実用化され，記憶媒体の高密度化・高速化が進んだ．その後，さらに高感度な磁気抵抗効果が，1 nm 以下の絶縁層を数 nm の磁性層で挟んだ磁気トンネル接合（MTJ）において見いだされ，高いトンネル磁気抵抗（TMR）効果を示す素子の開発が精力的に行われた[3)～5)]．GMR，TMR 効果の発見がいかに大きな産業を形成したかは，20 年前と今の HDD の記録容量の違いを見ると一目瞭然である．MTJ を用いた磁気メモリ（MRAM）の設計・製作も大変盛んに研究されている．MTJ 素子は 2 つの磁性層が平行か反平行かでビット情報を記録する．磁化方向の保持には電力を要しないため，コンピュータの待機電力を著しく下げることが期待されており，微細な MTJ 素子の開発が精力的に行われるとともに[6)]，高集積 MRAM の実用化も始まりつつある．このような産業への格段に大きい波及効果は，スピントロニクスの基礎的な研究の強い後押しとなっている．

スピントロニクスデバイスの大きな特徴は，不揮発性の情報記録に加えて，スピン信号から電気信号への変換と，その逆の変換が可能であり，さらに他の様々な形態のエネルギー（光，熱，音）ともスピン信号と変換できることである[7)]．多様なタイプの新しい物理現象がスピンを通して発見され，それを用いた革新的なデバイスと材料の提案・製作が勢力的に行われている．先に述べたように，スピントロニクスの現象が顕在化するのは，ナノメートルスケールの限られた領域である．これは物質中を流れるスピンの緩和長が精々 100 nm 以下であることによる．そのため，TMR 効果やスピン−電気信号変換などの物理現象を直接観測する上では，微細な領域での物性評価を可能にする次世代の高輝度放射光源の実現に大きな期待がかかる．

本稿では，スピントロニクス材料中のスピンがどのようにして観測されるのか，さらにスピントロニクス分野への応用が期待されるいくつかの興味深い機能物質について解説し，最後に次世代高輝度光源の利用で期待される研究展開などについて述べる．

2. どのようにして電子の「スピン」を見るか

スピントロニクス材料やデバイスの動作原理の解明には，物質中の電子状態を正確に知る必要がある．近年，角度分解光電子分光法（ARPES：Angle-Resolved PhotoEmission Spectroscopy）と呼ばれる実験手法が，放射光施設を中心に盛んに用いられている．光電子分光法は外部光電効果を用いたもので，1 つの電子と 1 つの光子の間で起こる現象であることから保存則が成立し，物質中の電子の「エネルギー」と「運動量」を同時に測定することができる[8)9)]．近年，電子スピン検出器の高効率化[10)11)]や，高輝度放射光源の発達によって，電子の「スピン」自由度についても，10 meV を切るエネルギー分解能で測定できるようになってきた．図 1（a）に高分解能スピン分解 ARPES 装置の例を示す[10)]．この装置では電子のスピン分析を行うために，静電半球分析器内において，通常は内球と外球の中間に設置される MCP を内球側へずらし，空いたスペースに電子をスピン検出器へ移送するための電子取り込み口が設置されている．電子のエネルギーと運動量は，MCP のどこに電子が到着するかで決まるので，その電子の一部をさらにスピン分析することで，電子のすべての自由度（エネルギー・運動量・スピン）を決定することができる．

スピン分解システム（図 1（b））はミニモット検出器と電子偏向器の 2 つの要素により構成されている．スピン分析用のホールに取り込まれた光電子は，電子偏向器により 90° 進行方向を変えてモット検出器に入射する．一般にスピン検出器が同時に測定できるスピンの成分は，電子の入射方向に直行する 2 成分である．このシステムでは，図 1（b）の左下に示すように，試料表面に平行な方向（y）の他に，表面垂直な

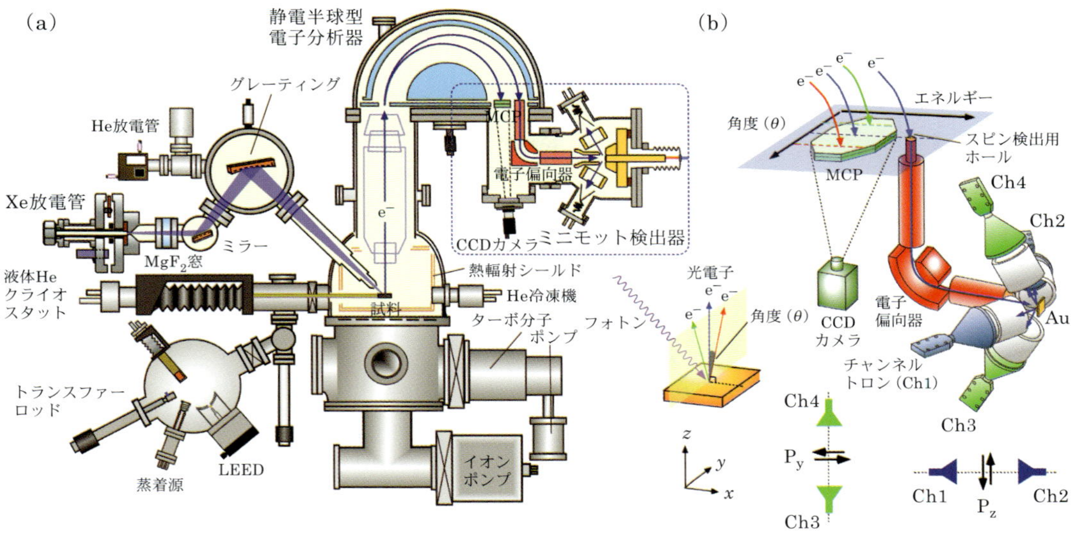

図 1 (a) 高分解能スピン分解 ARPES 装置の模式図[10]. (b) スピン検出システムと測定するスピン方向の説明.

方向 (z) のスピン偏極度を測定ができる．さらにもう 1 成分のスピンを決定するには，もう 1 台のスピン検出器を直行する配置で装置に接続する必要がある.

3. 表面ラシュバ効果によるスピン分裂バンドの観測

スピンの自由度と電荷の自由度を結びつけているのは，本質的に相対論的な効果である．相対論は，どの座標からみても物理法則が同一であることを要請する理論である．シンプルな例を挙げよう．原子核の周りを運動する電子にはクーロン引力だけが働いているように見えるが，電子の方からみれば正に帯電した原子核が周りを運動しているので，コイルのような磁場が生じる．電子はスピンを持つためエネルギー準位はこのコイルの磁場によりゼーマン分裂するが，相対論の要請によれば，この分裂は静止した座標でも観測されるべきである．はたしてこの分裂は，水素原子のスペクトルにおける微細構造として，実際によく知られたものである.

この型の相互作用は「スピン軌道相互作用」と呼ばれ，原子のエネルギー準位を説明するための相対論的補正として取り入れられたものであるが，これが仮想的な磁場として興味深い現象を起こすことが，表面や界面などの 2 次元面内に束縛された電子について見いだされた[12]．スピン軌道相互作用 H_{SOC} は，一般的に図 2 (a) の右に示した形で表される．結晶表面で動く電子 (図 2 (a)) を考えると，H_{SOC} は点線で示すような有効磁場 $\boldsymbol{B}_{eff}$ として電子のスピン $\boldsymbol{S}$ に作用する．$\boldsymbol{B}_{eff}$ を有効磁場としているのは，これが電磁現象としての磁場ではなく，相対論効果による物理量であることを強調するためである．$\boldsymbol{B}_{eff}$ は電子の運動方向 $\boldsymbol{k}$ と電場の方向 $\boldsymbol{E}$ の両方に直交する．電場は 2 次元面内に電子を束縛する力が最も大きいので，その向きは z 方向になる．そうすると，$\boldsymbol{B}_{eff}$ の向きは電子の動く方向 $\boldsymbol{k}$ によって変わる．このとき電子のエネルギー準位は分裂し，さらにスピンの向きは $\boldsymbol{B}_{eff}$ と平行，もしくは反平行になる．この状況を 2 次元の自由電子バンドで表したのが図 2 (b) である．スピン軌道相互作用を ON にする

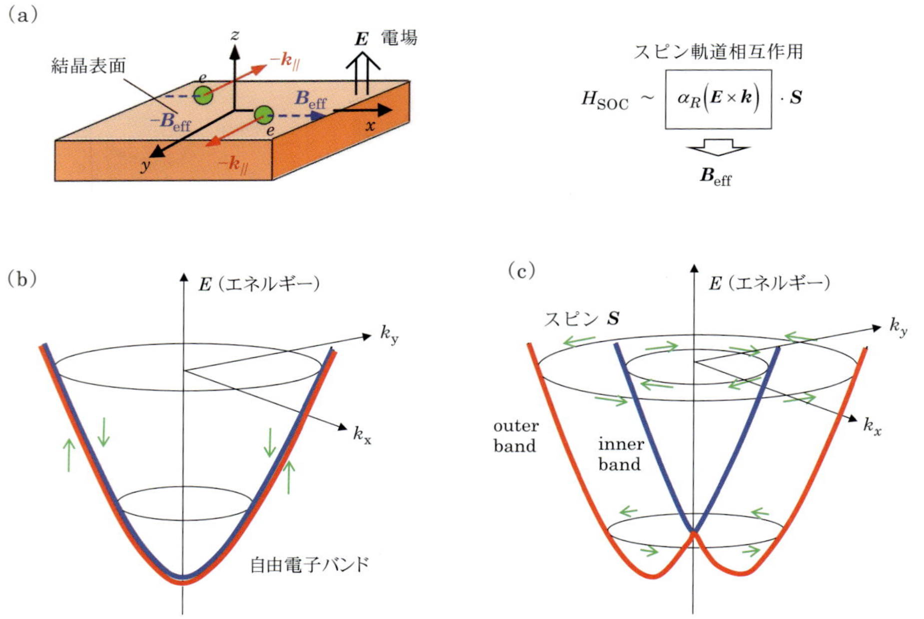

図 2 (a) 表面ラシュバ効果の概念図とスピン軌道相互作用 H_{SOC} の表式．$\boldsymbol{k}$ と $\boldsymbol{E}$ は運動量と電場のベクトル．$\boldsymbol{B}_{eff}$ はスピン軌道相互作用による，スピン $\boldsymbol{S}$ に対する有効磁場ベクトル．(b) 2 次元自由電子バンド．(c) 表面ラシュバ効果によりスピン分裂した自由電子バンド．

と，スピン自由度により二重に縮退していた電子のバンドが右図のように分裂し，さらにスピンの方向は運動量の方向に直交して，フェルミ面に沿った向きになる．この効果は表面ラシュバ効果と呼ばれるもので，この分裂をラシュバ分裂と呼ぶ．

この 2 次元面内に x 方向の電流を流すと，電子の運動量分布は k_x 方向に偏り，全体で y 方向のスピン偏極が発生する．これはスピン軌道相互作用により，電荷の自由度 ($\boldsymbol{k}$) とスピン $\boldsymbol{S}$ が結びついていることの端的な結果と言える．さらに，この 2 次元面内に z 方向にスピン偏極した電子を，同じく x 方向に入射させてみよう．$\boldsymbol{B}_{eff}$ はこのスピンを y 方向に倒そうとするので，スピンが歳差運動しながら電子は進む．その進んだ先に z 方向に磁化した強磁性電極を置くと，電流はスピンと磁化が平行なときに最大となり，反平行のときに最小となる．H_{SOC} の形から明らかなように，電場 $\boldsymbol{E}$ の強さを変えれば $\boldsymbol{B}_{eff}$ の大きさとともに歳差運動の速さも変わるので，これは電場によるスピンの整流効果が実現することを意味する．この効果を利用した素子は，Das-Datta 型スピントランジスタと呼ばれており，ラシュバ効果を用いた代表的なスピントロニクス素子である [13]．

ラシュバ効果は非磁性体で起こる現象なので，全体的な磁化はゼロとなる．したがって，その電子のスピンを観測するためには，電子の運動量を分解した上でスピンを調べる必要がある．これが可能な手法はスピン分解 ARPES が唯一であり，実際にスピン軌道相互作用の大きな重金属物質ついて表面ラシュバ効果の観測が報告されている．図 3 は Bi (111) 表面についての実験結果である [14]．Bi はわずかな電子とホールを持つ半金属であるが，(111) 表面ではフェルミ準位 (E_F) を横切る金属的な表面バンドが形成される (図 3 (a))．図 3 (b) からわかるように，結晶が (111) 方向に 3 回軸をもつ

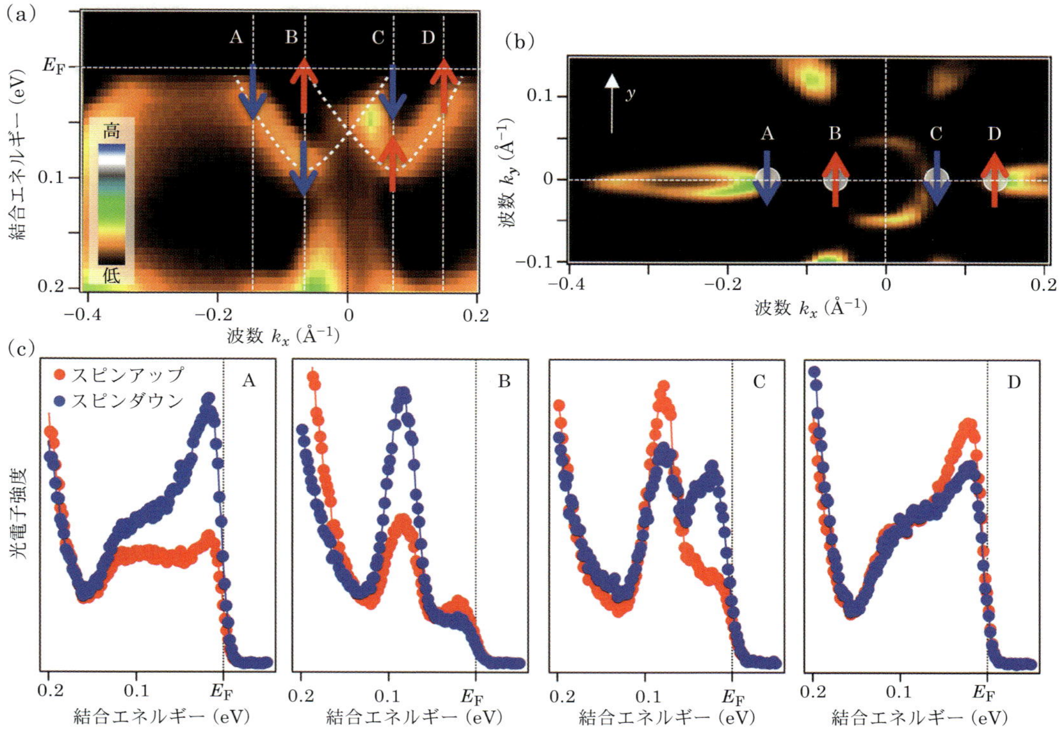

図 3　ARPES により観測した Bi (111) 表面の (a) バンド構造と (b) フェルミ面．(c) (b) の A ～ D 点で測定した Bi (111) のスピン分解 ARPES スペクトル[10)14)]．

ことに対応して，$\bar{\Gamma}$ 点に六角形のフェルミ面と，k_x 方向にのびる楕円型のフェルミ面が観測されている．バンド構造との対応から，前者は電子ポケット，後者はホールポケットである．理論計算では，これらのバンドはラシュバ効果によりスピン分裂した表面バンドであると考えられている[15)]．図 3 (b) の A ～ D 点において測定したスピン分解 ARPES スペクトルを図 3 (c) に示す．この図ではスピンの測定方向を y 方向に設定している．A 点のスペクトルは E_F にピークを持つが，これはホールバンドがちょうど E_F を切る波数 (図 3 (a)) を測定しているためである．アップスピンのスペクトル強度はダウンスピンより明らかに大きく，このバンドが y 方向にスピン偏極していることを示す．次に B 点の結果をみると，結合エネルギー 0.1 eV に鋭いピークがあるが，これは A 点で E_F にあったバンドが B 点で下の方に分散したものであり，スピンもアップのままである．一方，E_F 近傍の小さなピーク構造は $\bar{\Gamma}$ 点の六角形のフェルミ面のバンドで，スピンの向きが 0.1 eV のバンドと逆転している．さらに $\bar{\Gamma}$ 点を超えて A, B 点と対称な位置にある C, D 点の結果をみるとスピンの強度は再び逆転しており，その方向をフェルミ面上でプロットすると図 3 (b) のようになる．バンド構造こそ大きく異なるが，図 2 (b) の自由電子バンドと同様に，分裂したバンドのスピン方向は $\bar{\Gamma}$ 点中心に右回りと左回りに配置するという共通の特徴がある．このような運度量空間におけるスピンの配置は「スピンテクスチャ」と呼ばれ，強いスピン軌道相互作用をもつ 2 次元電子状態に一般に存在すると考えられている．強い電界効果をかけることができる半導体を用いたスピントロニクス素子では，ラシュバ効果の電界制御による様々なスピン現象[16]が報告されているが，そのエネルギースケールは 1 meV 以下の程度であり，Bi の 1/100 以下である．そのような微細な電子状態のスピン観測には，高輝度放射光光源の実現に加えて，より高効率のスピン検出法の開発が大きく期待されている．

4. 強磁性/重金属接合面の電子状態

スピントロニクスにおいて，強磁性体の磁化を電気的に制御するために，Pt，W，Ta など大きなスピン軌道相互作用をもつ重金属が電極によく用いられる．電流駆動による磁化反転などが微細な素子構造において報告されており，より性能の高い素子の組み合わせを目指して研究が進められている[17)18]．重金属と強磁性金属の接合領域においては，磁性を引き起こす交換相互作用と，電荷とスピンの自由度を結びつけるスピン軌道相互作用が共存しており，これらがどのような電子状態を形成するかということは，それ自体が大変興味深い問題である．図 4 (a) に示すように，bcc 金属である W (110) 表面の上に成長させた同じ bcc 構造の Fe の超薄膜についての ARPES 実験結果を図 4 (b) に示す[19]．Fe0.9 ML においては，Fe の下にある W 表面由来のラシュバ分裂したバンドが観測されている（点線）．これは図 2 および図 3 と同様にラシュバ効果による形成されたバンドであるが，Fe 薄膜の下にもぐり込んでいる，

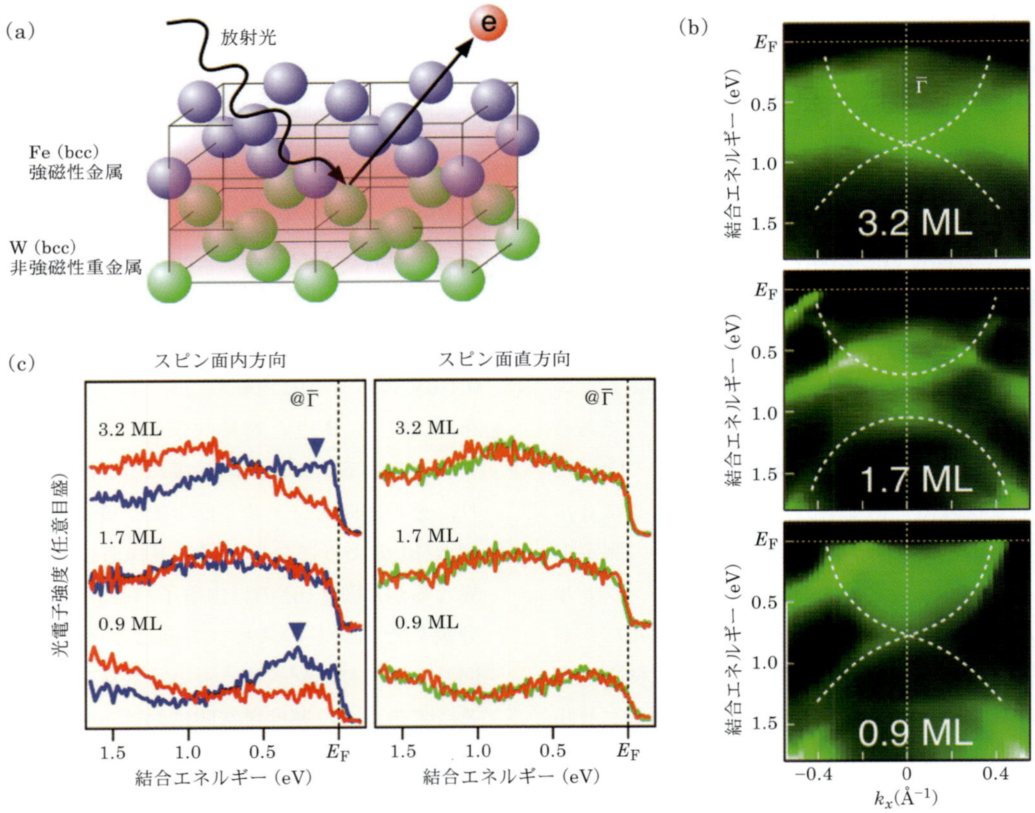

図 4　(a) Fe/W (110) 超薄膜の結晶構造．Fe/W (110) 超薄膜の (b) ARPES 強度マップと (c) スピン分解 ARPES スペクトル[19]．

図 4 (a) のピンクで示したような領域の電子状態が非常に薄い膜厚のために観測されたもので，「界面」ラシュバ効果を観測した結果とも言える．Fe の膜厚が増えると，1.7 ML で $\bar{\Gamma}$ 点に 0.35 eV のエネギーギャップが形成され，3.2 ML でそれが再び閉じる．この効果は，スピン軌道相互作用と Fe 薄膜の磁化方向との関わりから説明できる．図 2 (a) に示した H_{SOC} の式から，$\boldsymbol{k} = 0$ の点ではスピン軌道相互作用はゼロとなりバンドは分裂しない．そこに Fe の交換相互作用による内部磁場と電子のスピンの結合を考えると，内部磁場（磁化）が垂直方向である場合にのみバンドが完全に分裂してエネルギーギャップが開くことが，簡単な量子力学的計算からわかる[20]．実際の Fe 薄膜の磁化方向は，スピン分解 ARPES で Fe 3d バンドのスピン方向を測定すればわかる．その結果を図 4 (c) に示す．0.9 ML と 3.2 ML では横向きの測定方向にのみ明確なスピン偏極が観測されており，Fe 薄膜の磁化が面内方向であることがわかる．一方，1.7 ML では面内，面直ともにスピン偏極がない．これは，Fe 薄膜の磁気異方性が垂直方向になったとき，N 極と S 極の距離が nm の程度に近くなると磁気エネルギーが莫大に大きくなるため，これを安定化させるために 1 ミクロン以下の小さな磁気ドメインが形成される[19]．スピン分解 ARPES では，無数のドメインのスピンを平均して観測するので，見かけ場スピンの向きがゼロになってしまう．この Fe 薄膜の磁気異方性の変化は，W との格子不整合による結晶の歪みの効果で説明されている[20]．図 4 (b)，(c) の実験結果は強磁性体の磁化の向きによって，界面の電子状態に 0.3 eV もの大きな変化を引き起こすことを示したもので，たとえば高感度の磁気センサーや，磁化の向きによる光応答制御などの応用が考えられる．

5. トポロジカル絶縁体材料とディラック電子状態

スピントロニクスの発展により，興味深い物質や現象が数多く見いだされてきたが，その中でも最近とくに大きく注目が集まる物質として，「トポロジカル絶縁体」という物質が挙げられる[21]．トポロジカル絶縁体は，バルクは絶縁体であるのに対して，表面には金属状態を持つ物質である[22]．この表面状態は強いスピン軌道相互作用の影響で，前述したラシュバ効果と同様に，運動量の向きに従ったスピンの方向が変わる「スピンテクスチャ」をもつ．似たような物質に見えるが，トポロジカル絶縁体が単なるラシュバ効果を示す物質と異なるのは，この表面状態の起源にある．図 5 (a) に示すように，トポロジカル絶縁体では強いスピン軌道相互作用によって，価電子帯と伝導帯のエネルギー準位が逆転する（バンド反転）．仮想的に，右から左へ電子のエネルギー準位を変えていくと，その途中では必らず絶縁体ではない状態，すなわち金属状態を経る（図 5 (a)）．物質中の全ての電子の波動関数がどのように変化していくかについて幾何学的に考察すると，普通の絶縁体は真空状態とも連続的に変化できるが，バンド反転した物質はそうではないことがわかっている[22]．したがって，バンド反転した物質の表面では，物質内と真空の間でエネルギー準位をつなぐために，表面においてバンドギャップを横切るバンドが形成される．この表面バンドはスピン分裂しており，その有効モデルが質量のないディラック方程式と同型なことから表面ディラック電子と呼ばれ，コーン形状の電子構造をもつ（図 5 (b)）．トポロジカル絶縁体における表面ディラック電子の特徴は，スピンテクスチャによる後方散乱が抑えられることに加えて，上記のトポロジカルな性質により不純物や格子欠陥などがあっても，電子が局在せず金

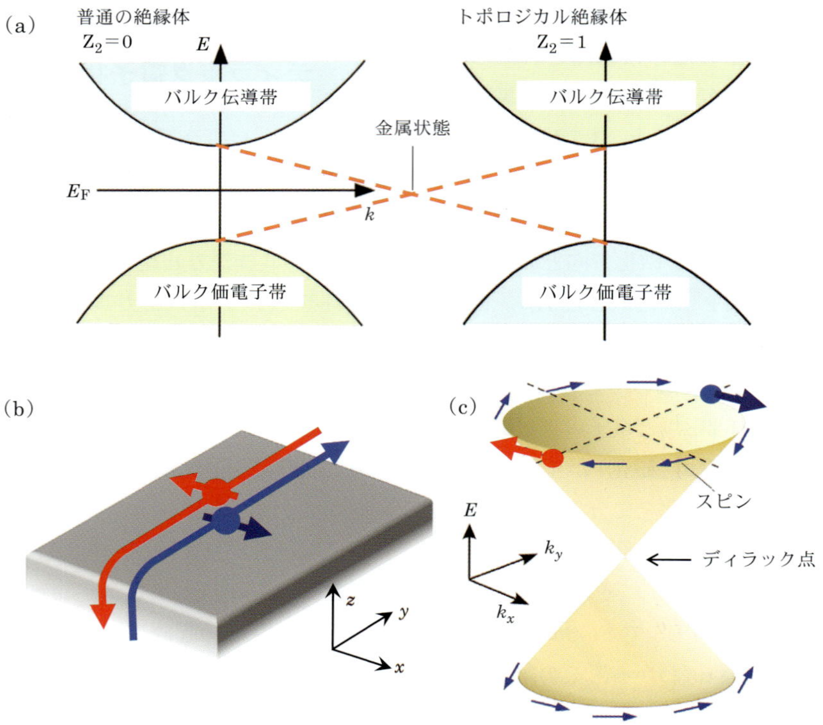

図 5　(a) 普通の絶縁体とトポロジカル絶縁体のバンド構造．トポロジカル絶縁体表面におけるディラック電子状態の (b) 模式図と (c) 電子バンド構造.

属的な状態を保ち続けるというところにある．表面ディラック電子には，そのようなトポロジカルに保護された伝導[23]が期待されており，スピントロニクス素子への適用とともに，エラー耐久性の高い量子コンピュータへの応用が期待されている[24]．

トポロジカル絶縁体の同定には，表面ディラック電子状態の直接観測が最も有効であり，ARPES は多くのトポロジカル絶縁体の発見に中心的な役割を果たしてきた．図 6 (a) に，トポロジカル絶縁体の 1 つである $TlBiSe_2$ において測定した AREPS スペクトル強度を示す[25]．X 字型のバンドが明確に観測されることから，表面ディラック電子バンドがあることが一目瞭然である．バンドフェルミ準位を横切る波数において，スピン分解 ARPES スペクトルを測定すると (図 6 (b))，右側 ($k_y>0$) のフェルミ波数のスペクトル (カット 1) では，アップスピンのスペクトル強度がダウンスピンのものよりも強くなっていることがわかる[26]．一方で，左側 ($k_x<0$) では (カット 2)，逆にダウンスピンが優勢である．この結果は，ディラックコーンの右側と左側でスピンの方向が反転している，すなわち，図 5 (b) に示すようにスピンがフェルミ面上で時計まわりの構造をもつことを意味している．理論で予測されるスピンテクスチャが，まさに実際のトポロジカル絶縁体物質で実現しているのである．トポロジカル絶縁体の発見後，トポロジカル結晶絶縁体，トポロジカル半金属 (ディラック半金属，ワイル半金属，線ノード半金属) など，トポロジカル絶縁体とは性質が異なる新しいトポロジカル物質が数多く発見されている[27)~29]．今後，スピン分解 ARPES を用いてこれらの物質の電子状態の解

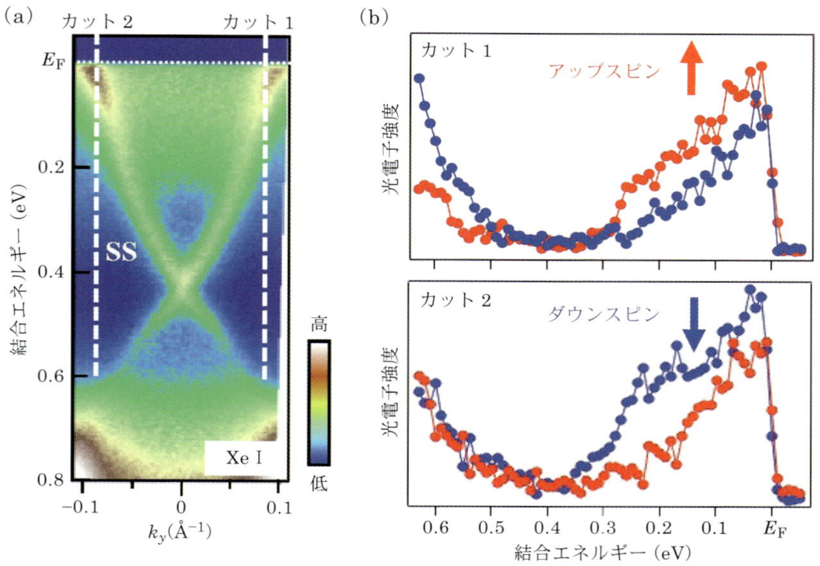

図 6 トポロジカル絶縁体 $TlBiSe_2$ の (a) AREPS 強度マップと (b) スピン分解 ARPES スペクトル[25)26)].

明を進め，材料開発に生かすことで，新しいトポロジカル物質を用いた新奇な量子現象や電子デバイスの実現が期待される.

6. おわりに

ここではスピン軌道相互作用が，物質の表面や界面における深さ数 nm の領域において顕在化した実例を紹介した. スピン分解 ARPES が，この効果を目に見える形で可視化することができたのは，光電子分光という手法のプローブ深さ数 nm という表面敏感性とのマッチングの妙である. 一方, 多くのスピントロニクス現象は，高さ (深さ) だけでなく，横方向にも数 10 nm ～数 10 μm 程度の長さをもつ 3 次元的に微細空間領域で起こる. スピン分解 ARPES の高度化とともに，次世代放射光源の開発などによって強力な光源の利用が進めば，そのような微小領域の電子状態の解明が大きく進むと予想される. スピントロニクス素子の動作原理が明確化することで，高性能化するための構造や材料について物性物理に基づいた精緻な設計が可能になることが期待される. さらに，これまで見えなかった電子状態の中には，トポロジカル絶縁体のディラック電子状態のような，新しい分野や材料につながる発見もおおいに期待できる.

参考文献

1) G. Binasch, et al.: Phys. Rev. B, **39** (1989), 4282.
2) N. N. G. Baibich, et al.: Phys. Rev. Lett., **61** (1988), 2472.
3) T. Miyazaki and N. Tezuka: J. Magn. Magn. Mater., **139** (1995), L231.
4) S. Yuasa, et al.: Nat. Mater., **3** (2004), 868.
5) S. Ikeda, et al.: Appl. Phys. Lett., **93** (2008), 082508.
6) H. Sato, et al.: Appl. Phys. Lett., **105** (2014), 062403.
7) F. Pulizzi: Nature Materials, **11** (2012), 367, and review articles in Nature Materials “insight”.
8) 高橋隆：光電子固体物性, 朝倉書店, (2011).
9) 高橋隆, 佐藤宇史：ARPES で探る固体の電子構造—高温超伝導体からトポロジカル絶縁体—, 共立出版, (2017).

10) S. Souma, et al.: Rev. Sci. Instrum., **81** (2010), 095101.

11) T. Okuda, et al.: Rev. Sci. Instrum., **79** (2008), 123117.

12) Y. A. Bychkov and E. I. Rashba: J. Exp. Theor. Phys. Lett., **39** (1984), 78.

13) S. Datta and B. Das: Appl. Phys. Lett., **56** (1990), 665.

14) A. Takayama, et al.: Phys. Rev. Lett., **106** (2011), 166401.

15) Y. M. Koroteev, et al.: Phys. Rev. Lett., **93** (2004), 046403.

16) 江澤幹雄：固体物理, **43** (2008), 145-152, 197-205, 397-406.

17) I. Miron, et al.: Nature Materials, **9** (2010), 230.

18) D. Chiba, et al.: Nature Materials, **10** (2011), 853.

19) K. Honma, et al.: Phys. Rev. Lett., **115** (2015), 266401.

20) M. Bode, et al.: Phys. Rev. Lett., **86** (2011), 2142.

21) C. L. Kane and E. J. Mele: Phys. Rev. Lett., **95** (2012), 146802.

22) 安藤陽一：トポロジカル絶縁体入門, 講談社, (2014).

23) T. Ando, T. Nakanishi and R. Saito: J. Phys. Soc., Jpn., **67** (1998), 2857.

24) L. Fu and C. L. Kane: Phys. Rev. Lett., **100** (2008), 096407.

25) T. Sato, et al.: Phys. Rev. Lett., **105** (2010), 136802.

26) S. Souma, et al.: Phys. Rev. Lett., **109** (2012), 186804.

27) Y. Tanaka, et al.: Nature Physics, **8** (2012), 800.

28) S. Souma, et al.: Phys. Rev., B **93** (2016), 16112 (R).

27) D. Takane, et al.: Phys. Rev., B **94** (2016), 121108 (R).

磁性薄膜のスピン・軌道選択磁化曲線測定法の開発：磁気コンプトン散乱の応用

櫻井　浩，安居院あかね，鈴木宏輔

磁気コンプトンプロファイルの磁場依存性を測定すればスピン選択磁化曲線が得られる．振動試料型磁力計・SQUID 磁力計などの全磁化曲線測定と組み合わせると，軌道選択磁化曲線が得られる．また，磁気コンプトンプロファイルを解析すれば元素選択磁化曲線や磁気量子数選択磁化曲線を測定することも可能である．本稿ではアモルファス TbCo 垂直磁化膜と CoFeB/MgO 磁気トンネル接合多層膜の測定例を紹介する．

1.　はじめに

「コンプトン効果」，あるいは「コンプトン散乱」について，高校の物理学で習った方もおられるであろう．X 線が物質中の電子によって散乱されるとき，散乱 X 線の波長が入射 X 線の波長より長くなる現象である[1)]．量子力学の教科書等では[2)]，コンプトン効果は光の粒子性を示す実験的証拠で，光子がエネルギー $h\nu$，運動量 $h\nu/c$ を持つと考えると説明できるとしている．さらに，光と電子の運動量保存則とエネルギー保存則を用いて，「物質中の電子の運動量はゼロ（電子は静止している）」とし[3)4)]，入射 X 線のエネルギーと散乱角を決めれば，コンプトン散乱 X 線のエネルギーが決まるとしている．実際には物質中の電子は静止しておらずコンプトン散乱には電子の運動量が反映され，散乱 X 線のエネルギーはかなりの幅をもつ．

コンプトン散乱 X 線のエネルギースペクトルから求めた物質中の電子運動量分布を，コンプトンプロファイルとよぶ[5)]．コンプトンプロファイルは電子運動量密度の 1 次元投影像であり，電子運動量密度は運動量空間の波動関数の絶対値の 2 乗，すなわち運動量空間の電子密度である．したがって，コンプトンプロファイルの測定は，波動関数の測定（厳密には運動量密度の測定手法）と考えることができる．波動関数の対称性は運動量空間と実空間で同一なので，コンプトンプロファイルの形を解析すれば「波動関数の形」に関する情報が得られる[5)6)]．コンプトンプロファイルの測定には，単色化された高強度かつ高エネルギー X 線が必要である．放射光施設の登場によって，物性研究あるいは材料の評価手法としてコンプトン散乱の利用が大きく進展した[5)]．

我々のグループは，2004 年に磁気多層膜の磁気コンプトンプロファイルの測定に成功した．その結果を踏まえて，磁気薄膜の評価手法としても確立させつつある[7)~11)]．本稿では測定例として，アモルファス TbCo 垂直磁化膜[12)~15)]と CoFeB/MgO 磁気トンネル接合多層膜[16)]を紹介する．

2. コンプトン散乱の測定によって明らかにできること

前述のとおり，コンプトンプロファイルは波動関数の測定手法といえる．また，波動関数の対称性は運動量空間と実空間では同一なので，コンプトンプロファイルの形の解析により「波動関数の形」の情報を得ることができる．

放射光施設では，単色化された高強度かつ高エネルギーな X 線が得られる．円偏光 X 線を用いて磁性体のコンプトン散乱を測定すると，その円偏光依存性から電子スピンに依存した磁気コンプトンプロファイルを測定できる[17)~19)]．磁気コンプトンプロファイルを解析すれば磁性電子の波動関数に関する情報が得られる[20)]．さらに，磁気コンプトンプロファイルの積分値はスピン磁気モーメントに対応する[5)21)~23)]．磁気コンプトンプロファイルの磁場依存性を測定すれば，スピン選択磁化曲線（Spin Specific Magnetic Hysteresis (SSMH)）を測定することができる[24)]．したがって，振動試料型磁力計または SQUID 磁力計などで測定した全磁化曲線とスピン選択磁化曲線との差を求めれば，軌道選択磁化曲線（Orbital Specific Magnetic Hysteresis (OSMH)）を得ることができる[12)~15)25)26)]．また，磁気コンプトンプロファイルの形状の磁場依存性を解析すると，化合物の構成元素ごとの磁化曲線，元素選択磁化曲線[12)~15)]，あるいは磁気量子数ごとに磁化曲線，磁気量子数選択磁化曲線[16)27)~29)]，の測定も可能である．

コンプトンプロファイル測定は，基底状態の波動関数に関する測定なので，第一原理計算と直接的かつ定量的に比較できる利点がある．高エネルギー X 線を利用するため，バルク敏感であり高真空の環境は必要ない．高圧，ガス雰囲気，電磁場中など様々な環境での測定が可能であり，試料準備，測定なども比較的容易である．$3d$ 遷移金属・合金，$3d$ 遷移金属−$4f$ 希土類化合物，アクチナイド化合物など，その対象範囲は多岐に広がっている[5)]．

3. 数式で説明する磁気コンプトンプロファイル[5)6)15)19)20)29)]

磁気コンプトンプロファイル $J_{\rm mag}(p_z)$ は，次式で与えられる．

$$J_{\rm mag}\left(p_z\right)\iint\left(\rho_{\rm maj}-\rho_{\rm min}\right)dp_x dp_y \qquad (1)$$

ここで，$\rho_{\rm maj}(\boldsymbol{p})[\rho_{\rm min}(\boldsymbol{p})]$ は majority spin [minority spin] の電子運動量密度である．$\boldsymbol{p}=(p_x, p_y, p_z)$ は物質中の電子の運動量である．p_z が散乱ベクトルの方向である．さらに，系が 1 電子状態の波動関数 $\Psi_{\sigma i}(\boldsymbol{r})$ ($\sigma=$ maj [min] は majority spin [minority spin] を表す) で記述される独立粒子で構成されていると考えると，majority spin [minority spin] の運動量密度 $\rho_{\rm maj}(\boldsymbol{p})[\rho_{\rm min}(\boldsymbol{p})]$ は占有電子数で和をとった運動量空間の波動関数 $\chi_{\sigma i}(\boldsymbol{p})$ の絶対値の 2 乗として，次式のように表すことができる．

$$\rho_\sigma\left(\boldsymbol{p}\right)=\sum_i^{occ}\left|\chi_{\sigma i}\left(\boldsymbol{p}\right)\right|^2 \qquad (2)$$

$$\chi_{\sigma i}\left(\boldsymbol{p}\right)=\frac{1}{\sqrt{2\pi\hbar}}\int\Psi_{\sigma_i}\left(\boldsymbol{r}\right)\exp\left(-\frac{i\boldsymbol{pr}}{\hbar}\right)\mathrm{d}\boldsymbol{r} \qquad (3)$$

また，磁気コンプトンプロファイルの積分値は，次式で表すようにスピン磁気モーメントと等しい．

$$\mu_{\rm spin}=\int J_{\rm mag}\left(p_z\right)dp_z \qquad (4)$$

よって，スピン磁気モーメントの磁場依存性すなわちスピン選択磁化曲線（SSMH）は，次式の関係より

$$\mu_{\text{spin}}(H) = \int J_{\text{mag}}(p_z, H)\,dp_z \quad (5)$$

磁気コンプトンプロファイルの磁場依存性を測定すれば求めることができる．

4. 磁気コンプトン散乱測定装置 [10)11)15)24)25)29)30)]

図 1 に SPring-8-BL08W に設置されている磁気コンプトン散乱測定装置の概略図を示す[10)11)15)29)30)]．測定装置は超伝導磁石，冷凍機と試料ホルダー，Ge 半導体検出器，計測システムからなる．超伝導磁石は −2.5 T から 2.5 T の間の任意の値の磁場を印加できる．試料温度は，室温から 5 K まで任意に設定可能である．薄膜試料の基板としては，基板からの散乱の寄与を少なくするために，ポリイミドフィルムや Al フォイルなどを用いる．単色化された高エネルギー円偏光 X 線を，検出器の中央の穴を通して試料に入射し，散乱 X 線を後方散乱配置に置かれた多素子検出器で検出する．

図 2 は 183 keV の X 線を Fe 箔に入射し散乱角 178° で得た散乱 X 線のエネルギースペクトルである[15)]．75.0 kV および 72.8 keV で観測されるピークは，Pb の $K\alpha_1$，$K\alpha_2$ 蛍光 X 線，84.9 keV，87.3 keV 付近のピークは Pb の $K\beta_1$, $K\beta_2$ 蛍光 X 線であり遮蔽材に起因する．106.6 keV 付近の幅の広いピークがコンプトン散乱 X 線のピークである．183 keV に弾性散乱（トムソン散乱）のピークがある．図 2 挿入図はエネルギーを電子運動量に変換し[5)15)]，コンプトンプロファイルとしてプロットしたものである．

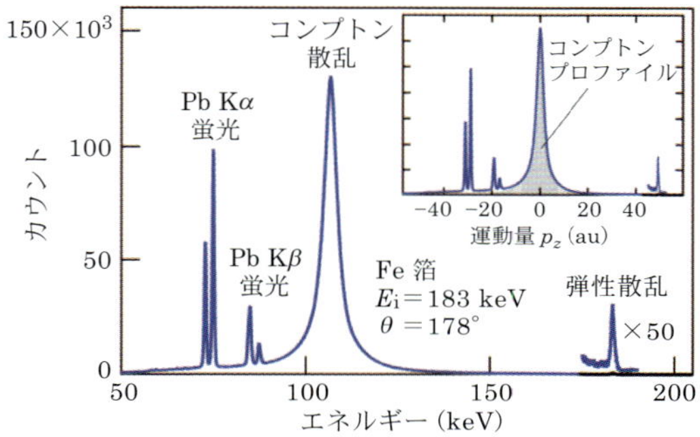

図 2　Fe 箔のコンプトン散乱 X 線エネルギースペクトルおよびコンプトンプロファイル（挿入図）[15)]．

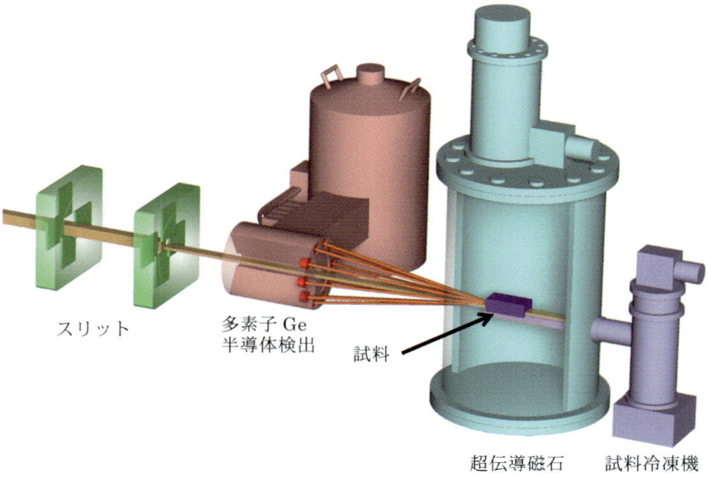

図 1　磁気コンプトン散乱装置のイメージ図．

5. 磁気コンプトン散乱の測定例

例1 アモルファスTbCo垂直磁化膜のスピン・軌道選択磁化曲線と元素選択磁化曲線[12)〜15)24)26)]

アモルファス TbFeCo 垂直磁化膜は 1980 年代から 90 年代にかけて光磁気ディスクの材料として用いられた．近年は磁気トンネル接合に垂直磁気異方性を有する希土類・遷移金属アモルファス薄膜層を加え磁気スイッチングを制御する研究も提案されている．ここでは，アモルファス TbCo 垂直磁化膜のスピン・軌道選択磁化曲線磁気モーメントおよび元素選択磁化曲線の測定例を紹介する．

図 3 (a) は印加磁場を膜面垂直として測定した磁気コンプトンプロファイルから得られた，$Tb_{14}Co_{86}$ のスピン・軌道選択磁化曲線[14)]である．スピン磁気モーメントと軌道磁気モーメントの向きが逆である．図 3 (b) は，Tb と Co の元素選択磁化曲線である[14)]．Co 磁気モーメントは Tb 磁気モーメントと逆向きである．スピン磁気モーメントあるいは Co 磁気モーメントと全磁気モーメントの向きが同じである．また，スピン・軌道選択磁化曲線あるいは Tb および Co の元素選択磁化曲線と全磁化曲線の保磁力は等しい様子がわかる．これらの磁化曲線は TbCo 組成に依存する．磁気補償組成を境界として，スピン磁気モーメントと軌道磁気モーメントあるいは Tb 磁気モーメントと Co 磁気モーメント向きが逆転する．また，スピン磁気モーメントと軌道磁気モーメントあるいは Tb 磁気モーメントと Co 磁気モーメントの磁化反転挙動 (磁化曲線の形状) は同一である[14)]．

この例のように，磁気コンプトン散乱を用いると全磁化曲線だけでは見えてこなかった微視的な情報を得ることができる．

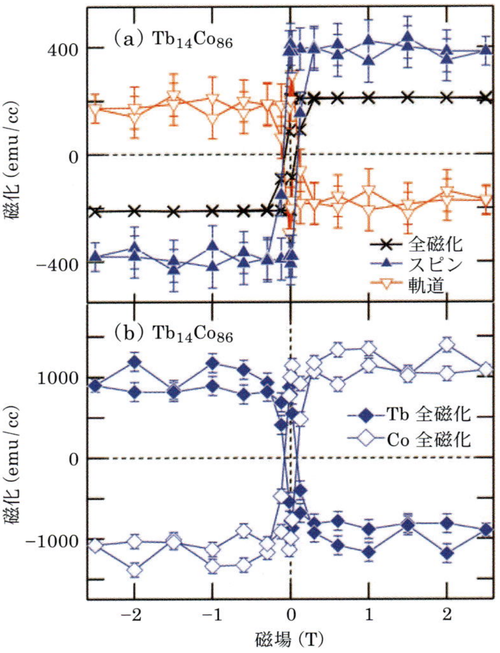

図 3 $Tb_{14}Co_{86}$ アモルファス垂直磁化膜の (a) スピン・軌道選択磁化曲線と全磁化曲線 (b) Tb と Co の元素選択磁化曲線[14)15)]．

例 2 CoFeB/MgO 多層膜のスピン・軌道選択磁化曲線と磁気量子数選択磁化曲線[16)]

磁気ランダムアクセスメモリー (MRAM) は不揮発性・高速性・耐久性・低消費電力などから，スピントロニクスデバイスとして研究が進められている．一方，微細化に伴いセルサイズが小さくなると反磁化効果による書き込み電流の増大などの問題が指摘され，駆動電流を低減するため電場誘起磁化反転などが提案されている．一方，磁化反転プロセスにおける電子状態の研究は多くない．そこで，CoFeB/MgO 磁気トンネル接合膜について，スピン・軌道選択磁化曲線および磁気量数選択磁化曲線を求めた．

図 4 は (a) アモルファス CoFeB 単層膜，(b) 熱処理で結晶化した CoFeB 単層膜，(c) アモルファス CoFeB/MgO 多層膜，(d) 熱処理で結晶化した CoFeB/MgO 多層膜の磁気コンプトンプロファイル測定から得られた，スピン

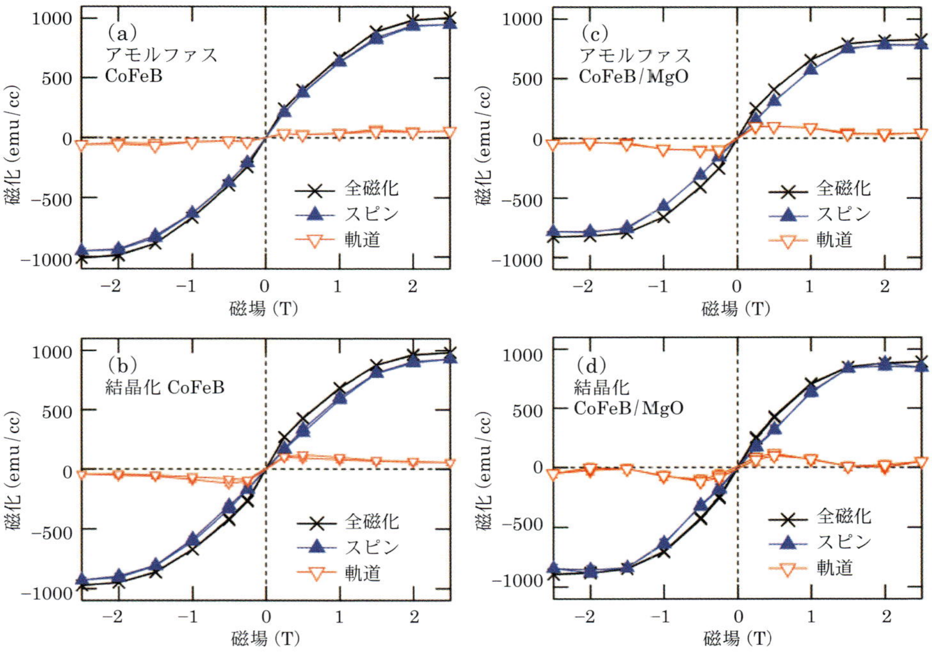

図 4　アモルファス CoFeB 単層膜, (b) 熱処理で結晶化した CoFeB 単層膜, (c) アモルファス CoFeB/MgO 多層膜, (d) 熱処理で結晶化した CoFeB/MgO 多層膜のスピン・軌道選択磁化曲線と全磁化曲線[16].

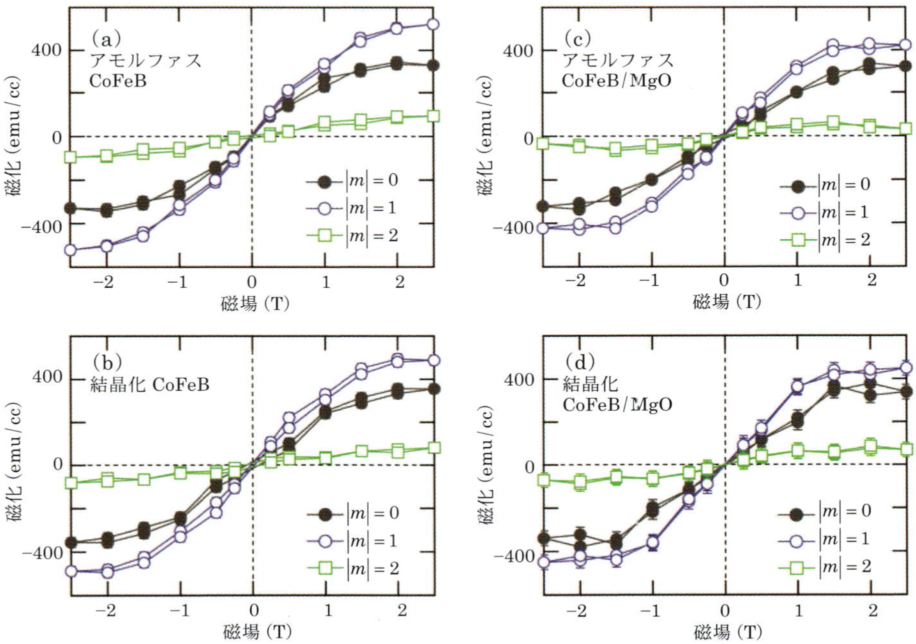

図 5　アモルファス CoFeB 単層膜, (b) 熱処理で結晶化した CoFeB 単層膜, (c) アモルファス CoFeB/MgO 多層膜, (d) 熱処理で結晶化した CoFeB/MgO 多層膜の磁気量子数選択磁化曲線[16].

選択磁化曲線，軌道選択磁化曲線を示す．印可磁場は膜面垂直であるので，図 4 (a) アモルファス CoFeB 単層膜においては薄膜の形状磁気異方性を反映してスピン・軌道選択磁化曲線ともに直線的な挙動を示す．一方，アモルファス CoFeB/MgO 多層膜，熱処理で結晶化した CoFeB/MgO 多層膜では，スピン選択磁化曲線は直線的な挙動を示すが，軌道選択磁化曲線は折れ曲がりがみられる．CoFeB/MgO 界面は垂直磁気異方性が報告されており，図 4 の (c) および (d) の軌道選択磁化曲線の形は CoFeB/MgO 界面の垂直磁気異方性に関連すると考えられる．

図 5 に (a) アモルファス CoFeB 単層膜，(b) 熱処理で結晶化した CoFeB 単層膜，(c) アモルファス CoFeB/MgO 多層膜，(d) 熱処理で結晶化した CoFeB/MgO 多層膜の磁気コンプトンプロファイルの形状解析から得られた磁気量子数選択磁化曲線を示す．CoFeB/MgO 多層膜における磁気量数 $|m| = 0, 1$ の軌道の磁化反転挙動は，スピン選択磁化曲線に対応しており，磁気量数 $|m| = 2$ の軌道の磁化反転挙動は軌道選択磁化曲線に対応している．

これらの結果は，CoFeB/MgO 界面の垂直磁気異方性が磁気量数 $|m| = 2$ を有する軌道磁気モーメントに関連しており，磁化反転挙動は，磁気量数 $|m| = 2$ を有する軌道磁気モーメントの磁化反転挙動に支配される可能性を示唆する．

7. おわりに

磁気コンプトン散乱の実験は 100 keV 以上の高強度・高エネルギー円偏光 X 線を利用するので，放射光施設は欠かせない．今後の方向性の 1 つは高エネルギー X 線の高い透過性を利用した非破壊「元素・化学結合イメージング」であろう．すでに動作中の実電池を用いた Li イオン 2 次電池内部の Li イオン分布測定 [31)～34)] や内燃機関の反応・温度分布解明を目的とした火炎の温度・反応分布測定 [35)] など報告されている．同様に，磁性体構造物のスピン・軌道選択磁化曲線，元素選択磁化曲線，磁気量子数別磁化曲線とイメージングを組み合わせた計測が可能となるであろう．ここでは紹介しなかったが，物質のフェルミ面の直接観察や占有軌道状態の決定などほかにもユニークな測定も行われている [5) 20) 36)]．

参考文献

1) たとえば，国友正和ほか：物理（高等学校理科用），数研出版，(2012)，352-353.
2) たとえば，小出昭一郎：量子力学 I，裳華房，(1989)，p.3.
3) A. H. Compton: Phys. Rev., **21** (1923), 483-502.
4) A. H. Compton: Phys. Rev., **22** (1923), 409-413.
5) M. J. Cooper, P. E. Mijnarends, N. Shiotani, N. Sakai and A. Bansil Ed.: X-ray Compton Scattering, Oxford Univ. Press, (2004).
6) 小泉昭久，伊藤真義，櫻井吉晴：放射光，**25** (2012)，153-165.
7) M. Ota, H. Sakurai, F. Itoh, M. Itou and Y. Sakurai: J. Phys. Chem. Solids, **65** (2004), 2065-2070.
8) H. Sakurai, M. Ota, F. Itoh, M. Itou, Y. Sakurai and A. Koizumi: Appl. Phys. Lett., **88** (2006), 062507.
9) M. Ota, M. Itou, Y. Sakurai, A. Koizumi and H. Sakurai: Appl. Phys. Lett., **96** (2010), 152505.
10) 櫻井浩：放射光，**20** (2007)，297-305.
11) 櫻井浩，伊藤真義，安居院あかね：まぐね，**6** (2011)，270-276.
12) A. Agui, S. Matsumoto, H. Sakurai, N. Tsuji, S. Homma, Y. Sakurai and M. Itou: Appl. Phys. Express, **4** (2011), 083002.
13) A. Agui, T. Unno, S. Matsumoto, K. Suzuki, A. Koizumi and H. Sakurai: J. Appl. Phys., **114** (2013), 183904.
14) A. Agui , C. Ma, X. Liu, N. Tsuji, M. Adachi, A. Shibayama, K. Suzuki and H. Sakurai: Mater. Res. Express, **4** (2017), 106108.
15) 安居院あかね，櫻井浩：放射光，**29** (2016)，64-72.
16) M. Yamazoe, T. Kato, K. Suzuki, A. Adachi,

A. Shibayama, K. Hoshi, M. Itou, N. Tsuji, Y. Sakurai and H. Sakurai: J. Phys: Condens. Matter, **28** (2016), 436001.
17) P. M. Platzman and N. Tzoar: Phys. Rev. B, **2** (1970), 3556-3559.
18) N. Sakai and N. Ono: Phys. Rev. Lett., **37** (1976), 351-353.
19) 坂井信彦，田中良和：応用物理，**61** (1992)，226-233.
20) 小泉昭久，坂井信彦：固体物理，**37** (2002)，685-695.
21) M. J. Cooper, E. Zukowski, S. P. Collins, D. N. Timms, F. Itoh and H. Sakurai: J. Phys. Condens. Matter, **4** (1992), L399-L404.
22) N. Sakai: J. Appl. Cryst., **29** (1996), 81-99.
23) P. Carra, M. Fabrizio, G. Santoro and B. T. Thole: Phys. Rev. B, **53** (1996), R5994-R5997.
24) A. Agui, H. Sakurai, T. Tamura, T. Kurachi, M. Tanaka, H.Adachi and H. Kawata: J. Synchorotron. Rad., **17** (2010), 321-324.
25) M. Itou, A. Koizumi and Y. Sakurai: Appl. Phys. Lett., **102** (2013), 082403.
26) A. Agui, R. Masuda, Y. Kobayashi, T. Kato, S. Emoto, K. Suzuki and H. Sakurai: J. Magn. Magn. Mater., **408** (2016), 41-45.
27) T. Kato, K. Suzuki, S. Takubo, Y. Homma, M. Itou, Y. Sakurai and H. Sakurai: Appl. Mech. Mater., **423-6** (2013), 271-275.
28) K. Suzuki, S. Takubo, T. Kato, M. Yamazoe, K. Hoshi, Y. Homma, M. Itou, Y. Sakurai and H. Sakurai: Appl. Phys. Lett., **105** (2014), 072412.
29) 櫻井浩，鈴木宏輔，伊藤真義，櫻井吉晴：まてりあ，**54** (2015)，621-625.
30) Y. Kakutani, Y. Kubo, A. Koizumi, N. Sakai, B. L. Ahuja and B. K. Sharma: J. Phys. Soc. Jpn., **72** (2003), 599-606.
31) M. Itou, Y. Orikasa, Y. Gogyo, K. Suzuki, H. Sakurai Y. Uchimoto and Y. Sakurai: J. Synchrotron Rad., **22** (2014), 161-164.
32) K. Suzuki, B. Barbiellini, Y. Orikasa, S. Kaprzyk, M. Itou, K. Yamamoto, Yung Jui Wang, H. Hafiz, Y. Uchimoto, A. Bansil, Y. Sakurai and H. Sakurai: J. Appl. Phys., **119** (2016), 025103.
33) K. Suzuki, A. Suzuki, T. Ishikawa, M. Itou, H. Yamashige, Y. Orikasa, Y. Uchimoto, Y. Sakurai and H. Sakurai: J. Synchrotron Rad., **24** (2017), 1006-1011.
34) 鈴木宏輔，櫻井浩：Isotope News，**750** (2017)，26-30.
35) H. Sakurai, N. Kawahara, M. Itou, E. Tomita, K. Suzuki and Y. Sakurai: J. Synchrotron Rad., **23** (2016), 617-621.
36) 平岡望：日本結晶学会，**49** (2007)，273-278.

ナノドット磁性デバイス開発における放射光活用

近藤祐治，有明　順，鈴木基寛

現在の IT 社会において大容量ストレージには磁気記録技術の発展が重要である．垂直磁気記録方式が実用化されて 10 年が経つが，今後のさらなる高密度化には大きなブレークスルーが必要で，その次世代技術としてビットパターン媒体 (BPM) 方式が候補として挙げられている．BPM の実用化のためには，個々の磁性ドットのスイッチング磁界幅を小さくすることが重要な課題となっている．本稿では，スイッチング磁界のばらつき評価および要因解析のために放射光を活用した研究を紹介する．

1.　はじめに

全世界規模でブロードバンド化，IT の高度化が進み，IT 機器の設置台数が急速に増加している．そのため，IT 機器が消費する電力は膨大であり，省エネルギー化が重要な課題となっている．IT 機器の中でもハードディスクドライブ (HDD) の消費電力は全体の 20％以上であると言われている．一方，HDD は記録密度の向上により設置台数の縮減や小型化ができるため，HDD による消費電力を削減できると考えられる．HDD の記録密度は垂直磁気記録技術とトンネル磁気抵抗効果を用いた磁気ヘッド技術を組み合わせることで，平均年率 40％程度の高い伸びを示してきたが，1 Tbit/in^2 の記録密度を目前にして年率が伸びなくなってきている．現在の垂直磁気記録技術では，10 nm 以下の磁性粒子が集まったグラニュラー媒体が用いられており，磁気的に孤立した数 10 個の磁性粒子の集合体で 1 ビットを記録している．この構造で記録密度をさらに向上させるためには，磁性粒子の微細化によって S/N 比を確保する必要がある．一方で微粒子化による熱減磁の影響を低減するためには，材料自体の磁気異方性を増加させる必要があり，これに伴って，飽和磁界も増加するために飽和記録が困難になる，という「トリレンマ」と呼ばれる問題に直面している．このトリレンマが記録密度鈍化の原因である．

トリレンマを解決する技術の 1 つとして，グラニュラー媒体の代わりに，磁性薄膜をリソグラフィー技術などの方法で人工的に加工し，ドット状の磁性粒子を 2 次元的に規則配列させたビットパターン媒体 (BPM) を用いた記録方式が提案されており，数多くの研究がなされてきた [1)～3)]．BPM では，1 つの粒子を 1 ビットとして記録するために，グラニュラー媒体の磁性粒子に比べて体積を大きくできる．そのために磁気異方性を大きくしなくても，高い熱磁気安定性が確保でき，記録しやすい媒体が実現できる．このようにグラニュラー媒体と比べて大きな利点があるBPMであるが，現状では，BPMのスイッチング磁界幅（SFW）の制御が重要な課題の1つである[4)5)]．SFWはドット形状やドットの磁気特性や結晶構造などに起因する内在的なSFW（intrinsic SFW）と隣接ドットから受ける静磁気的相互作用に起因する外在的なSFW（non-intrinsic SFW）がある．SFWが大きいと隣接ビットへの誤った書き込みや消去を生じさせてしまう．これらを解決するためには，SFWの要因解析のための微小領域における磁気特性評価技術が重要である．

本稿では，微小領域の磁気計測技術として放射光からの集光X線を使った顕微磁気計測技術と，この技術を用いてBPMにおけるSFWの要因解析を行った例について紹介する．

2. 集光X線を使った顕微磁気計測技術

BPMを構成する数10 nmサイズの磁性ドットの磁気特性を評価できる市販レベルの装置は存在しない．そこで，我々は大型放射光施設SPring-8のビームラインBL39XUに微小サイズでも評価できるような高感度・高分解能な顕微磁気計測システムを構築してきた．図1にSPring-8 BL39XUに整備した顕微磁気円二色性（XMCD）測定システムの模式図を示す．二結晶分光器で単色化されたX線はダイヤモンド移相子で右（左）回り円偏光に変換され，集光素子であるKirkpatrick-Baez（KB）ミラーに導かれる．そして，KBミラーで縦方向と横方向に集光され，試料に照射される．また，硬磁性の磁化曲線が評価できるように，電磁石が組み込まれており最大で22 kOeの磁場が印加できるようになっている．電磁石による磁場の方向は入射X線と平行とした．XMCD測定は蛍光法で行い，蛍光X線の検出にはシリコンドリフト検出器を用いた．試料に右（左）回りの円偏光を入射し，それぞれの偏光状態に対する試料からの蛍光X線強度$I^{(+)}$，$I^{(-)}$の差分

$$\Delta I(E,H) = I^{(-)}(E,H) - I^{(+)}(E,H) \quad (1)$$

がXMCD強度である．ここで，EはX線エネルギー，Hは印加磁場である．このとき，XMCD強度が最大になるEに固定して，Hの関数とするとXMCDのヒステリシス曲線を得ることができる．また，X線吸収強度は

$$I(E) = [I^{(-)}(E) + I^{(+)}(E)]/2 \quad (2)$$

と表される．(1)および(2)を使って求められる$\Delta I(E,H)/I(E)$は規格化XMCD強度で単位体積当たりの磁気モーメントに比例する．

集光X線のビームサイズは，2005年の整備当初，2.4(H) × 2.5(V) μm^2のμmオーダーの空間分解能であった[6)]．その後，光源点とKBミラーの間の距離を長くして，ビームラインのグレードアップを行い，2011年に集光ビーム径310(H) × 351(V) nm^2のnmオーダーの空間分解能を達成した[7)]．本稿では前者をマイクロXMCD，後者をナノXMCDと呼んで区別する．なお，2016年現在では，100 × 100 nm

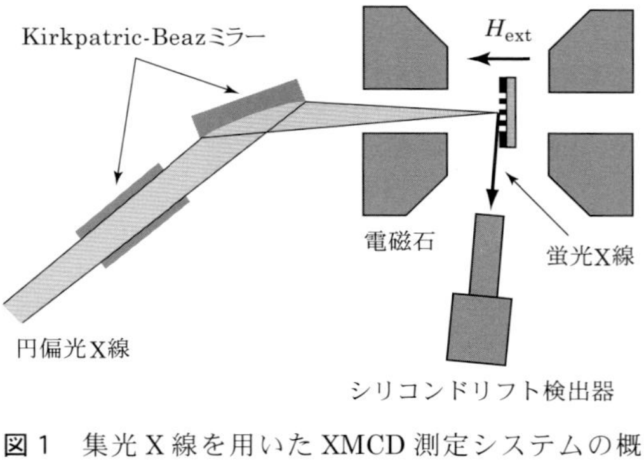

図1　集光X線を用いたXMCD測定システムの概略図．

の集光ビームが利用可能になっている．

マイクロ XMCD では集光 X 線サイズが μm オーダーに対して，磁性ドットサイズが数 10 nm なので，照射エリアに多数の磁性ドットが含まれる．したがって，多数個の磁性ドットの集合体からの磁化曲線が得られる．この測定から SFW を評価する場合は，磁性ドットアレイの磁化曲線の保磁力 (H_c) 付近の傾きから，SFW を類推することができる．一方，ナノ XMCD では集光 X 線はたった 1 個，もしくは数個程度の磁性ドットのみを照射できる．つまり，個々の磁性ドットごとの磁気特性評価が可能である．次節以降ではマイクロ XMCD とナノ XMCD で測定した SFW の評価結果とその要因としてドット直径のばらつきを仮定して，それが SFW に与える影響を考察した結果を示す．

3. マイクロ XMCD によるスイッチング磁界分散評価[8)]

この節ではマイクロ XMCD を用いて，磁性ドットの集合体の磁化曲線測定を行い，その H_c 付近の傾きから SFW 評価を行った結果について紹介する．評価に用いた磁性ドットアレイは，ドット径が 25 nm に固定してドット周期を 40, 50, 70, 100 nm と変えた 4 種類の試料である．磁性ドットは Co-Pt 膜を電子線描画と Ar イオンエッチングを用いてパターニング加工した．Co-Pt 膜はマグネトロンスパッタ法により成膜し，記録層は Co_{80}-Pt_{20} (膜厚：13 nm) とした．電子線描画には厚さ 15 nm のネガ型電子線レジスト (calixarene) を用いて，加速電圧 50 kV，ビーム電流 50 pA の条件で描画を行った．Co-Pt 膜へのパターン転写は，磁気的ダメージを軽減するために 200 eV の低エネルギー Ar イオンでエッチングを行った[9)]．

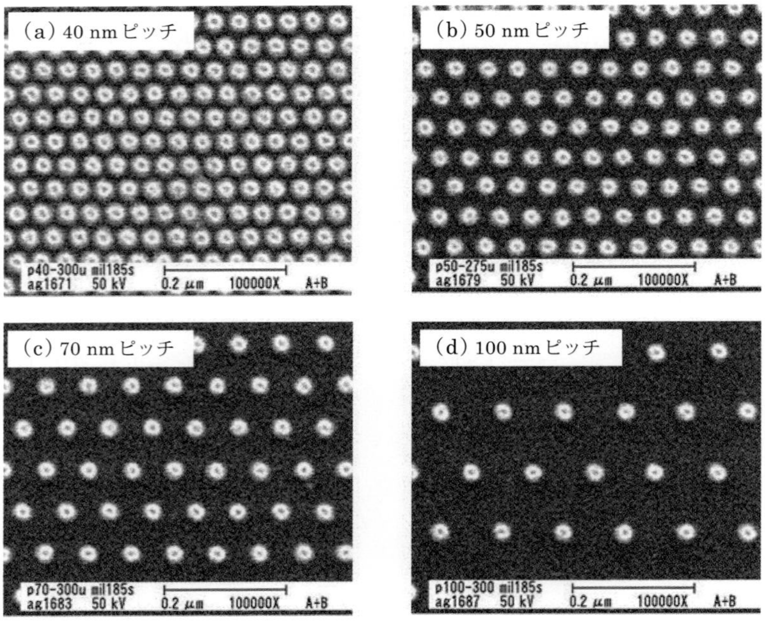

図 2　$Co_{80}Pt_{20}$ 磁性ドットの SEM 像．ドット径は全て 29 nm．ドット周期は (a) 40 nm, (b) 50 nm, (c) 70 nm, (d) 100 nm.

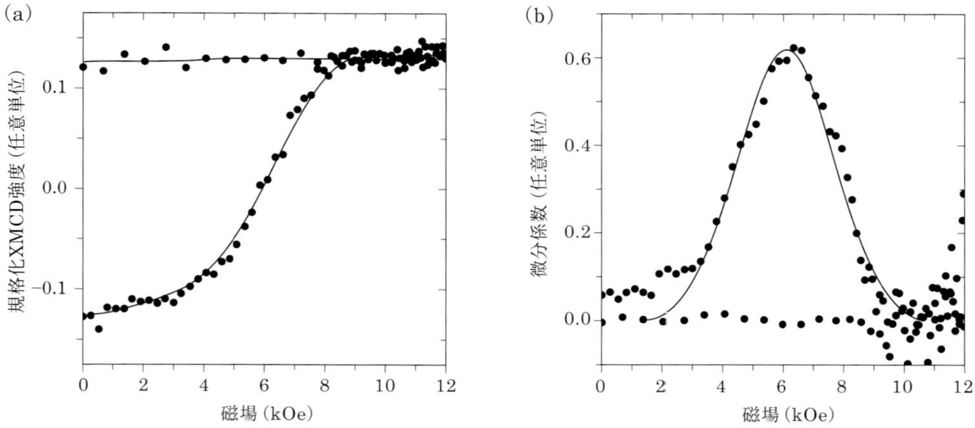

図 3　ドット径 29 nm，ドット周期 40 nm の CoPt 磁性ドットに対する ESMH 曲線 (a) とその微分係数曲線 (b)．

作製したドットパターンの SEM 像を図 2 に示す．また，パターニング領域は 15 × 15 mm^2 角である．図 3 (a) に，ドット径 29 nm，ドット周期 40 nm の磁性ドットアレイに対して，Pt L_3 吸収端 ($h\nu$ = 11.57 keV) で得られた元素選択磁化 (ESMH) 曲線を示す．ここで，縦軸は Pt の蛍光強度で規格化しており，Pt 原子あたりの磁気モーメントに相当するため，磁化の大きさに比例とすると考えて良い．図 3 (b) には ESMH 曲線の微分係数曲線を示す．この微分係数曲線にガウス関数フィッティングすることで標準偏差 σ を算出し，これをスイッチング磁界幅 (σ_{SFW}) と定義した．図 4 に SFW のドット周期依存性を黒丸で示す．SFW は前節で説明したように内在的な要因と外在的な要因に起因する SFW からなる．これらはそれぞれ独立に寄与するため，以下のように表される．

$$\sigma_{SFW} = \sqrt{\sigma_{intrinsic}^2 + \sigma_{non\text{-}intrinsic}^2} \qquad (3)$$

ここで，$\sigma_{intrinsic}$ と $\sigma_{non\text{-}intrinsic}$ はそれぞれ内在的な要因と外在的な要因に起因する SFW である．

まず初めに，外在的要因を考察した．$\sigma_{non\text{-}intrinsic}$ として静磁気相互作用のみを仮定して，その影響を見積もるために，周囲のドット表面および裏面の磁荷が中心のドットに及ぼす減磁界を以下の近似式より計算した．

$$\sigma_{non\text{-}intrinsic} = \frac{H_s - H_n}{5}$$

$$H_s - H_n = 8M_s \sum_{i\neq 0}\sum_{i\neq 0}\int_{-W/2}^{W/2}\int_{-W/2}^{W/2} A\,dxdy$$

$$A = \frac{h}{\left\{(x-iP)^2 + (x-iP)^2 + (h/2)^2\right\}^{3/2}} \qquad (4)$$

ここで，H_s, H_n, M_s, W, h, P はそれぞれ，飽和磁界，反転開始磁界，飽和磁化，ドットサイズ，ドット高さ，ドット周期を表す．

減磁界のドット周期依存性を計算した結果を図 4 に破線で示す．この結果から，実験で求めた SFW は静磁気相互作用の影響と比べて圧倒的に大きいことがわかった．そこで，この破線で示した結果に対して，全ドット周期に一律に 1.2 kOe を加えたところ（実線），実験から求めた SFW と良く一致することがわかった．つまり，今回の試料において，静磁気相互作用の影響の他にそれ以外の要因による SFW（内在的な SFW）が 1.2 kOe であると考えられる．その要因として，材料の磁気異方性エネルギー分散，加工精度に起因するドット径分散や形状分散などが挙げられるが，本稿では，ドット径分散との相関について考察した．ドット径の算出は図5に示すようなドットアレイのSEM像解析プロセスによって行った．まず，元のSEM像(a)を最も明るいピクセルと最も暗いピクセルの平均値を閾値として二値化像(b)に変換する．次に二値化像から(c)のように外周部のエッジを抽出する．最後にエッジラインで囲まれた面積を基にそれぞれのドットが円形であると仮定してドット径を求めた．図5(d)はこのSEM像解析で得られたドット径のヒストグラムである．ドット径の平均値と標準偏差はそれぞれ29 nmおよび1 nmであった．図6にスイッチング磁界のドット径依存性を計算した結果を示す．ドットサイズにより形状異方性が変化するため，ドットサイズの減少に伴いスイッチング磁界は単調増加する．今回作製したドットのサイズ分散(1 nm)がスイッチング磁界に及ぼす変化は0.14 kOe程度であると見積もる

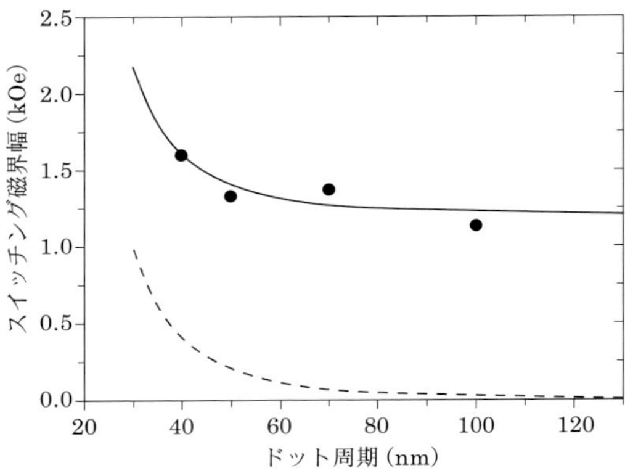

図4　スイッチング磁界幅のドット周期依存性．黒丸は図3のESMH曲線から見積もったSFWで，破線は静磁気的相互作用のみによって生じるSFWの計算結果，実線は破線に1.2 kOeを加えたものを示す．

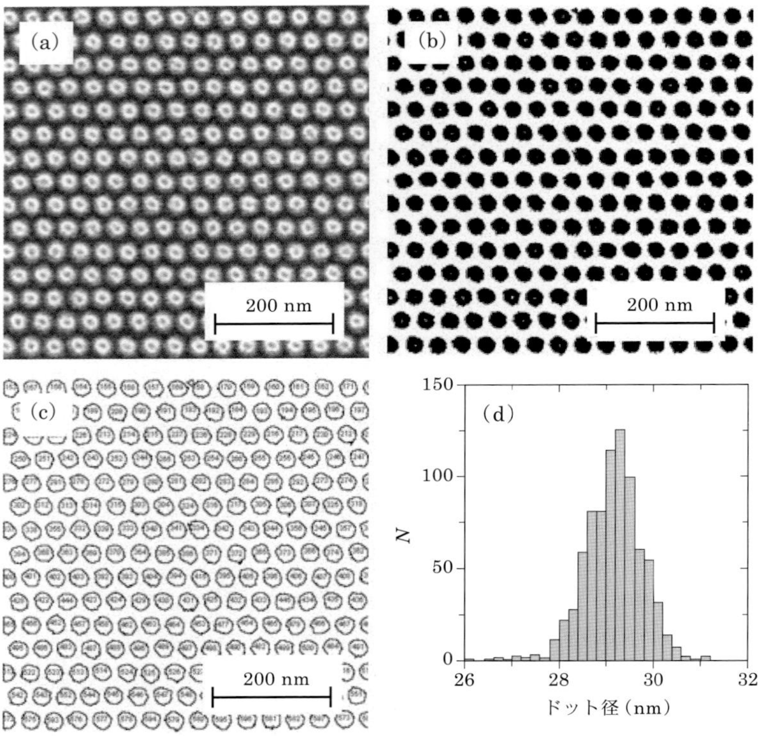

図5　SEM像解析によるドット径算出プロセス．(a) 取得したSEM像，(b) 二値化像，(c) 抽出したエッジ像，(d) ドット径のヒストグラム．

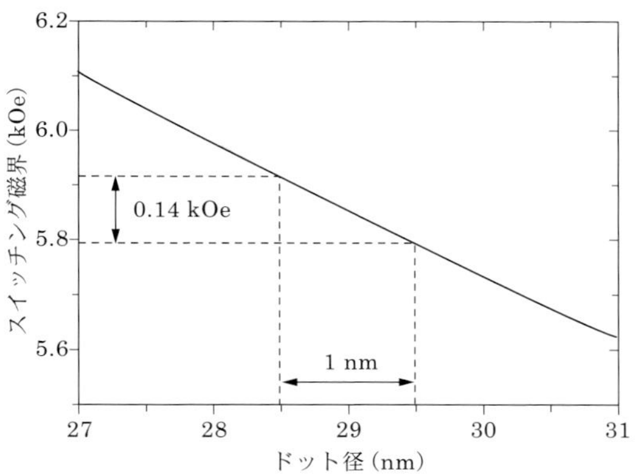

図 6 スイッチング磁界のドット径依存性 (計算結果).

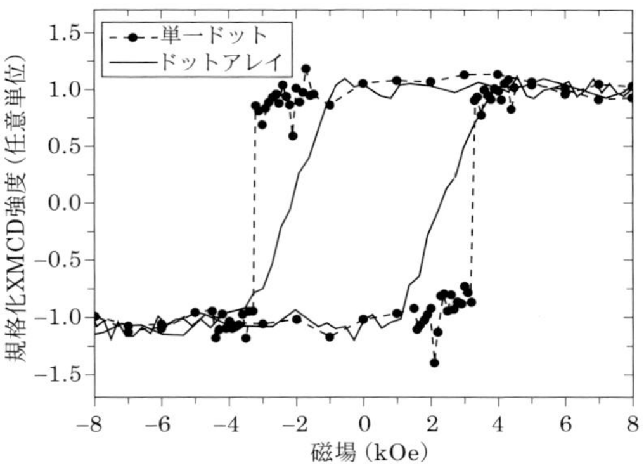

図 7 $Co_{80}Pt_{20}$ ドット (黒丸) および $Co_{80}Pt_{20}$ ドットアレイ (実線) の ESMH 曲線.

ことができる. この値は先ほど求めた内在的な要因に起因する SFW (1.2 kOe) の 10%程度であり, サイズ分散は大きな要因ではないことがわかった.

4. ナノ XMCD によるスイッチング磁界分散評価 [10)]

この節ではナノ XMCD 測定を用いて個々の磁性ドットごとに磁気特性評価を行い, スイッチング磁界のばらつきを評価した結果を示す. 磁性ドットの作製法は前節と同様である. 磁性膜の膜厚は 15 nm, ドット径 200 nm, ドット周期は 1 μm とし, 15 μm 角領域に 15 × 15 個のドットを 2 次元配列した.

図 7 に任意の単一磁性ドットにおける ESMH 曲線の結果を黒丸で示す. 同図には以前測定した 100 nm 径の $Co_{80}Pt_{20}$ ドットアレイ (数 100 個のドットからなる) における ESMH 曲線の結果も実線で示す. ドットアレイの場合には, 1.5 kOe 程度の SFW があるのに対し, 単一ドットの場合には非常に急峻な磁化反転が起きていることがわかった. これは, 今回我々が作製した 200 nm 径の CoPt ドットは, ドット内の反転核形成後, 瞬時にドット内に反転が伝搬する反転メカニズムを有するためと考えられる [11)]. 一方で, ドットアレイでは, 個々のドットのスイッチング磁界にばらつきがあることを示唆している. そこで, 15 × 15 個中 15 × 7 個のドットについて, 個々のドットごとに ESMH 曲線を測定し, スイッチング磁界を求めた. この結果から求めたスイッチング磁界のマッピングおよびヒストグラムを図 8 (a) および (c) に示す. スイッチング磁界のばらつきはスイッチング磁界平均値の 36%で大きな分布があることがわかった. そこで前節と同様に, このスイッチング磁界のばらつきの要因として, ドット径との相関を調べた.

ESMH 測定を行ったドットの SEM 像から求めたドット径のマッピングおよびヒストグラムを図 8 (b) および (d) に示す. ドット径のばらつきはドット径平均値の 2.7%であり, このドット径のばらつきと比較すると, スイッチング磁界のばらつきは非常に大きいことがわかる. また, 図 8 (b) のドット径マッピングを見ると $(x, y) \sim (7\ \mu m, 6\ \mu m)$ 付近でドット径が大きい領域があるが, スイッチング磁界マッピングではこの領域で特にスイッチング磁界が小さい傾向も認められない. 次に図 9 にスイッチング磁界とドット径の相関図を示す. 図 8 のマッピングおよび図 9 の相関図から, スイッチング磁界とドット径の間には相関が見られな

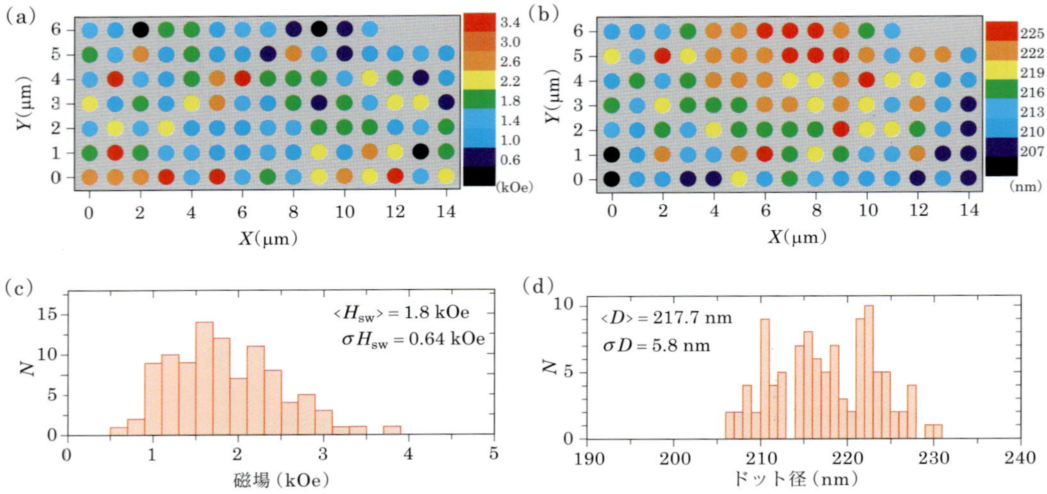

図 8 スイッチング磁界の 2D マッピング (a) とヒストグラム (c)，およびドット径の 2D マッピング (b) とヒストグラム (d).

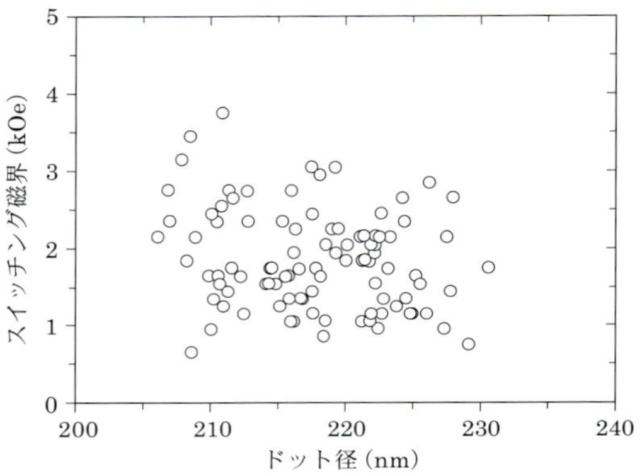

図 9 CoPt ドットにおけるドット径とスイッチング磁界の相関図.

かった．この結果は，前節で示したマイクロ XMCD で評価した結果と矛盾のない結果である．

5. おわりに

これまで述べてきたように，電子線リソグラフィーで作製した $Co_{80}Pt_{20}$ 磁性ドットには大きな SFW が存在するが，ドット径のばらつきはその要因ではなさそうである．その他に考えられるものとして，ドット加工時におけるダメージによる磁気特性のばらつき，製膜過程で生じる磁気異方性エネルギーや c 軸配向性のばらつきなど[12)13)]が考えられる．今後はこれらとの相関を検討していく必要がある．マイクロビームやナノビームと他の測定手法，たとえば，X 線回折 (XRD) や X 線吸収微細構造 (XAFS) などを組み合わせることで，磁性ドットの集合体や個々のドットごとの結晶構造や酸化状態や化学結合などの化学状態を調べることができるため，SFW の要因解析の有力なツールになると期待される．また，集光ビームのさらなる微小化にも期待したい．現状では個々の磁性ドットごとの磁気特性評価できるところまで，測定技術が向上してきた．しかし，磁性ドット内でも周囲と内部では磁気特性が異なる可能性がある．数 nm の X 線ビームが実現されると，このような磁性ドット内の磁気特性分布が評価可能になる．是非，今後の X 線集光技術の向上も期待したい．

謝　辞

本研究は文部科学省科学研究費補助金 (課題番号 23360016) および NEDO グリーン IT プロジェクトの補助を受けて実施された．また，放射光実験は重点ナノテクノロジー支援課題（課題番号 2008B1819）および重点グリーン/ライフ・イノベーション推進課題（課題番号 2011B1887）の支援を受けて SPring-8 BL39XU で行われた．

参考文献

1) R. L. White, R. M. H. Newt and R. F. W. Pease: IEEE Trans. Magn., **33** (1997), 990.
2) Y. Kamata, H. Hieda, M. Sakurai, K. Asakawa, A. Kikitsu and K. Naito: J. Magn. Soc. Jpn., **27** (2003), 191.
3) N. Yausi, S. Ichihara, T. Nakamura, A. Imada, T. Saito, Y. Ohashi, T. Den, K. Miura and H. Muraoka: J. Appl. Phys., **103** (2008), 07C515.
4) H. J. Richter, A. Y. Dobin, R. T. Lynch, D. Weller, R. M. Brockie, O. Heinonen, K. Z. Gao, J. Xue, R. J. M. von de Veerdonk, P. Asselin and M. F. Erden: Appl. Phys. Lett., **88** (2006), 222512.
5) O. Hellwig, J. K. Bosworth, E. Dobisz, D. Kercher, T. Hauet, G. Zeltzer, J. D. Risner-Jamtgaard, D. Yaney and R. Ruiz: Appl. Phys. Lett., **96** (2010), 052551.
6) Y. Kondo, T. Chiba, J. Ariake, K. Taguchi, M. Suzuki, M. Takagaki, N. Kawamura, B. M. Zulfakri, S. Hosaka and N. Honda: J. Magn. Magn. Mater., **320** (2008), 3157.
7) M. Suzuki, N. Kawamura, M. Mizumaki, Y. Terada, T. Uruga, A. Fujiwara, H. Yamazaki, H. Yumoto, T. Koyama, Y. Senba, T. Takeuchi, H. Ohashi, N. Nariyama, K. Takeshita, H. Kimura, T. Matsushita, Y. Furukawa, T. Ohata, Y. Kondo, J. Ariake, J. Richter, P. Fons, O. Sekizawa, N. Ishiguro, M. Tada, S. Goto, M. Yamamoto, M. Takata and T. Ishikawa: J. Phys.: Conf. Series, **430** (2013), 012017.
8) Y. Kondo, J. Ariake, T. Chiba, K. Taguchi, M. Suzuki, N. Kawamura and N. Honda: Physics Procedia, **16** (2011), 48.
9) Y. Kondo, T. Chiba, J. Ariake, K. Taguchi, M. Suzuki, N. Kawamura, Z. B. Mohamad, S. Hosaka, T. Hasegawa, S. Ishio and N. Honda: J. Magn. Soc. Jpn., **34** (2010), 484.
10) M. Suzuki, Y. Kondo and J. Ariake: J. Appl. Phys, **120** (2016), 144503.
11) N. Kikuchi, R. Murillo, J. C. Lodder, K. Mitsuzuka and T. Shimatsu: IEEE Trans. Magn., **41** (2005), 3613.
12) K. Mitsuzuka, T. Shimatsu, H. Muraoka, N. Kikuchi and J. C. Lodder: J. Mag. Soc. Jpn., **30** (2006), 100.
13) A. Kikitsu: J. Magn. Magn. Mater., **321** (2009), 526.

元素を選択してLED材料の局所構造と発光効率の関係を探る

宮永崇史，小豆畑敬

本稿では多元素を含む半導体薄膜の局所構造解析の例として，InGaN薄膜に対してXAFS法を応用した例を紹介する．XAFS法は元素選択的に局所構造を求めることができ，さらに，放射光の直線偏光性を利用することにより，エピタキシャル成長薄膜内の方向に依存した構造を議論できる．*c*面InGaN単一量子井戸では面直方向のIn原子の局在がLEDの外部量子効率と相関があることがわかった．また，*c*面多重量子井戸や*m*面薄膜の構造解析例も示す．

1. はじめに

X線吸収微細構造(XAFS)は，気相，液相，固相，表面，薄膜，ナノ粒子など様々な状態の物質構造解析に用いられる方法である[1)〜3)]．特に，複数の元素を含む薄膜材料の局所構造解析に威力を発揮する．元素選択性および電子殻選択性を有する点がXAFSの特徴であり，構造のみならず電子状態の解析方法として，X線回折や電子分光などの他の方法との相補的な観点からも有用である．こうして，XAFS法は現在では物理学，化学，材料科学，地質学，生物学，環境科学などの広範囲にわたる分野の研究手法として用いられている．

一方，半導体は電子デバイスや光デバイスの基礎材料として現代社会に欠くことのできないものとなっており，それは21世紀社会のグローバルな挑戦である再生可能エネルギー供給においても重要な役割を果たしている．半導体の利用を考える上で最も有効なことは，電子的，光学的，磁気的な性質と関連した構造に対する知識を得ることである．特にGaN系半導体は直接遷移ワイドギャップを有し，発光ダイオード(LED)やレーザーダイオード(LD)への応用に代表される高パフォーマンスなポテンシャルを有する材料である．光の三原色の1つとして重要な青色LEDはGaNにInNやAlNを混合させることにより実現された．この青色LEDはGaN層に3 nmという非常に薄いInGaN層が挟まれた量子構造を持つ．このように，薄膜中のさらに局所的な構造を元素選択的に解析するためにはXAFSは有用な研究手法となる．本稿では，InGaN量子井戸および薄膜におけるIn周辺の局所構造を調べた研究例を紹介する．その中で，In原子の局在と発光効率の相関が直接的に見いだされた．

2. XAFS 測定は比較的簡単で，試料周りの自由度が高い

X 線吸収スペクトルは透過法で測定されるのが基本であり，測定系を簡易に設置できることとプローブに X 線を用いることから，試料に関する自由度が高く，低温域や高温域の測定，化学反応中の in-situ 測定やオペランド測定，あるいはダイアモンドアンビルを用いた高圧実験などが可能であり，極限状態における構造研究にも適している．一方，薄膜試料や希薄な試料は蛍光収率法が有効である．膜厚の非常に薄い試料や希薄な試料では蛍光強度を入射光強度で割ったものが吸収係数に比例する．単一元素の試料は簡便なライトル検出器が利用できる．一方，多元素系では蛍光のエネルギー分解が可能な半導体検出器が有利である．本研究では多素子の Ge 半導体検出器 (SSD) を用いたが，最近では Si Drift Detector (SDD) が用いられることも多い．また，金属薄膜試料に関しては電子収量法の利用が便利である．

放射光 X 線の直線偏光性を利用すると，エピタキシャル成長した試料における局所構造の方向依存性を調べることができる．電場は X 線の進行方向に対して垂直方向に偏向しているため，その電場方向を試料の面内あるいは面直（正確に面直に照射することは不可能なので，ある程度斜入射になる）に照射すれば，それぞれの方向に限定された構造情報を得ることができる．

3. *c* 面 InGaN 単一量子井戸についての解析例 [4]

まずこの節では *c* 面成長された InGaN 単一量子井戸構造（図 1 (a)）の結果について述べる．単一量子井戸内の InGaN は図 1 (b) に示すようなウルツ鉱構造を有し，黒丸が In あるいは Ga 原子である．*c* 面 $In_xGa_{1-x}N$ は In の含有量によって青色 ($x = 0.145$)，緑色 ($x = 0.200$)，橙色 ($x = 0.275$) と様々な色の発光を示す．一方，InGaN は他のⅢ-Ⅴ族およびⅡ-Ⅵ族化合物半導体に比べて，貫通転移が桁違いに多いにもかかわらず高い量子効率を示し，その理由として In 原子濃度の揺らぎが原因と考えられている．このモデルではキャリアが揺らぎによって生じたポテンシャル極小に局在し，効率良く再結合に寄与することで量子効率が向上する．したがって，InGaN 系 LED の発光機構を明らかにするには，XAFS による In 周囲の局所構造解析が特に重要である．この節では *c* 面 $In_xGa_{1-x}N$ ($x = 0.145, 0.200, 0.275$) 単一量子井戸の局所構造，特に In の分布と量子効率の InN モル分率依存性について議論する．

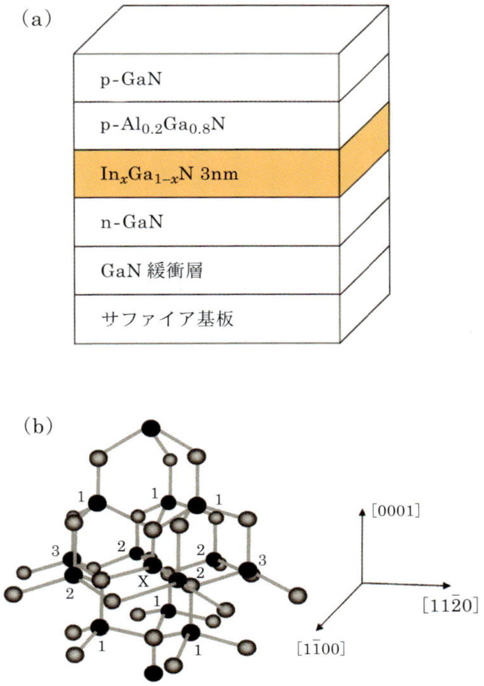

図 1 (a) *c* 面 InGaN 単一量子井戸試料の構造と (b) InGaN の原子配置（番号のついた黒丸が In あるいは Ga 原子，ラベル X の黒丸は X 線吸収 In 原子，灰色は N 原子）．

図2はIn-K端のX線吸収スペクトルを示す．試料とX線電場ベクトルの関係は図中に示す通りである．図3は(a) EXAFS $k\chi(k)$ スペクトルおよび(b) そのフーリエ変換を示す．なお，X線吸収スペクトル（図2）の吸収端より高エネルギー側に現れる微細構造の横軸を内殻から励起された光電子の波数 k に変換し，縦軸方向に k を乗じたものが図3(a)の $k\chi(k)$ 関数である．いくつかの近似を用いることによって $\chi(k)$ 関数は次のようなサイン関数の重ね合わせとなり，広域XAFS（EXAFS）と呼ばれる．

$$\chi(k)=\sum_j \frac{N_j S_0^2(k)}{kr_j^2}\left|f_j(k,\pi)\right|e^{-2\left(\sigma_j^2k^2+r_j/\lambda(k)\right)} \times\sin\left(2kr_j+2\delta(k)+\varphi_j(k)\right) \qquad (1)$$

ここで，f_j は原子対 j に関する後方散乱因子，δ および φ_j は位相シフト，λ は光電子の平均自由行程，$S_0{}^2$ は減衰因子である．これをフーリエ変換することにより，図3(b)のように吸収端の原子（この場合はIn原子）から見た動径方向の原子の存在を表す分布関数が得られる．この場合，1.6 Å付近のピークがIn-N，2.8 Å付近のピークがIn-GaおよびIn-Inの原子対に対応する．これらのピークに最小二乗フィッティングすることにより，原子間距離 r_j，配位

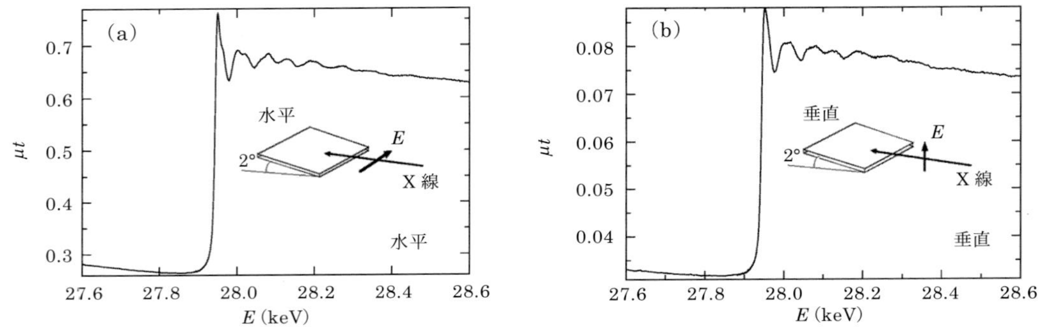

図2　c 面成長した $In_{0.20}Ga_{0.80}N$ 単一量子井戸のIn K端X線吸収スペクトル．(a) 水平（面内）方向と (b) 垂直（面直）方向[4]．

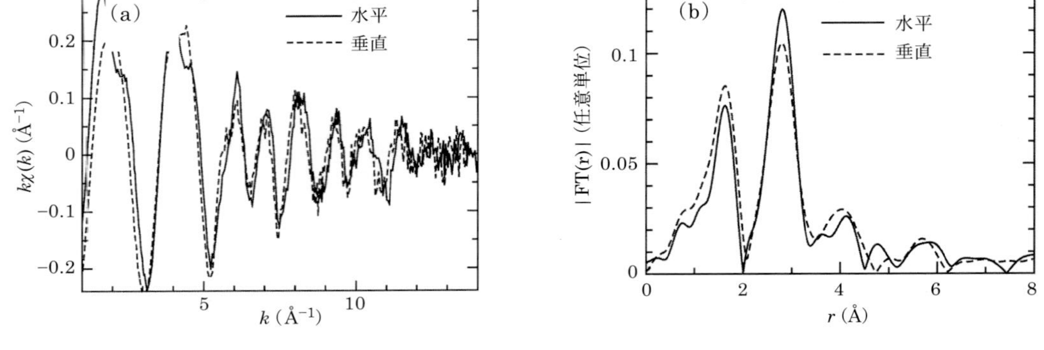

図3　c 面成長した $In_{0.20}Ga_{0.80}N$ 単一量子井戸のIn K端の (a) EXAFS $k\chi(k)$ 関数と (b) それらのフーリエ変換．実線が水平方向で破線が垂直方向[4]．

数 N_j，デバイ・ワラー因子 σ_j などの未知パラメータが求まる．解析した結果，原子間距離に関しては In-N 距離に方向依存性はないが，面直方向の In-In および In-Ga 距離が面内方向のものより長くなっていることがわかった．これは，InGaN 層が GaN 層の影響を受けて面内に圧縮されていることを示している．また，In-In 距離は In の濃度に関係なく 3.2 ~ 3.3 Å と一定であった．

In 原子周囲の局所的な InN モル分率 y は有効配位数 N^* を用いて次の式で表される．

$$y = N^*_{\text{In-In}} / \left(N^*_{\text{In-In}} + N^*_{\text{In-Ga}} \right) \tag{2}$$

この y は局所的な配位数を表すので平均的なモル分率 x とは異なる．図 4 は y/x を x に対してプロットしたものである．In の局所構造は次の 3 つのカテゴリーに分けられる．① $y = x$；In 原子はランダムに分布する．② $y < x$；In 原子は超格子的に離れて分布している．③ $y > x$；In 原子は集合している．図 4 から，In 原子は面内方向にはほぼランダムに分布していることがわかる．一方，$x = 0.145$ および 0.200 の面直方向には In 原子が局在しており，$x = 0.275$ ではランダム分布している．このことは，$x =$ 0.145 および 0.200 では In 原子が面内にはランダムに分布するのに対し，面直方向には In 原子が上下に連なって成長していることを示す．この関係は Mukai ら[5)]による同様の試料を含む InGaN LED の外部量子効率 η の In 濃度依存性と大きな相関が見いだされた．外部量子効率の大きさは，今回の試料で表すと $\eta\,(x = 0.200) > \eta\,(x = 0.145) \gg \eta\,(x = 0.275)$ の順になっており，面直方向の y/x と量子発光効率が同様の挙動を示していることは興味深い．前述のように，In 原子の局在によってポテンシャル揺らぎが生じ，電子と正孔が局在励起子を形成して波動関数の重なりが増えるために量子効率が上昇する．一方，ある程度 In 原子の濃度が上がると，In 原子がランダムに分布するため，格子不整合によって c 軸方向に誘起された強い圧電分極電場が電子と正孔の波動関数の重なりを減少させ，量子効率が極端に低下する（量子閉じ込めシュタルク効果）と考えられる．後ほど述べるように，ピエゾ電場の効果を避けるために m 面で成長した InGaN 薄膜の作成が試みられており，その構造情報も有用である．

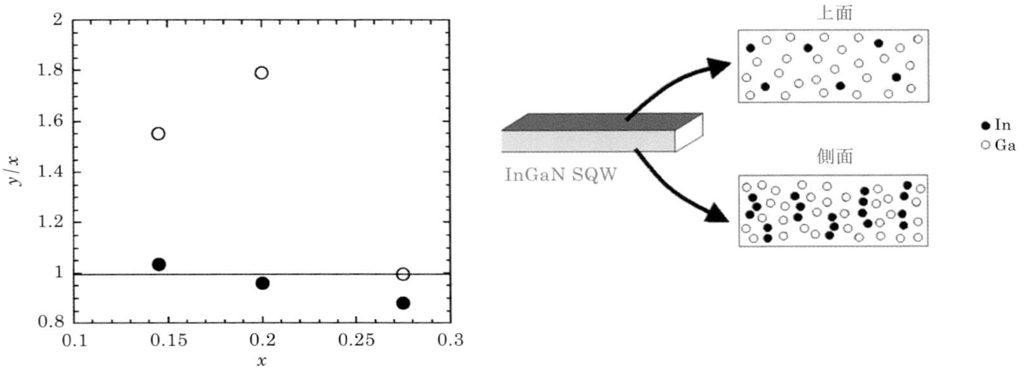

図 4　InN モル分率の比（y/x）の x に対するプロット．●は面内，○は面直を表す．右図は In 原子の分布の模式図．

3. *c* 面 InGaN 多重量子井戸についての解析例 [6)]

次に，同じく *c* 面成長された InGaN 多重量子井戸構造について議論する．用いた試料は，10 周期の $In_{0.2}Ga_{0.8}N$ (2.5 nm)/$In_{0.05}Ga_{0.95}N$ (7.5 nm) 多重量子井戸をサファイア (0001) 基板上に MOCVD 法にて成長させたものである．

図 5 に *c* 面 InGaN 多重井戸の EXAFS およびそのフーリエ変換の方向依存性を示す．InGaN 単一量子井戸に比べて 2.8 Å のピーク強度が大きいことが特徴である．これは，カーブフィットの結果，多重井戸構造の In-In および In-Ga 原子対のデバイ・ワラー因子（それぞれ $\sigma = 0.04$ Å および 0.06 Å）が単一井戸構造のもの（それぞれ $\sigma = 0.08$ Å および 0.07 Å）より小さいことに起因している．このことは，多重井戸構造では原子間の歪みが小さいことを示している．特に In-In 原子対でこの傾向が強く見られる．

配位数については 単一量子井戸に見られた In-In の局在は見られず，面内および面直方向いずれもランダムに分布している．原子間距離についても面内と面直の違いは見られず，単一量子井戸構造に見られた面内の圧縮は現れない．総合すると，多重井戸構造においては原子配列も原子間距離も単一量子井戸構造に比べて十分に緩和されていることを示している．

4. *m* 面 InGaN についての解析例 [7)]

これまで述べてきたように，*c* 面 InGaN 量子井戸においては高密度で貫通転移が存在するにもかかわらず，局在励起子により高い量子効率を示す．しかしながら，その量子効率も 520 nm より長波長では量子閉じ込めシュタルク効果によって劇的に低下する．この効果は，圧電分極により面直方向に生じる静電場が原因であり，InGaN を *m* 面成長させることによって避けることができる．我々は 自立 *m* 面 GaN 基板上にコヒーレント成長された *m* 面 $In_{0.06}Ga_{0.94}N$ 薄膜の XAFS 測定を行った．*m* 面成長された試料の場合，X 線の電場ベクトルを *c*-，*a*-，*m*- 軸に沿った方向で測定し，逐次的に解析を行うことにより，それぞれの方向の原子対（図 1 (b) のラベル 1，2，3 に対応する）に関する情報を個別に得ることができる．

まず，X 線の電場が [0001] 方向に向くように試料をセットして XAFS 測定を行う．この

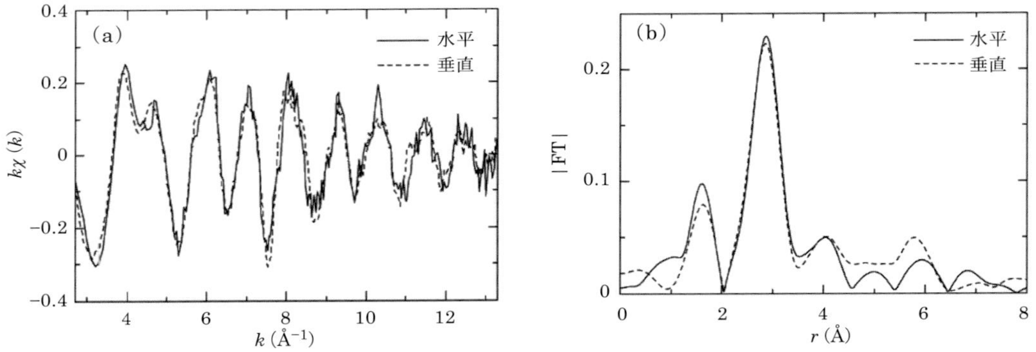

図 5 *c* 面成長した $In_xGa_{1-x}N$ 多重量子井戸 ($x_{av} = 0.088$) の In K 端の (a) $k\chi(k)$ 関数および (b) それらのフーリエ変換．実線が水平方向で破線が垂直方向 [6)]．

表1　m 面InGaNにおける解析結果（In-GaおよびIn-In）[7]．No.1, 2, 3の原子はそれぞれ図1 (b) のラベル1, 2, 3に対応する．

原子	In-Ga			In-In		
	r (Å)	N	σ (Å)	r (Å)	N	σ (Å)
No.1	3.26	5.1	0.09	3.30	0.9	0.10
No.2	3.28	3.1	0.07	3.29	0.9	0.06
No.3	3.25	1.4	0.07	3.29	0.6	0.07

場合，図1 (b) で1とラベルされた原子のみの光電子の散乱情報がXAFSスペクトルに含まれる．一方，2と3にラベルされた原子はX線吸収原子 (X) からみて電場と直交する方向に位置するので，XAFS信号にはその情報は含まれない．よって，まずこのXAFS解析により6個のラベル1原子の構造が決まる．

次に，X線の電場方向が $[1\bar{1}00]$ を向くようにして測定を行う．この場合は，ラベル1および2の原子の構造情報がXAFSに含まれることになり，それぞれのラベルの原子に関してInとGa原子の合わせて4種類の原子に関する未知パラメータ（原子間距離 r，配位数 N およびデバイ・ワラー因子 σ）を決めなければならず，XAFS単独の解析ではその決定は難しい．しかし，ラベル1の原子についてはすでに前段階の解析で決定しているのでそれを用いることによって，ラベル2の原子に関する構造情報を決めることができる．

最後に，X線電場を $[11\bar{2}0]$ 方向にしてXAFS測定を行う．この場合は，ラベル1, 2, 3すべての原子に関する情報が含まれることになるが，ラベル1および2については前段階まででその構造がすでに決定されているので，この最後のステップによりラベル3の原子の構造を決めることが可能である．このように，3種類のX線電場方向の測定を行い，逐次的に解析することにより，3種類の特異的な原子の局所構造を決定できる．その結果をまとめたものが，表1である．ラベル2と3の原子に対するIn-Ga距離を，仮想結晶近似で計算した無歪InGaN結晶に対する値と比較した結果，コヒーレント成長によって面内圧縮歪を受けている薄膜に対して期待される振る舞いと一致した．それに対して，ラベル1の原子に対するIn-Ga距離は，m 面内で圧縮歪を受けているにもかかわらず，無歪結晶よりも長くなっている．この異常な振る舞いは，ラベル3の原子とラベルXの原子が同一平面上にあるのに対して，ラベル1の原子とラベルXの原子は同一平面上にないという m 面の原子構造の異方性によって，歪の一部が打ち消しあっているためであると解釈できる．また，ラベル1, 2, 3の原子に対する局所的な x の値（それぞれ0.15, 0.23, 0.30）は，この試料の平均的な値 $x = 0.06$ よりも大きく，すべての方向において数個のIn原子が局在しており，c 面InGaNと同様に局在励起子発光が期待される．

5.　おわりに

本稿では，多元素を含む半導体薄膜の局所構造解析の例として，InGaNに放射光を用いたXAFS法を応用した例を紹介した．XAFS法はこのような薄膜系の構造解析に威力を発揮することに加えて，放射光の直線偏光性を利用することにより，エピタキシャル成長試料の方向に依存した構造を議論できる特徴がある．それぞれの原子対や方向に対する，原子間距離，配位数（モル分率），構造の乱れなどの情報が得られる様子が理解していただければ筆者の目的は達成されたといえる.

ここで紹介した研究例の InGaN 試料は東北大学多元物質科学研究所の秩父重英教授から提供されたものである．この場を借りて感謝申し上げる.

参考文献

1） G. Bunker: Introduction to XAFS, Cambridge University Press, Cambridge, (2010).

2） C.S. Schnohr and M.C. Ridgway: X-ray Absorption Spectroscopy of Semiconductors, Springer, Heidelberg, (2015).

3） P. Fornasini: Synchrotron Radiation: Basics, Methods and Applications, ed. by S. Mobilio, F. Boscherini, C. Meneghini, Springer, Heidelberg, (2015), Chap. 6.

4） T. Miyanaga, T. Azuhata, S. Matsuda, Y. Ishikawa, S. Sasaki, T. Uruga, H. Tanida, S. F. Chichibu and T. Sota: Phys. Rev. B, **76** (2007), 035314-1-5.

5） T. Mukai, M. Yamada and S. Nakamura: Jpn. J. Appl. Phys., Part 1, **38** (1999), 3976-3981.

6） S. Sasaki, T. Miyanaga, T. Azuhata, T. Uruga, H. Tanida, S. F. Chichibu and T. Sota: AIP Conf. Proc., **882** (2008), 499-501.

7） T. Miyanaga, T. Azuhata, K. Nitta and S. F. Chichibu: J. Synch. Rad., **24** (2017), 1012-1016.

絶縁物の光電子分光観察
—ダイヤモンド表面の黒鉛化を例として—

小川修一，高桑雄二

従来，光電子分光は伝導性のない絶縁物の測定は困難であったが，試料を加熱することで放射光を用いた絶縁体の光電子分光測定が可能になる．試料加熱は電場や磁場を発生させない赤外線を用いた加熱が最適であるが，日本の放射光施設で赤外線加熱しながら光電子分光測定を実施できる装置は多くなく，今後の普及が期待される．また絶縁物の光電子分光測定例として，加熱によるダイヤモンド表面のグラフェン化の研究について紹介する．

1. はじめに

光電子分光法はX線を試料に照射し，放出される光電子の運動エネルギー分布を計測する分析手法である．特に化学結合状態によって光電子スペクトルのピーク位置がシフトする「化学シフト」は，試料の結合状態評価に大きな威力を発揮する．従来，光電子分光は金属や一部の半導体など，導電性材料でしか利用されなかった．これはX線照射によって試料から光電子が放出されるために，絶縁体ではチャージアップが発生してしまうためである．放出された光電子の運動エネルギーはチャージアップによって変調されてしまうため，光電子分光の適用は導電性材料に限られていた．その一方，特に産業界では絶縁性材料の化学結合状態評価のニーズが大きい．これまで絶縁性材料には“photons in, photons out”な計測法であるX線吸収分光や蛍光X線分析が利用されてきた．これらの手法は試料全体の組成を評価するには絶大な威力を発揮するが，バルク敏感な計測手法のため「絶縁体表面の組成分析を行いたい」，「絶縁体表面での反応を追跡したい」という要望に応えるのは難しかった．光電子分光は表面敏感な測定手法であるため，「絶縁体の光電子分光測定」はこれに応えることができる．

絶縁体の光電子分光観察を行うひとつの方法は，中和銃を用いる方法である．輝度の弱いX線管による光電子分光測定ではこの方法で帯電を補正しつつ測定することも可能であるが，高輝度放射光による光電子分光測定では光電子放出量も多くなるため中和銃による補正も難しくなってくる．しかしX線管を用いた測定に比べて，放射光を用いた光電子分光測定のメリットは測定時間の短縮や高分解能測定など数多くあるため，放射光による絶縁体測定が望まれている．試料が金属に対して濡れ性が高い場合，試料に 1 ～ 2 nm 程度の極薄金属膜を蒸着する方法もある．絶縁膜試料に金属膜が一様に蒸着されていれば，金属薄膜による電界遮蔽効果によってスペクトルのシフトなく測定できる．この方法は検出深さの大きな硬 X 線光電子分光を利用する場合に特に効果的な手法である．励起光のエネルギーに関係なく測定できる方法として，試料が熱的に安定であればという条件付きであるが，試料を加熱しながら測定することでシフトなく光電子分光が可能となる．加熱により試料の価電子帯から伝導帯へ電子が熱励起され，絶縁体も伝導体になるからである．その一方で，試料加熱による光源への影響を考慮しなければならない．分光器を備えていない XPS 装置の場合，光電子強度を稼ぐために試料に X 線管をギリギリまで接近させる必要がある．そのため，試料の輻射熱が X 線管の窓を破損させる可能性もあった．その一方，放射光は光源と試料の距離が離れているため，この問題は生じない．また近年では実験室用 XPS 装置でも分光器を用いたものが多くなり，加熱試料の光電子分光はより一層利用されていくと期待される．

本節では光電子分光測定中の試料加熱について解説する．また，実際の絶縁体の光電子分光測定例として，ダイヤモンド表面の黒鉛化の研究を紹介する[1)2)]．

2.　光電子分光用試料加熱方法

光電子分光中の加熱方法としては，①ヒーターを用いた傍熱加熱，②試料への直接通電加熱，③電子ビーム照射による加熱，④赤外線を用いた輻射加熱等がある．最も一般的なのはヒーターを用いた傍熱加熱である．試料はヒーター近くに配置され，ヒーターからの輻射で加熱される．ヒーターに通電すると磁場が発生するが，磁場は電子の運動エネルギーを変化させないため，スペクトルの立ち上がり位置決定や定性的な化学結合評価には便利である．その一方で，スペクトル強度は磁場の影響を受けて変調されるため，定量的な評価を行う際は注意が必要である．また効率よく加熱したい等の理由で，試料をヒーターに接触させると試料がヒーターと同電位となり，ヒーターの電圧降下によるスペクトルのシフトも発生する．加熱中の一酸化窒素（NO）吸着 Ni（111）表面の真空紫外光を用いた光電子スペクトルを図 1（a）に示す．全体的にノイズが多く，10 ～ 12 eV の 2 次電子カットオフも強度がばらついている．さらに 26 eV のフェルミ準位近傍を見ても，温度に依存してフェルミ準位位置がずれていることがわかる．このスペクトルシフトはヒーターによる電圧降下の影響である．

このような磁場・電場による影響を除去する

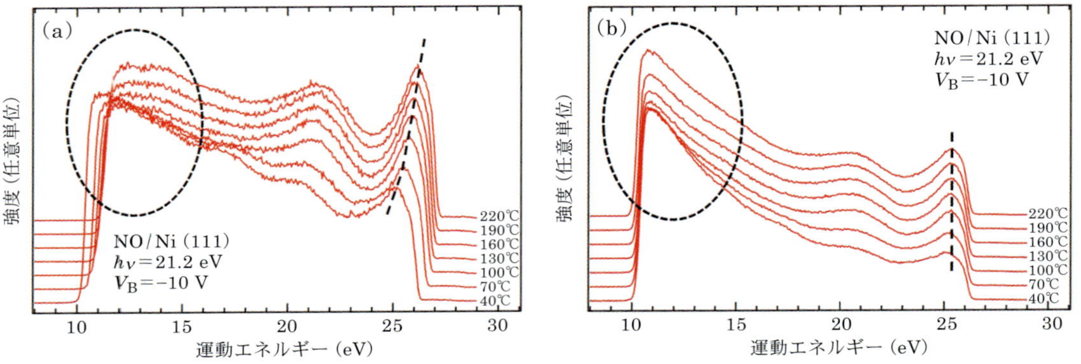

図 1　(a) 傍熱ヒーターおよび (b) 赤外線で加熱した NO 吸着 Ni 表面の光電子スペクトルの温度依存．

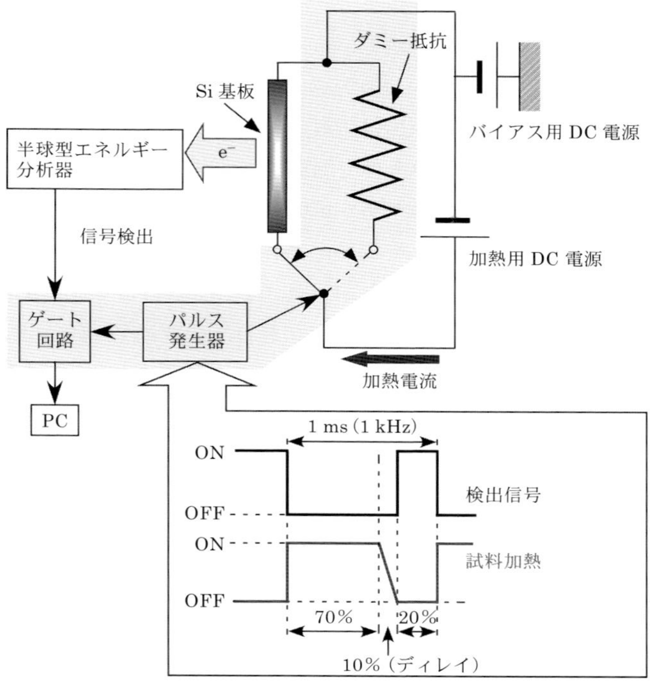

図 2　パルス電流発生装置とそれを用いた光電子分光測定の模式図．文献 4) より．

ため，ヒーター加熱にパルス電流を用いる方法もある．パルス電流発生回路を用いることによって，試料に電流が流れていないときのみ光電子検出を行うことでこれらの問題を解決できる[3)~5)]．パルス電流による試料加熱システムを用いた光電子分光測定系のブロック図を図 2 に示す[4)]．パルス回路，電流切替回路，ゲート回路を備えたパルス発生切替装置を用いて，試料ホルダーとダミー抵抗（パワートランジスタ）に流れる加熱電流を高速 FET トランジスタでスイッチングする．検出器とコンピュータの間にゲート回路を設け，ゲート回路とパルス回路を結ぶことで，ダミー抵抗に加熱電流が流れている間のみ検出器からの信号をコンピュータに取り込むことができる．検出器からの信号をコンピュータに取り込まれる際の検出信号取込パルスと，試料に流れる試料加熱電流パルスの波形を図 2 中に示す．この例ではパルス周波数を 1 kHz，そのうち試料加熱に 70%，検出信号取込に 20% の時間を割り当ててある．また，試料加熱電流の ON → OFF 切替時に電源回路の時定数のために加熱電流が裾を引く．この裾電流の影響を除去するために，試料加熱パルスを OFF にしてから検出信号取込パルスが開始するまでの間に 10% の計測遅れを持たせてある．このパルス回路を用いることにより，基板温度を変えても光電子スペクトルがシフトすることがなく，また，低エネルギー側の 2 次電子スペクトル形状も変化しない[5)]．一方で，この手法では計測された光電子のうちの 8 割を捨てていることになる．そのため，試料加熱を行っていない時に比べて，測定時間が単純計算で 5 倍必要となる．

ヒーター加熱では熱損失が大きく，1000℃ を超える温度まで試料を加熱することは難しい．このような高温加熱が必要な場合は試料のみをピンポイントで加熱すればよい．これに適した手法が試料の直接通電加熱と電子ビーム加熱である．直接通電加熱は試料に電流を流し，抵抗によるジュール熱により加熱する方法で，ケイ素などの半導体材料で多く利用されている．一方で電子ビーム加熱は試料に電子ビームを照射して加熱する方法である．電子ビームでは試料のみをピンポイントで加熱できる．その一方，両者とも電流を流す手法であるため，電場や磁場によるスペクトルの変調が生じてしまう．

スペクトルを高速かつ変調なく測定できる加熱方法は赤外線による加熱である．試料に赤外線を照射し，その輻射熱で加熱する方法である．赤外線は磁場や電場を発生しないため，スペクトルの強度変調やシフトが生じない．赤外線加熱による光電子スペクトルの温度依存を図1(b)に示す．図1(a)のヒーター加熱に比べて，スペクトルのシフトがなくノイズも少ないことがわかる．また赤外線レーザーを用いると試料にピンポイントで赤外線照射でき，1000℃を超える加熱も可能となる．しかし表面が鏡面になっている金属試料であったり，バンドギャップが大きい絶縁体試料の場合，赤外線が試料に吸収されずにうまく加熱できない場合もある．このときは金属製の均熱板に試料を取り付けてその均熱板を加熱すればどのような試料も加熱できる．また2000 W級の赤外線ランプを用いれば，均熱板を使用しても1000℃を超える温度まで加熱可能である．

以上のように高温試料の光電子分光測定を行う場合の加熱方法について説明した．近年では複数の加熱方法を備えた装置も設置され始めているので，測定対象や目標温度に合わせて加熱方法を変更することも必要になってくる．次に高温試料のXPS測定例として，ダイヤモンド表面黒鉛化の研究成果について以下で紹介する．

3. ダイヤモンド表面黒鉛化の光電子分光観察

高圧高温合成Ib型NドープダイヤモンドC(111)基板のC 1*s*光電子スペクトルを図3に示す．光電子分光測定はSPring-8のBL23SUに設置されている表面化学実験ステーションで行った．放射光のエネルギーは711 eV，光電子検出角度は試料の法線方向から測って70°の表面敏感条件で測定した．ダイヤモンドはバンドギャップ5.5 eVを持つ絶縁体であり，室温ではチャージアップが激しく光電子スペクトルを測定できなかった．そこで試料をTaリボンヒーターを用いて加熱し，温度はW(5%)-Re(25%)熱電対で測定した．C 1*s*光電子スペクトルは温度上昇に伴ってピーク位置が低結合エネルギー側にシフトしていることがわかる．このスペクトルシフトはバンドベンディングによるものと考えられる．バンドベンディングは，

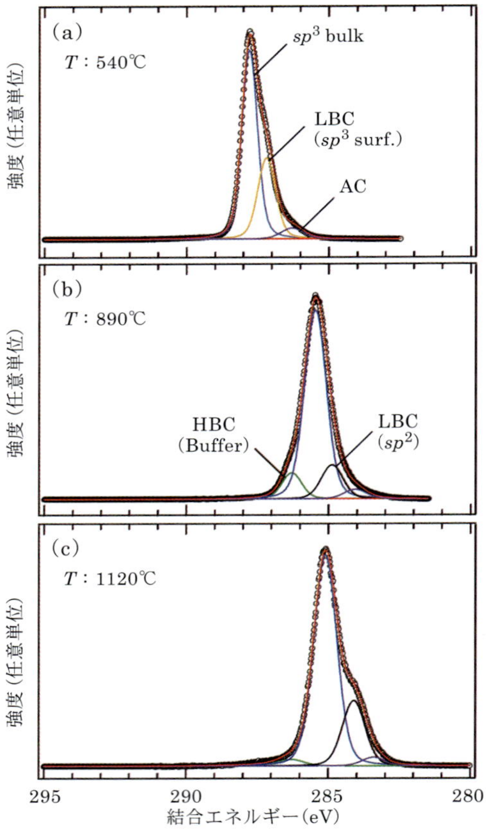

図3 ダイヤモンドのC 1*s*光電子スペクトルの温度依存．文献2)より．

加熱によってダイヤモンドの表面準位や欠陥準位，および不純物準位などに電子が励起され，これによりバンドが曲がる現象である．このように絶縁体の高温測定ではバンドベンディングによってスペクトルがシフトすることに留意する必要がある．

次にダイヤモンドのC 1*s* 光電子スペクトルに関するピーク分離解析を行った．C 1*s* 光電子スペクトルのピーク分離例を図3中に合わせて示す．ピーク分離解析の手順は以下の通りである．まずC 1*s* 光電子スペクトルからShirley型のバックグラウンドを除去する．そして，最も高強度の成分をダイヤモンドに由来する sp^3 バルク成分と仮定し，その低結合エネルギー側にダイヤモンドC (111) 表面の2×1表面再構成に由来する sp^3 表面成分を配置した．ただし，sp^3 表面成分の化学シフト量[6] はグラファイト由来の sp^2 成分と重なるため[7]，sp^3 表面成分と sp^2 成分は1つのピーク (low binding energy component：LBC) として一括で取り扱った．図3 (b) に示すような890℃以上の中温領域になると，sp^3 バルク成分の高結合エネルギー側にも肩構造が見え，新たな成分が出現する．この成分はHigh binding energy component (HBC) と名付けた．また，C 1*s* 光電子スペクトルの低結合エネルギー側に裾を引いているため，追加成分 (Additional component：AC) としてもう1つピークを追加した．以上，4つのピークを用いてC 1*s* スペクトルのピーク分離解析を行った．ピーク分離解析を行う際，ダイヤモンドバルク成分を基準として，各々の成分の化学シフト量およびピーク半値幅は固定した．バンドベンディングによりC 1*s* スペクトル全体がシフトするが，化学シフト量を固定したまま4つのピーク全体を動かしてC 1*s* スペクトルのフィッティングを行いバンドベンディングに対応した．

LBCとHBCの面積強度の温度依存を図4 (a) および (b) に，それぞれ示す．LBCとHBCの強度は sp^3 バルク成分の強度で規格化してある．これは傍熱加熱のヒーターに通電した際に発生する磁場により光電子強度が変調されるためである．LBCは500℃以下ではほぼ一定であるが，それ以上の温度になると急減する．その後緩やかな減少に変わり，960℃で極小を示した後増加に転じる．HBCは400℃ではピークが観察されず，強度はゼロである．HBCは約680℃で出現し，800℃でその強度が急増する．880℃で極大を示した後に減少し，1000℃以上では一定となる．

ここで，LBCとHBCの温度依存を考察する．まず500℃でのLBCの急減であるが，こ

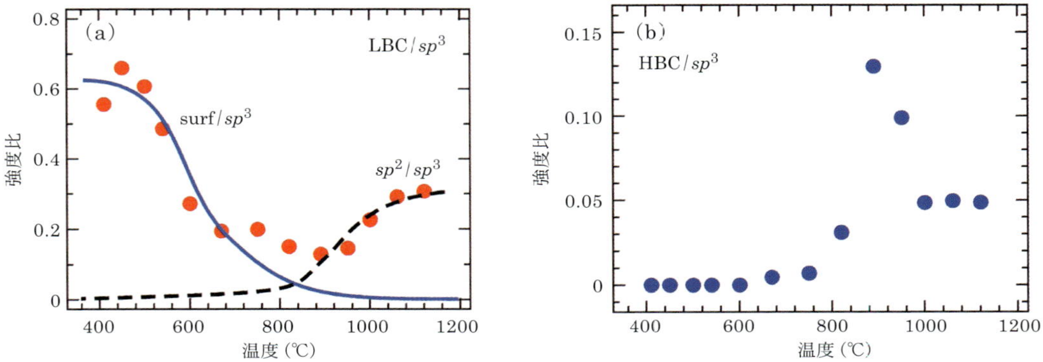

図4　C 1*s* 光電子スペクトルの (a) LBC および (b) HBC 強度の温度依存．

れはダイヤモンドC(111)表面が2×1構造から1×1構造へ転移したことによりsp^3表面成分が減少したことが原因と考えられる．部分的に水素が吸着したダイヤモンドC(111)表面は低温加熱においても2×1から1×1へ転移しやすくなる．たとえば，水素被覆率12%のダイヤモンド表面は約500℃から，水素被覆率44%の表面は約530℃で2×1から1×1への転移が始まる[8]．一方で900℃の急増であるが，これはsp^2成分の増加のためである．すなわち，真空中での高温アニールによるダイヤモンドC(111)表面の黒鉛化によるものと考えられる．以上のようにLBCの温度依存はダイヤモンドC(111)表面の2×1から1×1構造への相転移による表面成分の減少と，表面黒鉛化によるsp^2成分増加によって説明できる．一方，HBCであるが，sp^3結合成分より高結合エネルギー側に現れるピークの候補として，①酸化物，および②界面バッファ層が考えられる．HBCが急増する800℃でのXPS測定ではO 1sピークが観察されなかったため，HBCが酸化物由来である可能性は除外される．したがって，HBCは黒鉛/ダイヤモンド界面に存在するバッファ層であると考えられる．SiC表面のグラフェン成長では，sp^2成分の高結合エネルギー側に界面バッファ層のピークが観察されることが報告されている[9)10)]．また，sp^2成分が増加がみられる960℃でHBCが極大になることからもHBCが界面バッファ層であることを支持する．960℃以上のHBCの現象は，温度上昇によって黒鉛のドメインがお互いに繋がり始め，大きなドメインができたことによって黒鉛ドメインの総周囲長が減少し界面バッファ層の量も減少したためと考えられる．

4. おわりに

本稿で示すように，絶縁体であるダイヤモンドでも加熱しながら測定することで，チャージアップなくXPS測定が可能となる．また加熱可能な光電子分光装置は，加熱による相変化などプロセスの機構解明にも利用することができる．その一方で，日本の放射光施設に導入されている「加熱しながら測定可能なXPS装置」の台数は決して多くない．次世代型放射光施設ではより高速な昇温，より高温まで加熱できる装置の導入が望まれる．

参考文献

1) S. Ogawa, T. Yamada, S. Ishizduka, A. Yoshigoe, M. Hasegawa, Y. Teraoka and Y. Takakuwa: Jon. J. Apple. Phys., **51** (2012), 11PF02.
2) 小川修一，山田貴壽，石塚眞治，渡辺大輝，吉越章隆，長谷川雅孝，寺岡有殿，高桑雄二：表面科学, **33** (2012), 449-454.
3) S. Ogawa and Y. Takakuwa: Jpn. J. Appl. Phys., **44** (2005), L1048-L1051.
4) H. Yamaguchi, S. Ogawa, D. Watanabe, H. Hozumi, Y. Gao, G. Eda, C. Mattevi, T. Fujita, A. Yoshigoe, S. Ishizuka, L. Adamska, T. Yamada, A. M. Dattelbaum, G. Gupta, S. K. Doorn, K. A. Velizhanin, Y. Teraoka, M. Chen, H. Htoon, M. Chhowalla, A. D. Mohite and Y. Takakuwa: Phys. Status Solidi A, **213** (2016), 2380-2386.
5) S. Ogawa and Y. Takakuwa: Surf. Sci., **601** (2007), 3838-3842.
6) T. Yamada, C.E. Nebel, K. Somu, H. Uetsuka, H. Yamaguchi, Y. Kudo, K. Okano and S. Shikata: Phys. Status Solidi (a), **204** (2007), 2957-2964.
7) Yu. V. Butenko, S. Krishnamurthy, A. K. Chakraborty, V. L. Kuznetsov, V.R. Dhanak, M.R.C. Hunt and L. Šiller : Phys. Rev. B, **71** (2005), 075420
8) C. Su and J.-C. Lina: J. Chem. Phys., **109** (1998), 9549-9560.
9) K. V. Emstev, F. Speck, T. Seyller, J. D. Riley and L. Ley: Phys. Rev. B, **77** (2008), 155303.
10) Th. Seyller, A. Bostwick, K. V. Emstev, K. Horn, L. Ley, J. L. McChesney, T. Ohta, J. D. Riley, E. Rotenberg and F. Speck: Phys. Status Solidi (b), **245** (2008), 1436-1446.

大気圧環境下の試料を光電子分光法で評価する

横山利彦

光電子分光法は，試料に紫外線･X 線を照射し放出される光電子の運動エネルギーなどを計測することで試料中の各元素の化学状態を解析する手法として材料評価に広く活用されている分析手段である．通常は高真空下での計測が必須であるが，先端シンクロトロン放射光の高輝度硬 X 線を用いて大気圧下での動作下その場測定も可能となった．ここでは雰囲気制御硬 X 線光電子分光の概略を紹介する．

1. はじめに

X 線光電子分光法は他種多様な化学種を検出でき，さらにその化学状態の分析が可能であるという特徴から，表面分析において広く用いられている手法である．光電子分光は，試料から放出された光電子の運動エネルギーを精度良く測定する手法であり，試料周囲の気相分子による散乱や高電圧を印加する必要のある電子分光器の放電を避けるため，通常，高真空（10^{-3} Pa 程度以下）下で測定される．しかし，触媒反応をはじめとする現実的な表面化学反応は大気圧もしくはそれに近いガス圧下で反応が進むことが多く，高い圧力のガス雰囲気下での光電子分光法の開発が長年望まれていた．近年，高輝度シンクロトロン放射光を光源として用い，光電子取込口の口径を小さくした差動排気型準大気圧光電子分光装置が開発され，5,000 Pa 程度のガス雰囲気下の試料の光電子分光測定法が確立された．現在では準大気圧光電子分光測定システムの市販もされており，世界各地の主要な放射光施設でこの装置を用いた研究が行われている [1)2)]．

2017 年，分子研の高木らは，SPring-8 の電通大/NEDO「先端触媒構造反応リアルタイム計測ビームライン」(BL36XU) 内に設置された準大気圧光電子分光装置において，測定ガス圧の上限を大幅に引き上げるためのさまざまな装置改良を行い，完全大気圧下での金薄膜の光電子分光測定に世界で初めて成功した [3)4)]．大気圧下における表面反応の直接測定を可能とする本装置は，従来の光電子分光測定などで得られた知見を大気圧下での反応に正確に適用する際に役立つのと同時に，燃料電池･蓄電池や触媒材料の開発のための強力なツールになることが期待できる．

本稿では，大気圧環境下でのX線光電子分光法の測定方法概要と応用例について紹介する．

2. 大気圧硬X線光電子分光

まず，ある運動エネルギーを有する電子が，エネルギーを失うことなく，大気中でどれくらいの距離を飛行できるか（この距離を電子の平均自由行程と呼ぶ）を考える．図1(a)に電子の平均自由行程λの電子運動エネルギー依存性を示す．媒質の気体は1気圧の空気とした．電子の運動エネルギーが増加すると，ほぼ直線的にλが増大している．すなわち，単純には，電子の運動エネルギーが大きいほど気体下での光電子分光測定が行いやすいといえる．図1(b)は，電子の透過率 I/I_0（電子がエネルギー失わずに気体中を飛行できる確率）の圧力依存性を，いくつかの運動エネルギーに対して示したものである．I/I_0 は

$$I/I_0 = \exp[-L/\lambda] = \exp[-\sigma PL/k_B T]$$

で記述され，ここで，L は電子の飛行距離，σ は電子の非弾性散乱断面積，P は圧力，k_B はボルツマン定数，T は温度である．図1(b)では距離 $L = 60$ μmとした．電子の運動エネルギーが0.1 keVでは $P = 10^3$ Paオーダーで $I/I_0 = 0.1$%に減衰してしまうが，5 keVで透過率が0.1%になるのは圧力～ 10^5 Pa

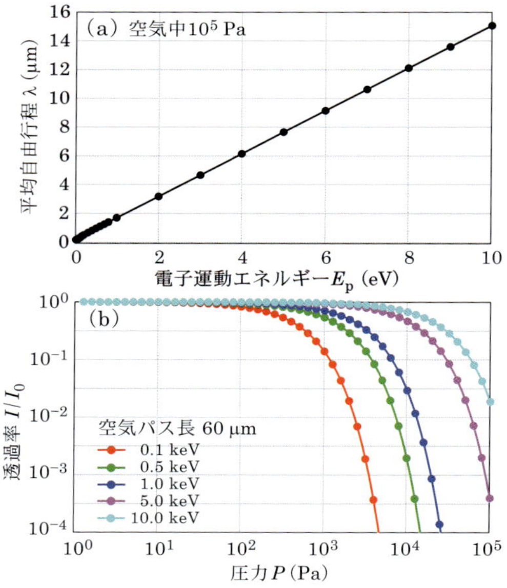

図1 (a) 10^5 Paの空気中における電子の平均自由行程λの電子運動エネルギー依存性．(b) 電子の透過率の圧力依存性（媒質は空気）．空気パス長 $L = 60$ μmとし，電子の運動エネルギーを0.1 ～ 10 keVに変化させている．図は文献4)より引用．

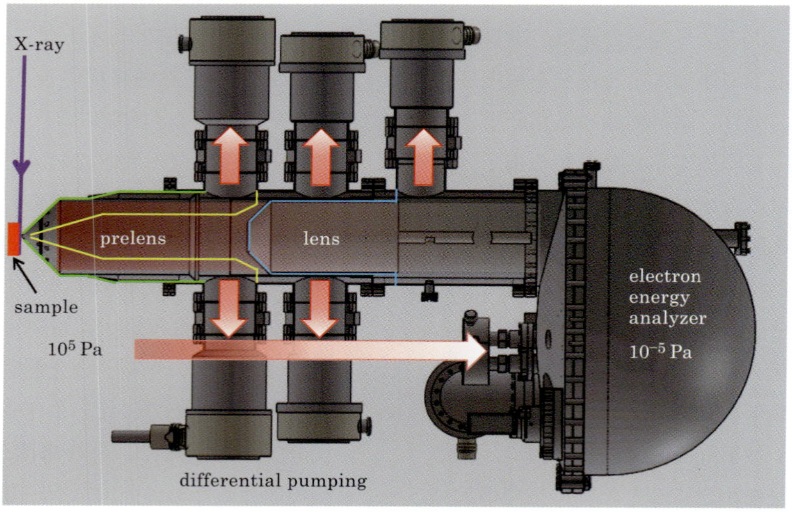

図2 大気圧光電子分光器概要図．装置は市販品のScienta Omicron Hipp-2．文献5)より引用．

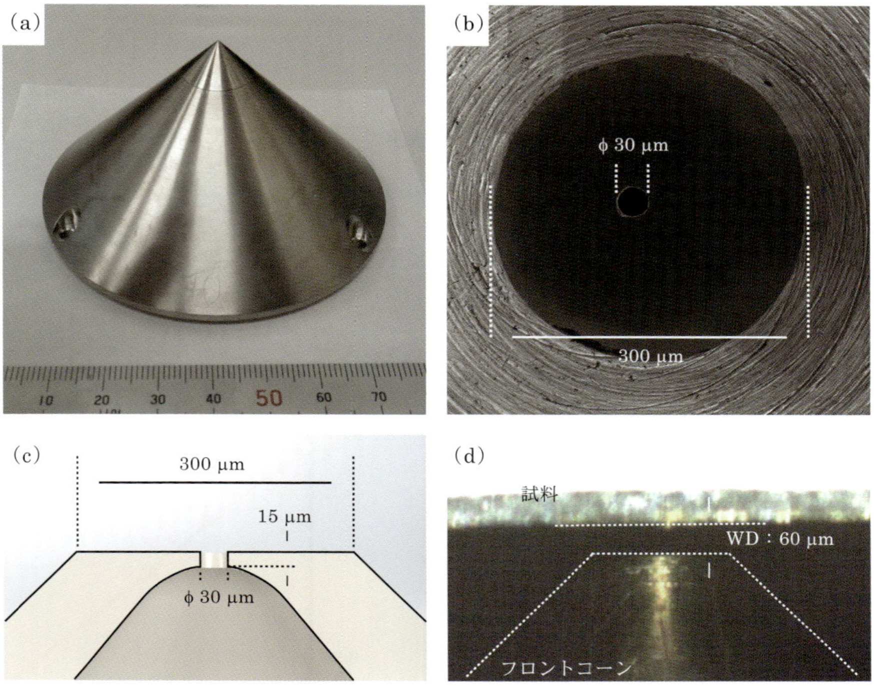

図 3　(a) 電子分光器先端部円錐．先端に (b) に示す 30 μm の電子取り込み用穴が空いている．(b) SEM 像．(c) 円錐先端部の断面図．(d) 実際に試料との位置関係を示した写真．文献 3) より引用．

まで増加していることがわかる．

大気圧光電子分光器の概要図を図 2 に示す[5]．右端の半球型分光器で電子のエネルギー分析を行う．この部分は電子検出器を装備しているため 10^{-5} Pa 程度の高真空を保つ必要がある．半球型分光器の前段に長い電子レンズ系が取り付けられ，ここで差動排気を行う．試料は 10^{5} Pa の大気下にあり，電子レンズ先端には 30 μm の穴の空いた円錐が取り付けられる (図 3)．さらに電子レンズ中にもいくつかの穴があり，図 2 の sample，prelens，lens，electron energy analyzer に進むにしたがって徐々に高真空になる仕組みである．電子分光器全体では 6 個ものターボ分子ポンプで排気されている．

図 3 (d) は，試料と電子レンズ先端円錐部分の写真であり，その間隔 (working distance，WD) は L = 60 μm としている．距離 L が小さいほど光電子の気相部透過率は増大するが，電子レンズ部は試料周囲の気体を吸い込むので，近づけ過ぎると試料表面の圧力が下がってしまう．流体力学的計算から，電子レンズ先端の穴の直径よりやや大きければ，ほぼ試料表面の圧力が維持されることがわかっており，本測定では，電子レンズ先端の穴の直径 (30 μm) の 2 倍の 60 μm とした．測定は SPring-8 の電通大/NEDO「先端触媒構造反応リアルタイム計測ビームライン」(BL36XU)[6]~[8] において行った．このビームラインは主として先端 XAFS (X-ray absorption fine structure，X 線吸収微細構造) 測定用のビームラインであるが，測定ハッチ内最下流に本光電子分光装置 SCIENTA/OMICRON Hipp-2 が設置されている．図 4 にビームライン概要を示す．直線偏光アンジュレータから放射された X 線は集光鏡やモノクロメータを通して測定槽に導かれる．モノクロメータは Si 111 二結晶分光器に

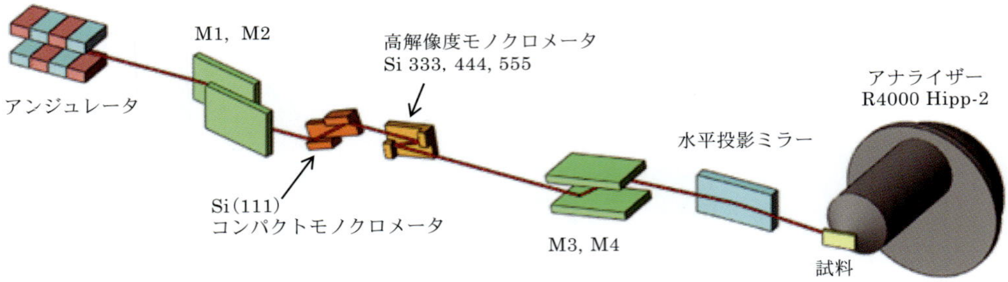

図 4 SPring-8 BL36XU ビームライン概要．文献 7) より引用．

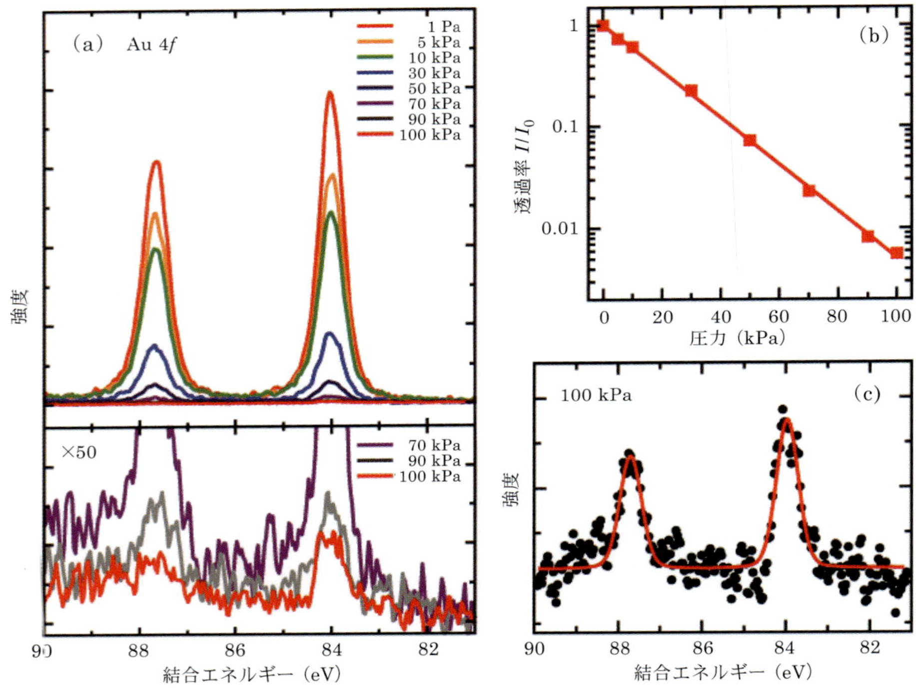

図 5 (a) マイカ上に成長させた Au (111) 単結晶の Au 4*f* 光電子スペクトルの圧力依存性．X 線エネルギーは 7.94 keV．(b) Au 4*f* 光電子透過率の圧力依存性．(c) 10^5 Pa の大気中での Au 4*f* 光電子スペクトル．バックグランドを差し引いたもの．文献 3) より引用．

さらに 2 枚の Si 333, 444, 555 反射を用いた四結晶分光器である [9]．利用可能な X 線エネルギーは 6 ～ 10 keV，ビームサイズは 30 μm (鉛直) × 20 μm (水平) であり，WD の 60 μm より十分小さく，X 線が電子分光器等を照射することはない．試料には 1° 程度の極端な斜入射で照射され，ビームサイズは水平方向に 1 mm 程度に広がる計算である．大気圧光電子分光では輝度の高いマイクロビームの利用が必須であり，先端シンクロトロン放射光源の大きな恩恵といえる．

テスト試料としては，マイカ上に成長させた金単結晶 (111) を用いた．図 5 に Au 4*f* 光電子分光測定結果を示す．X 線エネルギーは 7.94

keV とした (Au 4f 光電子の運動エネルギーは ～ 7.86 keV). 圧力を増加させると信号強度が急激に減衰するが，10^5 Pa でも解析に耐えるスペクトルが得られた．大気圧下での光電子分光観測として世界初のデータである．図 5 (b) には，実測の光電子強度 (高真空下での信号強度を基準とした光電子の透過率) の圧力依存性を示した．片対数プロットで直線が得られ，この傾きから上式に従って電子の空気による非弾性散乱断面積の観測値 σ_{obs} が求められる．その結果は $\sigma_{\mathrm{obs}} = 3.6 \times 10^{-21}$ m^2 となり，文献値 $\sigma_{\mathrm{obs}} = 3.49 \times 10^{-21}$ m^2 [10] とほぼ完全に一致した．このことから逆に試料表面の圧力 P が正しい (減圧になっていない) ことが確認された．本テスト測定では，Au 3$d_{5/2}$ 光電子スペクトル (運動エネルギー～ 5.73 keV) の測定も同様に行えた．

3.　Pd 微粒子における水素吸蔵

簡単な応用として，Pd 超微粒子 (Aldrich，表面積 40 ～ 60 m^2/g，平均粒子径～2 nm) の水素中での Pd 3d 光電子分光測定を行った [4]．図 6 に Pd 3d 光電子スペクトルを示す．図 5

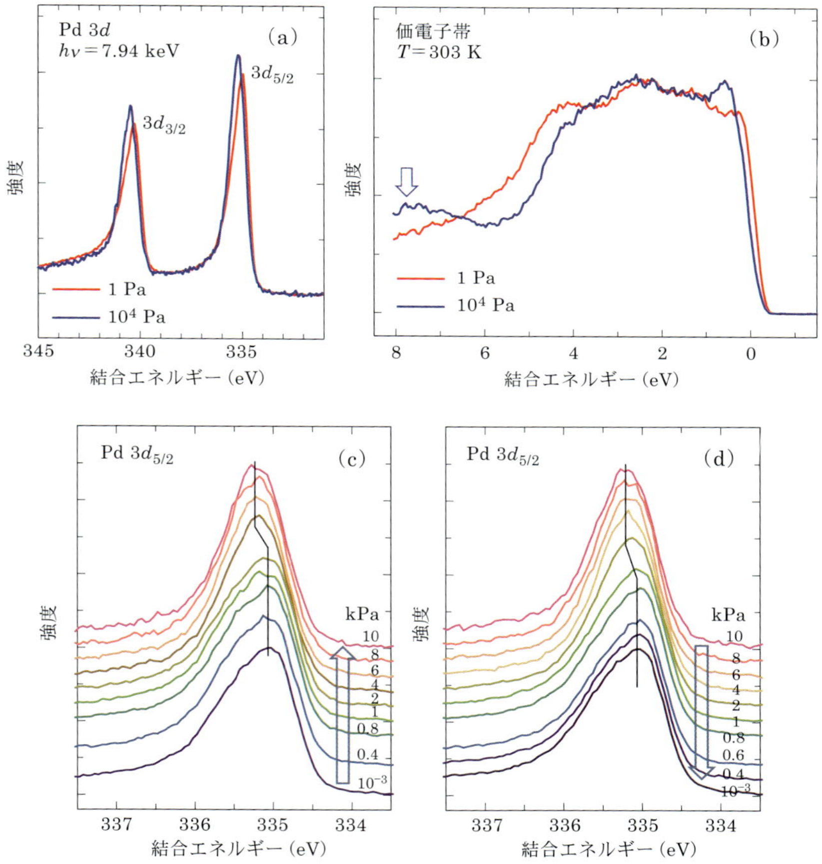

図 6　(a) Pd 微粒子の Pd 3d 光電子スペクトル．X 線エネルギーは 7.94 keV．水素 10^4 Pa と 1 Pa 下の比較．(b) Pd 微粒子の価電子帯光電子スペクトル．X 線エネルギーは 7.94 keV．水素 10^4 Pa と 1 Pa 下の比較．(c) Au 4f 光電子透過率の圧力依存性．(c) Pd 微粒子の Pd 3$d_{5/2}$ 光電子スペクトル．水素圧を徐々に増大させた場合．3000 Pa 程度で水素化物に転移．(d) 水素圧を徐々に減少させた場合．1000 Pa 程度で単体金属状態に戻る．文献 4) より引用．

(a) は 1 Pa（真空下の意味）と 10^4 Pa（水素下）での Pd $3d_{5/2}$，$3d_{3/2}$ 光電子スペクトルである．水素下ではピークが高エネルギー側にシフトし，Pd の化学状態がはっきりと変化したことがわかる．図 6 (b) は価電子領域のスペクトルであり，0 ～ 5 eV の幅広のバンドはほぼ Pd $4d$ に対応している．水素下ではバンド幅が狭まることが観測された．また，8 eV 程度に水素化物形成由来の新たなピークが観測されている．

図 6 (c)，(d) は，それぞれ圧力を増加・減少させたときの Pd $3d_{5/2}$ スペクトルであり，圧力上昇時は 3000 Pa 程度，圧力下降時は 1000 Pa 程度で，相転移的に水素化物⇔純金属の変化が生じ，水素が吸蔵される様子が見て取れる．このヒステリシスを伴う吸蔵・脱離過程は吸着等温線の結果 [11] と完全に一致するものであった．

水素吸蔵は水素社会の実現には必須の事象であり，水素吸蔵材料の開発に大気圧光電子分光は有効な手法といえる．

4.　絶縁体の光電子分光測定

通常の光電子分光法において，絶縁体試料の測定要望は非常に高いものの，光電子が放出された際に試料が帯電することにより試料電位が変化してしまうため測定が困難とされている．試料を電気的に中和するための電子銃などで外部から電子を供給することにより観測可能なこともあるが，特に放射光などの強い光を用いた場合では，光電子の発生が多く，電子銃による電子の供給が追い付かず試料帯電を完全に解消できなかったりして試料電位が一定に保てない場合も多い．一方，気体雰囲気下で測定する場合は，雰囲気気体も入射 X 線によりイオン化しその光電子が試料に電子を供給することで，試料帯電を抑制することができる．すなわち，絶縁体の試料でも不活性気体雰囲気下で光電

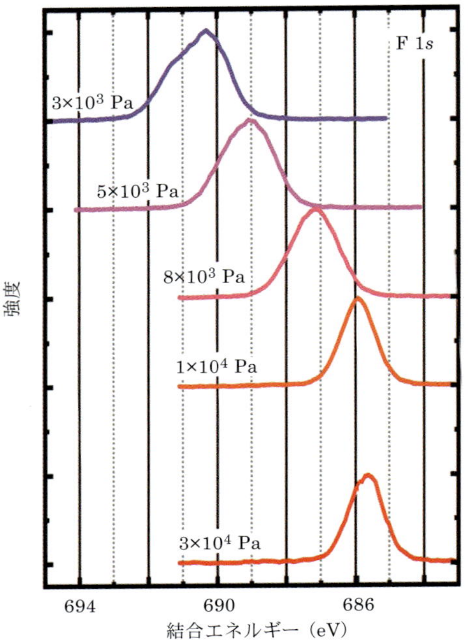

図 7　CaF_2 単結晶の F 1s HAXPES の雰囲気気体（窒素）圧力依存性．この測定では 10^4 Pa 程度の窒素導入により信頼性の高いスペクトルが得られることが判明．

子分光測定が可能になる場合がある．図 7 に，フッ化カルシウム単結晶基板の窒素雰囲気下での F 1s 光電子分光測定の結果を示す．雰囲気気体が希薄な場合は，帯電により F 1s ピーク位置が高結合エネルギー側にシフトしており，ピーク形状も歪んでいる．ところが，窒素圧が上昇するにつれて，ピーク位置が低結合エネルギー側にシフトし，帯電が解消されていくことがわかる．雰囲気圧が 10 kPa 以上になるとシフトはほぼ飽和し，ピーク形状も対称になり，帯電がほぼ解消されたことが確認できる．このようにフッ化カルシウムのような絶縁体でも適切な気体雰囲気下において光電子分光測定が可能になる．

5. 今後の展開

本装置により大気圧下での測定が可能になり，光電子分光測定の応用範囲が大きく広がったといえる．触媒反応や燃料電池の電極反応など固体とガスの反応を大気圧下で直接観察できることはそのメカニズムを解明するために非常に役に立つ．また，大気圧下に試料を設置することにより，水などの液体の蒸発を抑えた環境下で測定ができるため，液体そのものや固体と液体の界面で起こる反応なども直接測定することができる．それ以外にも，真空にするとすぐに壊れてしまうような分子や生体試料などへの適用も可能である．今後，大気圧下での光電子分光測定という技術は物質の状態分析手法として様々な分野に広く利用されていくと期待される．

謝　辞

本研究は電気通信大（岩澤康裕教授，宇留賀朋哉教授ら），名大（唯美津木教授），分子研（高木康多助教（当時）ら）の共同研究であり，実施にあたってはJASRI/SPring-8のスタッフの方々に多大な支援を受けた．予算としては，主にNEDO燃料電池プログラム，一部は科研費若手研究（A）15H05489の支援を受けて実施されたものである．SPring-8採択課題番号は，2014A7810, 2014A7811, 2014B7810, 2014B7811, 2015A7810, 2015B7810, 2016A7810, 2016A7811, 2016B7810, 2016B7811, 2017A7810, 2017A7811が該当する．分光器先端部円錐は分子化学研究所・装置開発室に作製頂いた．記して謝意を表する．

参考文献

1) S. Axnanda, E. J. Crumlin, B. Mao, S. Rani, R. Chang, P. G. Karlsson, M. O. M. Edwards, M. Lundqvist, R. Moberg, P. Ross, Z. Hussain and Z. Liu: Sci. Rep., **5** (2015), 9788.
2) D. E. Starr, Z. Liu, M. Hävecker, A. Knop-Gericke and H. Bluhm: Chem. Soc. Rev., **42** (2013), 5833-5857.
3) Y. Takagi, T. Nakamura, L. Yu, S. Chaveanghong, O. Sekizawa, T. Sakata, T. Uruga, M. Tada, Y. Iwasawa and T. Yokoyama: Appl. Phys. Express, **10** (2017), 076603.
4) Y. Takagi, T. Uruga, M. Tada, Y. Iwasawa and T. Yokoyama: Acc. Chem. Res., **51** (2018), 719-727.
5) ScientaOmicron GmbH, Taunusstein. Electron Spectroscopy HAXPES-Lab. http://www.scientaomicron.com/en/products/414/1307.
6) O. Sekizawa, T. Uruga, Y. Takagi, K. Nitta, K. Kato, H. Tanida, K. Uesugi, M. Hoshino, E. Ikenaga, K. Takeshita, S. Takahashi, M. Sano, H. Aoyagi, A. Watanabe, N. Nariyama, H. Ohashi, H. Yumoto, T. Koyama, Y. Senba, T. Takeuchi, Y. Furukawa, T. Ohata, T. Matsushita, Y. Ishizawa, T. Kudo, H. Kimura, H. Yamazaki, T. Tanaka, T. Bizen, T. Seike, S. Goto, H. Ohno, M. Takata, H. Kitamura, T. Ishikawa, M. Tada, T. Yokoyama and Y. Iwasawa: J. Phys.: Conf. Ser., **712** (2016), 012142.
7) BL36XU in SPring-8, Japan. http://www.spring8.or.jp/wkg/BL36XU/instrument/lang-en/INS-0000001555.
8) Y. Takagi, H. Wang, Y. Uemura, E. Ikenaga, O. Sekizawa, T. Uruga, H. Ohashi, Y. Senba, H. Yumoto, H. Yamazaki, S. Goto, M. Tada, Y. Iwasawa and T. Yokoyama: Appl. Phys. Lett., **105** (2014), 131602.
9) T. Ishikawa, K. Tamasaku and M. Yabashi: Nucl. Instrum. Methods Phys. Res., Sect. A, **547** (2005) 42-49.
10) A. Jain and K. L. Baluja: Phys. Rev. A, **45** (1992), 202-218.
11) M. Yamauchi, H. Kobayashi and H. Kitagawa: ChemPhysChem, **10** (2009), 2566-2576.

特定元素周りの３次元構造を精密に観察する

林　好一

蛍光Ｘ線ホログラフィーは，蛍光Ｘ線を発する特定元素の周りの原子配置を３次元的に精密可視化できる画期的な手法である．この特徴を利用すれば，材料のドーパント周辺の構造解析に有用である．本章では，蛍光Ｘ線ホログラフィーの原理と装置について解説し，ドーパント周辺の局所格子歪みや形成される特異ナノ構造体の解析／発見例について紹介する．

1.　はじめに

蛍光Ｘ線ホログラフィー（XFH）は，特定元素周辺の３次元原子配列をホログラムとして記録することができる画期的な構造解析法である．構造モデルを用いた試行錯誤的な類推を必要とせず，測定されたホログラムに簡単なデータ処理を施すことによって，一義的に３次元原子像を再生させることができる．また，数nmにわたる広い範囲の局所構造を３次元原子配列として可視化できるため，短範囲規則構造だけでなく中距離局所構造を解析できる．これを我々は「3D中距離局所構造」と呼んでいるが，この特徴から，nmオーダーの特異なクラスター構造など，従来手法では解明困難であった構造体の発見に対し，有効な手法となりつつある．また，原子の，本来の結晶学的サイト（理想位置）からのずれに対しても非常に敏感であり，再生された原子像を詳細に解析することにより，局所的な格子歪みに対する定量的な情報が得られる．たとえば，ある結晶の中に原子半径の異なるドーパントを添加すると，当然，その周辺の格子は歪むが，何結合先まで歪みが持続するのかが，従来の構造解析法では明らかにできない．XFHを用いれば，その局所格子歪みを評価することができるのである．

本稿では，蛍光Ｘ線ホログラフィー（XFH）の有効性を，実例をあげて紹介する．

2.　歴史的背景と原理

原子観測を目的としたＸ線顕微鏡としてのアイデアは，Wolfke [1] および Bragg [2] ら，Ｘ線回折の初期の研究者らによって提唱された．Gaborは，その光学的処理としてのアイデアを受け継ぎ，原子レベルでの３次元イメージ

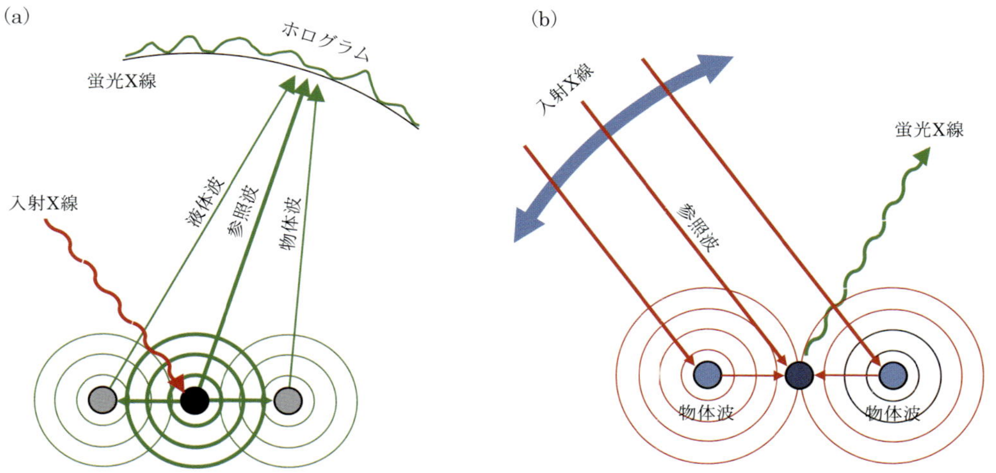

図 1　蛍光 X 線ホログラフィーの原理．(a) ノーマル法，(b) インバース法．

ングのためのホログラフィーを提案した[3]．当初，コヒーレント光源が存在していなかったため停滞していた時期もあったが，レーザーの発明によってホログラフィーは爆発的に広がった．それに伴い，光学配置も当初のものから進化していったが，XFH に関しては，Gabor のホログラフィーのオリジナル光学配置を用いている．XFH の基礎原理は 1984 年に Szöke によって提案され[4]，最初の実験データは Tegze と Faigel によって 10 年後に測定された[5]．図 1 に簡単な原理を示すが，XFH にはノーマルモードとインバースモード[6]が存在する．(a) のノーマルモード[5]は単結晶試料からの蛍光 X 線の出射角依存性を測定する手法であり，(b) のインバース[6]は蛍光 X 線収量の入射 X 線の入射角度依存性を測定する方法である．両モードとも，基本的に等価なホログラムデータが得られるが，多波長ホログラム記録による高精度原子像再生が可能なことからインバースモードの利用が現在主流である．

観測されるホログラムは，蛍光 X 線強度の角度分布に含まれる 0.1％程度の強度変調に相当する．これは，原子の X 線に対する散乱断面積が非常に小さいことに起因するが，そのためホログラム観測は容易ではない．観測されたホログラムは波数空間に変換され，その後，Barton 法と呼ばれるフーリエ変換的な再生法で原子像に戻すことができる[7][8]．

3.　測定法と実験装置

図 2 の (a) および (b) は，それぞれ，ノーマルモード，インバースモードにおけるホログラム測定法の概念図である．(a) のノーマルモードにおいては，1 次ビームによって励起された蛍光 X 線の空間強度分布がそのままホログラムとなる．検出器には，目的の放射線のみを選択できるエネルギー分解能があることが望ましく，高いエネルギー分解能を有する一素子半導体検出器を，試料周りに走査 (ϕ-θ) の二軸でしてホログラム測定することが多い[9]．図 2 (b) のインバースモードの測定においては，励起ビームに対して，試料の方位を 2 次元的に変化させて，そのときの目的元素の蛍光 X 線の強度変化を測定することによってホログラムを測定することができる．基本的には，全ての方位に放出される蛍光 X 線を残さずに検出することが理想的である．しかしながら現実的には

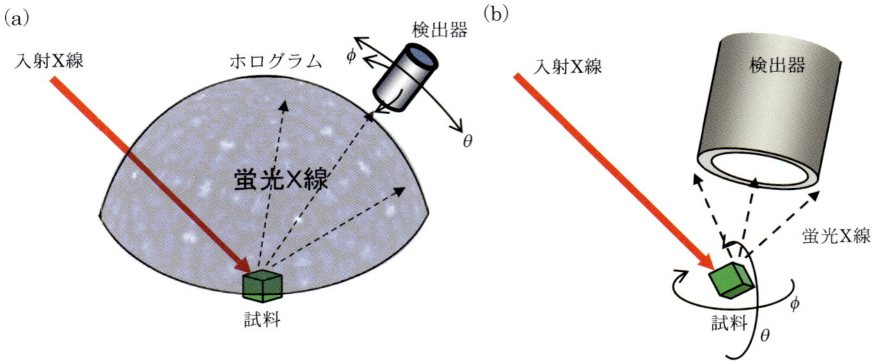

図 2　蛍光 X 線ホログラフィーの実験配置．(a) ノーマル法，(b) インバース法．

難しいので，図のように検出器を近づけて，なるべく広い立体角で検出することが望ましい．我々は，半導体検出器の代わりに，円筒状の分光結晶と高速 X 線検出器アバランシェフォトダイオードを組み合わせた検出システムを使うことが多い．この場合，蛍光 X 線の受光立体角は減るが，1 秒間に計測できる X 線光子の数は 3 桁以上向上するため，数時間でのホログラム測定が可能となる．0.1％程度の蛍光 X 線の強度変調を精密に観測する必要があるため，高い統計精度のホログラムデータを短時間で測定できる本システムは，高強度の X 線が得られる放射光実験施設において，よく使われる[10)]．

蛍光 X 線ホログラフィーは，試料に原子配列の方位対称性を必要するため，必然的に単結晶やエピタキシャル膜が対象試料になる．試料は，形状効果による蛍光 X 線の強度変調を避けるために，試料表面は研磨されていることが望ましい．X 線の入射角 θ が大きい場合でも，試料からこぼれないようにするために，mm オーダーのサイズの試料が必要となる．ただ，数ミクロンの X 線を使用することができれば，原理的には，ミクロンオーダーの試料を測ることもできる．また，測定において，試料の回転角 ϕ と X 線の入射角 θ の角度ステップは 1° 程度，もしくはそれ以下であり，なるべく波数空間における体積を稼ぐために，走査する角度範囲 (ϕ および θ) はなるべく広いほうが望ましい．

4.　ドーパント

単結晶中のドーパントの解析は，蛍光 X 線ホログラフィーの最も重要な応用の 1 つである．数 nm 先の広い範囲にわたって 3D 原子像を再生できるという特徴から，ドーパント周辺の局所格子歪みに関して有益な情報を得ることができる．このような構造的性質は，半導体等の電子物性に大きく関与している．我々は，赤外線通信等に用いる InSb に 0.5％ドープした Ga の蛍光 X 線ホログラムを測定した．また，標準試料として GaSb の Ga 蛍光 X 線ホログラムも観測した[11)]．

図 3 の (a) および (b) は，それぞれ，(004) 面の $In_{0.995}Ga_{0.005}Sb$ および GaSb の原子像である．両者を比較した際の，大きな違いは第一近接原子の強度である．$In_{0.995}Ga_{0.005}Sb$ の場合には，近接の Sb 原子像は非常に弱く，GaSb の場合には強く観測されている．図 4 (a) は，半径 12 Å までにおける，$In_{0.995}Ga_{0.005}Sb$ と GaSb における Sb 原子像の強度をプロットしたものである．また，それぞれのプロットの下に，$In_{0.995}Ga_{0.005}Sb$ と GaSb の原子像強度の比を示した．実に第一近接原子の強度は，標準試料の 37％である．このように強度が減少

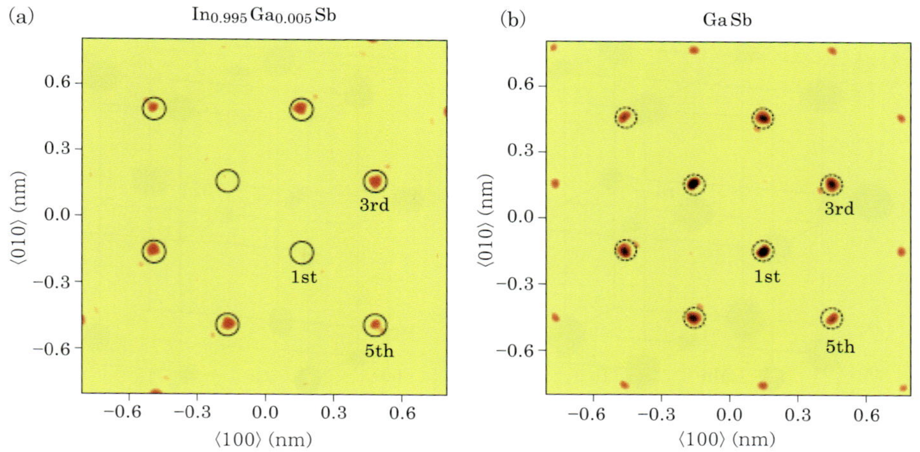

図 3　$In_{0.995}Ga_{0.05}Sb$ (a) および GaSb (b) における Ga 周辺の (004) 面の Sb 原子像.

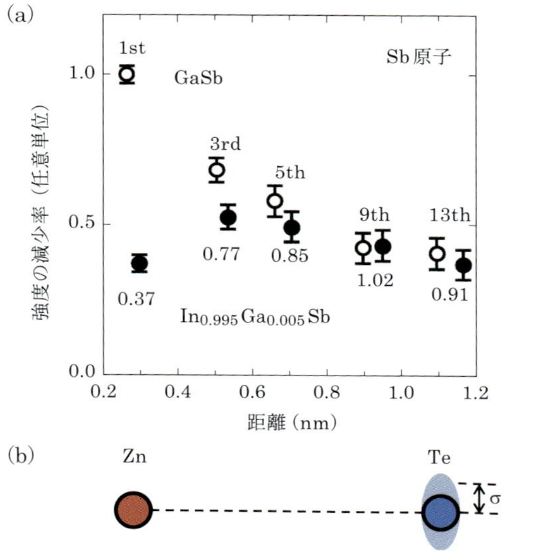

図 4　$In_{0.995}Ga_{0.05}Sb$ および GaSb における Sb 原子像強度の中心からの距離依存性.

XAFS の結果から，Ga-Sb 原子間距離はかなり強固であり，動径方向のゆらぎも 0.05 Å と非常に小さいことがわかっている. このため，図 4 (b) に示すように，角度方向にのみ大きく揺らいでいることがわかる. この角度方向の分布を計算すると，$\sigma_a = 0.4$ Å と非常に大きな値となった. このような変化は，$Cd_{0.04}Zn_{0.96}Te$ における Zn 周辺の構造にも見られる[12]. さらにグラフを見ると，Ga から遠ざかるに従い，$In_{0.995}Ga_{0.005}Sb$ と GaSb の原子像の強度値が近づいている. このことより，原子位置が安定化し歪みの緩和が起きていることがわかる. ただし，第三近接原子の強度も標準試料の 71% であることから，ゆらぎが持続しており，十分に緩和していない.

する理由は，原子半径の異なる Ga が In サイトに置換することによって，第一近接 Sb が大きく揺らいでいるためである. この濃度における Ga-Sb 原子間距離は 2.67 Å であり，マトリックスである In-Sb 原子間距離は 2.80 Å であることを考えれば，約 0.13 Å 内側にシフトしていることになる. しかし，単純に内側にシフトするだけならば，原子像の強度は減衰することはない.

5. 同材料における歪みをもつ / もたないサイト

$Ge_{1-x}Mn_xTe$ は混晶系の強磁性半導体であるが，結晶構造は岩塩型立方晶である. ただし，母体である GeTe は菱面体構造であり，Mn 添加がどのような役割を果たしているのか興味深い. ここでは，Mn と Ge 両元素の蛍光 X 線ホログラムを測定し，それら周辺の格子歪みの状

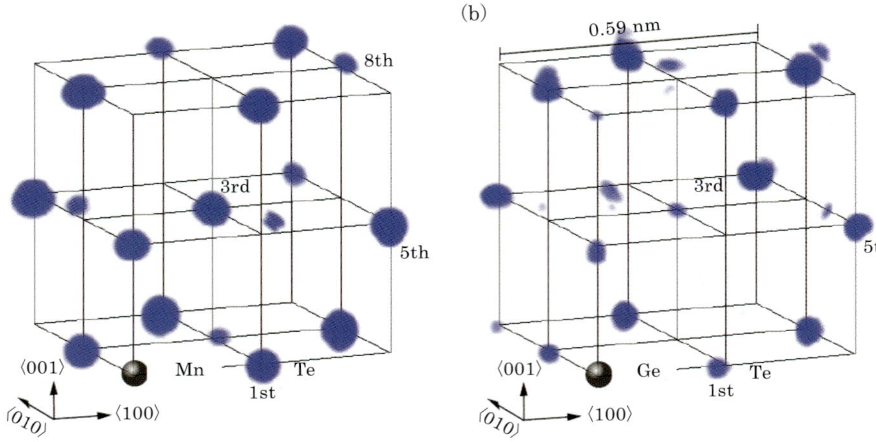

図 5　$Ge_{1-x}Mn_xTe$ における (a) Mn および (b) Ge 周辺の原子像.

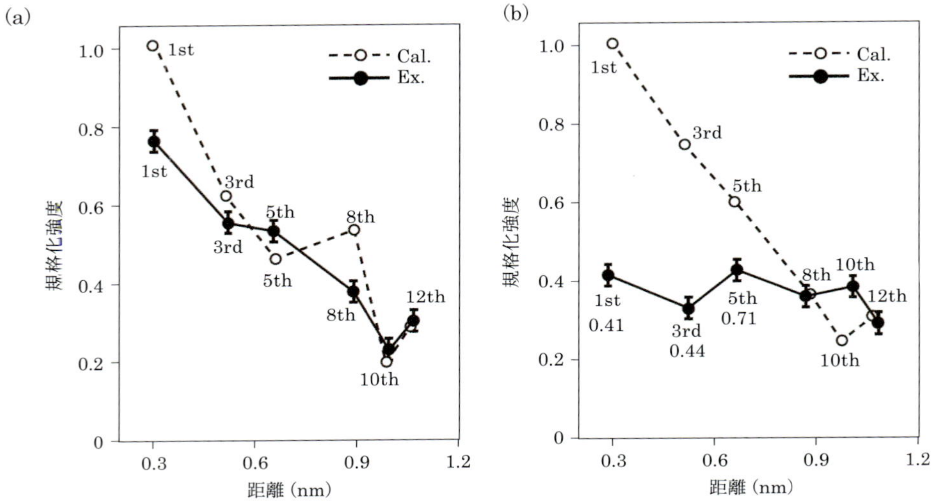

図 6　(a) Mn および (b) Ge 周辺の Te 原子像の強度の距離依存性. ●および○は, それぞれ, 実験値および理論値を示す.

態に違いがあることを見いだした[13].

図 5 の (a) および (b) は, それぞれ, Mn および Ge の 3 次元原子像である. 図中の交点は, Te 原子の理論位置であり, その位置には原子像が強く観測されている. 一方, Mn および Ge のカチオンサイトには原子像は強く再生されていない. これは, Mn および Ge の原子番号が低く, X 線の散乱能が Te に比べて低いことによる. 図 5 (a), (b) の 3 次元原子像を比較して, 第一近接の強度の違いが, すぐにわかる. Mn 周辺の Te 原子像は強く再生されているが Ge 周辺のものは弱い. 図 6 の (a) および (b) は, それぞれ, Mn および Ge 周辺の原子像の強度をプロットしたものである. また, 原子ゆらぎを考慮しない場合の計算ホログラムから再生した原子像の強度もプロットした. まず, Mn 周辺の原子像の強度変化を見てみる. 第一近接 Te 原子に関しては, 計算値より若干強度が低く, わずかに揺らいでいることが示唆されるが, 強く歪んではいないと結論づけられる.

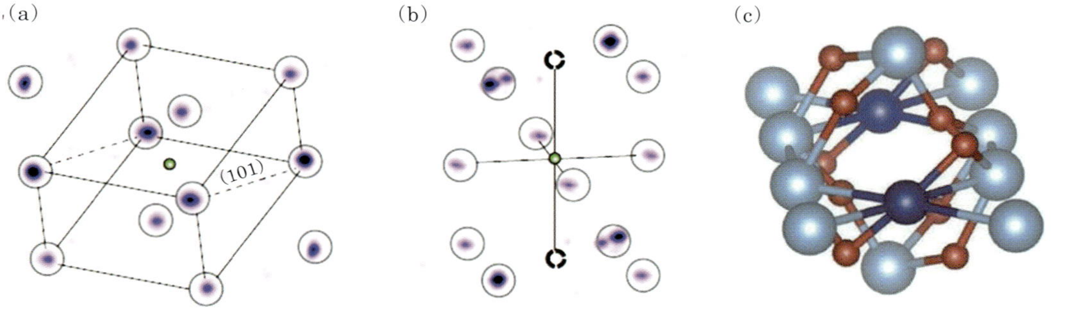

図 7　(a) $Ti_{0.99}Co_{0.01}O_2$ および (b) $Ti_{0.95}Co_{0.05}O_2$ の原子像．(c) は第一原理計算を用いて得られた Co 周辺の亜酸化ナノ構造体の原子配列．

一方，Ge 周辺の Te 原子像の強度変化は様相が異なる．こちらは，第一近接原子の強度も計算値の半分程度であり，第五近接原子まで有意に強度が低い．このことから，Ge 周辺のみ格子が大きく歪んでいることがわかる．

すでに述べたように，GeTe は菱面体構造をしている[14]．Mn が Ge と置換し，その濃度が増すことにより，菱面体構造から岩塩構造に変化するが，岩塩構造になっても，その歪みが Ge 周辺のみ保たれていると考えられる．また，これが Ge サイトの不安定さの要因となることが容易に推測できる．そこで，Ge の位置を NaCl 型格子の格子位置を中心に正規分布でランダムに変位させる計算を行った．分布の分散を σ とすると，Ge 周辺の第一近接 Te 原子のように強度が 50％程度に弱くなるのは $\sigma \sim 0.3$ Å のときであった．この値は母体の GeTe の変位量 0.28 Å とほぼ同じであり，定量的にも $Ge_{1-x}Mn_xTe$ 中の歪みの原因が母体の GeTe によるものであることが裏付けられた．

6.　高温強磁性半導体中の亜酸化ナノ構造体の発見

ドーパントは，固体中に特定のナノクラスターを形成することがあり，これはよく知られている格子間サイトや置換サイトとは異なり，従来のドーパント構造には分類されない．本節では，その例として TiO_2 にドープされた Co 周辺の亜酸化ナノ構造体の発見について紹介する．Co ドープ TiO_2 は，キュリー温度 (T_C) が 600 K と高い強磁性半導体の 1 つである．室温で動作するため，半導体スピントロニクス素子として有望視されている．一方，Co ドープ TiO_2 の T_C は，GaMnAs (200 K) に発生する T_C に比べて格段に高い．Co に隣接する酸素空孔は，2 価の Co イオンが 4 価の Ti イオンに置換するため，Co ドープ TiO_2 の電荷中性を補償するために存在すると考えられて，このため，Co 原子の周辺に大きな格子歪みを生じている可能性が示唆されていた．したがって，多くの研究者が Co 周辺の局所構造に長年興味を持ち，XAFS 研究が様々なグループによって実施されてきた．しかし，中距離的な局所構造の議論ができないために，最終構造の決定打にはならなかった．詳細な構造を解明するために，我々は，常磁性と強磁性の $Ti_{0.99}Co_{0.01}O_2$ および $Ti_{0.95}Co_{0.05}O_2$ について，蛍光 X 線ホログラフィーの実験を行った[15]．

図 7 の (a) および (b) は，$Ti_{0.99}Co_{0.01}O_2$ および $Ti_{0.95}Co_{0.05}O_2$ の 3D 原子像をそれぞれ示す．(a) の再構築された 3 次元原子画像は，白丸でマークされたルチル TiO_2 の理想的な Ti 原子位置に現れる．一方，O 原子の画像は，散

乱断面積が小さいために見えない．これより，$Ti_{0.99}Co_{0.01}O_2$ における Co は Ti に置換していることがわかる．これに対し，$Ti_{0.95}Co_{0.05}O_2$ の Co 周辺原子像はルチル構造と著しく異なっており，ルチル (101) 面の法線に対して 4 回対称性を示すことが分かる．$z = 0$ Å の 4 つの原子像は Co から 2.5 Å の距離に位置する．また，$z = \pm 2.5$ Å で 8 つの原子像が Co から 3.5 Å の位置に観察されている．z 軸に沿って Co 原子の直上と直下にスペースがあるが，(b) の破線円で示されるように 2 つの酸素原子を仮定した．強く見えている像は金属元素である Co か Ti と考えているが，蛍光 X 線ホログラフィーでは断定できないため，亜酸化ナノ構造体 CoO_2Ti_4 または CoO_2Co_4 を候補として考えた．これに対して，XAFS の計測を行い，CoO_2Ti_4 および CoO_2Co_4 に理論計算との比較を行った．それによって，最終的に CoO_2Ti_4 が形成されていると決定した．さらに，この構造体を元に第一原理計算を用いて構造最適化を行った．最終的に得られた構造を図 7 (c) に示すが，2 つの CoO_2Ti_4 クラスターを並べたものであることがわかる．これは，CoO_2Ti_4 クラスターが単体でルチルに挿入されると不安定なためであり，安定に亜酸化ナノ構造体が存在するためには，最低，2 つ以上の CoO_2Ti_4 クラスターが隣接して埋め込まれている必要があることがわかった．

7. おわりに

蛍光 X 線ホログラフィーは，高強度の単色 X 線とエネルギー可変性を必要とするため，放射光を中心に発展してきた構造解析法である．本稿では，添加元素の構造解析，中距離局所構造，3D 原子像，局所格子歪みというキーワードを主眼におき，InGaSb, GeMnTe, Co ドープ TiO_2 の結果について紹介した．3D 原子像を元に解析が行えるために，容易に構造決定が行えるのではないかと期待するユーザーも多いが，結晶でも混晶のような不均質系の解析は，原子像も不鮮明になることから，それなりの化学的な知識と試行錯誤的な考察や計算を要する．我々は，構造を決定する際に，相補的な情報の得られる X 線回折や XAFS などの計測も行う．また，最後に紹介した Co ドープ TiO_2 については，第一原理計算なども活用することによって構造を求めることができた．今後，さらなる発展が期待できると確信している．

参考文献

1) M. Wolfke: Phys. Z., **21** (1920), 495-497.
2) W. L. Bragg: Nature, **143** (1939), 678.
3) D. Gabor: Nature, **161** (1948), 777-778.
4) A. Szöke: AIP Conf. Proc., **147** (1986), 361-367.
5) M. Tegze and G. Faigel: Nature, **380** (1996), 49-51.
6) T. Gog, P. M. Len, G. Materlik, D. Bahr, C. S. Fadley and C. Sanchez-Hanke: Phys. Rev. Lett., **76** (1996), 3132-3135.
7) J. J. Barton: Phys. Rev. Lett., **61** (1988), 1356-1359.
8) J. J. Barton: Phys. Rev. Lett., **67** (1991), 3106-3109.
9) T. Hiort, D. V. Novikov, E. Kossel and G. Materlik: Phys. Rev. B, **61** (2000), R830-R833.
10) K. Hayashi, M. Miyake, T. Tobioka, Y. Awakura, M. Suzuki and S. Hayakawa: Nucl. Instrum. Methods Phys. Res. A, **467/468** (2001), 1241-1244.
11) S. Hosokawa, N. Happo, T. Ozaki, H. Ikemoto, T. Shishido and K. Hayashi: Phys. Rev. B, **87** (2013), 094104.
12) N. Happo, M. Fujiwara, K. Tanaka, S. Hosokawa and K. Hayashi: J. Electron Spectrosc. Relat. Phenom., **181** (2010), 154-158.
13) N. Happo, K. Hayashi, S. Hosokawa and S. Senba: J. Phys. Soc. Jpn., **83** (2014), 113601-113604.
14) R. W. Cochrane, M. Plischke and J. O. Strom-Olsen: Phys. Rev. B, **9** (1974), 3013-3021.
15) W. Hu, K. Hayashi, T. Fukumura, K. Akagi, M. Tsukada, N. Happo, S. Hosokawa, K. Ohwada, M. Takahasi, M. Suzuki and M. Kawasaki: Appl. Phys. Lett., **106** (2015), 222403.

物質・材料中に認められるナノメートルサイズの規則性（クラスター）を探る

杉山和正，川又　透，早稲田嘉夫

スマートフォン画面等に実用化されているIGZO膜を例に，「結晶」と「非晶質（アモルファス）」との中間的な構造を特徴づける手段の1つを紹介する．IGZO膜は，InO_5，ZnO_4，ZnO_5等の局所多面体が混在し，かつそれらの多面体が顕著な規則性を持たずに連結して中距離的な構造要素を構成している．この中距離の構造要素は，IGZO結晶で認められるスラブ構造の名残である．このようなナノメートルサイズの『結晶性クラスター』が複合する構造の特徴は，Crystalline-Clusters-Composite（Triple C）Structureとの表現が適切だと思われる．

1. はじめに

我々が日常的に扱う物質・材料の構造は，原子配列の視点でみると2種類に大別できる．1つは，原子が規則的かつ一定の周期性をもって配列する，すなわち長範囲規則性（Long-Range Order：LRO）が認められる結晶状態である．もう1つは原子配列の規則性・周期性が相当乱れているアモルファス状態（ガラス状態とも言うが，以下アモルファス状態に統一）である．なお，凍結された液体状態とも表現されるアモルファス状態の原子配列は，結晶の特徴であるLROは失われているが，主として最近接原子間距離程度の短範囲規則性（Short-Range Order：SRO）は，必ず確認できる．そして，このアモルファス状態で認められるSROは一定の規則性あるいは周期性をもたないのでLROが認められないとも表現できる．ただし，このような結晶状態およびアモルファス状態の区別は，学術的には比較的明瞭ではあるが，多くの物質・材料のなかには，X線回折実験等で得られる構造情報の特徴が，両者の境界領域のような場合も少なからずあり，どのように扱うことが適切なのか迷う場合さえあるのが現実である．

ここでは，そのような例の1つとして，省エネルギーTFT（Thin- Film-Transistor）として，スマートフォンやタブレットに実用化されているIGZO膜を例に，結晶状態およびアモルファス状態の境界領域のような構造の特徴を，どのように探り，どのように扱うかを紹介する．

2. 結晶とアモルファスの境界領域のような構造の特徴とは？

図1は，㈱半導体エネルギー研究所（SEL社）が公表しているIn_2O_3，Ga_2O_3および ZnOをほぼ1：1：1の比率に調整したターゲットを使うDCスパッター法により，石英基板上に成膜したIGZO膜の情報である[1]．たとえば，このIGZO膜は，基板表面とほぼ垂直方向にナノメートルサイズのIGZO結晶のc軸が配向しているが，a-b面の配向性は認められずさらに明瞭な粒界も認められない．この特徴を有するIGZO膜は，*c*-Axis Aligned Crystalline膜（以下，CAAC膜）と命名されている．製膜条件によっては，結晶的性質はやや明瞭でなくなるが，ナノ―ビーム電子回折では結晶の兆候を示す輝点が観測できるナノクリスタルと呼ぶにふさわしい特徴を有するNano-Crystal膜（以下NC膜）についても報告されている[2]．したがって，ここで認められる「結晶性」は，たとえ周期的原子配列の縮小傾向が認められたとしても，CAAC膜およびNC膜を特徴づける本質的要因である．しかし，たとえば，IGZO膜にナノ―ビーム電子回折を適用した場合に観測される結晶の兆候を示す輝点のオリジンは何か？どのように考えられるか等については不明である．

3. 実測された構造データを再現できる構造モデルを求める方法とは？

このような課題には，基本原理を図2に摸式的に示すReverse-Monte-Carlo法（RMC法）が有効である．この手法は，1988年にMcGreevy

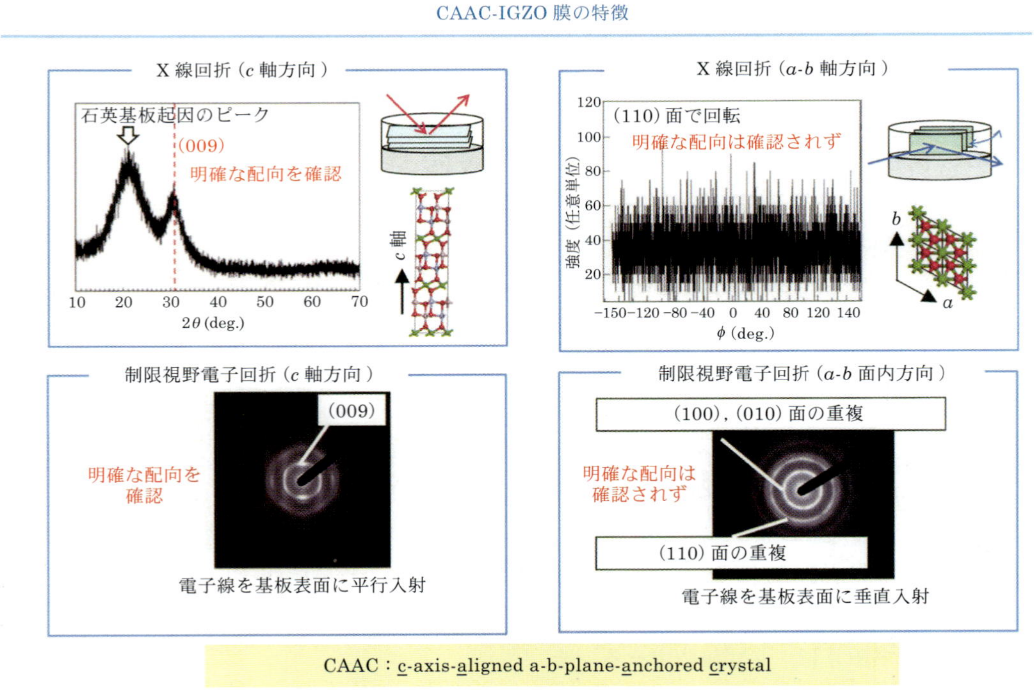

図1 ㈱SELが公表しているDCスパッター法により，石英基板上に成膜した*c*-Axis Aligned Crystalline Oxide（以下，CAAC）IGZO膜情報[1]．

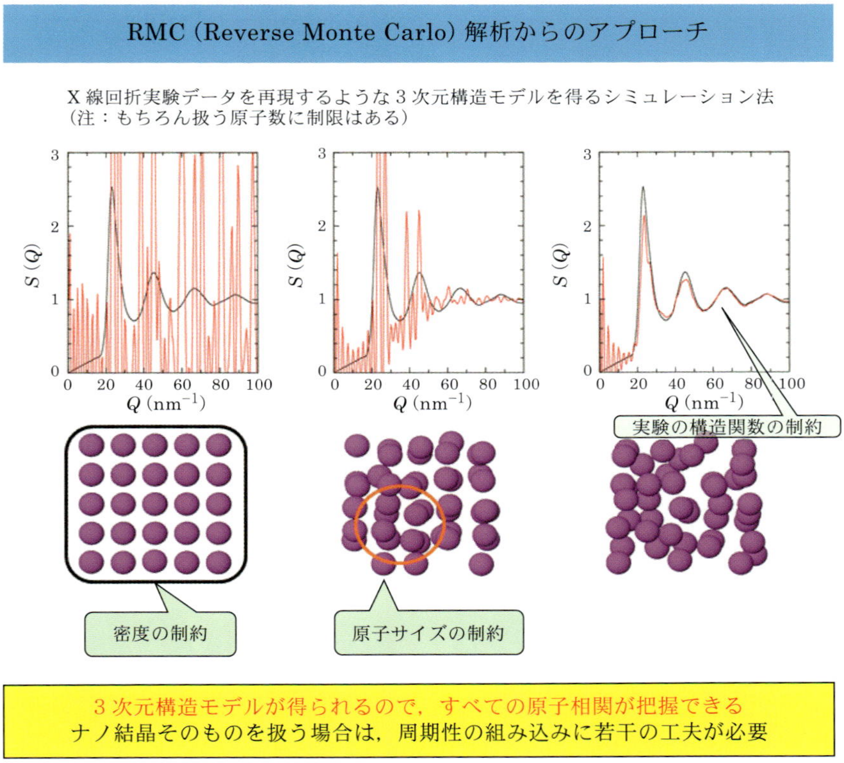

図 2　Reverse-Monte-Carlo (RMC) 法の基本概念図.

および Pusztai により提案された手法[3]で，計算機の進歩ならびに解析ソフトの流通などと相まって，卓上型パソコンレベルでも実施できる．したがって，現在では多種多様な物質の構造解析に，結晶・非晶質 (アモルファス) を問わず，幅広く利用されている[4]．RMC 法による解析は，対象に応じた工夫が少し必要な場合もあるが[5]，基本的に McGreevy および Pusztai の手法[3]を踏襲すればよい．図 2 のとおり，対象に適合する数密度となるような設定，原子サイズより近距離に原子は近づけない制約の設定等を組み込み，スタート台として設定した初期モデルの原子をランダムに移動させては構造関数を計算して測定データと比較，このプロセスを 実測データ (構造関数) を再現できるまで繰り返す.

たとえば，図 3 は，SEL 社製の CAAC 膜および NC 膜と呼称されている IGZO 薄の RMC 解析結果で，実線は実験データ，点線は計算値である．すなわち，この RMC 解析結果は，同一試料について実測で得た独立の 2 つの構造関数 (ここでは，斜入射 X 線回折データならびに Zn 吸収端を利用する AXS 測定データ) を同時に再現できることを示している[6]．したがって，コンピュータ内に残っている原子配置は，少なくとも実測データを再現できると言う必要条件を十分に満足する情報に相当する.

図 4 に，図 3 の RMC 解析結果を得た場合に，コンピュータ内に残っている原子配置を示す．ここでは，酸素の稠密充填配列を基盤とする系の中で，In, Ga および Zn が酸素との多面体をどのように形成しているかを把握しやすいように，In を中心とする多面体をハッチ付白，Ga 中心の多面体を青，Zn 中心の多面体を灰色と

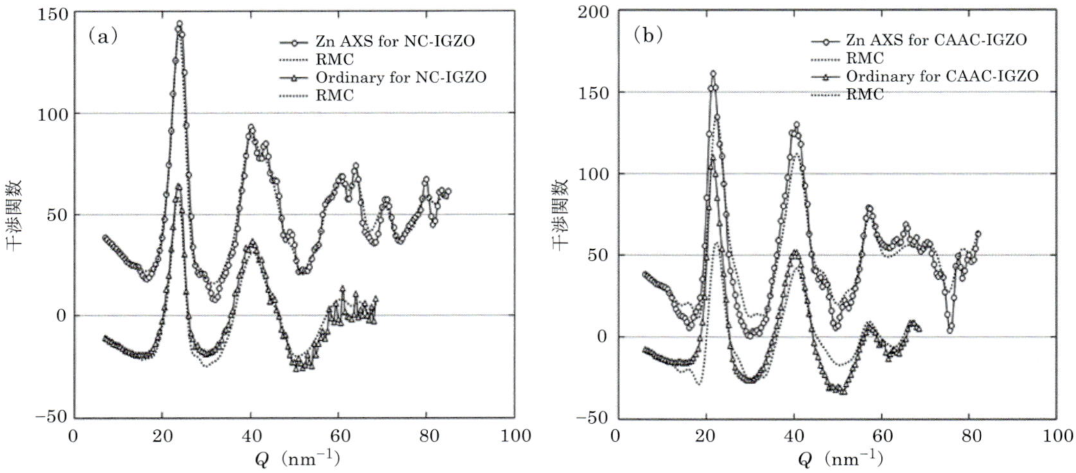

図 3　CAAC 膜および NC 膜の RMC 解析結果．干渉関数および Zn-AXS 環境干渉関数ともに実線は実験データ，点線は計算値；NC 膜 (a)，CAAC 膜 (b)[6]．

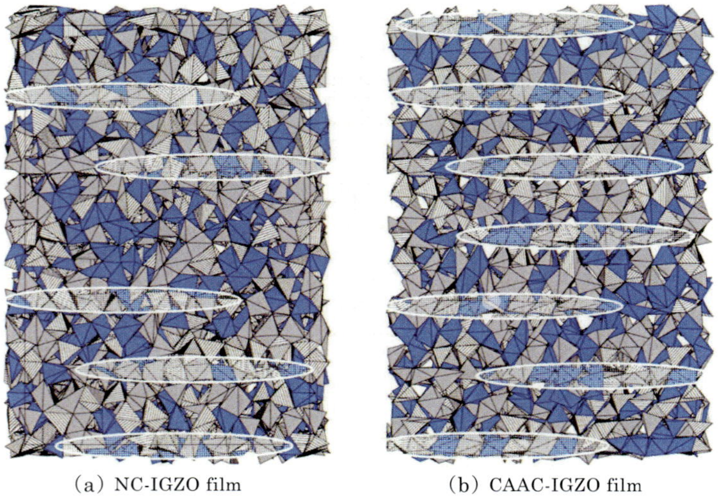

図 4　図 3 の RMC 解析結果を得た場合に，コンピュータ内に残っている原子配置．それぞれ 2 種類の独立実験データを再現するという必要条件を満足する構造モデル．(a) NC 膜，(b) CAAC 膜．ハッチ付白：In 中心の多面体，白：Ga 中心の多面体，灰色：Zn 中心の多面体．また，白色の楕円マークは，IGZO 膜中に残存するスラブ構造の例[6]．

区別して表した．ハッチ付白で示す InO_5 局所多面体について補足する．IGZO 膜の XAFS 測定[7]では，In 周囲の局所構造に対応する In-O 原子の相関距離は約 0.211 nm との値が得られ，結晶状態の距離 In-O = 0.218 nm と比較して 3.2％も短くなっている．この事実は，IGZO 結晶で認められる InO_6 の局所多面体が，CAAC 膜・NC 膜とも，より小さい局所構造単位 InO_5 あるいは InO_4 等になっている可能性を示唆している．この点は，RMC 解析結果でも裏付けられている．

この図 4 から，CAAC 膜および NC 膜とも，4 つの成分元素が高密度で混合する複合体，とくに IGZO 結晶に比べて，ケミカルには相当

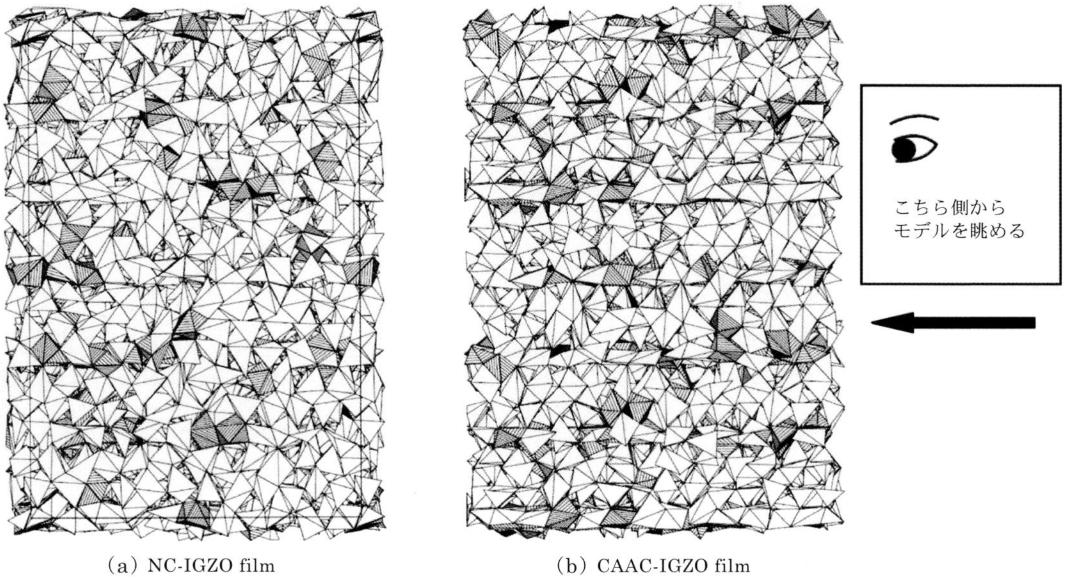

図 5　図 4 において，酸素配位数に着目した図．(a) NC 膜，(b) CAAC 膜．この変更は，IGZO 膜中に残存するスラブ構造をクリヤーに示す．とくに側面に挿入した方向からみると，残存するスラブ構造の様子の理解が容易になる [6]．

乱れている様子が容易に理解できる．また，注意して見ると IGZO 結晶に特徴的なスラブ構造の残存が，白色の楕円マークのように認められる．ただし，元素を識別する色付けは，残存するスラブ構造の様子を視覚的に捉え難い面も招いている．この点を補足するために，図 4 の原子配置について色付けによる区別をやめ，単に配位数の観点に着目して描くと，図 5 となる．とくにこの図を横からみると，IGZO 結晶に特徴的なスラブ構造の残存が容易に確認できる．

残存するスラブ構造のサイズについては，以下の実験結果を補足できる．図 3 の構造関数を Fourier 変換することで得る二体分布関数の振動挙動が，平均数密度に一致する距離を見積もると，CAAC 膜では 2.2 nm，NC 膜では 1.8 nm の値を得た [6]．これらの値は，高分解能電子顕微鏡観察により算出した，基板に平行に（c 軸に配向）配列・積層しているナノメートルサイズのペレットの大きさが，CAAC 膜では 1.92 nm，NC 膜では 1.44 nm という結果 [8] との整合性が認められる．

この IGZO 膜が示す特異な構造の特徴は，CAAC 膜および NC 膜ともに，ナノメートルサイズの『結晶性クラスター』で構成する複合構造と表現することが最適だと考えられる．また，このナノメートルサイズの『結晶性クラスター』の複合構造であるがゆえに，クラスター相互の配列の許容性（＝少々配列が乱れ・変化しても受け入れる構造安定性）を生み，かつ IGZO 結晶に近い高密度状態でも膜全体はクッション性を有する要因となっている．また，この結晶性に基礎をおく CAAC 膜および NC 膜の原子配列の特徴が，構造安定性および成膜条件に幅を持たせる結果を生み，大面積に高密度で均一な薄膜をつくることを可能にし，十分な信頼性を保持した電子デバイス部品の製造が求められる工業化にも貢献したと考えられる．

4. この課題解決に放射光利用は，どのように効果的なのか？

我々が日常的に扱う物質・材料は，複数の成分元素で構成されている．たとえば図6のように3つの成分からなるA-B-C 3元系の場合，測定で得られる原子分布の構造情報は，A-A，A-B，A-C，B-B，B-CおよびC-Cの6種類のペア相関の重み付き平均である[4]．ここで言う「重み」とは，成分元素の濃度と各成分元素が固有の値をもつ散乱因子で決まる係数である．X線回折実験の場合，原子番号の大きい元素のかかわる重み因子は大きい．ここでの対象のIGZO膜は，In，Ga，ZnおよびOを含むので，測定された原子分布の構造情報は，4×(4+1)/2＝10，すなわち10種類のペア相関の重み付き平均となる．このような多数のペア相関の重み付き平均となる点については，各成分元素が固有の吸収端を持つことを利用するX線異常散乱法を応用すると，次のようなメリットをもたらすことが知られており，活用されている．

たとえば元素Aの吸収端近傍で測定した原子分布の構造情報は，図6のように，A-A，A-BおよびA-Cの3種類のペア相関の重み付き平均となる．すなわち，この場合の原子構造情報は，A-B-C 3元系試料における，A元素周囲の環境構造を与える．もちろん試料が結晶かアモルファスかを問わず，A元素周囲の環境構造である．同様に，元素Bあるいは元素Cの吸収端近傍で測定した原子分布の構造情報は，それぞれB元素周囲の環境構造ならびにC元素周囲の環境構造を与える．言い換えると，X線異常散乱法を応用すると，全元素ペア相関の平均構造情報に加えて，選択した吸収端の元

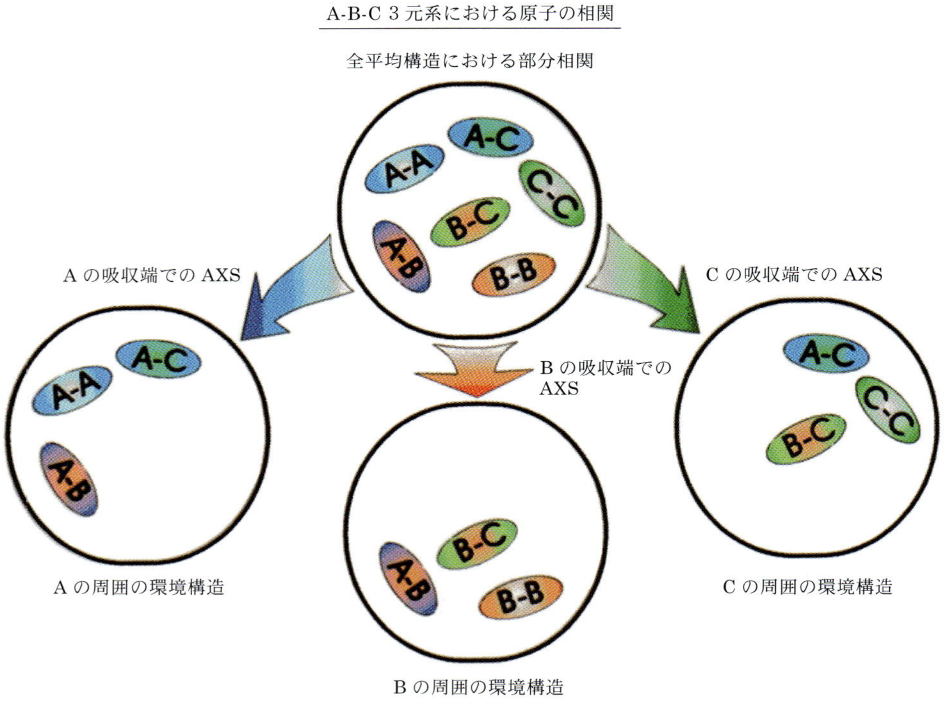

図6 A-B-C 3元系において，通常の測定 および成分元素の吸収端におけるX線異常散乱測定で得られる構造情報の相関関係（模式図）．

素周囲の環境構造情報をプラスして得ることができる．放射光は，あらゆるエネルギー領域で強力なX線源なので，多成分系の試料に関する放射光を利用するX線異常散乱測定のメリットは，別にもある．たとえば，ここで対象としたIGZO膜も，石英基板上に成長させた薄膜である．このように対象が薄膜の場合，測定データには基板のシグナルが混入するので，その基板に伴うシグナルの正確な除去，適切な補正等が重要となる．ただし，基板からのシグナルの正確な除去，適切な補正は，原理はシンプルであるが，実測定に適用してみると，苦労することも少なくない．この課題について，放射光を利用するX線異常散乱測定が，その有効性を発揮する[4]．たとえば，薄膜に含まれるが基板には含まれない元素Aの吸収端近傍のエネルギーE_1およびE_2で行った散乱測定データで得られるエネルギー依存性の情報は，図7のように基板からの散乱は自動的に除去できるからである．なぜなら，元素Aを含まない基板の散乱はエネルギーE_1およびE_2で同じ（変化がない）なので，差引きゼロになるからである．この点は容器に入れた液体試料のケースでも同様で，このメリットを活用した測定・解析も行われ成果をあげている[9]．

A-B-C 3元系のRMC解析の話題に戻る．RMC解析により，たとえば図6の6種類のペア相関の重み付き平均に相当する実測データを再現できる結果（1つの原子配列モデル）を得たとしても，「考慮すべきペア相関の数が多いので，もしかすると『別の原子配列モデル』でも実測データを再現できるのではないか？」という質問に出くわすことが少なからずある．この質問に対する1つの回答は，『複数の独立した実測データを再現できる結果（1つの原子配列モデル）なので，この結果の信頼性は十分だと考える』がある．ここで言う複数の独立した実測データとは，図6で言えば6種類のペア相関の重み付き平均に相当する実測データおよびAの周囲の環境構造データのことである．もちろん，Bの周囲あるいはCの周囲の環境構造データでもよいし，これらすべての実測データを揃えることができれば理想的である．

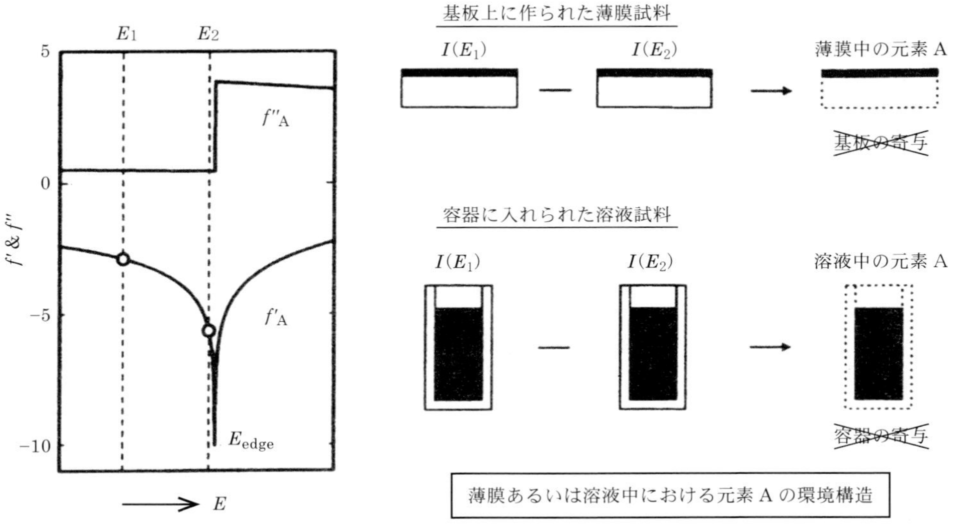

図7　基板上に成長させた薄膜および容器に入れた溶液について，薄膜あるいは溶液に含まれる元素Aの吸収端近傍のエネルギーでX線異常散乱測定を実施した場合の関係（模式図）．

5. まとめ

ここでは，斜入射X線回折法により得る平均の構造関数のみでなく，X線異常散乱を利用するAXS法によって得られる環境構造関数の両方を再現する構造モデルを，RMC法により求める解析について，IGZO膜の結果を例に紹介した．

RMC解析によって得られた結果の最重要ポイントは，CAAC膜，NC膜ともに，IGZO結晶で認められるInO_6スラブ構造と(Zn, Ga)O_5スラブ構造の連結からなる構造様式がかなり崩れていることである．その理由は，CAAC膜およびNC膜ともに，そのX線回折プロファイルは，結晶特有のブラッグピークを示すナノメートルサイズの超微粒子のX線回折プロファイルとは，明らかに異なるからである[10)]．しかし，CAAC膜，NC膜とも，注意すべきことは，InO_5, ZnO_4, ZnO_5等の局所多面体が混在し，しかもそれらの多面体が顕著な規則性を持たずに連結して中距離的な構造要素を構成していることである．この中距離的な構造要素は，残存するスラブ構造に対応し，これがナノビーム電子回折を応用すると，結晶の兆候を示す輝点が観測される主因だと考えられる．また，ナノメートルサイズの『結晶性クラスター』が複合するCAAC膜およびNC膜の構造の特徴は，Crystalline-Clusters-Composite (Triple C) Structureと表現することが適切だと思われる[6)]．ただし，CAAC膜およびNC膜の構造の特徴は，まさに結晶学における「非晶質」と「結晶」とを区別する境界領域に相当すると考えられるので[11)]，十分な注意も必要である．なお，LROで特徴づけられる領域が小さくなった場合，たとえばナノメートル程度になったLROで特徴づけられる領域は，『ナノメートルサイズの結晶』と言える．一方，アモルファス状態で認められるSROのサイズが大きくなり，たとえば複数のSROが連結してナノメートル程度になった場合を，『ナノメートルサイズの結晶』と断定的に使うことは，適切とは言えない．すなわち，複数のSROが連結して中範囲規則性(Middle-Range Order：MRO)が認められるようになったとしても，また，そのMROのサイズがナノメートル程度であったとしても，それは結晶状態とアモルファス状態の境界領域であり，そのような中間的境界領域における原子配列を特徴づける独自のアプローチの確立が急務でもある．ここに示す，IGZO膜の結果は，このような課題に関する1つのアプローチでもある．

参考文献

1) 山﨑舜平ら(SEL)：特許第5211281号(2009)．www.umc.com/2015_japan_forum/pdf/20150527_shunpei_yamazaki_jap.pdf
2) M. Takahashi, T. Hirohashi, M. Tsubuku, M. Oota and S. Yamazaki: "Existence of Nano-Crystals in IGZO Thin Film", Ext. Abstr. (60th Spring Meet., 2013); Japan Society of Applied Physics and Related Societies, 29p-G19-4 [in Japanese].
3) R. L. McGreevy and L. Pusztai: Mol. Simulation, **1** (1988), 359-367.
4) Y. Waseda: Anomalous X-ray Scattering for Materials Characterization, Atomic Structure Determination, Springer-Verlag, Heidelberg, (2002).
5) K. Sugiyama, T. Kawamata and T. Muto: IOP Conf. Series: J. Phys: Conf. Series, **809** (2017), 012005.
6) Y. Waseda, K. Sugiyama and T. Kawamata : Mater. Trans., **59** (2018), 1691-1700.
7) K. Nomura, K. Kamiya, H. Ohta, T. Uruga, M.Hirano and H.Hosono: Phys. Rev. B, **75** (2007), 035212.
8) S. Yamazaki, T. Atsumi, K. Dairiki, K. Okazaki and N. Kimizuka: ECS J. Solid State Sci. Technol., **3** (2014), Q3012.
9) 篠田弘造，松原英一郎，早稲田嘉夫，邑瀬邦明，平藤哲司，粟倉泰弘：表面技術，**49** (1998)，1115-1121; Zeit. Naturforsch., **52a** (1997), 855-862.
10) E. Mastsbara, K. Okuda, Y. Waseda and T. Saito: Zeit. Naturforsch., **48a** (1992), 1023-1028.
11) 早稲田嘉夫：日本結晶学II, 日本結晶学会，(2014)，125-126,

高分子材料や生体軟組織を3次元的に撮影する（X線位相CT）

百生　敦

X線位相コントラストを利用すれば，軽元素からなる生体軟組織や高分子材料に対するX線イメージングの感度問題が大きく緩和される．単純に位相コントラストを記録する技術を超え，試料による位相シフト（あるいは屈折）を定量計測する技術に発展している．これに基づく3次元撮影手法（X線位相CT）も可能で，X線顕微鏡との融合も実現している．その簡単な原理と，実際に撮影された生体組織や高分子材料の位相CT画像を紹介する．

1. はじめに

X線の高い透過性を利用し，X線透視画像は目に見えない物体内部を可視化する．ただし，単純透視では，物体内にある複数の構造は重なり合って描写される．試料を廻る複数の方向からX線透視画像を撮影し，X線に沿った面における画像を再構成するX線コンピュータ断層撮影法（X線CT）は，これを解消し，物体内部の構造を3次元的に描出することができる．

シンクロトロン放射光を用いたX線CTは1980年代の早くから開始され[1)]，シンクロトロン放射光の優れた指向性による高い空間分解能が特徴となっている．近年は，サブミクロン空間分解能のX線顕微鏡が容易に構築できるようになり[2)]，顕微鏡下でのX線CT計測もスタンダードになってきた．また，任意の波長の単色X線を使用できるため，定量性に優れた画像計測が可能であり，吸収端を利用すれば特定元素の分布や，さらには化学状態の分布まで可視化することもできる[1)]．

X線透視画像のコントラストは，X線の吸収係数の大小によって与えられる．元素の違いによる吸収の大きさは，吸収端の影響を除けば，大雑把に言って原子番号の4乗に比例することが知られている．すなわち，重い元素が多く含まれているほど強いコントラストが観察される．逆に，軽元素からなる物質（高分子材料や生体軟組織など）には十分なコントラストが得られないという問題があり，X線透視画像の原理的な欠点として長く甘受されてきた．

この問題への光明となる技術として，X線位相コントラストの研究が1990年代に入って活発となった[3)4)]．光の一種であるX線が有する波としての性質を活用し，物質をX線が透過する際の位相のシフト，あるいは，伝播方向の変化（屈折）をコントラスト源とする．軽元素の原子1個当たりのX線の位相シフトと吸収の相互作用の大きさを比べると，前者が約千倍大きいという事実がある．したがって，X線位相コントラスト法は高分子材料や生体軟組織などに対して有効な撮像手法になるとして注目されている．

X線位相コントラストに基づくX線CTがX線位相CTである[5]．X線位相コントラスト生成法，デジタル画像計測技術，X線位相シフト（あるいは屈折）の定量的抽出技術（位相計測技術），および，X線CT画像再構成アルゴリズムを融合した手法となっており，優れた感度による3次元計測が多くの研究で実証されてきた．ここでは，X線位相CTに関する基礎からその実施例まで，日本のシンクロトロン放射光施設で得られた結果を中心に紹介する．

2. X線位相情報利用の利点

物質の光学的な性質は複素屈折率で表現できるが，X線領域の複素屈折率 $n = 1-\delta + i\beta$ で位相コントラストを利用することの利点を見たい．β はX線の減衰を表す項であり，従来のX線透視画像のコントラストのもとになっている．一方，δ がX線の位相シフト（あるいは屈折）をもたらし，位相コントラストの起源となる．X線が高い透過力と直進性を有することは，δ と β がともに極めて小さい値を持つことに相当するが，ここでは，δ と β の大きさの違いに注目する．表1に，光子エネルギー20 keVのX線に対する値をいくつかの物質について示した．δ が β より大きく，特に軽元素からなる物質においては，その違いが約千倍あることがわかる．すなわち，X線位相コントラストを利用することにより，従来法に比べて格段の高感度化が実現することが見て取れる．

X線CTは，X線透過率 $T(x, y)$ が

$$T(x,y) = -\ln\frac{I(x,y)}{I_0(x,y)} = \frac{4\pi}{\lambda}\int\beta(x,y,z)dz \qquad (1)$$

と書けることに基づき，様々な方向で計測したX線透過率データから $\beta(x, y, z)$ を示す断層画像を再構成する方法である．(1) 式で，$I_0(x, y)$ および $I(x, y)$ は試料を透過する前後のX線強度であり，λ はX線の波長である．よく使われる線吸収係数 μ は，β に対して $\mu = (4\pi/\lambda)\beta$ の関係にある．X線位相CTの場合，試料による位相シフト $\Phi(x, y)$ が

$$\Phi(x,y) = \frac{2\pi}{\lambda}\int\delta(x,y,z)dz \qquad (2)$$

の関係を持つことに基づき，様々な方向で計測した位相シフトデータから $\delta(x, y, z)$ を示す断層画像を再構成する方法と言える．なお，屈折を計測する場合は，$\Phi(x, y)$ の微分が屈折によるX線の偏向角に相当する．その場合であっても，CT再構成アルゴリズムに使うフィルタ関数を変更するだけで[6]，同様に $\delta(x, y, z)$ を再構成できる．

このように，X線位相CTでは，位相シフト，

表1　20 keVのX線に対する物質の複素屈折率（$= 1-\delta + i\beta$）.

物　質	δ	β	δ/β
ポリスチレン	5.0×10^{-7}	3.2×10^{-10}	1.6×10^{3}
水	5.8×10^{-7}	6.0×10^{-10}	9.7×10^{2}
ガラス	1.3×10^{-6}	2.9×10^{-9}	4.5×10^{2}
シリコン	1.2×10^{-6}	4.9×10^{-9}	2.4×10^{2}
鉄	3.8×10^{-6}	9.7×10^{-8}	3.9×10^{1}

あるいは，その微分（屈折角）を定量的に計測する必要がある．具体的なX線位相コントラスト法については以下でまとめて述べるが，位相コントラストの生成がそのまま位相シフトを定量計測していることにはならないことに留意が必要である．すなわち，位相コントラスト撮影を行ったとしても，それが直接Φ(x, y)を表しているわけではない．一般的には吸収コントラストも撮影画像に混在し，装置由来の試料とは関係ないコントラスト（干渉縞など）も加わり，結果としてそのままでは解釈が困難な複雑なコントラストを相手にしなければならない．そこで，所定の手続きで位相コントラスト画像を（通常は複数枚）計測し，数学的な処理を施すことにより，吸収と位相の寄与を分離して定量性のある画像を生成する操作（位相計測）がX線位相CTの前段で必要となる．次節で述べる各々の位相コントラスト法で，この位相計測およびX線位相CTが実現している．

3. X線位相コントラスト生成法

X線領域の位相コントラスト生成は，可視光分野で行われているほど容易ではないが，図1に示す手法が開発されてきた．分類すると，(a) 参照波を形成し，試料を透過したX線（物体波）と干渉させる方法，(b) 試料によるX線の屈折を検出する方法，(c) 試料を透過したX線が伝播して現れるフレネル回折による輪郭強調効果を検出する方法，および，(d) コヒーレント照明下の試料からのフラウンホーファー回折（スペックル）を反復的位相回復法により処理する方法，がある．便宜上，それぞれ干渉法，屈折法，伝播法，回折法として簡単に解説する．

3.1 干渉法

Bonse-Hart型X線干渉計[7]は，結晶によるブラッグ回折で物体波と参照波を形成してX線を干渉させる二光束干渉計である．複数の結晶板が並ぶように干渉計全体が1個のシリコン単結晶から一体で削りだされ，ブラッグ回

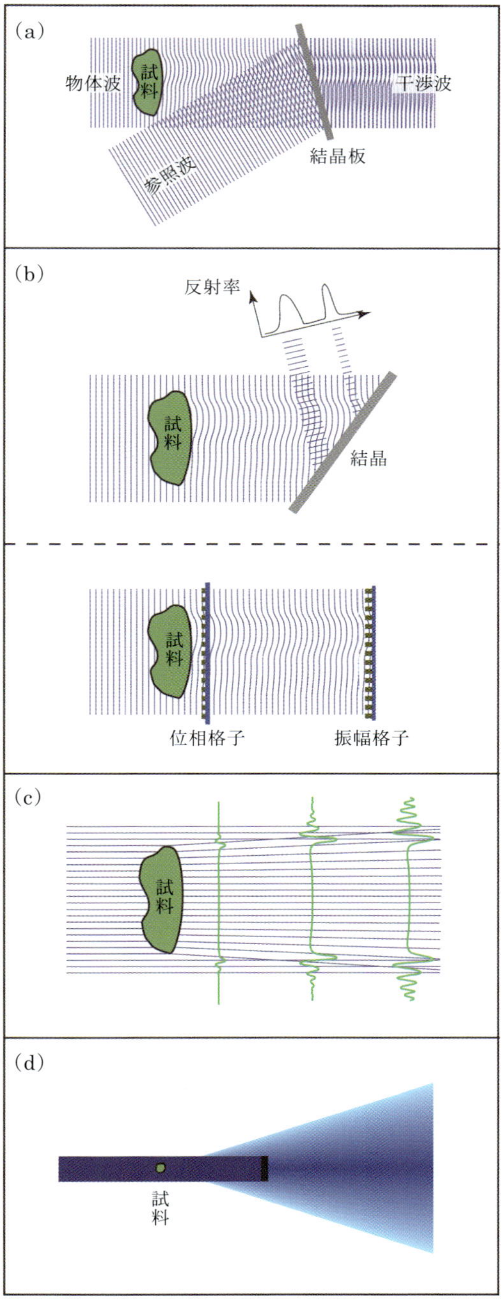

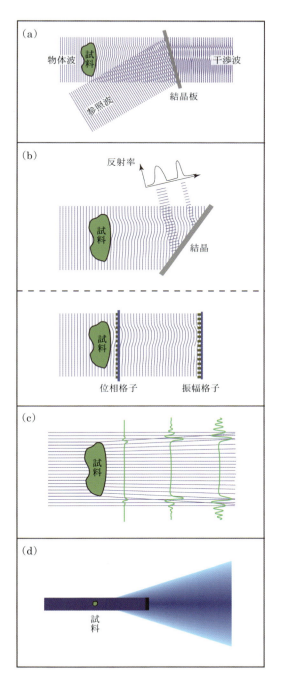

図1　X線領域の位相コントラスト法．(a) 干渉法，(b) 屈折法，(c) 伝播法，(d) 回折法．

折によって適宜X線ビームが分離・結合されて干渉し，一方のビームパスに配置した試料による2πごとの位相シフトに対応した干渉縞が記録される．一体加工であるゆえに光路差のゆらぎが小さく，安定に動作するX線干渉計として知られている．位相計測は，参照波側に可変位相板を配置し，たとえば，参照波の位相を90°ずつ変化させて得られる4枚の画像を処理することで実現する（縞走査法）．この方法で，初めてのX線位相CTが考案・実現された[5]．

3.2 屈折法

X線が物体を透過する際に受けるわずかな屈折による伝播方向の変化はμrad以下であり，通常のX線透視では検知できない．ただし，物体を透過したX線を，さらに単結晶（アナライザ結晶）によるブラッグ回折を介して記録すればその限りでない．単結晶によるブラッグ回折の角度幅は数μradであり，回折次数を選べばさらに小さくすることもできる．すなわち，試料を透過したX線をさらに結晶アナライザでブラッグ回折させることにより，試料による屈折の大小に応じてコントラストが付く[8]．位相計測は，アナライザ結晶をブラッグ角からわずかにずらして得られる複数の画像を処理することで実現する[9]．

人工的に製作されるX線透過格子を用いる方法でも屈折の大小を検出することができる．典型的な構成にX線Talbot干渉計[10]と呼ばれるものがある．1枚目の格子を用いて試料を透過するX線にストライプ状の強度分布を与え，さらに下流に設置する2枚目の格子を通して画像検出器で記録する．1枚目の格子で付加されたストライプは，試料によるX線の屈折を反映し，下流に進むにつれて変化してくる．すなわち，ストライプが広がるところと狭まるところが現れてくる．これを2枚目の格子を通してみることによりモアレ模様として検出されるのである．位相計測は，格子の1枚をその周期方向にたとえば1/5周期ずつ並進させて得られる5枚のモアレ画像を縞走査法と同様に処理することで実現する．

3.3 伝播法

第3世代シンクロトロン放射光が稼動した1990台半ば以降，空間的干渉性の高いX線が普通に使える状況になり，回り込み現象（フレネル回折）が当たり前のように観察できるようになった[11]．透視撮影実験で試料と検出器の間にある程度の距離を設けてやると，フレネル回折が構造境界において生じ，境界を縁取る輪郭強調コントラストとして利用できることがわかったのである．それまでの透視撮影では，半影による空間分解能低下を避けるために，試料と検出器をできるだけ密着して配置するのが常套であったが，空間的干渉性の高いX線が使えるようになり，この常識が変わった．上記の屈折効果の表れであるという解釈も可能であり，屈折コントラストと呼ばれることもあるが，定量的な位相計測のためには，回折として現象を理解する必要がある．位相計測は，試料と検出器の距離を変えて得られる複数の画像を処理して行える[12][13]．また，ある近似（たとえば，δ/β一定）のもとで，1枚の画像のみを処理する簡易法も有効とされる[14]．なお，3.1，3.2で行われる位相計測は，厳密には検出器面での位相が得られるので，試料から検出器までのX線の伝播による変化を含めたものとなっている．一方，伝播法では，試料直後の位相を推定するので，位相計測よりも位相回復という用語が使われる．

3.4 回折法

結晶構造解析で知られているように，結晶の電子密度ρと回折強度Iとの間には$I \propto |F[\rho]|^2$の関係がある．ここで，F[ ]はフーリエ変換

を表す．一般的に F[ρ] は複素量であるが，回折強度からは |F[ρ]| しか決定できず，その位相情報は失われている（位相問題）．結晶構造解析では，何らかの方法で位相を推定して F[ρ] を決定したうえで，F[ρ] をフーリエ逆変換することにより ρ を決定している．この事情は結晶に限ったことではない．微小な試料からのフラウンホーファー回折（すなわち，|F[ρ]|）を記録し，反復的位相回復アルゴリズムによって実像（ρ）を再構成する方法（コヒーレント回折顕微法[15]）が近年注目されている．初期のころはビーム内で孤立した微小な試料を対象としてオーバーサンプリング条件で回折データを記録し，反復演算で位相をもっともらしい値に収束させる方法であった．最近は，広がりのある試料について，互いに重なりを持つように複数の領域を撮影し，その冗長性をもとに反復的位相回復を行うタイコグラフィと呼ばれる手法[16]に発展している．

4. X 線位相 CT の応用例

以下，実際の X 線位相 CT 測定例を紹介する．

図 2 は，Bonse-HartX 線干渉計を用いて老齢マウス腎臓組織を観察した結果[17]である．実験は SPring-8, BL20XU にて，12.4 keV の単色 X 線を用いて行った．試料はホルマリン固定した組織を円柱状に切り取り，ホルマリンで満たした試料セル内で回転して撮影した．空間分解能は約 10 μm である．組織内の管構造が各々の経路が追跡できる程度で解像できており，血液の濾過器官である糸球体が描出されている．一部，たんぱくが詰まった個所もみられる．

図 3 は，同じ干渉計を 17.7 keV の単色 X 線に対して用いて，ポリスチレン（PS）とポリメチルメタクリレート（PMMA）の高分子ブレンドを観察した結果[18]である．多くのプラスチック材料は，複数の高分子をブレンドして作られているが，その内部では相分離構造が形成されている場合が多く，その構造が材料の力学的性質に大きく関与している．図 3（a）に，マクロ相分離による共連結構造が明瞭に見てとれ，位

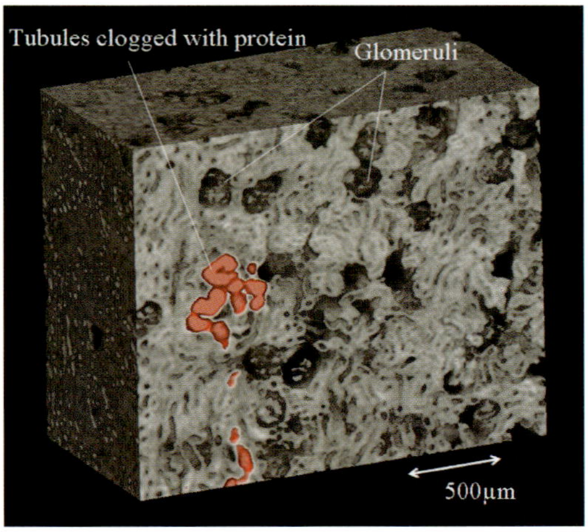

図 2　Bonse-Hart X 線干渉計を用いたマウス腎臓組織の位相 CT 結果[17]．

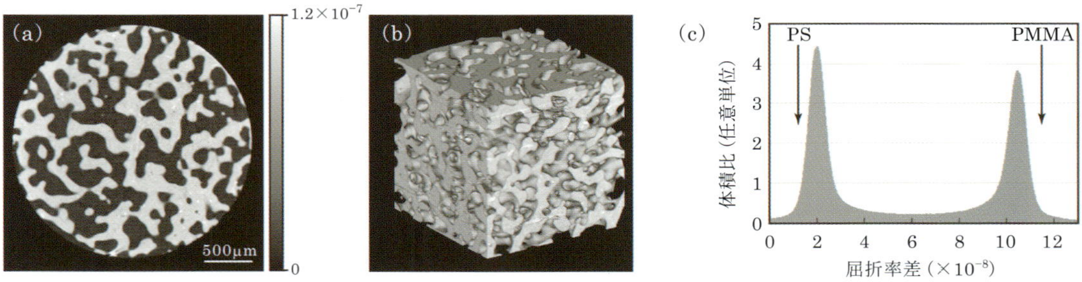

図 3　Bonse-Hart X 線干渉計を用いた PS と PMMA の高分子ブレンドの位相 CT 結果（a, b）と再構成値のヒストグラム（c）[18]．（b）は PS 相を透明化したレンダリング表示．

相 CT の高い感度がよく示されている．すでに述べた通り，位相 CT は優れた定量性を有しており，それを図 3 (b) に示す画素値分布のヒストグラムに示した．試料は水中で撮影したので，水との屈折率差で表示している．相分離の PS 相と PMMA 相に対応するピークが表れており，その中心値は矢印で示した純粋な PS および PMMA の値から少しずれていることがわかる．これは，相分離メカニズム（スピノーダル分解）に沿った結果であり，すなわち，PS 相がわずかに PMMA を含み，PMMA 相がわずかに PS を含んでいる事実を反映している．

図 4 は，アナライザ結晶を用いる方法で得られたマウス尻尾の結果[19]である．実験は，KEK-PF，BL14B にて 17.7 keV の単色 X 線を用いて行った．アナライザ結晶をブラッグ角の周りで，2.4 μrad ステップで回転し，21 枚の画像を処理して各画素ごとの屈折を計測した．試料はホルマリンを満たした試料セル内で回転して CT スキャンを行った．椎間板（軟骨），靭帯，筋肉，皮膚組織が骨とともに描出されている．

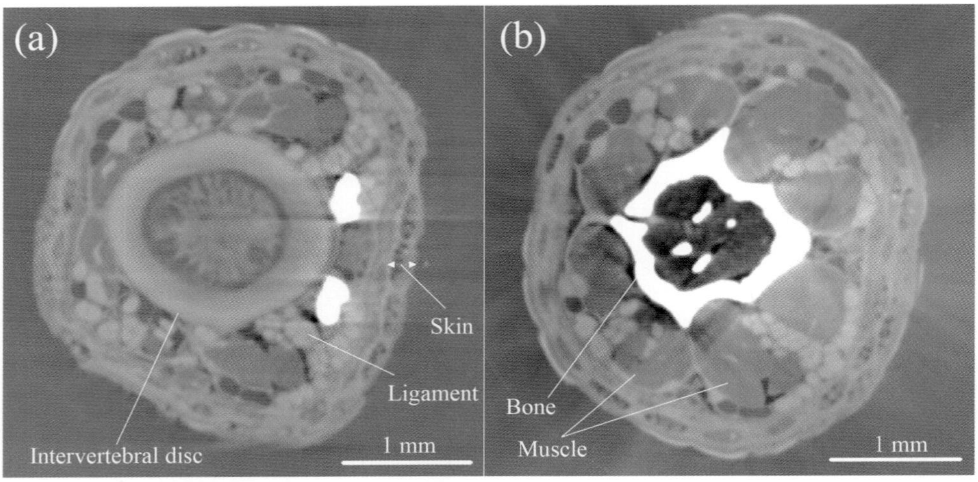

図 4　アナライザ結晶を用いた屈折法によるマウスのしっぽの位相 CT 結果[19]：(a) 関節の断層，(b) 骨を含む断層．

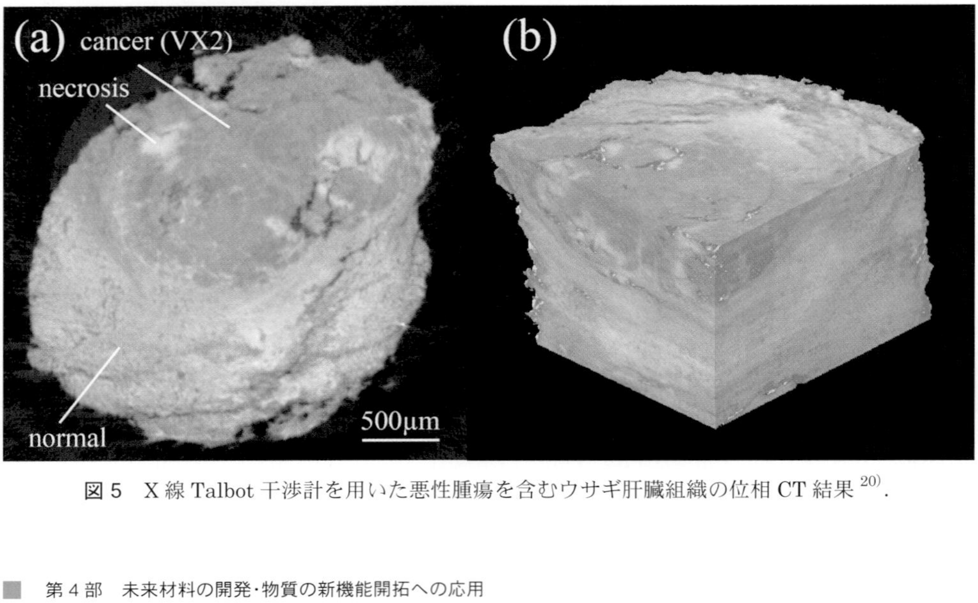

図 5　X 線 Talbot 干渉計を用いた悪性腫瘍を含むウサギ肝臓組織の位相 CT 結果[20]．

図5は，X線Talbot干渉計を用いて得られたウサギ肝臓がんの撮影結果[20]である．実験はSPring-8, BL20XUにて，12.4 keVの単色X線を用いて行った．Talbot干渉計は，周期8 μmの位相格子（$\pi/2$型）と吸収格子から構成した．位相計測は，一方の格子を周期の1/5ずつ並進し，5枚のモアレ画像を取得して行った．試料は，上記と同様にホルマリンで満たした試料セル内で観察した．正常な肝臓組織に対して，腫瘍がやや暗いコントラストで描出されている．さらに，腫瘍内の壊死した領域がみられる．

X線Talbot干渉計による空間分解能は，使用する格子の周期で通常は制限される．ただし，格子を用いるTalbot干渉計は，結晶を用いてブラッグ回折条件に縛られる手法と異なり，球面波X線に対しても機能する．これは，X線顕微鏡との融合も可能であることを示しており，その結果，格子周期に制限されない顕微位相CTが可能となってくる．図6にマウス骨組織に適用した顕微位相CTの結果[21]を示す．実験はSPring-8, BL37XUにて，9 keVの単色X線を用いて行った．倍率約100倍の結像型X線顕微鏡をフレネルゾーンプレート（FZP）を用いて構築し，結像面前にTalbot干渉計を設置した．FZPの焦点をTalbot干渉計にとっての仮想光源と見立て，周期がそれぞれ2.38 μmおよび2.40 μmの位相格子と吸収格子を使用した．試料は，生後9日のマウスから，耳小骨の1つであるツチ骨の突起部を摘出して臨界点乾燥したものである．撮影視野はX線顕微鏡としては広い300 μmを確保しており，骨試料を削ることなくそのままCTスキャンにかけた．空間分解能は500 nmである．成長に伴う骨組織の変化を，軟組織（骨細胞や血管）とともに3次元的に可視化できるため，骨形成メカニズムの研究[22)23]に役立っている．

X線Talbot干渉計のもう1つの特筆される特徴として，白色シンクロトロン光に対しても機能することが挙げられる．これも，結晶ではなく透過格子を用いていることから生じる性質である．強力な白色シンクロトロン光を用いることにより，位相CTの高速化が可能であり，1秒程度の時間分解能で3次元観察が可能な4D位相CTが実現している．図7に，生きたブドウ虫の4D位相CT[24]を示す．実験はKEK-PFのBL-14Cにて，垂直ウィグラーからの白色シンクロトロン光を用いて行った．Talbot干渉計は，周期5.3 μmの位相格子と吸収格子を用いて28.8 keVのX線に最適になるように構成した．ブドウ虫をプラスチック管の内側に入れ，1秒間に1周の速さで回転した．図7には，白色シンクロトロン光開始から4秒後まで，1秒ごとのレンダリング画像が示されており，体内構造の変化が3次元的に可視化された．

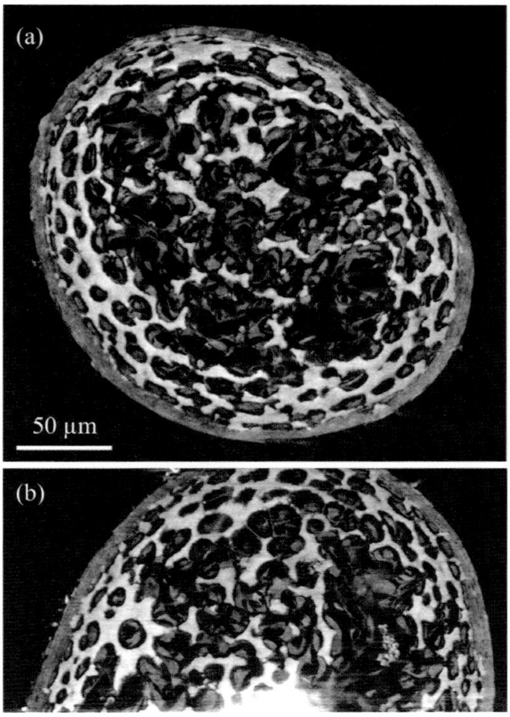

図6　X線顕微鏡とX線Talbot干渉計の組み合わせによる，マウス耳小骨（ツチ骨突起部）の顕微位相CT結果[21]．

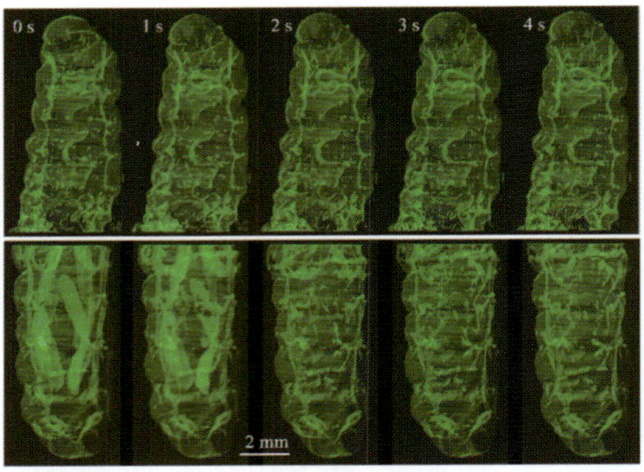

図 7　白色シンクロトロン光を用いた X 線 Talbot 干渉計による生きたブドウ虫の 4D 位相 CT 結果[24].

5. おわりに

軽元素からなる物質に対する X 線位相イメージングおよび X 線位相 CT の利点を述べ，その手法について解説した．シンクロトロン放射光を用いた X 線位相 CT について，いくつかの方式による測定例を紹介した．シンクロトロン放射光施設で培われた X 線位相計測技術は，一部は実験室 X 線源を用いた装置に展開され，一方では，次世代シンクロトロン放射光を用いる前提で，究極の空間分解能に挑む手法へと進展している．今後の発展が期待される．

参考文献

1) J. H. Kinney and M. C. Nicols: Annu. Rev. Mater. Sci., **22** (1992), 121-152.
2) B. Kaulich, P. Thibault, A. Gianoncelli and M. Kiskinova: J. Phys. Condens. Matter, **23** (2011), 083002.
3) A. Momose: Jpn. J. Appl. Phys., **44** (2005), 6355-6367.
4) A. Bravin, P. Coan and P. Suotti: Phys. Med. Biol., **58** (2013), R1-R35.
5) A. Momose: Nucl. Instrum. Methods A, **352** (1995), 622-628.
6) G. W. Faris and R. L. Byer: Appl. Opt., **27** (1988), 5202-5212.
7) U. Bonse and M. Hart: Appl. Phys. Lett., **6** (1965), 155-156.
8) T. J. Davis, D. Gao, T. E. Gureyev, A. W. Stevenson and S. W. Wilkins: Nature, **373** (1995), 595-598.
9) D. Chapman, W. Thomlinson, R. E. Johnston, D. Washburn, E. Pisano, N. Gmür, Z. Zhong, R. Menk, F. Arfelli and D. Sayers: Phys. Med. Biol., **42** (1997), 2015-2025.
10) A. Momose, S. Kawamoto, I. Koyama, Y. Hamaishi, K. Takai and Y. Suzuki: Jpn. J. Appl. Phys., **42** (2003), L866-L868.
11) A. Snigirev, I. Snigireva, V. Kohn, S. Kuznetsov and I. Schelokov: Rev. Sci., Instrum., **66** (1995), 5486-5492.
12) P. Cloetens, W. Ludwig, J. Baruchel, D. Van Dyck, J. Van Landuyt, J. P. Guigay and M. Schlenker: Appl. Phys. Lett., **75** (1999), 2912-2914.
13) T. E. Gureyev, C. Raven, A. Snigirev, I. Snigireva and S. W. Wilkins: J. Phys. D, **32** (1999), 563-567.
14) D. Paganin, S. C. Mayo, T. E. Gureyev, P. R. Miller and S. W. Wilkins: J. Microsc., **206** (2002), 33-40.
15) J. Miao, P. Charalambous, J. Kirz and D. Sayre: Nature, **400** (1999), 342-344.
16) J. M. Rodenburg: Adv. Imaging Electron Phys., **150** (2008), 87-184.
17) A. Momose: Opt. Express, **11** (2003), 2303-2314.
18) A. Momose, A. Fujii, H. Kadowaki and H. Jinnai: Macromolecules, **38** (2005), 7197-7200.
19) I. Koyama, A. Momose, J. Wu, Thet Thet Lwin and T. Takeda: Jpn. J. Appl. Phys., **44** (2005), 8219-8221.
20) A. Momose, W. Yashiro, Y. Takeda, Y. Suzuki and T. Hattori: Jpn. J. Appl. Phys., **45** (2006), 5254-5262.
21) A. Momose, H. Takano, M. Hoshino, Y. Wu and K. Vegso: SPIE Proc., **10391** (2017), 1039110.
22) K. Matsuo, Y. Kuroda, N. Nango, K. Shimoda, Y. Kubota, M. Ema, L. Bakiri, E. F. Wagner, Y. Takeda, W. Yashiro and A. Momose: Development, **142** (2015), 3912-3920.
23) H. Nango, S. Kubota, T. Hasegawa, W. Yashiro, A. Momose and K. Matsuo: Bone, **84** (2016), 279-288.
24) A. Momose, W. Yashiro, S. Harasse and H. Kuwabara: Opt. Express, **19** (2011), 8423-8432.

放射光を用いた高分子成形加工プロセスの観察

松葉　豪

高分子の成形加工中における構造変化について紹介する．特に，結晶性高分子の流動中における結晶化度の変化について，放射光X線を利用した小角･広角同時X線散乱測定により評価した．流動印加直後，構造形成は見られないが，まず流動方向に引き伸ばされた配向構造が観測され，その後，ラメラ構造の成長とともに結晶成長が見られる．せん断停止後は結晶化度が減少するが，高分子のエントロピー差の変化によると考察した．

1．序　論

本稿では，放射光を利用した高分子の研究を紹介したい．「高分子」は「金属」「セラミックス」とならぶ三大材料の1つである．これまで高分子を専門として研究してきたが，他分野の研究者からは，とにかくわかりにくい，複雑だ，制御できない，などの「金属」「セラミックス」とは全く異なった特性を持っているためか，理解されづらい．まずは，最初に高分子材料そのものについて簡単に紹介させていただき，その後に放射光を用いた研究例について簡単に説明したいと思う．

高分子は，分子量が10000以上の分子である．通常，モノマーと呼ばれる繰り返し単位がつながって（反応して）非常に巨大な分子となっている．たとえば，エチレン（Ethylene）($CH_2=CH_2$)の二重結合を開き，重合させていくとポリエチレン（Polyethylene）となる．構造式は，エチレンが共有結合で非常に長くつながっていることを表す$-(CH_2-CH_2)_n-$となる．他に，ポリエチレンテレフタラート（polyethylene telephthalate）は頭文字を取ってPETと呼ばれており，生活の中ではPETボトルとして広く用いられている．他には，結合中にアミド結合を持つポリアミドいわゆるナイロンや，フライパンの加工などで用いられているテフロンなども高分子の1つである．

また，実は高分子は人類が最初に加工し，利用した材料の1つである．衣服である麻や綿（セルロース），糊などに使われた天然ゴムやデンプン，その他タンパク質もすべて天然高分子である．これらの材料は現在でも工業的に非常に重要な意味を占めており，多くの研究開発が進められている．

さらに，高分子材料は，自動車用材料や食品用容器等，生活に密接に関わっており，現代の生活を享受するためには，必要不可欠な材料の1つであることは言うまでもない．一例として，自動車用材料について説明する．日本の基幹産業である自動車には，現在重量比で10%，体積比で30%程度の高分子材料が使われている．実際には，内装，シート，コンパネ，タイヤ，バンパーだけではなく，窓の一部やヘッドライトなどの部品，ガソリンタンクなどエンジン内部の部品まで幅広く用いられている．現在，環境対応や燃費の問題などで自動車の軽量化が進められているのに加え，安全性やモジュール化による生産現場の効率化など高分子の利用はさらに高まっている．

さて，より強く丈夫な高分子を作るために，種々の方法があるが，そのうちの1つに高分子結晶を用いることがある．金属や無機材料，無機塩などを研究・勉強されている方は，「高分子は結晶化できる」というと驚かれるかもしれない．高分子は，共有結合を持つ巨大な分子であるが，共有結合の部分のコンホメーションが変化し，特定の繰り返し単位が3次元的に配向を持ち配列をすれば，分子性の結晶となる．高分子は，このような結晶の形態をとれる「結晶性高分子」と結晶化しない「非晶性高分子」に分類できる．結晶性高分子は，ポリエチレン，ポリプロピレン，ポリエチレンテレフタラートなど，一方，非晶性高分子はポリスチレン，ABS樹脂，アクリル，ポリカーボネートなどがある．高分子結晶の存在によって，高分子材料に強度や剛性を与え，「軽くて」「丈夫」な材料の開発が可能になる．

また，高分子材料の特徴の1つとして，自由自在な形状に成形できるというものがある．加熱溶融させた高分子を金型内に射出注入し，冷却・固化させることによって，成形する射出成形，加熱溶融させた高分子材料をパイプ状にして金型で挟み込んで，中に空気を吹き込んで

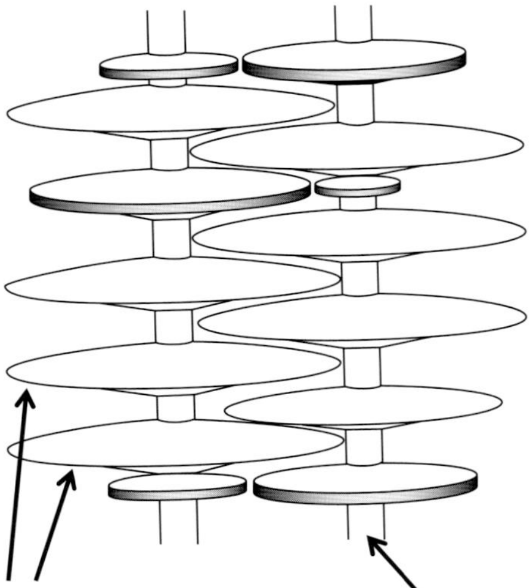

図1 シシケバブ構造の模式図．串の部分が「シシ構造」であり，シシ構造の周りのラメラ晶が「ケバブ構造」である．

成形するブロー成形，高分子を加熱しながらスクリューを回して，シリンダに送りこみながら，よく練って口金から押し出す押出成形など，多種多様な方法で成形されている．結晶性高分子について考えてみると，溶融した高分子には急激な温度変化とせん断などの応力が印加されて，高分子結晶は成長すると考えられる．しかしながら，成形加工中の材料，分子の挙動は非常に複雑であり，成形加工中の結晶性高分子の制御方法の確立は非常に重要な課題である．

今回は，特に流動や延伸など外場中での高分子の結晶化で観測される「シシケバブ構造」について着目する．図1に示すシシケバブ構造は高強度・高弾性率材料や繊維構造の1つであると考えられており[1]，その構造の複雑さ，面白さもあって非常に注目度が高い．シシケバブ構造は2つの要素からなっており，高分子の延伸鎖晶からなる「シシ構造」と，そのシシ構造の周りに存在する「ケバブ構造」から構成され

ている．ケバブ構造は，流動もしくは延伸方向に高分子の分子鎖が並びつつ，エントロピーの効果によって折りたたまれて配列している高分子特有の「折りたたみ鎖ラメラ晶」によって形成されている．これまで，筆者は，せん断印加後の結晶成長プロセスおよびシシケバブ構造形成プロセスについて，放射光を利用した時分割小角・広角同時X線散乱（SAXS, WAXS）測定を行った．SAXS測定では，一般的に10 nmから数100 nmの大きさの密度ゆらぎを観測することが可能である．また，WAXS測定は一般的にはX線回折：XRD（X-ray Diffraction）とも呼ばれており，系内に存在する結晶格子を評価することができる．また，金属塩が核剤として用いられることが多いが，核剤があっても充分X線散乱による評価は可能であることを付け加えておく．具体例として，高分子量成分がシシケバブ構造形成において大きな役割を果たしていること，せん断流動場における結晶化において，シシ構造が形成し，ケバブ構造があとからできることを示した．せん断印加中の構造形成が，実際の成形加工に大きな役割を果たしていた．せん断印加中の高分子鎖の構造変化は，科学的な側面だけではなく，産業応用の面，特に高分子の高強度化，高弾性率化に向けた研究開発の要請は非常に高い．

そこで，本稿では，実際の製品として用いられる高分子の代表例の1つとして，結晶性高分子のアイソタクチックポリプロピレン（以下iPP）を利用した実験結果について報告する．特に，Åからナノスケールの構造形成プロセスや逆に融解プロセスを，時分割SAXS，WAXS測定から明らかにした．なお，これらの研究成果はこれまでの我々のグループでの実験成果をまとめたものである．詳細は各参考文献を参照されたい[2)～5)]．

2. 試料および実験

2.1 試料について

試料は，プライムポリマー社から提供された市販品グレードのアイソタクチックポリプロピレンを用いた．試料の数平均分子量は7.2万，重量平均分子量は30万である．融点は示差走査型熱量測定（DSC）から，昇温速度10℃/minの条件において160℃であることがわかった．さて，高分子は共有結合でつながった非常に巨大な分子であるため，高分子の分子鎖それ自体の運動の緩和時間が存在する．たとえば，高分子全体の緩和を表すレプテーション時間や高分子のいくつかのモノマーからなる緩和を表すRouse時間などがある（他にも分子の振動を表す時間がある）．このような緩和時間の測定手法はいくつかあるが，今回は線形性が保たれる程度の非常に小さいせん断ひずみを試料に与え，それの緩和を測定する，Small Amplitude Oscillatory Shear（極小せん断ひずみ）測定を148℃にて行った．この試料においては試料の持つ最大緩和時間（レプテーション時間）が86秒であり，高分子のセグメントの緩和時間であるRouse時間が2秒であった．

2.2 実験装置について

X線散乱測定におけるせん断温度およびせん断速度の制御はリンカム社製のCSS-450装置を用いた．その場小角・広角同時X線散乱測定は，高エネルギー加速器研究機構・物質構造科学研究所内の放射光科学研究施設（PF）のビームラインBL6Aにて行った．小角側のカメラ長は2.2 mであり，広角側のカメラ長は60 mmであった．なお，入射X線の波長は1.5 Åである．ディテクタとして，小角側（2.2 m）では，浜松ホトニクス社製のC7330型CCDカメラを用いた．また，広角側（60 mm）ではフラット型のCCDカメラである浜松ホトニク

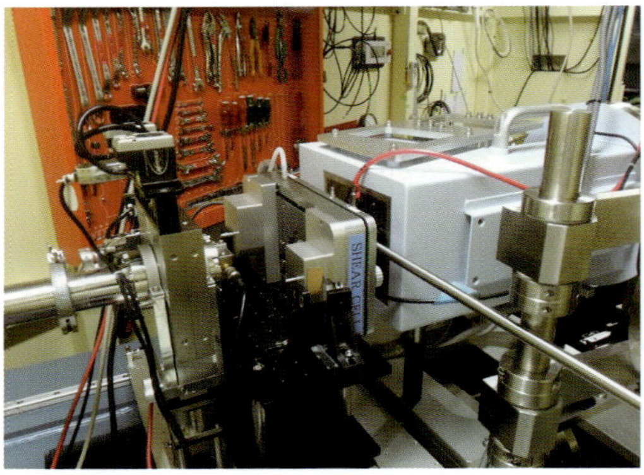

図 2　PF BL6A にせん断セルを設置した様子．

ス社製の C9728DK を用いて，流動印加中および流動印加後の 2 次元散乱像を記録した．実際にセットした様子を図 2 に示す．

2.3 温度条件，せん断条件について

せん断結晶化実験での温度およびせん断条件については以下の通りである．

①試料の履歴を消去するために，iPP サンプルを 210℃にて 5 分間融解

②融点以下の 148℃まで冷却させて，急冷による温度のゆらぎ，試料のゆらぎをできるだけ除去するために 3 分間静置

③せん断速度 100 s^{-1} のせん断を 20 秒間印加

この中で，③のプロセスおよびその後の結晶化のプロセスを放射光 SAXS および WAXS 測定にて評価した．なお，この結晶化温度である 148℃においては，1 時間以上熱処理しても結晶核は全く出現しない条件である．

3. 小角 X 線散乱･広角 X 線散乱の結果

3.1 小角 X 線散乱の結果と配向構造の相関について

図 3 に SAXS プロファイルの時間発展を示す．せん断のごく初期は等方的な溶融体由来の散乱のみが観測された．すなわち，せん断印加直後は，単純に溶融した高分子がせん断によって流動しているだけで，サブミクロンスケールの構造は形成していない．せん断印加 8 秒経過すると，せん断方向に垂直方向にストリーク状の散乱が観測された．垂直方向に出現した散乱プロファイルについては，せん断方向に対して平行に配列した配向構造が出現していることを表している．また，プロファイルがストリーク状であることから，測定できるスケールよりも非常に大きな配向構造が，最初に観測できたこ

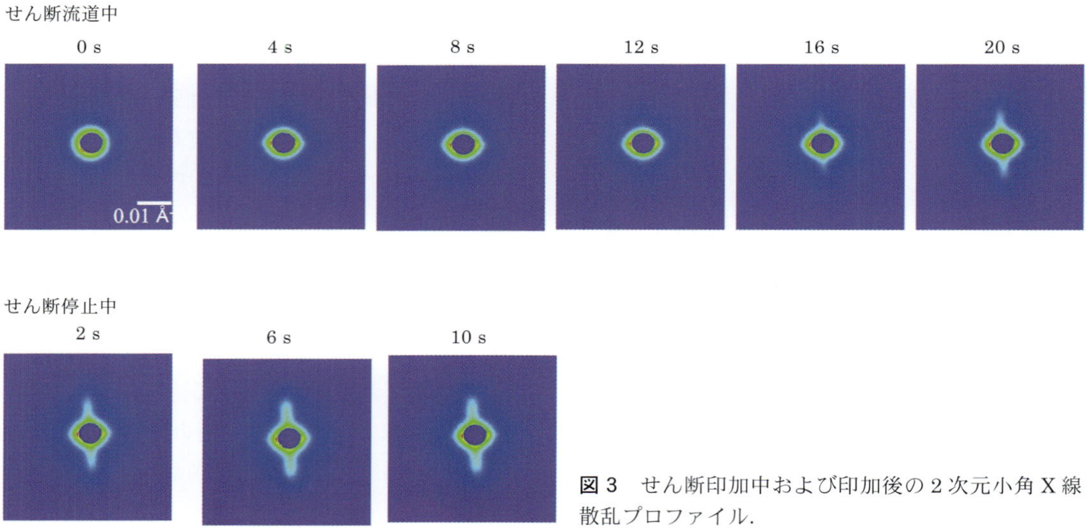

図 3　せん断印加中および印加後の 2 次元小角 X 線散乱プロファイル．

とを表している．さらにせん断を続けると12秒から徐々にせん断に平行方向の散乱が出現し成長していることがわかった．ここで観測されたせん断に平行方向のプロファイルは、せん断方向に並んだ構造を表している．これは，図1のケバブ構造，すなわちせん断方向に積み重なった「ラメラ構造」に起因していると考えられる．また，このラメラ構造の相関は「長周期」と呼ばれる．この場合，大きさは約30 nmと推測される．すなわち，この温度，せん断条件においては，せん断印加中にすでにラメラ構造が成長を始めており，しかも配向しながら徐々に増大していることが示唆される．

さらに，せん断停止後の散乱プロファイルは，そのまません断方向に配向した「ラメラ構造」，いわゆる「ケバブ構造」による散乱は，ほとんど変化することなくそのまま存在した．これらのことから，

①ラメラ構造の出現よりも早い段階で，せん断方向に平行な配向構造が観測され，その後，ラメラ構造が成長していること

②せん断印加停止後もケバブ構造は消失することがないこと

がわかった．①より，ラメラ構造の成長より早い段階で，配向構造が成長し始めており，ラメラ構造，すなわち「シシケバブ構造」の一種の前駆体として働いていることを表している．シシケバブ構造の前駆体については，これまで我々のグループではアイソタクチックポリスチレンで観測することに成功している[5]．また，同種の実験を利用して，流動印加中についてもミクロンスケールの配向構造を観察した[2)3]．その中身は，結晶コンホメーションからなるドメインであるという意見や結晶そのものである[6]などの議論がある．また，②より，せん断印加終了後になっても，ミクロンスケールの配向構造が消失しないのは，配向構造内部にケバブ構造，すなわち配向した結晶ラメラが存在しているためであると考えられる．

3.2 広角X線散乱の結果

さらに，せん断印加中および印加終了直後の結晶構造および結晶成長について議論するために時分割WAXS測定を行った．その結果を図4に示す．その結果，まずせん断印加直後から12秒間はほぼプロファイルに大きな変化は見られなかった．すなわち系内に結晶や液晶由来の構造は見られないことを表してい

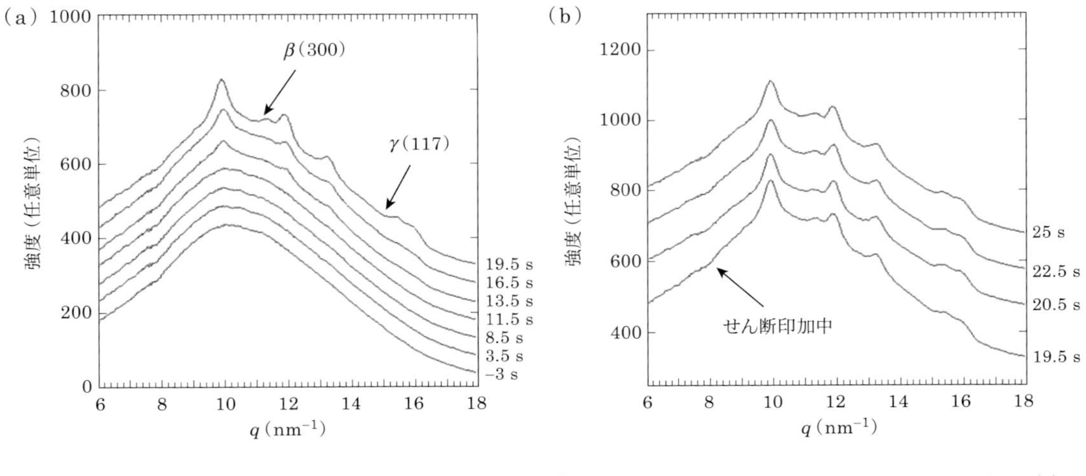

図4 せん断印加中および印加後の広角X線散乱プロファイル．Reprinted with permission from (2). Copyright 2013 American Chemical Society.

る．一方，SAXS 測定でラメラ構造が観察された 12 秒後から，iPP の α 晶に由来する (110)，(040)，(130)，(111/041) による反射が観察された．せん断を印加しない場合，この温度条件においては，結晶成長しないことから，すなわち，せん断によって，結晶核生成が促進されると考えられる．さらに，せん断印加中において，この温度条件で観測される α 晶だけではなく，ごくわずかであるが結晶化温度の高い条件で観測される β 晶由来の (300) および非常に強い一軸および二軸延伸時に観測される γ 晶由来の (117) 反射も成長していた．これらのことから，せん断の印加がない聖地場において，結晶核が生成しない高温条件におけるせん断印加において，α 晶だけではなく，高温相の β 晶が観測されること，さらに，高分子鎖が引き伸ばされて，そこから結晶成長が始まっているため，延伸時に見られる γ 晶が成長したと考えられる．

さらに，せん断印加後の WAXS プロファイルを精密に観測する．特に，系内での結晶の存在比を表す結晶化度に着目した．結晶化度の時間変化を図 5 に示す．結晶化度は WAXS プロファイルの結晶およびアモルファス由来の強度の面積比に依存する．せん断印加中およびせん断印加後の結晶化度を見積もると，せん断印加直後の 8.9％からわずかながら減少し，その後増大していることがわかった．詳細は図 5 にまとめた．すなわち，せん断印加中は順調に結晶化度が増大していたもののせん断停止後に減少し，再び増大に転じることがわかった．この結晶化度の挙動について，次項でまとめて議論する．

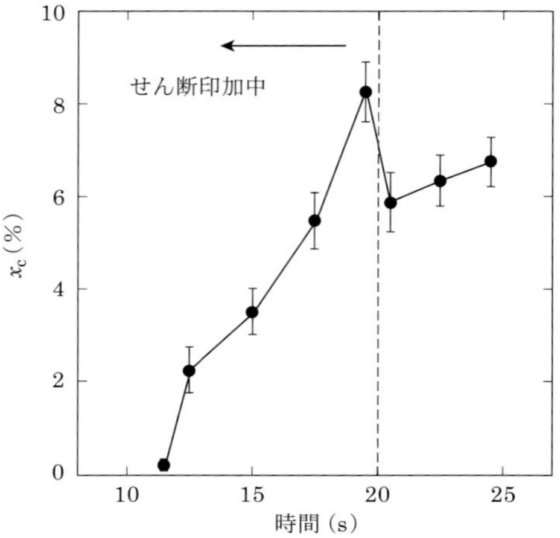

図 5 せん断印加中および印加後の結晶化度の変化. Reprinted with permission from(2). Copyright 2013 American Chemical Society.

3.3 結晶化度の挙動についての議論

まず，融解について熱力学的な観点から議論をしたいと思う．ある温度 T における Gibbs の自由エネルギーの変化 ΔG は，エンタルピーの変化 ΔH，エントロピーの変化 ΔS を用いて次式のように記述することができる．

$$\Delta G = \Delta H - T\Delta S \quad (1)$$

また，高分子の結晶の厚みは平衡融点 T_m^0 からの過冷却度に依存している．平衡融点とは，無限大の厚みを持つラメラ晶の融点であると定義されている．当然，平衡融点では Gibbs の自由エネルギーの変化はゼロなので

$$T_m^0 = \Delta H / \Delta S \quad (2)$$

という式が導出される．ここで，せん断流動によってエントロピーおよびエンタルピーが変化するという仮定を置く．せん断速度 $\dot{\gamma}$ の場合における変化量をそれぞれ δH および δS とすると，せん断速度 $\dot{\gamma}$ の場合の平衡融点 T_m^0 は，

$$T_m^0(\dot{\gamma}) = \left(\Delta H - \delta H(\dot{\gamma})\right) / \left(\Delta S - \delta S(\dot{\gamma})\right) \quad (3)$$

となる．せん断印加によってごくわずかであるが異なった結晶が観測されるものの，ほぼ α 晶であることから，エンタルピーの変化はほとんどないとみなすことができる．よって，$\delta H(\dot{\gamma}) = 0$ と考えられる．一方，エントロピーの変化に着目するとせん断印加により高分子鎖

は配向するため，$\delta S(\dot{\gamma})>0$となる．すなわち，せん断印加中の平衡融点は，せん断印加前（静置場）の平衡融点よりも高く$T_m^0(\dot{\gamma})>T_m^0(\dot{\gamma}=0)$となる．すなわちせん断印加により見かけの過冷却度が大きくなるために結晶成長や配向構造の成長が観測されるという実験結果を説明することができる．さらに，せん断停止直後に結晶化度が減少することについても同様に考えられる．すなわち，せん断印加中は平衡融点が高くなるため，過冷却度が大きくなり結晶が存在できるが，せん断停止後は平衡融点が低下するため，過冷却度が小さくなり，結晶化度がその分減少する．ただし，静置場の平衡融点よりもせん断を印加している温度が低いため，一部の融解しなかった結晶を中心にして結晶成長が起こっていると考察した．ここでは，融解していない結晶はせん断方向に配向した結晶であり，そこを起点として（核として）成長するために，配向ラメラ構造が成長したものと推測される．

4. まとめ

結晶性高分子の成形加工中のプロセスのうちで，「せん断印加中の配向構造形成プロセス」に着目して，小角･広角 X 線散乱測定で追跡した．まず，比較的大きい配向構造が出現した後，せん断方向に配向した結晶ラメラ構造が存在していることがわかった．また，広角 X 線散乱より，せん断流動中の結晶化度の増大，および停止後の減少，その後の増加が観測された．これらはせん断によって配向した分子鎖の存在による，エントロピーの変化によって説明ができる．

謝　辞

本研究は，趙雲峰博士（山形大学）が中心に進めたテーマである．また，研究を実施するにあたり，山形大学の伊藤浩志教授，高エネルギー加速器研究機構の清水伸隆准教授，五十嵐教之准教授のご協力があったことに感謝したい．

参考文献

1)　A. J. Pennings and A. M. Kiel: Colloid. Z. Z. Polym., **205** (1965), 160-162.
2)　Y. Zhao, G. Matsuba, K. Hayasaka and H. Ito: Macromolecules, **46** (No.1) (2013), 172-178.
3)　趙雲峰，松葉豪：PF News，**32**（2014），14-17.
4)　松葉豪，趙雲峰，寺谷誠，林祐司，高山義之，荻野慈子，西田幸次，金谷利治：高分子論文集，**66**（2009），419-427.
5)　Y. Zhao, G. Matsuba, T. Moriwaki, Y. Ikemoto and H. Ito: Polymer, **53** (2012), 4855-4860.
6)　T. Kanaya, A. Inga, T. Fujiwara, R. Inoue, K. Nishida, H. Ogawa and N. Ohta: Macromolecules, **46** (2013), 3031-3036.

放射光とプリンテッドエレクトロニクス
―塗布型有機 TFT の高性能化に向けて―

長谷川達生，荒井俊人

溶解性と層状に自己組織化する性質を併せもつπ共役系有機分子は，近年，塗布により優れた薄膜トランジスタ（TFT）を形成できることが見いだされ，（プリンテッドエレクトロニクスと呼ばれる）溶液を介したデバイス製造技術の研究が盛んに行われている．本稿では，放射光が，デバイス特性を決定づける分子配列構造の同定に果たす役割を主題としつつ，溶液中での分子秩序化を巧みに制御し高性能半導体層を構築する我々の取り組みを紹介する．

1. はじめに

放射光は，自在な波長選択性，高い輝度，高い指向性など，通常の光源にはない優れた特徴と利便性を有し，物質科学の最先端の研究を行うための欠かせない手段となっている．われわれが取り組む有機分子エレクトロニクスの研究開発においても，基本的なデバイス性能を決定づける有機分子どうしの配列（凝集）構造を明らかにするうえで，放射光は，まさに「切り札」とも言うべき存在である．

本稿では，その実例を，われわれの取り組みをもとに紹介する．

2. 研究の狙いと放射光の役割

具体例を示す前に，まずここでは，研究の狙いと放射光の役割について概要を述べる．有機半導体は，分子内に共役π電子系を持つ有機分子を基本単位とし，これらが集合体を形成することにより得られる[1]．図1は，分子の自己組織化によって半導体機能が発現する様子を模式的に示している．

これらの構成分子は一見複雑に見えるが，固体（集合体）としての電子構造は，分子内（の一部または全体）に広がったπ電子軌道と，これを基底とし，隣接分子間のπ電子相互作用をもとに形成された，比較的幅の狭い強結合近似的なバンドにより基本的な理解が得られるとされる．図1右に，本研究で対象とした有機薄膜トランジスタ（Thin Film Transistor；TFT）の素子構造を模式的に示す．TFT は，ゲート電圧印加によりゲート絶縁層との界面近傍にキャリアを蓄積し，半導体界面に沿ったキャリア輸送により動作するデバイスである[1)2)]．TFT 構築には，絶縁層との良好な界面を構築する，す

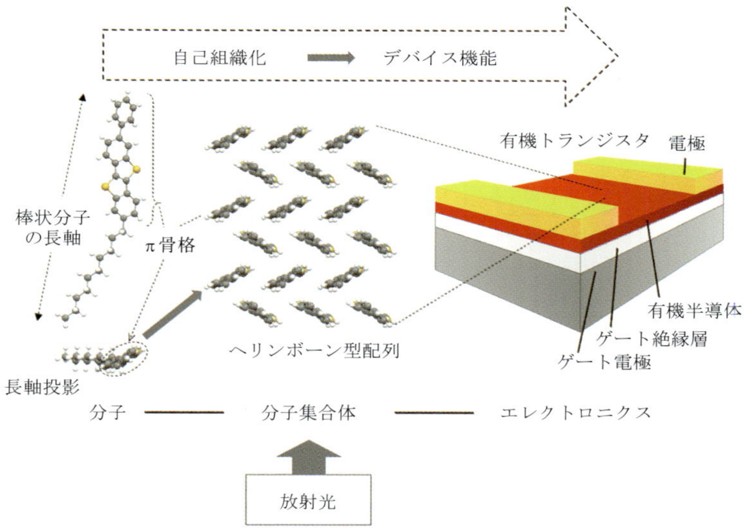

図 1　分子の自己組織化による半導体機能の発現.

なわち層になりやすい性質を持った有機分子材料が適しており，とりわけその高性能化には，絶縁層との界面に，分子が規則正しく配列秩序化した 2 次元的なチャネル半導体層を形成し，かつ構成分子間に強い π 電子相互作用があることが有効である.

近年，これら TFT を含む各種の電子デバイスを，従来の真空製膜プロセスに替えて，各種の溶剤に溶かした（または分散させた）液体を介して構築するデバイス製造技術の研究が盛んに行われている．液体を介した常温・常圧付近のプロセスを用いることにより，大面積でフレキシブルな電子デバイスを，省資源・省工程・省エネルギーに製造できると期待される．さらに，流動性インクのパターン塗布法である印刷技術を取り入れる試みは「プリンテッドエレクトロニクス（printed electronics）技術」と呼ばれ，これによりデバイス製造技術の革新を目指す研究開発が，世界的に活発に進められている[1)2)]．ただ一般的な印刷技術を用いて，たとえば有機半導体の溶液を基板上にそのまま塗布しても，十分な TFT 性能を得ることはできない．そこでの研究課題は，TFT 構築に適した層状に自己集積する性質を持った優れた分子材料を用いて，かつこれら素材の特徴を活かし，溶液中における分子の自発的な配列秩序化を巧みに制御することで，高均質・高性能・高精細な TFT アレイ製造を実現することにある.

これらの研究開発における放射光の役割を，図 2 に模式的に示す．有機分子材料による結晶は，炭素や水素など多数の軽元素から構成された（比較的）複雑な単位胞からなる．このため分子に固有の配列構造を明らかにするためには，バルク単結晶を用いた多数のブラッグ反射の測定と，これらにもとづく詳細な結晶構造解析が不可欠である．一方，デバイス化に必須の薄膜では，膜厚が数 nm ～数十 nm に限られるため，フル構造解析に必要な多数のブラッグ反射測定は現実的に困難になる．また結晶構造が既知であっても，結晶性薄膜から十分な回折強度や反射強度をかせぐことは容易でなくなる．さらにポリマー薄膜や多結晶薄膜の配向秩序度を見きわめるには，高い分解能の回折測定が必須となる．放射光は，これらの分子配列構造を

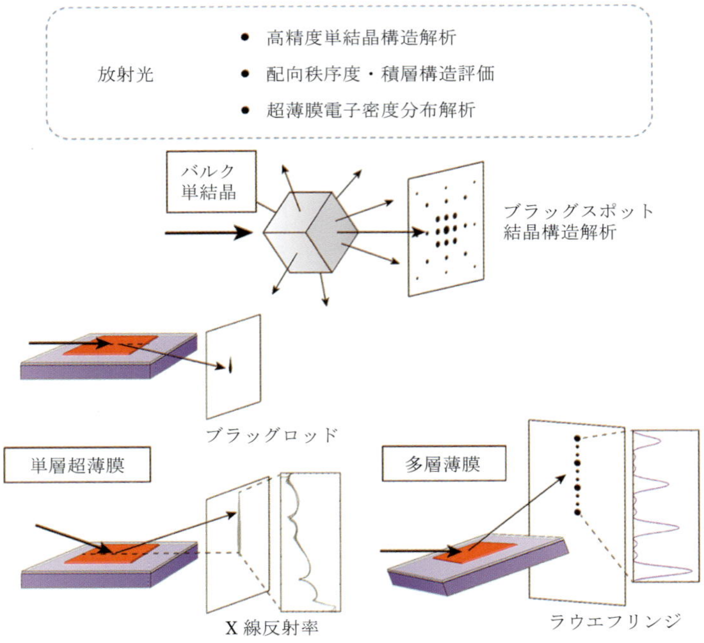

図 2　放射光を用いた分子集合体の配列構造解析と，各種の X 線回折・散乱現象．

決定するうえで，きわめて大きな威力を発揮するのである．

3.　塗布型半導体層構築と放射光による評価

3.1　印刷法で構築する単結晶薄膜からの X 線回折

まず微小液滴を塗布するインクジェット印刷法を用いて，高品質な有機半導体薄膜を形成する取り組みと，その結晶性評価について紹介する[3]．図 3 (a) に，用いた 2, 7- ジオクチル - ベンゾチエノベンゾチオフェン (C8-BTBT) 分子の分子構造を示す[4]．この分子は，分子長軸の向きを揃えて配列秩序化した分子層を形成し，層どうしは互いのアルキル鎖末端が接するのみであるため，各層の独立性が比較的高く，結果として高い層状結晶性が得られる（図 3 (b)）．各層内では，隣接分子は，face-to-edge と fact-to-face の 2 種の配置からなるヘリンボーン (herringbone) 型配列構造をなす（図 3 (b)）．これより得られる層状ヘリンボーン構造は，隣接する π 電子骨格どうしの π 電子相互作用により，2 次元的な優れたキャリア輸送性を示す有機 TFT を与えることが知られる．

図 3 (c) に，高均質な単結晶薄膜を得るため開発したインクジェット印刷法を模式的に示す[3]．ここでは 2 基のインクジェットヘッドを用い，異なる液体を同一位置に着滴させることを特徴とする（ダブルショット・インクジェット法）[5]．このような手法を用いる理由は，溶液の単純な着滴のみでは，溶媒蒸発と結晶化が同時に起こり，乾燥時の液滴内における流動のため，層の著しい不均質化（コーヒー染み効果）が生じるからである．ここでは，いわゆる貧溶媒添加法を利用する．まず第 1 のヘッドから半導体を溶かしにくい貧溶媒を着滴し，続いて第 2 のヘッドから半導体溶液を同一位置

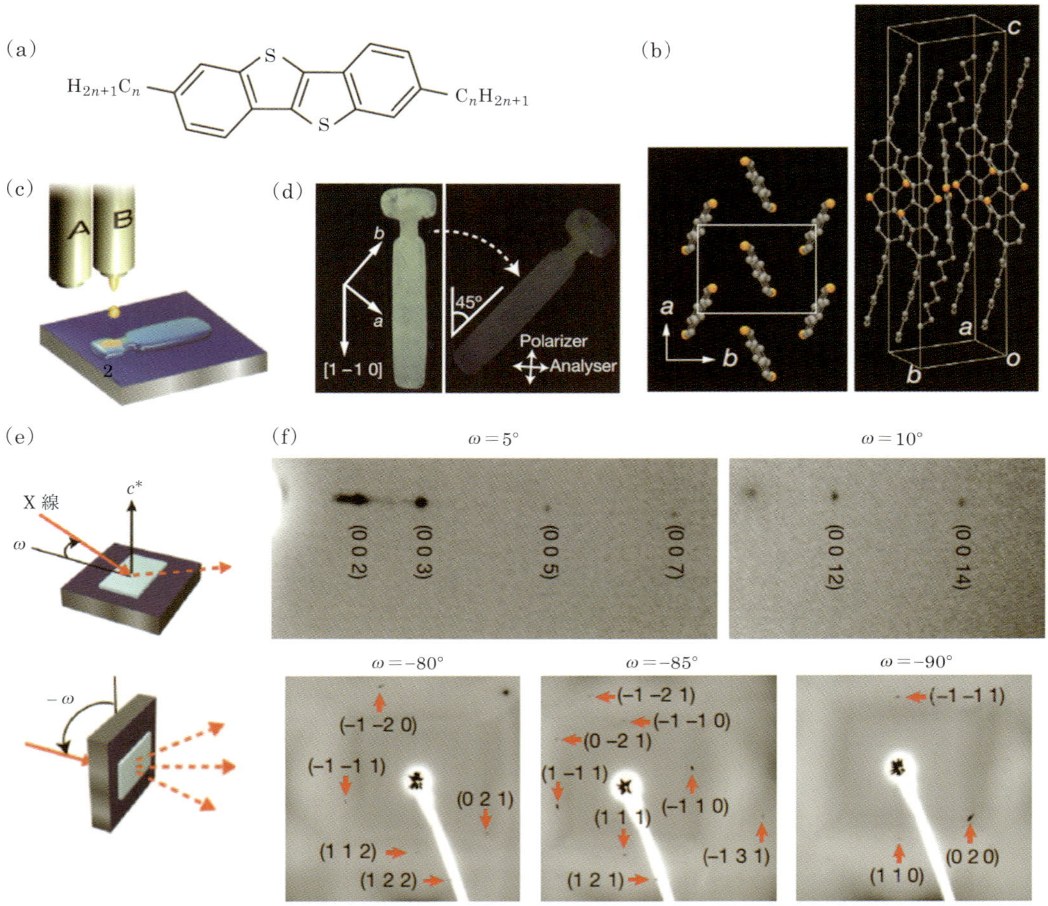

図 3 インクジェット印刷法により形成した有機半導体単結晶薄膜とX線回折像[3]. (a) C8-BTBTの分子構造, (b) 結晶の分子配列構造, (c) インクジェット印刷法の模式図, (d) クロスニコル顕微鏡像, (e) X線回折の実験配置, (f) X線回折像.

に着滴する. 貧溶媒が介在することで, 固体層形成と溶媒蒸発が別々に起こり, 溶媒蒸発に伴う膜の不均質化を回避できる. さらにこれに加えて, インクジェット法で扱う微小液滴どうしの混合過程は, 通常の巨視的液体の混合の場合と大きく異なり, 表面張力が挙動を支配する[6]. このため適切な溶媒の組み合わせを選ぶことにより, 貧溶媒液滴の表面に半導体溶液の薄い液膜の形成が起こり, 結果として高均質な薄膜が得られることが明らかになっている. 実際, 薄膜成長過程の観察をもとに, 気液界面における薄膜形成が確認され, その薄膜形成機構が分子動力学法を用いて議論されている[7]. さらにこの点を活用し, 図に示したくびれ部のある形状を用いた印刷を行うことで, ここを起点にした単結晶薄膜の形成が可能である. 図3(d)に, クロスニコル偏光顕微鏡を用いて, 得られた薄膜の光学異方性を観察した結果を示す. 薄膜面に垂直な軸回りの回転に対し, 薄膜全体が一様に明るい像から暗い像に変化する様子が観察されており, 薄膜全体が同一の光学異方性からなる単一ドメインであることがわかる.

これらの薄膜について, 放射光X線を薄膜に入射させた際に得られた面外回折, および面内回折（図 3 (e)）の測定結果を図 3 (f) に示す．単一ドメイン結晶薄膜であるため，薄膜を回転させながら露光する振動写真法による回折測定によって，面内分子配列による各指数を含む多数のブラッグ反射が観測された．これより，バルク単結晶と同一の単位胞（空間群 $P2_1/a$, a = 5.91 Å, b = 7.88 Å, c = 29.12 Å, β = 91.0°, V = 1357 Å^3）を持つ単結晶薄膜であることが確認された．図 3 (b) に示す分子層と基板面は平行で，薄膜の高い結晶性と放射光の高い輝度を反映し，層の積層方向の周期構造に由来した，14 次までのブラッグ反射が観測された．これより，非常に良質な単結晶薄膜が得られていることが確認された．

3.2 ポリマー半導体薄膜の配向秩序度

π 電子系有機半導体にはポリマー（高分子）系と低分子系があり，ポリマー系は低分子系に比べ特性はやや劣るが，簡易な製膜性という観点から，実用上の期待は大きい．図 4 (a) に，典型的なポリマー半導体として知られるポリ -3- ヘキシルチオフェン（P3HT）の分子構造を示す[8]．この分子では，分子面が基板表面に対して垂直に立った edge-on 型に並ぶことにより（図 4 (b)），分子配列の高い秩序性を有する薄膜が得られる．これらの材料では，スピンコート法による製膜が一般的であり，歴史的にも，可溶性ポリマー半導体の発見と，スピンコート法を用いた簡易なデバイス製造技術の進展が，プリンテッドエレクトロニクスの概念が形づくられるきっかけとなっている．ただスピ

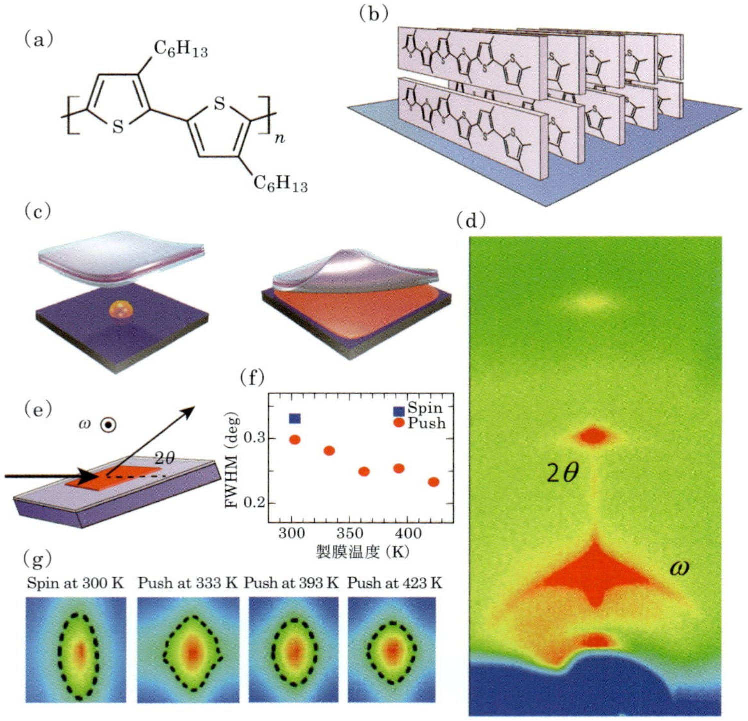

図 4　プッシュコート法により形成したポリマー半導体薄膜と X 線回折像[9]．(a) P3HT の分子構造，(b) 基板表面上のポリマーの分子配列構造の模式図，(c) プッシュコート法の模式図，(d) 薄膜 X 線回折像，(e) X 線回折の実験配置，(f) 回折線幅の製膜温度依存性，(g) 各製膜温度で作製した薄膜回折像．

ンコート法は材料損失が大きいうえに，撥水性の高い表面上への製膜は著しく困難である．また一方，高撥水（すなわち表面エネルギーの低い）なゲート絶縁層上に有機半導体薄膜を形成すると，安定なデバイス動作が得られることが，近年明らかになっている．このためスピンコート法に替る，新たな製膜法の開発が求められている．

ここでは，溶液中の溶媒のみを吸収する性質を持ったシリコーン（silicone）ゴムスタンプを用いた，材料損失のきわめて少ない新たな製膜技術（プッシュコート法）を紹介する[9]．図4（c）に，プッシュコート法の概念図を示す．まず基板上に少量のポリマー半導体溶液を滴下し，その上からスタンプを溶液が基板上に濡れ広がるように圧着し，基板−スタンプ間に均一な溶液層を形成する．この状態で5～20分間待つことでスタンプによる溶媒抽出が生じ，ポリマー半導体膜が形成される．最後に薄膜からスタンプを剥離する．一般に高い沸点の溶媒は蒸発が遅く，スピンコート法での製膜は非常に難しいが，この方法を用いることで，高撥水処理したゲート絶縁層表面上に，前述のP3HTなどのポリマー半導体膜をほぼ材料損失なく製膜できる．プッシュコート法に適したスタンプには，高耐溶媒性を示すフッ素系シリコーン層を中間層に持ち，表面層として平坦なポリジメチルシロキサン（PDMS）層で挟んだ3層構造体が，スタンプの形状安定性の点で有用であった．また製膜後のスタンプの薄膜からの剥離性の点でも，溶媒がPDMS層内に保持され，スタンプ表面の半濡れ状態が持続するため，薄膜を基板上に完全に残した製膜が可能である．

図4（d）に，プッシュコート法により製膜したP3HT薄膜について，放射光X線による回折強度分布を示す．図4（e）に示す2θ軸方向に，edge-on型の一軸性多結晶薄膜に由来した，明瞭な（100）回折ピークが観測されている．プッシュコート法では，高沸点の溶媒を利用し，結晶性薄膜の成長温度や成長時間を幅広く制御できる．図4の（f）および（g）に，製膜時の温度を変えて作製したプッシュコート膜の（100）回折ピーク近傍の強度分布を，スピンコート膜のものと併せて示す．放射光による高い角度分解能の回折実験の特徴を活かし，製膜温度の上昇とともに回折ピークの線幅が狭くなる様子が明瞭に見られている．回折強度分布の解析から，スピンコート膜は2θ軸方向にピークが伸び，分子層間の距離がばらついている（1.64～1.69 nm）のに対し，150℃の高温で製膜したプッシュコート膜では，分子層間の距離が均一（1.64 nm）になることがわかった．これより，高温での製膜はポリマー鎖どうしの配列秩序の度合い（結晶性）を向上させる上で有効なことが明らかになった．

3.3　多層2分子膜構造の構築とラウエフリンジ観測

π電子骨格をアルキル鎖で置換することにより，溶媒に対する溶解度が増し，溶液法による製膜に適した有機半導体を得ることができる．実際，前節までに述べたいずれの分子も，アルキル鎖で置換した分子が用いられている．3.1で述べたC8-BTBTは，π電子骨格の両側を長さの等しいアルキル鎖で置換した反転対称な分子である．これに対し，最近，π電子骨格の片側を一定の長さ以上のアルキル鎖で置換した非対称分子を用いると，反転対称な分子と比べて，格段に高い層状結晶性を示す半導体が得られることが明らかになってきた．

その代表的な例として，図5（a）に，2-フェニル-7-アルキル-ベンゾチエノベンゾチオフェン（Ph-BTBT-C_n）の分子構造を示す[10)11)]．この分子材料系に関して，アルキル鎖（$-C_nH_{2n+1}$）の長さの変化とともに，溶解度と結晶構造がどのように変化するかが詳細に

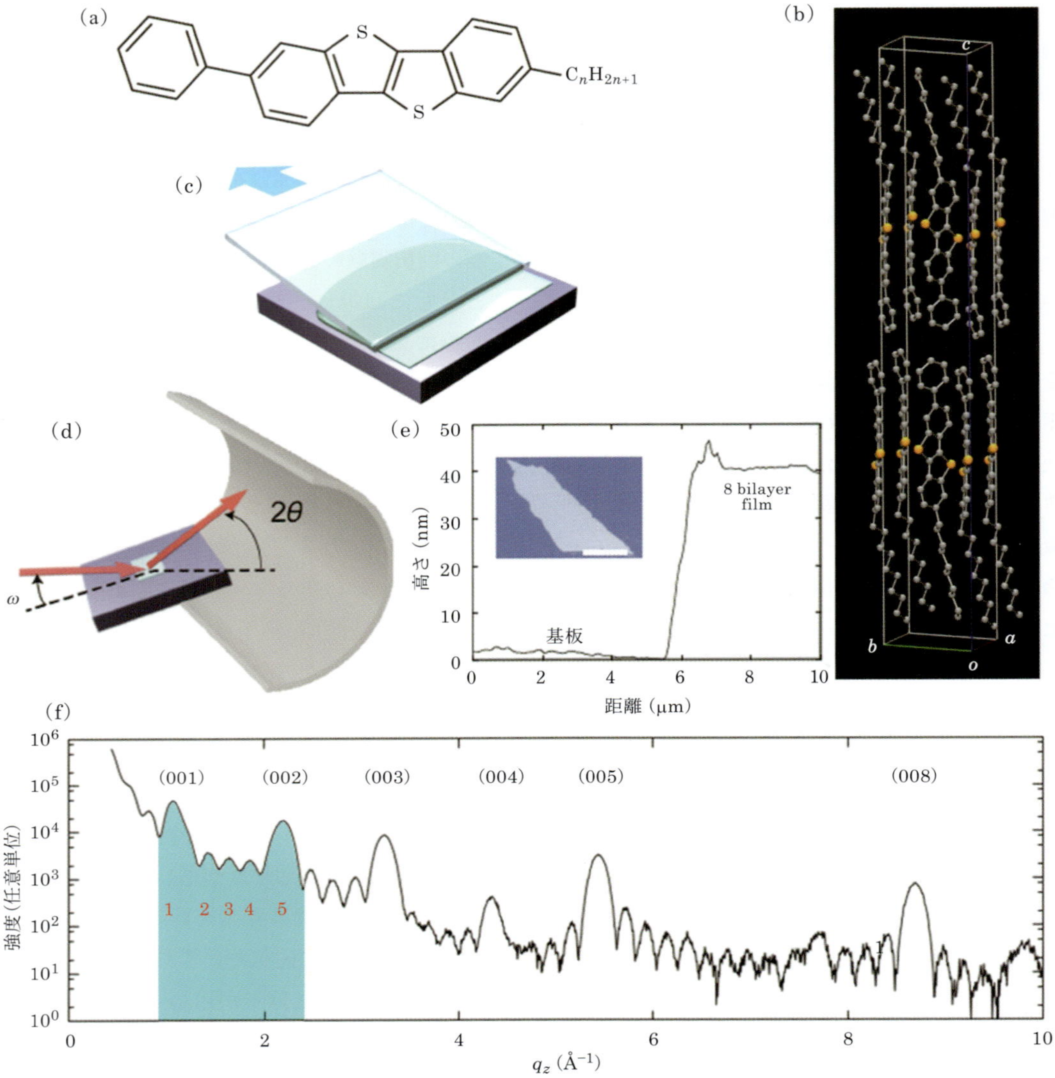

図 5　多層 2 分子膜構造の構築と X 線回折[14]．(a) Ph-BTBT-C10 の分子構造，(b) 結晶の分子配列構造，(c) ブレードコート法の模式図，(d) 薄膜 X 線の実験配置，(e) 層数一定単結晶薄膜の顕微鏡写真と原子間力顕微鏡像，(f) 5 層積層した薄膜によるラウエフリンジパターン．

調べられている[12]．図 5 (b) に，$n = 10$ のアルキル鎖長を持つ分子について，X 線結晶構造解析より求めた分子パッキング構造を示す．ここでは，非対称な棒状の有機分子が，分子の向きを揃えて横つながりに層をなした単分子層が形成され，かつ 2 つの向きの異なるこれら分子層が，π 電子骨格の先端どうし，あるいはアルキル鎖の末端どうしを互いに向かい合わせるにように積み重なった構造を形成する．生体細胞膜 (脂質 2 分子膜) に似たこれら層状構造を，2 分子膜構造と呼ぶ．Ph-BTBT-C_n 系では，アルキル鎖が $n = 5$ 以上の場合に同型の構造をとる．一方，$n = 4$ 以下の場合は，分子層が形成されない，あるいは層内で分子の向きが互い違いになる．$n = 5$ 以上の場合の分子層形成には，π 電子骨格間の相互作用に加えて，アルキル鎖どうしの引力相互作用が寄与していることが，高精度の量子化学計算により明らかになっている[13]．結果として，2分子膜構造の形成により，層状結晶性にきわめて優れ，再結晶により得られる単結晶も薄過ぎて単結晶構造解析すら容易ではない材料系が得られている．

実際これら材料を用いると，たとえば図5(c)に示すブレードコート法のような簡易な塗布法を用いることで，分子レベルで均質な薄膜を得ることができる[14]．膜厚の均質な領域は，数ミリメートル四方に及ぶ．薄膜表面には，2分子膜の厚みに相当した段差に由来するステップ構造が見られることが，原子間力顕微鏡により確認される．これらの薄膜を，100 nm程度の厚みの酸化膜つきSi基板上に形成すると，酸化膜内の光干渉のため，分子レベルの厚みを容易に見分けることができる．これにより，高性能TFTの構築に適した分子レベルで薄く大面積に広がった半導体薄膜が得られる．Si基板上に形成した単結晶薄膜について，膜厚(すなわち2分子膜の層数)が一定の領域を選びだし，放射光X線を用いてその領域からのX線回折を測定した(図5(d)，(e))．測定結果には，有機薄膜では例外的に，ラウエ関数に類似したラウエフリンジが明瞭に観測された(図5(f))．

3.4 単層2分子膜構造の構築と層内電子密度解析

前述した2分子膜構造を形成する材料系を用いて，最近，単層のみの2分子膜からなる，超極薄で高均質な半導体薄膜が得られるようになった[15]．ここでは単層化のため，π電子骨格に連結したアルキル鎖の長さが可変であるという特徴を用いている．図6(a)に，製膜のため用いた，異なる長さのアルキル鎖からなる2種の分子(Ph-BTBT-C6とPh-BTBT-C10)の分子構造を示す．単層2分子膜の製膜は，これら分子の混合溶液を用いたブレードコート法により行う．これにより，前節で述べた多層膜の形成が抑えられ，薄膜全体にわたって膜厚の均質な単層2分子膜が得られる．製膜条件の最適化による大面積化も容易であり，Siウエハー全面(面積100平方センチメートル)にわたる単層2分子膜の形成も可能であった(図6(b))．そこでは，アルキル鎖長のばらつきのため2分子層表面に形成された凹凸(図6(c))が，積層による多層化を抑制していると考えられる．

超極薄の単層2分子膜における分子配列構造を評価する上で，高い輝度を持つ放射光の利用は本質的に重要である．単層2分子膜には，積層方向の周期性はない．このため，薄膜からのX線回折像はスポット状にはならず，分子層内の配列秩序による回折条件を満たしたロッド状になる傾向が見られた(図6(d))．さらに放射光の高い分解能を活かし，分子層内の配列秩序に由来したブラッグ反射を調べた．その結果，単層2分子膜の格子定数は，長鎖アルキルからなる分子(Ph-BTBT-C10)ではなく，短鎖アルキルからなる分子(Ph-BTBT-C6)の格子定数に近いことがわかった(図6(e))．これより，単層2分子膜内の分子配列構造は，短鎖長のアルキルまでで決定づけられ，長鎖アルキルの余剰部分は，層の凹凸を与える役割を担うことが実験的に証拠づけられた．

図6(f)に，単層2分子膜からのX線反射率の入射角度依存性を示す．そこでは，面間方向に周期性はないため，単層2分子膜の電子密度分布が直接反映されていると考えられる．その角度分布スペクトルは，π電子骨格どうしが向かい合って形成された単層2分子膜を仮定した電子密度分布(図6(f)の挿入図)にもとづくX線反射率のシミュレーション結果と良い一致を示す一方，アルキル鎖どうしが向かい合った単層2分子膜の仮定のもとでのシミュレーション結果とは一致しない結果が得られた．これよ

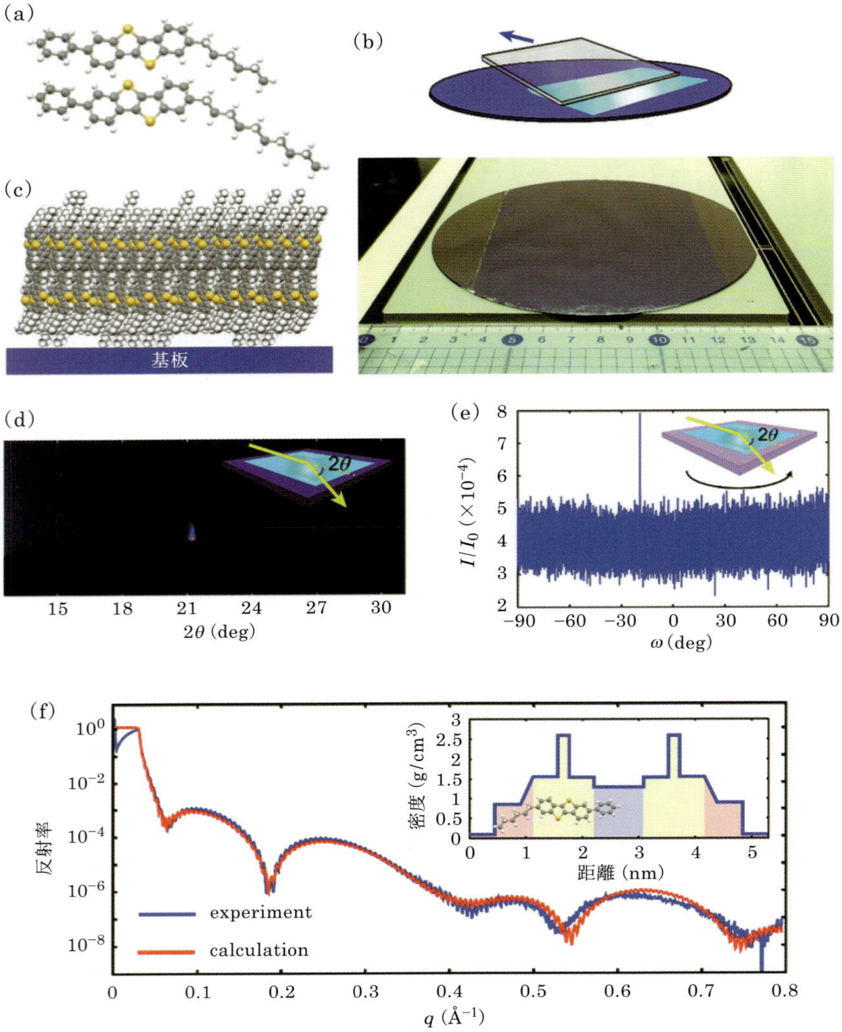

図 6 フラストレート型単層 2 分子膜の構築とその構造解析[15]．(a) 鎖長の異なる Ph-BTBT-Cn の分子構造，(b) 製膜法と得られた大面積薄膜の写真，(c) フラストレート単層 2 分子膜の模式図，(d) 面内 X 線回折写真，(e) 回折像，(f) X 線反射率の実験結果（青）と電子密度（インセット）にもとづくシミュレーション結果（赤）．

り，π 電子骨格どうしが向かい合って形成されるという単層 2 分子膜の分子配列が，実験的に明確に証拠づけられた．

4. おわりに

プリンテッドエレクトロニクス技術にもとづくイノベーションの実現を目指し，有機 TFT を高性能化するための，有機半導体材料と薄膜プロセス技術の一体的な研究開発における最近の進展について紹介した．有機 TFT の高性能化を図るうえで，有機半導体層内の分子配列構造を明らかにすることは決定的に重要である一方，有機半導体結晶は単位胞が比較的複雑で，かつ X 線散乱能の低い軽元素からなるため，X 線回折・散乱等の測定は常に大きな困難を伴う．

そこでは，通常の光源と比べ波長選択性・輝度・指向性の点で圧倒的に優れた放射光は，きわめて重要な役割を果たしており，今後も担い続けていくと考えている．

謝　辞

本稿で紹介した有機半導体薄膜に関する研究成果は，峯廻洋美博士（産業技術総合研究所），野田祐樹博士（現，大阪大学産業科学研究所），井川光弘博士（現，パイクリスタル株式会社），山田寿一博士（産業技術総合研究所），井上悟博士（現，日本化薬株式会社），浜井貴将氏（東京大学大学院工学系研究科博士課程）等の多くの方々との共同研究によるものです．またここに述べた薄膜X線回折・散乱の実験は，高エネルギー加速器研究機構の熊井玲児教授との共同研究のもと，同機構の放射光科学研究施設（フォトンファクトリー）シンクロトロン放射光を用いて行われました．

参考文献

1) Organic Electronics Materials and Devices, ed. by S. Ogawa, Springer, (2015).
2) H. Sirringhaus: Adv. Mater., **26** (2014), 1319-1334.
3) H. Minemawari, T. Yamada, H. Matsui, J. Tsutsumi, S. Haas, R. Chiba, R. Kumai and T. Hasegawa: Nature, **475** (2011), 364-367.
4) H. Ebata, T. Izawa, E. Miyazaki, K. Takimiya, M. Ikeda, H. Kuwabara, and T Yui: J. Am. Chem. Soc., **129** (2007), 15732-15733.
5) M. Hiraoka, T. Hasegawa, T. Yamada, Y. Takahashi, S. Horiuchi and Y. Tokura: Adv. Mater., **19** (2007), 3248-3251.
6) Y. Noda, H. Minemawari, H. Matsui, T. Yamada, S. Arai, T. Kajiya, M. Doi and T. Hasegawa: Adv. Funct. Mater., **25** (2015), 4022-4031.
7) M. Yoneya, H. Minemawari, T. Yamada and T. Hasegawa: J. Phys. Chem. C, **121** (2017), 8796-8803.
8) H. Sirringhaus, P. J. Brown, R. H. Friend, M. M. Nielsen, K. Bechgaard, B. M. W. Langeveld-Voss, A. J. H. Spiering, R. A. J. Janssen, E. W. Meijer, P. Herwig and D. M. de Leeuw: Nature, **401** (1999), 685-688.
9) M. Ikawa, T. Yamada, H. Matsui, H. Minemawari, J. Tsutsumi, Y. Horii, M. Chikamatsu, R. Azumi, R. Kumai and T. Hasegawa: Nature Commun., **3** (2012), 1176;1-8.
10) H. Iino, T. Usui and J. Hanna: Nat. Commun., **6** (2015), 6828; 1-8.
11) H. Minemawari, J. Tsutsumi, S. Inoue, T. Yamada, R. Kumai and T. Hasegawa: Appl. Phys. Exp., **7** (2014), 091601;1-3.
12) S. Inoue, H. Minemawari, J. Tsutsumi, M. Chikamatsu, T. Yamada, S. Horiuchi, M. Tanaka, R. Kumai, M. Yoneya and T. Hasegawa: Chem. Mater., **27** (2015), 3809-3812.
13) H. Minemawari, M. Tanaka, S. Tsuzuki, S. Inoue, T. Yamada, R. Kumai, Y. Shimoi and T. Hasegawa: Chem. Mater., **29** (2017), 1245-1254.
14) T. Hamai, S. Arai, H. Minemawari, S. Inoue, R. Kumai and T. Hasegawa: Phys. Rev. Applied, **8** (2017), 054011; 1-12.
15) S. Arai, S. Inoue, T. Hamai, R. Kumai and T. Hasegawa: Adv. Mater., (2018), 1707256;1-7.

放射光を用いた有機半導体薄膜形成素過程の解明

吉本則之，菊池　護

放射光施設で使用するための有機薄膜作製用小型軽量真空蒸着装置を独自に開発し，オリゴチオフェンなど代表的な有機半導体について，薄膜の形成過程をすれすれ入射2次元X線回折（Two dimensional grazing incidence X-ray diffraction：2D-GIXD）によって観察した．本報では，我々の開発した装置と計測方法，有機半導体薄膜の形成過程のリアルタイム2D-GIXD観察結果を紹介する．

1. はじめに

近年，有機EL発光素子による大型テレビが市場に登場し，有機半導体を用いたトランジスタや太陽電池などの有機電子デバイスの実用化への期待が拡がっている．これら有機電子デバイスの特性制御のためには，構成する有機半導体分子の配向や配列を精密に制御することが不可欠であるが，それを実現する技術は，いまだに極めて不十分である．

有機半導体薄膜中の分子の配向・配列を制御するためには，有機薄膜の構造を正確に知る必要がある．有機薄膜の構造評価については，歴史的に電子顕微鏡による研究が主導的な役割を担ってきた．1980年代にはゲルマニウム・デコレーションを施した直鎖脂肪酸の電子顕微鏡観察により分子配向の評価が行われ，このころすでに有機電子デバイスを念頭に分子の配向，配列制御の重要性が指摘されている[1)2)]．電子顕微鏡による有機薄膜の評価では，実像の観察と同時に微小領域の回折像が得られるという利点があるものの，試料準備や観察に高度な技術を要することや観察に伴う試料の電子線損傷の問題がある．一方，X線回折は特別な試料の前処理を必要とせず，X線照射による試料の損傷も少ないことから，有機薄膜の構造評価に適しているが，対称性が低く軽元素で構成される有機半導体結晶では，X線の散乱強度が弱いために薄膜からのX線回折を観測するのは容易ではなかった．しかしながら，2000年頃から回転陽極型X線発生源と多層膜ミラーを組み合わせた実験室用薄膜用四軸X線回折装置が普及し始め[3)]，X線回折による有機薄膜の面内の構造評価が可能となった．また一方で，シンクロトロン放射光の高輝度光を用いた実験環境が整備され，単分子膜にも満たない超薄膜（島状の単分子膜）についても面内のX線回折が観察されるようになった．さらに，最近では，SPring-8に大面積光子計数型2次元X線検出器（PLATUS）が導入され，有機超薄膜に関する2次元の回折像も高感度で撮影することができるようになった[4]．これによって，有機薄膜の初期過程を含む成長過程の2次元X線回折をリアルタイムで観測することも可能となった．我々は，SPring-8のBL19B2ビームラインに設置されているHuber社製多軸ゴニオメーターに搭載可能な有機薄膜作製用小型真空蒸着装置を自作し，ペンタセンやオリゴチオフェンなどの有機半導体薄膜の形成過程を2次元X線回折によって観察し，その基板の種類や基板温度依存性を明らかにした．さらに，有機トランジスタのチャネル内における薄膜形成過程の観察と電気特性の同時測定や，pn有機半導体の2元蒸着による混合膜の形成過程の観察や膜の形成に及ぼす組成の効果を明らかにした．さらに，多結晶薄膜の2次元X線回折のデータから未知の結晶構造の決定手法の開発にも取り組み，有機半導体のアルキルチオフェンの構造解析とアルキル基の鎖長が結晶構造や薄膜の成長様式に及ぼす効果を明らかにしてきた．本報では，作製した成膜・評価装置と測定方法，この装置を用いて得られた典型的な実験結果を紹介する．

2. リアルタイム2次元すれすれ入射X線回折

物質に対するX線の屈折率は1よりもわずかに小さく，試料表面に対してすれすれにX線を入射するとX線は表面で全反射する．放射光実験でよく用いられる波長$\lambda = 1.00$ Å（エネルギー12.4 keV）のX線の場合，シリコン基板に対する全反射臨界角はわずか0.144°である．この臨界角付近でX線を入射し，薄膜試料などの回折パターンを測定する方法をすれすれ入射X線回折（grazing incidence X-ray diffraction：GIXD）と呼ぶ．GIXDを用いると，厚さ数nm未満の超薄膜あるいは，薄膜形成初期過程に現れる島状単分子膜からでさえも面内の回折を得ることができる．このとき，入射X線は深さ数nmしか基板結晶には浸透しないため，基板からのノイズ信号の影響を受けることなく，薄膜からの回折X線の信号が強調されて観測されるのである．GIXDでは用いる入射X線の平行性が高くなければならないので，強度の強い光源が必要とされる．また，X線の視斜角度を変えるための試料回転軸と，それに直交する試料法線を中心にした検出器や試料を回転させる軸を持つ，精密な多軸ゴニオメーターも必要とされる．

GIXDの測定あたって2次元検出器を導入することにより，広領域の回折を同時に計測することが可能となる．図1に2次元すれすれ入射X線回折（Two dimensional grazing incidence X-ray diffraction：2D-GIXD）測定のジオメトリを示す．2次元検出器にはPixel

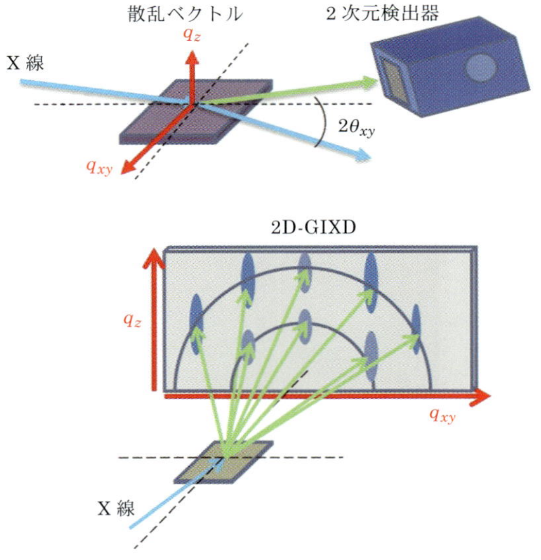

図1　2D-GIXD測定のジオメトリ．

Apparatus for the SLS：PILATUS を用いた．PILATUS はスイスのパウル・シューラー研究所 (PSI) にある Swiss Light Source (SLS) で開発された，高感度パルス計数型 2 次元検出器である[4)]．本研究では，受光面積 83.8 mm × 33.5 mm のモジュールを垂直方向に 3 台重ねた PILATUS 300K とシングルモジュールの PILATUS 100K の 2 種類を用いている．

2D-GIXD 測定では，広い波数空間を一度に測定することができ，多数の回折の強度と方位についての情報を一度に得ることができる．ほとんどが単斜晶系や三斜晶系に属する有機結晶の場合，in-plane (基板に水平) 方向よりも Z 方向に浮いた斜めの方位に主要な回折スポットが観測されるため，0 次元検出器で回折スポットを探すのは困難であり，2 次元検出器による観測が有効である．また，2 次元の回折データからは 3 次元の結晶構造を知ることができるため，成膜途中の結晶構造をリアルタイムで知ることができる．図 2 に典型的な 2D-GIXD パターンとしてオリゴチオフェンの一種である DS2T の 50 nm の蒸着膜からの回折像示す．

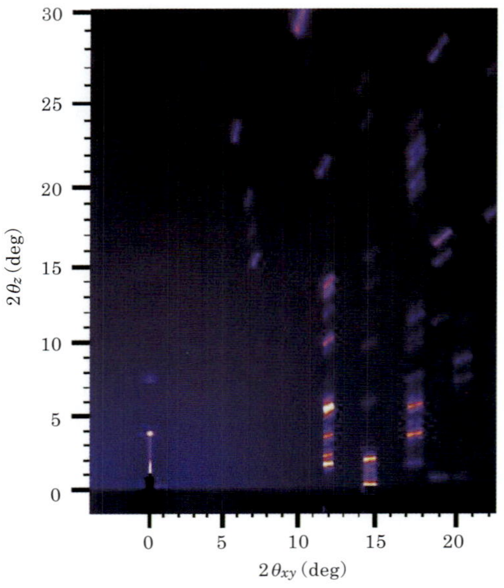

図 2　DS2T 薄膜の 2D-GIXD パターン．

有機半導体薄膜の成長過程の 2D-GIXD 測定の行うために，我々は可搬型の小型蒸着装置を設計，作製し，SPring-8 BL19B2 の多軸ゴニオメーターに搭載して in-situ リアルタイム 2D-GIX 測定を行った．装置の外観の写真と構成を図 3 に示す．リアルタイム 2D-GIXD 測定では，検出器を固定して積算露光を連続的におこなう．X 線の入射角は基板表面に対して 0.12° とし，回折された X 線は PILATUS で検出した．1 回の露光時間は 30 秒，典型的な入射ビームのサイズとエネルギーは 0.1 mm (z 方向) × 1 mm (xy 方向) と 12.40 keV であった．2 次元検出器の受光面は入射する光に対してほぼ垂直に配置している．

図 3 (b) にリアルタイム X 線回折実験用に開発した真空蒸着装置の概略図を示す．装置は，k-セルとシャッター，膜厚計 (QCM) が搭載れた蒸発源部分と X 線を透過させる Be 窓部分，

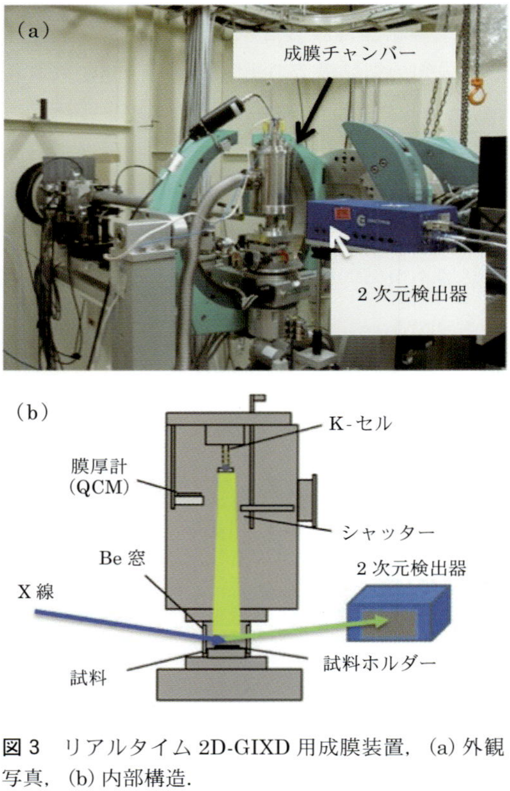

図 3　リアルタイム 2D-GIXD 用成膜装置，(a) 外観写真，(b) 内部構造．

基板を設置する基板ステージ部分から構成されている．蒸着中，真空チャンバー内は 4.0×10^{-6} Pa 程度の高真空状態に保たれる．高い精度が求められるゴニオメーターへの荷重を極力小さくするため，チェンバー本体はチタン製にし，各種フランジ類も最小限の厚みを持った特注品で構成するなどにより装置の軽量化を図った．蒸発源に 2 つの k- セルと 3 つのシャッター，2 つの QCM が搭載され，2 元蒸着を行うことができる仕様になっている．有機半導体分子は，上から下向けて蒸発させられ，装置最下部の基板上に堆積する．基板を固定するサンプルステージには，基板の加熱用のタングステンヒーターと熱電対用の端子，電気計測用の電流導入端子が搭載されている．これにより，2D-GIXD 測定と同時に蒸着中の基板加熱，冷却と電気計測が可能となっている．

3. オリゴチオフェンのリアルタイム 2D-GIXD 測定

有機半導体の一種である α，ω- クオーター

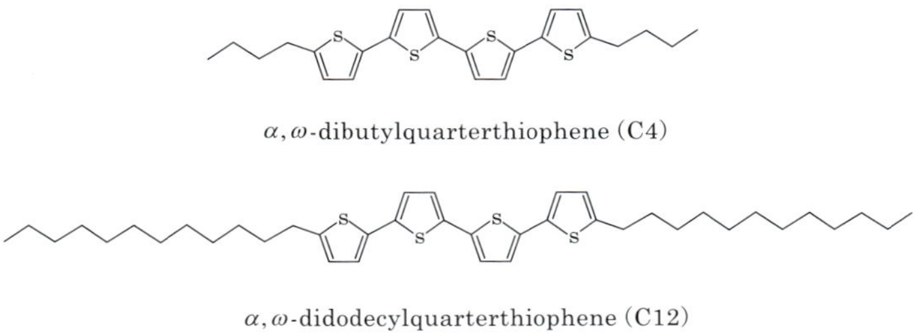

図 4　C4-4T と C12-4T の分子構造.

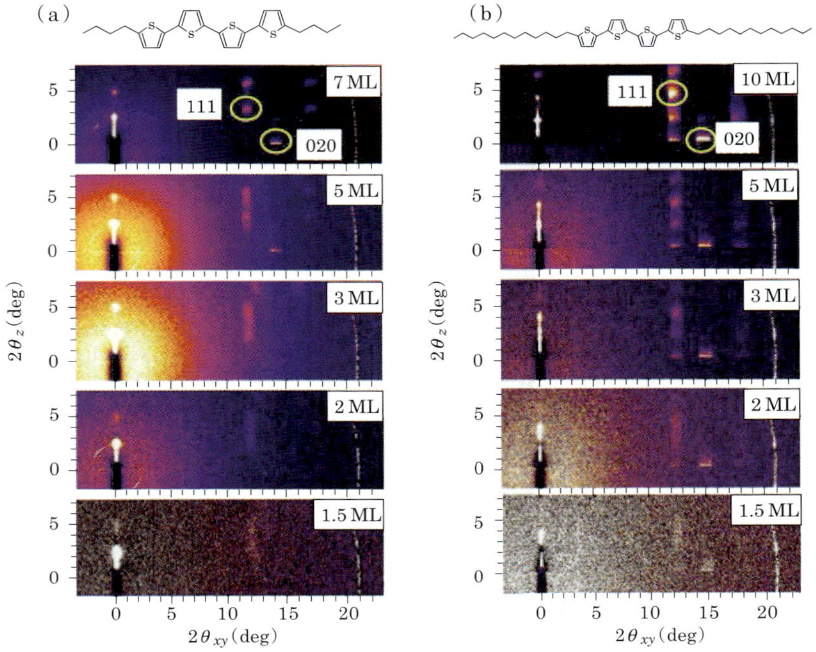

図 5　C4-4T と C12-4T の薄膜形成過程の 2D-GIXD パターン.

チオフェン（4T）の誘導体C4-4TとC12-4T（図4）を用いてリアルタイム2D-GIXD測定を行った．これらの化合物は分子構造の違いによって薄膜形成機構が異なることがすでに知られている[5)～7)]．基板には酸化膜を表面に有するシリコンウェハを用い，蒸着速度0.01 nm/secで成膜した．図5にC4-4TとC12-4Tの薄膜形成過程の2D-GIXDパターンを示す．平均膜厚はそれぞれ下から1.5，2，3，5，7，10モノレーヤー（ML）である．C12-4Tでは，111, 020と指数付けされる明瞭なスポット状の回折パターンが成膜初期から観察された．一方，C4-4Tでは$11l$, $02l$, $12l$，に対応する反射がq_z方向にストリーク状に伸びたパターンとして観察された．このことは，アルキル基の鎖長が短くなることによって，薄膜形成機構が島状成長から層状成長へ変化したことに対応していると考えられる．また，C4-4Tのピーク位置を詳細に解析したところ，膜厚の増加に伴うピーク位置のシフトが確認され，基板界面付近と数ML以降では分子間の間隔が異なることが確認された．

4. まとめ

有機薄膜作製用小型真空蒸着装置を新たに作製し，オリゴチオフェンなどの有機半導体薄膜の形成過程をSPring-8のシンクロトロン放射光を使った2次元X線回折によって観察した．その結果，オリゴチオフェンでは，分子構造の違いによって成長様式が異なることを2D-GIXDによってリアルタイムで観察することに成功し，2D-GIXDのデータから多結晶薄膜の構造解析の例を示した．

謝　辞

本研究は，（公財）高輝度光科学研究センターの小金澤智之博士，渡辺剛博士，廣沢一郎産業利用推進室長との共同研究によって成し遂げられた．また，装置の作製はRSE㈱の谷正安社長の協力の下で行われた．さらに，分子の合成に当たって，奈良先端大の山田容子教授，鈴木充朗博士，葛原大軌博士にご指導いただいた．ここに感謝いたします．

参考文献

1） 岡田正和，金持徹：表面の科学，大月書店，（1986）．
2） 稲岡紀子生，八瀬清志：真空中で分子を並べる—有機蒸着膜，共立出版，（1989）．
3） 表和彦：ぶんせき，（2006），2．
4） H. Toyokawa, M. Suzuki, C. Brnnimann, E. F. Eikenberry, B. Henrich, G. Hlsen and P. Kraft: AIP Conf. Proc., **879** (2007), 1141.
5） T. Watanabe, T. Hosokai, T. Koganezawa and N. Yoshimoto: Mol. Cryst. Liq. Cryst., **566** (2012), 18.
6） C. Videlot-Ackermann, J. Ackermann, H. Brisset, K. Kawamura, N. Yoshimoto, P. Raynal, A. El Kassmi and F. Fages: J. Am. Chem. Soc., **127** (47) (2005), 16346.
7） C. Videlot-Ackermann, J. Ackermann, H. Brisset, K. Kawamura, N.Yoshimoto, P. Raynal, A. El Kassmi and F. Fages: Organic Electronics, **7** (2006), 465.
8） T. Watanabe, T. Koganezawa, M. Kikuchi, C. Videlot-Ackermann, J. Ackermann, H. Brisset, I. Hirosawa and N. Yoshimoto: Jpn. J. Appl. Phys., **53** (2014), 01AD01.

第 5 部
その他の分野への応用

分子動画の撮影を目指す重原子含有分子のX線誘起フェムト秒ダイナミクスの追跡

福澤宏宣，上田　潔

X線自由電子レーザーという強力な短パルスX線を，重元素を含む有機分子に照射した際におこる，フェムト秒領域の時間スケールの超高速現象を捉えた研究を紹介する．10フェムト秒程度の極短時間内での分子内の電子や原子の動きが見えてきた．

1.　はじめに

第4世代放射光と呼ばれる自由電子レーザー(Free Electron Laser；FEL)は，放射光とレーザー光の特徴を兼ね備える光源である．すなわち，放射光のようにX線領域の短波長までの波長可変性を持ち，またレーザー光のように，フェムト秒領域の短パルスのコヒーレント光を発生することができる．米国の世界初のX線FEL(XFEL)施設Linac Coherent Light Source(LCLS)[1]に続き，日本のXFEL施設SPring-8 Angstrom Compact free electron LAser(SACLA)[2]の共用実験が2012年から開始されている．非常に強力な極短パルスX線の利用により，これまで見えなかった様々なものが見えるようになってきた．

まず，XFELを用いると，非常に小さな結晶や結晶化していない試料からでもX線回折像を得ることが可能である[3)4)]．このため，これまで構造がわからなかったタンパク質分子や生体分子の構造決定が可能となると期待されている．実際2013年には，LCLSで初めてタンパク質分子の室温での新規構造決定に成功した[5]．SACLAでは，放射光を用いたタンパク分子構造決定における課題であった損傷のないタンパク分子の構造決定が，XFELを用いることで可能となることが示され[6]，光化学系II複合体の正確な3次元原子構造が決定された[7]．また，生きた細胞をナノレベルで観察できることも示された[8]．

この他，XFELの利用により可能となると期待されていることが，光励起された物質や分子の，超高速で起こる構造の変化を捉えること，つまり分子動画の撮影である．「反応途中の個々の原子の動きを捉えることが化学反応を理解する究極の目標である」と言ったのは1999

年にノーベル化学賞を受賞したAhmed Zewail博士である[9]．物質あるいは分子の構造と，機能・性質を決定する電子状態は，強い相関を持つ．反応中に超高速に起こる構造の変化と電子状態の変化の相関を理解できれば，反応の制御が可能になり，新機能デバイス材料設計や人工光合成の実現といった重要な課題に不可欠な情報を得ることができるようになる．Ahmed Zewail博士をはじめとする多くの研究者が描いてきたこの究極の目標がまさにXFELの利用により達成できるようになってきた[10)~12)]．

一方，XFELの極めて強力なX線パルスと物質との相互作用の研究は，非線形X線光学，極端条件下の物性物理学といった未踏の領域をも切り開きつつある[13)14)]．我々は，未踏の超高強度を持つXFELを最大限に有効利用するためには，XFEL照射下の原子や分子，原子集合体（クラスター）の動的振る舞いを解明することが不可欠であると考え，真空中の孤立原子[15)16)]，分子[17)~20)]，クラスター[21)22)]を標的とした研究をSACLAで進めている．

筆者らがSACLAで行った最初の研究の1つは，重原子であるキセノン原子に超強力X線を照射したときにおこる過程を研究したものである[15)]．この研究から，SACLAの強力なX線パルスを照射された重原子では，1光子吸収過程はほとんど飽和し，10フェムト秒のパルス幅の間に，X線を吸収してはオージェ電子を次から次に放出する過程を繰り返して，急激にイオン化が進行することが明らかになった．この結果は，SACLAの非常に強力なX線パルスを用いた構造解析では，このような重原子の動的挙動を正確に理解することが不可欠であることを示唆するものである．

本稿では，重原子を含む有機分子が強力なX線を吸収して起こる過程の研究例として，ヨウ素原子を含む分子，ヨウ化メチル分子と5-ヨウ化ウラシル分子を取り扱った研究を紹介する[17)~19)]．ヨウ素原子は周期表ではキセノン原子の隣りである．X線との相互作用において，ヨウ素原子はキセノン原子と似た振る舞いをすると考えられる．実験手法や解析手法の詳細については原著論文[17)~19)]や最近の総説[23)24)]を参照していただきたい．本稿では，「何がわかるか」に主点を置いて解説したい．

2. ヨウ化メチル

ヨウ化メチル分子は，重原子を含む最も簡単な有機分子である．X線をヨウ化メチル分子に照射すると，分子内のヨウ素原子がX線を吸収し，キセノン原子の場合と同様に，ヨウ素原子の内殻軌道からの電子放出に続くオージェカスケードにより，電子を次々に放出して，多価分子イオンになる．SACLAの強力なXFELパルスを照射すると，このような過程が10フェムト秒のX線照射時間の間に複数回起こり，非常に多価の分子イオンが生成する．分子内に生成した正の電荷は，速やかに分子全体に再配分される．電荷が分子内で再配分されると，それぞれの原子が電荷をもつため，原子イオン間のクーロン反発力によって，分子はバラバラとなり，原子イオンが運動量を持って飛び散る．この現象はクーロン爆発と呼ばれている．

本研究では，ヨウ化メチル分子を真空中に導入して，SACLA BL3で得られるXFELパルスを照射し，放出される複数の原子イオンの3次元運動量を測定した[17)]．1個の分子から放出される原子イオン同士は運動量保存則を満たすことを用いて，1個のヨウ化メチル分子から生成するヨウ素原子多価イオンと炭素原子多価イオンの組を抽出した．図1に炭素原子イオンの運動量$p\,(C^{n+})$とヨウ素原子イオンの運動量$p\,(I^{m+})$の絶対値の比を，様々な価数の組み合わせについて示した．図1はヨウ素原子イオンと炭素原子イオンの運動量の相関を示す一例

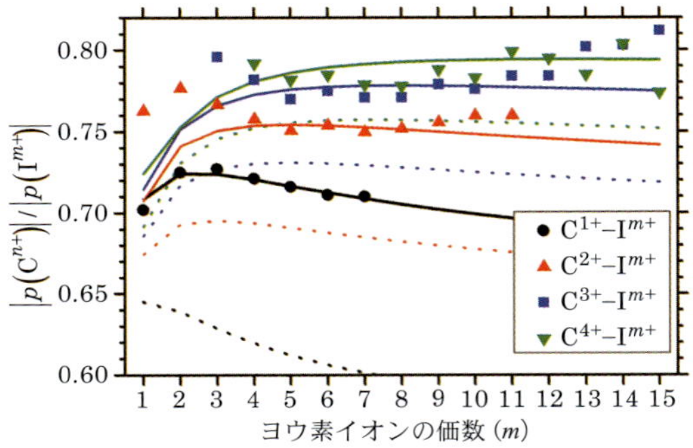

図 1　炭素イオンの運動量とヨウ素イオンの運動量の絶対値の比．文献 17) より修正して転載．

である．図 1 やその他にも得られる運動量や運動量相関を再現するモデルを構築すると，ヨウ素原子サイトの電荷上昇に要する時間は約 9 フェムト秒であるのに対して，電荷が分子全体に広がるのに要する時間は約 3 フェムト秒であることがわかった．さらに，10 フェムト秒の X 線照射時間の間に，炭素原子イオンと水素原子イオンとの距離は 3 倍に広がるが，炭素原子イオンとヨウ素電子イオンの距離は 10％程度の変化に留まることもわかった．このように，わずか 10 フェムト秒程度の間の電子や原子の動きを捉えることができるのである．

3.　ヨウ化ウラシル

5-ヨウ化ウラシル分子は，リボ核酸を構成する塩基の 1 つであるウラシルの，水素原子の 1 つをヨウ素原子で置換したものである．分子内に重元素を含むため，放射線増感効果を持つ．重原子を含む生体分子の最小単位と見立てることができるため，X 線などの放射線が生体分子に及ぼす影響を原子レベルで理解する上で，格好の標的である．

ヨウ化メチル分子と同様に，クーロン爆発で放出される多数の原子イオンの 3 次元運動量を測定し，様々なイオンの組み合わせについて運

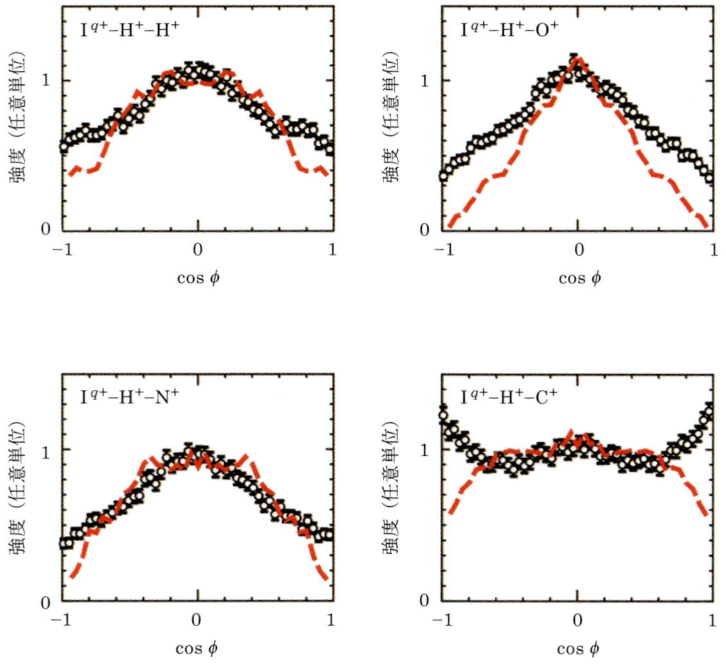

図 2　5-ヨウ化ウラシルから放出される 3 つのイオンの運動量相関を示す例．文献 19) より修正して転載．

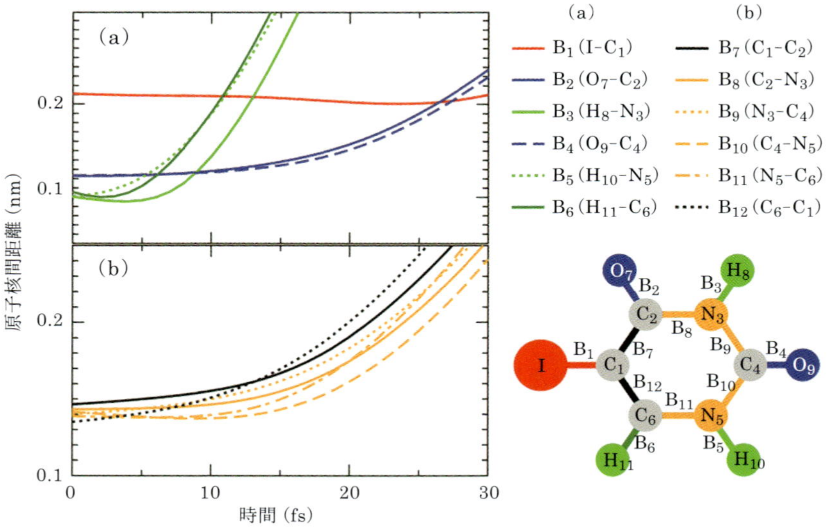

図 3　モデル計算により得られる原子核間距離の時間発展．文献 18) より修正して転載．

動量相関を抽出した[18)19)]．図 2 に 3 つのイオンの運動量相関の例を示す．ϕ はヨウ素イオン (I^{q+}) と水素イオン (H^+) の運動量ベクトルのベクトル積と，第 3 のイオン (H^+, O^+, N^+, あるいは C^+) の運動量ベクトルのなす角で，$\cos\phi$ が 0 であることは，3 つのイオンが平面上に放出されることを意味する．図 2 の結果は，運動量相関計測により，分子の形状についての情報が得られることを示している．さらに，分子中の電荷生成や電荷移動を考慮したモデルを用いた数値計算により，実験結果を再現できた．このモデル計算により，時々刻々変化する電荷と個々の原子の位置情報が得られる．図 3 は，原子間距離の時間発展を示した例である．(a) に I-C 間距離 (B_1)，O-C 間距離 (B_2, B_4)，H-N 間距離 (B_3, B_4)，および H-C 間距離 (B_6) を，(b) には 環を構成する C-C 間距離 (B_7, B_{12}) と C-N 間距離 (B_8, B_9, B_{10}, B_{11}) を示している．10 フェムト秒の X 線照射時間の間に，軽い水素原子イオンの結合距離が 2 倍程度に伸びる一方で，酸素，窒素，炭素などの比較的重い原子の結合距離の変化は数 % 程度以下に留まることがわかった．またモデル計算からは，ヨウ素原子サイトでの電荷上昇が約 10 フェムト秒で起こるのと並行して，電荷が分子全体に数フェムト秒で広がることもわかった．

さらに本研究から，X 線を吸収したヨウ化ウラシル分子から，多数の高エネルギーイオンと低エネルギー電子が生成する機構が明らかになった．このような重原子近傍に局所的に生成する高エネルギーイオンや低エネルギー電子は，生体分子に損傷を与えることから，「放射線スープ」と呼ばれることがある．本研究では，ヨウ化ウラシル分子から放射線スープが生成する機構を明らかにし，放射線増感効果の機構を分子レベルで解明したのである．

4.　おわりに

本稿では，SACLA で供給される XFEL パルスを，重原子を含む分子に照射することでわかる特徴的な振る舞いについて紹介した．本稿で解説した研究により，10 フェムト秒程度の間に，分子内の電子や原子がどの程度動くかがわかってきた．この事実を理解することが，XFEL による構造解析を正確に行い，分子動画の撮影を現実のものとするためには必要なのである．

筆者らは，ここに紹介した XFEL が誘起する動的振る舞いを，光学レーザーを併せて用いて時分割測定することにもすでに成功している．分子内の電子や原子がどのように動くかを実時間計測することで，分子動画を撮影する試みである．また，このような研究を通して，超強力光と物質の相互作用を正しく理解することができれば，XFEL 利用研究の基盤整備にも貢献できると考えている．

謝　辞

本研究の遂行には，故 八尾誠教授，永谷清信博士（京都大学），本村幸治博士（東北大学），和田真一博士（広島大学）をはじめ，文献 17）～19）の共著者の方々にご協力いただいた．また本研究は，文部科学省の X 線自由電子レーザー利用推進研究課題と X 線自由電子レーザー重点戦略研究課題，理化学研究所 SACLA 利用装置提案課題，科研費 JP22740264，JP15K17487 の援助を受け行われた．記して謝意を表する．

参考文献

1） P. Emma, et al.: Nat. Photon., **4** (2010), 641-647.
2） T. Ishikawa, et al.: Nat. Photon., **6** (2012), 540-544.
3） H. N. Chappman, et al.: Nature, **470** (2011), 73-77.
4） M. M. Seibert, et al.: Nature, **470** (2011), 78-81.
5） L. Redecke, K. Nass, et al.: Science, **339** (2013), 227-230.
6） K. Hirata, et al.: Nat. Methods, **11** (2914), 734-736.
7） M. Suga, et al.: Nature, **517** (2014), 99-103.
8） T. Kimura, et al.: Nat. Commun., **5** (2014), 3052.
9） A. Zewail: J. Phys. Chem. A, **104** (2000), 5660-5694.
10） R. Mankowsky, et al.: Nature, **516** (2014), 71-73.
11） K. Kim, et al.: Nature, **518** (2015), 385-389.
12） Ph. Wernet, et al.: Nature, **520** (2015), 78-81.
13） K. Tamasaku, et al.: Nat. Photon., **8** (2014), 313-316.
14） H. Yoneda, et al.: Nature, **524** (2015), 446-449.
15） H. Fukuzawa, et al.: Phys. Rev. Lett., **110** (2013), 173005.
16） K. Motomura, et al.: J. Phys. B, **46** (2013), 164024.
17） K. Motomura, et al.: J. Phys. Chem. Lett., **6** (2015), 2944-2949.
18） K. Nagaya, et al.: Phys. Rev. X., **6** (2016), 021035.
19） K. Nagaya, et al.: Faraday Discuss., **194** (2016), 537-562.
20） T. Takanashi, et al.: Phys. Chem. Chem. Phys., **19** (2017), 19707-19721.
21） T. Tachibana, et al.: Sci. Rep., **5** (2015), 10977.
22） H. Fukuzawa, et al.: J. Phys. B, **49** (2016), 034004.
23） H. Fukuzawa, K. Nagaya and K. Ueda: Nucl. Instr. Meth. Phys. Res. A, **907** (2018), 116-131.
24） E. Kukk, K. Motomura, H. Fukuzawa, K. Nagaya and K. Ueda: Appl. Sci., **7** (2017), 531.

放射光高分解能 Gandolfi カメラの開発と小惑星イトカワ試料のX線回折による分析

田中雅彦，中村智樹

日本の探査機「はやぶさ」が初めて小惑星から持ち帰った試料をシンクロトロン放射光を用いたX線回折法により分析を行った．鉱物結晶の集合体である平均直径 50 μm の微粒子試料から，新規開発した高分解能 Gandolfi カメラを用いて回折図形を収集し，回折図形中の斜長石の回折線に対して斜長石地質温度計を適用することで微粒子中の斜長石の結晶化温度の決定に成功した．

1. はじめに

日本の探査機「はやぶさ」(第 20 号科学衛星 MUSES-C) は，人類史上初めて小惑星からの試料を地球に持ち帰ることに成功した．本稿では「はやぶさ」が持ち帰った小惑星イトカワの微粒子試料を放射光X線を用いて解析した実験例を紹介する．

探査機はやぶさは，様々な宇宙探査技術の開発とともに小惑星からの試料を持ち帰ることを目的として開発された[1]．2003 年 5 月 9 日 (協定世界時，以下同) に打ち上げられ，2005 年 9 月に小惑星イトカワ (25143) に到着した．軌道上からの小惑星イトカワのリモートセンシングを実施した後，2005 年 11 月 20 日および 26 日に小惑星イトカワの表面への着陸を実施，試料回収装置は想定通りに動作しなかったが表面の微粒子試料を試料室内に収容することに成功した．その後，推進系の故障などにより予定を大幅に超過したが，2010 年 6 月 13 日に西オーストラリアの Woomera 地区に試料カプセルを着陸させることに成功した．

始原的な小惑星は原始太陽系の研究のための重要な物質である．小惑星イトカワはS型小惑星に分類され，その表面は珪酸塩鉱物と金属鉄等からなると予測されていた．はやぶさ探査機からのリモートセンシングの結果から，イトカワは LL5 あるいは LL6 型と同様の物質組成をもつコンドライト (コンドリュールという球状物質を持つ石質隕石) であるとされた[2]．コンドライトは化学組成により H, L, LL，また熱変成の度合いにより 3 ～ 6 に分類されており 6 がもっとも熱変成が進んだ状態である．

小惑星イトカワの物質を解析することは，コンドライトと小惑星を構成する物質の関係を明らかにし，原始太陽系の生成過程・物質進化に関する情報を得られると期待される．我々は第三世代放射光源を活用した，微小試料から非破壊でX線回折データ，結晶構造情報を得られる放射光高分解能Gandolfiカメラを開発し，それを小惑星イトカワの微粒子試料に適用した．本稿では微粒子中の斜長石からの回折ピークに着目した斜長石温度計による解析を中心に紹介する．

2. 放射光高分解能Gandolfiカメラの開発

イトカワ試料からの回折X線の観測には本研究のために開発した放射光高分解能Gandolfiカメラを用いた．Gandolfiカメラは，高ギア比で組み合わせた45°で交差する2本の回転軸で構成されたGandolfiヘッドで試料を擬似的にあらゆる方位に回転させながらX線を照射し，回折X線をフィルム状の2次元X線検出器に回折図形として記録する．この手法により，不完全な粉末状態の多相試料からも粉末回折図形を観測することができる．この手法は非破壊分析であり，世界初の小惑星からの回収試料から最大限の鉱物学的・地質学的情報を取得する分析シークエンスの最初の分析法のひとつとして選択された．

Gandolfiカメラ法はイトカワ試料への適用以前にすでに地球外試料への適用がなされていた．中牟田ら[3]はGandolfiカメラを用いてコンドライトに含まれる斜長石からの回折線の観察に成功し，斜長石温度計を適用することで結晶化温度の決定を行っている．また，彼らは，斜長石温度計は結晶後の元素拡散の影響を受けにくく，斜長石生成時の温度を記録していると示唆している．また，中村ら[4]，田中ら[5]は放射光をX線源に用いたGandolfiカメラを用いて微小量の地球外物質から収集した擬似粉末回折データで，結晶相の同定や多相Rietveld法を用いた微小試料中の鉱物相の定量分析に成功している．

しかしながらこれらの先行実験では測定に市販されているGandolfiヘッドの検出器をそのまま使用したためカメラ半径は57.3 mmにすぎず，粉末回折の2θ角の最小刻みは0.05°で

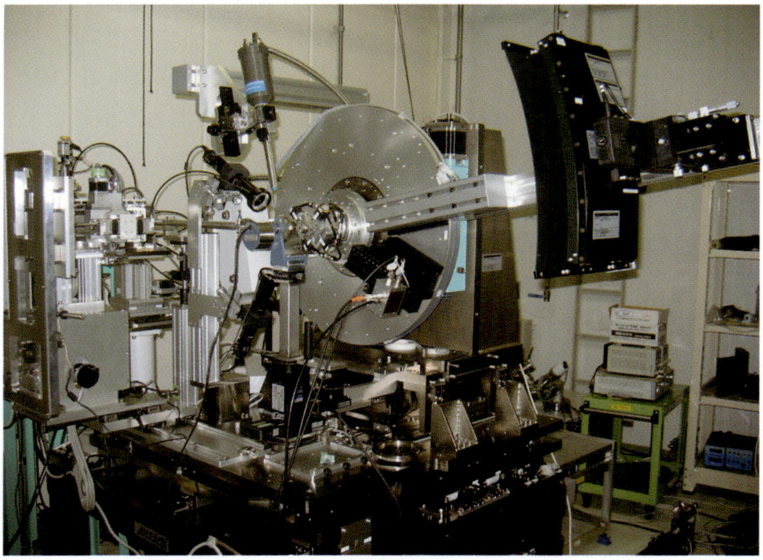

図1　放射光高分解能Gandolfiカメラ．既存の高分解能粉末回折計の試料部に改造したGandolfiヘッドを設置した．検出器は半径955 mmの円筒形Imaging Plateを使用した．

あった．珪酸塩鉱物はその基本構造がSiO_4の四面体ネットワークからなっているため結晶構造の面間隔も似たようなものが多く，粉末回折ピーク位置が同じような位置に現れる．そのため回折ピークの重なりが頻発し解析に困難が生じる場合があった．

イトカワ試料の分析にあたっては新たに放射光高分解能Gandolfiカメラを開発した．図1に放射光高分解能Gandolfiカメラの全体像を示す．GandolfiヘッドにはItalia，Tenno社のGandolfiヘッドを改造して用いた．従来はフィルムホルダーとして使用される金属円筒のチャンバーにスリットを開けて回折X線が通過できるようにした．このスリットの効果とチャンバー内をHe雰囲気にすることで回折X線のS/N比の向上を図っている．検出器は，高角度分解能放射光粉末回折計用に開発してきた半径955 mmの円筒面Imaging Plate (IP)を使用した[6]．これにより従来のGandolfiカメラの約17倍のカメラ半径を実現している．IPは400 × 200 mmで，長手方向が回折計2θ方向に向くようにアーム上に設置される．IP上に記録した回折強度データは0.05 × 0.05 mmのピクセルサイズで読み取る．カメラ半径955 mmに対して0.05 mmのピクセルサイズは2θの最小刻みで0.003°に相当する．

3. 試料および放射光実験

実験に使用したイトカワ試料は本実験に先立つ放射光X線コンピュータ断層撮影法(Computed tomography (CT))[7]，予備的な走査型電子顕微鏡によるEDS (Energy dispersive X-ray spectrometry)分析，Photon Factoryを用いた放射光Gandolfi法[8]によって得られた化学組成・鉱物相の情報を検討し選択された．粗粒の珪酸塩結晶を主成分とした集合からなり，存在量順に橄欖石(olivine, Ol, $(Mg, Fe)_2SiO_4$)，Ca輝石(low-and high-Ca pyroxenes, Py, $(Mg, Fe, Ca)SiO_3$)，斜長石(plagioclase, Pl, $NaAlSi_3O_4$ (Albite (Ab)) -$CaAl_2Si_2O_8$ (Anorthite (An)))からなっていた．

予備分析結果に基づき32個の粒子を選択し高分解能Gandolfiカメラでの実験用に準備した．ガラスキャピラリーに乗せたグラファイトファイバー先端に微粒子を接着し，これをGandolfiカメラのヘッドピンに搭載してカメラ上に設置した．粒子はなんらの前処理も行わない状態であるので，複数の鉱物相の混合状態のまま実験に使用された．20個の粒子の回折データを観測した．

回折データを取得したうち，長石温度計の分析に使用できたのは4粒子であった．これらにはJAXAの試料番号が付されておりRA-QD02-0010，-0025-01，-0055，-0067であった．大きさは平均直径51.5 μm (短径29.2 μm，長径104.4 μm)で，化学組成については本回折実験の後EPMA (electrical probe micro-analyzer)で分析[8]を実施した．

放射光実験は兵庫県西播磨の第三世代大型放射光施設SPring-8の物質材料研究機構専用ビームラインBL15XUにて行った．レボルバー型アンジュレータからの放射光を窒素冷却式Si二結晶モノクロメータで単色化し，X線全反射鏡を用いて高調波の除去を行った．第三世代放射光のアンジュレータ光源からの並行性の高いX線を用いることで角度分解能の向上を図った．また，アンジュレータ光源の大強度により，微小な試料からも十分な強度の回折データを取得することが可能になった．Nb K吸収端の観測により校正した，波長0.65928Å (= 18.986 keV)のX線を用いて回折実験を行った．約19 keVの高エネルギーX線は十分に試料粒子中に侵入するため内部に埋もれた鉱物結晶からも十分な回折X線を得ることができ，空気散乱が減少するためS/N比の良好な回折強度データを得ることができる．

回折強度データは 400 × 200 mm の IP 上に記録した．400 mm の IP は 2θ にして 24° に相当するため，$2\theta = 60°$ までの範囲からの回折強度データを収集するため，2θ 角を変えた 3 回の露光を実施している．読み取り後の回折強度データを連結してひとつの粉末回折データとした．1 回の露光時間は試料体積に応じて 400 ～ 3000 秒，よって 1 粒子からの全回折強度データを収集するには 1200 ～ 9000 秒の露光時間が必要であった．

4. 解析-斜長石地質学的温度計

収集した回折強度データはまず，鉱物相の同定を実施し，回折ピーク指数付けを行った．その後，斜長石地質学温度計を用いて粒子に含まれる斜長石の結晶化温度の推定を試みた．

斜長石（Plagioclaes（Pl））は化学組成 $NaAlSi_3O_4$ (Albite (Ab)) - $CaAl_2Si_2O_8$ (Anorthite (An)) を持つ長石であり，(Si, Al) - O_4 四面体が頂点共有したネットワーク構造を結晶構造中にもつテクトシリケイトと呼ばれる鉱物の一種である．斜長石の (Si, Al) - O_4 ネットワーク中には 4 種の等価でない 4 面体サイトが存在し，その中心に配位する Si, Al の分布は結晶化温度に強く依存する．すなわち高温での結晶化では Si-Al は無秩序配列をとる一方，低温では秩序配列をとる．(Si, Al) - O_4 四面体ネットワーク内での Si-Al の秩序－無秩序配列は，当然結晶の対称性や構造に大きな影響を及ぼしている．この変化の度合いは三斜度 (triclinicity)[9] と呼ばれ，その程度を示すものとして $\Delta 131$ 指数が用いられている．$\Delta 131$ 指数は，斜長石系列の結晶構造を擬単斜晶系と考えた場合の，2 つの反射 $1\bar{3}1$ および 131 の 2θ 値の差である．

斜長石地質温度計は，この $\Delta 131$ 指数と斜長石の結晶化温度の関係に基づき考案されたものである．多くの $\Delta 131$ 指数と結晶化温度の研究結果に，水や非主成分組成の影響を加えて，現在では Smith のグラフ [10] に Kroll & Ribbe による K 成分の補正 [11] を加えたものが結晶化温度の決定に使用されている．

5. 結果および考察

図 2 に IP 上に記録された回折図形を示す．右側が 2θ 低角であり，上－中－下と 3 本の回折図形があるのは露光を 2θ の低角－中角－高角と 3 回行ったためである．右端にある黒点は 2θ 角の基準を求めるためのダイレクトビームを入射した跡である．この回折図形から回折赤道線の両側±2.5 mm の範囲の強度データを抽出・積分し 2θ- 強度形式のデータとした後，低角－中角－高角のデータを連結して 1 つの粉末回折データとした．得られた粉末回折図形の例を図 3 および図 4 に示す．粉末回折図形に対して，予備分析を参考に回折ピークの鉱物相を同定し指数付けを行った．図中の Pl, Ol はそれぞれ斜長石，橄欖石の回折ピークであることを示し，数値は反射指数 *hkl* である．観測された粉末回折図形のピーク位置や強度は理想的なものと異なる部分が観測されている．これは化学組成の違いという理由の他に，試料微粒子

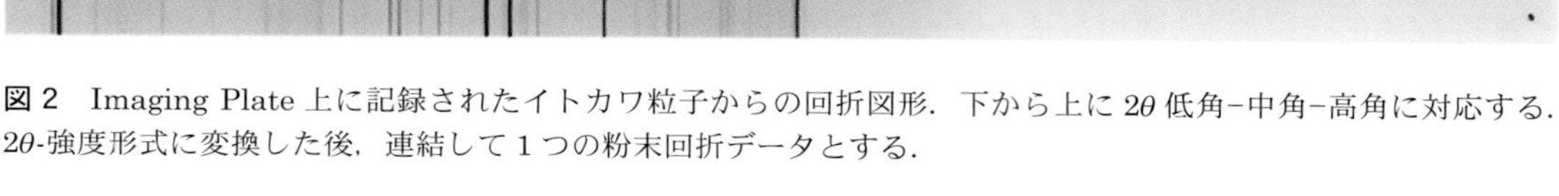

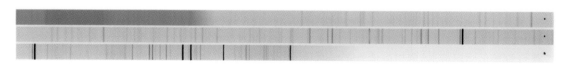

図 2 Imaging Plate 上に記録されたイトカワ粒子からの回折図形．下から上に 2θ 低角－中角－高角に対応する．2θ-強度形式に変換した後，連結して 1 つの粉末回折データとする．

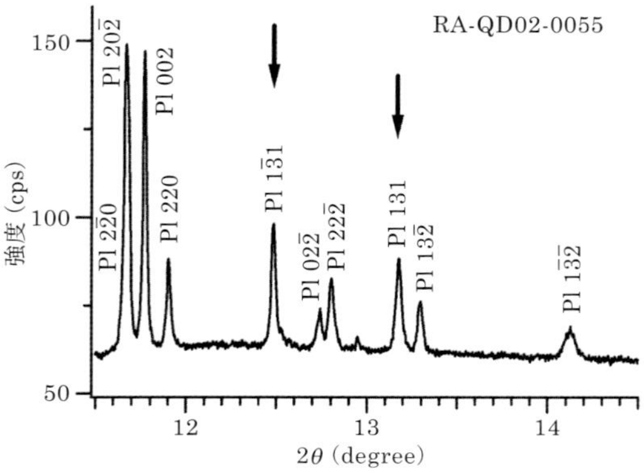

図 3　放射光 Gandolfi カメラで取得したイトカワ粒子 0055 の粉末回折図形．ほぼ斜長石 (Plagioclase) のみからなる粒子．矢印は斜長石温度計に使用する反射を示す．

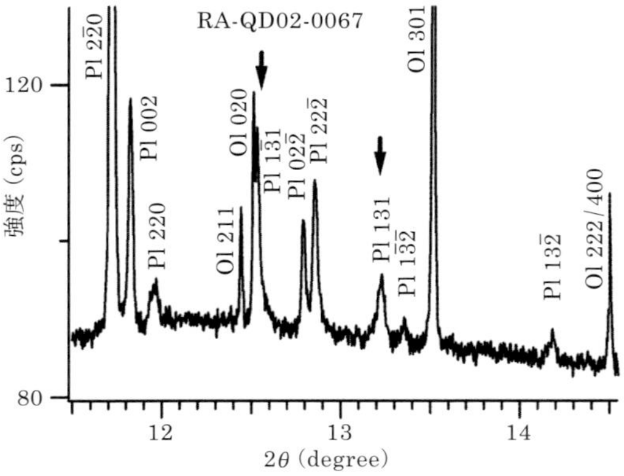

図 4　放射光 Gandolfi カメラで取得したイトカワ粒子 0067 の粉末回折図形．主に斜長石 (Plagioclase) と橄欖石 (Olivine) からなる粒子．矢印は斜長石温度計に使用する反射を示す．回折ピークは重なっておりプロファイルフィッティングによりピーク位置は決定した．

が比較的少数の粗大な結晶粒の集合からなっているため，あらゆる方向に試料を向けるという動作をする Gandolfi カメラでも理想的な粉末回折図形とのずれが生じているためと考えている．図中の矢印で示したピークが Δ131 指数を求めるための斜長石の $1\bar{3}1$ および 131 ピークである．図 3 に示した 0055 粒子はほぼ斜長石のみからなる粒子でこれらのピークが単独

表 1　イトカワ粒子の Δ131 指数と斜長石の結晶化温度

試料番号	Δ131（°）	結晶化温度（℃）
RA-QD02-0010	1.793	655(5)
RA-QD02-0025-01	1.777	660(5)
RA-QD02-0055	1.802	660(5)
RA-QD02-0067	1.821	660(5)

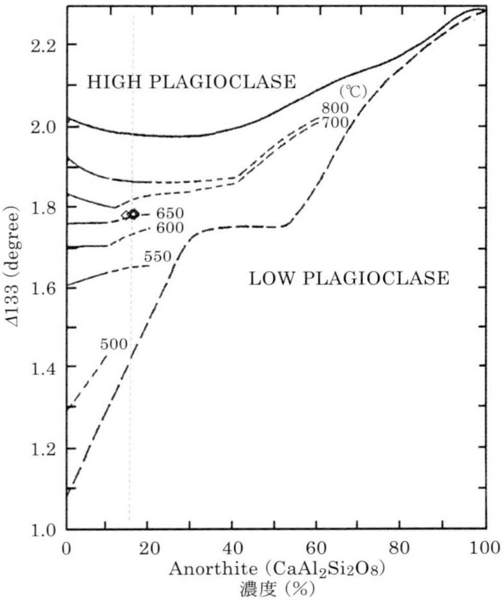

図 5　斜長石温度計による斜長石結晶化温度の推定．灰色の点線が試料中の斜長石の平均化学組成，黒色の実線・破線が結晶化温度を示す等温線．650℃の線の直上の◇が粒子ごとの Δ131 測定値を示す．

で存在するが，図 4 の 0067 粒子は $1\bar{3}1$ ピークが橄欖石のピークと重なっている．ピーク位置の 2θ の決定には半値中心を求める方法とローレンツ関数による Peak profile fitting 法を適宜用いて行った．求めた 2θ 値より，最終的に 4 個の粒子 0010，0025-01, 0055, 0067 中の斜長石の Δ131 指数を決定した．4 粒子の Δ131 指数は，表 1 に示すとおり，それぞれ 1.793, 1.777，1.802，1.821 と求められた．

求めた Δ131 指数を斜長石温度計のグラフ [10] にプロットすることにより結晶化温度が求められる．プロットの結果を図 5 に示す．今回の粒

子中の斜長石の平均化学組成は EPMA 分析により Ab 成分が 83.8%と求められた[8]．化学組成は図 5 の横軸で，図中の灰色の破線上がこの化学組成に相当する．一方縦軸が Δ131 指数の値である．図中◇で示したものが今回の測定で得られた各粒子の Δ131 の数値である．図中には数字を付した黒い破線および実線が付されているが，これらが斜長石の結晶化温度を示す等温線である．650℃の等温線の直上にすべての測定結果がプロットされていることがわかる．等温線間を補完してより詳細な結晶化温度を算出すると粒子 0010, 0025-01，0055，0067 それぞれ 655(5)，660(5)，660(5)，660(5) ℃という結果を得ることができた[12]．今回使用した回折計の角度測定誤差は 2θ で± 0.005°と推定しており，これから求めた結晶化温度の誤差は 660℃付近で± 5℃と決定できた．結果を表 1 にまとめて示す．

斜長石温度計によりイトカワ試料中の斜長石の結晶化温度は 655 ～ 660 ± 5℃と決定することができた．一方，同じ粒子を利用した電子顕微鏡による輝石温度計による測定では結晶化温度は 837 ± 10℃[8]との結果が得られている．Slater ら[13]の地球外物質の斜長石温度計と輝石温度計との比較結果によると斜長石温度計は輝石温度計に比較して 96 ～ 179°低い温度を出すことが知られており，これは今回の結果と整合性がある．斜長石温度計が低い結晶化温度を出す理由としては最終的な高温に達する熱変成作用の前の段階での変成作用により斜長石成分が全て結晶化してしまうためであり[14]，得られた 655 ～ 660 ± 5℃がその温度であると考えられる．

6. おわりに

第三世代放射光源を活用した放射光高分解能 Gandolfi カメラを開発し小惑星イトカワからの回収試料の X 線回折実験に適用した．試料中の斜長石からの回折線に着目した斜長石温度計では結晶化温度の推定に成功している．本 Gandolfi カメラは 100 μm 以下の微小かつ多相混合物の試料から回折強度データを収集することができ，試料の状態によっては Rietveld 解析等の適用も可能である．今後の惑星探査等で得られる試料のみならず開発の端緒についたばかりの新規材料等の X 線回折による解析に応用が可能であると考えている．

参考文献

1) A. Fujiwara, et al.: Science, **312** (2006), 1330-1334.
2) M. Abe, et al.: Science, **312** (2006), 1334-1338.
3) Y. Nakamuta and Y. Motomura: Meteorit. Planet. Sci., **34** (1999), 763-772.
4) T. Nakamura T, et al.: Earth Planet. Sci. Lett., **207** (2003), 83-101.
5) M. Tanaka, et al.: AIP Conf. Porc., **879** (2007), 1779-1783.
6) M. Tanaka, et al.: Rev. Sci. Instrum., **79** (2008), 075106.
7) A. Tsuchiyama, et al.: Science, **333** (2011), 1125-1128.
8) T. Nakamura, et al.: Science., **333** (2011), 1113-1116.
9) J. R. Smith and H. S. Yoder: Am. Mineral., **41** (1956), 632-647.
10) J. V. Smith: J. Geology., **80** (1972), 505-525.
11) H. Kroll and P. H. Ribbe: Am. Mineral., **65** (1980), 449-457.
12) M. Tanaka et al.: Meteorit. Planet. Sci., **49** (2014), 237-244.
13) V. Slater-Reynolds and H. Y. McSween Jr: Meteorit. Planet. Sci., **40** (2005), 745-754.
14) W. R. Van Schemus and J. A. Wood: Geochimica et Cosmochimica Acta, **31** (1967), 747-765.

放射光を用いた非晶質金属の構造解析

川又　透，杉山和正

金属元素を主要な構成元素としながらアモルファス構造を有する非晶質金属材料は，従来の結晶性金属に見られない興味深い物性を示すが，それを理解するための微視的な原子配列に関する情報はいまだ得られていない．本稿では，X 線異常散乱法とリバースモンテカルロシミュレーションを組み合わせた非晶質構造解析手法によって見出された，Zr 基非晶質金属中の幾何学的および化学的秩序構造について解説する．

1.　はじめに

無機酸化物ガラスや有機高分子材料に比較して，非晶質合金の研究の歴史は浅い．1960 年の Duwez らによる Au-Si 系非晶質合金の報告にはじまった非晶質合金に関する研究は，1970 ～ 1980 年代に電磁気的，機械的および化学的特性などを応用する新素材開発分野で大きな進展を遂げた．そして 1980 年代の貴金属を含まない Zr 系バルク非晶質合金の発見によって，非晶質合金の材料素材としての可能性はさらに大きくひろがった．新しい金属素材として注目を集めている非晶質合金の構造情報が，有用な物理特性を示す非晶質合金の開発に不可欠であることは言うまでもない．

結晶状態に存在する長距離秩序が失われた非晶質構造は，微視的な（原子レベルの）“乱れ” あるいは“ランダム” を特徴とするため，結晶質物質の構造と比較して得られる情報量に大きな制約を伴う．しかし，長距離秩序が失われた非晶質構造にも，最近接原子間距離や配位数などに，構成元素に固有な短距離秩序構造（SRO：short range ordering）が観測されるため，非晶質合金の構造解析では，この最近接領

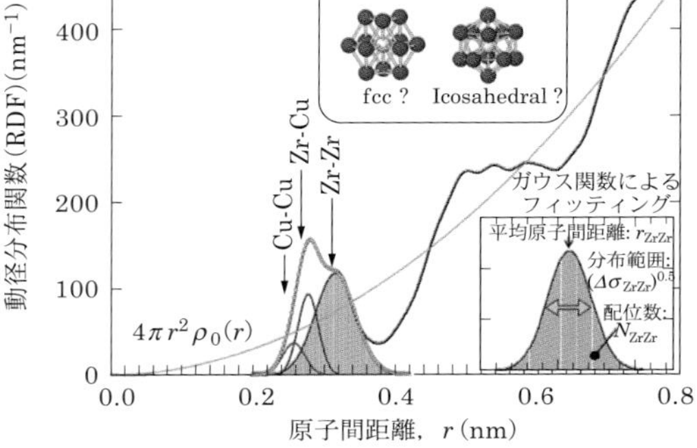

図 1　$Zr_{50}Cu_{50}$ 非晶質合金の動径分布関数．

域に認められる短距離秩序構造を特定することが主眼となる[1)]．そして，対象とする系の時間的・空間的平均として得られる動径分布関数は非晶質構造を定量的に記述する唯一の手段である．しかしたとえば，図 1 に示す Zr-Cu 2 元系非晶質合金の解析の場合，動径分布関数には Zr-Zr，Zr-Cu および Cu-Cu の 3 種類のペア相関が重なるため，原子半径などの情報を総動員しても，それぞれの構造情報を分離し議論することは困難である．さらに，Zr の最近接平均配位数が 12 配位であるという構造情報が得られたとしても，その最近接構造情報のみから，Zr 周囲の立体的構造の詳細を特定することは不可能である．すなわち，本稿の主題である非晶質合金の短距離秩序構造として，Pd 系の場合は三角プリズム[2)]あるいは Zr 系の場合は正二十面体[3)]が存在すると盛んに議論されているが，残念ながら従来型の動径分布関数解析では，その議論を終結させることができない．本稿では，多成分非晶質合金の構造解析に付随する従来の問題点を，着実に解決できると考えられる，放射光源を利用する X 線異常散乱法（Anomalous X-ray Scattering）および RMC 法（Reverse Monte Carlo 法）[4)]をドッキングした AXS-RMC 法を紹介し，Zr 系非晶質合金の構造の特徴ならびにその中に存在する短距離秩序構造とその連結が形成する中距離秩序構造に関する最新の研究成果を紹介する．

2. 放射光 X 線異常散乱法と RMC 法のドッキング

非晶質合金の構造解析は，構成成分周囲の原子配列を決定することからスタートする．この目的には，隣り合う原子番号の元素が共存する場合でも，目的元素周囲の環境構造を導出できる放射光 X 線異常散乱法（AXS）法が有効である[5)6)]．一方，原子配列の詳細を解明するためには，3 次元原子配列モデルを導くリバースモンテカルロ（RMC）法の応用も不可欠である[4)7)]．筆者らは，通常の X 線回折法によって求められる（平均）構造をシミュレーションする通常の RMC 法を発展させ，平均構造に加えて放射光 X 線異常散乱法によって得られた着目する元素周囲の環境構造の両者を再現できる構造モデルをシミュレーションする「AXS-RMC 法」を開発した．

2.1 放射光を用いた X 線異常散乱法（AXS 法）

X 線散乱実験により観測される散乱強度 $I_{eu}^{coh}(Q,E)$ は，式（1）で示されるように部分構造因子 $a_{ij}(Q)$ の重み付き平均である．

$$I_{eu}^{coh}(Q,E)-\left\langle f^2\right\rangle=\sum_{i=1}^{n}\sum_{j=1}^{n}c_ic_jf_if_ja_{ij}\langle Q\rangle-\langle f\rangle^2 \tag{1}$$

ここで，$Q = 4\pi\sin\theta/\lambda$（$\lambda$：入射 X 線の波長，$2\theta$：散乱角），$E$ は散乱実験に用いた X 線のエネルギー，c_j および f_j は，それぞれ成分 j の原子分率および原子散乱因子，また $\langle f\rangle$ および $\left\langle f^2\right\rangle$ は，それぞれ原子散乱因子および原子散乱因子の 2 乗の平均である．したがって，例えば A-B-C 3 成分系では，実験から直接得られる散乱強度 $I_{eu}^{coh}(Q,E)$ には，A-A, A-B, A-C, B-B, B-C および C-C 6 種類の原子ペアに対応する部分構造因子 $a_{AA}(Q)$, $a_{AB}(Q)$, $a_{AC}(Q)$, $a_{BB}(Q)$, $a_{BC}(Q)$ および $a_{CC}(Q)$ が寄与している．

一方，入射 X 線のエネルギー E が試料に含まれる元素の吸収端に近い場合，異常散乱が顕著に起こる．異常散乱を起こした元素の原子散乱因子は，通常の原子散乱因子 $f^0(Q)$ に異常分散項の実部 $f'(E)$ および虚部 $f''(E)$ を付加した $f(Q, E) = f^0(Q) + f'(E) + if''(E)$ と表せる．図 2 に示すように，成分元素の中で対象となる元素を A とし，元素 A の吸収端の低エネルギー側の X 線 E_1 および E_2 を用いて X 線

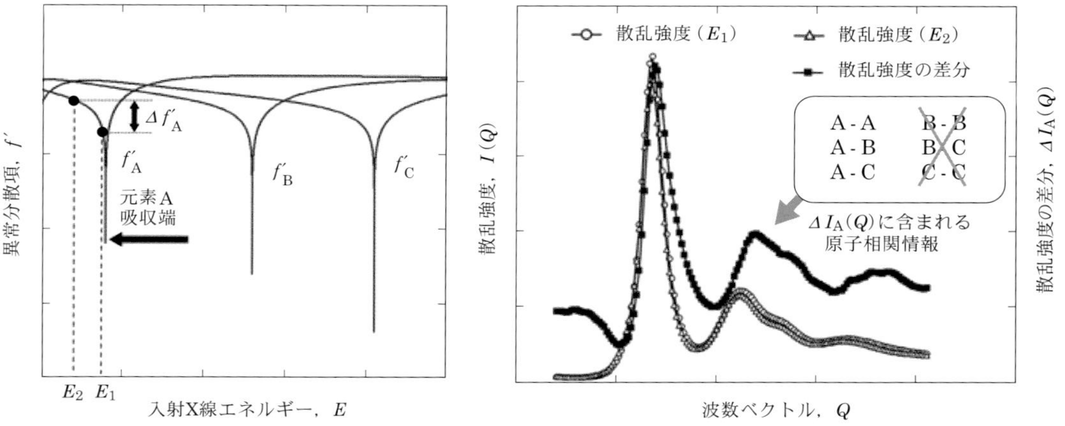

図 2　X 線異常散乱法の原理.

異常散乱実験を行うと，観測される散乱強度の差 $\Delta I(Q) = I_{eh}^{coh}(Q,E_1) - I_{eh}^{coh}(Q,E_2)$ は，このエネルギー領域で異常散乱項の実部が大きく変化する元素 A の構造情報のみを反映した情報に相当する．したがって A-B-C 3 成分系では，式 (2) で導出できる環境干渉関数 $\Delta i_A(Q)$ には，A-A, A-B および A-C 3 種類の原子ペアの構造情報が寄与することになる．

$$\Delta i_A(Q) = \frac{\Delta I(Q) - \left[\left\langle f^2(Q,E_1)\right\rangle - \left\langle f^2(Q,E_2)\right\rangle\right]}{c_A\left[f'_A(E_1) - f'_A(E_2)\right]\sum_{j=1}^{n} c_j \Re\left[f_j(Q,E_1) + f_j(Q,E_2)\right]} \quad (2)$$

式 (2) は，A-B-C 3 成分系における元素 A の周囲の環境構造に相当する．この X 線異常散乱法を用いた環境構造解析は，単独の X 線回折実験では解析不可能な部分構造因子を分離できること，たとえ分離が十分でない場合でも，元素 A の周囲の環境構造という形で平均構造にプラス情報を与えてくれる点が特徴である．

X 線異常散乱実験を効率よく実施するためには，入射 X 線のエネルギーを，対象とする元素の吸収端にできるだけ近づけることが必要である．したがって，強度の強い連続エネルギースペクトルを持った線源ならびに数 eV 程度の良好なエネルギー分解能を持った光学系の利用が不可欠である．高エネルギー物理学研究所・物質構造科学研究所などの放射光実験施設がこれらの条件に合致しており，本稿で紹介するいくつかの測定結果は同施設の BL-7C あるいは NW-10A を用いて実施したものである．各種物質の構造キャラクタリゼーションに，X 線異常散乱法を利用する提案はかなり昔からされていたが，X 線管球からの特性線を利用する実験には，散乱強度の変化量がたかだか数%程度であるという大きな制限があった．これに対し，放射光という高輝度白色 X 線源の出現により，この異常散乱に伴う原子散乱因子の変化量を K 吸収端の利用で 10 ~ 20%，L 吸収端の利用で ~ 30%活用できるようになったことから多くの研究者・技術者の関心を集めている．

2.2 リバースモンテカルロ法（RMC 法）

RMC 法は，McGreevy ら[4]が回折データの解析手法のひとつとして開発したものである．具体的には，図 3 に示すようにスーパーセルの中に原子を配置し，その原子座標にランダムな変位を与え，実験で得られた回折パターンを再現できる原子配列にモデルを近づけていくシミュレーション技法である．本稿で紹介する

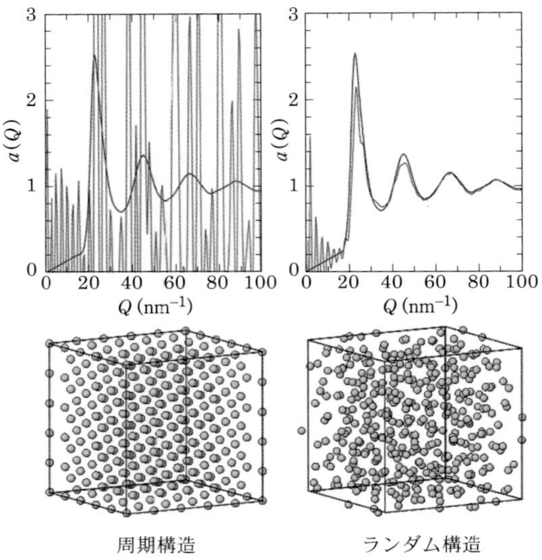

図 3　RMC シミュレーション法の模式図．

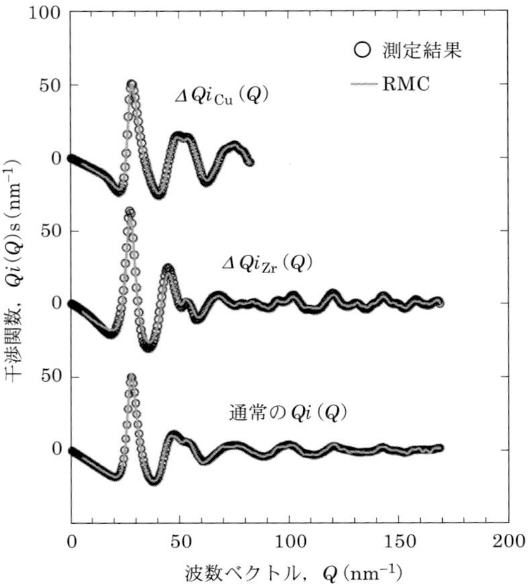

図 4　$Zr_{50}Cu_{50}$ 非晶質合金の $Q_i(Q)$，CuK および ZrK 吸収端の $Q\Delta i_{Cu}(Q)$ および $Q\Delta i_{Zr}(Q)$．

AXS-RMC 法は，通常の回折実験で得られた平均構造情報および放射光異常散乱実験から導出した環境構造情報を満足する「構造モデル」を RMC 法で抽出しようというアイデアに基づいている．構造モデルの収束を早めるため，特定元素間の原子間距離に関する制約条件，局所構造単位あるいはその連結に関する幾何学的制約条件などを，場合に応じて付加することが可能である．しかし，筆者らの解析では，Goldschmidt 原子半径を参考に得られる原子間距離の最小値に関するゆるい制約条件のみを考慮し，恣意的な短距離秩序構造の存在を導入することを極力避けている．

2.3 Zr 基非晶質合金の系統的構造解析

X 線異常散乱法および RMC 法のドッキングの有効性を示す例として，$Zr_{50}Cu_{50}$ 非晶質合金構造の構造解析結果を紹介する[8)]．図 4 に，通常の回折実験（$E = 17.698$ keV）によって得られた干渉関数および Zr K 吸収端および Cu K 吸収端の異常散乱実験で得られた干渉関数を示す．これらの 3 種類の干渉関数を用いて，粒子数 2000 個（Cu 原子 1000 個，Zr 原子 1000 個，$L = 3.24$ nm）のスーパーセルを用いて AXS-RMC 解析を行った．仮想粒子のサイズは，Goldschmidt 半径を用いている（Zr：0.160 nm, Cu：1.28 nm）．図 4 に示すように，シミュレーションとして収束したと判定された構造モデルは，3 種類の実験値を十分に再現しており，AXS-RMC 法によって得られた構造モデルが $Zr_{50}Cu_{50}$ 非晶質合金の構造の特徴を十分に再現していると考えることができる．

構造解析の主目的である短距離秩序構造の頻度分布に関しては，すべての空間をどの原子に最も近い距離であるかという基準で分割する，いわゆる「ボロノイ多面体」を応用する解析評価が有効である．たとえば非晶質合金の短距離秩序構造として注目を集めている正二十面体クラスターであれば，ボロノイ多面体は正十二面体となり，ボロノイ指数は（0 0 12 0 0 0）と表現できる．$Zr_{50}Cu_{50}$ 非晶質合金の構造に存在するボロノイ多面体の頻度分布について，今回

表 1　AXS-RMC 解析によって求めた $Zr_{50}Cu_{50}$ 非晶質金属に頻出するボロノイ多面体.

Zr 周囲		Cu 周囲	
ボイノイ指数	存在比（%）	ボイノイ指数	存在比（%）
(0 10 2 0 0)	11.9	(0 0 2 8 1 0)	18.3
(0 2 8 4 0 0)	6.5	(0 0 12 0 0 0)	12.2
(0 3 6 4 0 0)	5.8	(0 2 8 2 0 0)	9.7
(0 1 10 3 0 0)	5.2	(0 2 8 0 0 0)	7.3
(0 2 8 2 0 0)	4.4	(0 3 6 1 0 0)	6.5
(0 0 12 0 0 0)	4.1	(0 3 6 3 0 0)	4.5
(0 2 8 2 0 0)	4.1	(0 3 6 2 0 0)	3.7
(0 0 12 2 0 0)	3.9	(0 4 4 3 0 0)	3.5
(0 1 10 4 0 0)	3.1	(0 1 10 2 0 0)	2.7
(0 3 6 5 0 0)	2.6	(0 3 6 0 0 0)	2.3

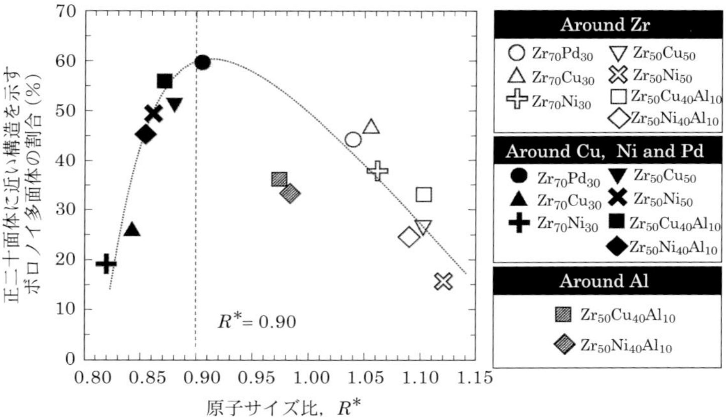

図 5　AXS-RMC 法で求めた Zr 基非晶質金属に存在する正二十面体構造の存在頻度.

の解析で得られた具体的な数値を表 1 に示す. Zr 周囲および Cu 周囲を比較すると，Cu を中心原子とする正二十面体配位が，Zr に比べて多く存在することが明らかである. この解析結果は，Cu に配位する Cu および Zr の平均サイズと中心 Cu の金属半径の比率 ($R^* = 0.88$) が Zr の場合 ($R^* = 1.10$) より理想的な正二十面体の値 ($R^* = 0.90$) に近いこととよく対応する. 言い換えると，ランダム構造モデルを基盤とする $Zr_{50}Cu_{50}$ 非晶質合金の合金組成は，「Cu 周囲の正二十面体配位に適している環境を形成している」と解釈できる. 筆者らの研究グループでは，この基礎的原理をより多くの非晶質合金で検証するため，Zr-Cu 系，Zr-Ni 系，Zr-Pd 系，Zr-Cu-Al 系および Zr-Ni-Al 系の非晶質合金に関する AXS-RMC 解析およびボロノイ多面体解析を，系統的に実施している. 図 5 は，各非晶質合金構造に存在する正二十面体タイプの秩序構造の存在頻度を，配位子の平均サイズと中心原子サイズとの比率 R^* で整理したものである. 予想されたように，Zr-Cu 系，Zr-Ni 系および Zr-Pd 系では，比率 R^* が理想的な正二十面体の値 ($R^* = 0.90$) に近い組成で，正二十面体類似の秩序構造の存在頻度が高くなる傾向が明瞭に認められる. この事実は，金属元素から構成される Zr 基 2 元系非晶質合金の構造は，剛体球の最密不規則構造（DRPHS：Dense Random Packing of Hard Spheres）を基本とし，その構造単位は原子寸法比でおおむね説明可能であることを強く示唆している．一方で，この原則から外れる傾向を示すAlに関しては，正二十面体類似の秩序構造以外の特殊な構造単位を基本とすることが予想される．筆者らは，その存在がZr-Cu-AlおよびZr-Ni-Al系非晶質金属の安定性を格段に増大させている事実を確認できることに期待を寄せている．

3. 中距離構造解析

前節では，Zr基非晶質金属の短範囲構造規則性が，DRPHSモデルでおおよそ説明可能であることを示した．一方で，SRO領域を超えた距離に現れる構造的な規則性は中距離秩序構造（MRO：Medium Range Ordering）とよばれ，非晶質金属における構造不均一性と，それに関連するマクロな材料特性に強く関わる可能性があることから注目を集めている．たとえば本節で述べるZrPt系非晶質合金など，いくつかの非晶質合金の回折プロファイルには，メインピークの低角側にプレピークと呼ばれるシグナルが明瞭に観察され，前述のMROが強く発達していることが示唆される．

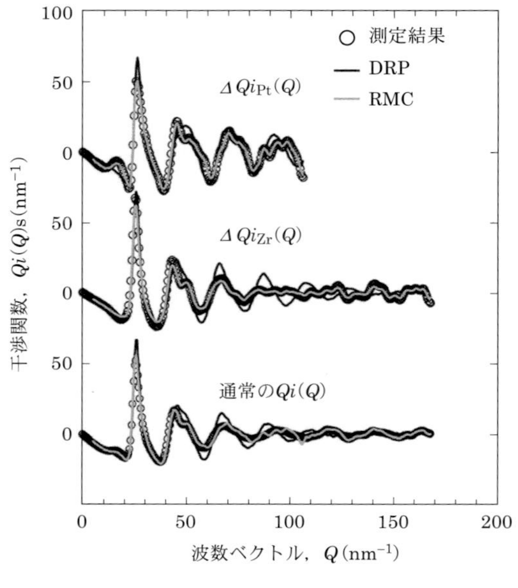

図6 $Zr_{80}Pt_{20}$非晶質合金の$Qi(Q)$，Pt L_3およびZr K吸収端の$Q\Delta i_{Pt}(Q)$および$Q\Delta i_{Zr}(Q)$．

筆者らは，$Zr_{80}Pt_{20}$非晶質合金を対象にAXS-RMC法によって構造モデルを作成し，さらにCNA（Common Neighbor Analysis）とBernal多面体解析を組み合わせた解析を適用することにより，プレピークの起因となるMROの詳細を明らかにすることができた．

$Zr_{80}Pt_{20}$非晶質合金について，AXS法による測定値，RMC実施後の構造モデルおよび剛体球充填モデルから計算される通常および環境干渉関数の比較を図6に示す．DRPモデルは，干渉関数の振幅の位置や強度をある程度再現しているもののPt周囲の環境干渉関数に強調される$Q = 17$ nm^{-1}近傍に存在するプレピークやセカンドピークのショルダーを再現できない．一方RMCモデルはこれらの特徴を十分に再現できていることから，$Zr_{80}Pt_{20}$非晶質合金構造はDRPモデルからの変位が大きく，その変位の特徴はRMCモデルとDRPモデルとの相違点を詳細に解析することによって明瞭にすることができる．RMCおよびDRP構造モデルから計算できる部分二体分布関数を比較すると，RMCモデルではPt-Pt第二近接領域の低距離側がより発達していることがわかる（図7）．すなわち，プレピークの起因となる非晶質の中距離規則性は，この第二近接領域におけるPt-Pt相関の発達に寄与する構造単位であると考えられる．第二近接領域の構造単位の評価には，前述のボロノイ多面体を利用した解析よりも，注目する2つの原子をルートペアとして定めルートペア間の原子配列をインデックス［$n1$ $n2$ $n3$］$_{CN}$で表現するCN解析が有効である．ここで，$n1$はルートペアに共有される

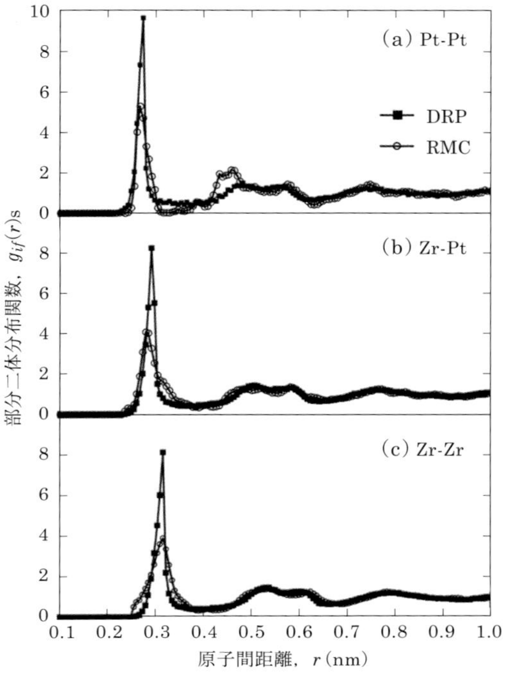

図 7 $Zr_{80}Pt_{20}$ 非晶質合金の RMC および DRP モデルから計算された部分二体分布関数.

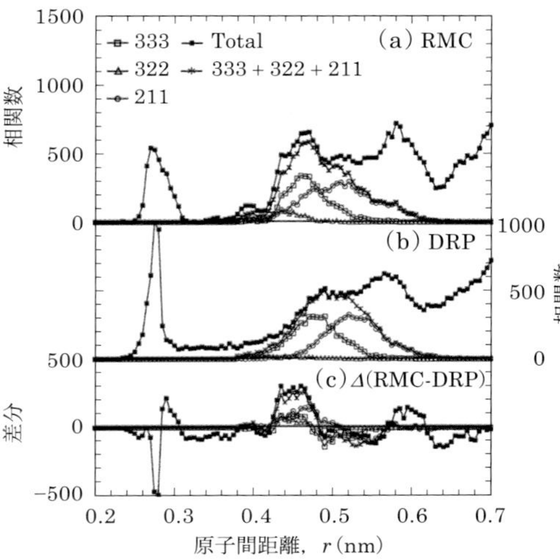

図 8 CN 解析による $Zr_{80}Pt_{20}$ 非晶質合金構造モデルにおける中距離相関の分解.

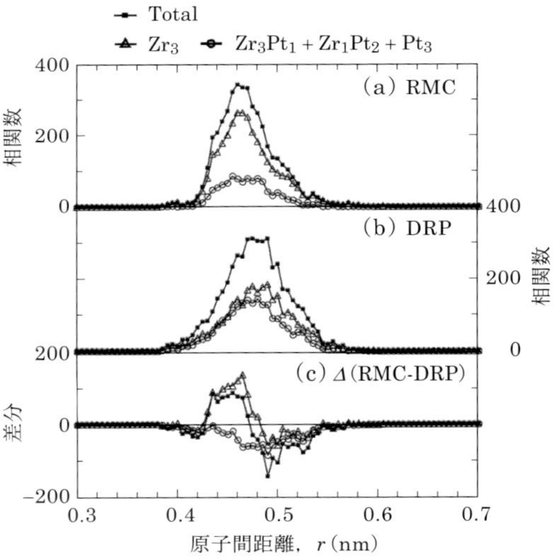

図 9 DRP および RMC モデル中の [3 3 3]$_{CN}$ 連結を，共有原子の化学組成で分離解析した結果.

最近接原子 (Common Neighbor) の数，$n2$ は共有原子間に存在する結合の数そして $n3$ は連続する結合の最大数であり，これらの 3 つの数字によって，第二近接ルートペア間の連結構造を分類できる構造情報処理法のひとつである．CN 解析を Pt-Pt 第二近接ペアに適応した結果，図 8 に示すように着目する相関は主として [333]$_{CN}$, [322]$_{CN}$ および [211]$_{CN}$ によって構成されていることが判明した.

たとえば，[333]$_{CN}$ は 2 つの四面体が面を共有して結合したものとして捉えることができる．よく知られるように，四面体は最も密な球体の充填単位であり，このことは四面体のみによって構成される正二十面体型構造が，安定な非晶質構造の構成要素とされる根拠の 1 つでもある．図 9 は，DRP および RMC モデル中の [333]$_{CN}$ 連結を，共有原子の化学組成で分離解析した結果を示している．RMC モデルの特徴は，3 つの Zr を共有原子とする [333]$_{CN}$ によってもたらされていることがわかる．すなわち，プレピークの発現の起因となる特徴的な非晶質構造のひとつは Pt_2Zr_3 型の正四面体連結構造であり，中距離 Pt-Pt 原子ペア間に異種元素 Zr に富む高密度充填構造が存在することの証拠であると考えられる.

また，[211]$_{CN}$ および [322]$_{CN}$ で表現でき

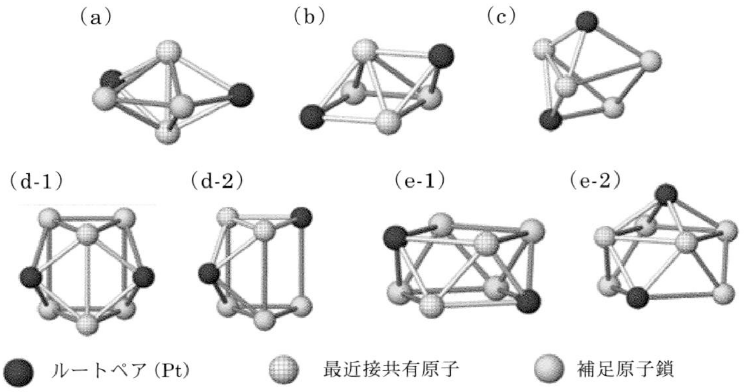

図 10　補足原子鎖を用いた[211]$_{CN}$ の Bernal 多面体への分類.
(a) face shared tri-tetrahedra (FSTT), (b) capped half-octahedron(CHO),
(c) partial tetragonal dodecahedron(PTD), (d-1,2) partial tri-capped trigonal prism (PTTP),
(e-1,2) partial bi-capped tetragonal anti-prism (PBTA).

表 2　DRP および RMC モデル中の[211]$_{CN}$ の Bernal および non Bernal 多面体の分類結果. 括弧内は DRP モデルにおける数値を示す.

	存在比 (%)	構成元素比 (%)			
		最近接共有原子		捕捉原子鎖	
		Zr	Pt	Zr	Pt
FSTT	38.2 (49.0)	95.7 (85.7)	4.3 (14.3)	83.5 (77.7)	16.5 (22.3)
CHO	36.5 (45.6)	90.8 (85.3)	9.2 (14.7)	81.8 (84.0)	18.2 (16.0)
PTD	5.2 (2.4)	86.7 (85.3)	13.3 (14.7)	77.2 (84.9)	22.8 (15.1)
PTTP	2.6 (1.3)	89.2 (90.3)	10.8 (9.7)	77.1 (88.1)	22.9 (11.9)
PBAT	1.9 (0.3)	87.4 (81.6)	12.6 (18.4)	71.8 (85.5)	28.2 (14.5)
Barnal polyhedra	84.4 (98.6)	92.7 (85.5)	7.3 (14.5)	81.6 (81.4)	18.4 (18.6)
non Bernal polyhedra	15.6 (1.4)	82.7 (84.8)	17.3 (15.2)	74.9 (81.7)	25.1 (18.3)

る中距離 Pt-Pt 相関に関しては, 従来から非晶質構造での原子の基本配列として汎用されてきた Bernal 多面体[9] と関連づけて解析を行った. 具体的にはルートペア間に存在する共有原子(CN)に加えて補足原子鎖(SBC : Supplemental Bonding Chain)を含めた構成原子間の原子配列を Bernal 多面体配列に基づき分類評価している. 一例として, [211]$_{CN}$ の結果を図 10 に示す. DRP モデルの場合は, ほぼすべて(98.6%)の[211]$_{CN}$ は, Bernal 多面体に典型的な四面体および半八面体の組み合わせからなる比較的高密度の領域に分類できる. 一方 RMC モデルでは, Bernal 多面体に分類される充填形式は全体の 75.6%であり, Bernal 多面体に分類できない充填形式(Non Bernal)が多く存在する. Bernal 多面体は効率的な剛体球の充填形式に対応することから[10], RMC モデルにおいて "Non Bernal" の割合が増加していることは, 比較的低密度な領域が多く生じていることを示唆している. 同時に, "Non Bernal" 型充填構造は, CN および SBC の元素組成が DRP モデルのそれと比較して Pt に富む傾向も観測される. すなわち, Pt-Pt 中距離構造の形成には Pt に富む幾何学的低密度領域が形成されることを示唆する(表 2 参照). 紙面の都合上, [322]$_{CN}$ についての詳細な解析

については割愛するが，$[211]_{CN}$の解析結果と同様にBernal多面体解析を実施した結果，Pt-Pt中距離相関を形成する構造単位としてPtに富む幾何学的低密度領域の発達が観察された．

従来，Zr-Pt系非晶質合金におけるMROはZr基非晶質金属の主要なSROとして知られる正二十面体型構造の連結によって生じると予測されてきた．本研究は，AXS-RMC法によって求めた構造モデルから，中距離領域構造の発達に本質的なのは，強固な異種原子間結合に起因する高密度・四面体連結構造およびBernal多面体とは異なる溶質元素に富む低密度領域構造など化学的および幾何学的な不均一性にあることを実証できたと考えている．

4. おわりに

各種産業分野で注目を集めている非晶質合金の開発に，原子レベルの構造情報は不可欠である．しかし，従来法の平均動径分布解析を用いて得られる構造情報は，構成元素周囲の平均原子間距離および平均配位数などに限定され，素材開発のキーポイントとなる特定の元素周囲の特殊構造の議論には極めて不十分な状況にあった．さらに今般の非晶質合金の構造解析は，短距離秩序構造の解析から中距離領域構造の解明へと進展し，中距離秩序構造が非晶質合金の安定性および結晶化に伴い出現するナノクラスターなどの本質を理解するキーポイントとして注目を集めている．このような非晶質合金の先端的構造解析への要望を満たすために，本稿で紹介した目的元素の環境構造解析が可能な放射光X線異常散乱法（AXS法）に高速計算機を導入する構造モデル化をドッキングしたAXS-RMC法の利用は極めて有効である．そして，AXS-RMC法を駆使した系統的な研究を推進した結果，Zr基非晶質合金構造は剛体球の最密不規則構造（DRPHS）モデルで基本説明可能であり，通常の結晶構造には存在しない正二十面体類似の基本構造単位が出現することを定量的に議論することができた．さらに，DRPHS構造モデルとAXS-RMCモデルの構造的な差分を詳細に検討することにより，非晶質金属の中距離構造に関する議論を進めることができた．そして筆者らは，放射光異常散乱法を用いた系統的な研究推進は，非晶質金属の新奇な特性と短距離・中距離秩序構造の関連性の正しく理解を進め，さらには機能的な非晶質合金の開発指針を提唱できるのではないかと考えている．本稿が，放射光を利用した物質構造解析に関連する研究分野，そして非晶質合金構造の構造に興味をお持ちの方々に少しでもお役に立てば幸いである．

参考文献

1) たとえば，Y. Waseda: "The Structure of Non-Crystalline Materials", McGraw-Hill, New York, (1980).
2) P. H. Gaskell: J. Non-Cryst. Solids, **32** (1079), 207.
3) S. Sachev and D. R. Nelson: Phys. Rev. Letters, **53** (1984), 1947.
4) R. L. McGreevy and L.Puszai: Mol. Simulation, **1** (1988), 359.
5) Y. Waseda: "Anomalous X-ray Scattering for Materials Characterization", Springer-Verlag, Heidelberg, (2002).
6) 杉山和正，齋藤正敏，早稲田嘉夫，松原英一郎：日本結晶学会誌，**39** (1997)，20.
7) M. Saito, C. Park, K. Omote, K. Sugiyama and Y. Waseda: J. Phys. Soc. Japan, **66** (No.3) (1997), 633.
8) T. Kawamata, Y. Yokoyama, M. Saito, K. Sugiyama and Y. Waseda: Materials Transactions, **51** (2010), 1796.
9) J. D. Bernal: Nature, **185** (1960), 68.
10) D. B. Miracle, E. A. Lord and S. Ranganathan: Mater. Trans., **47** (2006), 1737.

索　引

〔英数字〕

2D-GIXD (Tow Dimensional-Grazing Incidence X-ray Diffraction) ……305
ARPES (Angle-Resolved PhotoEmission Spectroscopy) ……173, 196, 209, 214
AXS (Anomalous X-ray Scattering) ……94, 278, 322, 324
AXS-RMC 法 ……322, 324
Bernal 多面体解析 ……329
BPM ……236
CagA ……62
CT (Computed Tomography) 法 ……46, 279
DNA (DeoxyriboNucleic Acid) ……13
ERdj5 ……3
ERp44 ……5
EXAFS (Extended X-ray Absorption Fine Structure) ……143
FEL (Free Electron Laser) ……310
FeSe ……213
FET (Field Effect Transistor) ……86
FY (Fluorescence Yield) ……142
Gandolfi カメラ ……316
IGZO 膜 ……271
InGaN ……244, 245
Kirkpatrick-Baez (KB) ミラー ……237
LED (Light Emitting Diode) ……244
MCD (Magnetic Circular Dichroism) ……187
Operando ……87
PDI ファミリー酵素 ……8
Pd 超微粒子 ……261
PEEM (PhotoEmission Electron Microscopy) ……130, 185
Pt/C 触媒 ……110
RMC (Reverse-Monte-Carlo) 法 ……272, 323
RSF (Radial Structure Function) ……144
SACLA (SPring-8 Angstrom Compact free electron LAser) ……310
SAXS (Small Angle X-ray Scattering) ……62
SFW (Switching Field Width) ……237
SOFC (Solid Oxide Fuel Cell) ……105
SPEM (Scanning PhotoElectron Microscopy) ……84, 85, 86
SR-PEEM (Synchrotoron Radiation-PhotoEmission Electron Microscopy) ……132
SR-XRF (Synchrotoron Radiation-X-Ray Fluorescence) ……44
ToMV 抵抗性遺伝子 *Tm-1* ……51
XAFS (X-ray Absorption Fine Structure) ……96, 110, 244, 259
XANES (X-ray Absorption Near-Edge Structure) ……96, 125, 140
XAS (X-ray Absorption Spectroscopy) ……139, 187
XAS と XRD同時測定 ……119
XDS (回折XAS) ……120
XFEL (X-ray Free Electron Laser) ……310
XFH (X-ray Fluorescence Holography) ……264
XMCD (X-ray Magnetic Circular Dichroism) ……196, 237
XPS (X-ray Photoelectron Spectroscopy) ……84, 85, 89, 94, 196

〔あ行〕

アイソタクチックポリプロピレン (iPP) ……289
胃がん ……62
位相コントラスト ……279
イメージング ……85
インテリジェント触媒 ……91
X 線異常散乱 (AXS) 法 ……94, 278, 322, 324
X 線回折 ……315, 316
X 線吸収端近傍構造 (XANES) ……96, 125, 140
X 線吸収微細構造 (XAFS) 解析 ……96, 110, 244, 259
X 線吸収分光法 (XAS) ……105, 139, 142, 187
X 線結晶構造解析 ……3, 9, 20, 58, 62
X 線顕微鏡 ……279
X 線光電子分光 (XPS) ……84, 85, 89, 94, 196, 257
X 線コンピュータ断層撮影 (CT) 法 ……46, 279
X 線自由電子レーザー (XFEL) ……310
X 線小角散乱法 (SAXS) ……9, 62
X 線反射率 ……301
エネルギー分散型 X 線回折 ……147

〔か行〕

〔さ行〕

〔た行〕

〔な行〕

〔は行〕

〔ま行〕

〔や行〕

〔ら行〕

〔わ行〕

放射光利用の手引き
――農水産・医療，エネルギー，環境，材料開発分野などへの応用――

2019年2月10日　初版第1刷発行

編　　集　東北放射光施設推進会議推進室 ©

発 行 者　島田　保江

発 行 所　株式会社 アグネ技術センター
〒107-0062　東京都港区南青山5-1-25
TEL 03(3409)5329 ／ FAX 03(3409)8237
振替　00180-8-41975
URL https://www.agne.co.jp/books/

印刷・製本所　株式会社 平河工業社

落丁本・乱丁本はお取り替えいたします．
定価の表示は表紙カバーにしてあります．

Printed in Japan, 2019
ISBN 978-4-901496-95-7 C3043